南太行植物图志

上册

原毅彬 ◎ 总主编

林江利　邱世川　王艳 ◎ 主编

中国林业出版社

图书在版编目（CIP）数据

南太行植物图志. 上册 / 原毅彬总主编；林江利，邱世川，王艳主编. -- 北京：中国林业出版社，2024.8
ISBN 978-7-5219-2536-4

Ⅰ.①南… Ⅱ.①原…②林…③邱…④王… Ⅲ.①太行山—植物志—图谱 Ⅳ.①Q948.522-64

中国国家版本馆 CIP 数据核字 (2024) 第 010128 号

策划、责任编辑：马吉萍　薛瑞琦

出版发行：中国林业出版社
　　　　　（100009，北京市刘海胡同 7 号，电话 010-83143595）
电子邮箱：cfphzbs@163.com
网址：https://www.cfph.net
印刷：河北京平诚乾印刷有限公司
版次：2024 年 8 月第 1 版
印次：2024 年 8 月第 1 次印刷
开本：787mm×1092mm 1/16
印张：50.25
字数：950 千字
定价：498.00 元（全两册）

《南太行植物图志》（上册）编委会

顾　　问：刘　冰
主　　任：张立志　王立业　郭晓黎
委　　员：罗宗华　薛爱玲　谢运升　薛胜利　杨素琴　贾长军
　　　　　买银鹏　袁根旺　黄黎明　张松槐　赵金录
总 主 编：原毅彬
主　　编：林江利　邱世川　王　艳
副 主 编：赵　拓　马利红　毋芳芳　高聪会　冯千凤　原文佳
编　　委：张　培　张　颖　侯跃西　王小方　胡飞凡　王浩男
　　　　　王拥军　范秋芳
摄　　影：原毅彬　张　玲
绘　　画：原文佳
其他人员：杨明水　段文超　周同同　陈　磊　王大中　曹芬芬
　　　　　赵　争
协作单位：焦作市林业局
　　　　　修武县云台山风景名胜区管理局

前 言

中国已经步入社会主义建设高质量发展的新时代，林业也处在由数量规模型向质量效益型转型发展的关键时期。保护生物多样性，维护生态平衡对当前保护工作提出了更高要求。这迫切需要一套具有较高科学水平和应用价值，能够全面反映南太行地区植物资源现状，易于掌握的植物识别工具书。《南太行植物图志》的出版必将为生物多样性保护、植物资源合理利用、植物学科研和教学提供重要的基础资料。

从 2013 年开始，编者及团队原计划 3～5 年全面完成南太行植物的调查、拍摄以及标本采集。为了收集第一手资料，编者将节假日全部投入到调查、整理和鉴定工作中。一路风餐露宿，跋山涉水，省内从安阳、鹤壁、新乡、焦作到济源，省外从长治、晋城到运城，边调查边整理补充，寒来暑往，至 2021 年调查工作基本结束，历时 9 年。从 2020 年开始重点工作放在资料整理和编著上，在团队成员的共同努力下，通过对植物形态特征识别与比对，高标准筛选最能体现植物特征的高清图片，准确描述其形态特征，经过几次修改，最终完成了编纂工作。此书编写过程中，中国科学院植物研究所刘冰等学者给予了专业上的支持和帮助，提供了部分植物图片，并对难以确定的植物提供技术鉴定；周繇、张凤秋两位老师提供了部分图片；焦作市林业局和修武云台山（青龙峡）、青天河、神农山、圣王坪、舜王坪风景名胜区，以及区域内国有林场、自然保护区在调查过程中都给予了大力协助和支持，在此一并致谢。

《南太行植物图志》主要收集了北到山西晋城、河南安阳，南到河南新乡、焦作，向西延伸到山西运城等地区分布的植物。为了直观展现植物形态，绝大多数采用单反相机在不同时期从不同部位多角度拍摄植物特征，以期用更直观的图片将植物的形态特征展现出来，方便读者野外快速识别植物。另外，本书收集了部分作者难以鉴别的物种，恳请植物分类专家学者给予指导和鉴定。

本书分上下两册，上册为草本植物，下册为木本植物。全书共编入南太行地区高等维管植物 1000 多种（包括亚种、变种、变型等）。本书收录的每种植物都附有科学性与艺术性兼具不同形态的精美图片，可以帮助读者通过图片识别植物，这也正是本书具有较高应用价值的充分体现。

《南太行植物图志》（上册）收录草本植物近 900 种（包含亚种、变种、变型等）。为方便野外查询和初学者识别，本册（草本植物）打破传统分类方式，首先将草本植物分为藤蔓草本和其他草本植物；其他草本植物按不同花被颜色（白色；黄色、橙色；绿色；红色、紫色）、花被不明显、禾草类植物、水生植物分类。其中不同花色的草本植物按花瓣数量和花形状再次分类。

由于编写团体水平有限，本书难免有遗漏或不足之处，编写团队在调查过程中，着重对陆生维管植物的调查，因此对苔藓植物和部分水生植物的调查还不够全面，部分植物鉴定不够准确，敬请各位专家及读者批评指正。

2024 年 6 月

目 录

前 言

第一部分　概　述 ······ 001
　　太行山植物区系分布 ······ 002
　　南太行地貌风光 ······ 010
　　形态术语 ······ 011

第二部分　藤蔓草本 ······ 013
　　1　打碗花 ······ 014
　　2　旋花 ······ 014
　　3　藤长苗 ······ 015
　　4　田旋花 ······ 015
　　5　北鱼黄草 ······ 016
　　6　牵牛 ······ 016
　　7　圆叶牵牛 ······ 017
　　8　三裂叶薯 ······ 017
　　9　金灯藤 ······ 018
　　10　啤酒花菟丝子 ······ 018
　　11　党参 ······ 019
　　12　羊乳 ······ 019
　　13　栝楼 ······ 020
　　14　赤瓟 ······ 020
　　15　南赤瓟 ······ 021
　　16　甜瓜 ······ 021
　　17　马㼎瓜（变种）······ 022
　　18　萝藦 ······ 022
　　19　白首乌 ······ 023
　　20　牛皮消 ······ 023
　　21　鹅绒藤 ······ 024
　　22　隔山消 ······ 024
　　23　齿翅蓼 ······ 025
　　24　何首乌 ······ 025
　　25　翼蓼 ······ 026
　　26　扛板归 ······ 026
　　27　葎草 ······ 027
　　28　乌蔹莓 ······ 027
　　29　茜草 ······ 028
　　30　林生茜草 ······ 029
　　31　卵叶茜草 ······ 029
　　32　鸡屎藤 ······ 030
　　33　穿龙薯蓣 ······ 031
　　34　薯蓣 ······ 031
　　35　北马兜铃 ······ 032
　　36　白英 ······ 033
　　37　蝙蝠葛 ······ 034

第三部分　其他草本 ······ 035
白色花 ······ 036
　　38　露珠草 ······ 037
　　39　深山露珠草（亚种）······ 037
　　40　东方泽泻 ······ 038
　　41　野慈姑 ······ 038
　　42　独行菜 ······ 039
　　43　北美独行菜 ······ 039
　　44　荠 ······ 040
　　45　垂果南芥 ······ 040

46 硬毛南芥 …………………… 041	80 毛曼陀罗 …………………… 058
47 蚓果芥 ……………………… 041	81 龙葵 ………………………… 058
48 异蕊芥 ……………………… 042	82 华北散血丹 ………………… 059
49 荠菜 ………………………… 042	83 酸浆 ………………………… 059
50 白花碎米荠 ………………… 043	84 挂金灯（变种）…………… 060
51 裸茎碎米荠 ………………… 043	85 笔龙胆 ……………………… 060
52 碎米荠 ……………………… 044	86 獐牙菜 ……………………… 061
53 弯曲碎米荠 ………………… 044	87 地梢瓜 ……………………… 061
54 北方拉拉藤 ………………… 045	88 点地梅 ……………………… 062
55 线叶拉拉藤 ………………… 045	89 矮桃 ………………………… 062
56 六叶葎 ……………………… 046	90 狼尾花 ……………………… 063
57 淫羊藿 ……………………… 046	91 狭叶珍珠菜 ………………… 063
58 山桃草 ……………………… 047	92 泽珍珠菜 …………………… 064
59 蚊母草 ……………………… 047	93 田紫草 ……………………… 064
60 百蕊草 ……………………… 048	94 紫草 ………………………… 065
61 华北百蕊草 ………………… 048	95 虎耳草 ……………………… 065
62 蔓孩儿参 …………………… 049	96 小花草玉梅（变种）……… 066
63 毛脉孩儿参 ………………… 049	97 天葵 ………………………… 066
64 鸡肠繁缕 …………………… 050	98 东方草莓 …………………… 067
65 繁缕 ………………………… 050	99 太行花 ……………………… 067
66 箐姑草 ……………………… 051	100 荞麦 ……………………… 068
67 无瓣繁缕 …………………… 051	101 蜀葵 ……………………… 068
68 中国繁缕 …………………… 052	102 野西瓜苗 ………………… 069
69 无心菜 ……………………… 052	103 莲子蔍 …………………… 069
70 簇生泉卷耳（亚种）……… 053	104 荠苨 ……………………… 070
71 球序卷耳 …………………… 053	105 秦岭沙参 ………………… 070
72 卷耳（亚种）……………… 054	106 细叶沙参（亚种）……… 071
73 缘毛卷耳 …………………… 054	107 杏叶沙参（亚种）……… 071
74 麦蓝菜 ……………………… 055	108 变豆菜 …………………… 072
75 长蕊石头花 ………………… 055	109 首阳变豆菜 ……………… 072
76 石生蝇子草 ………………… 056	110 白芷 ……………………… 073
77 女娄菜 ……………………… 056	111 刺果峨参 ………………… 073
78 坚硬女娄菜 ………………… 057	112 葛缕子 …………………… 074
79 曼陀罗 ……………………… 057	113 藁本 ……………………… 074

114 辽藁本 …………………… 075	148 东北堇菜 …………………… 092
115 大齿山芹 …………………… 075	149 南山堇菜 …………………… 092
116 直立茴芹 …………………… 076	150 西山堇菜 …………………… 093
117 短毛独活 …………………… 076	151 苦参 ………………………… 093
118 条叶岩风 …………………… 077	152 毛苦参（变种）……………… 094
119 岩茴香 ……………………… 077	153 苦豆子 ……………………… 094
120 野胡萝卜 …………………… 078	154 蒙古黄芪（变种）…………… 095
121 防风 ………………………… 078	155 白花草木樨 ………………… 095
122 石防风 ……………………… 079	156 黄毛棘豆 …………………… 096
123 华北前胡 …………………… 079	157 薄荷 ………………………… 096
124 广序北前胡（变种）………… 080	158 地笋 ………………………… 097
125 东北羊角芹 ………………… 080	159 金疮小草 …………………… 097
126 蛇床 ………………………… 081	160 紫背金盘 …………………… 098
127 小窃衣 ……………………… 081	161 野芝麻 ……………………… 098
128 窃衣 ………………………… 082	162 錾菜 ………………………… 099
129 水芹 ………………………… 082	163 罗勒 ………………………… 099
130 羊红膻 ……………………… 083	164 白花丹参（变型）…………… 100
131 茖葱 ………………………… 083	165 细叶黄乌头 ………………… 100
132 舞鹤草 ……………………… 084	166 西伯利亚乌头（变种）……… 101
133 鹿药 ………………………… 084	167 牛扁（变种）………………… 101
134 大苞黄精 …………………… 085	168 房山紫堇 …………………… 102
135 细根茎黄精 ………………… 085	169 透骨草（亚种）……………… 102
136 玉竹 ………………………… 086	170 波叶大黄 …………………… 103
137 湖北黄精 …………………… 086	171 拳参 ………………………… 103
138 黄精 ………………………… 087	172 假升麻 ……………………… 104
139 轮叶黄精 …………………… 087	173 苍术 ………………………… 104
140 野百合 ……………………… 088	174 大丁草 ……………………… 105
141 韭 …………………………… 088	175 鳢肠 ………………………… 105
142 野韭 ………………………… 089	176 牛膝菊 ……………………… 106
143 老鸦瓣 ……………………… 089	177 福王草 ……………………… 106
144 三花顶冰花 ………………… 090	178 两似蟹甲草 ………………… 107
145 草芍药 ……………………… 090	179 山尖子 ……………………… 107
146 野鸢尾 ……………………… 091	180 女菀 ………………………… 108
147 北京堇菜 …………………… 091	181 一年蓬 ……………………… 109

182 蓍 …… 109	215 月见草 …… 128
183 云南蓍 …… 110	216 败酱 …… 129
184 母菊 …… 110	217 糙叶败酱 …… 129
185 太行菊 …… 111	218 少蕊败酱 …… 130
186 黄腺香青 …… 111	219 异叶败酱 …… 130
187 香青 …… 112	220 朝天委陵菜 …… 131
188 疏生香青（变种）…… 112	221 翻白草 …… 131
189 变色苦荬菜（亚种）…… 113	222 多茎委陵菜 …… 132
190 白花鬼针草（变种）…… 114	223 多裂委陵菜 …… 132
191 丝毛飞廉 …… 114	224 莓叶委陵菜 …… 133
192 高茎紫菀 …… 115	225 皱叶委陵菜 …… 133
193 东风菜 …… 116	226 委陵菜 …… 134
194 阿尔泰银莲花 …… 117	227 细裂委陵菜（变种）…… 134
195 多被银莲花 …… 117	228 等齿委陵菜 …… 135
196 白车轴草 …… 118	229 绢毛匍匐委陵菜（变种）… 135
197 喜旱莲子草 …… 118	230 三叶委陵菜 …… 136
黄色、橙色花 …… 119	231 蛇莓 …… 136
198 白屈菜 …… 120	232 龙牙草 …… 137
199 秃疮花 …… 120	233 托叶龙牙草 …… 137
200 角茴香 …… 121	234 路边青 …… 138
201 芝麻菜 …… 121	235 柔毛路边青（变种）…… 138
202 绵果芝麻菜（变种）…… 122	236 苦蘵 …… 139
203 播娘蒿 …… 122	237 小酸浆 …… 139
204 臭荠 …… 123	238 漏斗胕囊草 …… 140
205 葶苈 …… 123	239 天仙子 …… 140
206 小果亚麻荠 …… 124	240 垂盆草 …… 141
207 芥菜 …… 124	241 佛甲草 …… 141
208 风花菜 …… 125	242 繁缕景天 …… 142
209 蔊菜 …… 125	243 费菜 …… 142
210 沼生蔊菜 …… 126	244 茴茴蒜 …… 143
211 无瓣蔊菜 …… 126	245 毛茛 …… 143
212 小花糖芥 …… 127	246 石龙芮 …… 144
213 蓬子菜 …… 127	247 北柴胡 …… 144
214 花锚 …… 128	248 黑柴胡 …… 145

249 红柴胡 …………………… 145	283 小苜蓿 …………………… 163
250 赶山鞭 …………………… 146	284 翅果菊 …………………… 163
251 突脉金丝桃 ……………… 146	285 毛脉翅果菊 ……………… 164
252 光果田麻（变种）……… 147	286 野莴苣 …………………… 164
253 蒺藜 …………………… 147	287 黄鹌菜 …………………… 165
254 决明 …………………… 148	288 花叶滇苦菜 ……………… 165
255 马齿苋 …………………… 148	289 苦苣菜 …………………… 166
256 马蹄金 …………………… 149	290 长裂苦苣菜 ……………… 166
257 苘麻 …………………… 149	291 苣荬菜 …………………… 167
258 徐长卿 …………………… 150	292 山柳菊 …………………… 167
259 竹灵消 …………………… 150	293 狗舌草 …………………… 168
260 酢浆草 …………………… 151	294 红轮狗舌草 ……………… 168
261 川百合 …………………… 151	295 猫耳菊 …………………… 169
262 山丹 …………………… 152	296 蒲儿根 …………………… 169
263 北黄花菜 ……………… 152	297 剪刀股 …………………… 170
264 北萱草 …………………… 153	298 苦荬菜 …………………… 170
265 黄花菜 …………………… 153	299 变色苦荬菜（亚种）……… 170
266 顶冰花 …………………… 154	300 中华苦荬菜 ……………… 171
267 金莲花 …………………… 154	301 黄瓜菜 …………………… 171
268 大花糙苏 ……………… 155	302 尖裂假还阳参 …………… 172
269 红纹马先蒿 ……………… 155	303 毛连菜 …………………… 172
270 阴行草 …………………… 156	304 日本毛连菜 ……………… 173
271 黄堇 …………………… 157	305 额河千里光 ……………… 173
272 黄紫堇 …………………… 157	306 琥珀千里光 ……………… 174
273 小花黄堇 ……………… 158	307 林荫千里光 ……………… 174
274 珠果黄堇 ……………… 158	308 欧亚旋覆花 ……………… 175
275 东方堇菜 ……………… 159	309 线叶旋覆花 ……………… 175
276 草木樨 …………………… 159	310 旋覆花 …………………… 176
277 细齿草木樨 ……………… 160	311 齿叶橐吾 ……………… 176
278 印度草木樨 ……………… 160	312 橐吾 …………………… 177
279 大山黧豆 ……………… 161	313 狭苞橐吾 ……………… 177
280 花苜蓿 …………………… 161	314 薄雪火绒草 ……………… 178
281 南苜蓿 …………………… 162	315 火绒草 …………………… 178
282 天蓝苜蓿 ……………… 162	316 鼠曲草 …………………… 179

317	华北鸦葱 …… 179	350	兴安天门冬 …… 198
318	桃叶鸦葱 …… 180	351	长花天门冬 …… 198
319	鸦葱 …… 180	352	少花万寿竹 …… 199
320	斑叶蒲公英 …… 181	353	二叶舌唇兰 …… 199
321	丹东蒲公英 …… 181	354	火烧兰 …… 200
322	东北蒲公英 …… 182	355	角盘兰 …… 200
323	华蒲公英 …… 182	356	叉唇角盘兰 …… 201
324	芥叶蒲公英 …… 183	357	巴天酸模 …… 201
325	蒲公英 …… 183	358	长叶酸模 …… 202
326	药用蒲公英 …… 184	359	齿果酸模 …… 202
327	稻槎菜 …… 185	360	刺酸模 …… 203
328	鬼针草 …… 186	361	毛脉酸模 …… 203
329	金盏银盘 …… 186	362	酸模 …… 204
330	婆婆针 …… 187	363	羊蹄 …… 204
331	小花鬼针草 …… 187	364	皱叶酸模 …… 205
332	大狼耙草 …… 188	365	升麻 …… 205
333	甘菊 …… 188	366	小升麻 …… 206
334	菊芋 …… 189	367	蝎子草（亚种）…… 206
335	线叶菊 …… 189	368	艾麻 …… 207
336	豨莶 …… 190	369	八角麻 …… 207
337	黄顶菊 …… 190	370	赤麻 …… 208

绿色花 …… 191

338	拉拉藤（变种）…… 192	371	小赤麻 …… 208
339	麦仁珠 …… 192	372	透茎冷水花 …… 209
340	四叶葎 …… 193	373	半夏 …… 209
341	商陆 …… 193	374	虎掌 …… 210
342	垂序商陆 …… 194	375	独角莲 …… 210
343	耧斗菜 …… 194	376	一把伞南星 …… 211
344	天胡荽 …… 195	377	大麻 …… 211
345	狭叶红景天 …… 195	378	北美车前 …… 212
346	龙须菜 …… 196	379	车前 …… 212
347	攀援天门冬 …… 196	380	大车前 …… 213
348	曲枝天门冬 …… 197	381	平车前 …… 213
349	天门冬 …… 197	382	毛平车前（亚种）…… 214
		383	长叶车前 …… 214

384 地肤	215	418 宽叶山蒿 …… 232
385 苋	215	419 魁蒿 …… 232
386 刺苋	216	420 辽东蒿 …… 233
387 凹头苋	216	421 蒙古蒿 …… 233
388 反枝苋	217	422 牡蒿 …… 234
389 皱果苋	217	423 南牡蒿 …… 235
390 绿穗苋	218	424 南艾蒿 …… 235
391 北美苋	218	425 牛尾蒿 …… 236
392 腋花苋（亚种）	219	426 五月艾 …… 236
393 藜	219	427 小球花蒿 …… 237
394 小藜	220	428 野艾蒿 …… 237
395 灰绿藜	220	429 阴地蒿 …… 238
396 杖藜	221	430 中亚苦蒿 …… 238
397 牛膝	221	431 北重楼 …… 239
398 猪毛菜	222	432 土荆芥 …… 239
399 草胡椒	222	**红色、紫色花** …… **240**
400 小花山桃草	223	433 远志 …… 241
401 苍耳	223	434 西伯利亚远志 …… 241
402 刺苍耳	224	435 小扁豆 …… 242
403 香丝草	224	436 水珠草（亚种）…… 242
404 小蓬草	225	437 短梗柳叶菜 …… 243
405 暗花金挖耳	225	438 柳叶菜 …… 243
406 天名精	226	439 毛脉柳叶菜 …… 244
407 烟管头草	226	440 光滑柳叶菜（亚种）…… 244
408 石胡荽	227	441 细籽柳叶菜 …… 245
409 黄花蒿	227	442 粉花月见草 …… 245
410 裂叶蒿	228	443 阿拉伯婆婆纳 …… 246
411 茵陈蒿	228	444 婆婆纳 …… 246
412 猪毛蒿	229	445 直立婆婆纳 …… 246
413 白莲蒿	229	446 北水苦荬 …… 247
414 艾	230	447 水苦荬 …… 247
415 朝鲜艾（变种）	230	448 水蔓菁（亚种）…… 248
416 大籽蒿	231	449 离子芥 …… 248
417 红足蒿	231	450 涩荠 …… 249

451 诸葛菜⋯⋯⋯⋯⋯⋯⋯⋯⋯ 249	485 鳞叶龙胆⋯⋯⋯⋯⋯⋯⋯⋯ 266
452 紫花碎米荠⋯⋯⋯⋯⋯⋯⋯ 250	486 多歧沙参（亚种）⋯⋯⋯⋯ 267
453 扁蕾⋯⋯⋯⋯⋯⋯⋯⋯⋯⋯ 250	487 长柱沙参⋯⋯⋯⋯⋯⋯⋯⋯ 267
454 斑种草⋯⋯⋯⋯⋯⋯⋯⋯⋯ 251	488 泡沙参⋯⋯⋯⋯⋯⋯⋯⋯⋯ 268
455 多苞斑种草⋯⋯⋯⋯⋯⋯⋯ 251	489 石沙参⋯⋯⋯⋯⋯⋯⋯⋯⋯ 268
456 柔弱斑种草⋯⋯⋯⋯⋯⋯⋯ 252	490 细叶沙参（亚种）⋯⋯⋯⋯ 269
457 长柱斑种草⋯⋯⋯⋯⋯⋯⋯ 252	491 杏叶沙参（亚种）⋯⋯⋯⋯ 269
458 倒提壶⋯⋯⋯⋯⋯⋯⋯⋯⋯ 253	492 半边莲⋯⋯⋯⋯⋯⋯⋯⋯⋯ 270
459 盾果草⋯⋯⋯⋯⋯⋯⋯⋯⋯ 253	493 光叶党参⋯⋯⋯⋯⋯⋯⋯⋯ 270
460 鹤虱⋯⋯⋯⋯⋯⋯⋯⋯⋯⋯ 254	494 桔梗⋯⋯⋯⋯⋯⋯⋯⋯⋯⋯ 271
461 附地菜⋯⋯⋯⋯⋯⋯⋯⋯⋯ 254	495 柳叶马鞭草⋯⋯⋯⋯⋯⋯⋯ 271
462 钝萼附地菜（变种）⋯⋯⋯ 255	496 马鞭草⋯⋯⋯⋯⋯⋯⋯⋯⋯ 272
463 狼紫草⋯⋯⋯⋯⋯⋯⋯⋯⋯ 255	497 缬草⋯⋯⋯⋯⋯⋯⋯⋯⋯⋯ 272
464 梓木草⋯⋯⋯⋯⋯⋯⋯⋯⋯ 256	498 长药八宝⋯⋯⋯⋯⋯⋯⋯⋯ 273
465 田紫草⋯⋯⋯⋯⋯⋯⋯⋯⋯ 256	499 瓦松⋯⋯⋯⋯⋯⋯⋯⋯⋯⋯ 273
466 锦葵⋯⋯⋯⋯⋯⋯⋯⋯⋯⋯ 257	500 小丛红景天⋯⋯⋯⋯⋯⋯⋯ 274
467 野葵⋯⋯⋯⋯⋯⋯⋯⋯⋯⋯ 257	501 大花马齿苋⋯⋯⋯⋯⋯⋯⋯ 274
468 圆叶锦葵⋯⋯⋯⋯⋯⋯⋯⋯ 258	502 土人参⋯⋯⋯⋯⋯⋯⋯⋯⋯ 275
469 蜀葵⋯⋯⋯⋯⋯⋯⋯⋯⋯⋯ 258	503 牻牛儿苗⋯⋯⋯⋯⋯⋯⋯⋯ 275
470 麦蓝菜⋯⋯⋯⋯⋯⋯⋯⋯⋯ 259	504 芹叶牻牛儿苗⋯⋯⋯⋯⋯⋯ 276
471 麦瓶草⋯⋯⋯⋯⋯⋯⋯⋯⋯ 259	505 朝鲜老鹳草⋯⋯⋯⋯⋯⋯⋯ 276
472 鹤草⋯⋯⋯⋯⋯⋯⋯⋯⋯⋯ 260	506 粗根老鹳草⋯⋯⋯⋯⋯⋯⋯ 277
473 瞿麦⋯⋯⋯⋯⋯⋯⋯⋯⋯⋯ 260	507 灰背老鹳草⋯⋯⋯⋯⋯⋯⋯ 277
474 石竹⋯⋯⋯⋯⋯⋯⋯⋯⋯⋯ 261	508 毛蕊老鹳草⋯⋯⋯⋯⋯⋯⋯ 278
475 习见蓼⋯⋯⋯⋯⋯⋯⋯⋯⋯ 261	509 老鹳草⋯⋯⋯⋯⋯⋯⋯⋯⋯ 278
476 宿根亚麻⋯⋯⋯⋯⋯⋯⋯⋯ 262	510 鼠掌老鹳草⋯⋯⋯⋯⋯⋯⋯ 279
477 野亚麻⋯⋯⋯⋯⋯⋯⋯⋯⋯ 262	511 野老鹳草⋯⋯⋯⋯⋯⋯⋯⋯ 279
478 大叶铁线莲⋯⋯⋯⋯⋯⋯⋯ 263	512 地黄⋯⋯⋯⋯⋯⋯⋯⋯⋯⋯ 280
479 华北耧斗菜⋯⋯⋯⋯⋯⋯⋯ 263	513 独根草⋯⋯⋯⋯⋯⋯⋯⋯⋯ 280
480 河北耧斗菜⋯⋯⋯⋯⋯⋯⋯ 264	514 红花酢浆草⋯⋯⋯⋯⋯⋯⋯ 281
481 大火草⋯⋯⋯⋯⋯⋯⋯⋯⋯ 264	515 假酸浆⋯⋯⋯⋯⋯⋯⋯⋯⋯ 281
482 北方獐牙菜⋯⋯⋯⋯⋯⋯⋯ 265	516 青杞⋯⋯⋯⋯⋯⋯⋯⋯⋯⋯ 282
483 秦艽⋯⋯⋯⋯⋯⋯⋯⋯⋯⋯ 265	517 蓝雪花⋯⋯⋯⋯⋯⋯⋯⋯⋯ 282
484 红花龙胆⋯⋯⋯⋯⋯⋯⋯⋯ 266	518 狼毒⋯⋯⋯⋯⋯⋯⋯⋯⋯⋯ 283

519 散布报春 …………………… 283	553 并头黄芩 …………………… 300
520 中华花葱 …………………… 284	554 黄芩 ………………………… 301
521 紫花前胡 …………………… 284	555 京黄芩 …………………… 301
522 紫茉莉 …………………… 285	556 筇状黄芩 …………………… 302
523 矮韭 ……………………… 285	557 丹参 ………………………… 302
524 雾灵韭 …………………… 286	558 荫生鼠尾草 ……………… 303
525 球序韭 …………………… 286	559 林荫鼠尾草 ……………… 303
526 山韭 ……………………… 287	560 荔枝草 …………………… 304
527 细叶韭 …………………… 287	561 筋骨草 …………………… 304
528 薤白 ……………………… 288	562 线叶筋骨草 ……………… 305
529 禾叶山麦冬 ……………… 288	563 活血丹 …………………… 305
530 山麦冬 …………………… 289	564 荆芥 ………………………… 306
531 麦冬 ……………………… 289	565 麻叶风轮菜 ……………… 306
532 绵枣儿 …………………… 290	566 毛建草 …………………… 307
533 知母 ……………………… 290	567 三花莸 …………………… 307
534 藜芦 ……………………… 291	568 水棘针 …………………… 308
535 韭莲 ……………………… 291	569 黑龙江香科科 …………… 308
536 马蔺 ……………………… 292	570 细叶益母草 ……………… 309
537 紫苞鸢尾 ………………… 292	571 益母草 …………………… 309
538 白头翁 …………………… 293	572 百里香 …………………… 310
539 雨久花 …………………… 293	573 地椒 ………………………… 310
540 梭鱼草 …………………… 294	574 夏枯草 …………………… 311
541 千屈菜 …………………… 294	575 薄荷 ………………………… 311
542 弹刀子菜 ………………… 295	576 藿香 ………………………… 312
543 通泉草 …………………… 295	577 紫苏 ………………………… 312
544 角蒿 ……………………… 296	578 毛叶香茶菜 ……………… 313
545 山罗花 …………………… 296	579 蓝萼毛叶香茶菜（变种）… 313
546 松蒿 ……………………… 297	580 溪黄草 …………………… 314
547 小米草 …………………… 297	581 内折香茶菜 ……………… 314
548 列当 ……………………… 298	582 香薷 ………………………… 315
549 穗花马先蒿 ……………… 298	583 海州香薷 ………………… 315
550 返顾马先蒿 ……………… 299	584 密花香薷 ………………… 316
551 短茎马先蒿 ……………… 299	585 野草香 …………………… 316
552 藓生马先蒿 ……………… 300	586 宝盖草 …………………… 317

587 糙苏 …… 317	621 绣球小冠花 …… 334
588 裂叶荆芥 …… 318	622 米口袋 …… 335
589 陌上菜 …… 318	623 太行米口袋 …… 337
590 手参 …… 319	624 粗距舌喙兰 …… 337
591 旋蒴苣苔 …… 319	625 绶草 …… 338
592 爵床 …… 320	626 秋海棠 …… 338
593 糙叶黄芪 …… 320	627 中华秋海棠（亚种）…… 339
594 达乌里黄芪 …… 321	628 饭包草 …… 339
595 斜茎黄芪 …… 321	629 鸭跖草 …… 340
596 鸡峰山黄芪 …… 322	630 凤仙花 …… 340
597 草木樨状黄芪 …… 322	631 中州凤仙花 …… 341
598 细叶黄芪（变种）…… 323	632 北乌头 …… 341
599 蔓黄芪 …… 323	633 高乌头 …… 342
600 山黧豆 …… 324	634 华北乌头（变种）…… 342
601 长萼鸡眼草 …… 324	635 秦岭翠雀花 …… 343
602 鸡眼草 …… 325	636 翠雀 …… 343
603 二色棘豆 …… 325	637 腺毛翠雀（变种）…… 344
604 硬毛棘豆 …… 326	638 北京延胡索 …… 344
605 紫苜蓿 …… 326	639 小药巴旦子 …… 345
606 杂交苜蓿 …… 327	640 地丁草 …… 345
607 两型豆 …… 327	641 紫堇 …… 346
608 野大豆 …… 328	642 刻叶紫堇 …… 346
609 贼小豆 …… 328	643 辽东堇菜 …… 347
610 长柄山蚂蟥 …… 329	644 裂叶堇菜 …… 347
611 大花野豌豆 …… 329	645 总裂叶堇菜（变种）…… 348
612 大野豌豆 …… 330	646 鸡腿堇菜 …… 348
613 大叶野豌豆 …… 330	647 球果堇菜 …… 349
614 牯岭野豌豆 …… 331	648 北京堇菜 …… 349
615 广布野豌豆 …… 331	649 毛柄堇菜 …… 350
616 确山野豌豆 …… 332	650 蒙古堇菜 …… 352
617 山野豌豆 …… 332	651 茜堇菜 …… 354
618 救荒野豌豆 …… 333	652 细距堇菜 …… 354
619 窄叶野豌豆（亚种）…… 333	653 东北堇菜 …… 356
620 歪头菜 …… 334	654 戟叶堇菜 …… 357

655	早开堇菜 …………………… 358	689	线叶蓟 …………………… 378
656	毛花早开堇菜（变种） 359	690	烟管蓟 …………………… 378
657	紫花地丁 ………………… 360	691	蓟 ………………………… 379
658	太行堇菜（暂定名）…… 362	692	猬菊 ……………………… 379
659	长鬃蓼 …………………… 363	693	节毛飞廉 ………………… 380
660	春蓼 ……………………… 363	694	丝毛飞廉 ………………… 380
661	水蓼 ……………………… 364	695	篦苞风毛菊 ……………… 381
662	丛枝蓼 …………………… 364	696	风毛菊 …………………… 381
663	酸模叶蓼 ………………… 365	697	卷苞风毛菊 ……………… 382
664	绵毛酸模叶蓼（变种）… 365	698	蒙古风毛菊 ……………… 382
665	拳参 ……………………… 366	699	美花风毛菊 ……………… 383
666	红蓼 ……………………… 366	700	乌苏里风毛菊 …………… 383
667	青葙 ……………………… 367	701	硬叶风毛菊 ……………… 384
668	地榆 ……………………… 367	702	狭头风毛菊 ……………… 384
669	长茎飞蓬（亚种）……… 368	703	狭翼风毛菊 ……………… 385
670	堪察加飞蓬（亚种）…… 368	704	翼茎风毛菊 ……………… 385
671	小红菊 …………………… 369	705	银背风毛菊 ……………… 386
672	楔叶菊 …………………… 369	706	肾叶风毛菊 ……………… 386
673	尼泊尔蓼 ………………… 370	707	紫苞风毛菊 ……………… 387
674	支柱蓼 …………………… 370	708	华东蓝刺头 ……………… 387
675	漏芦 ……………………… 371	709	火烙草 …………………… 388
676	泥胡菜 …………………… 371	710	驴欺口 …………………… 388
677	麻花头 …………………… 372	711	羽裂蓝刺头 ……………… 389
678	碗苞麻花头（亚种）…… 372	712	鞑靼狗娃花 ……………… 389
679	缢苞麻花头（亚种）…… 373	713	阿尔泰狗娃花 …………… 390
680	钟苞麻花头（亚种）…… 373	714	糙毛阿尔泰狗娃花（变种）… 390
681	刺疙瘩 …………………… 374	715	千叶阿尔泰狗娃花（变种）… 391
682	藿香蓟 …………………… 374	716	狗娃花 …………………… 391
683	刺儿菜（变种）………… 375	717	砂狗娃花 ………………… 392
684	大刺儿菜（变种）……… 375	718	裂叶马兰 ………………… 393
685	魁蓟 ……………………… 376	719	蒙古马兰 ………………… 394
686	牛口刺 …………………… 376	720	山马兰 …………………… 394
687	太行蓟（暂命名）……… 377	721	全叶马兰 ………………… 395
688	绒背蓟 …………………… 377	722	马兰 ……………………… 395

723 裸菀 …… 396	756 蒿蓄 …… 415
724 三脉紫菀 …… 396	757 天麻 …… 415
725 湿生紫菀 …… 397	758 小果博落回 …… 416
726 翼柄紫菀 …… 398	**禾草类植物** …… 417
727 紫菀 …… 399	759 稗 …… 418
728 钻叶紫菀 …… 399	760 西来稗（变种） …… 418
729 林泽兰 …… 400	761 短芒稗（变种） …… 419
730 牛蒡 …… 400	762 无芒稗（变种） …… 419
731 短柱侧金盏花 …… 401	763 长芒稗 …… 420
732 兔儿伞 …… 401	764 光头稗 …… 420
733 日本续断 …… 402	765 臭草 …… 421
734 窄叶蓝盆花 …… 402	766 广序臭草 …… 421
花被不明显 …… 403	767 细叶臭草 …… 422
735 大戟 …… 404	768 棒头草 …… 422
736 甘青大戟 …… 404	769 拂子茅 …… 423
737 甘遂 …… 405	770 假苇拂子茅 …… 423
738 钩腺大戟 …… 405	771 丝带草（变种） …… 424
739 林大戟 …… 406	772 鸭茅 …… 424
740 乳浆大戟 …… 406	773 大狗尾草 …… 425
741 泽漆 …… 407	774 狗尾草 …… 425
742 斑地锦草 …… 407	775 金色狗尾草 …… 426
743 地锦草 …… 408	776 鬼蜡烛 …… 426
744 千根草 …… 408	777 看麦娘 …… 427
745 通奶草 …… 409	778 白草 …… 427
746 闽南大戟 …… 409	779 狼尾草 …… 428
747 地构叶 …… 410	780 大针茅 …… 428
748 铁苋菜 …… 410	781 朝阳芨芨草 …… 429
749 裂苞铁苋菜 …… 411	782 芨芨草 …… 429
750 瓣蕊唐松草 …… 411	783 京芒草 …… 430
751 长柄唐松草 …… 412	784 乱子草 …… 430
752 长喙唐松草 …… 412	785 细柄草 …… 431
753 东亚唐松草（变种） …… 413	786 野青茅 …… 431
754 箭头唐松草 …… 413	787 短毛野青茅（变种） …… 432
755 展枝唐松草 …… 414	788 小画眉草 …… 432

789	知风草 …………………… 433	823	东方羊茅（亚种）……… 450
790	黄茅 ……………………… 433	824	甘肃羊茅 ………………… 450
791	节节麦 …………………… 434	825	羊茅 ……………………… 451
792	短柄草 …………………… 434	826	紫羊茅 …………………… 451
793	多花黑麦草 ……………… 435	827	西伯利亚三毛草 ………… 452
794	黑麦草 …………………… 435	828	北京隐子草 ……………… 452
795	硬直黑麦草 ……………… 436	829	糙隐子草 ………………… 453
796	赖草 ……………………… 436	830	朝阳隐子草 ……………… 453
797	荻 ………………………… 437	831	宽叶隐子草（变种）…… 454
798	芒 ………………………… 437	832	多叶隐子草 ……………… 454
799	芦苇 ……………………… 438	833	丛生隐子草 ……………… 455
800	垂穗披碱草 ……………… 438	834	草地早熟禾 ……………… 455
801	东瀛鹅观草 ……………… 439	835	高株早熟禾 ……………… 456
802	鹅观草 …………………… 439	836	渐尖早熟禾 ……………… 456
803	肥披碱草 ………………… 440	837	尼泊尔早熟禾 …………… 457
804	老芒麦 …………………… 440	838	普通早熟禾 ……………… 457
805	麦䕢草 …………………… 441	839	细叶早熟禾（亚种）…… 458
806	毛秆鹅观草（亚种）…… 441	840	早熟禾 …………………… 458
807	毛披碱草 ………………… 442	841	白羊草 …………………… 459
808	披碱草 …………………… 442	842	狗牙根 …………………… 459
809	纤毛鹅观草 ……………… 443	843	虎尾草 …………………… 460
810	缘毛鹅观草 ……………… 443	844	假稻 ……………………… 460
811	大油芒 …………………… 444	845	荩草 ……………………… 461
812	油芒 ……………………… 444	846	矛叶荩草 ………………… 461
813	茅香 ……………………… 445	847	马唐 ……………………… 462
814	野黍 ……………………… 445	848	毛马唐（变种）………… 462
815	野古草 …………………… 446	849	升马唐 …………………… 463
816	耐酸草 …………………… 446	850	求米草 …………………… 463
817	雀麦 ……………………… 447	851	竹叶草 …………………… 464
818	疏花雀麦 ………………… 447	852	双穗雀稗 ………………… 464
819	野燕麦 …………………… 448	853	牛筋草 …………………… 465
820	锋芒草 …………………… 448	854	白茅 ……………………… 465
821	虱子草 …………………… 449	855	黄背草 …………………… 466
822	草甸羊茅 ………………… 449	856	虮子草 …………………… 466

857 茵草 …… 467	882 粗脉薹草 …… 480
858 坚被灯芯草 …… 467	883 大披针薹草 …… 480
859 笄石菖 …… 468	884 亚柄薹草（变种）…… 481
860 扁秆荆三棱 …… 468	885 青绿薹草 …… 481
861 荆三棱 …… 469	886 宽叶薹草 …… 482
862 三棱水葱 …… 469	887 翼果薹草 …… 482
863 水葱 …… 470	888 异鳞薹草 …… 483
864 水虱草 …… 470	889 皱果薹草 …… 484
865 双穗飘拂草 …… 471	**水生植物** …… **485**
866 头状穗莎草 …… 471	890 篦齿眼子菜 …… 486
867 白鳞莎草 …… 472	891 尖叶眼子菜 …… 486
868 褐穗莎草 …… 472	892 眼子菜 …… 487
869 北莎草（变型）…… 473	893 菹草 …… 487
870 水莎草 …… 473	894 大薸 …… 488
871 香附子 …… 474	895 凤眼莲 …… 488
872 异型莎草 …… 474	896 浮萍 …… 489
873 红鳞扁莎 …… 475	897 大茨藻 …… 489
874 球穗扁莎 …… 475	898 黑藻 …… 490
875 具刚毛荸荠（变种）…… 476	899 金鱼藻 …… 490
876 太行山蔺藨草 …… 476	900 满江红（亚种）…… 491
877 矮丛薹草（变种）…… 477	901 穗状狐尾藻 …… 491
878 矮生薹草 …… 478	902 黑三棱 …… 492
879 白颖薹草（亚种）…… 478	903 水烛 …… 492
880 叉齿薹草 …… 479	904 长苞香蒲 …… 493
881 长嘴薹草 …… 479	905 无苞香蒲 …… 493

索 引 …… **494**

概 述

第一部分

■ 太行山植物区系分布

太行山又名五行山、王母山、女娲山，是中国东部地区的重要山脉和地理分界线，绵延约400千米，为山西东部、东南部与河北、河南两省的天然界山。地理位置为北纬34°35′~40°19′，东经110°15′~116°27′，即南起黄河，北止桑干河，西接忻定、晋中、晋南盆地，东临华北大平原，全区为太行山系，包括恒山、五台山、小五台山、太行山、太岳山、中条山及北京的百花山等。行政区划涉及4省（直辖市）100多个县、区、市。具体有山西省的长治市、晋城市、阳泉市、雁北地区、忻州地区、晋中地区、临汾地区、运城地区及太原市的59个县、市；河北省的保定市、石家庄市、邢台市、邯郸市等地的27个县、市；北京市的门头沟、房山、昌平、海淀、丰台、石景山6个区；河南省的济源市、焦作市、新乡市、鹤壁市、安阳市5个市15个县。

一、地貌及其对树种资源的影响

太行山是中生代燕山运动时隆起的，又经过新生代喜马拉雅运动形成的山地，太行山是一个北北东和南南西—南西西的大背斜，背斜轴部及断层地带出露太古界和元古界的片麻岩等变质岩系，其上覆盖了灰岩类和页岩类。两翼边缘地带分布有砂页岩、灰岩和煤层。太行山背斜的东部为断层，短而陡，山势陡峻，土层较薄，多岩石裸露地和悬崖峭壁；西部为高原面，长而缓，到处沉积有不同深度的黄土，不少地方形成黄土丘陵地貌。太行山区山西境内，在太行山背斜和霍山（太岳山）背斜之间有一个大的向斜构造，就是长治盆地。此外有一些小的山间盆地，如涞源盆地、灵丘盆地、恒曲盆地等。在河南境内形成了林州盆地。从上述情况可以看出：太行山是一个以山地为主，兼有黄土丘陵、山间盆地分布的复合山地地貌。

太行山区地形复杂，高差变化大。境内山峦起伏，沟谷纵横，较大河流有海河支流桑干河、唐河、滹沱河、漳河和黄河支流沁河、丹河、沭水河等，所以太行山是华北平原地区的水源区，对华北平原的水源供应起着重要作用。太行山东侧从华北平原拔地而起，山脚海拔只有100米左右，由东向西急剧上升，主要山峰海拔均超过2000米。其中五台山最高，海拔3058米；小五台山海拔2882米；恒山最高峰海拔2524米；太岳山主峰海拔2551米；南部中条山主峰海拔2358米。太行山西部地区地势较缓，多黄土丘陵，其海拔一般为1100～1400米，其间的河谷盆地相对较低，海拔多在1000米左右。

总之，太行山区是一个南北狭长，地形变化大，山地、丘陵、盆地相间分布的复合山地地貌类型。该区不仅南北气候变异大，而且微域性气候条件分异明显，从而使土壤、植被的分布复杂化。

二、气候条件及其对树种资源的影响

太行山区东南侧受太平洋暖湿气流影响，气温高、降水量大，所以太行山南部地区属暖温带半湿润气候区，但因西北侧又受到西北干冷气流的影响，大陆性气候明显，所以北部地区气候偏凉，降水量少，属于暖温带半干旱气候区，其中恒山北部为温带半干旱气候区。气温从南到北，逐渐降低，黄河边平陆县年均气温为13.7℃，至恒山地区降为4～6℃，降幅近10℃。极端最低气温在豫北山地为-21℃，至北部浑源降至-37.3℃，最低为五台山山顶，可达-44.8℃，极端最高气温在南端芮城可达42.4℃。温度≥10℃的积温一般为2500（北部）～4500℃（南部），无霜期一般120～200天。在南部地区年平均降水量一般为550～650毫米，而在北部地区为400～500毫米，降水量的年际和月际变化都很大，如豫北年降水量最低为200毫米，最高可达1000毫米。太行山区的每年降水量主要集中在7—9月，可占全年的60%～70%，且多暴雨，因而引起严重的水土流失。据调查晋东太行山区土壤侵蚀模数1000～1400吨/平方千米，每年从山西流入海河的泥沙超过8200万吨，给华北平原地区带来很大危害。太行山区由于山体高差大，气候条件除水平上的差异外，还引起气候条件的垂直变化。例如，五台山的年平均气温从海拔1000米（繁峙县）的6℃降至3000米（五台山）的-4℃，降水量则从400毫米增加到800毫米以上。因而造成了立地条件的垂直变化，并使植被和土壤的垂直带谱明显，这就使海拔成为影响太行山区树种资源分布主要因素。

三、植被

（一）主要植被类型

以自然植被类型为主，主要有以下几类。

（1）寒温性针叶林：华北落叶松（*Larix principis-rupprechtii*）林、白杄（*Picea*

meyeri）、青杆（*Picea wilsonii*）林及臭冷杉（*Abies nephrolepis*）林等。此外还有人工栽培的樟子松（*Pinus sylvestris* var. *mongolica*）林。

（2）温性针叶林：油松（*Pinus tabulaeformis*）林（包含以油松为主要树种的混交林）、白皮松（*Pinus bungeana*）林、华山松（*Pinus armandii*）林、侧柏（*Platycladus orientalis*）林，以及以上述针叶树为主要树种的针阔叶混交林。

（3）暖性针叶林：南方红豆杉（*Taxus mairei*）占优势的混交林（面积很小）及人工栽培的小片的水杉（*Metasequoia glyptostroboides*）林。

（4）栎林：辽东栎（*Quercus liaotungensis*）、栓皮栎（*Quercus variabilis*）、橿子栎（*Quercus baronii*）林，槲栎（*Quercus aliena*）林等。

（5）山地杨桦林：山杨（*Populus davidiana*）林、白桦（*Betula platyphylla*）林及以白桦为主的混交林。

（6）落叶阔叶杂木林：指上述阔叶树种以外的其他阔叶树种为主的阔叶混交林或针阔叶混交林。如毛梾（*Swida walteri*）、千金榆（*Carpinus cordata*）、鹅耳枥（*Carpinus turczaninowii*）、胡桃楸（*Juglans mandshurica*）、楸（*Catalpa bungei*）及朴属（*Celtis*）、榆属（*Ulmus*）植物等为主形成的纯林或混交林。

（7）高寒落叶灌丛：主要有鬼箭锦鸡儿（*Caragana jubata*）灌丛、金露梅（*Potentilla fruticosa*）灌丛等。

（8）温性落叶灌丛及灌草丛：虎榛子（*Ostryopsis davidiana*）、土庄绣线菊（*Spiraea pubescens*）、中国沙棘（*Hippophae rhamnoides* subsp. *sinensis*）、胡枝子（*Lespdeza bicolor*）、野皂荚（*Gleditsia microphylla*）、荆条（*Vitex negundo* var. *heterophylla*）、酸枣（*Ziziphus jujuba* var. *spinosa*）、白刺花（*Sophora davidi*）、蚂蚱腿子（*Myripnois dioica*）、连翘（*Forsythia suspensa*）、锦鸡儿（*Caragana sinica*）等灌丛及灌草丛。

（9）沙地、盐碱地灌丛：主要有人工栽培的柠条锦鸡儿（*Caragana korshinskii*）灌丛及柽柳（*Tamarix chinensis*）灌丛等。

（10）草原类型：长芒草（*Stipa bungeana*）、艾蒿（*Artemisia argyi*）、白羊草（*Bothrioehloa ischaemum*）混生黄刺玫（*Rosa xanthina*）草原；鹅观草（*Roegneria kamoji*）、蒿类（*Artemisia* spp.）混生百里香（*Thymus mongolicus*）草原；长芒草、兴安胡枝子（*Lespedeza davurica*）、木贼麻黄（*Ephedra equisetina*）草原；蒿草（*Kobresia bellardii*）、薹草（*Carex* spp.）等组成的亚高山草甸草原；拂子茅（*Calamagrostis epigejos*）、薹草等组成的河漫滩草甸草原等。

此外，是以小麦（*Triticum aestivum*）、玉米（*Zea mays*）、谷子（*Setaria italica*）、

马铃薯（*Solanum tuberosum*）、高粱（*Sorghum vulgare*）、棉花（*Gossypium herbaceum*）以及其他杂粮、薯类、蔬菜、瓜果等组成的农区农作物群落；以杨属（*Populus* spp.）树木、刺槐（*Robinia pseudoacacia*）、油松、华北落叶松、旱柳（*Salix matsudana*）、枣（*Zizyphus jujuba*）、核桃（*Juglans regia*）、花椒（*Zanthoxylum bungeanum*）等，以及各类水果组成的人工林群落类型。

（二）植被的水平分布

农作物群落主要分布于盆地、黄土丘陵区，太行山东麓的丘陵和平原区，以及山区的农耕地。

南部的中条山区气候温和，降水较多，自然植被茂盛，种类多。主要分布有华山松林、油松林、山杨林、白桦林、橿子栎林、槲栎及其他阔叶杂木林、白皮松林、侧柏林，以及荆条、酸枣等灌丛和混有蒿类、禾本科草的灌丛。此外，还有红豆杉（*Taxus chinensis*）、南方红豆杉、匙叶栎（*Quercus spathulata*）、领春木（*Euptelea pleiosperma*）等稀有树种。

中部东西山地属半湿润气候区，海拔较高，分布有寒温性和温性植被类型。主要有华北落叶松林、白杄林、青杄林、油松林、山杨林、白桦林、鹅耳枥林、胡桃楸林、白皮松林、侧柏林以及以辽东栎、栓皮栎为主要树种的栎类林等，以及中国沙棘、胡枝子、虎榛子、山桃（*Amygdalus davidiana*）、白刺花、蚂蚱腿子、黄刺玫、黄栌（*Cotinus coggygria*）、绣线菊（*Spiraea salicifolia*）等灌丛。还有白羊草、薹草、蒿类等草本群落，其中混有荆条、锦鸡儿、河朔荛花（*Wikstroemia chamaedaphne*）等灌木的草原或灌丛。在海拔较高的山地分布有鬼箭锦鸡儿和金露梅灌丛。

河北内长城以北为温带草原区，自然植被稀少。只在恒山一带分布有华北落叶松林、白杄—青杄林、山杨—白桦林及少数油松林。另有一些灌丛和灌草丛，主要有中国沙棘灌丛、白羊草和百里香灌草丛、草麻黄（*Ephedra sinica*）及草木樨状黄芪（*Astragalus melilotoides*）等群落。在大面积的盆地丘陵区，除农田外，分布有面积大小不等的沙荒和沙化地，只稀疏地生长有一些旱生或盐生杂草。1949年后，人工栽植了小叶杨（*Populus simonii*）林、樟子松林、油松林、华北落松林，以及中国沙棘、柠条锦鸡儿等灌木林。

（三）植被的垂直分布

在山区，由于海拔高度的差异，引起了气候条件和土壤类型的变化，因此不同海拔高度有不同的植被类型分布，即植被垂直带谱。一般说，山脚多为农田，农田间有少量分布的灌草丛；再高一些的山下部则分布有温性、暖温性的针阔叶林及灌丛草地；山的上部则出现了寒温性的针叶林；最上部的山顶部分则多为山地草甸或亚高山草甸。具体以北部的五台山、中部的太岳山和南部的中条山及太行山东麓为例说明其垂直分布。

1. 北部五台山、恒山区

包括滹沱河北的五台山和恒山、百花山等地区，以土石山为主，间有黄土丘陵和盆地。年平均气温 4～6℃，五台山顶 –4℃；年平均降水量 450～550 毫米，五台山降水量超过 800 毫米；温度 ≥ 10℃的积温为 2000～2500℃，无霜期 100～120 天。以褐土性土、淋溶褐土、棕壤土为主，此外有棕壤性土、山地草甸土、亚高山草甸土和粗骨土分布。其植被垂直分布情况以五台山主峰北台叶斗峰（海拔 3058 米）为代表：

（1）草地及农垦带（海拔 1000～1400 米）：以白羊草、长芒草及蒿类草原为主，北坡还有冰草（*Agropyron cristatum*）；南坡有少量农田，以种植莜麦（*Avena nuda*）、马铃薯、蚕豆（*Vicia faba*）等为主。

（2）灌草丛带（海拔 1300～2300 米）：以野青茅（*Deyeuxia arundinacea*）、蓝花棘豆（*Oxytropis coerulea*）、阿尔泰针茅（*Stipa krylovii*）草原为主，间有土庄绣线菊、虎榛子等灌丛。

（3）森林草原带（海拔 1800～2600 米）：以云杉、青杄、白杄林为主，阳坡、半阳坡有少量华北落叶松，另有小糠草（*Agrostis alba*）、早熟禾（*Poa annua*）草甸。

（4）亚高山灌丛草甸带（海拔 2300～2800 米）：以羊茅（*Festuca ovina*）、鹅观草草甸和由菊科（Asteraceae）及其他杂草组成的草甸为主。在北坡海拔 2600～2800 米分布有以鬼箭锦鸡儿、皂柳（*Salix wallichiana*）等为主的灌丛。

（5）亚高山草甸带（海拔 2500～3058 米）：以嵩草与薹草为主，含有珠芽蓼（*Polygonum viviparum*）等亚高山植物。

此外，从 20 世纪 50 年代以来，人工营造了大片的华北落叶松、青杨（*Populus cathayana*）等人工林，上述植被类型分布格局有了新的变化。

2. 中部太行山、太岳山林

包括河南、河北及山西太行山、系舟山和太岳山区，以土石山地貌为主，东侧和西侧有部分石质山，山区之间夹杂分布着黄土丘陵和小块盆地。年平均气温 4～9℃；年平均降水量 550～700 毫米；温度 ≥ 10℃的积温为 2100～3100℃；无霜期 120～160 天。土壤以褐土性土居多；山地还有淋溶褐土、棕壤土和山地草甸土分布；石质土和粗骨土在边缘地带分布较多。此外，还有少量石灰性褐土和潮土分布。其植被类型以油松林、辽东栎林、白桦山杨林及中国沙棘、荆条、虎榛子等灌丛和灌草丛为主，并表现出垂直分异特点。以太岳山为例：

（1）灌草丛及农垦带（海拔 600～1450 米）：以中国沙棘、荆条灌丛和白羊草草地为主，海拔 1300 米以上，灌丛较草地分布为高；海拔 1300 米以下的地方是农田，农作物以杂粮为主。

（2）低中山针叶阔叶林带（西坡海拔 1450 ~ 1600 米）：多见辽东栎等栎类以及油松林组成的混交林。

（3）落叶阔叶林带（东坡海拔 1400 ~ 1900 米）：以辽东栎居优势，间有白桦、山杨。

（4）小叶林带（西坡海拔 1600 ~ 2200 米）：以山杨、白桦为主。

（5）山地草甸带（海拔 1900 ~ 2347 米）：上部以双子叶杂草类草甸为主，下部多为羊茅草甸草原，针茅（*Stipa capillata*）草原次之。

总之，该区油松林分布广泛，其次是辽东栎林、白桦山杨林，尤其是在太岳西山地区较集中。人工林除油松林外，以华北落叶松人工林为多，山脚和河谷地带有小片刺槐林或杨柳林等人工林，并间有小片日本落叶松（*Larix kaempferi*）人工林。另在太岳山西部海拔 2000 米左右山坡上分布有小片天然华北落叶松林和青杆疏林。

3. 南部中条山区

包括浮山、沁水以南至芮城、永济黄河边的中条山区。以土石山、石质山为主，并分布有黄土丘陵和残垣地貌。境内山势陡峻，峰峦重叠，河谷交错，高差较大。河流除过境的沁河、丹河外，还是涑水河的发源地。该区为暖温带半湿润气候类型，山地和边缘黄土丘陵区的气候差别很大。年平均气温 8 ~ 13.8℃；温度 ≥ 10℃ 的积温为 1700 ~ 4500℃；年平均降水量 500 ~ 720 毫米；无霜期 130 ~ 210 天。其中以舜王坪为中心的山地降水量大，气温低，无霜期短，是植被茂盛的森林区；边缘黄土丘陵、残垣区，降水量少，气温高，自然植被少，水土流失严重。山地土壤以淋溶褐土、棕壤土、褐土性土为主，间有山地草甸土、棕壤性土、石质土和粗骨土；黄土丘陵残垣和河谷地还有石灰性褐土和小片潮土。一般山地土层厚度不大，并有部分裸岩地。中条山区处于暖温带，由于山体高差大和气候垂直变化的缘故，自然植被复杂多样，树种资源也比较丰富。除暖温带树种如栓皮栎、辽乐栎、锐齿槲栎（*Quercus aliena* var. *acuteserrata*）等栎类阔叶林，以及油松、华山松、白皮松等针叶林外，还有亚热带树种红豆杉、南方红豆杉、连香树（*Cercidiphyllum japonicum*）、领春木等零星分布。同时海拔 2000 米以上山地又有寒温性树种青杆生长。因此，中条山区是山西省树种最多的山区。中条山区的植被分布情况，可用植被垂直带谱表示。

（1）灌丛和农垦带（海拔 500 ~ 1000 米）：酸枣、荆条、杠柳（*Periploca sepium*）占优势，檀子栎、对节刺（*Sageretia pycnophylla*）、山合欢（*Albizia kalkora*）等次之。农作物有小麦、玉米、谷子、高粱等。

（2）疏林灌丛带（海拔 700 ~ 1500 米）：以侧柏、油松、白皮松、栓皮栎、檀子栎为主，栓皮栎在南坡分布较高。

（3）低中山针叶阔叶林带（北坡海拔1200～1750米）：以油松、辽东栎为主，在海拔较高的地方混生有华山松。

（4）落叶阔叶林带（海拔1500～2000米）：以辽东栎林和槲栎林为主。

（5）小叶林带（北坡海拔2000～2200米）：以桦林为主，有些地方混生有山杨。

（6）亚高山草甸带（海拔2200～2322米）：薹草、菊属（Dendranthema spp.）植物及委陵菜（Potentilla chinensis）占优势。

此外，天然树种还有漆（Toxicodendron vernicifluum）、栗（Castanea mollissima）等。

人工栽培的树种有油松、华北落叶松、日本落叶松、栓皮栎，以及浅山黄土丘陵区栽植的刺槐、侧柏、旱柳、杨树、泡桐属（Paulownia spp.）及各种竹亚科（Bambusoideae）植物。此外还有山楂（Crataegus pinnatifida）、核桃、桃（Prunus persica）、苹果（Malus pumila）、花椒、柿（Diospyros kaki）、枣等经济树。在夏县、闻喜县一带阔叶林中混生有栗，在翼城县山区散生有翅果油树（Elaeagnus mollis），这些都是具有开发价值的树种资源。

今后，在保护和发展森林资源，发挥森林防护效益和养护野生动物功能的同时，着重发展以下树种：油松、华山松、落叶松、漆、栓皮栎，以及栗、刺槐和各种适生经济树。同时要特别强调保护和发展稀有树种，包括红豆杉、南方红豆杉、连香树、领春木、山白树（Sinowilsonia henryi）、异叶榕（Ficus heteromorpha）、三桠乌药（Lindera obtusiloba）、山桐子（Idesia polycarpa）、匙叶栎和翅果油树等。

4. 太行山东麓及长治盆地农田防护林区

包括北京、河南、河北太行山东麓和山西长治盆地全部。境内地势相对平坦，以丘陵和小块山地为主。浊漳河是盆地内的主要水系。山西长治盆地海拔一般在1000米左右，某些黄土丘陵和石质山地较高，可达1378米（老顶山），但至高平、泽州一带低至700米。该区年平均气温9～10℃；温度≥10℃的积温为3100～3400℃；年平均降水量550～650毫米；无霜期150～160天，属半湿润气候区。土壤以褐土类和潮土为主，并有少量冲积土和粗骨土，多属耕作土壤。太行山东麓为太行山向华北平原的过渡带，海拔50～300米。该区主要为农业区，自然植被稀少，主要农作物有谷子、玉米、小麦、马铃薯及各种豆类等。人工栽培的树种主要有杨树、旱柳、刺槐、侧柏、油松、圆柏（Sabina chinensis）、悬铃木（Platanus）等；城市园林绿化引进树种有水杉、雪松（Cedrus deodara）等；经济树种有山楂、苹果、核桃、梨属（Pyrus spp.）植物等。

太行山区今后主要是建设盆地防护林体系和实行城乡园林化。主要发展树种：杨树

类树种 [毛白杨（*Populus tomentosa*）、青杨、北京杨（*Populus × beijingensis*）、小叶杨、新疆杨（*Populus alba* var. *pyramidalis*）] 及油松、侧柏、圆柏、旱柳、刺槐、华北落叶松、槐树等。南部可引种雪松、悬铃木、水杉等。果树可栽植梨、核桃、山楂、苹果、柿、毛梾，也可发展桑（*Morus alba*）、花椒等。

四、综述

（一）多样性

太行山有盆地、丘陵、山地，还有一些山间河谷川地、山间小盆地、残垣和黄土台地呈现出地貌的多样性；在气候条件上有暖温带气候和中温带气候，还有高山地带的寒温带气候，同时又有半干旱和半湿润气候类型，加上地形起伏变化造成的小气候的差异，构成气候条件的多样性。再加上土壤的多样性和植被的多样性，就构成了生态环境条件的多样性，并且适宜多种树种生存，形成树种较为多样的格局。

（二）低劣性

由于天然降水较少，干旱缺水是自然条件方面最大的制约因素；土壤贫瘠，不仅大部分地区表土有机质在 1% 以下，土壤水分少，而且大片的裸岩山地土层瘠薄，草木生长困难。加上风沙、冰雹、霜冻及水土流失，造成太行山生态环境的低劣性。使树木种植和树木生长面临众多困难和限制。

（三）可变性

生态环境的客观存在，有其自然发展规律，但与人类社会活动的影响是分不开的，如森林植被的破坏与减少、水土流失、土地沙化、土壤贫瘠等，都是人类不合理开发利用自然资源造成的。但是人类也可以保护森林、植树造林、保持水土、培肥土壤、改善生态环境，例如，经过多年封山育林，植树造林，森林覆盖率提高了数倍。所以不论在微观上，还是在宏观上，低劣的生态环境条件，都是可以改变的。相信通过大家的努力，在不久的将来，太行山区一定有个良好的生态环境，为华北地区提供良好的生态保障。

（以上摘自安阳市林业局郭玉生老师编著的《太行山树木志》前言部分，稍作改动，已获得授权）。

■ 南太行地貌风光

形态术语

一、叶

波状锯齿　不裂　对生　鳞片状　单锯齿　螺旋状着生　簇生

心形　箭形　互生　单身复叶　单叶　倒卵形　圆齿

卵形　芒状锯齿　二回羽裂　二回羽状复叶　基生　大头羽裂　轮生

偶数羽状复叶　肾形　椭圆形　倒披针形　圆形　鸟足状裂　重锯齿

披针形　奇数羽状复叶　全缘　掌裂　掌状复叶　羽裂　针状　线形

二、果

浆果　核果　梨果　荚果　蓇葖果　瘦果

角果　翅果　坚果　聚合果　聚花果　蒴果

三、花

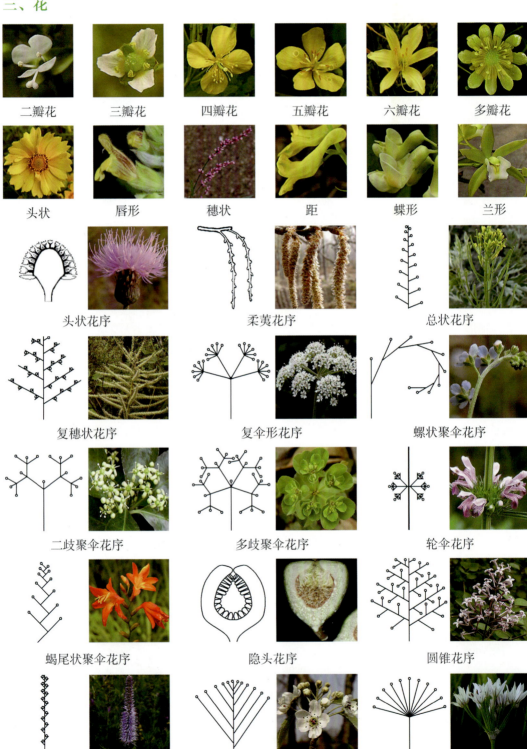

| 二瓣花 | 三瓣花 | 四瓣花 | 五瓣花 | 六瓣花 | 多瓣花 |
| 头状 | 唇形 | 穗状 | 距 | 蝶形 | 兰形 |

头状花序　　　　柔荑花序　　　　总状花序

复穗状花序　　　复伞形花序　　　螺状聚伞花序

二歧聚伞花序　　多歧聚伞花序　　轮伞花序

蝎尾状聚伞花序　隐头花序　　　　圆锥花序

穗状花序　　　　伞房花序　　　　伞形花序

2 第二部分

藤蔓草本

1 打碗花 | *Calystegia hederacea*　　　　旋花科　打碗花属

一年生草本。全株不被毛，植株通常矮小，高 8~30（40）厘米，常自基部分枝，具细长白色的根。茎细，平卧，有细棱。基部叶长圆形，宽 1~2.5 厘米，顶端圆，基部戟形，上部叶 3 裂，中裂片长圆形或长圆状披针形，侧裂片近三角形，全缘或 2~3 裂，叶基部心形或戟形；叶柄长 1~5 厘米。花腋生，1 朵，花梗长于叶柄，有细棱；苞片宽卵形，长 0.8~1.6 厘米，顶端钝或锐尖至渐尖；萼片长圆形，长 0.6~1 厘米，顶端钝，具小短尖头，内萼片稍短；花冠淡紫色或淡红色，钟状，长 2~4 厘米，冠檐近截形或微裂；雄蕊近等长，花丝基部扩大，贴生花冠管基部，被小鳞毛；子房无毛，柱头 2 裂，裂片长圆形，扁平。蒴果卵球形，宿存萼片与之近等长或稍短。花期 3—9 月，果期 6—9 月。南太行平原、山区有分布。为农田、荒地、路旁常见的杂草。根可药用，治妇女月经不调，红、白带下。

2 旋花 | *Calystegia sepium*　　　　旋花科　打碗花属

多年生草本。全株不被毛。茎缠绕，伸长，有细棱。叶形多变，三角状卵形或宽卵形，顶端渐尖或锐尖，基部戟形或心形，全缘或基部稍伸展为具 2~3 大齿缺的裂片；叶柄常短于叶或两者近等长。花腋生，1 朵；花梗通常稍长于叶柄，长达 10 厘米，有细棱或有时具狭翅；苞片宽卵形，长 1.5~2.3 厘米，顶端锐尖；萼片卵形，长 1.2~1.6 厘米，顶端渐尖或有时锐尖；花冠通常白色或有时淡红或紫色，漏斗状，长 5~6（7）厘米，冠檐微裂。蒴果卵形，长约 1 厘米，为增大宿存的苞片和萼片所被。花果期 8—10 月。南太行平原、山区广布。生于路旁、溪边草丛、农田边或山坡林缘。寄生于乔灌木或多年生草本植物上。根入药，治白带、白浊、疝气、疥疮等。

3 藤长苗 | *Calystegia pellita*　　旋花科　打碗花属

多年生草本。根细长。茎缠绕或下部直立，圆柱形，有细棱，密被灰白色或黄褐色长柔毛，有时毛较少。叶长圆形或长圆状线形，顶端钝圆或锐尖，具小短尖头，基部圆形、截形或微呈戟形，全缘，两面被柔毛，通常背面沿中脉密被长柔毛，有时两面毛较少，叶脉在背面稍突起；叶柄长 0.2~1.5（2）厘米，毛被同茎。花腋生，单一，花梗短于叶，密被柔毛；苞片卵形，长 1.5~2.2 厘米，顶端钝，具小短尖头，外面密被褐黄色短柔毛，有时被毛较少，具有如叶脉的中脉和侧脉；萼片近相等，长 0.9~1.2 厘米，长圆状卵形，上部具黄褐色缘毛；花冠淡红色，漏斗状，长 4~5 厘米，冠檐于瓣中带顶端被黄褐色短柔毛。蒴果近球形，直径约 6 毫米。花果期 6—9 月。南太行平原、山区广布。生于路边、田边杂草中或山坡草丛。

4 田旋花 | *Convolvulus arvensis*　　旋花科　旋花属

多年生草本。根状茎横走，茎平卧或缠绕，有条纹及棱角，无毛或上部被疏柔毛。叶卵状长圆形至披针形，先端钝或具小短尖头，基部大多戟形，或箭形及心形，全缘或 3 裂，侧裂片展开，微尖，中裂片卵状椭圆形，狭三角形或披针状长圆形，微尖或近圆；叶柄较叶短；叶脉羽状，基部掌状。花序腋生，总梗长 3~8 厘米，具花 1 或有时数朵，花柄比花萼长得多；苞片 2，线形；萼片有毛，稍不等，2 枚外萼片稍短，长圆状椭圆形，钝，具短缘毛，内萼片近圆形，钝或稍凹，或多或少具小短尖头，边缘膜质；花冠宽漏斗形，长 15~26 毫米，白色或粉红色，或白色具粉红或红色的瓣中带，或粉红色具红色或白色的瓣中带，5 浅裂。花期 6—8 月，果期 6—9 月。南太行平原、山区广布。生于耕地及荒坡草地上。全草入药，调经活血，滋阴补虚。

5 北鱼黄草 | *Merremia sibirica*　　　旋花科　鱼黄草属

多年生缠绕草本。全株各部分近于无毛。叶卵状心形，顶端长渐尖或尾状渐尖，基部心形，全缘或稍波状，侧脉7~9对；叶柄长2~7厘米，基部具小耳状假托叶。聚伞花序腋生，具花3（1）~7朵，花序梗通常比叶柄短，明显具棱或狭翅；苞片小，线形；萼片椭圆形，近于相等，顶端明显具钻状短尖头，无毛；花冠淡红色，钟状，冠檐具三角形裂片。蒴果近球形，顶端圆，长5~7毫米，无毛，4瓣裂。花果期6—9月。南太行丘陵区广布。生于荒坡、林缘、田旁、路旁。全草入药，治劳伤疼痛、下肢肿痛及疔疮。

6 牵牛 | *Ipomoea nil*　　　旋花科　番薯属

一年生缠绕草本。茎上被倒向的短柔毛及杂有倒向或开展的长硬毛。叶宽卵形或近圆形，深或浅的3裂，偶5裂，基部圆，心形，中裂片长圆形或卵圆形，渐尖或骤尖，侧裂片较短，三角形，裂口锐或圆，叶正面或疏或密被微硬的柔毛；叶柄长2~15厘米，毛被同茎。花腋生，单一或通常2朵着生于花序梗顶，花序梗长短不一，通常短于叶柄，有时较长，毛被同茎；苞片线形或叶状，被开展的微硬毛；花梗长2~7毫米；小苞片线形；萼片近等长，披针状线形，内面2枚稍狭，外面被开展的刚毛，基部更密；花冠漏斗状，长5~8（10）厘米，蓝紫色或紫红色，花冠管色淡；雄蕊及花柱内藏；雄蕊不等长；子房无毛，柱头头状。蒴果近球形，3瓣裂。花果期6—10月。南太行平原、山区广布。生于山坡灌丛、干燥河谷路边、园边宅旁、山地路边，或为栽培。种子为常用中药，有泻水利尿、逐痰、杀虫的功效。

7 圆叶牵牛 | *Ipomoea purpurea*   旋花科 番薯属

一年生缠绕草本。茎上被倒向的短柔毛或开展的长硬毛。叶圆心形或宽卵状心形，基部圆、心形，顶端锐尖、骤尖或渐尖，通常全缘，偶有3裂，两面疏或密被刚伏毛；叶柄长2~12厘米，毛被与茎同。花腋生，单一或2~5朵着生于花序梗顶端成伞形聚伞花序，花序梗比叶柄短或近等长，长4~12厘米，毛被与茎相同；苞片线形，长6~7毫米，被开展的长硬毛；花梗长1.2~1.5厘米，被倒向短柔毛及长硬毛；萼片近等长，长1.1~1.6厘米，外面3枚长椭圆形，渐尖，内面2枚线状披针形，外面均被开展的硬毛，基部更密；花冠漏斗状，长4~6厘米，紫红色、红色或白色，花冠管通常白色，瓣中带于内面色深，外面色淡；雄蕊与花柱内藏；雄蕊不等长，花丝基部被柔毛；子房无毛，3室，每室2枚胚珠，柱头头状；花盘环状。蒴果近球形，直径9~10毫米，3瓣裂。花期5—10月，果期8—11月。南太行平原、山区广布。生于田边、路旁、宅旁，栽培或逸为野生。种子入药，有泻水利尿、逐痰、杀虫的功效。

8 三裂叶薯 | *Ipomoea triloba*   旋花科 番薯属

一年生草本。茎缠绕或有时平卧，无毛或散生毛，且主要在节上。叶宽卵形至圆形，全缘或有粗齿或深3裂，基部心形，两面无毛或散生疏柔毛。花序腋生，花序梗短于或长于叶柄，较叶柄粗壮，无毛，明显有棱角，顶端具小疣，1至数朵花成伞形状聚伞花序；花梗多少具棱，有小瘤突，无毛，长5~7毫米；苞片小，披针状长圆形；萼片近相等或稍不等，外萼片稍短或近等长，长圆形，钝或锐尖，具小短尖头，背部散生疏柔毛，边缘明显有缘毛，内萼片有时稍宽，椭圆状长圆形，锐尖，具小短尖头，无毛或散生毛；花冠漏斗状，长约1.5厘米，无毛，淡红色或淡紫红色，冠檐裂片短而钝，有小短尖头；雄蕊内藏；子房有毛。蒴果近球形，具花柱基形成的细尖，2室，4瓣裂。花期5—10月，果期8—11月。南太行分布于平原、丘陵区。生于丘陵路旁、荒草地或田野。杂草。

9 金灯藤 | *Cuscuta japonica*　　　旋花科　菟丝子属

一年生寄生缠绕草本。茎较粗壮，肉质，黄色，常带紫红色瘤状斑点，无毛，多分枝，无叶。花无柄或几无柄，形成穗状花序，长达3厘米，基部常多分枝；苞片及小苞片鳞片状，卵圆形，长约2毫米，顶端尖，全缘，沿背部增厚；花萼碗状，肉质，长约2毫米，5裂几达基部，裂片卵圆形或近圆形，顶端尖，背面常有紫红色瘤状突起；花冠钟状，淡红色或绿白色，长3~5毫米，顶端5浅裂，裂片卵状三角形，钝，直立或稍反折，冠筒长于花冠2~2.5倍；雄蕊5枚，着生于花冠喉部裂片之间；花药卵圆形，黄色；鳞片5，长圆形，边缘流苏状，着生于花冠筒基部，伸长至冠筒中部或中部以上；子房球状，平滑，无毛，2室，花柱细长，合生为1，与子房等长或稍长，柱头2裂。蒴果卵圆形。花期8月，果期9月。南太行中低山广布。寄生于草本或灌木上。药效同菟丝子，有补肝肾、益精壮阳、止泻的功效。

10 啤酒花菟丝子 | *Cuscuta lupuliformis*　　　旋花科　菟丝子属

一年生草本。茎粗壮，细绳状，直径达3毫米，红褐色，具瘤，多分枝，无毛。花无柄或具短柄，淡红色或花谢时近白色，聚集成断续的穗状总状花序；苞片广椭圆形或卵形；花萼长2毫米，半球形，带绿色，干后褐色，裂片宽卵形或卵形，钝；花冠圆筒状，超出花萼约1倍，裂片长圆状卵形，全缘或稍具齿，直立或多少反折，冠筒长于花冠2倍；雄蕊着生于花冠喉部稍下方，其顶端几达花冠裂片间凹陷处；花药长圆状卵形，花丝无或很短；鳞片在花冠筒下部不超过中部，广椭圆形或卵形，全缘或2裂，有时极退化，沿边缘不等的流苏状；子房近球状或宽卵形，花柱多少圆柱状，柱头广椭圆形，2裂，花柱长于柱头3~4倍。蒴果卵形或卵状圆锥形，长7~9毫米，通常在顶端具凋存的干枯花冠。花期7月，果期8月。南太行丘陵、山区广布。寄生于乔灌木或多年生草本植物上。种子可药用，药效同菟丝子，有补肝肾、益精壮阳、止泻的功效。

11 党参 | *Codonopsis pilosula*　　　　桔梗科　党参属

多年生草本。全株具乳汁。茎基具多数瘤状茎痕，根常肥大呈纺锤状或纺锤状圆柱形，肉质。茎缠绕，有多数分枝，具叶，不育或先端着花，黄绿色或黄白色，无毛。在主茎及侧枝上的叶互生，在小枝上的叶近于对生，叶柄长0.5~2.5厘米，有疏短刺毛，叶卵形或狭卵形，端钝或微尖，基部近于心形，边缘具波状钝锯齿，分枝上叶渐趋狭窄，叶基圆形或楔形，正面绿色，背面灰绿色，两面被疏或密贴伏的长硬毛或柔毛，少为无毛。花单生于枝端，与叶柄互生或近于对生，有梗；花萼贴生至子房中部，筒部半球状，裂片宽披针形或狭矩圆形，顶端钝或微尖，微波状或近于全缘，其间湾缺尖狭；花冠上位，阔钟状，黄绿色，内面有明显紫斑，浅裂，裂片正三角形，端尖，全缘；柱头有白色刺毛。蒴果下部半球状，上部短圆锥状。花果期7—10月。南太行分布于海拔1000米以上山区。生于山地林边及灌丛中。具补脾、生津、催乳、祛痰、止咳、止血、益气、固脱等功效，以及增加血色素、红细胞、白细胞、收缩子宫及抑制心动过速等作用。

12 羊乳 | *Codonopsis lanceolata*　　　　桔梗科　党参属

多年生草本。全株光滑无毛或茎、叶偶疏生柔毛。根常肥大呈纺锤状而有少数细小侧根。茎缠绕，常有多数短细分枝，黄绿而微带紫色。叶在主茎上互生，披针形或菱状狭卵形，细小；在小枝顶端通常2~4叶簇生，而近于对生或轮生状，叶柄短小，叶菱状卵形、狭卵形或椭圆形，顶端尖或钝，基部渐狭，通常全缘或有疏波状锯齿，正面绿色，背面灰绿色，叶脉明显。花单生或对生于小枝顶端；花梗长1~9厘米；花萼贴生至子房中部，筒部半球状，裂片湾缺尖狭，或开花后渐变宽钝，裂片卵状三角形，端尖，全缘；花冠阔钟状，浅裂，裂片三角状，反卷，黄绿色或乳白色内有紫色斑；花盘肉质，深绿色；子房下位。蒴果下部半球状，上部有喙，直径2~2.5厘米。花果期7—8月。南太行分布于海拔1000米以上山区。生于山地灌木林下沟边阴湿地区或阔叶林内。根入药，益气养阴、润肺止咳、排脓解毒、催乳。

13 栝楼 | *Trichosanthes kirilowii*   葫芦科 栝楼属

攀缘藤本，长达 10 米。茎较粗，多分枝，具纵棱及槽，被白色伸展柔毛。叶纸质，轮廓近圆形，常 3~5（7）浅裂至中裂，或仅有不等大的粗齿，裂片边缘常再浅裂，叶基心形，弯缺深 2~4 厘米，两面沿脉被长柔毛状硬毛，基出掌状脉 5 条，细脉网状；叶柄长 3~10 厘米，被长柔毛；卷须 3~7 歧，被柔毛。花雌雄异株；雄总状花序单生，或与一单花并生，或在枝条上部者单生；花萼筒筒状，顶端扩大被短柔毛，裂片披针形，全缘；花冠白色，裂片倒卵形，顶端中央具 1 绿色尖头，两侧具丝状流苏，被柔毛；雌花单生，花梗长 7.5 厘米，被短柔毛；花萼筒圆筒形，裂片和花冠同雄花；子房椭圆形，绿色。果梗粗壮，长 4~11 厘米；果实椭圆形或圆形，成熟时黄褐色或橙黄色。花期 5—8 月，果期 8—10 月。南太行广布。生于山坡林下、灌丛中、草地和村旁田边。根、果实、果皮和种子为传统中药天花粉、栝楼、栝楼皮和栝楼子；根有清热生津、解毒消肿的功效，其根中蛋白称天花粉蛋白，有引产作用，是良好的避孕药；果实、种子和果皮有清热化痰、润肺止咳、滑肠的功效。

14 赤瓟 | *Thladiantha dubia*   葫芦科 赤瓟属

攀缘草质藤本。全株被黄白色的长柔毛状硬毛。茎稍粗壮，有棱沟。叶柄稍粗；叶宽卵状心形，边缘浅波状，有大小不等的细齿，先端急尖或短渐尖，基部心形，弯缺深，近圆形或半圆形，两面粗糙，脉上有长柔毛；卷须纤细，被长柔毛，单一。雌雄异株；雄花单生或聚生于短枝的上端成假总状花序；花萼筒极短，近辐状，裂片披针形，向外反折，具 3 脉，两面有长柔毛；花冠黄色，裂片长圆形，上部向外反折，先端稍急尖，具 5 条明显的脉，外面被短柔毛；退化子房半球形；雌花单生，花梗细，有长柔毛；花萼和花冠雌雄花；子房长圆形，外面密被淡黄色长柔毛，花柱无毛，自 3~4 毫米处分 3 叉，柱头膨大，肾形，2 裂。果实卵状长圆形。花期 6—8 月，果期 8—10 月。常生于山坡、河谷及林缘湿处。果实和根入药，果实能理气、活血、祛痰和利湿；根有活血化瘀、清热解毒、通乳的功效。

15 南赤瓟 | *Thladiantha nudiflora*　　　　葫芦科　赤瓟属

多年生草本。全株密生柔毛。根块状。茎草质攀缘状，有较深的棱沟。叶柄粗壮；叶质稍硬，卵状心形、宽卵状心形或近圆心形，先端渐尖或锐尖。卷须稍粗壮，密被硬毛，下部有明显的沟纹，上部2歧。雌雄异株；雄花为总状花序，多数花集生于花序轴的上部；花冠黄色，裂片卵状长圆形，顶端急尖或稍钝，5脉；雄蕊5枚；雌花单生，花梗细；子房狭长圆形，密被淡黄色的长柔毛状硬毛，花柱粗短，自2毫米处3裂，柱头膨大，圆肾形，2浅裂；退化雄蕊5枚，棒状。果梗粗壮；果实长圆形，干后红色或红褐色。花期春夏季，果期秋季。南太行分布于平原。生于沟边、竹林下。果入药，有理气、活血、祛痰、利湿、通乳的功效。

16 甜瓜 | *Cucumis melo*　　　　葫芦科　黄瓜属

一年生匍匐草本。茎、枝及叶柄粗糙，有浅的沟纹和疣状突起，幼时有稀疏的腺质短柔毛，后渐脱落。叶柄细；叶质稍硬，肾形或近圆形，常5浅裂，裂片钝圆，边缘稍反卷，中间裂片较大，侧裂片较小，基部心形，弯缺半圆形，两面粗糙，有腺点，幼时有短柔毛，后渐脱落，叶正面深绿色，叶背面苍绿色，掌状脉，脉上有腺质短柔毛。卷须纤细，不分歧，有微柔毛。花两性，在叶腋内单生或双生，花梗细；花梗和花萼被白色的短柔毛；花萼淡黄绿色，筒杯状，裂片线形，顶端尖；花冠黄色，钟状，裂片倒宽卵形，外面有稀疏的短柔毛，先端钝，5脉；雄蕊3枚，生于花被筒的口部，顶端稍凹陷；子房纺锤形，外面密被白色的细绵毛，花柱极短，基部周围有1浅杯状的盘，柱头3，近长方形，靠合，2浅裂。果实椭圆形，幼时有柔毛，后渐脱落而光滑。花期5—7月，果期7—9月。南太行平原广泛栽培。生于田边路旁。盛夏的重要水果。全草药用，有祛炎败毒、催吐、除湿、退黄疸等功效。

17 马㼎瓜（变种）| *Cucumis melo* var. *agrestis*　　葫芦科　黄瓜属

与甜瓜（原变种）的区别：植株纤细；花较小，双生或 3 朵聚生；子房密被微柔毛和糙硬毛；果实小，长圆形、球形或陀螺状，有香味，不甜，果肉极薄。花果期与甜瓜相同。我国南北各地有少许栽培，普遍逸为野生。

18 萝藦 | *Cynanchum rostellatum*　　夹竹桃科　鹅绒藤属

多年生草质藤本。具乳汁。茎圆柱状，下部木质化，上部较柔韧。叶膜质，卵状心形，顶端短渐尖，基部心形，叶耳圆，两叶耳展开或紧接，叶正面绿色，叶背面粉绿色，两面无毛，或幼时被微毛，老时被毛脱落；侧脉每边 10~12 条，在叶背面略明显；叶柄长，顶端具丛生腺体。总状聚伞花序腋生或腋外生，具长总花梗；总花梗长 6~12 厘米；花梗长 8 毫米，具花 13~15 朵；小苞片膜质，披针形，顶端渐尖；花蕾圆锥状，顶端尖；花萼裂片披针形，外面被微毛；花冠白色，有淡紫红色斑纹，近辐状，花冠筒短，花冠裂片披针形，张开，顶端反折，基部向左覆盖，内面被柔毛；副花冠环状，着生于合蕊冠上，短 5 裂，裂片兜状；雄蕊连生呈圆锥状，并包围雌蕊在其中，花药顶端具白色膜片。蓇葖果叉生，纺锤形，平滑无毛，顶端急尖，基部膨大。花期 7—8 月，果期 9—12 月。南太行平原、山区广布。生于林边荒地、山脚、河边、路旁灌木丛中。全草可药用，果可治劳伤、虚弱、腰腿疼痛、缺奶、白带、咳嗽等；根可治跌打、蛇咬伤、疔疮、瘰疬、阳痿；茎叶可治小儿疳积、疔肿；种毛可止血；乳汁可除瘊子。茎皮纤维坚韧，可制人造棉。

19 白首乌 | *Cynanchum bungei*　　　夹竹桃科　鹅绒藤属

攀缘性半灌木。块根粗壮；茎纤细而韧，被微毛。叶对生，戟形，顶端渐尖，基部心形，两面被粗硬毛，以叶正面较密，侧脉约6对。伞形聚伞花序腋生，比叶短；花萼裂片披针形，基部内面腺体通常没有或少数；花冠白色，裂片长圆形；副花冠5深裂，裂片呈披针形，内面中间有舌状片。蓇葖果单生或双生，披针形，无毛，向端部渐尖。花期6—7月，果期7—10月。南太行分布于海拔1500米以下山区。生于山坡、山谷、河坝、路边的灌木丛或岩石缝隙中。块根肉质多浆，栓皮层层剥落，质坚色白，味苦甘涩，为滋补珍品。

20 牛皮消 | *Cynanchum auriculatum*　　　夹竹桃科　鹅绒藤属

多年生蔓性半灌木。茎圆形，被微柔毛。叶对生，膜质，被微毛，宽卵形至卵状长圆形，顶端短渐尖，基部心形。聚伞花序伞房状，具花30朵。花萼裂片卵状长圆形；花冠白色，辐状，裂片反折，内面具疏柔毛；副花冠浅杯状，裂片椭圆形，肉质，钝头，在每裂片内面的中部有1三角形的舌状鳞片。蓇葖果双生，披针形。花期6—9月，果期7—11月。南太行平原、山区广布。生于山坡林缘及路旁灌木丛中或河流、水沟边潮湿地。块根药用，养阴清热、润肺止咳，可治神经衰弱、胃及十二指肠溃疡、肾炎、水肿等。

21 鹅绒藤 | *Cynanchum chinense*   夹竹桃科 鹅绒藤属

多年生缠绕草本。全株被短柔毛。叶对生，薄纸质，宽三角状心形，顶端锐尖，基部心形，叶正面深绿色，叶背面苍白色，两面均被短柔毛，脉上较密；侧脉约10对，在叶背面略微隆起。伞形聚伞花序腋生，两歧，具花约20朵；花萼外面被柔毛；花冠白色，裂片长圆状披针形；副花冠二形，杯状，上端裂成10个丝状体，分为两轮，外轮约与花冠裂片等长，内轮略短；花粉块每室1个，下垂；花柱头略为突起，顶端2裂。蓇葖果双生或仅有1个发育，细圆柱状，向端部渐尖，长11厘米，直径5毫米。种子长圆形，种毛白色绢质。花期6—8月，果期8—10月。南太行平原、丘陵广布。生于山坡向阳灌木丛中或路旁、河畔、田埂边。全草可做祛风剂。

22 隔山消 | *Cynanchum wilfordii*   夹竹桃科 鹅绒藤属

多年生草质藤本。茎被单列毛。叶对生，薄纸质，卵形，顶端短渐尖，基部耳状心形，两面被微柔毛，干时叶正面经常呈黑褐色，叶背面淡绿色；基脉3~4条，放射状；侧脉4对。近伞房状聚伞花序半球形，具花15~20朵；花序梗被单列毛；花萼外面被柔毛，裂片长圆形；花冠淡黄色，辐状，裂片长圆形，先端近钝形，外面无毛，内面被长柔毛；副花冠比合蕊柱为短，裂片近四方形，先端截形，基部紧狭。蓇葖果单生，披针形，向端部长渐尖，基部紧狭。花期5—9月，果期7—10月。南太行中低山广布。生于山坡、山谷或灌木丛中或路边草地。块根可供药用，用以健胃、消饱胀、治噎食；外用治鱼口疮毒。

23 齿翅蓼 | *Fallopia dentatoalata*　　　蓼科　藤蓼属

一年生草本。茎缠绕，分枝，无毛，具纵棱，沿棱密生小突起，有时茎下部小突起脱落。叶卵形或心形，顶端渐尖，基部心形，两面无毛，沿叶脉具小突起，边缘全缘，具小突起；叶柄长 2~4 厘米，具纵棱及小突起；托叶鞘短，偏斜，膜质，无缘毛。花序总状，腋生或顶生，长 4~12 厘米，花排列稀疏，间断，具小叶；苞片漏斗状，膜质，长 2~3 毫米，偏斜，顶端急尖，无缘毛，每苞内具花 4~5 朵；花被 5 深裂，红色；花被片外面 3 背部具翅，果时增大，翅通常具齿，基部沿花梗明显下延；花被果时外形呈倒卵形，长 8~9 毫米，直径 5~6 毫米；花梗细弱，果后延长；雄蕊 8 枚，比花被短；花柱 3，极短，柱头头状。瘦果椭圆形，具 3 棱。花期 7—8 月，果期 9—10 月。生于山坡草丛、山谷湿地。全草入药，能清热解毒、化痰止咳、润肠通便。

24 何首乌 | *Pleuropterus multiflorus*　　　蓼科　何首乌属

多年生草本。块根肥厚，长椭圆形，黑褐色。茎缠绕，长 2~4 米，多分枝，具纵棱，无毛。叶卵形或长卵形，顶端渐尖，基部心形或近心形，两面粗糙，边缘全缘；叶柄长 1.5~3 厘米；托叶鞘膜质，偏斜，无毛。花序圆锥状，顶生或腋生，长 10~20 厘米，分枝开展；苞片三角状卵形，具小突起，顶端尖，每苞内具 2~4 花；花梗细弱，花被 5 深裂，白色或淡绿色，花被片椭圆形，大小不相等，外面 3 片较大，背部具翅，果时增大，花被果时外形近圆形。瘦果卵形，具 3 棱，黑褐色，有光泽，包于宿存花被内。花期 8—9 月，果期 9—10 月。南太行平原有栽培。块根入药，安神、养血、活络。

25 翼蓼 | *Pteroxygonum giraldii*　　　　　蓼科　翼蓼属

多年生草本。块根粗壮。茎攀缘，圆柱形，中空，具细纵棱，无毛或被疏柔毛。叶 2~4 簇生，叶三角状卵形或三角形，顶端渐尖，基部宽心形或戟形，具 5~7 基出脉，正面无毛，背面沿叶脉疏生短柔毛，边缘具短缘毛；叶柄长 3~7 厘米，无毛，通常基部卷曲；托叶鞘膜质，宽卵形，顶端急尖。花序总状，腋生，直立，花序梗粗壮，果时长可达 10 厘米；苞片狭卵状披针形，淡绿色，通常每苞内具 3 花；花梗无毛，中下部具关节；花被 5 深裂，白色，花被片椭圆形；雄蕊 8 枚，与花被近等长；花柱 3，中下部合生，柱头头状。瘦果卵形，沿棱具黄褐色膜质翅；果梗粗壮，具 3 个下延的狭翅。花期 6—8 月，果期 7—9 月。南太行海拔 800 米以上有分布。生于林缘、草地、路旁。块根入药，凉血、止血、祛湿解毒。

26 扛板归 | *Persicaria perfoliata*　　　　　蓼科　蓼属

一年生草本。茎攀缘，多分枝，长 1~2 米，具纵棱，沿棱具稀疏的倒生皮刺。叶三角形，顶端钝或微尖，基部截形或微心形，薄纸质，正面无毛，背面沿叶脉疏生皮刺；叶柄与叶近等长，具倒生皮刺，盾状着生于叶的近基部；托叶鞘叶状，草质，绿色，圆形或近圆形，穿叶。总状花序呈短穗状，不分枝顶生或腋生，长 1~3 厘米；苞片卵圆形，每苞片内具花 2~4 朵；花被 5 深裂，白色或淡红色，花被片椭圆形，长约 3 毫米，果时增大，呈肉质，深蓝色；雄蕊 8 枚，略短于花被；花柱 3，中上部合生。瘦果球形，直径 3~4 毫米，黑色，有光泽。花期 6—8 月，果期 7—10 月。南太行平原、山区有分布。生于田边、路旁、山谷湿地。植株地上部分可药用，具清热解毒、利水消肿、止咳的功效，用于治疗咽喉肿痛、肺热咳嗽、小儿顿咳、水肿尿少、湿热泻痢、湿疹、疖肿、蛇虫咬伤。

27 葎草 | Humulus scandens　　　大麻科　葎草属

多年生攀缘草本。茎、枝、叶柄均具倒钩刺。叶纸质，肾状五角形，掌状5~7深裂，稀为3裂，基部心脏形，正面粗糙，疏生糙伏毛，背面有柔毛和黄色腺体，裂片卵状三角形，边缘具锯齿。雄花小，黄绿色，圆锥花序，长15~25厘米；雌花序球果状，直径约5毫米，苞片纸质，三角形，顶端渐尖，具白色节苇毛；子房为苞片包围，柱头2，伸出苞片外。瘦果成熟时露出苞片外。花期春夏季，果期秋季。全草可药用。茎皮纤维可作造纸原料。种子油可制肥皂。果穗可代啤酒花用。

28 乌蔹莓 | Cayratia japonica　　　葡萄科　乌蔹莓属

多年生攀缘藤本。小枝圆柱形，有纵棱纹，无毛或微被疏柔毛。卷须2~3叉分枝，相隔两节间断与叶对生。叶为鸟足状5小叶，中央小叶长椭圆形或椭圆披针形，顶端急尖或渐尖，基部楔形，侧生小叶，边缘每侧有6~15锯齿；侧脉5~9对，网脉不明显；托叶早落。花序腋生，复二歧聚伞花序；花序梗长1~13厘米，无毛或微被毛；萼碟形，边缘全缘或波状浅裂，外面被乳突状毛或几无毛；花瓣4，三角状卵圆形，外面被乳突状毛；雄蕊4枚；花盘发达，4浅裂；子房下部与花盘合生，花柱短，柱头微扩大。果实近球形，直径约1厘米。花期3—8月，果期8—11月。南太行平原、丘陵广布。生于山谷林中或山坡灌丛。全草入药，有凉血解毒、利尿消肿的功效。

29 茜草 | *Rubia cordifolia*

茜草科 茜草属

多年生攀缘草本。茎数至多条，从根状茎的节上发出，细长，方柱形，有4棱，棱上生倒生皮刺，中部以上多分枝。叶通常4枚轮生，纸质，披针形或长圆状披针形，顶端渐尖，有时钝尖，基部心形，边缘有齿状皮刺，两面粗糙，脉上有微小皮刺；基出脉3条，极少外侧有1对很小的基出脉；叶柄长通常1~2.5厘米，有倒生皮刺。聚伞花序腋生和顶生，多回分枝，具花十几至数十朵，花序和分枝均细瘦，有微小皮刺；花冠淡黄色，花冠裂片近卵形，微伸展，外面无毛。果球形，直径通常4~5毫米，成熟时橘黄色。花期8—9月，果期10—11月。南太行平原、山区广布。常生于疏林、林缘、灌丛或草地上。茜草是一种历史悠久的植物染料。根及根状茎入药，能凉血止血，且能化瘀。

30 林生茜草 | *Rubia sylvatica*　　　　茜草科　茜草属

多年生攀缘藤本。茎、枝细长，方柱形，有4棱，棱上有微小的皮刺。叶4~10、很少11~12轮生，膜状纸质，卵圆形至近圆，宽通常2~9厘米，顶端长渐尖或尾尖，基部深心形，后裂片耳形，边缘有微小皮刺，干时褐黑色或带墨绿色，两面粗糙；基出脉5~7条，纤细，有微小皮刺；叶柄长2~11厘米或过之，有微小皮刺。聚伞花序腋生和顶生，通常具花10余朵，总花梗、花序轴及其分枝均纤细、粗糙；花和茜草相似。果球形，成熟时黑色，单生或双生。花期7月，果期9—10月。南太行丘陵、山区广布。通常生于较潮湿的林中或林缘。根及根状茎入药，能凉血止血、祛瘀、通经。

31 卵叶茜草 | *Rubia ovatifolia*　　　　茜草科　茜草属

多年生草本。茎、枝稍纤细，有4棱，无毛，有或无短皮刺。叶4枚轮生，叶薄纸质，卵状心形至圆心形，侧枝上的有时为卵形，顶端尾状渐尖，基部深心形，后裂片通常圆，边缘有或无皮刺状缘毛，干时正面苍白绿色，背面粉绿色或苍白，两面近无毛或粗糙，有时背面基出脉上有小皮刺；基出脉5~7条，纤细，在背面稍突起，小脉两面均不明显；叶柄细而长，无毛，有时覆有小皮刺。聚伞花序排成疏花圆锥花序，腋生和顶生，通常比叶短，小苞片线形或披针状线形，长2~3.5毫米，渐尖，近无毛；萼管近扁球形，近无毛；花冠淡黄色或绿黄色，质稍薄，裂片5，明显反折，卵形，顶端长尾尖。浆果球形，有时双球形，成熟时黑色。花期7月，果期10—11月。修武云台山属首次发现该种。生于林缘。作用同茜草。

32 鸡屎藤 | *Paederia foetida*　　茜草科　鸡屎藤属

藤状灌木。茎长 3~5 米，无毛或近无毛。叶对生，纸质或近革质，形状变化很大，卵形、卵状长圆形至披针形，顶端急尖或渐尖，基部楔形或近圆或截平，有时浅心形，两面无毛或近无毛，有时背面脉腋内有束毛；侧脉每边 4~6 条，纤细。圆锥花序式的聚伞花序腋生和顶生，扩展，分枝对生，末次分枝上着生的花常呈蝎尾状排列；小苞片披针形，长约 2 毫米；花具短梗或无；萼管陀螺形，长 1~1.2 毫米，萼檐裂片 5，裂片三角形；花冠浅紫色，管长 7~10 毫米，外面被粉末状柔毛，里面被茸毛，顶部 5 裂。果球形，成熟时近黄色，有光泽，平滑；小坚果无翅，浅黑色。花果期 5—8 月。南太行广布。生于山坡、林中、林缘、沟谷边灌丛中或缠绕在灌木上。全草均可供药用，具有解毒消肿、健脾化积、祛风除湿、散瘀止痛、化痰止咳的功效。

33 穿龙薯蓣 | *Dioscorea nipponica*　　　　薯蓣科　薯蓣属

多年生缠绕草质藤本。根状茎横生，圆柱形，多分枝。茎左旋，近无毛。单叶互生，叶柄长10~20厘米；叶掌状心形，变化较大，茎基部叶边缘呈不等大的三角状浅裂、中裂或深裂，顶端叶小，近于全缘。花雌雄异株；雄花序为腋生的穗状花序，花序基部常由花2~4朵集成小伞状，至花序顶端常为单花；苞片披针形，顶端渐尖，短于花被；花被碟形，6裂，裂片顶端钝圆；雄蕊6枚，着生于花被裂片的中央；雌花序穗状，单生；雌花具有退化雄蕊；雌蕊柱头3裂，裂片再2裂。蒴果成熟后枯黄色，三棱形，顶端凹入，基部近圆形，每棱翅状，大小不一。花期6—8月，果期8—10月。南太行分布于海拔600米以上山区。常生于山腰的河谷两侧半阴半阳的山坡灌木丛中和稀疏杂木林内及林缘，而在山脊路旁及乱石覆盖的灌木丛中较少。根状茎含薯蓣皂苷元，是合成甾体激素药物的重要原料；民间用来治腰腿疼痛、筋骨麻木、跌打损伤、咳嗽喘息。

34 薯蓣 | *Dioscorea polystachya*　　　　薯蓣科　薯蓣属

多年生缠绕草质藤本。块茎长圆柱形，垂直生长，长可超过1米，断面干时白色。茎通常带紫红色，右旋，无毛。单叶，在茎下部的互生，中部以上的对生，很少3叶轮生；叶变异，大，卵状三角形至宽卵形或戟形，顶端渐尖，基部深心形、宽心形或近截形，边缘常3浅裂至3深裂，中裂片卵状椭圆形至披针形，侧裂片耳状，圆形、近方形至长圆形；幼苗时一般叶为宽卵形或卵圆形，基部深心形；叶腋内常有珠芽。雌雄异株；雄花序为穗状花序，近直立，2~8个着生于叶腋，偶尔呈圆锥状排列；花序轴明显地呈"之"字状曲折；苞片和花被片有紫褐色斑点；雄蕊6枚；雌花序为穗状花序，1~3个着生于叶腋。蒴果不反折，三棱状扁圆形或三棱状圆形，外面有白粉。花期6—9月，果期7—11月。南太行分布于海拔600米以上山区。生于山坡、山谷林下、溪边、路旁的灌丛中或杂草中，或为栽培。块茎是重要滋补药品，具有滋补益肾、健胃化痰、补中益气、祛冷风、镇心神、安魂魄、长肌髓等功效。

35 北马兜铃 | *Aristolochia contorta*　　马兜铃科　马兜铃属

多年生草质藤本。无毛，干后有纵槽纹。叶纸质，卵状心形或三角状心形，顶端短尖或钝，基部心形，两侧裂片圆形，下垂或扩展，边全缘，两面均无毛；基出脉5~7条；叶柄柔弱。总状花序具花2~8朵或有时仅1朵生于叶腋；花序梗和花序轴极短或近无；花梗长1~2厘米，无毛，基部有小苞片；小苞片卵形，具长柄；花被基部膨大呈球形，向上收狭呈一长管，绿色，管口扩大呈漏斗状；檐部一侧极短，有时边缘下翻或稍2裂，另一侧渐扩大成舌片；舌片卵状披针形，顶端长渐尖具延伸成1~3厘米线形而弯扭的尾尖，黄绿色，常具紫色纵脉和网纹；合蕊柱顶端6裂，裂片渐尖，向下延伸成波状圆环。蒴果宽倒卵形或椭圆状倒卵形，顶端圆形而微凹，6棱，平滑无毛，成熟时黄绿色，由基部向上6瓣开裂；果梗下垂，随果开裂。花期5—7月，果期8—10月。南太行分布于海拔800米以上山区。生于林缘、灌丛、草地。可药用，茎叶称天仙藤，有行气活血、止痛、利尿的功效；果称马兜铃，有清热降气、止咳平喘的功效；根称青木香，有小毒，具健胃、理气止痛的功效，并有降血压作用。

36 白英 | *Solanum lyratum* 　　　　　　　　　　　　茄科　茄属

多年生草质藤本。茎及小枝均密被具节长柔毛。叶互生，多数为琴形，基部常 3~5 深裂，裂片全缘，侧裂片愈近基部的愈小，端钝，中裂片较大，通常卵形，先端渐尖，两面均被白色发亮的长柔毛，中脉明显，侧脉在背面较清晰，通常每边 5~7 条；少数在小枝上部的为心脏形，小，长 1~2 厘米；叶柄长 1~3 厘米，被有与茎枝相同的毛被。聚伞花序顶生或腋外生，疏花，总花梗长 2~2.5 厘米，被具节的长柔毛，花梗长 0.8~1.5 厘米，无毛，顶端稍膨大，基部具关节；萼环状，无毛，萼齿 5，圆形，顶端具短尖头；花冠蓝紫色或白色，花冠筒隐于萼内，5 深裂，裂片椭圆状披针形，先端被微柔毛。浆果球状，成熟时红黑色，直径约 8 毫米。种子近盘状，扁平。花期夏秋，果熟期秋末。南太行分布于海拔 600 米以上山区。喜生于山谷草地、路旁或田边。全草入药，可治小儿惊风；果实能治风火牙痛。

37 蝙蝠葛 | *Menispermum dauricum*　　防己科　蝙蝠葛属

多年生草质藤本。茎自近顶部的侧芽生出，一年生茎纤细，有条纹，无毛。叶纸质或近膜质，通常为心状扁圆形，边缘有3~9角或3~9裂，很少近全缘，基部心形至近截平，两面无毛，背面有白粉；掌状脉9~12条，其中向基部伸展的3~5条非常纤细，均在背面突起；叶柄长3~10厘米或稍长，有条纹。圆锥花序单生或有时双生，有细长的总梗，具花数朵至20余朵，花密集或稍疏散；雄花萼片4~8枚，花瓣6~8或多至9~12；雌花退化雄蕊6~12枚，长约1毫米，雌蕊群具长0.5~1毫米的柄。核果紫黑色；果核宽约10毫米，长约8毫米，基部弯缺，深约3毫米。花期6—7月，果期8—9月。南太行分布于海拔1000米以上山区。常生于路边灌丛或疏林中。有剧毒。根茎入药，具降血压、解热、镇痛的功效。

第三部分

3

其他草本

白色花

38 露珠草 | *Circaea cordata*

柳叶菜科　露珠草属

多年生粗壮草本。密被毛。叶狭卵形，基部常心形。单总状花序顶生，长2~20厘米；花梗长0.7~2毫米，与花序轴垂直生或在花序顶端簇生，被毛，基部有1极小的刚毛状小苞片；萼片卵形至阔卵形，长2~3.7毫米，宽1.4~2毫米，白色或淡绿色，开花时反曲，先端钝圆形；花瓣白色，倒卵形至阔倒卵形，长1~2.4毫米，宽1.2~3.1毫米，先端倒心形，凹缺深至花瓣长度的1/2~2/3，花瓣裂片阔圆形；雄蕊伸展，略短于花柱或与花柱近等长；果实斜倒卵形至透镜形，2室，具2颗种子。花期6—8月，果期7—9月。南太行分布于山区。生于排水良好的落叶林下。

39 深山露珠草（亚种） | *Circaea alpina* subsp. *caulescens*

柳叶菜科　露珠草属

高山露珠草（原种）。本亚种特征：多年生草本。具根状茎，高5~35厘米，茎被毛。叶不透明，卵形、阔卵形至近三角形，长1.2~4.5厘米，宽0.6~3.5厘米，基部圆形至截形或心形，先端急尖至短渐尖，边缘具浅或极明显的牙齿。花序无毛，稀疏被腺毛；花梗无毛，开花时上升或与总状花序轴垂直，基部具小苞片，或更常见为小苞片缺失而代之以一小的腺体；花于花序伸长时或停止伸长后开放，排列稀疏；花芽无毛；开花时子房具钩状毛，花管长0.2~0.4毫米；萼片狭卵形、阔卵形至矩圆状卵形，先端钝圆，稀微呈乳突状；花瓣白色或粉红色，倒卵形、中部下凹的倒卵形或倒三角形，先端凹缺至其长度的1/3~1/2，花瓣裂片圆形。果实上的钩状毛不具色素。花期6~9月，果期7~9月。南太行分布于海拔1000米以上山区。生于阴湿地段及覆盖着苔藓的岩石上或木头上。根入药，养心安神、消食、止咳、解毒、止痒。

40 东方泽泻 | *Alisma orientale*   泽泻科 泽泻属

多年生水生或沼生草本。叶多数；挺水叶宽披针形、椭圆形，长 3.5~11.5 厘米，宽 1.3~6.8 厘米，先端渐尖，基部近圆形或浅心形，叶脉 5~7 条，叶柄长 3.2~34 厘米，较粗壮，基部渐宽，边缘窄膜质。花葶长 35~90 厘米，或更长；花序长 20~70 厘米，具 3~9 轮分枝，每轮分枝 3~9 枚；花两性，直径约 6 毫米；花梗不等长，1（0.5）~2.5 厘米；外轮花被片卵形，长 2~2.5 毫米，宽约 1.5 毫米，边缘窄膜质，具 5~7 脉，内轮花被片近圆形，比外轮大，白色、淡红色，稀黄绿色，边缘波状；心皮排列不整齐，花柱长约 0.5 毫米，直立，柱头长约为花柱的 1/5；花丝长 1~1.2 毫米，基部宽约 0.3 毫米，向上渐窄，花药黄绿色或黄色，长 0.5~0.6 毫米，宽 0.3~0.4 毫米；瘦果椭圆形，长 1.5~2 毫米，宽 1~1.2 毫米，背部具 1~2 条浅沟，腹部自果喙处突起，呈膜质翅。种子紫红色，长约 1.1 毫米，宽约 0.8 毫米。花果期 5—9 月。南太行平原河流、池塘广布。生于浅水、河滩。块茎入药，主治肾炎水肿、肾盂肾炎、肠炎泄泻、小便不利等症。

41 野慈姑 | *Sagittaria trifolia*   泽泻科 慈姑属

多年生水生或沼生草本。根状茎横走，较粗壮，末端膨大，或否。挺水叶箭形，叶长短、宽窄变异很大，通常顶裂片短于侧裂片，比值 1：1.5~1：1.2，有时侧裂片更长，顶裂片与侧裂片之间缢缩，或否；叶柄基部渐宽，鞘状，边缘膜质，具横脉，或不明显。花葶直立，挺水，长 20（15）~70 厘米，或更长，通常粗壮；花序总状或圆锥状，长 5~20 厘米，有时更长，具分枝 1~2 枚，具花多轮，每轮 2~3 花，苞片 3，基部多少合生，先端尖。花单性；花被片反折，外轮花被片椭圆形或广卵形，长 3~5 毫米，宽 2.5~3.5 毫米；内轮花被片白色或淡黄色，长 6~10 毫米，宽 5~7 毫米，基部收缩。雌花通常 1~3 轮，花梗短粗，心皮多数，两侧压扁，花柱自腹侧斜上；雄花多轮，花梗斜举，长 0.5~1.5 厘米，雄蕊多数，花药黄色，长 1~2 毫米，花丝长短不一，0.5~3 毫米，通常外轮短，向里渐长。瘦果两侧压扁，长约 4 毫米，宽约 3 毫米，倒卵形，具翅，背翅多少不整齐；果喙短，自腹侧斜上。种子褐色。花果期 5—10 月。南太行平原河流、池塘广布。生于浅水、河滩。全草入药，解毒疗疮、清热利胆。

42 独行菜 | *Lepidium apetalum* 十字花科 独行菜属

一年生或二年生草本，高 5~30 厘米；茎直立，有分枝，无毛或具微小头状毛。基生叶窄匙形，一回羽状浅裂或深裂，长 3~5 厘米，宽 1~1.5 厘米；叶柄长 1~2 厘米；茎上部叶线形，有疏齿或全缘。总状花序在果期可延长至 5 厘米；萼片早落，卵形，长约 0.8 毫米，外面有柔毛；花瓣不存或退化呈丝状，比萼片短；雄蕊 2 或 4 枚。短角果近圆形或宽椭圆形，扁平，长 2~3 毫米，宽约 2 毫米，顶端微缺，上部有短翅，隔膜宽不到 1 毫米；果梗弧形，长约 3 毫米。种子椭圆形，长约 1 毫米，平滑，棕红色。花果期 5~7 月。南太行平原、山区广布。生于山坡、山沟、路旁及村庄附近。常见的田间杂草。嫩叶作野菜食用。全草及种子供药用，有利尿、止咳、化痰的功效。种子可榨油。

43 北美独行菜 | *Lepidium virginicum* 十字花科 独行菜属

一年生或二年生草本，高 20~50 厘米。茎单一，直立，上部分枝，具柱状腺毛。基生叶倒披针形，长 1~5 厘米，羽状分裂或大头羽裂，裂片大小不等，卵形或长圆形，边缘有锯齿，两面有短伏毛；叶柄长 1~1.5 厘米；茎生叶有短柄，倒披针形或线形，长 1.5~5 厘米，宽 2~10 毫米，顶端急尖，基部渐狭，边缘有尖锯齿或全缘。总状花序顶生；萼片椭圆形，长约 1 毫米；花瓣白色，倒卵形，和萼片等长或稍长；雄蕊 2 或 4 枚。短角果近圆形，长 2~3 毫米，宽 1~2 毫米，扁平，有窄翅，顶端微缺，花柱极短；果梗长 2~3 毫米。种子卵形，长约 1 毫米，光滑，红棕色，边缘有窄翅。花期 4—5 月，果期 6—7 月。原产于美洲。南太行平原广布。生于田边或荒地。田间杂草。

44 荠 | *Capsella bursa-pastoris*   十字花科　荠属

一年生或二年生草本。基生叶丛生呈莲座状，大头羽状分裂，长可达12厘米，宽可达2.5厘米，顶裂片卵形至长圆形，长5~30毫米，宽2~20毫米，侧裂片3~8对，长圆形至卵形，长5~15毫米，顶端渐尖，浅裂或有不规则粗锯齿或近全缘，叶柄长5~40毫米；茎生叶窄披针形或披针形，长5~6.5厘米，宽2~15毫米，基部箭形，抱茎，边缘有缺刻或锯齿。总状花序顶生及腋生，果期延长达20厘米；花梗长3~8毫米；萼片长圆形，长1.5~2毫米；花瓣白色，卵形，长2~3毫米，有短爪。短角果倒三角形或倒心状三角形，长5~8毫米，宽4~7毫米，扁平，无毛，顶端微凹，裂瓣具网脉；花柱长约0.5毫米；果梗长5~15毫米。种子2行，长椭圆形，长约1毫米，浅褐色。花果期4—6月。南太行山区、平原广布。生于山坡、路旁、田间地头。可食用。全草入药，具和脾、利水、止血、明目的功效。

45 垂果南芥 | *Catolobus pendulus*   十字花科　垂果南芥属

二年生草本，高30~150厘米。全株被硬单毛，杂有2~3叉毛。主根圆锥状，黄白色。茎直立，上部有分枝。茎下部的叶长椭圆形至倒卵形，长3~10厘米，宽1.5~3厘米，顶端渐尖，边缘有浅锯齿，基部渐狭成叶柄，长达1厘米；茎上部的叶狭长椭圆形至披针形，较下部的叶略小，基部呈心形或箭形，抱茎，正面黄绿色至绿色。总状花序顶生或腋生，具花十几朵。萼片椭圆形，长2~3毫米，背面被有单毛、2~3叉毛及星状毛，花蕾期更密；花瓣白色、匙形，长3.5~4.5毫米，宽约3毫米。长角果线形，长4~10厘米，宽1~2毫米，弧曲，下垂。种子每室1行，种子椭圆形，褐色，长1.5~2毫米，边缘有环状的翅。花期6—9月，果期7—10月。南太行分布于海拔1500米以上山区。生于山坡、路旁、河边草丛中及高山灌木林下。种子入药，清热、解毒、消肿。

第三部分　其他草本·白色花

46 硬毛南芥 | *Arabis hirsute*　　　十字花科　南芥属

一年生或二年生草本，高30~90厘米。全株被有硬单毛、2~3叉毛、星状毛及分枝毛。茎常中部分枝，直立。基生叶长椭圆形或匙形，长2~6厘米，宽6~14毫米，顶端钝圆，边缘全缘或成浅疏齿，基部楔形；叶柄长1~2厘米；茎生叶多数，常贴茎，叶呈长椭圆形或卵状披针形，长2~5厘米，宽7~13毫米，顶端钝圆，边缘具浅疏齿，基部心形或成钝形叶耳，抱茎或半抱茎。总状花序顶生或腋生，花多数；萼片长椭圆形，长约4毫米，顶端锐尖，背面无毛；花瓣白色，长椭圆形，长4~6毫米，宽0.8~1.5毫米，顶端钝圆，基部呈爪状；花柱短，柱头扁平。长角果线形，长3.5~6.5厘米，直立，紧贴果序轴，果瓣具纤细中脉，宿存花柱长约0.3毫米；果梗直立，长8~15毫米。种子每室1行，约25颗，种子卵形，长1~1.2毫米，表面有不明显颗粒状突起，边缘具窄翅，褐色。花期5—7月，果期6—7月。南太行分布于海拔1500米以上山区。生于草原、干燥山坡及路边草丛中。

47 蚓果芥 | *Braya humilis*　　　十字花科　肉叶荠属

多年生草本，高5~30厘米。被2叉毛，并杂有3叉毛，毛的分枝弯曲，有的在叶上以3叉毛为主；茎自基部分枝，有的基部有残存叶柄。基生叶窄卵形，早枯；下部的茎生叶变化较大，叶宽匙形至窄长卵形，长5~30毫米，宽1~6毫米，顶端钝圆，基部渐窄，近无柄，全缘，或具2~3对明显或不明显的钝齿；中部、上部的条形；最上部数叶常入花序而成苞片。花序呈紧密伞房状，果期伸长；萼片长圆形，长1.5~2.5毫米，外轮的较内轮的窄，有的在背面顶端隆起，内轮的偶在基部略呈囊状，均有膜质边缘；花瓣倒卵形或宽楔形，白色，长2~3毫米，顶端近截形或微缺，基部渐窄成爪；子房有毛。长角果筒状，长8~20（30）毫米，略呈念珠状，两端渐细，直或略曲，或作"之"形弯曲；花柱短，柱头2浅裂；果瓣被2叉毛；果梗长3~6毫米。种子长圆形，长约1毫米，橘红色。南太行分布于海拔1000米以上的修武、辉县、林州等山区。生于林下、河滩、草地。

041

48 异蕊芥 | *Dontostemon pinnatifidus*　　十字花科　花旗杆属

二年生直立草本，高10~35厘米。茎单一或上部分枝，植株具腺毛及单毛。叶互生，长椭圆形，长1~6厘米，宽5~10毫米，近无柄，边缘具2~4对篦齿状缺刻，两面均被黄色腺毛及白色长单毛。总状花序顶生，结果时延长；萼片宽椭圆形，长2.5~3毫米，宽约1.5毫米，具白色膜质边缘，内轮2枚基部略呈囊状，背面无毛或具最少数白色长单毛；花瓣白色或淡紫红色，倒卵状楔形，长6~8毫米，宽3~4毫米，顶端凹缺，基部具短爪；长雄蕊花丝顶部一侧具齿或顶端向下逐渐扩大，扁平。长角果圆柱形，长1.5~2厘米，宽约1毫米，具腺毛；果梗长6~16毫米，在总轴上近水平状着生。种子每室1行，椭圆形，褐色而小，顶端具膜质边缘；子叶背面倚胚根。花果期5—9月。南太行分布于海拔1000米以上山区。生于山坡草丛、林下、山沟灌丛、河滩及路旁。

49 菥蓂 | *Thlaspi arvense*　　十字花科　菥蓂属

一年生草本，高9~60厘米。无毛；茎直立，不分枝或分枝，具棱。基生叶倒卵状长圆形，长3~5厘米，宽1~1.5厘米，顶端圆钝或急尖，基部抱茎，两侧箭形，边缘具疏齿；叶柄长1~3厘米。总状花序顶生；花白色，直径约2毫米；花梗细，长5~10毫米，萼片直立，卵形，长约2毫米，顶端圆钝；花瓣长圆状倒卵形，长2~4毫米，顶端圆钝或微凹。短角果倒卵形或近圆形，长13~16毫米，宽9~13毫米，扁平，顶端凹入，边缘有翅宽约3毫米。种子每室2~8颗，倒卵形，长约1.5毫米，稍扁平，黄褐色，有同心环状条纹。花期3—4月，果期5—6月。几乎遍及全国。生于平地路旁、沟边或村落附近。种子油可供制肥皂，也做润滑油，还可食用。全草、嫩苗和种子均可入药，全草清热解毒、消肿排脓；种子利肝明目；嫩苗和中益气、利肝明目。嫩苗用水抄后，浸去酸辣味，加油盐调食。

50 白花碎米荠 | *Cardamine leucantha* 十字花科 碎米荠属

多年生草本，高达 75 厘米。全株被毛。茎单一，呈"之"字曲折。茎生叶 4~7，羽状，叶柄长 2~8 厘米，顶生小叶披针形或卵状披针形，有不整齐锯齿；侧生小叶 2~3 对，顶生 3 小叶，花序顶生和腋生。萼片长 2.5~3.5 毫米；花瓣白色，匙形或长圆状楔形，长 5~8 毫米；长花丝 5~6 毫米，短花丝 4~5 毫米；花柱长约 5 毫米，柱头扁球形。长角果长 1~2 厘米，果柄长 1~2 厘米，直立开展。南太行分布于山西南部、河南济源。生于路边、山坡湿草地、杂木林下及山谷沟边阴湿处。全草及根状茎入药，能清热解毒、化痰止咳。嫩苗可作野菜食用。

51 裸茎碎米荠 | *Cardamine scaposa* 十字花科 碎米荠属

多年生草本。全株无毛。茎不分枝，基部略倾卧，上部直立。基生叶为单叶，近圆形或肾状圆形，边缘波状，基部肾形；无茎生叶。总状花序顶生，具花 3~8 朵；花梗长 1~2 厘米，顶端稍膨大；萼片卵圆形或椭圆形，长 3~4 毫米，边缘膜质，白色透明；花瓣白色，倒卵形，长 7~12 毫米，顶端圆或微凹，基部渐狭呈短爪状；花丝扁平，雌蕊柱状、柱头扁球形。长角果扁平，长 3~6 厘米，光滑无毛。花期 5—6 月，果期 7 月。南太行分布于历山。生于山坡灌丛中及林下潮湿处。全草入药，清热解毒，可治疔疮。

52 碎米荠 | *Cardamine hirsuta*　　　十字花科　碎米荠属

　　一年生草本。基生叶具叶柄，有小叶 2~5 对，顶生小叶肾形或肾圆形，边缘有 3~5 圆齿，小叶柄明显，侧生小叶卵形或圆形，较顶生的形小，基部楔形而两侧稍歪斜，边缘有 2~3 圆齿，有或无小叶柄；茎生叶具短柄，有小叶 3~6 对，生于茎基部的与基生叶相似，生于茎顶端的顶生小叶菱状长卵形，顶端 3 齿裂，侧生小叶长卵形至线形，多数全缘；全部小叶两面稍有毛。总状花序生于枝顶，花小，直径约 3 毫米，花梗纤细，长 2.5~4 毫米；萼片绿色或淡紫色，长椭圆形，长约 2 毫米，边缘膜质，外面有疏毛；花瓣白色，倒卵形，长 3~5 毫米，顶端钝，向基部渐狭；雌蕊柱状，花柱极短，柱头扁球形。长角果线形，稍扁，无毛，长达 30 毫米；果梗纤细，直立开展，长 4~12 毫米。花期 2—4 月，果期 4—6 月。南太行平原、山区广布。生于山坡、路旁、荒地及耕地的草丛中。全草可作野菜食用；也供药用，能清热去湿。

53 弯曲碎米荠 | *Cardamine flexuosa*　　　十字花科　碎米荠属

　　一年生或二年生草本。茎自基部多分枝，斜升呈铺散状，表面疏生柔毛。基生叶有叶柄，有小叶 3~7 对，顶生小叶卵形、倒卵形或长圆形，顶端 3 齿裂，基部宽楔形，有小叶柄，侧生小叶卵形，较顶生的形小，1~3 齿裂，有小叶柄；茎生叶有小叶 3~5 对，小叶多为长卵形或线形，1~3 裂或全缘。总状花序多数，生于枝顶，花小，花梗纤细，长 2~4 毫米；萼片长椭圆形，长约 2.5 毫米，边缘膜质；花瓣白色，倒卵状楔形，长约 3.5 毫米；雌蕊柱状，花柱极短，柱头扁球状。长角果线形，扁平，与果序轴近于平行排列，果序轴左右弯曲，果梗直立开展。花期 3—5 月，果期 4—6 月。南太行平原、丘陵广布。生于田边、路旁及草地。全草入药，能清热、利湿、健胃、止泻。

54 北方拉拉藤 | *Galium boreale*　　　　茜草科　拉拉藤属

多年生直立草本,高20~65厘米。茎具4棱,无毛或有极短的毛。叶纸质或薄革质,4枚轮生,狭披针形或线状披针形,长1~3厘米,顶端钝或稍尖,基部楔形或近圆形,边缘常稍反卷,两面无毛;基出脉3条,在背面常突起;无柄或具极短的柄。聚伞花序顶生和生于上部叶腋,常在枝顶结成圆锥花序式,密花;花小;花梗长0.5~1.5毫米;花萼被毛;花冠白色或淡黄色,直径3~4毫米,辐状,花冠裂片卵状披针形,长1.5~2毫米;花柱2裂至近基部。果小,直径1~2毫米,果柄长1.5~3.5毫米。花期5—8月,果期6—10月。南太行分布于海拔1000米以上山区。生于山坡、沟旁、草地的草丛、灌丛或林下。全草入药,止咳祛痰、祛湿止痛。

55 线叶拉拉藤 | *Galium linearifolium*　　　　茜草科　拉拉藤属

多年生直立草本。基部稍木质,通常高约30厘米,常近地面分枝呈丛生状。茎具四角棱,有光泽,仅节上稍粗糙。叶近革质,4叶轮生,狭带形,常稍弯,长1~6厘米,顶端钝或稍短尖,基部楔形或稍钝,常稍反卷,1脉,无柄或近无柄。聚伞花序顶生,很少腋生,疏散,长约5厘米,常分枝呈圆锥花序状;总花梗纤细而稍长;花小,直径约4毫米;花梗纤细;花萼和花冠均无毛;花冠白色,裂片4,披针形,长约1.5毫米;雄蕊4枚;花柱长0.7~1毫米,顶端2裂。果无毛,直径2.5~3毫米,单生或双生;果柄长3~8毫米。花期6—8月,果期7—9月。南太行分布于海拔500米以上山区。生于山地草坡、林下、灌丛、草地。

56 六叶葎 | *Galium hoffmeisteri*　　　　　茜草科　拉拉藤属

一年生草本。常直立，有时披散状，近基部分枝，有红色丝状的根；茎直立，柔弱，具4角棱，具疏短毛或无毛。叶薄，纸质或膜质，生于茎中部以上的常6叶轮生，生于茎下部的常4~5叶轮生，长圆状倒卵形、倒披针形、卵形或椭圆形，顶端钝圆而具突尖，基部渐狭或楔形，正面散生糙伏毛，中脉上有或无倒向的刺，边缘有时有刺状毛，具1中脉，近无柄。聚伞花序顶生和生于上部叶腋，少花，2~3次分枝，常广歧式叉开，总花梗长可达6厘米，无毛；苞片常成对，小，披针形；花小；花冠白色或黄绿色，裂片卵形，雄蕊伸出；花柱顶部2裂，长约0.7毫米。果片近球形，单生或双生，密被钩毛；果柄长达1厘米。花期4—8月，果期5—9月。南太行平原、山区常见。生于山坡、沟边、河滩、草地的草丛或灌丛中及林下。

57 淫羊藿 | *Epimedium brevicornu*　　　　　小檗科　淫羊藿属

多年生草本。二回三出复叶基生和茎生，具9枚小叶；基生叶1~3枚丛生，具长柄，茎生叶2枚，对生；小叶纸质或厚纸质，卵形或阔卵形，先端急尖或短渐尖，基部深心形，网脉显著，背面苍白色，光滑或疏生少数柔毛，基出7脉，叶缘具刺齿。花茎具2枚对生叶，圆锥花序长10~35厘米，具花20~50朵，序轴及花梗被腺毛；花梗长5~20毫米；花白色或淡黄色；萼片2轮，外萼片卵状三角形，暗绿色，长1~3毫米，内萼片披针形，白色或淡黄色，长约10毫米，宽约4毫米；花瓣远较内萼片短；雄蕊长3~4毫米，伸出；蒴果长约1厘米；宿存花柱喙状，长2~3毫米。花期5—6月，果期6—8月。南太行广布。生于林下、沟边灌丛中或山坡阴湿处。全草供药用，主治阳痿早泄、腰酸腿痛、四肢麻木、半身不遂、神经衰弱、健忘、耳鸣、目眩等症。

58 山桃草 | *Oenothera lindheimeri*　　　　柳叶菜科　月见草属

一年生草本。全株尤茎上部、花序、叶、苞片、萼片蜜被伸展灰白色长毛与腺毛；茎直立，不分枝，高50~100厘米。基生叶宽倒披针形，长达12厘米，先端锐尖，基部渐狭下延至柄。茎生叶狭椭圆形、长圆状卵形，长2~10厘米，先端渐尖或锐尖，基部楔形下延至柄，侧脉6~12对。花序穗状，有时有少数分枝，生茎枝顶端，常下垂；苞片线形；花傍晚开放；花管带红色；萼片绿色，线状披针形，花期反折；花瓣白色，以后变红色，倒卵形，长1.5~3毫米，先端钝，基部具爪；花柱伸出花管部分长1.5~2.2毫米；柱头围以花药，具深4裂。蒴果坚果状，纺锤形，具不明显4棱。花期7~8月，果期8~9月。原产于美国。南太行城市公园有栽培。观赏花卉，用于城市绿化。

59 蚊母草 | *Veronica peregrina*　　　　车前科　婆婆纳属

一年生草本，高10~25厘米。通常自基部多分枝，主茎直立，侧枝披散，全株无毛或疏生柔毛。叶无柄，下部的倒披针形，上部的长矩圆形，长1~2厘米，全缘或中上端有三角状锯齿。总状花序长，果期达20厘米；苞片与叶同形而略小；花梗极短；花萼裂片长矩圆形至宽条形，长3~4毫米；花冠白色或浅蓝色，长2毫米，裂片长矩圆形至卵形；雄蕊短于花冠。蒴果倒心形，明显侧扁，长3~4毫米，种子矩圆形。花果期5—8月。南太行平原、山区有分布。生于潮湿的荒地、路边。果实常因虫瘿而肥大。带虫瘿的全草可药用，治跌打损伤、瘀血肿痛及骨折。嫩苗味苦，水煮去苦味，可食。

60 百蕊草 | Thesium chinense　　　　檀香科　百蕊草属

多年生草本，高 15~40 厘米。全株多少被白粉，无毛；茎细长，簇生，基部以上疏分枝，斜升，有纵沟。叶线形，长 1.5~3.5 厘米，宽 0.5~1.5 毫米，顶端急尖或渐尖，具单脉。花单一，5 数，腋生；花梗短或很短，长 3~3.5 毫米；苞片 1，线状披针形；小苞片 2，线形，长 2~6 毫米，边缘粗糙；花被绿白色，长 2.5~3 毫米，花被管呈管状，花被裂片，顶端锐尖，内弯，内面的微毛不明显；雄蕊不外伸；子房无柄，花柱很短。坚果椭圆状或近球形，长或宽 2~2.5 毫米，淡绿色，表面有明显、隆起的网脉，顶端的宿存花被近球形，长约 2 毫米；果柄长 3.5 毫米。花期 4—5 月，果期 6—7 月。南太行分布于海拔 200 米以上山坡。生于荫蔽湿润或潮湿的小溪边、田野、草甸，也见于草甸和沙漠地带边缘、干草原与栎树林的石砾坡地上。全草入药，清热解毒、补肾涩精。

61 华北百蕊草 | Thesium cathaicum　　　　檀香科　百蕊草属

多年生草本。根状茎纤细，短小；茎多分枝，具纵棱。叶狭条形，长 2~2.5 厘米，宽约 1 毫米，全缘，具不明显的单脉，无柄。总状花序生于枝端；花排列疏松，苞片绿色，条形，长 8~15 毫米，小苞片 2，长 4~5 毫米；花梗纤细，开展，长 5~10 毫米；花被绿白色，长漏斗状，长 5~8 毫米，4 数或 5 数；宿存花被呈高脚杯状，比果长。花果期 6—7 月。南太行分布于海拔 1000 米以上山区。生于山地草丛间。

62 蔓孩儿参 | *Pseudostellaria davidii*　　石竹科　孩儿参属

多年生草本。茎匍匐，细弱，长60~80厘米，稀疏分枝，被2列毛。叶卵形或卵状披针形，长2~3厘米，开花受精花单生于茎中部以上叶腋；花梗细，长3.8厘米，被1列毛；萼片5枚，披针形，长约3毫米，外面沿中脉被柔毛；花瓣5，白色，长倒卵形，全缘，比萼片长1倍；雄蕊10枚，花药紫色，比花瓣短；花柱3稀2；闭花受精花通常1~2朵；花梗长约1厘米，被毛；萼片4枚，狭披针形，长约3毫米，宽0.8~1毫米，被柔毛；雄蕊退化；花柱2。蒴果宽卵圆形，稍长于宿存萼。花期5—7月，果期7—8月。南太行分布于海拔1000米以上山区。生于混交林、杂木林下、溪旁或林缘石质坡。

63 毛脉孩儿参 | *Pseudostellaria japonica*　　石竹科　孩儿参属

多年生草本，高15~20厘米。茎直立，不分枝，被2列柔毛。基生叶2~3对，披针形，长1.5~2.5厘米；上部茎生叶4对，卵形或宽卵形，长1.5~3厘米，几无柄，边缘具缘毛，两面疏生短柔毛，背面沿脉较密。开花受精花单生或2~3朵成聚伞花序；花梗纤细，长1.5~2.5厘米，被毛；萼片5枚，披针形，长3~3.5毫米，外面中脉及边缘疏生长毛，边缘膜质，无毛；花瓣倒卵形，白色，长约5毫米，顶端微缺，基部渐狭，比萼片长近1倍；雄蕊10枚，短于花瓣，花药褐紫色，卵形；闭花受精花腋生，具细长花梗。花期5—6月，果期7—8月。南太行分布于海拔1000米以上山区。生于混交林、杂木林下、溪旁或林缘石质坡。

64 鸡肠繁缕 | *Stellaria neglecta*　　　　石竹科　繁缕属

多年生草本，高达 80 厘米。茎外倾或上升，顶端被腺毛。叶对生，卵形，长 2.5~5.5 厘米，先端尖，基部近圆或稍心形，边缘波状；叶柄长 0.5~1 厘米，顶端叶常无柄。花白色，顶生二歧聚伞花序；苞片叶状，边缘具腺毛；花梗细，长 1~2 厘米，密被腺毛；萼片 5 枚，卵状披针形；长 4~5 毫米，被腺毛；花瓣 5，2 深裂至基部，裂片披针形，长 3~3.5 毫米；雄蕊 10 枚；子房 1 室，花柱 5，线形。蒴果卵圆形，较宿萼稍长，5 瓣裂至中部，裂瓣 2 齿裂。花期 5—6 月，果期 6—8 月。南太行平原广布。生于路旁、水边、草丛中。全草药用，有抗菌消炎的功效。

65 繁缕 | *Stellaria media*　　　　石竹科　繁缕属

一年生或二年生草本，高 10~30 厘米。茎俯仰或上升，基部大多数分枝，常带淡紫红色，被 1（2）列毛。叶宽卵形或卵形，长 1.5~2.5 厘米，顶端渐尖或急尖，基部渐狭或近心形，全缘；基生叶具长柄，上部叶常无柄或具短柄。疏聚伞花序顶生；花梗细弱，具 1 列短毛，花后伸长，下垂，长 7~14 毫米；萼片 5 枚，卵状披针形，长约 4 毫米，顶端稍钝或近圆形，边缘宽膜质，外面被短腺毛；花瓣白色，长椭圆形，比萼片短，深 2 裂达基部，裂片近线形；雄蕊 3~5 枚，短于花瓣；花柱 3，线形。蒴果卵形，顶端 6 裂。花期 6—7 月，果期 7—8 月。南太行平原、山区广布。生于田间、荒坡。全草入药，有清热解毒、凉血、活血止痛、下乳等功效。

66 箐姑草 | *Stellaria vestita* 　　石竹科　繁缕属

多年生草本。全株被星状毛。茎疏丛生，铺散或俯仰，下部分枝，上部密被星状毛。叶卵形或椭圆形，长1~3.5厘米，顶端急尖，稀渐尖，基部圆形，全缘，两面均被星状毛，背面中脉明显。聚伞花序疏散，具长花序梗，密被星状毛；苞片草质，卵状披针形，边缘膜质；花梗细，长短不等，长10~30毫米，密被星状毛；萼片5枚，披针形，边缘膜质，外面被星状柔毛，显灰绿色，具3脉；花瓣5，2深裂近基部，短于萼片或近等长；裂片线形；雄蕊10枚，比花瓣短或近等长；花柱3，稀4。蒴果卵萼形，长4~5毫米，6齿裂。南太行分布于海拔1000米以上山区。生于石滩、石隙中、草坡或林下。全草供药用，可舒筋活血。

67 无瓣繁缕 | *Stellaria pallida* 　　石竹科　繁缕属

一年生草本。茎通常铺散，有时上升，基部分枝有1列长柔毛，不被腺柔毛。叶小，近卵形，长5~8毫米，有时达1.5厘米，顶端急尖，基部楔形，两面无毛，上部及中部者无柄，下部者具长柄。二歧聚伞状花序；花梗细长；萼片披针形，长3~4毫米，顶端急尖，稀卵状披针形而近钝，多少被密柔毛，稀无毛；花瓣无或小，近于退化；花柱极短。种子小，淡红褐色，直径0.7~0.8毫米，具不显著的小瘤突，边缘大多数少锯齿状或近平滑。花期7—10月，果期7—11月。南太行平原广布。生于城市公园、绿地，农村田间。

68 中国繁缕 | *Stellaria chinensis*　　　　石竹科　繁缕属

多年生草本，高 30~100 厘米。茎细弱，铺散或上升，具 4 棱，无毛。叶卵形至卵状披针形，长 3~4 厘米，顶端渐尖，基部宽楔形或近圆形，全缘，两面无毛，背面中脉明显突起；叶柄短或近无，被长柔毛。聚伞花序疏散，具细长花序梗，苞片膜质；花梗细，长约 1 厘米或更长；萼片 5 枚，披针形，长 3~4 毫米，顶端渐尖，边缘膜质；花瓣 5，白色，2 深裂，与萼片近等长；雄蕊 10 枚，稍短于花瓣；花柱 3。蒴果卵萼形，比宿存萼稍长或等长，6 齿裂。花期 5—6 月，果期 7—8 月。南太行分布于海拔 1000 米以上山区。生于灌丛、林缘、石滩、沟旁，少见。全草可入药，有祛风利关节的功效。可做饲料。

69 无心菜 | *Arenaria serpyllifolia*　　　　石竹科　无心菜属

一年生或二年生草本，高 10~30 厘米。茎丛生，直立或铺散，密生白色短柔毛，节间长 0.5~2.5 厘米。叶卵形，长 4~12 毫米，基部狭，无柄，边缘具缘毛，顶端急尖，两面近无毛或疏生柔毛，背面具 3 脉。聚伞花序，具多花；苞片草质，卵形，长 3~7 毫米，通常密生柔毛；花梗长约 1 厘米，纤细，密生柔毛或腺毛；萼片 5 枚，披针形，长 3~4 毫米，边缘膜质，顶端尖，外面被柔毛，具显著的 3 脉；花瓣 5，白色，倒卵形，长为萼片的 1/3~1/2，顶端钝圆；雄蕊 10 枚，短于萼片；子房卵圆形，无毛，花柱 3，线形。蒴果卵圆形，与宿存萼等长，顶端 6 裂。花期 6—8 月，果期 8—9 月。南太行广布于丘陵、山区。生于沙质或石质荒地、田野、园圃、山坡草地。全草入药，清热解毒，治麦粒肿和咽喉痛等病。

70 簇生泉卷耳（亚种） | *Cerastium fontanum* subsp. *vulgare*

石竹科　卷耳属

泉卷耳（原种）。本亚种特征：一年生、二年生或多年生草本，高15~30厘米。茎单生或丛生，近直立，被白色短柔毛和腺毛。基生叶近匙形，基部渐狭呈柄状，两面被短柔毛；茎生叶近无柄，卵形、狭卵状长圆形或披针形，长1~4厘米，顶端急尖或钝尖，两面均被短柔毛，边缘具缘毛。聚伞花序顶生；苞片草质；花梗细，长5~25毫米，密被长腺毛，花后弯垂；萼片5枚，长圆状披针形，外面密被长腺毛，边缘中部以上膜质；花瓣5，白色，倒卵状长圆形，等长或微短于萼片，顶端2浅裂，雄蕊短于花瓣，花柱5，短线形。蒴果圆柱形，长8~10毫米。花期5—6月，果期6—7月。南太行山前平原可见。生于山地林缘杂草间或疏松沙质土壤。

71 球序卷耳 | *Cerastium glomeratum*

石竹科　卷耳属

一年生草本，高10~20厘米。茎单生或丛生，密被长柔毛，上部混生腺毛。茎下部叶匙形，顶端钝，基部渐狭呈柄状；上部茎生叶倒卵状椭圆形，长1.5~2.5厘米，顶端急尖，基部渐狭呈短柄状，两面皆被长柔毛，边缘具缘毛，中脉明显。聚伞花序呈簇生状或呈头状；花序轴密被腺柔毛；苞片草质，卵状椭圆形，密被柔毛；花梗细，长1~3毫米，密被柔毛；萼片5枚，披针形，顶端尖，外面密被长腺毛，边缘狭膜质；花瓣5，白色，线状长圆形，与萼片近等长或微长，顶端2浅裂，基部被疏柔毛；雄蕊明显短于萼；花柱5。蒴果长圆柱形。花期3—4月，果期5—6月。南太行山区、平原广布。生于山坡草地。

72 卷耳（亚种） | *Cerastium arvense* subsp. *strictum*　　石竹科　卷耳属

原野卷耳（原种）。本亚种特征：多年生草本。茎基部匍匐，上部直立。叶对生，矩圆状披针形，长1~2.5厘米，基部抱茎，疏生长柔毛。聚伞花序顶生，具花3~7朵；萼片5枚，被毛；花瓣5，白色，倒卵形，顶端2裂至瓣片1/3处，裂片圆钝；雄蕊10枚；花柱5。蒴果矩圆筒形。花期5—8月，果期7—9月。南太行分布于山西阳城、晋城。生于高山草地、林缘或丘陵区。

73 缘毛卷耳 | *Cerastium furcatum*　　石竹科　卷耳属

多年生草本，高10~55厘米。茎单生或丛生，近直立，被稀疏或较密长柔毛，上部混生腺毛。基生叶匙形；茎生叶卵状披针形至椭圆形，长1~3厘米，顶端钝或急尖，基部近圆形或楔形，多少被柔毛。聚伞花序具花5~11朵；苞片草质；花梗细，长1~3.5厘米，密被柔毛和腺毛，果期弯垂；萼片5枚，长圆状披针形，长约5毫米，顶端尖或钝，被柔毛；花瓣5，白色，倒心形，长于花萼0.5~1倍，顶端2浅裂，基部被缘毛；雄蕊10枚；花柱5，线形。蒴果长圆形，比宿存萼长1倍。花期5—8月，果期8—9月。南太行分布于山西阳城等地。生于高山林缘及草甸。

74 麦蓝菜 | *Gypsophila vaccaria*　　　　石竹科　石头花属

一年生或二年生草本，高 30~70 厘米。全株无毛，微被白粉，呈灰绿色。根为主根系。茎单生，直立，上部分枝。叶卵状披针形或披针形，长 3~9 厘米，基部圆形或近心形，微抱茎，顶端急尖，具 3 基出脉。伞房花序稀疏；花梗细，长 1~4 厘米；苞片披针形，着生花梗中上部；花萼卵状圆锥形，长 10~15 毫米，后期微膨大呈球形，棱绿色，棱间绿白色，近膜质，萼齿小，边缘膜质；雌雄蕊柄极短；花瓣淡红色、白色，爪狭楔形，淡绿色，瓣片狭倒卵形，微凹缺；雄蕊内藏；花柱线形，微外露。蒴果宽卵形或近圆球形，长 8~10 毫米。花期 5—7 月，果期 6—8 月。南太行平原、丘陵有分布。生于草坡、撂荒地或麦田中。麦田常见杂草。常用于路边绿化。（见 259 页）

75 长蕊石头花 | *Gypsophila oldhamiana*　　　　石竹科　石头花属

多年生草本，高 60~100 厘米。全株无毛，粉绿色；茎数个由根颈处生出，二歧或三歧分枝，开展，老茎常红紫色。叶近革质，稍厚，长圆形，长 4~8 厘米，顶端短突尖，基部稍狭，两叶基相连呈短鞘状，微抱茎，脉 3~5 条，中脉明显，上部叶较狭，近线形。伞房状聚伞花序较密集，顶生或腋生；花梗长约 5 毫米；花萼钟状，裂片 5，边缘白色；花瓣 5，白色，倒卵状长圆形，顶端截形或微凹，长于花萼 1 倍；雄蕊 10 枚；子房卵圆形，花柱 2，伸出花冠外。蒴果比萼稍长，有少数种子。花期 6—9 月，果期 8—10 月。南太行分布于海拔 1000 米以上山区。生于山坡、草地、灌丛、林缘。

76 石生蝇子草 | *Silene tatarinowii*　　石竹科　蝇子草属

多年生草本。全株被短柔毛。茎仰卧或斜升，分枝稀疏，有时基部节上生不定根。叶对生，卵状披针形，长2~5厘米。二歧聚伞花序疏松；花萼筒状棒形，疏被短柔毛；花瓣5，白色，瓣片先端浅2裂，可达瓣片的1/4，两侧中部各具1条形小裂片或细齿；副花冠片椭圆状，全缘。蒴果卵形。花期7—8月，果期8—10月。南太行分布于海拔800米以上山区。生于灌丛中、疏林下多石质的山坡或岩石缝中。全草入药，具清热凉血、补虚安神的功效。

77 女娄菜 | *Silene aprica*　　石竹科　蝇子草属

一年生或二年生草本，高30~70厘米。全株密被灰色短柔毛。茎单生或数个，直立。基生叶倒披针形或狭匙形，长4~7厘米，宽4~8毫米，基部渐狭呈长柄状，顶端急尖，中脉明显；茎生叶倒披针形或披针形，比基生叶稍小。圆锥花序较大型；花梗长5~20（40）毫米，直立，苞片披针形，草质，渐尖，具缘毛；花萼卵状钟形，长6~8毫米，近草质，密被短柔毛，萼齿三角状披针形，边缘膜质，具缘毛；雌雄蕊柄极短或近无，被短柔毛；花瓣白色或淡红色，倒披针形，长7~9毫米，微露出花萼或与花萼近等长，瓣片倒卵形，2裂；副花冠片舌状；雄蕊不外露；花柱不外露。蒴果卵形，长8~9毫米，与宿存萼近等长或微长。花期5—7月，果期6—8月。南太行分布于海拔800米以上山区。生于林缘、草地。全草入药，具活血调经、健脾行水的功效。

78 坚硬女娄菜 | *Silene firma* 　　　　　　　　石竹科　蝇子草属

一年生或二年生草本。全株无毛，有时仅基部被短毛。茎单生或疏丛生，粗壮，直立，不分枝，稀分枝，有时下部暗紫色。叶椭圆状披针形或卵状倒披针形，基部渐狭呈短柄状，顶端急尖，仅边缘具缘毛。假轮伞状间断式总状花序；苞片狭披针形；花萼卵状钟形，脉绿色，萼齿狭三角形，顶端长渐尖，边缘膜质，具缘毛；花瓣白色，不露出花萼。蒴果长卵形，长8~11毫米，比宿存萼短。花期6—7月，果期7—8月。南太行广布。生于草坡、灌丛或林缘草地。全草入药，具活血通经、下乳消肿、利尿通淋的功效。

79 曼陀罗 | *Datura stramonium* 　　　　　　　　茄科　曼陀罗属

多年生草本。叶宽卵形，长8~12厘米，顶端渐尖，基部不对称，边缘有不规则波状浅裂，裂片三角形，有时具疏齿；叶柄长3~5厘米。花夜间开放，常单生于枝分叉处或叶腋，直立；花萼筒状，有5棱角；花冠漏斗状，下部淡绿色，上部白色，偶有紫色；雄蕊5枚；子房卵形。蒴果直立，卵状，长3~4厘米，表面生有坚硬的针刺，成熟后4瓣裂。花期6—10月，果期7—11月。南太行山区、平原广布。生于路旁、田边、垃圾堆、建筑荒地。叶和花含莨菪碱和东莨菪碱，全株有毒；可药用，有镇痉、镇静、镇痛、麻醉的功效。种子油可制肥皂和掺合油漆用。

80 毛曼陀罗 | *Datura innoxia*　　　　　　　茄科　曼陀罗属

多年生草本。叶全缘或有波状疏齿，两面被柔毛。花萼筒圆柱状，无棱角；花冠白色。蒴果下垂，表面密生针刺。分布、生境、作用同曼陀罗。

81 龙葵 | *Solanum nigrum*　　　　　　　茄科　茄属

一年生草本。茎直立，多分枝。叶卵形，长 2.5~10 厘米，先端短尖，基部楔形至阔楔形下延至叶柄，全缘或有不规则的波状粗齿，两面光滑或有疏短柔毛；叶柄长 1~2 厘米。聚伞花序腋外生，具花 4~10 朵，总花梗长 1~2.5 厘米，花梗长约 5 毫米；花萼小，浅杯状；花冠白色，辐状，筒部短，隐于萼内，裂片卵状三角形；雄蕊 5 枚；子房卵形，花柱中部以下有白色茸毛。浆果球形，直径约 8 毫米，熟时黑色，可食。花果期 5—11 月。南太行平原广布。生于田边、荒地及村庄附近。

82 华北散血丹 | *Physaliastrum sinicum*　　　　茄科·散血丹属

多年生草本，高 30~50 厘米。茎幼嫩时被有较密的细柔毛；枝条略粗壮。叶多为阔卵形，顶端短渐尖或尖头，基部歪斜，变狭成长约 1 厘米的叶柄，全缘且波状，有细缘毛，两面被有略密的柔毛，侧脉 6~7 对。花常双生于叶腋或枝腋，俯垂；花梗密被细柔毛；花萼在花时为花冠长的 1/2，短钟状，外面密生细柔毛，有 5 深中裂，裂片直立，钝头，有细缘毛，花后增大呈卵状球形，直径约 1.8 厘米；花冠白色，钟状，外面密被细毛，檐部 5 浅裂，裂片阔三角形，有细缘毛；雄蕊长约 6 毫米，达到花冠裂片之间的弯缺处。浆果球状，直径约 1.6 厘米。花期 6 月，果期 8—9 月。南太行分布于海拔 1000 米以上山区。生于山谷、灌丛中。

83 酸浆 | *Alkekengi officinarum*　　　　茄科　酸浆属

多年生草本。基部常匍匐生根。茎高 40~80 厘米，茎节稍膨大，常被有柔毛，尤其以幼嫩部分较密。叶长卵形至阔卵形，顶端渐尖，基部不对称狭楔形下延至叶柄，全缘且波状，或有粗牙齿，两面被有柔毛，沿叶脉较密。花梗长 6~16 毫米，开花时直立，后向下弯曲，密生柔毛，结果时也不脱落；花萼阔钟状，密生柔毛，萼齿三角形，边缘有硬毛；花冠辐状，白色，裂片开展，阔而短，顶端骤然狭窄成三角形尖头，外面有短柔毛，边缘有缘毛；雄蕊及花柱均较花冠短。果梗长 2~3 厘米；果萼卵状，薄革质，网脉显著，有 10 纵肋，橙色或火红色，被宿存的柔毛，顶端闭合，基部凹陷。浆果球状，橙红色，柔软多汁。花期 5—9 月，果期 6—10 月。南太行分布于海拔 800 米以上山区。常生于空旷地或山坡。根、果实入药，具清热、解毒、利尿、降压、强心、抑菌等功效。

84 挂金灯（变种） | *Alkekengi officinarum* var. *franchetii*　　茄科　酸浆属

与酸浆（原变种）的区别：茎较粗壮，茎节膨大。叶仅叶缘有短毛。花梗近无毛或仅有稀疏柔毛，果时无毛；花萼除裂片密生毛外筒部毛被稀疏。果萼毛被脱落而光滑无毛；浆果球形，橙红色，包于膨大的宿萼中。花期5—9月，果期6—10月。南太行广布。常生于空旷地或山坡。根、果实入药，具清热、解毒、利尿、降压、强心、抑菌等功效。

85 笔龙胆 | *Gentiana zollingeri*　　龙胆科　龙胆属

一年生草本，高3~6厘米。茎直立，紫红色，光滑，从基部起分枝，稀不分枝。叶卵圆形或卵圆状匙形，先端钝圆形或圆形，具小尖头，边缘软骨质，两面光滑，有明显叶脉1~3条；叶柄光滑，长1~2毫米；基生叶在花期不枯萎，与茎生叶相似，较小；茎生叶常密集，覆瓦状排列。花多数，单生于小枝顶端，小枝密集呈伞房状；花梗紫色，光滑，长1~2.5毫米，藏于上部叶中；花萼漏斗形，裂片狭三角形或卵状椭圆形，先端急尖，具短小尖头，边缘膜质，平滑，中脉在背面呈脊状突起，并向萼筒作短的下延，弯缺截形；花冠淡蓝色或白色，漏斗形或裂片卵形，先端钝，褶卵形或宽矩圆形，先端钝，浅2裂或有不整齐细齿；雄蕊着生于冠筒中部，整齐，子房椭圆形，花柱线形，柱头外反，2裂，裂片矩圆形。蒴果外露或内藏，倒卵状矩圆形，先端圆形，具宽翅，两侧边缘有狭翅。花果期4—6月。南太行分布于海拔800米以上山区。生于草甸、灌丛中、林下。

86 獐牙菜 | *Swertia bimaculata*　　　　　　　　　龙胆科　獐牙菜属

一年生草本，高 0.3~1.4（2）米。直立，圆形，中空，基部直径 2~6 毫米，中部以上分枝。基生叶在花期枯萎；茎生叶无柄或具短柄，叶椭圆形至卵状披针形，长 3.5~9 厘米，先端长渐尖，基部钝，叶脉 3~5 条，弧形，在背面明显突起，最上部叶苞叶状。大型圆锥状复聚伞花序疏松，开展，长达 50 厘米，多花；花梗较粗，直立或斜伸，花 5 数，直径达 2.5 厘米；花萼绿色，长为花冠的 1/4~1/2，裂片狭倒披针形或狭椭圆形，长 3~6 毫米，边缘具窄的白色膜质，常外卷；花冠黄色，上部具多数紫色小斑点，裂片椭圆形或长圆形，长 1~1.5 厘米，顶端渐尖或急尖，基部狭缩，中部具 2 枚黄绿色、半圆形的大腺斑；花丝线形；子房无柄，披针形，长约 8 毫米；花柱短，柱头小，头状，2 裂。蒴果无柄，狭卵形，长达 2.3 厘米。花果期 6—11 月。南太行分布于海拔 800 米以上山区。生于河滩、山坡草地、林下、灌丛中、沼泽地。全草入药，具清热、健胃、利湿的功效。

87 地梢瓜 | *Cynanchum thesioides*　　　　　　　　　夹竹桃科　鹅绒藤属

直立半灌木。茎自基部多分枝。叶对生或近对生，线形，长 3~5 厘米，叶背面中脉隆起。伞形聚伞花序腋生；花萼外面被柔毛；花冠绿白色；副花冠杯状，裂片三角状披针形，渐尖，高过药隔的膜片。蓇葖果纺锤形，先端渐尖，中部膨大，长 5~6 厘米，直径 2 厘米；花期 5—8 月，果期 8—10 月。南太行山区、平原广布。生于山坡、沙丘、干旱山谷、荒地、田边等处。全株含 1.5% 橡胶、3.6% 树脂，可作工业原料。幼果可食。种毛可作填充料。

88 点地梅 | *Androsace umbellata*　　报春花科　点地梅属

一年生或二年生草本。全株被节状的细柔毛。叶10~30，全部基生，圆形至心状圆形，直径5~15毫米，边缘具三角状裂齿；叶柄长1~2厘米。花莛数条，由基部抽出，长5~12厘米，顶端着生伞形花序，具花4~15朵。苞片卵形至披针形，长4~7毫米；花梗长2~3.5厘米；花萼5深裂，裂片卵形，长2~3毫米，有明显的纵脉3~6条；花冠白色或稍带粉色，漏斗状，喉部紧缩，稍长于萼，5裂，雄蕊着生于花冠筒中部，长约1.5毫米。蒴果近球形，直径约4毫米。花期2—4月，果期5—6月。南太行山区、平原广布。生于山地路旁、灌草丛中。全草入药，能清热解毒、消肿止痛。

89 矮桃 | *Lysimachia clethroides*　　报春花科　珍珠菜属

多年生草本。全株多少被黄褐色卷曲柔毛。茎直立，高40~100厘米，圆柱形，基部带红色，不分枝。叶互生，长椭圆形或阔披针形，长6~16厘米，先端渐尖，基部渐狭，两面散生黑色粒状腺点，近于无柄。总状花序顶生，盛花期长约6厘米，花密集，常转向一侧，后渐伸长，果时长20~40厘米；苞片线状钻形，比花梗稍长；花梗长4~6毫米；花萼长2.5~3毫米，分裂近达基部，裂片卵状椭圆形，先端圆钝，周边膜质，有腺状缘毛；花冠白色，长5~6毫米，基部合生部分长约1.5毫米；雄蕊内藏，被腺毛；子房卵珠形；花柱稍粗，长3~3.5毫米。蒴果近球形，直径2.5~3毫米。花期5—7月，果期7—10月。南太行分布于海拔700米以上山区。生于山坡、草地、灌丛、林缘。全草入药，有活血调经、解毒消肿的功效。嫩叶可食或做猪饲料。

90 狼尾花 | *Lysimachia barystachys*　　　报春花科　珍珠菜属

多年生草本。全株密被卷曲柔毛;茎直立。叶互生或近对生,长圆状披针形、倒披针形以至线形,长4~10厘米,无腺点。总状花序顶生,花密集,常转向一侧;花序轴长4~6厘米,后渐伸长;苞片线状钻形,花梗长4~6毫米,通常稍短于苞片;花萼长3~4毫米,分裂近达基部;花冠白色,长7~10毫米,基部合生部分长约2毫米,裂片舌状狭长圆形,先端钝或微凹,常有暗紫色短腺条;雄蕊内藏,具腺毛。蒴果球形,直径2.5~4毫米。花期5—8月,果期8—10月。南太行广布。生于草甸、山坡路旁灌丛间。全草入药,治疮疖、刀伤。

91 狭叶珍珠菜 | *Lysimachia pentapetala*　　　报春花科　珍珠菜属

一年生草本。全株无毛。茎直立,高30~60厘米,圆柱形,多分枝,密被褐色无柄腺体。叶互生,狭披针形至线形,长2~7厘米,先端锐尖,基部楔形,正面绿色,背面粉绿色,有褐色腺点;叶柄短。总状花序顶生,初时因花密集而呈圆头状,后渐伸长,果时长4~13厘米;苞片钻形,长5~6毫米;花梗长5~10毫米;花萼长2.5~3毫米,下部合生达全长的1/3或近1/2,裂片狭三角形,边缘膜质;花冠白色,长约5毫米,基部合生仅0.3毫米,近于分离;雄蕊比花冠短;子房无毛;花柱长约2毫米。蒴果球形,直径2~3毫米。花期7—8月,果期8—9月。南太行广布。生于山坡荒地、路旁、田边和疏林下。全草入药,具清热利湿、活血散瘀、解毒消痈的功效。

92 泽珍珠菜 | *Lysimachia candida*   报春花科　珍珠菜属

一年生或二年生草本。全株无毛。茎单生或数条簇生，直立，高10~30厘米，单一或有分枝。基生叶匙形或倒披针形，长2.5~6厘米，具有狭翅的柄，开花时存在或早凋；茎叶互生，倒卵形、倒披针形或线形，长1~5厘米，先端渐尖或钝，基部渐狭，下延，边缘全缘，两面均有黑色或带红色的小腺点，无柄。总状花序顶生，初时因花密集而呈阔圆锥形，其后渐伸长，果时长5~10厘米；苞片线形，长4~6毫米；花梗长约为苞片的2倍；花萼长3~5毫米，分裂近达基部，裂片披针形，边缘膜质，背面沿中肋两侧有黑色短腺条；花冠白色，长6~12毫米，筒部长3~6毫米，裂片长圆形或倒卵状长圆形，先端圆钝；雄蕊稍短于花冠。花期3—6月，果期4—7月。南太行分布于山前平原。生于田边、溪边和山坡路旁潮湿处。

93 田紫草 | *Lithospermum arvense*   紫草科　紫草属

一年生草本。茎有糙伏毛，自基部或上部分枝；叶无柄或近无柄，倒披针形或条状披针形，长1.5~4厘米，两面有短糙伏毛。聚伞花序，有密糙伏毛；苞片条状披针形，长达1.5厘米；花萼5裂近基部，裂片披针状条形；花冠白色或淡红色，5裂；雄蕊5枚，生花冠筒中部之下，子房4深裂，柱头近球形。小坚果4，有瘤状突起。花果期4—8月。南太行山区、丘陵、平原广布。生于丘陵、低山草坡或田边。全草入药，具凉血、活血、清热、解毒的功效。（见256页）

94 紫草 | *Lithospermum erythrorhizon*   紫草科 紫草属

多年生草本。根富含紫色物质。茎通常1~3，直立，高40~90厘米，有贴伏和开展的短糙伏毛，上部有分枝。叶无柄，卵状披针形至宽披针形，长3~8厘米，先端渐尖，基部渐狭，两面均有短糙伏毛，脉在叶背面突起，沿脉有较密的糙伏毛。花序生茎和枝上部，长2~6厘米，果期延长；苞片与叶同形而较小；花萼裂片线形，长约4毫米，果期可达9毫米，背面有短糙伏毛；花冠白色，长7~9毫米，外面稍有毛，筒部长约4毫米，檐部与筒部近等长，裂片宽卵形，开展，全缘或微波状，先端有时微凹，喉部附属物半球形，无毛；雄蕊着生花冠筒中部稍上；花柱长2.2~2.5毫米，柱头状。小坚果卵球形，乳白色或带淡黄褐色，腹面中线凹陷呈纵沟。花果期6—9月。南太行平原、山区有分布。生于山坡草地。全草入药，具凉血、活血、清热、解毒的功效。

95 虎耳草 | *Saxifraga stolonifera*   虎耳草科 虎耳草属

多年生草本，高8~45厘米。鞭匐枝细长，密被卷曲长腺毛，具鳞片状叶。茎被长腺毛，具1~4苞片状叶。基生叶具长柄，叶近心形、肾形至扁圆形，长1.5~7.5厘米，7（5）~11浅裂（有时不明显），裂片边缘具不规则牙齿和腺睫毛，正面绿色，背面通常红紫色，两面被腺毛，有斑点，具掌状达缘脉序；叶柄长1.5~21厘米，被长腺毛；茎生叶披针形，长约6毫米。聚伞花序圆锥状，具花7~61朵；花序分枝长2.5~8厘米，被腺毛，具花2~5朵；花梗长0.5~1.6厘米，细弱，被腺毛；花两侧对称；萼片在花期开展至反曲，卵形，边缘具腺睫毛，腹面无毛，背面被褐色腺毛，3脉于先端汇合成一疣点；花瓣白色，5枚，其中3枚较短，卵形，长2~4.4毫米，宽1.3~2毫米，先端急尖，另2枚较长，披针形至长圆形，长6.2~14.5毫米，先端急尖；雄蕊长4~5.2毫米，花丝棒状；花盘半环状，围绕于子房一侧，边缘具瘤突；2枚心皮下部合生，长3.8~6毫米；子房卵球形，花柱2，叉开。花果期4—11月。南太行海拔600米以上有分布。生于林下、灌丛、草甸和荫湿岩隙。全草入药，具祛风清热、凉血解毒的功效。

96 小花草玉梅（变种） | *Anemone rivularis* var. *flore-minore*

毛茛科　银莲花属

草玉梅（原变种）。本变种特征：多年生草本，植株常粗壮，高 42~125 厘米。叶基生，肾状五角形，3 全裂。花莛 1~3，长 7~65 厘米；聚伞花序长 6~30 厘米，二至三回分枝；苞片 3，似基生叶，具鞘状柄，宽菱形，长 3.2~6.5 厘米；苞片 3（4），有柄，近等大，长 3.2（2.2）~9 厘米，似基生叶，宽菱形，3 裂近基部，裂片通常不再分裂，披针形至披针状线形；萼片 5（6）枚，狭椭圆形或倒卵状狭椭圆形，长 6~9 毫米，白色；无花瓣，雄蕊多数。瘦果狭卵形，宿存花柱钩状弯曲。花果期 5—8 月。南太行分布于山西晋城、阳城、长治、河南林州等地。生于山地、草坡、小溪边或湖边。根状茎药用，可治肝炎、筋骨疼痛等症。

97 天葵 | *Semiaquilegia adoxoides*

毛茛科　天葵属

多年生草本。茎 1~5 条，高 10~32 厘米，被稀疏的白色柔毛，分歧。基生叶多数，为掌状三出复叶；叶卵圆形至肾形，长 1.2~3 厘米；小叶扇状菱形或倒卵状菱形，长 0.6~2.5 厘米，宽 1~2.8 厘米，3 深裂，两面均无毛；叶柄长 3~12 厘米，基部扩大呈鞘状；茎生叶与基生叶相似，但较小。花小，直径 4~6 毫米；苞片小，倒披针形至倒卵圆形，不裂或 3 深裂；花梗纤细，被伸展的白色短柔毛；萼片白色，常带淡紫色，狭椭圆形；花瓣匙形，顶端近截形；雄蕊约 2 枚。蓇葖果卵状长椭圆形，表面具突起的横向脉纹。花期 3—4 月，果期 4—5 月。南太行平原有逸生。生于田埂、路旁。块根入药，具清热解毒、消肿止痛、利尿等功效。

98 东方草莓 | *Fragaria orientalis*

蔷薇科 草莓属

多年生草本，高5~30厘米。茎被开展柔毛，顶端较密，基部有时脱落。三出复叶，小叶几无柄，倒卵形或菱状卵形，长1~5厘米，顶端圆钝或急尖，顶生小叶基部楔形，侧生小叶基部偏斜，边缘有缺刻状锯齿；叶柄被开展柔毛有时顶端较密。花序聚伞状，具花2（1）~5（6）朵，基部苞片淡绿色，或具一有柄的小叶，花梗长0.5~1.5厘米，被开展柔毛。花两性，直径1~1.5厘米；萼片卵圆披针形，顶端尾尖，副萼片线状披针形，偶有2裂；花瓣白色，几圆形，基部具短爪；雄蕊18~22枚，近等长；雌蕊多数。聚合果半圆形，成熟后紫红色，宿存萼片开展或微反折。花期5—7月，果期7—9月。南太行山西南部有分布。生于山坡、草地、林下。果实鲜红色，质软而多汁，香味浓厚，略酸微甜，可生食或制果酒、果酱。

99 太行花 | *Taihangia rupestris*

蔷薇科 太行花属

多年生草本。根茎粗壮，根深长，可长于石缝，伸入石缝的部分有时达地上部分4~5倍。花莛无毛，长4~15厘米，莛上无叶，仅有1~5枚对生或互生的苞片，苞片3裂，裂片带状披针形，无毛。基生叶为单叶，卵形或椭圆形，长2.5~10厘米，顶端圆钝，基部截形或圆形，稀阔楔形，边缘有粗大钝齿或波状圆齿，叶柄长2.5~10厘米，无毛或被稀疏柔毛。花雄性和两性同株或异株，单生花莛顶端，稀2朵，花开放时直径3~4.5厘米；萼筒陀螺形，无毛，萼片浅绿色或常带紫色，卵状椭圆形或卵状披针形，顶端急尖至渐尖；花瓣白色，倒卵状椭圆形，顶端圆钝；雄蕊多数，着生在萼筒边缘；雌蕊多数，被疏柔毛，螺旋状着生在花托上，在雄花中数目较少，不发育且无毛；花柱被短柔毛，仅顶端无毛，柱头略扩大。瘦果长3~4毫米，被疏柔毛。花果期5—8月。南太行分布于海拔800米以上山区。生于背阴悬崖峭壁上。太行山三宝之一。

100 荞麦 | *Fagopyrum esculentum*　　　　　　　　　　　蓼科　荞麦属

一年生草本。茎直立，高 30~90 厘米，上部分枝，绿色或红色，具纵棱，无毛或于一侧沿纵棱具乳头状突起。叶三角形或卵状三角形，顶端渐尖，基部心形；下部叶具长叶柄，上部较小近无柄。总状或伞房状花序，顶生或腋生；苞片卵形，长约 2.5 毫米，绿色，边缘膜质，每苞内具花 3~5 朵；花梗比苞片长，无关节；花被 5 深裂，白色或淡红色，花被片椭圆形，长 3~4 毫米；雄蕊 8 枚，比花被短，花药淡红色；花柱 3，柱头头状。花期 5—9 月，果期 6—10 月。南太行山区有零星逸生。生于路旁、田埂。蜜源植物。种子含丰富淀粉，供食用。全草入药，治高血压、视网膜出血、肺出血。

101 蜀葵 | *Alcea rosea*　　　　　　　　　　　锦葵科　蜀葵属

二年生直立草本，高达 2 米。茎枝密被刺毛。叶近圆心形，直径 6~16 厘米，掌状 5~7 浅裂或波状棱角，裂片三角形或圆形，正面疏被星状柔毛，粗糙，背面被星状长硬毛或茸毛；叶柄长 5~15 厘米，被星状长硬毛；托叶卵形，长约 8 毫米，先端具 3 尖。花腋生，单生或近簇生，排列成总状花序，具叶状苞片，花梗长约 5 毫米，被星状长硬毛；小苞片杯状，常 6~7 裂，裂片卵状披针形，密被星状粗硬毛，基部合生；萼钟状，直径 2~3 厘米，5 齿裂，裂片卵状三角形，长 1.2~1.5 厘米，密被星状粗硬毛；花大，直径 6~10 厘米，有红、紫、白等色，单瓣或重瓣，花瓣倒卵状三角形，长约 4 厘米，顶端凹缺，基部狭，爪被长髯毛；雄蕊柱无毛，长约 2 厘米；花柱分枝多数，微被细毛。果盘状，直径约 2 厘米，被短柔毛。花果期 2—10 月。全国各地广泛栽培供观赏。（见 258 页）

102 野西瓜苗 | *Hibiscus trionum*　　　　锦葵科　木槿属

一年生草本。茎柔软,被白色星状粗毛。下部叶圆形,不分裂,上部叶掌状 3~5 全裂,直径 3~6 厘米;裂片倒卵形,通常羽状全裂,两面有星状粗刺毛;叶柄长 2~4 厘米。花单生叶腋;花梗果时长达 4 厘米;小苞片 12,条形;萼钟形,淡绿色,裂片 5,膜质,三角形,有紫色条纹;花瓣白色,有时带淡黄色,内面基部深紫色。蒴果球形,直径约 1 厘米,有粗毛,果瓣 5,包于萼中。花果期 7—10 月。南太行平原、山区广布。生于路旁、田边。全草入药,具清热解毒、祛风除湿、止咳、利尿等功效。

103 莛子藨 | *Triosteum pinnatifidum*　　　　忍冬科　莛子藨属

多年生草本。茎开花时顶部生分枝 1 对,高达 60 厘米,具条纹,被白色刚毛及腺毛,中空,具白色的髓部。叶羽状深裂,基部楔形至宽楔形,近无柄,倒卵形至倒卵状椭圆形,长 8~20 厘米,裂片 1~3 对,无锯齿,顶端渐尖,正面浅绿色,散生刚毛,沿脉及边缘毛较密,背面黄白色。聚伞花序对生,各具花 3 朵;无总花梗;萼筒被刚毛和腺毛,萼裂片三角形,长 3 毫米;花冠黄绿色,狭钟状,长 1 厘米,筒基部弯曲,一侧膨大成浅囊,被腺毛,裂片圆而短,内面有带紫色斑点。果卵圆形,肉质,具 3 条槽,长 10 毫米,冠以宿存的萼齿;核 3 枚,扁,亮黑色。花期 5—6 月,果期 8—9 月。南太行分布于山西南部海拔 1500 米以上山区。生于山坡针叶林下和沟边向阳处。

104 荠苨 | *Adenophora trachelioides*　　桔梗科　沙参属

多年生草本。有白色乳汁；茎无毛，稍"之"字形弯曲。叶互生，有柄；基生叶心肾形，宽超过长；茎生叶具2~6厘米长的叶柄，叶心形或在茎上部的叶基部近于平截形，通常叶基部不向叶柄下延成翅，顶端钝至短渐尖，边缘为单锯齿或重锯齿，长3~13厘米，无毛。圆锥花序长达35厘米，无毛，分枝近平展；花萼无毛，裂片5，三角状披针形；花冠白色或蓝色，钟状，无毛，5浅裂；雄蕊5枚；花盘短圆筒状；子房下位；花柱与花冠近等长。花果期7—11月。南太行分布于海拔700米以上山区。生于山地林缘、林下、灌草丛中。根入药，具清热化痰、解毒的功效。

105 秦岭沙参 | *Adenophora petiolata*　　桔梗科　沙参属

多年生草本。茎高近80厘米，不分枝，无毛或疏生白色长柔毛。茎生叶全部具长柄，仅最上端数枚具楔状短柄，叶卵形，顶端短渐尖，基部宽楔形或突然变窄而下延成一段带翅的叶柄，边缘具粗锯齿，正面疏生短毛，背面无毛。花序分枝极短，仅具花2~3朵，甚至单花，因而组成极狭窄的圆锥花序甚至假总状花序，有时花序分枝较长而上升，组成较宽的圆锥花序，花序轴及花的各部无毛；花萼裂片卵状披针形至狭三角状披针形；花冠钟状，蓝色、浅蓝色或白色，裂片长，卵状三角形，长大于宽；花盘短筒状，光滑无毛；花柱与花冠近等长，稍短于或稍伸出花冠。蒴果卵状椭圆形。花果期7—10月。南太行分布于海拔700米以上山区。生于林缘、草地、荒坡。根入药，具清热养阴、润肺止咳的功效。

106 细叶沙参（亚种） | *Adenophora capillaris* subsp. *paniculata*

桔梗科 沙参属

丝裂沙参（原种）。本亚种特征：多年生草本。茎高大，高可达 1.5 米。无毛或被长硬毛，不分枝。基生叶心形，边缘有不规则锯齿；茎生叶无柄或有长达 3 厘米的柄，条形至卵状椭圆形，全缘或有锯齿，通常无毛，背面疏生长毛。常为圆锥花序，由多个花序分枝组成，有时花序无分枝，仅数朵花集成假总状花序；花梗粗壮；花萼无毛，筒部球状，裂片细长如发，全缘；花冠细小，近于筒状，浅蓝色、淡紫色或白色，5 浅裂，裂片反卷；花柱长约 2 厘米。蒴果卵状至卵状矩圆形。花期 6—9 月，果期 8—10 月。南太行分布于山西南部海拔 1200 米以上山区。生于林缘、草地、荒坡。根入药，具滋补、祛寒热、清肺止咳的功效。（见 269 页）

107 杏叶沙参（亚种） | *Adenophora petiolata* subsp. *hunanensis*

桔梗科 沙参属

与秦岭沙参（原种）的区别：多年生草本。茎不分枝，全株茎、叶、花萼被毛。茎生叶至稍下部的叶具柄，叶卵圆形或卵形至卵状披针形，基部常楔状渐尖，或近于平截形而突然变窄，沿叶柄下延。花梗极短而粗壮，萼筒部倒圆锥状；花柱与花冠近等长。花果期 7—9 月。南太行分布于海拔 600 米以上山区。生于山坡草地和林下草丛中。根入药，具养阴清肺、祛痰止咳的功效。（见 269 页）

108 变豆菜 | *Sanicula chinensis* 伞形科 变豆菜属

多年生草本。茎粗壮。基生叶近圆肾形或圆心形，常 3~5 裂，裂片有不规则锯齿，茎生叶近无柄。伞形花序二至三回叉式分枝，总苞片叶状，常 3 深裂，伞形花序，具花 6~10 朵，雄花 3~7 朵，两性花 3~4 朵；萼齿果熟时喙状，花瓣白色或绿白色，先端内凹；花柱与萼齿几乎等长。果圆卵形，有钩状基部膨大的皮刺。南太行分布于海拔 1000 米以上山区。生于荫湿的山坡路旁、杂木林下。全草可入药，主治咽痛、咳嗽、月经过多、尿血、外伤出血、疮痈肿毒。

109 首阳变豆菜 | *Sanicula giraldii* 伞形科 变豆菜属

多年生草本，高达 60 厘米。茎 1~4，无毛，上部分枝。基生叶多数，肾圆形或圆心形，长 2~6 厘米，掌状 3~5 裂，裂片有不规则重锯齿；叶柄长 5~25 厘米；茎生叶有短柄，分枝基部叶无柄，掌状分裂，有重锯齿和缺刻。花序二至四回分叉，总苞片叶状，对生，小总苞片卵状披针形；伞形花序，具花 6~7 朵，雄花 3~5 朵，两性花 3 朵；萼齿卵形；花瓣白色或绿白色，宽倒卵形，先端内曲；花柱长于萼齿 2 倍。果卵形或宽卵形，直径 2.5~3 毫米，有钩状皮刺，油管不明显。花果期 5—9 月。南太行分布于海拔 1500 米以上山区。生于山坡林下、路边、沟边等处。

110 白芷 | *Angelica dahurica*　　　　　伞形科　当归属

多年生草本，高 1~2.5 米。根圆柱形，有浓烈气味。茎基部通常带紫色，中空，有纵长沟纹。基生叶一回羽状分裂，有长柄，叶柄下部有管状抱茎边缘膜质的叶鞘；茎上部叶二至三回羽状分裂，下部为囊状膨大的膜质叶鞘，常带紫色；末回裂片边缘有不规则的白色软骨质粗锯齿，沿叶轴下延成翅状；花序下方的叶简化成无叶的、显著膨大的囊状叶鞘，外面无毛。复伞形花序顶生或侧生，总苞片通常无或 1~2；小总苞片 5~10，线状披针形，膜质；花白色；花瓣倒卵形，顶端内曲呈凹头状。花期 7—8 月，果期 8—9 月。南太行分布于海拔 1000 米以上山区。生于林缘林下、溪旁、灌丛及山谷草地。根入药，能发表，祛风除湿，用于治疗伤风头痛、风湿性关节疼痛及腰脚酸痛等症。

111 刺果峨参 | *Anthriscus nemorosa*　　　　　伞形科　峨参属

二年生或多年生草本，高 50~120 厘米。茎圆筒形，有沟纹，粗壮，中空，光滑或下部有短柔毛，上部的分枝互生、对生或轮生。叶呈阔三角形，二至三回羽状分裂，末回裂片披针形；最上部的茎生叶柄呈鞘状，顶端及边缘有白柔毛。复伞形花序顶生，总苞片无或 1；伞辐 6~12，长 2~5 厘米，无毛；小总苞片 3~7，卵状披针形至披针形，边缘有白柔毛；小伞形花序具花 3~11 朵；花白色，基部窄，顶端有内折的小尖头。双悬果线状长圆形，长 6~9 毫米，表面有疣毛或细刺毛。花果期 6—9 月。南太行分布于山西南部海拔 1400 米以上山区。生于山坡草丛及林下。根入药，有补中益气、祛痰止咳、消肿止痛的功效。

112 葛缕子 | *Carum carvi*   伞形科 葛缕子属

多年生草本，高30~70厘米。茎通常单生。基生叶及茎下部叶的叶柄与叶近等长，叶长圆状披针形，长5~10厘米，二至三回羽状分裂，末回裂片线形或线状披针形，宽约1毫米，茎部、上部叶与基生叶同形，较小，无柄或有短柄。无总苞片，线形；伞辐5~10，极不等长，小总苞片无或偶有1~3，线形；小伞形花序，具花5~15朵；花杂性，无萼齿，花瓣白色或带淡红色。果实长卵形，长4~5毫米，宽约2毫米，成熟后黄褐色，果棱明显，每棱槽内油管1，合生面油管2。花果期5—8月。南太行山西南部有分布。生于河滩草丛中、林下或高山草甸。果实入药，可舒缓消化道平滑肌，用于缓解消化道胀气，增加食欲；种子入药，具祛痰、滋补的功效。

113 藁本 | *Conioselinum anthriscoides*   伞形科 山芎属

多年生草本。茎直立，圆柱形，中空，具条纹。基生叶具长柄，叶宽三角形，二回三出式羽状全裂；第一回羽片轮廓长圆状卵形，下部羽片具柄，小羽片卵形，边缘齿状浅裂，具小尖头；茎中部叶较大，上部叶简化。复伞形花序顶生或侧生，果时直径6~8厘米；总苞片6~10，线形，伞辐14~30；小总苞片10，线形；花白色，萼齿不明显；花瓣倒卵形，先端微凹，具内折小尖头。分生果幼嫩时宽卵形，稍两侧扁压，成熟时长圆状卵形，背腹扁压，背棱突起，侧棱略扩大呈翅状。花期8—9月，果期10月。南太行分布于海拔700米以上山区。生于沟谷、林缘。根茎供药用，为我国传统药，散风寒燥湿，治风寒头痛、寒湿腹痛、泄泻；外用治疥癣、神经性皮炎等皮肤病。

114 辽藁本 | *Conioselinum smithii*　　　　　伞形科　山芎属

多年生草本。茎直立，圆柱形，中空，具纵条纹，常带紫色，上部分枝。叶具柄，基生叶柄长可达19厘米，向上渐短；叶宽卵形，二至三回三出式羽状全裂，羽片4~5对，卵形，基部者具柄；小羽片3~4对，卵形，基部心形至楔形，边缘常3~5浅裂；裂片具齿，齿端有小尖头，表面沿主脉被糙毛。复伞形花序顶生或侧生，直径3~7厘米；总苞片2，线形，边缘狭膜质，早落；伞辐8~10；小总苞片8~10，钻形，长3~5毫米，被糙毛；小伞形花序具花15~20朵；花柄不等长；萼齿不明显；花瓣白色，具内折小舌片。分生果背腹扁压，椭圆形，背棱突起，侧棱具狭翅。花期8月，果期9—10月。南太行分布于海拔700米以上山区。生于沟谷、林缘、草甸等阴湿处。药效同藁本。

115 大齿山芹 | *Ostericum grosseserratum*　　　　　伞形科　山芹属

多年生草本，高达1米。茎直立，圆管状，有浅纵沟纹。除花序外，其余均无毛。叶有柄，基部有狭长而膨大的鞘，边缘白色，透明；叶广三角形，薄膜质，二至三回三出式分裂，第一回和第二回裂片有短柄；末回裂片无柄或下延成短柄，阔卵形至菱状卵形，基部楔形，顶端尖锐，边缘有粗大缺刻状锯齿，常裂至主脉的1/2~2/3，有白色小突尖；上部叶有短柄，3裂，小裂片披针形至长圆形；最上部叶简化为带小叶的线状披针形叶鞘。伞辐6~14，不等长；总苞片4~6，线状披针形，较伞辐短2~4倍；小总苞片5~10，钻形，长为花柄的1/2；花白色；萼齿三角状卵形，锐尖，宿存；花瓣倒卵形，顶端内折。分生果广椭圆形，基部凹入，背棱突出，尖锐，侧棱为薄翅状，与果体近等宽。花期7~9月，果期8—10月。南太行分布于海拔800米以上山区。生于沟谷、林下、草甸、灌丛等处。有些地区用以代中药独活或当归使用。果实、根、茎、叶均含芳香油，有浓郁香气，可用于调和香精。

116 直立茴芹 | *Pimpinella smithii*　　　伞形科　茴芹属

多年生草本。茎直立，有细条纹，微被柔毛，中部、上部分枝。基生叶和茎下部叶有柄，包含叶鞘长 5~20 厘米；叶二回羽状分裂或二回三出式分裂，末回裂片卵形、卵状披针形，基部楔形，顶端长尖，叶脉上有毛；茎中部、上部叶有短柄或无柄，叶二回三出状分裂、一回羽状分裂或仅 2~3 裂，裂片卵状披针形或披针形。总苞片无或偶有 1；伞辐 5~25，粗壮，极不等长；小总苞片 2~8，线形；小伞形花序，具花 10~25 朵；无萼齿；花瓣卵形或阔卵形，白色，基部楔形，顶端微凹，有内折小舌片。果柄极不等长，长达 1 厘米或近无；果实卵球形，直径约 2 毫米，果棱线形，有稀疏的短柔毛。花果期 7—9 月。南太行分布于海拔 800 米以上山区。生于沟边、林下的草地上或灌丛中。

117 短毛独活 | *Heracleum moellendorffii*　　　伞形科　独活属

多年生草本。茎直立，有棱槽，上部开展分枝。叶有柄，长 10~30 厘米；叶广卵形，薄膜质，三出式分裂，裂片广卵形至圆形、心形，不规则 3~5 裂，裂片边缘具粗大的锯齿，小叶柄长 3~8 厘米；茎上部叶有显著宽展的叶鞘。复伞形花序顶生和侧生；总苞片少数，线状披针形；伞辐 12~30，不等长；小总苞片 5~10，披针形；萼齿不显著；花瓣白色，二型。分生果圆状倒卵形，顶端凹陷，背部扁平，有稀疏的柔毛或近光滑，背棱和中棱线状突起，侧棱宽阔。花期 7 月，果期 8—10 月。南太行分布于海拔 1100 米以上山区。生于阴坡山沟旁、林缘或草甸子。基生嫩叶可食用，具有显著的降压作用，有祛风除湿、止痛的功效。

118 条叶岩风 | *Libanotis lancifolia*　　　　伞形科　岩风属

多年生草本，略呈小灌木状。茎通常单一，多二歧式曲折状分枝。基生叶多数基部有叶鞘，边缘膜质；二回羽状复叶，茎上部叶3全裂，无柄，有叶鞘抱茎。复伞形花序多分枝，花序梗；无总苞片，小总苞片5~7，线状披针形，比花柄短；花瓣宽卵形，小舌片内曲，白色微带紫红色，外侧多毛，萼齿显著，锥形。分生果半圆柱状，狭倒卵形。花期9—10月，果期10—11月。南太行分布于海拔400米以上山区。生于向阳草坡、灌木丛中以及山谷岩石陡坡上。

119 岩茴香 | *Rupiphila tachiroei*　　　　伞形科　岩茴香属

多年生草本，高15~30厘米。茎单一或数条簇生，较纤细，常呈"之"字形弯曲。叶三回羽状全裂，末回裂片线形。总苞片2~4，线状披针形，中下部边缘白色膜质，常早落；小总苞片5~8；线状披针形，长5~7毫米，边缘白色膜质；萼齿显著，钻形；花瓣白色，长圆形至卵形，长约1.5毫米，先端具内折小舌片，基部具爪；花柱较长，后期向下反曲。分生果卵状长圆形，长4毫米，宽1.5毫米，主棱突出。花期7—8月，果期8—9月。南太行分布于海拔1000米以上山区。生于河岸湿地、石砾荒原及岩石缝间。根入药，有疏风发表、行气止痛、活血调经的功效。

120 野胡萝卜 | *Daucus carota* 伞形科 胡萝卜属

二年生草本，高 15~120 厘米。茎单生，全株有白色粗硬毛。基生叶薄膜质，长圆形，二至三回羽状全裂；茎生叶近无柄，有叶鞘，末回裂片小或细长。复伞形花序，花序梗长 10~55 厘米，有糙硬毛；总苞片多数，呈叶状，羽状分裂，裂片线形，长 3~30 毫米；伞辐多数，长 2~7.5 厘米，结果时外缘的伞辐向内弯曲；小总苞片 5~7，线形，不分裂或 2~3 裂，边缘膜质，具纤毛；花通常白色，有时带淡红色。果实圆卵形，长 3~4 毫米，宽 2 毫米，棱上有白色刺毛。花期 5—7 月，果期 7—8 月。南太行平原、山区广布。生于荒坡、荒地、草地、路旁。果实入药，有驱虫的功效；可提取芳香油。

121 防风 | *Saposhnikovia divaricata* 伞形科 防风属

多年生草本。茎单生，有细棱。基生叶丛生，有扁长的叶柄，基部有宽叶鞘；叶卵形或长圆形，长 14~35 厘米，二回或近于三回羽状分裂；茎生叶与基生叶相似，顶生叶简化，有宽叶鞘。复伞形花序多数，生于茎和分枝，顶端花序梗长 2~5 厘米；伞辐 5~7，长 3~5 厘米，无毛；小伞形花序具花 4~10 朵；无总苞片；小总苞片 4~6，线形或披针形；萼齿短三角形；花瓣倒卵形，白色，先端微凹，具内折小舌片。双悬果狭圆形或椭圆形，幼时有疣状突起，成熟时渐平滑。花期 8—9 月，果期 9—10 月。南太行广布。生于草原、丘陵、多砾石山坡。根供药用，有发汗、祛痰、驱风、发表、镇痛的功效，可用于治疗感冒、头痛、周身关节痛、神经痛等症。

122 石防风 | *Kitagawia terebinthacea*　　　　　伞形科　石防风属

多年生草本。叶三角状卵形，基生叶有长柄，二回羽状全裂，末回裂片披针形或卵状披针形，两面无毛；茎生叶无叶柄，仅有宽阔叶鞘抱茎，边缘膜质。总苞片无或偶1~2；小总苞片6~10，线形，比花柄长或稍短。分生果背部扁压，背棱和中棱线形突起，侧棱翅状，厚实。花期7—9月，果期9—10月。南太行分布于海拔800米以上山区。生于山坡草地、林下及林缘。

123 华北前胡 | *Peucedanum harry-smithii*　　　　　伞形科　前胡属

多年生草本。茎圆柱形，下部有白色茸毛，上部分枝茸毛更多。基生叶具柄，叶柄通常较短，叶柄基部具卵状披针形叶鞘，外侧被茸毛，边缘膜质；叶广三角状卵形，三回羽状分裂或全裂，末回裂片为菱状倒卵形，边缘1~3钝齿或锐齿。复伞形花序顶生和侧生，总苞片无或偶1至数片，早落，线状披针形，内侧被短硬毛；小伞形花序具花12~20朵，花柄粗壮，不等长，有短毛；小总苞片6~10，边缘膜质，比花柄短，外侧密生短毛。果实卵状椭圆形，长4~5毫米，宽3~4毫米，密被短硬毛；背棱线形突起，侧棱呈翅状。花期8—9月，果期9—10月。南太行分布于海拔600米以上山区。生于山坡林缘、山谷溪边或草地。

124 广序北前胡(变种) | *Peucedanum harry-smithii* var. *grande*

伞形科　前胡属

与华北前胡(原变种)的区别：叶末回裂片较狭长，菱状倒卵形，基部狭窄楔形，背面毛较少。花序较大，茎顶部中央伞形花序直径一般在 10 厘米以上，可达 16 厘米，伞辐 8~22，长 0.5~10 厘米，极不等长；花柄较长，长 8~15 毫米。南太行分布于河南安阳、新乡和山西长治、晋城等地。生境同华北前胡。

125 东北羊角芹 | *Aegopodium alpestre*

伞形科　羊角芹属

多年生草本，高 30~100 厘米。茎直立，圆柱形，具细条纹，中空。基生叶有柄，柄长 5~13 厘米，叶鞘膜质；叶呈阔三角形，通常三出式二回羽状分裂；羽片卵形或长卵状披针形，先端渐尖，基部楔形，边缘有不规则的锯齿或缺刻状分裂；最上部的茎生叶小，三出式羽状分裂，羽片卵状披针形，边缘有缺刻状的锯齿或不规则的浅裂。复伞形花序，顶生或侧生，花序梗长 7~15 厘米；无总苞片和小总苞片；伞辐 9~17；小伞形花序具花数朵，花柄不等长；萼齿退化；花瓣白色，倒卵形，顶端微凹，有内折的小舌片。果实长圆形或长圆状卵形，长 3~3.5 毫米，宽 2~2.5 毫米，主棱明显，棱槽较阔，无油管；分生果横剖面近圆形，胚乳腹面平直；心皮柄顶端 2 浅裂。花果期 6—8 月。南太行分布于山西南部海拔 1400 米以上山区。生于杂木林下或山坡草地。根药用，治祛风止痛、流感、风湿痹痛、眩晕。

126 蛇床 | *Cnidium monnieri*　　　　　　伞形科　蛇床属

一年生草本，高 10~60 厘米。茎直立或斜上，多分枝，中空，表面具深条棱，粗糙。下部叶具短柄，叶鞘短宽，边缘膜质，上部叶柄全部鞘状；叶二至三回三出式羽状全裂，末回裂片线形至线状披针形，具小尖头。复伞形花序直径 2~3 厘米；总苞片 6~10，线形至线状披针形，长约 5 毫米，边缘膜质，具细睫毛；伞辐 8~20，不等长，棱上粗糙；小总苞片多数，线形；小伞形花序，具花 15~20 朵，萼齿无；花瓣白色，先端具内折小舌片。分生果长圆状，主棱 5，均扩大成翅。花期 4—7 月，果期 6—10 月。南太行平原、山区广布。生于河滩、路旁、草地。果实"蛇床子"入药，有燥湿、杀虫止痒、壮阳的功效，可用于治疗皮肤湿疹、阴道滴虫、肾虚阳痿等症。

127 小窃衣 | *Torilis japonica*　　　　　　伞形科　窃衣属

一年生或多年生草本。茎有纵条纹及刺毛。叶柄长 2~7 厘米，下部有窄膜质的叶鞘；叶长卵形，一至二回羽状分裂，两面疏生紧贴的粗毛。复伞形花序顶生或腋生，花序梗长 3~25 厘米，有倒生的刺毛；总苞片 3~6，通常线形，极少叶状；伞辐 4~12，有向上的刺毛；小总苞片 5~8，线形或钻形；小伞形花序，具花 4~12 朵，短于小总苞片；萼齿细小；花瓣白色、紫红或蓝紫色，倒圆卵形，顶端内折，外面中间至基部有紧贴的粗毛。果实圆卵形，通常有内弯或呈钩状的皮刺；皮刺基部阔展，粗糙。花果期 4—10 月。南太行平原、山区广布。生于杂木林缘林下、路旁、河沟边以及溪边草丛。全草入药，具活血消肿、收敛杀虫等功效。

128 窃衣 | *Torilis scabra*　　　伞形科　窃衣属

一年生或多年生草本。总苞片通常无，偶有 1 钻形或线形的苞片；伞辐 2~4，长 1~5 厘米，粗壮，有纵棱及向上紧贴的粗毛。果实长圆形，长 4~7 毫米，宽 2~3 毫米。花果期 4—11 月。南太行平原、山区广布。生于山坡、林下、路旁、河边及空旷草地上。全草入药，具活血消肿、收敛杀虫等功效。

129 水芹 | *Oenanthe javanica*　　　伞形科　水芹属

多年生草本。叶互生，叶三角形，一至二回羽状分裂，末回裂片卵形至菱状披针形，长 2~5 厘米，宽 1~2 厘米，边缘有牙齿或圆齿状锯齿。复伞形花序顶生，无总苞片；伞辐 6~16，不等长，长 1~3 厘米；小总苞片 2~8；小伞形花序具花 20 余朵；萼齿条状披针形；花瓣 5，白色，倒卵形。双悬果椭球形，长 2.5~3 毫米。花期 6—7 月，果期 8—9 月。南太行广布。多生于浅水低洼、池沼、水沟旁。可作蔬菜用。

130 羊红膻 | *Pimpinella thellungiana*　　　　　伞形科　茴芹属

多年生草本。茎直立，有细条纹，密被短柔毛，上部有少数分枝。基生叶和茎下部叶有柄，被短柔毛；叶卵状长圆形，一回羽状分裂，小羽片3~5对，有短柄至近无柄，基部楔形或钝圆，边缘有缺刻状齿或近于羽状条裂，正面有稀疏的柔毛，背面和叶轴上密被柔毛；茎中部叶比基生叶小，叶柄稍短，叶与基生叶相似，或为二回羽状分裂，末回裂片线形；茎上部叶较小，无柄，叶鞘长卵形或卵形，边缘膜质。无总苞片和小总苞片；伞辐10~20，纤细，不等长；小伞形花序具花10~25朵；无萼齿；花瓣卵形或倒卵形，白色，基部楔形，顶端凹陷，有内折的小舌片。果实长卵形，长约3毫米，宽约2毫米，果棱线形，无毛。花果期6—9月。南太行分布于海拔1000米以上山区。生于河边、林下、草坡和灌丛中。全草可做兽药。全草或根入药，气味膻辛，能健脾胃、活血、补血、平肝、止泻，对治疗头昏、心悸等症状及克山病有效。

131 茖葱 | *Allium victorialis*　　　　　石蒜科　葱属

多年生草本。鳞茎单生或2~3聚生，近圆柱状。叶2~3，倒披针状椭圆形至椭圆形，长8~20厘米，基部楔形，沿叶柄稍下延，先端渐尖或短尖，叶柄长为叶的1/5~1/2。花葶圆柱状，高25~80厘米，1/4~1/2被叶鞘；总苞2裂，宿存；伞形花序球状，具多而密集的花；小花梗近等长，比花被片长2~4倍，果期伸长，基部无小苞片；花白色或带绿色。花果期6—8月。南太行分布于海拔1000米以上山区。生于阴湿坡山坡、林下、草地或沟边。全株可食用，调味品。

132 舞鹤草 | *Maianthemum bifolium*　　天门冬科　舞鹤草属

多年生草本。根状茎细长。茎高 8~20（25）厘米，无毛或散生柔毛。基生叶有长达 10 厘米的叶柄，到花期时凋萎；茎生叶通常 2，极少 3，互生于茎的上部，三角状卵形，长 3~8（10）厘米，先端急尖至渐尖，基部心形，背面脉上有柔毛或散生微柔毛，边缘有细小的锯齿状乳突或具柔毛；叶柄长 1~2 厘米，常有柔毛。总状花序直立，长 3~5 厘米，具花 10~25 朵；花白色，直径 3~4 毫米，单生或成对；花梗细，长约 5 毫米，顶端有关节；子房球形。浆果直径 3~6 毫米。种子卵圆形，直径 2~3 毫米，种皮黄色，有颗粒状皱纹。花期 5—7 月，果期 8—9 月。南太行分布于山西南部海拔 1400 米以上山区。生于草地、林缘。全草入药，治吐血、尿血、月经过多；外用治外伤出血、瘰疬、脓肿、癣疥、结膜炎。

133 鹿药 | *Maianthemum japonicum*　　天门冬科　舞鹤草属

多年生草本。叶互生，卵状椭圆形或狭矩圆形，长 6~13 厘米，两面疏被粗毛或近无毛，具短柄。圆锥花序顶生，具花 10~20 朵，长 3~6 厘米，被毛；花被片 6，排成 2 轮，白色，离生或仅基部稍合生，矩圆形或矩圆状倒卵形；雄蕊 6 枚。浆果近球形，直径 5~6 毫米，熟时红色，具种子 1~2 颗。花期 5—6 月，果期 8—9 月。南太行分布于海拔 800 米以上山区。生于林下、草地、沟谷等背阴处。全草入药，有补气益肾、祛风除湿和活血调经的功效。

134 大苞黄精 | *Polygonatum megaphyllum*　　天门冬科　黄精属

多年生草本。根状茎通常具瘤状结节而呈不规则的连珠状或圆柱形。茎高 15~30 厘米，除花和茎的下部外，其他部分疏生短柔毛。叶互生，狭卵形、卵形或卵状椭圆形。花序通常具花 2 朵，总花梗长 4~6 毫米，顶端有 3~4 叶状苞片；花梗极短；苞片卵形或狭卵形；花被淡绿色；子房长 3~4 毫米，花柱长 6~11 毫米。花期 5—6 月，果期 6—8 月。南太行分布于海拔 800 米以上山区。生于林下、草地、沟谷。根状茎入药，可作中药玉竹、黄精用。

135 细根茎黄精 | *Polygonatum gracile*　　天门冬科　黄精属

多年生草本。根状茎细圆柱形，直径 2~3 毫米。茎细弱，高 10~30 厘米，具 2（1~3）轮叶，很少其间杂有一叶或二对生叶，下部 1 轮通常为 3 叶，顶生 1 轮为 3~6 叶。叶矩圆形至矩圆状披针形，先端尖，长 3~6 厘米。花序通常具花 2 朵，总花梗细长，长 1~2 厘米，花梗短，长 1~2 毫米；苞片膜质，比花梗稍长；花被淡黄色，全长 6~8 毫米，裂片长约 1.5 毫米；花丝极短；子房长约 1.5 毫米，花柱稍短于子房。浆果直径 5~7 毫米，具种子 2~4 颗。花期 6 月，果期 8 月。南太行分布于山西南部海拔 1500 米以上山区。生于阔叶林下。

136 玉竹 | *Polygonatum odoratum*　　　天门冬科　黄精属

多年生草本。根状茎圆柱形，直径5~14毫米。茎高20~50厘米，具7~12叶。叶互生，椭圆形至卵状矩圆形，长5~12厘米，宽3~16厘米，先端尖，背面带灰白色，背面脉上平滑至呈乳头状粗糙。花序具花1~4朵（在栽培情况下，可多至8朵），总花梗无苞片或有条状披针形苞片；花被黄绿色至白色，全长13~20毫米，花被筒较直，裂片长3~4毫米；花丝丝状，近平滑至具乳头状突起，花药长约4毫米；子房长3~4毫米，花柱长10~14毫米。浆果蓝黑色，直径7~10毫米。花期5—6月，果期7—9月。南太行山广布。生于沟谷、林下、草甸、灌丛。根状茎为中药玉竹。

137 湖北黄精 | *Polygonatum zanlanscianense*　　　天门冬科　黄精属

多年生草本。根状茎连珠状或姜块状，肥厚，直径1~2.5厘米。茎直立或上部有些攀缘，高可超过1米。叶轮生，每轮3~6，叶形变异较大，椭圆形、矩圆状披针形或披针形至条形，先端拳卷至稍弯曲。花序具花2~6（11）朵，近伞形，总花梗长5~20（40）毫米，花梗长4（2）~7（10）毫米；苞片位于花梗基部，膜质或中间略带草质，具1脉；花被白色、淡黄绿色或淡紫色，花被筒近喉部稍缢缩，裂片长约1.5毫米。浆果直径6~7毫米，紫红色或黑色，具种子2~4颗。花期6—7月，果期8—10月。南太行分布于海拔1100米以上山区。生于林缘、山谷、草甸。作用同黄精。

138 黄精 | *Polygonatum sibiricum*　　　天门冬科　黄精属

多年生草本。根状茎圆柱状，结节膨大。幼株具基生叶 1，宽披针形，正面常有浅色条纹；茎生叶轮生，每轮 4~6，条状披针形，长 8~15 厘米，先端拳卷或弯曲成钩。花序腋生，具花 2~4 朵，俯垂；花被乳白色至淡黄色，先端 6 裂，裂片长约 4 毫米；雄蕊 6 枚，内藏。浆果球形，直径 7~10 毫米，熟时黑色。花期 5—6 月，果期 8—9 月。南太行分布于海拔 800 米以上山区。生于林缘、山谷、草甸阴处。根状茎为常用中药黄精。

139 轮叶黄精 | *Polygonatum verticillatum*　　　天门冬科　黄精属

多年生草本。根状茎节间长 2~3 厘米，一头粗，一头较细，粗头有短分枝，稀根状茎连珠状。茎高 40（20）~80 厘米。叶常为 3 叶轮生，少数对生或互生，稀全为对生，长圆状披针形、线状披针形或线形。花单朵或 2~4 朵组成花序，花序梗长 1~2 厘米；花梗长 0.3~1 厘米，俯垂；无苞片，或微小而生于花梗上；花被淡黄或淡紫色。浆果成熟时红色，直径 6~9 毫米，具种子 6~12 颗。花期 5—6 月，果期 8—10 月。南太行分布于海拔 800 米以上山区。生于林缘、山谷、草甸阴处。作用同黄精。

140 野百合 | *Lilium brownii*　　　百合科　百合属

多年生草本。鳞茎球形；茎高 0.7~2 米。叶散生，通常自下向上渐小，披针形、窄披针形至条形，长 7~15 厘米，先端渐尖，基部渐狭，具 5~7 脉，全缘，两面无毛。花单生或几朵排成近伞形花序；花梗长 3~10 厘米，稍弯；苞片披针形；花喇叭形，有香气，乳白色，外面稍带紫色，无斑点，向外张开或先端外弯而不卷，长 13~18 厘米；子房圆柱形，柱头 3 裂。蒴果矩圆形，长 4.5~6 厘米，宽约 3.5 厘米，有棱，具多数种子。花期 5~6 月，果期 9~10 月。南太行分布于海拔 1000 米以上山区。生于林缘、灌丛、草甸。鲜花含芳香油，可做香料。鳞茎含丰富淀粉，是一种名贵食品；亦作药用，有润肺止咳、清热、安神和利尿等功效。

141 韭 | *Allium tuberosum*　　　石蒜科　葱属

多年生草本。具倾斜的横生根状茎；鳞茎簇生，近圆柱状。叶条形，扁平，实心，比花葶短，宽 1.5~8 毫米，边缘平滑。花葶圆柱状，常具 2 纵棱，下部被叶鞘；总苞单侧开裂，或 2~3 裂，宿存；伞形花序半球状或近球状，具多数较稀疏的花；小花梗基部具小苞片；花白色；花被片常具绿色或黄绿色的中脉；子房倒圆锥状球形，具 3 圆棱，外壁具细的疣状突起。花果期 7—9 月。南太行丘陵、山区广布。生于林下、灌丛、草地、荒坡。可食用。

142 野韭 | *Allium ramosum*　　　石蒜科　葱属

多年生草本。鳞茎圆柱状，外皮黄褐色，破裂呈纤维状。叶三棱状条形，长10~30厘米，中空。伞形花序半球形，多花；花被片6，排成2轮，白色，背面具红色中脉；雄蕊6枚。蒴果三棱状球形。花果期8—10月。南太行山区广布。生于山坡或山脊林缘、林下。可食用。

143 老鸦瓣 | *Amana edulis*　　　百合科　老鸦瓣属

多年生草本。鳞茎皮纸质，内面密被长柔毛。茎长10~25厘米，通常不分枝，无毛。叶2，长条形，长10~25厘米，远比花长，通常宽5~9毫米，正面无毛。花单朵顶生，靠近花的基部具2枚对生的苞片，苞片狭条形，长2~3厘米；花被片狭椭圆状披针形，长20~30毫米，白色，背面有紫红色纵条纹；雄蕊3长3短；子房长椭圆形；花柱长约4毫米。蒴果近球形，有长喙，长5~7毫米。花期3—4月，果期4—5月。南太行分布于海拔1000米以上山区。生于林下、山坡草地及路旁。鳞茎可供药用，有消热解毒、散结消肿的功效；可提取淀粉。

144 三花顶冰花 | *Gagea triflora*　　　百合科　顶冰花属

多年生草本。植株高 15~30 厘米，秃净。鳞茎球形，直径约 6 毫米。基生叶 1，条形，长 10~25 厘米，宽 1~1.5 毫米；茎生叶 1~3（4），下面的 1 枚较大，狭条状披针形，长 3.5~7 厘米，宽 4~6 毫米，边缘内卷，上面的较小。花 2~4 朵，排成二歧的伞房花序；小苞片狭条形；花被片条状倒披针形，长 10~12 毫米，白色；雄蕊长为花被片的 1/2，花药矩圆形；子房倒卵形，花柱与子房近等长，柱头头状。果实三棱状倒卵形，长为宿存花被的 1/3。花期 5—6 月，果期 7 月。南太行分布于山西南部海拔 1500 米以上山区。生于草甸、阔叶林下。

145 草芍药 | *Paeonia obovata*　　　芍药科　芍药属

多年生草本。茎高 30~70 厘米，无毛，基部生数枚鞘状鳞片。茎下部叶为二回三出复叶；叶长 14~28 厘米；顶生小叶倒卵形或宽椭圆形，顶端短尖，基部楔形，全缘，正面深绿色，背面淡绿色，无毛或沿叶脉疏生柔毛，小叶柄长 1~2 厘米；侧生小叶比顶生小叶小，同形，具短柄或近无柄；茎上部叶为三出复叶或单叶；叶柄长 5~12 厘米。单花顶生，直径 7~10 厘米；萼片 3~5 枚，宽卵形，长 1.2~1.5 厘米，淡绿色，花瓣 6，白色、红色或紫红色，倒卵形，长 3~5.5 厘米。蓇葖果卵圆形，长 2~3 厘米，成熟时果皮反卷，呈红色。花期 5 月至 6 月中旬，果期 9 月。南太行分布于山西南部海拔 1500 米以上山区。生于山坡草地及林缘。根药用，有养血调经、凉血止痛的功效。

146 野鸢尾 | *Iris dichotoma*

鸢尾科 鸢尾属

多年生草本。叶基生或在花茎基部互生，两面灰绿色，剑形，顶端多弯曲呈镰刀形，渐尖或短渐尖，基部鞘状抱茎，无明显的中脉；花茎实心，高40~60厘米，上部二歧状分枝，分枝处生有披针形的茎生叶，下部有1~2枚抱茎的茎生叶。花序生于分枝顶端；苞片4~5，膜质，绿色，边缘白色，披针形，长1.5~2.3厘米，内具花3~4朵；花有棕褐色的斑纹；花梗细，常超出苞片，长2~3.5厘米；花被管甚短，外花被裂片宽倒披针形，上部向外反折，无附属物，内花被裂片狭倒卵形，顶端微凹；雄蕊长1.6~1.8厘米；花柱分枝扁平，花瓣状，长约2.5厘米，顶端裂片狭三角形；子房绿色，长约1厘米。蒴果圆柱形或略弯曲，果皮黄绿色，革质，成熟时自顶端向下开裂至1/3处。花期7~8月，果期8—9月。南太行山区广布。生于砂质草地、山坡石隙等向阳干燥处。

147 北京堇菜 | *Viola pekinensis*

堇菜科 堇菜属

多年生草本。无地上茎，高6~8厘米。叶基生，莲座状；叶圆形或卵状心形，长2~3厘米，宽与长几相等，先端钝圆，基部心形，边缘具钝锯齿，两面无毛或沿叶脉被疏柔毛。花白色、淡粉色或紫色。蒴果椭球。花果期4~9月。南太行分布于海拔900米以上山区。生于林缘、沟谷、草地、路旁。（见349页）

蝶形、唇形花

148 东北堇菜 | *Viola mandshurica* 　　　堇菜科　堇菜属

多年生草本。无地上茎。叶基生，叶长圆形、舌形或卵状披针形，下部者通常较小，呈狭卵形，长2~6厘米，花期后叶渐增大，稍呈戟形，长可达10厘米，最宽处位于叶的最下部，先端钝或圆，基部截形或宽楔形，下延于叶柄，边缘具疏生波状浅圆齿，背面有明显隆起的中脉；叶柄较长，上部具狭翅，花期后翅显著增宽；托叶膜质，约2/3以上与叶柄合生。花紫堇色、淡紫色或白色，较大，直径约2厘米；花梗细长，通常超出叶，通常在中部以下或近中部处具2线形苞片；萼片卵状披针形或披针形，基部的附属物短（长1.5~2毫米）但较宽，末端圆或截形，通常无齿，具狭膜质边缘，具3脉；上方花瓣，里面基部有长须毛，距圆筒形，粗而长，长5~10毫米，末端圆，向上弯或直；子房卵球形，无毛；花柱棍棒状，基部细而向前方膝曲，上部较粗，前方具明显向上斜升的短喙，喙端具较粗的柱头孔。蒴果长圆形，无毛，先端尖。花果期4—9月。南太行分布于海拔900米以上山区。生于林缘、沟谷、草地、路旁。全草供药用，能清热解毒，外敷可排脓消炎。（见356页）

149 南山堇菜 | *Viola chaerophylloides* 　　　堇菜科　堇菜属

多年生草本。无地上茎。基生叶2~6，具长柄；叶3全裂；托叶膜质，1/2以上与叶柄合生，宽披针形。花较大，花直径2~2.5厘米，白色、乳白色或淡紫色，有香味；花梗通常呈淡紫色，无毛，花期与叶等长或长于叶，中部以下有2小苞片；萼片长圆状卵形或狭卵形，基部附属物发达，长4.5~6毫米，末端具不整齐的缺刻或浅裂，无毛，具3脉和膜质缘；花瓣宽倒卵形，内基部有细须毛，下方花瓣有紫色条纹；花距长而粗，长5~7毫米，直或稍下弯。蒴果大，长椭圆状，无毛，先端尖。种子多数，卵状。花果期4—9月。南太行分布于海拔900米以上山区。生于林缘、沟谷、草地、路旁。

150 西山堇菜 | *Viola hancockii* 　　　　堇菜科　堇菜属

多年生草本。无地上茎。叶多数，基生；叶卵状心形，长2~6厘米，先端急尖有时钝，基部深心形，边缘具整齐钝锯齿，正面散生短柔毛，背面基部疏生短柔毛或近无毛，叶脉明显隆起；叶柄狭细，无翅，叶正面有时沿脉有白色斑纹。萼片披针形，基部附属物短；花瓣5，白色，基部浅绿色，下瓣距长6~8毫米。蒴果椭球形，熟时3裂。花果期4—9月。南太行分布于海拔900米以上山区。生于林缘、沟谷、草地、路旁。

151 苦参 | *Sophora flavescens* 　　　　豆科　苦参属

多年生草本或半灌木。奇数羽状复叶，互生，长20~25厘米；小叶25~29，条状披针形，长3~4厘米，背面密生平贴柔毛。总状花序顶生，长15~20厘米，花偏向一侧；萼筒钟状，长6~7毫米；花冠淡黄白色，旗瓣匙形，翼瓣无耳。荚果长5~8厘米，熟时串珠状。花期6—8月，果期7—10月。南太行山广布。生于山坡灌丛中。根入药，常用作治疗皮肤瘙痒、神经衰弱、消化不良及便秘等症。种子可做农药。茎皮纤维可织麻袋等。

152 毛苦参（变种） | *Sophora flavescens* var. *kronei*　　豆科　苦参属

与苦参（原变种）的区别：小枝、叶、小叶柄密被灰褐色或锈色柔毛；荚果成熟时，毛被仍十分明显。

153 苦豆子 | *Sophora alopecuroides*　　豆科　苦参属

多年生草本。枝被白色、淡灰白色长柔毛或贴伏柔毛。羽状复叶；叶柄长 1~2 厘米；托叶着生于小叶柄的侧面，钻状，常早落；小叶 7~13 对，对生或近互生，纸质，叶披针状长圆形或椭圆状长圆形，长 15~30 毫米，先端钝圆或急尖，常具小尖头，基部宽楔形或圆形，正面被疏柔毛，背面毛被较密，中脉上面常凹陷，背面隆起，侧脉不明显。总状花序顶生；花多数，密生；花梗长 3~5 毫米；苞片似托叶，脱落；花萼斜钟状，5 萼齿明显，不等大，三角状卵形；花冠白色或淡黄色，旗瓣形状多变，通常为长圆状倒披针形，先端圆或微缺，翼瓣常单侧生，卵状长圆形，具三角形耳，皱褶明显，龙骨瓣与翼瓣相似，先端明显具突尖，背部明显呈龙骨状盖叠，柄纤细，长约为瓣片的1/2，具 1 三角形耳，下垂；雄蕊 10 枚；子房密被白色近贴伏柔毛，柱头圆点状，被稀少柔毛。荚果串珠状，长 8~13 厘米，直，具多数种子。花期 5~6 月，果期 8—10 月。南太行分布于平原黄河滩区。生于湿地、荒滩。根入药，具清热燥湿、止痛、杀虫的功效。

154 蒙古黄芪（变种） | *Astragalus membranaceus* var. *mongholicus*

豆科　黄芪属

黄芪（原变种）。本变种特征：多年生草本。主根肥厚，木质，常分枝，灰白色。茎直立，上部多分枝，有细棱，被白色柔毛。羽状复叶13~27小叶，长5~10厘米；小叶椭圆形，先端钝圆或微凹，背面被伏贴白色柔毛。总状花序稍密，具花10~20朵；苞片线状披针形，背面被白色柔毛；花萼钟状；花冠黄色或淡黄色，旗瓣倒卵形，顶端微凹。荚果薄膜质，顶端具刺尖。种子3~8颗。花期6—8月，果期7—9月。南太行分布于山西南部海拔1500米以上山区。生于荒坡、草地。根可作黄芪入药。

155 白花草木樨 | *Melilotus albus*

豆科　草木樨属

一年生或二年生草本，高70~200厘米。茎直立，圆柱形，中空，多分枝，几无毛。羽状三出复叶；托叶尖刺状锥形，全缘；叶柄比小叶短，纤细；小叶长圆形或倒披针状长圆形，先端钝圆，基部楔形，边缘疏生浅锯齿，正面无毛，背面被细柔毛，侧脉12~15对，平行直达叶缘齿尖，两面均不隆起，顶生小叶稍大，具较长小叶柄，侧小叶小叶柄短。总状花序腋生，具花40~100朵，排列疏松；苞片线形；花梗短，长1~1.5毫米；萼钟形，微被柔毛，萼齿三角状披针形，短于萼筒；花冠白色，旗瓣椭圆形，稍长于翼瓣，龙骨瓣与翼瓣等长或稍短。荚果椭圆形至长圆形，长3~3.5毫米。花期5—7月，果期7—9月。南太行平原、山区广布。生于田边、路旁荒地及湿润的砂地。本种适宜在北方生长，是优良的饲料植物与绿肥。

156 黄毛棘豆 | *Oxytropis ochrantha*　　豆科　棘豆属

多年生草本。茎极缩短，多分枝，被丝状黄色长柔毛。轮生羽状复叶，长 8~20 厘米；托叶膜质，宽卵形，于中下部与叶柄贴生，托叶与叶柄密被黄色长柔毛；小叶 13~19，对生或 4 枚轮生，长椭圆形，幼小叶密被丝状贴伏长柔毛，正面最后完全无毛，背面被长柔毛。多花组成密集圆筒形总状花序；花葶坚挺，圆柱状，与叶几等长，密被黄色长柔毛；苞片披针形，较花萼长，密被黄色长柔毛；花冠白色或淡黄色。荚果膜质，卵形，1 室。花期 6—7 月，果期 7—8 月。南太行分布于海拔 800 米以上山区。生于荒坡、草甸。全草入药，具镇痛、抗炎、解热的功效。

157 薄荷 | *Mentha canadensis*　　唇形科　薄荷属

多年生草本。植株有香气。叶对生，矩圆状披针形，边缘有粗锯齿。花冠淡紫色，有时白色，4 裂，近辐射对称，上裂片稍大。小坚果卵珠形。花期 7—9 月，果期 10 月。南太行平原、山区广布。生于草地、河边、路旁。幼嫩茎尖可作菜食。全草可入药，治感冒、发热、喉痛。（见 311 页）

第三部分　其他草本·白色花

158 地笋 | *Lycopus lucidus*　　　唇形科　地笋属

多年生草本。根茎横走，具节。茎直立，通常不分枝，四棱形，具槽，绿色，常于节上稍带紫红色，无毛或在节上疏生小硬毛。叶具极短柄或近无柄，长圆状披针形，稍弧弯，先端渐尖，基部渐狭，边缘具锐尖粗牙齿状锯齿，两面或正面具光泽，亮绿色，两面均无毛，背面具凹陷的腺点，侧脉6~7对，与中脉在正面不显著背面突出。轮伞花序无梗，圆球形，开花时直径1.2~1.5厘米，多花密集，其下承以小苞片；小苞片卵圆形至披针形，先端刺尖，位于外方者超过花萼，具3脉，位于内方者短于或等于花萼，具1脉，边缘均具小纤毛；花萼钟形，两面无毛，外面具腺点，萼齿5，披针状三角形，长2毫米，具刺尖头，边缘具小缘毛花冠白色，冠筒长约3毫米，冠檐不明显二唇形，上唇近圆形，下唇3裂，中裂片较大；雄蕊仅前对能育，超出花冠；花柱伸出花冠，先端相等2浅裂，裂片线形；花盘平顶。花期6—9月，果期8—11月。南太行丘陵、山区有分布。生于湿地、河滩。根茎入药，具降血脂、通九窍、利关节、养气血等功效。

159 金疮小草 | *Ajuga decumbens*　　　唇形科　筋骨草属

一年生或二年生草本。具匍匐茎，被白色长柔毛或绵状长柔毛，幼嫩部分尤多，绿色，老茎有时呈紫绿色。基生叶较多，较茎生叶长而大；叶薄纸质，倒卵状披针形，两面被疏糙伏毛或疏柔毛。轮伞花序多花，排列成长7~12厘米的间断穗状花序，位于下部的轮伞花序疏离，上部者密集；花萼漏斗状，长5~8毫米；花冠淡蓝色、淡红紫色，稀白色，筒状，挺直，基部略膨大，外面被疏柔毛；冠檐二唇形；雄蕊4枚，二强，微弯，伸出；花柱超出雄蕊，先端2浅裂；子房4裂，无毛。小坚果倒卵状三棱形，背部具网状皱纹。花期3—7月，果期5—11月。南太行分布于修武云台山及周边。生于溪边、路旁及湿润的草坡上。全草入药，治痈疽疔疮、咽喉炎、肠胃炎、急性结膜炎、烫伤以及外伤出血等。

160 紫背金盘 | *Ajuga nipponensis*　　　唇形科　筋骨草属

一年生或二年生草本。茎通常直立、柔软，被长柔毛或疏柔毛，四棱形，基部常带紫色。基生叶无或少数；茎生叶均具柄，柄长1~1.5厘米，具狭翅；叶纸质，阔椭圆形，长2~4.5厘米，先端钝，基部楔形，下延，边缘具不整齐的波状圆齿，具缘毛，两面被疏糙伏毛或疏柔毛。轮伞花序多花，生于茎中部以上，向上渐密集组成顶生穗状花序；苞叶下部者与茎叶同形，向上渐变小呈苞片状；花萼钟形，长3~5毫米，萼齿5；花冠淡蓝色或蓝紫色，少数为白色或白绿色，具深色条纹，筒状；冠檐二唇形，上唇短、直立，2裂或微缺，下唇伸长，3裂；雄蕊4枚，二强，伸出；花柱细弱，超出雄蕊。小坚果卵状三棱形，背部具网状皱纹。在我国东部花期4—6月，果期5—7月。南太行分布于海拔200~500米丘陵区。生于灌丛、坡地、路旁、沟谷。全草入药，有镇痛散血的功效，煎水内服治肺炎、扁桃腺炎、咽喉炎等症；外用治金疮、刀伤、外伤出血、跌打扭伤、骨折、痈肿疮疖、狂犬咬伤等。

161 野芝麻 | *Lamium barbatum*　　　唇形科　野芝麻属

多年生草本，高达1米。茎不分枝，近无毛或被平伏微硬毛。茎下部叶卵形或心形，先端长尾尖，基部心形，具牙齿状锯齿；茎上部叶卵状披针形，叶两面均被平伏微硬毛或短柔毛；茎下部叶柄长达7厘米，茎上部叶柄渐短。轮伞花序具花4~14朵，生于茎端；苞叶具柄，苞片线形或丝状，具缘毛；花萼钟形，近无毛或疏被糙伏毛，萼齿披针状钻形，具缘毛；花冠白色或淡黄色，长约2厘米，上唇倒卵形或长圆形，具长缘毛，下唇长约6毫米，中裂片倒肾形，具2小裂片，基部缩细，侧裂片半圆形，先端具针状小齿花药，深紫色。小坚果淡褐色，倒卵球形，顶端平截，基部渐窄，长约3毫米。花期4—6月，果期7—8月。南太行分布于山西垣曲、阳城山区。生于路边、溪旁、田埂及荒坡上。花、根入药，具有清肝利湿、活血消肿的功效。

162 錾菜 | *Leonurus pseudomacranthus*   唇形科　益母草属

多年生草本，高达1米，上部分枝。茎密被平伏倒向柔毛。叶卵形，长6~7厘米，先端尖，基部宽楔形，疏生锯齿，正面密被糙伏微硬毛，具皱，背面被平伏微硬毛，有稀疏淡黄色腺点；基生叶叶柄长1~2厘米，稍具窄翅；茎中部叶常不裂，长圆形，疏生锯齿状牙齿，叶柄长不及1厘米。轮伞花序具多花；苞叶无柄，线状长圆形，全缘或疏生1~2锯齿状牙齿，小苞片刺状，被糙硬毛。花无梗；花萼管形，前2齿钻形，后3齿三角状钻形；花冠白色，带紫纹，长约1.8厘米，被柔毛，上唇长圆状卵形，下唇卵形，中裂片倒心形，先端2小裂，侧裂片卵形。小坚果黑褐色，长圆状三棱形。花期8—9月，果期9—10月。南太行分布于海拔800米以上山区。全草入药，能缓解产后腹痛。

163 罗勒 | *Ocimum basilicum*   唇形科　罗勒属

一年生草本。茎直立，钝四棱形，绿色，常染有红色。叶卵圆形，长2.5~5厘米，近于全缘，两面近无毛，背面具腺点。总状花序顶生于茎、枝上，各部均被微柔毛，由多数具6花交互对生的轮伞花序组成；花萼钟形，长4毫米，宽3.5毫米，外面被短柔毛，萼齿5，呈二唇形；果时花萼宿存；冠檐二唇形，上唇宽大4裂，裂片近相等，下唇长圆形，下倾，全缘，近扁平；雄蕊4枚，分离。小坚果卵珠形，黑褐色。花期7—9月，果期9—12月。南太行分布于平原区。人工栽培。俗称荆芥，调味品。全草入药，治胃病、跌打损伤。

164 白花丹参（变型） | *Salvia miltiorrhiza* f. *alba*　　　唇形科　鼠尾草属

与丹参（原种）的区别：花为白色。南太行分布于海拔1100米以上山区。生于荒坡、草甸。根可入药，药效同丹参。

165 细叶黄乌头 | *Aconitum barbatum*　　　毛茛科　乌头属

多年生草本。茎高55~90厘米，中部以下被伸展的短柔毛，上部被反曲而紧贴的短毛，生2~4叶，在花序之下分枝。基生叶2~4，与茎下部叶一样具长柄；叶肾形或圆肾形，长4~8.5厘米，3全裂，中央全裂片宽菱形，3深裂近中脉，正面疏被短毛，背面被长柔毛；叶柄长13~30厘米，被伸展的短柔毛，基部具鞘。顶生总状花序长13~20厘米，具密集的花；轴及花梗密被紧贴的短柔毛；下部苞片狭线形，中部的披针状钻形，上部的三角形，被短柔毛；花梗直展，长0.2~1厘米；小苞片生花梗中部附近，狭三角形，长1.2~1.5毫米；萼片黄色，外面密被短柔毛，上萼片圆筒形，直，下缘近直，长1~1.2厘米；花瓣无毛，唇长约2.5毫米，距比唇稍短，直或稍向后弯曲。蓇葖果长约1厘米，疏被紧贴的短毛。花期7—8月，果期9月。南太行历山海拔2000米以上有分布。生于林缘、荒坡、草甸。块根、全草入药，具止痛消肿、祛风散寒、通经活络的功效。

166 西伯利亚乌头（变种） | *Aconitum barbatum* var. *hispidum*

毛茛科　乌头属

与细叶黄乌头（原变种）的区别：叶分裂程度较小，中全裂片深裂不近中脉，末回小裂片三角形至狭披针形。茎和叶柄除了反曲的短柔毛之外，还有开展的较长柔毛。分布、生境同细叶黄乌头。根供药用，有镇痛的功效，可治风湿等症。

167 牛扁（变种） | *Aconitum barbatum* var. *puberulum*

毛茛科　乌头属

与细叶黄乌头（原变种）的区别：茎和叶柄均被反曲而紧贴的短柔毛；叶分裂程度较小，中全裂片分裂不近中脉，末回小裂片三角形或狭披针形。南太行海拔 1000 米以上广布。生于山地疏林下或较阴湿处。根供药用，治腰腿痛、关节肿痛等症。

168 房山紫堇 | *Corydalis fangshanensis*

罂粟科　紫堇属

多年生草本。基生叶多数，叶柄基部具鞘；叶披针形，二回羽状全裂，一回羽片5~7对，具短柄，末回羽片倒卵形，基部楔形，3深裂，裂片常2~3浅裂。总状花序长5~8厘米，疏具多花；苞片披针形，与花梗几乎等长；花梗长约5毫米；花淡红紫色至近白色，平展。萼片卵圆形，全缘，长约2毫米；外花瓣宽展，渐尖，具浅鸡冠状突起；上花瓣长约2厘米；距囊状，约占花瓣全长的1/4；距内有蜜腺体；下花瓣长约1.6厘米，内花瓣具高鸡冠状突起；柱头横向伸出2臂。蒴果条形，下垂，长约2厘米，具1行种子。花期4—5月，果期5—6月。南太行广布。生于多石山坡、梯田埂。根入药，具清热解毒功效。

169 透骨草（亚种）| *Phryma leptostachya* subsp. *asiatica*

透骨草科　透骨草属

北美透骨草（原种）。本亚种特征：多年生草本。茎直立，四棱形，不分枝或于上部有带花序的分枝，分枝叉开，绿色或淡紫色，倒生短柔毛或于茎上部有开展的短柔毛。叶对生，叶卵状长圆形、卵状披针形或卵状椭圆形至卵状三角形，草质，先端渐尖、急尖或尾状急尖，少数近圆形，基部楔形、圆形或截形，中部、下部叶基部常下延，边缘有5(3)至多数钝锯齿、圆齿或圆齿状牙齿，两面散生但沿脉被较密的短柔毛；侧脉每侧4~6条；叶柄长0.5~4厘米，有时上部叶柄极短或无柄。穗状花序生茎顶及侧枝顶端，被微柔毛或短柔毛；花序梗长3~20厘米；花序轴纤细；苞片钻形至线形，长1~2.5毫米；小苞片2，生于花梗基部，与苞片同形，但较小，长0.5~2毫米；花通常多数，疏离，出自苞腋，在序轴上对生或于下部互生，具短梗，于蕾期直立，开放时斜展至平展，花后反折；花萼筒形，有5纵棱，萼齿直立；花冠漏斗状筒形，蓝紫色、淡红色至白色，外面无毛，内面于筒部远轴面被短柔毛；檐部二唇形，上唇直立，先端2浅裂，下唇平伸，3浅裂，中央裂片较大；雄蕊4枚，无毛；雌蕊无毛；花柱细长；柱头二唇形，下唇较长，长圆形。瘦果狭椭圆形，包藏于棒状宿存花萼内，反折并贴近花序轴。花期6—10月，果期8—12月。南太行分布于海拔800米以上山区。生于林缘、路旁。全草入药，治感冒、跌打损伤；外用治毒疮、湿疹、疥疮。

170 波叶大黄 | *Rheum rhabarbarum* 蓼科 大黄属

多年生草本，高1~1.5米。茎粗壮，中空，光滑无毛，只近节部稍具糙毛。基生叶大，叶三角状卵形或近卵形，长30~40厘米，顶端钝尖或钝急尖，常扭向一侧，基部心形，边缘具强皱波，基出脉5~7条，于叶背面突起，被毛；叶柄粗壮，宽扁半圆柱状，通常短于叶，被有短毛；上部叶较小多三角形或卵状三角形。大型圆锥花序，花白绿色，5~8朵簇生；花梗长2.5~4毫米，关节位于下部；花被片不开展，外轮3稍小而窄，内轮3稍大，椭圆形，长近2毫米；雄蕊与花被等长；子房略为菱状椭圆形，花柱较短，向外反曲，柱头膨大，较平坦。果实三角状卵形至近卵形，顶端钝，基部心形，翅较窄，宽1.5~2毫米，纵脉位于翅的中间部分。花期6月，果期7月以后。南太行分布于海拔1000米以上山区。生于荒坡、草甸、林缘。根及根茎入药，主治污热、通便、破积、行瘀，也可治热结便秘、湿热黄疸、痈肿疔毒、跌打瘀痛、口疮糜烂、汤火伤。

171 拳参 | *Bistorta officinalis* 蓼科 拳参属

多年生草本。根状茎肥厚。下部叶矩圆状披针形或狭卵形，长10~18厘米，基部沿叶柄下延成狭翅，边缘外卷；上部叶无柄，抱茎；托叶鞘筒状，膜质。花序穗状，顶生；花白色或带淡红色。瘦果椭圆形，具3棱。花期6~7月，果期8—9月。南太行分布于山西运城历山。生于山坡草地、山顶草甸。根状茎入药，清热解毒、散结消肿。（见366页）

172 假升麻 | *Aruncus sylvester*　　　　蔷薇科　假升麻属

多年生草本。基部木质化；茎圆柱形，无毛，带暗紫色。大型羽状复叶，通常二回，稀三回，总叶柄无毛；小叶3~9，菱状卵形、卵状披针形或长椭圆形，长5~13厘米，宽2~8厘米，先端渐尖，稀尾尖，基部宽楔形，稀圆形，边缘有不规则的尖锐重锯齿；小叶柄不具托叶。大型穗状圆锥花序，长10~40厘米，直径7~17厘米，外被柔毛与稀疏星状毛；苞片线状披针形，微被柔毛；花直径2~4毫米；萼筒杯状，微具毛；萼片三角形，先端急尖，全缘，近于无毛；花瓣倒卵形，先端圆钝，白色。蓇葖果并立，无毛，果梗下垂；萼片宿存，开展稀直立。花期6月，果期8~9月。南太行分布于山西南部海拔1500米以上山区。生于草甸、林缘、灌丛。

173 苍术 | *Atractylodes lancea*　　　　菊科　苍术属

多年生草本。根状茎块状。叶卵状披针形至椭圆形，长3~5.5厘米，顶端渐尖，基部渐狭，边缘有刺状锯齿，背面淡绿色，叶脉隆起，无柄；下部叶羽状浅裂，基部楔形，无柄或有柄。头状花序生枝端，下部有1列叶状苞片，羽状深裂，裂片刺状；总苞圆柱形，总苞片5~7层，卵形至披针形；花全为管状，白色，有时稍带红色，长约1厘米，上部略膨大，顶端5裂，裂片条形。瘦果有柔毛；冠毛长约8毫米，羽状。花果期6—10月。南太行广布。生于山坡草地、林下、灌丛及岩缝隙中。根状茎入药，为运脾药，性味苦温辛烈，有燥湿、化浊、止痛的功效。

174 大丁草 | *Leibnitzia anandria*

菊科　大丁草属

多年生草本。有春秋二型；春型株高10~15厘米；叶基生，莲座状，宽卵形，长2~10厘米，宽1.5~3厘米，提琴状羽裂，边缘有圆齿。头状花序单生，有舌状花和管状花，白色；常不结实。秋型株高达35厘米；叶较大；头状花序仅有管状花；不开放，直接结实；瘦果扁，冠毛污白色。花果期春秋两季。南太行丘陵、山区广布。生于荒坡、草地、灌丛。全草入药，具清热利湿、解毒消肿的功效。

175 鳢肠 | *Eclipta prostrata*

菊科　鳢肠属

一年生草本。茎直立，斜升或平卧，高达60厘米，通常自基部分枝，被贴生糙毛。叶长圆状披针形或披针形，顶端尖或渐尖，边缘有细锯齿或有时仅波状，两面被密硬糙毛。头状花序直径6~8毫米，有长2~4厘米的细花序梗；总苞球状钟形，总苞片绿色，草质，5~6排成2层，外层较内层稍短，背面及边缘被白色短伏毛；外围的雌花2层，舌状，长2~3毫米，舌片短，顶端2浅裂或全缘，中央的两性花多数，花冠管状，白色，长约1.5毫米，顶端4齿裂。瘦果暗褐色，雌花的瘦果三棱形，两性花的瘦果扁四棱形，顶端截形。花果期6—10月。南太行平原、山区广布。生于沟谷、水边、路旁。全草入药，有凉血、止血、消肿、强壮的功效。

176 牛膝菊 | *Galinsoga parviflora* 菊科 牛膝菊属

一年生草本。茎枝被贴伏柔毛和少量腺毛；叶对生，卵形或长椭圆状卵形，长 2.5~5.5 厘米，叶柄长 1~2 厘米；向上及花序下部的叶披针形；茎叶两面疏被白色贴伏柔毛，沿脉和叶柄毛较密，具浅或钝锯齿或波状浅锯齿，花序下部的叶有时全缘或近全缘。头状花序半球形，排成疏散伞房状，花序梗长约 3 厘米；总苞半球形或宽钟状，直径 3~6 毫米，总苞片 1~2 层，约 5 个，外层短，内层卵形或卵圆形，白色，膜质；舌状花 4~5 朵，舌片白色，先端 3 齿裂，筒部细管状，密被白色柔毛；管状花黄色，下部密被白色柔毛；舌状花冠冠毛状，脱落；管状花冠毛膜片状，白色，披针形，边缘流苏状。瘦果具 3 棱或中央瘦果 4~5 棱，熟时黑或黑褐色，被白色微毛。花果期 7—10 月。南太行平原、山区广布。生于林下、河谷地、荒野、河边、田间、溪边或市郊路旁。全草药用，有止血、消炎的功效，对外伤出血、扁桃体炎、咽喉炎、急性黄疸型肝炎有一定的疗效。

177 福王草 | *Nabalus tatarinowii* 菊科 耳菊属

多年生草本。具乳汁。叶互生，下部叶大头羽状分裂，顶裂片卵状心形、戟状心形或三角状戟形，边有不整齐的细齿，上部叶渐小，不裂。头状花序在枝上部排成圆锥花序；总苞片圆柱形，总苞片 3 层，外层总苞片小，卵状披针形，内层条形，外面被稀疏短毛；小花舌状，花乳白色，有时微带淡紫色，舌片顶端有 5 齿裂。瘦果狭长椭圆形，长 4.5 毫米。花果期 8—10 月。南太行分布于海拔 600 米以上山区。生于沟谷林下、水边。

178 两似蟹甲草 | *Parasenecio ambiguus*　　　　菊科　蟹甲草属

多年生草本。茎单生，直立，具纵条棱，下部被疏毛或无毛，上部特别在花序枝被贴生短柔毛。叶具长柄；叶多角形或肾状三角形，掌状浅裂，裂片 5~7，宽三角形，顶端急尖，基部心形或截形，边缘有具小尖的波状疏齿；叶脉 5~7 条；叶柄无翅，无毛，上部叶渐小，具短叶柄，最上部叶狭卵形，苞片状，全缘或有疏细齿。头状花序小，极多数，在茎端和上部叶腋排列成有分枝、长达 10 厘米的宽圆锥花序，无或近无花序梗，基部常有 1 钻形小苞片；花序轴被短毛或下部近无毛；总苞圆柱形；总苞片 3 稀 4，近革质，线形，顶端钝，被髯毛，边缘膜质，外面无毛；小花 3 朵，花冠白色。花期 7—8 月，果期 9—10 月。南太行分布于海拔 1000 米以上山区。生于沟谷、林缘、林下、草地。

179 山尖子 | *Parasenecio hastatus*　　　　菊科　蟹甲草属

多年生草本。茎坚硬，直立，高 40~150 厘米，不分枝，具纵沟棱，下部无毛或近无毛，上部被密腺状短柔毛。下部叶在花期枯萎凋落，中部叶三角状戟形，顶端急尖或渐尖，基部戟形或微心形，沿叶柄下延成具狭翅的叶柄，叶柄长 4~5 厘米，基生侧裂片有时具缺刻的小裂片，正面绿色，无毛，背面淡绿色，被密或较密的柔毛，上部叶渐小，基部裂片退化而呈三角形或近菱形，顶端渐尖，基部截形或宽楔形，最上部叶和苞片披针形至线形。头状花序多数，下垂，在茎端和上部叶腋排列成塔状的狭圆锥花序；花序梗长 4~20 毫米，被密腺状短柔毛；总苞圆柱形；总苞片 7~8，线形或披针形，宽约 2 毫米，顶端尖，外面被密腺状短毛，基部有 2~4 钻形小苞片；小花 8~15（20）朵，花冠淡白色。瘦果圆柱形，淡褐色，无毛，具肋；冠毛白色，约与瘦果等长或较短。花期 7—8 月，果期 9 月。南太行分布于山西南部海拔 1200 米以上山区。生于林缘林下、荒坡、草甸。春夏季嫩苗与嫩叶、嫩芽可作青菜，炒食或做汤食用。

180 女菀 | *Turczaninowia fastigiata*　　菊科　女菀属

多年生草本。茎直立，高30~100厘米，被短柔毛，茎下部常脱毛，上部有伞房状细枝。基下部叶在花期枯萎，条状披针形，基部渐狭成短柄，顶端渐尖，全缘，中部以上叶渐小，披针形或条形，背面灰绿色，被密短毛及腺点，正面无毛，边缘有糙毛，稍反卷；中脉及3出脉在背面突起。头状花序直径5~7毫米，多数在枝端密集；花序梗纤细，有长1~2毫米的苞叶；总苞长3~4毫米；总苞片被密短毛，顶端钝，外层矩圆形；内层倒披针状矩圆形，上端及中脉绿色。花10余朵；舌状花白；冠毛约与管状花花冠等长。花果期8—10月。南太行分布于山西南部海拔1000米以上山区。生于荒坡、路旁、灌丛。全草入药，具温肺、化痰、和中、利尿的功效。

181 一年蓬 | *Erigeron annuus*　　　　　　菊科　飞蓬属

一年生或二年生草本。茎粗壮，直立，上部有分枝，绿色，下部被开展的长硬毛，上部被较密的上弯的短硬毛。基部叶花期枯萎，长圆形或宽卵形，基部狭成具翅的长柄，边缘具粗齿，下部叶与基部叶同形，但叶柄较短，中部和上部叶较小，最上部叶线形，全部叶边缘被短硬毛，两面被疏短硬毛。头状花序数个或多数，排列成疏圆锥花序；总苞半球形，总苞片3层，草质，背面密被腺毛和疏长节毛；外围的雌花舌状，2层，舌片平展，白色，线形，顶端具2小齿；中央的两性花管状，黄色。瘦果披针形，扁压。花期6—9月。原产于北美洲，在我国已驯化。南太行丘陵、山区广布。生于荒坡、路旁、灌丛。

182 蓍 | *Achillea millefolium*　　　　　　菊科　蓍属

多年生草本。茎直立，有细条纹，通常被白色长柔毛，中部以上叶腋常有缩短的不育枝。叶无柄，二至三回羽状全裂，叶轴宽1.5~2毫米，一回裂片多数，间隔1.5~7毫米，有时基部裂片之间的上部有1中间齿，末回裂片披针形至条形，顶端具软骨质短尖，正面密生凹入的腺体，多少被毛，背面被较密的贴伏的长柔毛；下部叶和营养枝的叶长10~20厘米。头状花序多数，密集成直径2~6厘米的复伞房状；总苞矩圆形或近卵形，疏生柔毛；总苞片3层，覆瓦状排列，椭圆形至矩圆形，背中间绿色，中脉突起，边缘膜质，棕色或淡黄色；边花5朵；舌片近圆形，白色、粉红色或淡紫红色，顶端2~3齿；盘花两性，管状，黄色，5齿裂，外面具腺点。花果期7—9月。平原区栽培种。叶、花含芳香油。全草可入药，有发汗、驱风的功效。

183 云南蓍 | *Achillea wilsoniana*　　　　　菊科　蓍属

多年生草本。茎直立，下部变无毛，中部以上被较密的长柔毛，不分枝或有时上部分枝，叶腋常有不育枝。叶无柄，下部叶在花期凋落，中部叶矩圆形，二回羽状全裂，一回裂片多数，几接近，椭圆状披针形，二回裂片少数，背面的较大，披针形，有少数齿，正面的较短小，近无齿或有单齿，齿端具白色软骨质小尖头，叶正面绿色，疏生柔毛和凹入的腺点，背面被较密的柔毛；叶轴宽约1.5毫米，全缘或上部裂片间有单齿。头状花序多数，集成复伞房花序；总苞宽钟形或半球形，直径4~6毫米；总苞片3层，覆瓦状排列，外层短，卵状披针形，顶端稍尖，中层卵状椭圆形，内层长椭圆形，顶端钝或圆形，有褐色膜质边缘，中间绿色，有突起的中肋，被长柔毛；边花6~8（16）朵；舌片白色，偶有淡粉红色边缘，顶端具深或浅的3齿，管部与舌片近等长，翅状压扁，具少数腺点；管状花淡黄色或白色，管部压扁具腺点。花果期7—9月。南太行分布于山西南部海拔1500米以上山区。生于荒坡、草甸、林缘。全草入药，具解毒消肿、止血止痛、健胃的功效。

184 母菊 | *Matricaria chamomilla*　　　　　菊科　母菊属

一年生草本。全株无毛。茎高30~40厘米，有沟纹，上部多分枝。下部叶矩圆形或倒披针形，二回羽状全裂，无柄，基部稍扩大，裂片条形，顶端具短尖头；上部叶卵形或长卵形。头状花序异形，直径1~1.5厘米，在茎枝顶端排成伞房状，花序梗长3~6厘米；总苞片2层，苍绿色，顶端钝，边缘白色宽膜质，全缘；花托长圆锥状，中空；舌状花1列，舌片白色，反折，长约6毫米；管状花多数，花冠黄色，长约1.5毫米，中部以上扩大，冠檐5裂。花果期5—7月。南太行分布于山西南部海拔1500米以上山区。生于荒坡、草甸、林缘。花入药，具发汗和镇痉的功效。

185 太行菊 | *Opisthopappus taihangensis* 菊科 太行菊属

多年生草本，高 10~15 厘米。茎淡紫红色或褐色，被稠密或稀疏的贴伏状短柔毛。基生叶卵形、宽卵形或椭圆形，规则二回羽状分裂，一回或二回全部全裂，一回侧裂片 2~3 对；茎生叶与基生叶同形并等样分裂，但最上部的叶羽裂；全部叶末回裂片披针形、长椭圆形或斜三角形，宽 1~2 毫米；全部叶两面被稀疏或稍多的短柔毛。头状花序单生枝端或枝生 2 个头状花序；总苞浅盘状，直径约 1.5 厘米；总苞片约 4 层，中外层线形和披针形，内层长椭圆形；舌状花粉红色或白色，舌状线形，长约 2 厘米，顶端 3 浅裂齿；管状花黄色，顶端 5 齿裂。瘦有 3~5 条翅状加厚的纵肋。花果期 6—9 月。南太行分布于山西南部海拔 600 米以上山区。生于悬崖峭壁上。全草入药，具清肝明目的功效。

186 黄腺香青 | *Anaphalis aureopunctata* 菊科 香青属

多年生草本，茎直立或斜升，高 20~50 厘米，细或粗壮，不分枝，被白色或灰白色蛛丝状绵毛。上部有渐疏的叶，莲座状叶宽匙状椭圆形，下部渐狭成长柄，常被密绵毛；下部叶在花期枯萎，匙形或披针状椭圆形，有具翅的柄；中部叶稍小，多少开展，基部渐狭，沿茎下延成宽或狭翅；上部叶小，披针状线形；全部叶正面被具柄腺毛及易脱落的蛛丝状毛，背面被白色或灰白色蛛丝状毛及腺毛，有离基 3 或 5 出脉，侧脉明显且长达叶端或在近叶端消失。头状花序多数或极多数，密集成复伞房状；花序梗纤细；总苞钟状或狭钟状；总苞片约 5 层，外层浅或深褐色，卵圆形，被绵毛；内层白色或黄白色，在雄株顶端宽圆形，在雌株顶端钝或稍尖，宽约 1.5 毫米；雌株头状花序有多数雌花，中央有 3~4 朵雄花；雄株头状花序全部有雄花或外围有 3~4 朵雌花；花冠长 3~3.5 毫米。花期 7—9 月，果期 9—10 月。南太行分布于海拔 1300 米以上山区。生于林缘林下、草地、河谷、泛滥地及石砾地。

187 香青 | *Anaphalis sinica*　　菊科　香青属

多年生草本。茎被白色绵毛，节 0.5~1 厘米。叶倒披针形或条形，全缘，沿茎下延成翅，单脉或离基 3 出脉，两面被黄白色蛛丝状绵毛。头状花序多数，排成复伞房状；总苞钟状或近倒圆锥状，长 4~5 毫米；总苞片 6~7 层，乳白色，膜质；花全为管状，白色。瘦果有小腺点，冠毛较花冠稍长。花期 6—9 月，果期 8—10 月。南太行分布于海拔 1300 米以上山区。生于低山或亚高山灌丛、草地、山坡和溪岸。

188 疏生香青（变种） | *Anaphalis sinica* var. *alata*　　菊科　香青属

与香青（原变种）的区别：茎疏散丛生，节间长。叶披针状或线状长圆形或线形，下延成狭翅，长 4~9 厘米，宽 0.5~1.5 厘米，正面被疏绵毛，不脱毛，背面被白色或黄白色密绵毛；节间长。总苞片白色。南太行分布于海拔 800 米以上山区。生境同香青。

189 变色苦荬菜（亚种） | *Ixeris chinensis* subsp. *versicolor*

菊科　苦荬菜属

与中华苦荬菜（原种）的区别：基生叶簇生，莲座状，倒披针形、椭圆形或宽线形，叶缘有并生刺齿，成双排列；茎生叶 2~4，与基生叶同形，边缘有或无并生刺齿，无柄或有短柄，上部叶基生半抱茎，基部两侧常有长耳或长齿，最上部叶线形、披针形或钻形；叶均不裂，无毛。头状花序排成伞房状或伞房圆锥花序；总苞圆柱形，总苞片 3 层；舌状小花淡黄色，稀淡红色、白色。（见 170 页）

190 白花鬼针草（变种） | *Bidens pilosa* var. *radiata*　　菊科　鬼针草属

与鬼针草（原变种）的区别：头状花序边缘具舌状花 5~7 朵，舌片椭圆状倒卵形，白色，长 5~8 毫米，宽 3.5~5 毫米，先端钝或有缺刻。南太行平原、山区零星分布。生于村旁、路边及荒地中。为我国民间常用草药，全草入药，有清热解毒、散瘀活血的功效，主治上呼吸道感染、咽喉肿痛、急性阑尾炎、急性黄疸型肝炎、胃肠炎、风湿关节疼痛、疟疾；外用治疮疖、毒蛇咬伤、跌打肿痛。

191 丝毛飞廉 | *Carduus crispus*　　菊科　飞廉属

二年生草本。茎有翼，翼有齿刺。叶椭圆状披针形，长 5~20 厘米，羽状深裂，裂片边缘具刺，长 3~10 毫米，正面绿色具微毛，背面有蛛丝状毛，后渐变无毛。头状花序数个生枝端；总苞钟状，总苞片多层，条状披针形，顶端长尖，成刺状，向外反曲，全部苞片无毛或被稀疏的蛛丝毛；花全为管状，紫色，偶有白色。瘦果长椭圆形，冠毛白色。花果期 4—10 月。南太行平原、山区广布。生于山坡草地、田间、荒地河旁及林下。全草入药，具散瘀止血、清热利湿的功效。优良的蜜源植物。（见 380 页）

192 高茎紫菀 | *Aster procerus*　　　　　　　　　菊科　紫菀属

多年生草本。茎高达 1 米,被糙毛。茎中部叶卵状披针形,长 7~11 厘米,基部楔形,渐窄成短柄,具 2~3 对宽锯齿;上部叶同基叶,有齿或近全缘;叶两面被糙毛。头状花序直径 3~4 厘米,有长梗,单生枝端,排成伞房状;总苞筒状,直径 0.5~0.8 厘米,高 1~1.5 厘米,总苞片 4~5 层,覆瓦状排列,上部草质,被糙毛和缘毛;舌状花约 20 朵,白色。瘦果倒卵圆形,暗绿色,有毛;冠毛污白色,长达管裂片基部。花期 5—9 月,果期 8—10 月。南太行分布于云台山海拔 500 米左右的沟谷内。生于林缘下。

193 东风菜 | *Aster scaber*　　　　菊科　紫菀属

多年生草本。茎直立,高100~150厘米,上部有斜升的分枝,被微毛。基部叶在花期枯萎,叶心形,边缘有具小尖头的齿,顶端尖,基部急狭成长10~15厘米被微毛的柄;中部叶较小,卵状三角形,基部圆形或稍截形,有具翅的短柄;上部叶小,矩圆披针形或条形;全部叶两面被微糙毛,背面浅色,有3或5出脉,网脉显明。头状花序直径18~24毫米,圆锥伞房状排列,花序梗长9~30毫米;总苞半球形,宽4~5毫米;总苞片约3层,无毛,边缘宽膜质,有微缘毛,顶端尖或钝,覆瓦状排列,外层长1.5毫米;舌状花约10朵,舌片白色,条状矩圆形;管状花檐部钟状。花期6—10月,果期8—10月。南太行分布于海拔1000米以上山区。生于山谷坡地、草地和灌丛中。可食用。全草入药,具清热解毒、祛风止痛、行血活血的功效。

194 阿尔泰银莲花 | *Anemone altaica*　　　毛茛科　银莲花属

多年生草本，高11~23厘米。基生叶1或无，有长柄；叶薄草质，宽卵形，长2~4厘米，3全裂，中全裂片有细柄，又3裂，边缘有缺刻状牙齿，侧全裂片不等2全裂，两面近无毛；叶柄长4~10厘米，无毛。花葶近无毛；苞片3，有柄，花梗1，长2.5~4厘米，有近贴伏的柔毛，萼片8~9枚，白色，倒卵状长圆形或长圆形，长1.5~2厘米，顶端圆形，无毛；雄蕊长5~6毫米；子房密被柔毛，花柱短，柱头小。瘦果卵球形，长约4毫米，有柔毛。花果期3—6月。南太行分布于山西南部海拔1500米以上山区。生于山地谷中林下、潜丛中或沟边。根状茎药用，治癫痫、神经衰弱、风湿关节痛等症。

195 多被银莲花 | *Anemone raddeana*　　　毛茛科　银莲花属

多年生草本，高10~30厘米。基生叶1，有长柄，长5~15厘米；叶3全裂，全裂片有细柄，2或3深裂，变无毛；叶柄长2~7.8厘米，有疏柔毛。花葶近无毛，苞片3，有柄，叶近扇形，长1~2厘米，3全裂，中全裂片倒卵形或倒卵状长圆形，上部边缘有少数小锯齿，侧全裂片稍斜；花梗1，长1~1.3厘米，变无毛；萼片9~15枚，白色，长圆形或线状长圆形，长1.2~1.9厘米，顶端圆或钝，无毛；雄蕊长4~8毫米；子房密被短柔毛，花柱短。花果期3—6月。南太行分布于山西南部海拔1500米以上山区。生于荒坡、草甸、林缘。根状茎入药，可治风湿性腰腿痛、关节炎、疮疖痈毒等症。

196 白车轴草 | *Trifolium repens*　　　豆科　车轴草属

短期多年生草本。茎匍匐蔓生，上部稍上升，节上生根，全株无毛。掌状三出复叶；托叶卵状披针形，膜质，基部抱茎呈鞘状，离生部分锐尖；叶柄较长，长10~30厘米；小叶倒卵形至近圆形，中脉在背面隆起，侧脉约13对，两面均隆起，近叶边分叉并伸达锯齿齿尖；小叶柄长1.5毫米，微被柔毛。花序球形，顶生，直径15~40毫米；总花梗甚长，比叶柄长近1倍，具花20~50（80）朵，密集；无总苞；苞片披针形，膜质，锥尖；花长7~12毫米；花梗比花萼稍长或等长，开花立即下垂；萼钟形，具脉纹10条，萼齿5，披针形，稍不等长，短于萼筒，萼喉开张，无毛；花冠白色、乳黄色或淡红色，具香气；旗瓣椭圆形，比翼瓣和龙骨瓣长近1倍，龙骨瓣比翼瓣稍短；子房线状长圆形，花柱比子房略长，胚珠3~4枚。荚果长圆形。种子通常3颗。花果期5—10月。常用于城市绿地。

197 喜旱莲子草 | *Alternanthera philoxeroides*　　　苋科　莲子草属

多年生草本。茎基部匍匐，上部上升，管状。叶对生，矩圆形、矩圆状倒卵形，长2.5~5厘米，宽0.7~20厘米，顶端急尖或圆钝，具短尖，基部渐狭，全缘，两面无毛或正面有贴生毛；叶柄长3~10毫米。头状花序生于叶腋，球形，有长柄，花密生；花被片矩圆形，膜质，白色，光亮；雄蕊5枚。花期5—10月。南太行分布于平原湖泊、河流。生于水边、湿润处。全草入药，具清热利水、凉血解毒的功效。

黄色、橙色花

198 白屈菜 | *Chelidonium majus*　　罂粟科　白屈菜属

多年生草本。茎聚伞状多分枝，分枝常被短柔毛。基生叶少，早凋落，叶倒卵状长圆形或宽倒卵形，羽状全裂，全裂片 2~4 对，倒卵状长圆形，具不规则的深裂或浅裂，裂片边缘圆齿状，正面绿色，无毛，背面具白粉，疏被短柔毛；叶柄长 2~5 厘米，被柔毛或无毛，基部扩大成鞘；茎生叶渐变小。伞形花序多花；花梗纤细，长 2~8 厘米，幼时被长柔毛，后变无毛；苞片小，卵形，长 1~2 毫米；萼片卵圆形，舟状，早落；花瓣倒卵形，长约 1 厘米，全缘，黄色；雄蕊长约 8 毫米，花丝丝状，黄色；子房线形，绿色，无毛，花柱柱头 2 裂。蒴果狭圆柱形，具通常比果短的柄。花果期 4—9 月。南太行平原、山区广布。生于山谷林缘草地或路旁、石缝。全草入药，有毒，有镇痛、止咳、消肿、利尿、解毒的功效，治胃肠疼痛、痛经、黄疸、疥癣疮肿、蛇虫咬伤；外用消肿；亦可做农药。

199 秃疮花 | *Dicranostigma leptopodum*　　罂粟科　秃疮花属

多年生草本。全株含淡黄色液汁，被短柔毛，稀无毛。茎多，绿色，具粉。基生叶丛生，叶狭倒披针形，羽状深裂，裂片 4~6 对，二回羽状深裂或浅裂具不规则白斑，正面绿色，背面灰绿色，疏被白色短柔毛；叶柄条形，长 2~5 厘米，疏被白色短柔毛，具数条纵纹；茎生叶少数，生于茎上部，羽状深裂、浅裂或二回羽状深裂；无柄。花 1~5 朵于茎和分枝先端排列成聚伞花序；花梗长 2~2.5 厘米，无毛，具苞片；萼片卵形，先端渐尖成距，花瓣倒卵形至回形，黄色；雄蕊多数，花丝丝状，黄色；子房狭圆柱形，绿色，密被疣状短毛，花柱短，柱头 2 裂，直立。蒴果线形，绿色，无毛。花期 3—5 月，果期 6—7 月。南太行平原、丘陵广布。生于草坡、路旁、田埂。全草药用，有清热解毒、消肿镇痛、杀虫等功效，治风火牙痛、咽喉痛、扁桃体炎、淋巴结核、秃疮、疮疖疥癣、痈疽。

200 角茴香 | *Hypecoum erectum*　　　　　罂粟科　角茴香属

一年生草本，高 15~30 厘米。花茎多，圆柱形，二歧状分枝。基生叶多数，叶倒披针形，多回羽状细裂，裂片线形，先端尖；叶柄细，基部扩大成鞘；茎生叶同基生叶，但较小。二歧聚伞花序多花；苞片钻形，长 2~5 毫米；萼片卵形，全缘；花瓣淡黄色，长 1~1.2 厘米，无毛，外面 2 枚倒卵形或近楔形，先端宽，3 浅裂，里面 2 枚倒三角形，长约 1 厘米，3 裂至中部以上，侧裂片较宽，长约 5 毫米，具微缺刻；雄蕊 4 枚，花丝宽线形，扁平，下半部加宽；子房狭圆柱形，长约 1 厘米，柱头 2 深裂。蒴果长圆柱形，长 4~6 厘米，直立，先端渐尖，两侧稍压扁，成熟时分裂成 2 果瓣。花果期 5—8 月。南太行分布于平原、丘陵区。生于山坡草地或河边砂地。全草入药，有清火解热和镇咳的功效，可用于治疗咽喉炎、气管炎、目赤肿痛及伤风感冒。

201 芝麻菜 | *Eruca sativa*　　　　　十字花科　芝麻菜属

一年生草本，高 20~90 厘米。茎直立，上部常分枝，疏生硬长毛或近无毛。基生叶及下部叶大头羽状分裂或不裂，长 4~7 厘米，顶裂片近圆形或短卵形，有细齿，侧裂片卵形或三角状卵形，全缘，仅背面脉上疏生柔毛；叶柄长 2~4 厘米；上部叶无柄，具 1~3 对裂片。总状花序有多数疏生花；花直径 1~1.5 厘米；花梗长 2~3 毫米，具长柔毛；萼片长圆形，长 8~10 毫米，带棕紫色，外面有蛛丝状长柔毛；花瓣黄色，后变白色，有紫纹，短倒卵形，长 1.5~2 厘米，基部有窄线形长爪。长角果圆柱形，长 2~3 厘米；果梗长 2~3 毫米。花期 5—6 月，果期 7—8 月。南太行平原栽培或逸为野生。种子可榨油，供食用，其含油率达 30%；也可药用，具兴奋、利尿和健胃的功效。

202 绵果芝麻菜（变种） | *Eruca sativa* var. *eriocarpa*

十字花科　芝麻菜属

与芝麻菜（原变种）的区别：长角果有白色反曲的绵毛或乳突状腺毛。南太行平原、山区栽培或逸为野生。生于山坡。药效同芝麻菜。

203 播娘蒿 | *Descurainia sophia*

十字花科　播娘蒿属

一年生草本，高 20~80 厘米。有毛或无毛，毛为叉状毛，向上渐少。茎直立，分枝多，常于下部呈淡紫色。叶为三回羽状深裂，末端裂片条形或长圆形，裂片长 3（2）~5（10）毫米，下部叶具柄，上部叶无柄。花序伞房状，果期伸长；萼片直立，早落，长圆条形，背面有分叉细柔毛；花瓣黄色，长圆状倒卵形，长 2~2.5 毫米，或稍短于萼片，具爪；雄蕊 6 枚，比花瓣长 1/3。长角果圆筒状，长 2.5~3 厘米，宽约 1 毫米，无毛，稍内曲，与果梗不成一条直线，果瓣中脉明显；果梗长 1~2 厘米。种子每室 1 行。花期 4—5 月，果期 6 月。南太行平原、山区广布。生于山坡、田野及农田。种子含油率 40%，可供工业用，也可食用；可药用，具利尿消肿、祛痰定喘的功效。

204 臭荠 | *Lepidium didymum*

十字花科　臭荠属

一年生或二年生匍匐草本，高 5~30 厘米。全株有臭味。主茎短且不显明，基部多分枝，无毛或有长单毛。叶为一回或二回羽状全裂，裂片 3~5 对，线形或窄长圆形，长 4~8 毫米，宽 0.5~1 毫米，顶端急尖，基部楔形，全缘，两面无毛；叶柄长 5~8 毫米。花极小，直径约 1 毫米；萼片具白色膜质边缘；花瓣白色，长圆形，比萼片稍长，或无花瓣；雄蕊通常 2 枚。短角果肾形，长约 1.5 毫米，宽 2~2.5 毫米，2 裂，果瓣半球形，表面有粗糙皱纹，成熟时分离成 2 瓣。花期 3 月，果期 4—5 月。南太行平原（黄河滩）有分布。多生于路旁或荒地的杂草。

205 葶苈 | *Draba nemorosa*

十字花科　葶苈属

一年生或二年生草本。茎直立，高 5~45 厘米，单一或分枝，疏生叶或无叶，但分枝茎有叶；下部密生单毛、叉状毛和星状毛，上部渐稀至无毛。基生叶莲座状，长倒卵形，顶端稍钝，边缘有疏细齿或近于全缘；茎生叶长卵形或卵形，顶端尖，基部楔形或渐圆，边缘有细齿，无柄，正面被单毛和叉状毛，背面以星状毛为多。总状花序具花 25~90 朵，密集呈伞房状，花后显著伸长，疏松，小花梗细，长 5~10 毫米；萼片椭圆形，背面略有毛；花瓣黄色，花期后呈白色，顶端凹；雄蕊长 1.8~2 毫米；雌蕊椭圆形，密生短单毛，花柱几乎不发育，柱头小。短角果长圆形或长椭圆形，被短单毛；果梗长 8~25 毫米，与果序轴呈直角开展。花期 3 月至 4 月上旬，果期 5—6 月。南太行平原、丘陵有分布。生于田边路旁、山坡草地及河谷湿地。种子含油，可供制工业皂用。

206 小果亚麻荠 | *Camelina microcarpa*   十字花科 亚麻荠属

一年生草本，高 20~60 厘米。具长单毛与短分枝毛。茎直立，多在中部以上分枝，下部密被长硬毛。基生叶与下部茎生叶长圆状卵形，长 1.5~8 厘米，顶端急尖，基部渐窄成宽柄；中部、上部茎生叶披针形，顶端渐尖，基部具披针状叶耳，边缘外卷，中部、下部叶被毛，以叶缘和叶脉上显著较多。花序伞房状，结果时可伸长达 20~30 厘米；萼片长圆卵形，白色膜质边缘不达基部，内轮的基部略呈囊状；花瓣条状长圆形，长 3.3~3.8 毫米。短角果倒卵形至倒梨形，长 4~7 毫米，宽 2.5~4 毫米，略扁压，有窄边。花期 4—5 月，果期 6 月。南太行中低山有分布。生于林缘、路旁、荒坡、草地。可做饲料，早春牧场上的青绿饲草。

207 芥菜 | *Brassica juncea*   十字花科 芸薹属

一年生草本，高 30~150 厘米。常无毛，有时幼茎及叶具刺毛，带粉霜，有辣味。茎直立，有分枝。基生叶宽卵形至倒卵形，长 15~35 厘米，顶端圆钝，基部楔形，大头羽裂，具 2~3 对裂片或不裂，边缘均有缺刻或牙齿，叶柄长 3~9 厘米，具小裂片；茎下部叶较小，边缘有缺刻或牙齿，有时具圆钝锯齿，不抱茎；茎上部叶窄披针形，长 2.5~5 厘米，边缘具不明显疏齿或全缘。总状花序顶生，花后延长；花黄色，直径 7~10 毫米；花梗长 4~9 毫米；萼片淡黄色，长圆状椭圆形，长 4~5 毫米，直立开展；花瓣倒卵形，长 8~10 毫米。长角果线形，长 3~5.5 厘米，宽 2~3.5 毫米，果瓣具 1 突出中脉；果梗长 5~15 毫米。花期 3—5 月，果期 5—6 月。南太行平原、山区广布。生于田间、路旁。叶盐腌供食用。种子及全草供药用，能化痰平喘、消肿止痛。

208 风花菜 | *Rorippa globosa*　　　十字花科　蔊菜属

一年生或二年生草本，高 20~80 厘米。植株被白色硬毛或近无毛。茎单一，基部木质化，下部被白色长毛。茎下部叶具柄，上部叶无柄，叶长圆形至倒卵状披针形；基部渐狭，下延呈短耳状而半抱茎，边缘具不整齐粗齿，两面被疏毛，尤以叶脉为显。总状花序多数，呈圆锥花序式排列，果期伸长；花小，黄色，具细梗，长 4~5 毫米；萼片 4 枚，长卵形，长约 1.5 毫米，开展，基部等大，边缘膜质；花瓣 4，倒卵形，与萼片等长或稍短；雄蕊 6 枚，4 强或近于等长。短角果实近球形，直径约 2 毫米；果梗纤细，呈水平开展或稍向下弯，长 4~6 毫米。花期 4—6 月，果期 7—9 月。南太行平原（黄河滩区）、山区有分布。生于河岸、湿地、路旁、沟边或草丛中，也生于干旱处。全草入药，具清热利尿、解毒的功效。

209 蔊菜 | *Rorippa indica*　　　十字花科　蔊菜属

一年生或二年生草本，高 20~40 厘米。植株较粗壮，无毛或具疏毛。茎单一或分枝，表面具纵沟。叶互生，基生叶及茎下部叶具长柄，叶形多变化，通常大头羽状分裂，长 4~10 厘米，顶端裂片大，卵状披针形，边缘具不整齐牙齿，侧裂片 1~5 对；茎上部叶宽披针形或匙形，边缘具疏齿，具短柄或基部耳状抱茎。总状花序顶生或侧生，花小，多数，具细花梗；萼片 4 枚，卵状长圆形，长 3~4 毫米；花瓣 4，黄色，匙形，基部渐狭成短爪，与萼片近等长；雄蕊 6 枚，2 枚稍短。长角果线状圆柱形，短而粗，长 1~2 厘米，直立或稍内弯；果梗纤细，长 3~5 毫米，斜升或近水平开展。花期 4—6 月，果期 6—8 月。南太行平原、山区广布。生于路旁、田边、园圃、河边、屋边墙脚及山坡路旁等较潮湿处。全草入药，可解表健胃、止咳化痰、平喘、清热解毒、散热消肿等。

210 沼生蔊菜 | *Rorippa palustris*　　　　十字花科　蔊菜属

一年生或二年生草本，高 20（10）~50 厘米。光滑无毛或稀有单毛。茎直立，单一成分枝，下部常带紫色，具棱。基生叶多数，具柄；叶羽状深裂或大头羽裂，长圆形至狭长圆形，长 5~10 厘米，裂片 3~7 对，边缘不规则浅裂或呈深波状，顶端裂片较大，基部耳状抱茎，有时有缘毛；茎生叶向上渐小，近无柄，叶羽状深裂或具齿，基部耳状抱茎。总状花序顶生或腋生，果期伸长，花小，多数，黄色或淡黄色，具纤细花梗，长 3~5 毫米；萼片长椭圆形，长 1.2~2 毫米；花瓣长倒卵形至楔形，等于或稍短于萼片；雄蕊 6 枚，近等长，花丝线状。短角果椭圆形或近圆柱形，有时稍弯曲，长 3~8 毫米，果瓣肿胀。花期 4—7 月，果期 6—8 月。南太行平原、丘陵广布。生于潮湿环境或近水处、溪岸、路旁、田边、山坡草地及草场。全草入药，具清热利尿、解毒的功效。可食用。

211 无瓣蔊菜 | *Rorippa dubia*　　　　十字花科　蔊菜属

一年生草本，高 10~30 厘米。植株较柔弱，光滑无毛，直立或呈铺散状分枝。单叶互生，基生叶与茎下部叶倒卵形或倒卵状披针形，长 3~8 厘米，多数呈大头羽状分裂，顶裂片大，叶质薄；茎上部叶卵状披针形或长圆形，边缘具波状齿，具短柄或无柄。总状花序顶生或侧生，花小，多数，具细花梗；萼片 4 枚，直立，披针形至线形，边缘膜质；无花瓣；雄蕊 6 枚，2 枚较短。长角果线形，长 2~3.5 厘米，宽约 1 毫米，细而直；果梗纤细，斜升或近水平开展。种子每室 1 行。花期 4—6 月，果期 6—8 月。南太行平原、山区有分布。生于河滩、沟谷、草地。

212 小花糖芥 | *Erysimum cheiranthoides*　　　十字花科　糖芥属

一年生草本，高 15~50 厘米。茎直立，有棱角，具 2 叉毛。基生叶莲座状，无柄，平铺地面，叶长 2（1）~4 厘米，有 2~3 叉毛；茎生叶披针形或线形，长 2~6 厘米，顶端急尖，基部楔形，边缘具深波状疏齿或近全缘，两面具 3 叉毛。总状花序顶生，果期长达 17 厘米；萼片长圆形或线形，长 2~3 毫米，外面有 3 叉毛；花瓣浅黄色，长圆形，长 4~5 毫米，顶端圆形或截形，下部具爪。长角果圆柱形，长 2~4 厘米，侧扁，稍有棱，具 3 叉毛；果梗粗，长 4~6 毫米。花期 5 月，果期 6 月。南太行平原、山区广布。生于山坡、山谷、路旁及村旁荒地。全草入药，具强心利尿、健脾胃、消食的功效。常用的野生蔬菜。

213 蓬子菜 | *Galium verum*　　　茜草科　拉拉藤属

多年生草本。基部稍木质，高 25~45 厘米。茎有 4 角棱，被短柔毛或秕糠状毛。叶纸质，6~10 轮生，线形，顶端短尖，边缘极反卷，常卷呈管状，正面无毛，稍有光泽，背面有短柔毛，稍苍白，1 脉，无柄。聚伞花序顶生和腋生，较大，多花；总花梗密被短柔毛；花小，稠密；花梗长 1~2.5 毫米；萼管无毛；花冠黄色，辐状，无毛，直径约 3 毫米，花冠裂片卵形或长圆形，顶端稍钝，长约 1.5 毫米；花柱长约 0.7 毫米，顶部 2 裂。果小，近球状，无毛。花期 4—8 月，果期 5—10 月。南太行中低山有分布。生于山地、河滩、旷野、沟边、草地、灌丛或林下。

214 花锚 | *Halenia corniculata*　　　　龙胆科　花锚属

一年生草本，高 20~70 厘米。茎近四棱形，具细条棱，从基部起分枝。基生叶倒卵形或椭圆形，基部楔形、渐狭呈宽扁的叶柄，通常早枯萎；茎生叶椭圆状披针形或卵形，先端渐尖，基部宽楔形或近圆形，全缘，叶脉 3 条，在背面沿脉疏生短硬毛，无柄或具极短而宽扁的叶柄，两边疏被短硬毛。聚伞花序顶生和腋生；花梗长 0.5~3 厘米；花 4 数；花萼裂片狭三角状披针形，长 5~8 毫米，宽 1~1.5 毫米，先端渐尖，具 1 脉，两边及脉粗糙，被短硬毛；花冠黄色，钟形，冠筒长 4~5 毫米，裂片卵形或椭圆形，先端具小尖头，距长 4~6 毫米；雄蕊内藏。蒴果卵圆形，淡褐色，顶端 2 瓣开裂。花果期 7—9 月。南太行分布于山西运城舜王坪。生于山坡草地、林下及林缘。全草入药，具清热、解毒、凉血止血的功效。

215 月见草 | *Oenothera biennis*　　　　柳叶菜科　月见草属

二年生草本。基生莲座叶丛紧贴地面；茎高 50~200 厘米，被曲柔毛与伸展长毛。基生叶倒披针形，先端锐尖，基部楔形，边缘疏生不整齐的浅钝齿，侧脉每侧 12~15 条，两面被曲柔毛与长毛；茎生叶椭圆形至倒披针形，先端锐尖至短渐尖，基部楔形，边缘有稀疏钝齿，侧脉每侧 6~12 条，每边两面被曲柔毛与长毛。花序穗状，不分枝，苞片叶状，自下向上由大变小，近无柄，果时宿存；花管黄绿色或开花时带红色；萼片绿色，有时带红色，长圆状披针形，先端骤缩呈尾状；花瓣黄色，稀淡黄色，宽倒卵形，先端微凹缺。蒴果锥状圆柱形，向上变狭，直立。花果期 6—9 月。原产于北美洲。南太行山区偶见逸生。生于河滩、路旁。全草入药，具强筋壮骨、祛风除湿的功效。园林绿化常用花卉。

216 败酱 | *Patrinia scabiosaefolia*   忍冬科 败酱属

多年生草本。茎直立。基生叶丛生，花时枯落，卵形、椭圆形或椭圆状披针形，不分裂或羽状分裂或全裂，边缘具粗锯齿，正面暗绿色，背面淡绿色，两面被糙伏毛或几无毛，具缘毛；叶柄长 3~12 厘米；茎生叶对生，宽卵形至披针形，常羽状深裂或全裂具 2~3（5）对侧裂片，具粗锯齿，两面密被或疏被白色糙毛，上部叶渐变窄小，无柄。花序为聚伞花序组成的大型伞房花序，顶生，具 5~6（7）级分枝；花序梗上方一侧被开展白色粗糙毛，总苞线形，甚小；苞片小；花小，萼齿不明显；花冠钟形，黄色，基部一侧囊肿不明显，内具白色长柔毛，花冠裂片卵形。瘦果长圆形，具 3 棱。花期 7~9 月，果期 10 月。南太行中低山广布。生于山坡林缘林下和灌丛中以及路边、田埂边的草丛中。全草（中药称败酱草）或根茎及根入药，能清热解毒、消肿排脓、活血祛瘀，治慢性阑尾炎疗效极显。

217 糙叶败酱 | *Patrinia scabra*   忍冬科 败酱属

多年生草本。茎多数丛生，连同花序梗被短糙毛。基生茎生叶羽状浅裂、深裂至全裂，裂片条形、长圆状披针形。顶生伞房状聚伞花序，具 3~7 级对生分枝，花序最下分枝处总苞叶羽状全裂。瘦果倒卵圆柱状，与下面的增大干膜质苞片贴生；翅状果苞较宽大，网脉常具 2 条主脉。果苞长圆形、卵形、卵状长圆形、倒卵状长圆形、倒卵圆形或倒卵形，顶端有时浅 3 裂或微 3 裂，网脉常具 3 条主脉。花期 7—9 月，果期 8 月至 9 月中旬。南太行丘陵、山区广布。生于灌丛、荒坡、林缘。根入药，中药称墓头回。

218 少蕊败酱 | *Patrinia monandra* 忍冬科 败酱属

二年生或多年生草本。茎基部近木质，粗壮，被灰白色粗毛，后渐脱落，茎上部被倒生稍弯糙伏毛。单叶对生，长圆形，不分裂或大头羽状深裂；叶柄向上部渐短至近无柄；基生叶和茎下部叶开花时常枯萎凋落。聚伞圆锥花序顶生及腋生，常聚生于枝端呈宽大的伞房状，花序梗被长糙毛；花冠漏斗形，淡黄色，或同一花序中有淡黄色和白色花，冠筒基部一侧囊肿不明显；雄蕊1或2~3枚，常1枚最长，伸出花冠外。瘦果卵圆形，能育子室扁平状椭圆形，上面两侧和下面被开展短毛；果苞薄膜质，先端常呈极浅3裂，具主脉2条，极少3条，网脉细而明显。花期8—9月，果期9—10月。南太行分布于修武青龙峡、云台山。生于山坡草丛、灌丛中、林缘林下、田野溪旁、路边。全草入药，具清热解毒、祛痰排脓的功效。

219 异叶败酱 | *Patrinia heterophylla* 忍冬科 败酱属

多年生草本。茎直立，被倒生微糙伏毛。基生叶丛生，具长柄，不分裂或羽状分裂至全裂；茎生叶对生，茎下部叶常2~3（6）对羽状全裂，中部叶具1~2对侧裂片，近无柄。花黄色，组成顶生伞房状聚伞花序，被短糙毛或微糙毛；总花梗下苞叶常具1或2对线形裂片，常与花序近等长或稍长；萼齿5；花冠钟形，冠筒基部一侧具浅囊肿，裂片5。瘦果长圆形或倒卵形；翅状果苞干膜质，倒卵形、倒卵状长圆形或倒卵状椭圆形，顶端钝圆，有时极浅3裂。花期7—9月，果期8—10月。南太行分布于海拔1000米以上山区。生于荒坡、草地、林缘。根茎和根供药用（中药称墓头回），能燥湿、止血，主治崩漏、赤白带；民间并用以治疗子宫癌和子宫颈癌。

220 朝天委陵菜 | *Potentilla supina*　　　蔷薇科　委陵菜属

一年生或二年生草本。茎平展,上升或直立,叉状分枝。基生叶羽状复叶,有小叶 2~5 对,柄被疏柔毛或脱落几无毛;小叶互生或对生,无柄,最上面 1~2 对小叶基部下延与叶轴合生,边缘有圆钝或缺刻状锯齿,两面绿色,被稀疏柔毛或脱落几无毛;茎生叶与基生叶相似,向上小叶对数逐渐减少。花茎上多叶,下部花自叶腋生,顶端成伞房状聚伞花序;花梗长 0.8~1.5 厘米,常密被短柔毛;花直径 0.6~0.8 厘米;萼片三角卵形,顶端急尖,副萼片长椭圆形或椭圆披针形,顶端急尖,比萼片稍长或近等长;花瓣黄色,倒卵形,顶端微凹,与萼片近等长或较短;花柱近顶生,基部乳头状膨大,花柱扩大。花果期 3—10 月。南太行平原、山区广布。生于田边、荒地、河岸沙地、草甸、山坡湿地。

221 翻白草 | *Potentilla discolor*　　　蔷薇科　委陵菜属

多年生草本。花茎直立,上升或微铺散,密被白色绵毛。基生叶有小叶 2~4 对,叶柄密被白色绵毛;小叶对生或互生,无柄,叶长圆形或长圆披针形,顶端圆钝,基部楔形,边缘具圆钝锯齿,正面暗绿色,被稀疏白色绵毛或脱落几无毛,背面密被白色或灰白色绵毛,茎生叶 1~2,有掌状 3~5 小叶;基生叶托叶膜质,外面被白色长柔毛,茎生叶托叶草质,绿色,背面密被白色绵毛。聚伞花序具花数朵,疏散,花梗长 1~2.5 厘米,外被绵毛;花直径 1~2 厘米;萼片三角状卵形,副萼片披针形,比萼片短,外面被白色绵毛;花瓣黄色,倒卵形,顶端微凹或圆钝,比萼片长。花果期 5—9 月。南太行平原、山区有分布。生于荒地、山谷、沟边及疏林下。全草入药,能解热、消肿、止痢、止血。块根含丰富淀粉,嫩苗可食。

222 多茎委陵菜 | *Potentilla multicaulis*　　　　薔薇科　委陵菜属

多年生草本。花茎多而密集丛生，上升或铺散，常带暗红色，被白色长柔毛或短柔毛。基生叶为羽状复叶，有小叶4~6对稀达8对，叶柄暗红色，被白色长柔毛，小叶对生稀互生，无柄，椭圆形至倒卵形，上部小叶远比下部小叶大，边缘羽状深裂，排列较为整齐，边缘平坦，或略微反卷，正面绿色，被稀疏伏生柔毛，背面被白色茸毛，茎生叶与基生叶形状相似，唯小叶对数较少；基生叶托叶膜质，棕褐色，外面被白色长柔毛；茎生叶托叶草质，绿色，全缘，卵形。聚伞花序多花，初开时密集；花直径0.8~1厘米；萼片三角卵形，顶端急尖，副萼片狭披针形，顶端圆钝，比萼片短约1/2；花瓣黄色，倒卵形或近圆形，顶端微凹，比萼片稍长或长达1倍；花柱近顶生，圆柱形，基部膨大。瘦果卵球形有皱纹。花果期4—9月。南太行平原、山区广布。生于耕地边、沟谷阴处、向阳砾石山坡、草地及疏林下。

223 多裂委陵菜 | *Potentilla multifida*　　　　薔薇科　委陵菜属

多年生草本。根圆柱形，稍木质化。花茎上升，稀直立，被紧贴或开展的短柔毛或绢状柔毛。基生羽状复叶，有小叶3~5对，稀达6对，叶柄被紧贴或开展短柔毛；小叶对生稀互生，羽状深裂几达中脉，长椭圆形或宽卵形，向基部逐渐减小，边缘向下反卷，正面伏生短柔毛，背面被白色茸毛，沿脉伏生绢状长柔毛；茎生叶2~3，与基生叶形状相似，唯小叶对数向上逐渐减少；基生叶托叶膜质，褐色，外被疏柔毛；茎生叶托叶草质，绿色，卵形或卵状披针形，2裂或全缘。伞房状聚伞花序；花梗长1.5~2.5厘米，被短柔毛；花直径1.2~1.5厘米；萼片三角状卵形，顶端急尖或渐尖，副萼片披针形或椭圆披针形，先端圆钝或急尖，比萼片略短或近等长，外面被伏生长柔毛；花瓣黄色，倒卵形，顶端微凹，长不超过萼片1倍；花柱圆锥形，近顶生。瘦果平滑或具皱纹。花果期5—9月。南太行平原、山区广布。生于山坡草地、田间、荒地河旁及林下。全草入药，有止血、杀虫、祛湿热的作用。

224 莓叶委陵菜 | *Potentilla fragarioides*　　蔷薇科　委陵菜属

多年生草本。花茎直立被稀疏柔毛，上部有时混生有腺毛。基生叶有小叶 2~3 对，常混生有 3 小叶，小叶两面被稀疏柔毛或脱落几无毛，正面不皱褶。聚伞花序顶生，疏散；副萼片狭披针形，顶端锐尖，与萼片近等长；花瓣黄色，倒卵长圆形，顶端圆形，比萼片长 0.5~1 倍；花柱近顶生。花果期 5—9 月。南太行山区有分布。生于林缘、路旁、荒坡、草地。可作城市草坪用。

225 皱叶委陵菜 | *Potentilla ancistrifolia*　　蔷薇科　委陵菜属

多年生草本。花茎直立，被稀疏柔毛。基生叶羽状复叶，有小叶 2~4 对，下面 1 对常小形，小叶无柄，亚革质，基部楔形或宽楔形，边缘有急尖锯齿，齿常粗大，三角状卵形，正面绿色或暗绿色，通常有明显皱褶，伏生疏柔毛，背面灰色或灰绿色，网脉通常较突出，密生柔毛；茎生叶 2~3，有小叶 1~3 对；基生叶托叶膜质；茎生叶托叶草质，绿色，卵状披针形，边缘有 1~3 齿。伞房状聚伞花序顶生，疏散，密被长柔毛和腺毛；萼片三角卵形，顶端尾尖，副萼片狭披针形，顶端锐尖，与萼片近等长；花瓣黄色，倒卵长圆形，顶端圆形，比萼片长 0.5~1 倍。花果期 5—9 月。南太行分布于海拔 600 米以上山区。生于沟谷、悬崖峭壁。

226 委陵菜 | *Potentilla chinensis*

蔷薇科 委陵菜属

多年生草本。花茎直立或上升,被稀疏短柔毛及白色绢状长柔毛。基生叶为羽状复叶,有小叶 5~15 对,叶柄被短柔毛及绢状长柔毛;小叶对生或互生,上部小叶较长,向下逐渐减小,无柄,边缘羽状中裂,顶端急尖或圆钝,边缘向下反卷,正面绿色,被短柔毛,中脉下陷,背面被白色茸毛,沿脉被白色绢状长柔毛,茎生叶与基生叶相似,唯叶数较少;基生叶托叶近膜质,褐色,外面被白色绢状长柔毛,茎生叶托叶草质,绿色,边缘锐裂。伞房状聚伞花序,花梗长 0.5~1.5 厘米;萼片三角卵形,顶端急尖,副萼片带形或披针形,顶端尖,比萼片短约 1 倍且狭窄,外面被短柔毛及少数绢状柔毛;花瓣黄色,宽倒卵形,顶端微凹,比萼片稍长;花柱近顶生。花果期 4—10 月。南太行丘陵、山区广布。生于山坡草地、田间、荒地河旁及林下。全草入药,能清热解毒、止血、止痢。嫩苗可食并可做猪饲料。

227 细裂委陵菜（变种） | *Potentilla chinensis* var. *lineariloba*

蔷薇科 委陵菜属

与委陵菜（原变种）的区别:小叶边缘深裂至中脉或几达中脉,裂片狭窄带形。南太行丘陵、山区广布。生于向阳山坡、草地、草甸、荒山草丛中。

228 等齿委陵菜 | *Potentilla simulatrix*　　　蔷薇科　委陵菜属

多年生匍匐草本。多分枝,匍匐枝纤细,常在节上生根,被短柔毛及长柔毛。基生叶为三出掌状复叶,连叶柄长3~10厘米,叶柄被短柔毛及长柔毛,小叶几无柄。单花自叶腋生,花梗纤细,长1.5~3厘米,被短柔毛及疏柔毛;花直径0.7~1厘米;萼片卵状披针形,顶端急尖,副萼片长椭圆形,顶端急尖,几与萼片等长稀略长,外被疏柔毛;花瓣黄色,倒卵形,顶端微凹或圆钝,比萼片长;花柱近顶生,基部细,柱头扩大。瘦果有不明显脉纹。花果期4—10月。南太行平原、山区广布。生于山坡草地、田间、荒地河旁及林下。

229 绢毛匍匐委陵菜（变种） | *Potentilla reptans* var. *sericophylla*

蔷薇科　委陵菜属

匍匐委陵菜（原变种）。本变种特征:多年生匍匐草本。匍匐枝节上生不定根,被稀疏柔毛或脱落几无毛。叶为三出掌状复叶,边缘2小叶浅裂至深裂,有时混生有不裂者;小叶倒卵形至倒卵圆形,两面绿色,正面几无毛,背面及叶柄伏生绢状柔毛;匍匐枝上叶与基生叶相似;基生叶托叶膜质,褐色,外面几无毛,匍匐枝上托叶草质,绿色,全缘稀有1~2齿。单花自叶腋生或与叶对生,花梗长6~9厘米,被疏柔毛;花直径1.5~2.2厘米;萼片卵状披针形,顶端急尖,副萼片长椭圆形或椭圆披针形,顶端急尖或圆钝,与萼片近等长;花瓣黄色,宽倒卵形,顶端显著下凹,比萼片稍长;花柱近顶生。瘦果黄褐色,卵球形,外面被显著点纹。花果期6—8月。南太行平原、山区广布。生于山坡草地、田间、荒地河旁及林下。块根供药用,能收敛解毒、生津止渴,也做利尿剂;全草入药,有发表、止咳作用。

230 三叶委陵菜 | *Potentilla freyniana*   蔷薇科 委陵菜属

多年生草本。有匍匐枝或不明显。花茎纤细，直立或上升，高8~25厘米，被平铺或开展疏柔毛。基生叶掌状三出复叶，边缘有多数急尖锯齿，不裂；两面绿色，疏生平铺柔毛，背面沿脉较密。伞房状聚伞花序顶生，多花；副萼片披针形，顶端渐尖，与萼片近等长；花瓣淡黄色，长圆倒卵形，顶端微凹或圆钝；花柱近顶生，上部粗，基部细。花果期3—6月。南太行分布于海拔800米以上山区。生于山坡草地、田间、荒地河旁及林下。根或全草入药，清热解毒、止痛止血，对金黄色葡萄球菌有抑制作用。

231 蛇莓 | *Duchesnea indica*   蔷薇科 蛇莓属

多年生草本。匍匐茎多数，长30~100厘米，有柔毛。小叶倒卵形至菱状长圆形，先端圆钝，边缘有钝锯齿，两面皆有柔毛，或正面无毛，具小叶柄；叶柄长1~5厘米，有柔毛；托叶窄卵形至宽披针形，长5~8毫米。花单生于叶腋，直径1.5~2.5厘米；花梗长3~6厘米，有柔毛；萼片卵形，长4~6毫米，先端锐尖，外面有散生柔毛；副萼片倒卵形，长5~8毫米，比萼片长，先端常具3~5锯齿；花瓣倒卵形，长5~10毫米，黄色，先端圆钝；雄蕊20~30枚；心皮多数，离生；花托在果期膨大，海绵质，鲜红色，有光泽，直径10~20毫米，外面有长柔毛。瘦果卵形，长约1.5毫米，光滑或具不显明突起，鲜时有光泽。花期6—8月，果期8—10月。南太行平原、山区广布。生于山坡草地、田间、荒地河旁及林下。全草入药，具清热解毒、活血散瘀、收敛止血的功效，能治毒蛇咬伤，外敷治疔疮等，并用于杀灭蝇蛆。

232 龙牙草 | *Agrimonia pilosa*　　蔷薇科　龙牙草属

多年生草本。茎高30~120厘米，被疏柔毛及短柔毛，稀下部被稀疏长硬毛。叶为间断奇数羽状复叶，通常有小叶3~4对，稀2对，向上减少至3小叶，叶柄被稀疏柔毛或短柔毛；小叶无柄或有短柄，倒卵形，边缘有急尖至圆钝锯齿，正面被疏柔毛，背面通常脉上伏生疏柔毛，有显著腺点；托叶草质，绿色，镰形，边缘有尖锐锯齿或裂片，茎下部托叶常全缘。花序穗状总状顶生，花序及花梗被柔毛；苞片通常深3裂，小苞片对生，卵形，全缘或边缘分裂；花直径6~9毫米，萼片5枚，三角卵形；花瓣黄色，长圆形；雄蕊5~8~15枚；花柱2，丝状，柱头头状。果实倒卵圆锥形，外面有10条肋，顶端有数层钩刺，幼时直立，成熟时靠合，连钩刺长7~8毫米，最宽处直径3~4毫米。花果期5—12月。南太行平原、山区广布。生于溪边、路旁、草地、灌丛、林缘及疏林下。全草入药，具收敛止血、消炎、止痢、解毒、杀虫、益气强心的功效。

233 托叶龙牙草 | *Agrimonia coreana*　　蔷薇科　龙牙草属

多年生草本。茎高70~100厘米，被疏柔毛及短柔毛。叶为间断奇数羽状复叶，有小叶3~4对，上部1~2对，叶柄被疏柔毛及短柔毛，小叶无柄，菱状椭圆形或倒卵状椭圆形，边缘有粗大圆钝锯齿，正面伏生疏柔毛或脱落几无毛，背面脉上横生疏柔毛，脉间密被短柔毛；托叶宽大，呈扇形，或宽卵圆形，边缘具粗大圆钝锯齿或浅裂片。花序极为疏散，花间距1.5~4厘米，花序轴纤细，被短柔毛及疏柔毛，花梗长1~3毫米；苞片3深裂，裂片带形，小苞片1对，卵形，有齿或全缘；花直径7~9毫米；萼片5枚，三角长卵形，花瓣黄色，倒卵长圆形，雄蕊17~24枚；花柱2，头状。果实圆锥状半球形，外面有10条肋，被疏柔毛，顶端有数层钩刺，向外开展。花果期7—8月。生于阔叶林下。河南省首次发现于南太行修武云台山背阴山沟有群落分布。本种最初发现在朝鲜中部，从日本北海道向南到九州，历史上仅在12处孤立的地点采到，在我国从黑龙江向南到浙江也只有几处孤立的地方采到，现有标本为数不多，分布甚为稀见。

234 路边青 | *Geum aleppicum*

蔷薇科　路边青属

多年生草本。茎直立，高 30~100 厘米，被开展粗硬毛稀几无毛。基生叶为大头羽状复叶，通常有小叶 2~6 对，叶柄被粗硬毛，顶生小叶最大，边缘常浅裂，有不规则粗大锯齿，两面绿色，疏生粗硬毛，茎生叶羽状复叶；茎生叶托叶大，绿色，卵形，边缘有不规则粗大锯齿。花序顶生，疏散排列，花梗被短柔毛或微硬毛；花直径 1~1.7 厘米；花瓣黄色，几圆形，比萼片长；萼片卵状三角形，顶端渐尖，副萼片狭小，披针形，顶端渐尖稀 2 裂，比萼片短 1 倍多，外面被短柔毛及长柔毛；花柱顶生，在上部 1/4 处扭曲。聚合果倒卵球形，瘦果被长硬毛，花柱宿存部分无毛，顶端有小钩；果托被短硬毛，长约 1 毫米。花果期 7—10 月。南太行中低山广布。生于山坡草地、沟边、地边、河滩、林间隙地及林缘。全株含鞣质，可提制栲胶。全草入药，有祛风、除湿、止痛、镇痉的功效。

235 柔毛路边青（变种） | *Geum japonicum* var. *chinense*

蔷薇科　路边青属

日本路边青（原变种）。本变种特征：多年生草本。基生叶为大头羽状复叶，通常有小叶 1~2 对，其余侧生小叶呈附片状，叶柄被粗硬毛及短柔毛，顶生小叶最大，顶端圆钝，基部阔心形或宽楔形，边缘有粗大圆钝或急尖锯齿，两面绿色，被稀疏糙伏毛，下部茎生叶 3 小叶，上部茎生叶单叶，3 浅裂；茎生叶托叶草质，绿色，边缘有不规则粗大锯齿。花序疏散，顶生数朵，花梗密被粗硬毛及短柔毛；花瓣黄色，几圆形，比萼片长。聚合果卵球形或椭球形。花果期 5—10 月。分布、生境同路边青。

236 苦蘵 | *Physalis angulata*　　　　　茄科　洋酸浆属

一年生草本。被疏短柔毛或近无毛，高 30~50 厘米。茎多分枝，分枝纤细。叶柄长 1~5 厘米，叶卵形至卵状椭圆形，顶端渐尖或急尖，基部阔楔形或楔形，全缘或有不等大的牙齿，两面近无毛，长 3~6 厘米。花梗长 5~12 毫米，纤细和花萼一样生短柔毛，长 4~5 毫米，5 中裂，裂片披针形，生缘毛；花冠淡黄色，喉部常有紫色斑纹，直径 6~8 毫米。果萼卵球状，直径 1.5~2.5 厘米，薄纸质，浆果直径约 1.2 厘米。花果期 5—12 月。南太行分布于海拔 500 米以上山区。生于山谷林下及村边路旁。果实入药，具清热化痰的功效。

237 小酸浆 | *Physalis minima*　　　　　茄科　洋酸浆属

一年生草本。主轴短缩，顶端多二歧分枝，分枝披散卧于地上或斜升，生短柔毛。叶柄细弱，长 1~1.5 厘米；叶卵形或卵状披针形，长 2~3 厘米，顶端渐尖，基部歪斜楔形，全缘且波状，或有少数粗齿，两面脉上有柔毛。花具细弱的花梗，花梗长约 5 毫米，生短柔毛；花萼钟状，长 2.5~3 毫米，外面生短柔毛，裂片三角形，顶端短渐尖，缘毛密；花冠黄色，长约 5 毫米；花药黄白色，长约 1 毫米。果梗细瘦，长不及 1 厘米，俯垂；果萼近球状或卵球状，直径 1~1.5 厘米；果实球状，直径约 6 毫米。花期 6—8 月，果期 9—10 月。南太行平原、山区广布。生于村庄、路旁、林缘。

238 漏斗胕囊草 | *Physochlaina infundibularis*   茄科 胕囊草属

多年生草本，高 20~60 厘米。除叶外全株被腺质短柔毛。茎分枝或稀不分枝，枝条细瘦。叶互生，叶草质，三角形或卵状三角形，长 4~9 厘米，顶端常急尖，基部心形或截形骤然狭缩成 2~7（13）厘米的叶柄，边缘有少数三角形大牙齿，侧脉 4~5 对。花生于顶生或腋生伞形式聚伞花序上，具小而鳞片状的苞片；花梗开花时长 3~5 毫米，果时长 1~1.7 厘米；花萼漏斗状钟形，直径约 4 毫米，5 中裂，花后增大呈漏斗状，果萼膜质，直径 1~1.5 厘米；花冠漏斗状钟形，长约 1 厘米，除筒部略带浅紫色外其他部分绿黄色，5 浅裂，裂片卵形，顶端急尖，长约为筒部的 1/3；雄蕊稍不等长，伸至花冠喉部；花柱同花冠近等长。蒴果直径约 5 毫米。花期 3—4 月，果期 4—6 月。南太行海拔 500 米以上有分布。生于山谷或林下。该种是提取莨菪烷类生物碱的资源植物，地上部分含莨菪碱，根含莨菪碱、东莨菪碱和山莨菪碱，可药用。

239 天仙子 | *Hyoscyamus niger*   茄科 天仙子属

二年生草本。全株被黏性腺毛。一年生茎极短，自根茎发出莲座状叶丛，卵状披针形或长矩圆形，顶端锐尖，边缘有粗牙齿或羽状浅裂；第二年春茎伸长而分枝，下部渐木质化。茎生叶卵形或三角状卵形，顶端钝或渐尖，无叶柄而基部半抱茎或宽楔形，边缘羽状浅裂或深裂，向茎顶端的叶呈浅波状，裂片多为三角形，顶端钝或锐尖，两面除生黏性腺毛外，沿叶脉并生有柔毛。花在茎中部以下单生于叶腋，在茎上端则单生于苞状叶腋内而聚集成蝎尾式总状花序，通常偏向一侧，近无梗或仅有极短的花梗；花萼筒状钟形，生细腺毛和长柔毛，5 浅裂，裂片大小稍不等，花后增大呈坛状，基部圆形，有 10 条纵肋，裂片开张，顶端针刺状；花冠钟状，长约为花萼的 1 倍，黄色而脉纹紫堇色。蒴果包藏于宿存萼内，长卵圆状。花果期夏季。南太行分布于山西晋城、河南济源一带。常生于山坡、路旁、住宅区及河岸沙地。根、叶、种子均可药用，含莨菪碱及东莨菪碱，有镇痉镇痛的功效，可做镇咳药及麻醉剂。种子油可供制肥皂。

240 垂盆草 | *Sedum sarmentosum*　　　景天科　景天属

多年生草本。不育枝及花茎细，匍匐而节上生根，直到花序之下，长10~25厘米。3叶轮生，叶倒披针形至长圆形。聚伞花序，有3~5分枝，花少，宽5~6厘米；花无梗；萼片5枚，披针形至长圆形，长3.5~5毫米，先端钝，基部无距；花瓣5，黄色，披针形至长圆形，长5~8毫米，先端有稍长的短尖；雄蕊10枚，较花瓣短；鳞片10，楔状四方形，长0.5毫米，先端稍有微缺；心皮5，长圆形，长5~6毫米，略叉开，有长花柱。花期5—7月，果期8月。南太行平原、山区广布。生于山坡阳处或石上。全草入药，具利湿退黄、清热解毒的功效。

241 佛甲草 | *Sedum lineare*　　　景天科　景天属

多年生草本，无毛。茎高10~20厘米。3叶轮生，少有4叶轮或对生的，叶线形，先端钝尖，基部无柄，有短距。花序聚伞状，顶生，疏生花，中央有1朵有短梗的花，另有2~3分枝，分枝常再2分枝，着生花无梗；萼片5枚，线状披针形，不等长，不具距，有时有短距，先端钝；花瓣5，黄色，披针形，先端急尖，基部稍狭；雄蕊10枚，较花瓣短。蓇葖果略叉开，花柱短。种子小。花期4—5月，果期6—7月。南太行修武云台山有分布。生于低山或平地草坡上。全草入药，具清热解毒、散瘀消肿、止血功效。

242 繁缕景天 | *Sedum stellariifolium*　　　景天科　景天属

一年生或二年生草本。植株被腺毛。茎直立，有多数斜上的分枝，基部呈木质，高10~15厘米，褐色，被腺毛。叶互生，正三角形或三角状宽卵形，长7~15毫米，先端急尖，基部宽楔形至截形，柄长4~8毫米，全缘。总状聚伞花序；花顶生，花梗长5~10毫米，萼片5枚，披针形至长圆形，长1~2毫米，先端渐尖；花瓣5，黄色，披针状长圆形，长3~5毫米，先端渐尖；雄蕊10枚，较花瓣短。蓇葖果下部合生，上部略叉开。花期7—8月，果期8—9月。南太行中低山广布。生于上坡或山谷土上或石缝中。

243 费菜 | *Phedimus aizoon*　　　景天科　费菜属

多年生草本。茎1~3条，直立，无毛，不分枝。叶互生，狭披针形、椭圆状披针形至卵状倒披针形，先端渐尖，基部楔形，边缘有不整齐的锯齿；叶坚实，近革质。聚伞花序有多花，水平分枝，平展，下托以苞叶；萼片5枚，线形，肉质，不等长，先端钝；花瓣5，黄色，长圆形至椭圆状披针形，长6~10毫米，有短尖；雄蕊10枚，较花瓣短。蓇葖果星芒状排列，长7毫米。花期6—7月，果期8—9月。南太行中低山广布。生于林缘、山谷、路旁、田埂。根或全草药用，有止血散瘀、安神镇痛的功效。

244 茴茴蒜 | *Ranunculus chinensis*　　　　　毛茛科　毛茛属

一年生草本。茎直立粗壮，中空，有纵条纹，分枝多，与叶柄均密生开展的淡黄色糙毛。基生叶与下部叶有长达12厘米的叶柄，为三出复叶，叶宽卵形至三角形，小叶2~3深裂，裂片倒披针状楔形，上部有不等的粗齿或缺刻或2~3裂，两面伏生糙毛，小叶柄长1~2厘米，具开展的糙毛；上部叶较小和叶柄较短，叶3全裂，裂片有粗牙齿或再分裂。花序有较多疏生的花；萼片狭卵形，长3~5毫米，外面生柔毛；花瓣5，宽卵圆形，与萼片近等长或稍长，黄色或正面白色；花托在果期显著伸长，密生白短毛。聚合果长圆形，直径6~10毫米。花果期5—9月。南太行平原、丘陵、山区广布。生于溪边、田旁的水湿草地。全草药用，外敷引赤发泡，有消炎、退肿、截疟及杀虫的功效。

245 毛茛 | *Ranunculus japonicus*　　　　　毛茛科　毛茛属

多年生草本。茎直立，中空，有槽，具分枝，具开展或贴伏的柔毛。基生叶多数；叶圆心形或五角形，基部心形或截形，通常3深裂不达基部，中裂片3浅裂，边缘有粗齿或缺刻，侧裂片不等地2裂，两面贴生柔毛，背面或幼时的毛较密；叶柄长达15厘米，具开展柔毛，下部叶与基生叶相似，渐向上叶柄变短，叶较小，3深裂，裂片披针形，有尖牙齿或再分裂；最上部叶线形，全缘，无柄。聚伞花序有多数花，疏散；花梗长达8厘米，贴生柔毛；萼片椭圆形，具白柔毛；花瓣5，倒卵状圆形。聚合果近球形，直径6~8毫米，瘦果扁平。花果期4—9月。南太行中低山广布。生于林缘、草甸。全草含原白头翁素，有毒，为发泡剂和杀菌剂，捣碎外敷，可截疟、消肿及治疮癣。

246 石龙芮 | *Ranunculus sceleratus*　　毛茛科　毛茛属

一年生草本。茎直立，上部多分枝，具多数节，下部节上有时生根，无毛。基生叶多数；叶肾状圆形，基部心形，3深裂不达基部，裂片不等地2~3裂，顶端钝圆，有粗圆齿，无毛；叶柄长3~15厘米，近无毛；茎生叶多数，下部叶与基生叶相似；上部叶较小，3全裂，全缘，无毛，基部扩大成膜质宽鞘抱茎。聚伞花序有多数花；花小；花梗长1~2厘米，无毛；萼片椭圆形，外面有短柔毛；花瓣5，倒卵形，等长或稍长于花萼；雄蕊10多枚。聚合果长圆形，长8~12毫米，为宽的2~3倍。花果期5~8月。南太行平原广布。生于河沟边及平原湿地。全草含原白头翁素，有毒，药用能消结核、截疟及治痈肿、疮毒、蛇毒和风寒湿痹。

247 北柴胡 | *Bupleurum chinense*　　伞形科　柴胡属

多年生草本。茎单一或数茎，表面有细纵槽纹，实心，上部多回分枝，微作"之"字形曲折。基生叶倒披针形或狭椭圆形，顶端渐尖，基部收缩成柄，早枯落；茎中部叶倒披针形或广线状披针形，顶端渐尖或急尖，有短芒尖头，基部收缩成叶鞘抱茎，脉7~9，叶正面鲜绿色，背面淡绿色，常有白霜；茎顶部叶同形，但更小。复伞形花序很多，花序梗细，常水平伸出，呈疏松的圆锥状；总苞片2~3，狭披针形，3脉；伞辐3~8，纤细，不等长；小总苞片5，披针形，顶端尖锐，3脉，向叶背面突出；小伞花5~10朵；花柄长1毫米；花瓣鲜黄色，上部向内折，中肋隆起，小舌片矩圆形，顶端2浅裂。果广椭圆形，棕色，两侧略扁，棱狭翼状，淡棕色。花期9月，果期10月。南太行中低山广布。生于草甸、林缘、路旁、荒坡。中药称北柴胡的多为本种及其3个变型，医药上应用广泛。

248 黑柴胡 | *Bupleurum smithii*　　　　伞形科　柴胡属

多年生草本，高25~60厘米。茎直立或斜升，粗壮，有显著的纵槽纹，上部有时有少数短分枝。叶多，质较厚，基部叶丛生，狭长圆形，顶端钝或急尖，有小突尖，基部渐狭成叶柄，叶基带紫红色，扩大抱茎，叶脉7~9，叶缘白色，膜质；中部的茎生叶狭长圆形，下部较窄成短柄或无柄，顶端短渐尖，基部抱茎，叶脉11~15。总苞片1~2或无；伞辐4~9，挺直，不等长；小总苞片6~9，卵形。果棕色，卵形，棱薄，狭翼状。花期7—8月，果期8—9月。南太行分布于海拔1400米以上的山地。生于山坡草地、山谷。药效同红柴胡。

249 红柴胡 | *Bupleurum scorzonerifolium*　　　　伞形科　柴胡属

多年生草本。茎单一或2~3个，茎上部有多回分枝，略呈"之"字形弯曲，并呈圆锥状。叶细线形，基生叶下部略收缩成叶柄，其他均无柄，顶端长渐尖，基部稍变窄抱茎，质厚，稍硬挺，常对折或内卷，3~5脉，向叶背面突出，伞形花序自叶腋间抽出，花序多，形成较疏松的圆锥花序；伞辐4（3）~6（8），很细，弧形弯曲；总苞片1~3，极细小，针形，1~3脉，常早落；小伞形花序直径4~6毫米，小总苞片5，紧贴小伞，具花9（6）~11（15）朵；花瓣黄色，舌片几与花瓣的1/2等长，顶端2浅裂。花期7—8月，果期8—9月。南太行中低山广布。生于干燥的草原及向阳山坡上、灌木林边缘。根入药，具祛风除痹、舒肝解郁、疏散退热的功效。

250 赶山鞭 | *Hypericum attenuatum*　　金丝桃科　金丝桃属

多年生草本。茎数个丛生，直立，圆柱形，常有 2 条纵线棱，且全面散生黑色腺点。叶无柄；叶卵状长圆形或卵状披针形至长圆状倒卵形，先端圆钝或渐尖，基部渐狭或微心形，略抱茎，全缘，两面通常光滑，背面散生黑腺点，侧脉 2 对，与中脉在正面凹陷，背面突起。花序顶生，多花，近伞房状或圆锥花序；苞片长圆形，长约 0.5 厘米；花直径 1.3~1.5 厘米，平展；花蕾卵珠形；花梗长 3~4 毫米，萼片卵状披针形，先端锐尖，表面及边缘散生黑腺点；花瓣淡黄色，表面及边缘有稀疏的黑腺点，宿存；雄蕊 3 束，每束约 30 枚，花药具黑腺点。蒴果卵珠形或长圆状卵珠形，具长短不等的条状腺斑。花期 7—8 月，果期 8—9 月。南太行分布于山西晋城圣王坪。生于田野、半湿草地、草原、山坡草地、石砾地、草丛、林内及林缘等处。民间用全草代茶叶用。全草可入药，捣烂治跌打损伤或煎服作蛇药用。

251 突脉金丝桃 | *Hypericum przewalskii*　　金丝桃科　金丝桃属

多年生草本。全株无毛。茎多数，圆柱形，具多数叶，不分枝或有时在上部具腋生小枝。叶无柄，叶向茎基部者渐变小而靠近，先端钝形且常微缺，基部心形而抱茎，全缘，坚纸质，正面绿色，背面白绿色，散布淡色腺点，侧脉约 4 对，与中脉在正面凹陷，背面突起。花序顶生，为 3 花的聚伞花序，有时连同侧生小花枝组成伞房花序或为圆锥状；花直径约 2 厘米，开展；花蕾长卵珠形，先端锐尖；花梗伸长，长达 3（4）厘米；萼片直伸，长圆形，不等大，边缘全缘但常呈波状，无腺点，果时萼片增大；花瓣 5，长圆形，稍弯曲，雄蕊 5 束，每束约 15 枚，与花瓣等长或略超出花瓣。蒴果卵珠形，成熟后先端 5 裂。花期 6—7 月，果期 8—9 月。南太行分布于山西晋城。生于山坡及河边灌丛等处。可作城市绿化用。

252 光果田麻（变种） | *Corchoropsis crenata* var. *hupehensis*

锦葵科　田麻属

田麻（原变种）。本变种特征：一年生草本，高30~60厘米。分枝带紫红色，有白色短柔毛和平展的长柔毛。叶卵形或狭卵形，长1.5~4厘米，宽0.6~2.2厘米，边缘有钝牙齿，两面均密生星状短柔毛，基出脉3条；叶柄长0.2~1.2厘米；托叶钻形，长约3毫米，脱落。花单生于叶腋，直径约6毫米；萼片5枚，狭披针形；花瓣5，黄色，倒卵形；雌蕊无毛。蒴果角状圆筒形，长1.8~2.6厘米，无毛，裂成3瓣。花期6—7月，果期9—10月。南太行分布于辉县山区。生于草坡、田边或多石处。茎皮纤维可代麻制作麻袋和麻绳等。

253 蒺藜 | *Tribulus terrester*

蒺藜科　蒺藜属

一年生草本。茎平卧，无毛，被长柔毛或长硬毛，枝长20~60厘米。偶数羽状复叶；小叶对生，3~8对，矩圆形或斜短圆形，被柔毛，全缘。花腋生，花梗短于叶，花黄色；萼片5枚，宿存；花瓣5；雄蕊10枚，子房5棱，柱头5裂。果有分果瓣5，硬，长4~6毫米，无毛或被毛，中部边缘有锐刺2枚，下部常有小锐刺2枚，其余部位常有小瘤体。花期5—8月，果期6—9月。南太行平原、丘陵广布。生于沙地、荒地、山坡、居民区附近。青鲜时可做饲料。果入药，平肝明目、散风行血。

254 决明 | *Senna tora*　　豆科　决明属

一年生直立粗壮草本，高1~2米。偶数羽状复叶，长4~8厘米，小叶3对，纸质，倒心形或倒卵状长椭圆形，长2~6厘米，顶端钝而有小尖头，基部渐狭，偏斜，两面被柔毛；小叶柄长1.5~2毫米，托叶线形，被柔毛，早落。花盛夏开放，腋生，通常2朵聚生，总梗长6~10毫米；花梗长1~1.5厘米，丝状；萼片5枚，膜质，下部合生成短管，外面被柔毛，长约8毫米；花瓣5，黄色，下面2片略长。荚果纤细，近线形，有4直棱，长达5厘米。种子菱形，光亮。花果期8—11月。南太行平原有栽培。种子药用称"决明子"，有清肝明目、利水通便的功效；同时还可提取蓝色染料。苗叶和嫩果可食。

255 马齿苋 | *Portulaca oleracea*　　马齿苋科　马齿苋属

一年生草本。全株无毛。茎平卧或斜倚，伏地铺散，多分枝，圆柱形，淡绿色或带暗红色。叶互生，有时近对生，叶扁平，肥厚，倒卵形，顶端圆钝或平截，有时微凹，基部楔形，全缘，正面暗绿色，背面淡绿色或带暗红色，中脉微隆起；叶柄粗短。花无梗，直径4~5毫米，常3~5朵簇生枝端，午时盛开；苞片2~6，叶状，膜质，近轮生；萼片2枚，对生，绿色，盔形，背部具龙骨状突起，基部合生；花瓣5，稀4，黄色，倒卵形，顶端微凹，基部合生。蒴果卵球形，长约5毫米，盖裂。花期5—8月，果期6—9月。南太行平原、丘陵广布。生于菜园、农田、路旁。田间常见杂草。可食用。

256 马蹄金 | *Dichondra micrantha*   旋花科　马蹄金属

多年生匍匐小草本。茎细长，被灰色短柔毛，节上生根。叶肾形至圆形，直径4~25毫米，先端宽圆形或微缺，基部阔心形，正面微被毛，背面被贴生短柔毛，全缘；具长的叶柄。花单生叶腋，花柄短于叶柄，丝状；萼片倒卵状长圆形至匙形，钝，长2~3毫米，背面及边缘被毛；花冠钟状，较短至稍长于萼，黄色，深5裂，裂片长圆状披针形，无毛；雄蕊5枚；子房被疏柔毛，花柱2，柱头头状。蒴果近球形。花果期3—5月。南太行平原多逸生。生于山坡草地、路旁或沟边。全草供药用，有清热利尿、祛风止痛、止血生肌、消炎解毒、杀虫之功，可治急慢性肝炎、黄疸型肝炎、胆囊炎、肾炎、泌尿系感染、扁桃腺炎、口腔炎及痈疔疗毒、毒蛇咬伤、乳痈、痢疾、疟疾、肺出血等。

257 苘麻 | *Abutilon theophrasti*   锦葵科　苘麻属

一年生亚灌木状草本，高1~2米。茎枝被柔毛。叶互生，圆心形，长5~10厘米，先端长渐尖，基部心形，边缘具细圆锯齿，两面均密被星状柔毛；叶柄长3~12厘米，被星状细柔毛；托叶早落。花单生于叶腋，花梗长1~13厘米，被柔毛，近顶端具节；花萼杯状，密被短茸毛，裂片5，卵形，长约6毫米；花黄色，花瓣倒卵形，长约1厘米。蒴果半球形，直径约2厘米，长约1.2厘米，分果片15~20，被粗毛，顶端具长芒2。花期7—8月，果期8—10月。南太行平原、丘陵广布。常生于路旁、荒地和田野间。茎皮纤维色白，具光泽，可编织麻袋、搓绳索、编麻鞋等纺织材料。种子含油率15%~16%，供制皂、油漆和工业用润滑油。种子药用称"冬葵子"，润滑性利尿剂，并有通乳汁、消乳腺炎、顺产等功效。全草也作药用。

258 徐长卿 | *Vincetoxicum pycnostelma*　　　夹竹桃科　白前属

多年生直立草本，高约 1 米。茎不分枝，无毛或被微生。叶对生，纸质，披针形至线形，长 5~13 厘米，两端锐尖，两面无毛或叶正面具疏柔毛，叶缘有边毛；侧脉不明显；叶柄长约 3 毫米。圆锥状聚伞花序生于顶端的叶腋内，长达 7 厘米，具花 10 余朵；花萼内的腺体或有或无；花冠黄绿色，近辐状，裂片长达 4 毫米；副花冠裂片 5，基部增厚，顶端钝。蓇葖果单生，披针形，直径 6 毫米，向端部长渐尖。花期 5—7 月，果期 9—12 月。南太行丘陵、山区有分布。生于向阳山坡及草丛中。全草可药用，祛风止痛、解毒消肿，治胃气痛、肠胃炎、毒蛇咬伤、腹水等。

259 竹灵消 | *Vincetoxicum inamoenum*　　　夹竹桃科　白前属

多年生直立草本。基部分枝甚多；茎干后中空，被单列柔毛。叶薄膜质，广卵形，顶端急尖，基部近心形，有边毛；侧脉约 5 对。伞形聚伞花序，近顶部互生，具花 8~10 朵；花黄色，长和直径约 3 毫米；花萼裂片披针形，急尖，近无毛；花冠辐状，无毛，裂片卵状长圆形，钝头；副花冠较厚，裂片三角形，短急尖；柱头扁平。蓇葖果双生，稀单生，狭披针形，向端部长渐尖，长 6 厘米，直径 5 毫米。花期 5—7 月，果期 7—10 月。南太行分布于山西晋城圣王坪。生于山地疏林、灌木丛中或山顶、山坡草地上。根可药用，能除烦清热、散毒、通疝气；民间用作治妇女血厥、产后虚烦、妊娠遗尿、疥疮及淋巴炎等。

260 酢浆草 | *Oxalis corniculata*　　　酢浆草科　酢浆草属

一年生草本。全株被柔毛。茎细弱，多分枝，直立或匍匐，匍匐茎节上生根。叶基生或茎上互生；托叶小，基部与叶柄合生，叶柄长 1~13 厘米，基部具关节；小叶 3，无柄，倒心形，先端凹入，基部宽楔形，两面被柔毛或正面无毛，沿脉被毛较密，边缘具贴伏缘毛。花单生或数朵集为伞形花序状，腋生，总花梗淡红色；萼片 5 枚，披针形或长圆状披针形；花瓣 5，黄色，长圆状倒卵形；雄蕊 10 枚，基部合生；子房长圆形，5 室，被短伏毛，花柱 5，柱头头状。蒴果长圆柱形，长 1~2.5 厘米，5 棱。花果期 2—9 月。南太行平原、山区广布。生于路旁、宅旁、水边、林缘、草地。全草入药，能解热利尿、消肿散瘀。茎叶含草酸，可用以磨镜或擦铜器，使其具光泽。牛羊食其过多可中毒致死。

261 川百合 | *Lilium davidii*　　　百合科　百合属

多年生草本。鳞茎扁球形或宽卵形，鳞片宽卵形至卵状披针形，白色。茎高 50~100 厘米，有的带紫色，密被小乳头状突起。叶多数，散生，在中部较密集，条形，先端急尖，边缘反卷并有明显的小乳头状突起，中脉明显，通常正面凹陷，背面突出。花单生或 2~8 朵排成总状花序；苞片叶状；花梗长 4~8 厘米；花下垂，橙黄色，向基部约 2/3 处有紫黑色斑点；外轮花被片长 5~6 厘米；内轮花被片比外轮花被片稍宽，在其外面的两边有少数流苏状的乳突；子房圆柱形；花柱长为子房的 2 倍以上，柱头膨大，3 浅裂。蒴果长矩圆形，长 3.5 厘米。花期 7—8 月，果期 9 月。南太行分布于海拔 850 米以上山区。生于草地、林缘、沟谷、林下。鳞茎含淀粉，质量优，栽培产量高，可供食用。

262 山丹 | *Lilium pumilum*　　　　百合科　百合属

多年生草本。鳞茎卵形或圆锥形，鳞片矩圆形或长卵形，白色。茎高15~60厘米，有小乳头状突起，有的带紫色条纹。叶散生于茎中部，条形，中脉背面突出，边缘有乳头状突起。花单生或数朵排成总状花序，鲜红色，通常无斑点，有时有少数斑点，下垂；花被片反卷，长4~4.5厘米；花丝长1.2~2.5厘米，无毛；子房圆柱形，长0.8~1厘米；花柱稍长于子房或长1倍多，长1.2~1.6毫米，柱头膨大，直径5毫米，3裂。蒴果矩圆形，长2厘米。花期7—8月，果期9—10月。南太行分布于中低山。生于山坡草地或林缘。鳞茎含淀粉，供食用；亦可入药，有滋补强壮、止咳祛痰、利尿等功效。花美丽，可栽培供观赏；也含挥发油，可提取供香料用。

263 北黄花菜 | *Hemerocallis lilioasphodelus*　　　　阿福花科　萱草属

多年生草本。叶长20~70厘米，宽3~12毫米。花葶长于或稍短于叶；花序分枝，常为假二歧状的总状花序或圆锥花序，具花4至多朵；苞片披针形，在花序基部的长3~6厘米，上部的长0.5~3厘米；花梗明显，长短不一，长1~2厘米；花被淡黄色，花被管长1.5~2.5厘米；花被裂片长5~7厘米，内3片宽约1.5厘米。蒴果椭圆形，长约2厘米，宽约1.5厘米或更宽。花果期6—9月。南太行中低山广布。生于草甸、湿草地、荒山坡或灌丛下。根及根状茎入药，具清热利尿、凉血止血的功效。

264 北萱草 | *Hemerocallis esculenta*　　　阿福花科　萱草属

多年生草本。叶长40~80厘米，宽6~18毫米。花葶稍短于叶或近等长；总状花序缩短，具花2~6朵，有时花近簇生；花梗短；苞片卵状披针形，宽8~15毫米，先端长渐尖或近尾状，全长1~2.5（3.5）厘米，只能包住花被管的基部；花被橘黄色，花被管长1~2.5厘米，花被裂片长5~6.5厘米，内3片宽1~2厘米。蒴果椭圆形，长2~2.5厘米。花果期5—8月。南太行中低山广布。生于草地、林缘、沟谷。

265 黄花菜 | *Hemerocallis citrina*　　　阿福花科　萱草属

多年生草本。植株一般较高大。叶7~20，长50~130厘米，宽6~25毫米。花葶长短不一，一般稍长于叶，基部三棱形，上部多少圆柱形，有分枝；苞片披针形，下面的长可达3~10厘米，自下向上渐短，宽3~6毫米；花梗较短，通常长不到1厘米；花多朵，最多可超过100朵；花被淡黄色，有时在花蕾时顶端带黑紫色；花被管长3~5厘米，花被裂片长7（6）~12厘米，内3片宽2~3厘米。蒴果钝三棱状椭圆形，长3~5厘米。花果期5—9月。南太行平原、山区广泛栽培。生于山坡、山谷、荒地或林缘。可食用。可观赏。

266 顶冰花 | *Gagea nakaiana*　　　　百合科　顶冰花属

多年生草本。植株高 15~20 厘米。鳞茎卵球形，直径 5~10 毫米，鳞茎皮褐黄色，无附属小鳞茎。基生叶 1，条形，长 15~22 厘米，宽 3~10 毫米，扁平，中部向下收狭，无毛。总苞片披针形，与花序近等长，宽 4~6 毫米；花 3~5 朵，排成伞形花序；花梗不等长，无毛；花被片条形或狭披针形，长 9~12 毫米，宽约 2 毫米，黄色；雄蕊长为花被片的 2/3；花药矩圆形，花丝基部扁平；子房矩圆形，花柱长为子房的 1.5~2 倍，柱头不明显 3 裂。蒴果卵圆形至倒卵形，长为宿存花被的 2/3。花果期 4—6 月。南太行分布于山西晋城圣王坪。生于林下、灌丛或草地。全株有毒，以鳞茎毒性最大。

267 金莲花 | *Trollius chinensis*　　　　毛茛科　金莲花属

多年生草本。全株无毛。茎高 30~70 厘米，不分枝，疏生 3（2）~4 叶。基生叶 1~4，有长柄；叶五角形，基部心形，3 全裂，全裂片分开，中央全裂片菱形，顶端急尖，3 裂达中部或稍超过中部，边缘密生稍不相等的三角形锐锯齿，侧全裂片斜扇形，2 深裂近基部；叶柄长 12~30 厘米，基部具狭鞘；茎生叶似基生叶，下部的具长柄，上部的较小，具短柄或无柄。花单独顶生或 2~3 朵组成稀疏的聚伞花序；花梗长 5~9 厘米；苞片 3 裂；萼片 10（6）~15（19）枚，金黄色，最外层的椭圆状卵形或倒卵形，顶端疏生三角形牙齿，间或生 3 枚小裂片，其他的椭圆状倒卵形或倒卵形，顶端圆形，生不明显的小牙齿；花瓣 18~21，稍长于萼片或与萼片近等长，稀比萼片稍短，狭线形，顶端渐狭；雄蕊长 0.5~1.1 厘米。蓇葖果具稍明显的脉网，喙长约 1 毫米。花期 6—7 月，果期 8—9 月。南太行分布于山西南部海拔 1500 米以上山区。生于草甸、林缘。花入药，治慢性扁桃体炎，与菊花和甘草合用，可治急性中耳炎、急性结膜炎等症。

268 大花糙苏 | *Phlomis megalantha*　　唇形科　糙苏属

多年生草本。茎有时具不育分枝，钝四棱形，疏被倒向短硬毛。茎生叶圆卵形，先端急尖或钝，稀渐尖，基部心形，边缘为深圆齿状，苞叶卵形至卵状披针形，较小，但超过花序，叶均正面橄榄绿色，被贴生短纤毛，背面较淡，沿脉上被具节疏柔毛，具皱纹；茎生叶叶柄长1.5~10厘米，苞叶叶柄较短，长不及1厘米。轮伞花序多花，1~2朵生于主茎顶部，彼此分离，有时稍靠近；苞片线状钻形，较萼为短，具中肋，边缘密被具节缘毛；花萼管状钟形，外面沿脉上被具节疏柔毛，齿先端微凹，端具长约2毫米的小刺尖；花冠淡黄色、蜡黄色至白色，冠檐二唇形，上唇外面密被短柔毛，边缘具小齿，下唇较大，外面被短柔毛，3圆裂，中裂片圆卵形，长约9毫米，边缘为不整齐的波状，侧裂片三角形，较小；花柱先端不等的2短裂。小坚果无毛。花期6—7月，果期8—11月。南太行分布于运城舜王坪。生于冷杉林下或灌丛草坡。全草可制祛风药、清热药、解毒药。

269 红纹马先蒿 | *Pedicularis striata*　　列当科　马先蒿属

多年生草本，高达1米，直立。茎单出，密被短卷毛，老时近于无毛。叶互生，基生者成丛，茎叶很多，渐上渐小，至花序中变为苞片，叶披针形，羽状深裂至全裂，中肋两旁常有翅，裂片平展，线形，边缘有浅锯齿。花序穗状，伸长，稠密；苞片三角形，下部者多少叶状而有齿，上部者全缘，短于花，无毛或被卷曲缘毛；萼钟形，长10~13毫米，薄革质，被疏毛，齿5枚，不相等，后方1枚较短，侧生者两两结合成端有2裂的大齿；花冠黄色，具绛红色的脉纹，使花冠稍稍偏向右方，盔强大，向端作镰形弯曲，端部下缘具2齿，下唇不很张开，稍短于盔，3浅裂。蒴果卵圆形，两室相等，稍稍扁平，有短突尖。花期6—7月，果期7—8月。南太行分布于海拔1000米以上山区。生于高山草原中及疏林中。全草药用，能利水涩精。

270 阴行草 | *Siphonostegia chinensis*   列当科　阴行草属

一年生草本，直立。茎多单条，中空，下部常不分枝，而上部多分枝；枝对生，密被无腺短毛。叶对生，全部为茎出，无柄或有短柄，柄长可达 1 厘米，叶基部下延，扁平，密被短毛；叶厚纸质，广卵形，两面皆密被短毛，中肋在正面微凹入，背面明显突出，缘呈疏远的二回羽状全裂。花对生于茎枝上部，或有时假对生，构成稀疏的总状花序；苞片叶状，较萼短，羽状深裂或全裂，密被短毛；花梗短，长 1~2 毫米，有 1 对小苞片，线形；花萼管部很长，顶端稍缩紧，10 条主脉质地厚而粗壮，显著突出，齿 5 枚；花冠上唇红紫色，下唇黄色，外面密被长纤毛，内面被短毛，花管伸直，纤细，稍伸出于萼管外，上唇镰状弓曲，顶端截形，额稍圆，其上角有 1 对短齿，背部密被特长的纤毛；下唇约与上唇等长或稍长，顶端 3 裂；雄蕊二强。花期 6—8 月，果期 8—10 月。南太行分布于海拔 800 米以上的中低山区。生于干山坡与草地中。全草入药，有清热利湿、凉血止血、祛瘀止痛的功效。

271 黄堇 | *Corydalis pallida*

罂粟科　紫堇属

一年生草本，高 20~60 厘米。茎 1 至多条，发自基生叶腋，具棱，常上部分枝。基生叶多数，莲座状，花期枯萎；茎生叶稍密集，下部的具柄，上部的近无柄，正面绿色，背面苍白色，二回羽状全裂，一回羽片 4~6 对，具短柄至无柄，二回羽片无柄，卵圆形至长圆形，顶生的较大，3 深裂，裂片边缘具圆齿状裂片，侧生的较小，常具 4~5 圆齿。总状花顶生和腋生，有时对叶生，长约 5 厘米；苞片披针形至长圆形，具短尖，约与花梗等长，花梗长 4~7 毫米；花黄色至淡黄色，较粗大，平展，萼片近圆形；外花瓣顶端勺状，具短尖，无鸡冠状突起；上花瓣长 1.7~2.3 厘米，距约占花瓣全长的 1/3，稍下弯；蜜腺体约占距长的 2/3，末端钩状弯曲；下花瓣长约 1.4 厘米。蒴果线形，念珠状，斜伸至下垂，具 1 列种子。花果期 3—6 月。南太行分布于海拔 800 米以上山区。生于林缘、沟谷、路旁。全草入药，有清热解毒、杀虫的功效；有毒。

272 黄紫堇 | *Corydalis ochotensis*

罂粟科　紫堇属

二年生草本。茎柔弱，通常多曲折，四棱状，常自下部分枝。基生叶少数，具长柄，叶宽卵形或三角形，三回三出分裂，第一回全裂片具较长的柄，第二回具较短柄，羽状深裂或浅裂，背面具白粉，二歧状细脉明显；茎生叶多数，下部者具长柄，上部者具短柄，其他与基生叶相同。总状花序生于茎和分枝先端，具花 4~6 朵，排列稀疏；苞片宽卵形至卵形，全缘；花梗劲直，纤细，远短于苞片；萼片鳞片状，近肾形，边缘具缺刻状齿；花瓣黄色，上花瓣长 1.8~2 厘米，花瓣片舟状卵形，先端渐尖，背部鸡冠状突起长 1~1.5 毫米，超出瓣片先端并延伸至其中部，距圆筒形，与花瓣片近等长或稍长，末端略下弯，下花瓣长 1~1.2 厘米，鸡冠同上瓣，中部稍缢缩，下部呈浅囊状，内花瓣片倒卵形。蒴果狭倒卵形，长 1~1.4 厘米，排成 2 列。花果期 8—9 月。南太行山西晋城和河南济源、林州有分布。生于林缘、沟谷、路旁。全草入药，具清热解毒、利尿止痢的功效。

273 小花黄堇 | *Corydalis racemosa*　　　罂粟科　紫堇属

一年生草本。具主根。茎具棱，分枝，具叶，枝条花葶状，对叶生。基生叶具长柄，常早枯萎；茎生叶具短柄，二回羽状全裂，二回羽片通常3深裂，末回裂片圆钝，近具短尖。总状花序密具多花，后渐疏离；苞片披针形至钻形；外花瓣不宽展，无鸡冠状突起；距短囊状，占花瓣全长的1/6~1/5。蒴果线形，具1列种子。花果期2—9月。南太行分布于海拔800米以上山区。生于林缘、沟谷、背阴草地。全草入药，有杀虫解毒的功效；外敷治疥疮和蛇伤。

274 珠果黄堇 | *Corydalis speciosa*　　　罂粟科　紫堇属

多年生草本。具主根。下部茎生叶具柄，上部的近无柄，叶狭长圆形，二回羽状全裂，一回羽片5~7对，下部的较疏离，上部的较密集，二回羽片2~4对，卵状椭圆形，正面绿色，背面苍白色，羽状深裂，裂片线形至披针形，具短尖。总状花序生茎和腋生枝的顶端，密具多花；苞片披针形至菱状披针形，约与花梗等长或稍长；花梗长约7毫米，果期下弯；花金黄色，近平展或稍俯垂；萼片小，近圆形，中央着生，具疏齿；外花瓣较宽展，通常渐尖，近具短尖，有时顶端近于微凹，无鸡冠状突起；上花瓣长2~2.2厘米；距约占花瓣全长的1/3，末端囊状；下花瓣长约1.5厘米，基部多少具小瘤状突起。蒴果线形，长约3厘米，俯垂，念珠状，具1列种子。花果期4—9月。南太行海拔1000米以上有分布。生于林缘、路边或水边多石地。

275 东方堇菜 | *Viola orientalis* 　　　　　　堇菜科　堇菜属

多年生草本。地上茎直立，上部通常被短细毛。基生叶卵形、宽卵形先端尖，基部心形，边缘具钝锯齿，正面几无毛，背面被短毛，叶柄长3~10厘米；茎生叶3（4），近无柄，呈对生状，托叶小，仅基部与叶柄合生，分离部分卵形，长1~2毫米，全缘或疏生细锯齿。花黄色，通常1~3朵，生于茎生叶腋；花梗长1~3厘米；小苞片2，小形，位于花梗上部，通常对生，有时互生，卵形，长1~2毫米；萼片披针形或长圆状披针形，先端尖，基部附属物短，半圆形；花瓣倒卵形，上方花瓣与侧方花瓣向外翻转，里面有暗紫色纹，侧方花瓣里面有明显须毛，下方花瓣较短，连距长10~15毫米；具囊状短距，距长1~2毫米；下方雄蕊之距宽约0.5毫米；子房无毛，柱头头状，两侧有数列白色长须毛。蒴果椭圆形或长圆形，淡绿色，常有紫黑色斑点。花期4—5月，果期5—6月。南太行分布于山西晋城圣王坪。生于山地疏林下、林缘、灌丛、山坡草地。全草入药，具清热解毒的功效。

276 草木樨 | *Melilotus officinalis* 　　　　　　豆科　草木樨属

二年生草本。茎直立，粗壮，多分枝，具纵棱，微被柔毛。羽状三出复叶；托叶镰状线形，中央有1条脉纹，全缘或基部有1尖齿；叶柄细长；小叶先端钝圆或截形，基部阔楔形，边缘具不整齐疏浅齿，正面无毛，粗糙，背面散生短柔毛，侧脉8~12对，平行直达齿尖，顶生小叶稍大，具较长的小叶柄，侧小叶的小叶柄短。总状花序长6~15（20）厘米，腋生，具花30~70朵；苞片刺毛状，长约1毫米；花梗与苞片等长或稍长；萼钟形，脉纹5条，甚清晰，萼齿三角状披针形，比萼筒短；花冠黄色，旗瓣倒卵形，与翼瓣近等长，龙骨瓣稍短或三者均近等长。荚果卵形，先端具宿存花柱，表面具凹凸不平的横向细网纹，棕黑色。花期5—9月，果期6—10月。南太行平原、山区广布。生于山坡、河岸、路旁、砂质草地及林缘。花期比其他种早半个多月，耐碱性土壤，为常见的牧草。

蝶形花

277 细齿草木樨 | *Melilotus dentatus*　　豆科　草木樨属

二年生草本。茎直立,圆柱形,具纵长细棱,无毛。羽状三出复叶;托叶较大,披针形至狭三角形,长 6~12 毫米,先端长锥尖,基部半戟形,具 2~3 尖齿或缺裂;叶柄细,通常比小叶短;叶长椭圆形至长圆状披针形,先端圆,中脉从顶端伸出成细尖,基部阔楔形或钝圆,正面无毛,背面稀被细柔毛,侧脉 15~20 对,平行分叉直伸出叶缘成尖齿,两面均隆起,顶生小叶稍大,具较长的小叶柄。总状花序腋生,具花 20~50 朵,排列疏松;苞片刺毛状,被细柔毛;花梗长约 1.5 毫米;萼钟形,长近 2 毫米,萼齿三角形,比萼筒短或等长;花冠黄色,旗瓣长圆形,稍长于翼瓣和龙骨瓣。荚果近圆形至卵形,先端圆,表面具网状细脉纹,腹缝呈明显的龙骨状增厚,褐色。种子 1~2 颗。花期 7—9 月,果期 8—10 月。南太行平原、山区有分布。生于草地、林缘及盐碱草甸。优质牧草。

278 印度草木樨 | *Melilotus indicus*　　豆科　草木樨属

一年生草本。茎直立,作"之"字形曲折,自基部分枝,圆柱形。羽状三出复叶;托叶披针形,边缘膜质,先端长、锥尖,基部扩大呈耳状,有 2~3 细齿;叶柄细,与小叶近等长,叶倒卵状楔形至狭长圆形,近等大,有时微凹,基部楔形,边缘在 2/3 处以上具细锯齿,正面无毛,背面被贴伏柔毛,侧脉 7~9 对,平行直达齿尖,两面均平坦。总状花序细,长 1.5~4 厘米,总梗较长,被柔毛,具花 15~25 朵;苞片刺毛状,甚细;花小;花梗短,长约 1 毫米;萼杯状,长约 1.5 毫米,脉纹 5 条,明显隆起,萼齿三角形,稍长于萼筒;花冠黄色,旗瓣阔卵形,先端微凹,与翼瓣、龙骨瓣近等长,或龙骨瓣稍伸出。荚果球形,长约 2 毫米,稍伸出萼外,表面具网状脉纹,橄榄绿色,熟后红褐色。种子 1 颗。花期 3—5 月,果期 5—6 月。南太行平原、山区有分布。生于路旁、宅旁、水边、林缘、草地。抗碱力强,味苦不适口,通常作保土植物,改良后也用作牧草。

279 大山黧豆 | *Lathyrus davidii* 豆科 山黧豆属

多年生草本。具块根，高1~1.8米。茎粗壮，通常直径5毫米，圆柱状，具纵沟，直立或上升，无毛。托叶大，半箭形，全缘或下面稍有锯齿，长4~6厘米；叶轴末端具分枝的卷须；小叶3（2）~4（5）对，通常为卵形，具细尖，基部宽楔形或楔形，全缘，长4~6厘米，两面无毛，正面绿色，背面苍白色，具羽状脉。总状花序腋生，约与叶等长，具花10余朵；萼钟状，无毛，萼齿短小；花深黄色，长1.5~2厘米，旗瓣长1.6~1.8厘米，瓣片扁圆形，瓣柄狭倒卵形，与瓣片等长，翼瓣与旗瓣瓣片等长，具耳及线形长瓣柄，龙骨瓣约与翼瓣等长，基部具耳及线形瓣柄。荚果线形，长8~15厘米，宽5~6毫米，具长网纹。花期5—7月，果期8—9月。南太行河南沁阳保护区有分布。生于山坡、林缘、灌丛等。可做绿肥及饲料。

280 花苜蓿 | *Medicago ruthenic* 豆科 苜蓿属

多年生草本。茎直立或上升，四棱形，基部分枝，丛生。羽状三出复叶；托叶披针形，锥尖，先端稍上弯，基部阔圆，耳状，具1~3枚浅齿，脉纹清晰；叶柄比小叶短，被柔毛；小叶中央具主细尖，基部楔形、阔楔形至钝圆，边缘在基部1/4以上具尖齿，正面近无毛，背面被贴伏柔毛，侧脉8~18对，分叉并伸出叶边成尖齿，两面均隆起；顶生小叶较大，侧生小叶柄甚短，被毛。花序伞形，具花6（4）~9（15）朵；总花梗腋生，通常比叶长，挺直；苞片刺毛状；花长6（5）~9毫米；花梗长1.5~4毫米，被柔毛；萼钟形，被柔毛，萼齿披针状锥尖；花冠黄褐色，中央深红色至紫色条纹，旗瓣先端凹头，翼瓣稍短，长圆形，龙骨瓣明显短，卵形，均具长瓣柄。荚果长圆形或卵状长圆形，扁平，先端钝急尖，具短喙，基部狭尖并稍弯曲。种子2~6颗。花期6—9月，果期8—10月。南太行中低山有分布。生于草原、砂地、河岸及砂砾质土壤的山坡旷野。优质牧草。全草入药，具清热解毒、止咳、止血的功效。

281 南苜蓿 | *Medicago polymorpha*　　豆科　苜蓿属

一年生或二年生草本。茎平卧、上升或直立,近四棱形,基部分枝,无毛或微被毛。羽状三出复叶;托叶大,卵状长圆形,先端渐尖,基部耳状,边缘具不整齐条裂,成丝状细条或深齿状缺刻,脉纹明显;叶柄柔软,细长;叶倒卵形或三角状倒卵形,几等大,纸质,先端钝、近截平或凹缺,具细尖,基部阔楔形,边缘在1/3处以上具浅锯齿,正面无毛,背面被疏柔毛,无斑纹。花序头状伞形,具花2(1)~10朵;总花梗腋生,纤细无毛,通常比叶短,花序轴先端不呈芒状尖;苞片甚小,尾尖;花梗不到1毫米;萼钟形,萼齿披针形,与萼筒近等长;花冠黄色,旗瓣倒卵形,先端凹缺,比翼瓣和龙骨瓣长,翼瓣长圆形,龙骨瓣比翼瓣稍短,基部具小耳,呈钩状。荚果盘形,暗绿褐色,顺时针方向紧旋1.5~2.5(6)圈,每圈具棘刺或瘤突15枚。种子每圈1~2颗。花期3—5月,果期5—6月。南太行山区、平原广布,常栽培或呈半野生状态。生于路旁、水边、草地。优质牧草。

282 天蓝苜蓿 | *Medicago lupulina*　　豆科　苜蓿属

一年生、二年生或多年生草本。全株被柔毛或有腺毛。茎平卧或上升,多分枝,叶茂盛。羽状三出复叶;托叶卵状披针形,长可达1厘米,常齿裂;下部叶柄较长,上部叶柄比小叶短;纸质,先端多少截平或微凹,具细尖,基部楔形,边缘在上半部具不明显尖齿,两面均被毛,侧脉近10对;顶生小叶较大。花序小头状,具花10~20朵;总花梗细,挺直,比叶长,密被贴伏柔毛;苞片刺毛状,甚小;花梗短;萼钟形;花冠黄色,旗瓣近圆形,顶端微凹,翼瓣和龙骨瓣近等长,均比旗瓣短。荚果肾形,表面具同心弧形脉纹,被稀疏毛,熟时变黑。花期7—9月,果期8—10月。南太行平原、山区分布广。常生于河岸、路边、田野及林缘。优质牧草。

283 小苜蓿 | *Medicago minima* 豆科 苜蓿属

一年生草本。全株被伸展柔毛，偶杂有腺毛。茎铺散，平卧并上升，基部多分枝羽状三出复叶；托叶卵形，先端锐尖，基部圆形，全缘或不明浅齿；叶柄细柔；小叶几等大，纸质，先端圆或凹缺，具细尖，边缘在1/3处以上具锯齿，两面均被毛。花序头状，具花3~6（8）朵，疏松；总花梗细，挺直，腋生，通常比叶长；苞片细小，刺毛状；花冠淡黄色，旗瓣阔卵形，显著比翼瓣和龙骨瓣长。荚果球形，旋转3~5圈，直径2.5~4.5毫米，边缘具3条棱，被长棘刺，通常长等于半径，水平伸展，尖端钩状。种子每圈有1~2颗。花期3—4月，果期4—5月。南太行平原、丘陵广布。生于荒坡、砂地、河岸。优质牧草。可食用。全草入药，具清热解毒的功效。

284 翅果菊 | *Lactuca indica* 菊科 莴苣属

多年生草本。根粗厚。茎单生，直立，粗壮，上部圆锥状花序分枝，全部茎枝无毛。中下部茎叶全形倒披针形、椭圆形或长椭圆形，规则或不规则二回羽状深裂，长达30厘米，无柄，基部宽大，顶裂片狭线形，一回侧裂片5对或更多，中上部的侧裂片较大，向下的侧裂片渐小，二回侧裂片线形或三角形，长短不等；向上的茎叶渐小，与中下部茎叶同形并等样分裂或不裂而为线形。头状花序多数，在茎枝顶端排成圆锥花序；总苞果期卵球形；总苞片4~5层，外层卵形、宽卵形或卵状椭圆形，中内层长披针形，全部总苞片顶端急尖或钝，边缘或上部边缘染红紫色；舌状小花21朵，黄色。花果期7—10月。南太行中低山广布。生于山谷、山坡林缘林下、灌丛中或水沟边、山坡草地或田间。全草入药，具清热解毒的功效。嫩茎叶可作蔬菜。

285 毛脉翅果菊 | *Lactuca raddeana*　　　菊科　莴苣属

二年生草本。茎单生，直立，高 0.8~2 米。中下部茎生叶卵形、宽卵形、三角状卵形、椭圆形或角形，长 5~11 厘米，基部楔形渐窄或骤窄成翼柄；向上的叶与中下部叶同形或披针形；叶两面粗糙，边缘有锯齿或无齿。头状花序排成窄圆锥或总状圆锥花序，总苞片 4 层，外层卵形；舌状小花黄色。花果期 5—9 月。南太行分布于海拔 1000 米以上山区。生于山谷或山坡林缘林下、灌丛中或路边。

286 野莴苣 | *Lactuca seriola*　　　菊科　莴苣属

一年生草本。茎单生，直立，有白色茎刺（可与翅果菊相区别）。叶倒向羽状，或羽状浅裂、半裂或深裂，有时茎叶不裂，全部叶裂片边缘有细齿、刺齿、细刺或全缘，背面沿中脉有刺毛，刺毛黄色。头状花序多数，在茎枝顶端排成圆锥状花序；总苞果期卵球形；总苞片约 5 层，外层及最外层小，长 1~2 毫米，宽 1 毫米或不足 1 毫米，中内层披针形，全部总苞片顶端急尖，外面无毛；舌状小花 15~25 朵，黄色。花果期 6—8 月。原分布于新疆，现在南太行平原、山区遍布。生于荒地、路旁、河滩砾石地、山坡石缝中及草地。可食用。全草入药，具清热解毒、活血化瘀的功效。

287 黄鹌菜 | *Youngia japonica*

菊科　黄鹌菜属

一年生草本。茎直立，单生或少数茎呈簇生，粗壮或细，顶端伞房花序状分枝或下部有长分枝，下部被稀疏的皱波状长或短毛。基生叶全形倒披针形、椭圆形、长椭圆形或宽线形，大头羽状深裂或全裂，极少有不裂的，有狭或宽翼或无翼；无茎叶或极少有1或2茎生叶；全部叶及叶柄被皱波状长或短柔毛。头花序具10~20朵舌状小花，少数或多数在茎枝顶端排成伞房花序；总苞圆柱状，长4~5毫米；总苞片4层，外层及最外层极短，宽卵形或宽形，长宽不足0.6毫米，顶端急尖，内层及最内层长，披针形，顶端急尖，边缘白色宽膜质，内面有贴伏的短糙毛；全部总苞片外面无毛；舌状小花黄色，花冠管外面有短柔毛。花果期4—10月。南太行广泛分布于山区、平原。生于山坡、山谷及山沟林缘林下、林间草地及潮湿地、河边沼泽地、田间与荒地上。可食用。全草入药，具清热解毒、通结气、利咽喉的功效。

288 花叶滇苦菜 | *Sonchus asper*

菊科　苦苣菜属

一年生草本。茎单生或少数茎呈簇生。茎直立，高20~50厘米，有纵纹或纵棱，上部长或短总状或伞房状花序分枝，全部茎枝光滑无毛或上部及花梗被头状具柄的腺毛。基生叶与茎生叶同型；中下部茎叶基部渐狭成短或较长的翼柄，柄基耳状抱茎或基部无柄，耳状抱茎；上部茎叶不裂，基部扩大，圆耳状抱茎，或下部叶或全部茎叶羽状浅裂、半裂或深裂，侧裂片4~5对；全部叶及裂片与抱茎的圆耳边缘有尖齿刺，两面光滑无毛，质地薄。头状花序少数（5个）或较多（10个）在茎枝顶端排成稠密的伞房花序；总苞宽钟状；总苞片3~4层，向内层渐长，覆瓦状排列；全部苞片顶端急尖，外面光滑无毛；舌状小花黄色。花果期5—10月。南太行平原、山区广布。生于山坡、林缘及水边。可食用。全草入药，具清热解毒的功效。

289 苦苣菜 | *Sonchus oleraceus*   菊科 苦苣菜属

一年生或二年生草本。茎直立,单生,有纵条棱或条纹,不分枝或上部有短的伞房花序状或总状花序式分枝,全部茎枝光滑无毛。基生叶羽状深裂,全部基生叶基部渐狭成长或短翼柄;叶羽状深裂或大头状羽状深裂,基部急狭成翼柄,翼狭窄或宽大,向柄基且逐渐加宽,柄基圆耳状抱茎;全部叶或裂片边缘及抱茎小耳边缘有大小不等的急尖锯齿或大锯齿,两面光滑毛,质地薄。头状花序少数在茎枝顶端排成紧密的伞房花序、总状花序或单生茎枝顶端;总苞宽钟状;总苞片 3~4 层,覆瓦状排列,向内层渐长;外层长披针形或长三角形,中内层长披针形至线状披针形;全部总苞片顶端长急尖,外面无毛;舌状小花多数,黄色。花果期 5—12 月。南太行平原、山区广布。生于山坡、山谷林缘、林下或平地田间、空旷处或近水处。可食用。全草入药,具清热解毒的功效。

290 长裂苦苣菜 | *Sonchus brachyotus*   菊科 苦苣菜属

一年生草本。基生叶与下部茎叶卵形、长椭圆形或倒披针形,羽状深裂、半裂或浅裂,极少不裂,向下渐狭,无柄或有长 1~2 厘米的短翼柄,基部圆耳状扩大,半抱茎;中上部茎叶同形并等样分裂,但较小;最上部茎叶宽线形或宽线状披针形,接花序下部的叶常钻形;全部叶两面光滑无毛。头状花序少数在茎枝顶端排成伞房状花序;总苞钟状,总苞片 4~5 层,全部总苞片顶端急尖,外面光滑无毛。花果期 6—9 月。南太行平原、山区广布。生于荒地、荒坡、路旁、田埂。嫩叶可食用。

291 苣荬菜 | *Sonchus wightianus*　　　　　菊科　苦苣菜属

多年生草本。全部叶裂片边缘有小锯齿或无锯齿但有小尖头；全部叶基部渐窄成长或短翼柄，但中部以上茎叶无柄，基部圆耳状扩大半抱茎，顶端急尖、短渐尖或钝，两面光滑无毛。总苞片3层，全部总苞片顶端长渐尖，外面沿中脉有1行头状具柄的腺毛。花果期1—9月。南太行平原、山区广布。生于山坡草地、林间草地、潮湿地或近水旁、村边或河边砾石滩。嫩叶可食用。

292 山柳菊 | *Hieracium umbellatum*　　　　　菊科　山柳菊属

多年生草本，高30~100厘米。茎直立，单生或少数呈簇生。基生叶及下部茎叶花期脱落不存在；中上部茎叶多数，互生，无柄，披针形至狭线形，基部狭楔形，顶端急尖或短渐尖，边缘全缘或几全缘，正面无毛，背面沿脉及边缘被短硬毛；向上的叶渐小，与中上部茎叶同形。头状花序少数或多数，在茎枝顶端排成伞房花序或伞房圆锥花序，花序梗被稠密或稀疏的星状毛及较硬的短单毛；总苞黑绿色，钟状，总苞之下有或无小苞片；总苞片3~4层，向内层渐长，外层及最外层披针形，最内层线状长椭圆形，全部总苞片顶端急尖，外面无毛；舌状小花黄色。瘦果黑紫色，长近3毫米，有10条突起的等粗的细肋，无毛；冠毛淡黄色，糙毛状。花果期7—9月。南太行分布于山西运城舜王坪。生于山坡林缘林下、草丛中及河滩沙地。全草饲用或染制羊毛与丝绸。

293 狗舌草 | *Tephroseris kirilowii*　　　　　菊科　狗舌草属

多年生草本。茎单生,稀2~3,近莛状,直立,不分枝,被密白色蛛丝状毛。基生叶数枚,莲座状,具短柄,在花期生存,两面被密或疏白色蛛丝状茸毛;茎叶少数,向茎上部渐小,无柄,基部半抱茎,上部叶小,披针形,苞片状,顶端尖。头状花序3~11个排列成伞形状顶生伞房花序;花序梗被密蛛丝状茸毛,多少被黄褐色腺毛,基部具苞片,上部无小苞片;总苞近圆柱状钟形,无外层苞片;总苞片18~20,绿色或紫色,草质,具狭膜质边缘,外面被密或有时疏的蛛丝状毛,或多少脱毛;舌状花13~15朵;舌片黄色,长圆形,顶端钝,具3细齿,4脉;管状花多数,花冠黄色,檐部漏斗状。花果期2—9月。南太行分布于中低山区。常生于草地山坡或山顶阳处。全草入药,具清热解毒、利尿的功效。

294 红轮狗舌草 | *Tephroseris flammea*　　　　　菊科　狗舌草属

多年生草本。茎单生,直立,不分枝,被白色蛛状茸毛及柔毛,后或多或少脱毛。基生叶数枚,在花期凋落;下部茎叶半抱茎且具稍下延的叶柄;两面被疏蛛丝状茸毛及柔毛,有时两面变无毛。总苞钟状,无外层苞片;总苞片约25,草质,深紫色,外面被疏蛛状毛或近无毛;舌状花13~15朵,舌片深橙色或橙红色,线形;管状花多数,花冠黄色或紫黄色,檐部漏斗状。花期7—8月,果期9—10月。南太行分布于山西晋城圣王坪。生于山地草原及林缘。

295 猫耳菊 | *Hypochaeris ciliata*   菊科　猫耳菊属

多年生草本。茎直立，有纵沟棱，不分枝，全长或仅下半部被稠密或稀疏的硬刺毛或光滑无毛，基部被黑褐色枯燥叶柄。基生叶椭圆形、长椭圆形或倒披针形，基部渐狭成长或短翼柄，顶端急尖或圆形，边缘有尖锯齿或微尖齿；下部茎生叶与基生形同形，等大或较小，但通常较宽，全部茎生叶基部平截或圆形，无柄，半抱茎；全部叶两面粗糙，被稠密的硬刺毛。头状花序单生于茎端；总苞宽钟状或半球形，直径2.2~2.5厘米；总苞片3~4层，覆瓦状排列，外层卵形或长椭圆状卵形，顶端钝或渐尖，边缘有缘毛，中内层披针形，边缘无缘毛，顶端急尖，全部总苞片或中外层总苞片外面沿中脉被白色卷毛；舌状小花多数，金黄色。瘦果圆柱状，浅褐色。花果期6—9月。南太行中低山有分布。生于山坡草地、林缘路旁或灌丛中。根入药，具利水消肿的功效。

296 蒲儿根 | *Sinosenecio oldhamianus*   菊科　蒲儿根属

二年生或多年生草本。茎单生，或有时数个，直立，不分枝，被白色蛛丝状毛及疏长柔毛。基生叶在花期凋落，具长叶柄；下部茎叶叶柄，叶卵状圆形或近圆形，基部心形，边缘具浅至深重齿或重锯齿，齿端具小尖，膜质，正面绿色，被疏蛛丝状毛至近无毛，背面被白蛛丝状毛，掌状5脉，叶脉两面明显；叶柄长3~6厘米，被白色蛛丝状毛，上部叶渐小。头状花序多数排列成顶生复伞房状花序；花序梗细，长1.5~3厘米，被疏柔毛，基部通常具1线形苞片；总苞宽钟状，无外层苞片；总苞片约13，1层，长圆状披针形，紫色，草质，具膜质边缘；舌状花约13朵，无毛，舌片黄色，长圆形，顶端钝，具3细齿，4条脉。花期1—12月，果期6—10月。南太行分布于山西垣曲、河南济源海拔1000米以上山区。生于林缘、沟谷、河滩、草地。全草入药，具清热解毒的功效。

297 剪刀股 | *Ixeris japonica*   菊科 苦荬菜属

多年生草本。茎基部平卧，基部有匍匐茎，节上生不定根与叶。基生叶花期生存，匙状倒披针形或舌形，基部渐狭成具狭翼的长或短柄，边缘有锯齿至羽状半裂、深裂、大头羽状半裂或深裂，侧裂片 1~3 对，集中在叶的中下部；茎生叶少数，与基生叶同形或长椭圆形、长倒披针形，无柄或渐狭成短柄；花序分枝上或花序梗上的叶极小，卵形。头状花序 1~6 个在茎枝顶端排成伞房花序；总苞钟状，总苞片 2~3 层，外层极短，卵形，顶端急尖，内层长，外面顶端有小鸡冠状突起或无小鸡冠状突起；舌状小花 24 朵，黄色。花果期 3—5 月。南太行平原、山区广布。生于路边潮湿地及田边。

298 苦荬菜 | *Ixeris polycephala*   菊科 苦荬菜属

一年生草本。茎直立，高 10~80 厘米，基部直径 2~4 毫米，上部伞房花序状分枝，或自基部分枝，分枝弯曲斜升，全部茎枝无毛。基生叶花期生存，线形或线状披针形，顶端急尖，基部渐狭成长或短柄；中下部茎叶披针形或线形，顶端急尖，基部箭头状半抱茎，向上或最上部的叶渐小，与中下部茎叶同形，基部箭头状半抱茎或长椭圆形，基部收窄；全部叶两面无毛，边缘全缘，极少下部边缘有稀疏的小尖头。头状花序多数，在茎枝顶端排成伞房状花序，花序梗细；总苞圆柱状，长 5~7 毫米，果期扩大呈卵球形；总苞片 3 层，外层及最外层极小，卵形，顶端急尖，内层卵状披针形，顶端急尖或钝，外面近顶端有鸡冠状突起或无鸡冠状突起；舌状小花黄色，极少白色，10~25 朵。花果期 3—6 月。南太行平原、山区有零星分布。生于路旁、草地、荒滩。全草入药，具清热解毒、去腐化脓、止血生机的功效，可治疗疮、无名肿毒、子宫出血等。

299 变色苦荬菜（亚种） | *Ixeris chinensis* subsp. *versicolor*   菊科 苦荬菜属

详见 113 页变色苦荬菜。

300 中华苦荬菜 | *Ixeris chinensis* 菊科 苦荬菜属

多年生草本。根垂直直伸，通常不分枝。根状茎极短缩。茎直立单生或少数茎呈簇生，上部伞房花序状分枝。基生叶长椭圆形、倒披针形、线形或舌形，顶端钝或急尖或向上渐窄，基部渐狭成有翼的短或长柄，全缘，不分裂亦无锯齿或边缘有尖齿或凹齿，或羽状浅裂、半裂或深裂，侧裂片 2~7 对。茎生叶 2~4，极少 1 或无，长披针形或长椭圆状披针形，不裂，边缘全缘，顶端渐狭，基部扩大，耳状抱茎或至少茎生叶的基部有明显的耳状抱茎；全部叶两面无毛。头状花序通常在茎枝顶端排成伞房花序，含舌状小花 21~25 朵；总苞圆柱状；总苞片 3~4 层，外层及最外层宽卵形，顶端急尖，内层长椭圆状倒披针形，顶端急尖；舌状小花黄色，干时带红色。花果期 1—10 月。南太行平原、山区广布。生于山坡路旁、田野、河边灌丛或岩石缝隙中。全草入药，具清热解毒、凉血、消痈排脓、祛瘀止痛的功效。

301 黄瓜菜 | *Crepidiastrum denticulatum* 菊科 假还阳参属

一年生或二年生草本，高 30~120 厘米。茎单生，直立，上部或中部伞房花序状分枝，全部茎枝无毛。基生叶及下部茎叶花期枯萎脱落；中下部茎叶卵形、琴状卵形、椭圆形、长椭圆形或披针形，不分裂，顶端急尖或钝，有宽翼柄，基部圆形，耳部圆耳状扩大抱茎，或无柄，向基部稍收窄而基部突然扩大圆耳状抱茎，或向基部渐窄成长或短的不明显叶柄，基部稍扩大，耳状抱茎，边缘大锯齿、重锯齿或全缘；上部及最上部茎叶与中下部茎叶同形，全部叶两面无毛。头状花序多数，在茎枝顶端排成伞房花序或伞房圆锥状花序，具 15 朵舌状小花；总苞圆柱状，长 7~9 毫米；总苞片 2 层，外层极小，卵形，内层长，全部总苞片外面无毛；舌状小花黄色。花果期 5—11 月。南太行海拔 800 米以上广布。生于山坡林缘林下、田边、岩石上或岩石缝隙中。全草入药，具通结气、利肠胃的功效。

302 尖裂假还阳参 | *Crepidiastrum sonchifolium* 菊科 假还阳参属

一年生草本，高 100 厘米。茎直立，单生，上部伞房花序状分枝，全部茎枝无毛。基生叶花期枯萎脱落；中下部茎叶长椭圆状卵形、长卵形或披针形，羽状深裂或半裂，基部扩大圆耳状抱茎，侧裂片约 6 对，狭长，长线形或尖齿状，边缘全缘；上部茎叶及连接花序分枝处的叶渐小或更小，卵状心形，向顶端长渐尖，基部心形扩大抱茎，全部叶两面无毛。头状花序多数，在茎枝顶端排伞房状花序，具舌状小花 15~19 朵；总苞圆柱状；总苞片 2~3 层，外层及最外层极短，卵形，顶端钝或急尖，内层长；舌状小花黄色。花果期 5—9 月。南太行平原、山区广布。生于山坡草地。全草入药，具清热解毒、凉血、活血的功效。

303 毛连菜 | *Picris hieracioides* 菊科 毛连菜属

二年生草本，高 16~120 厘米。茎直立，上部伞房状或伞房圆状分枝，有纵沟纹，被稠密或稀疏的亮色分叉的钩状硬毛。基生叶花期枯萎脱落；下部茎叶长椭圆形或宽披针形，先端渐尖或急尖或钝，边缘全缘或有尖锯齿或大而钝的锯齿，基部渐狭呈长或短翼柄；中部和上部茎叶披针形或线形，无柄，基部半抱茎；最上部茎小，全缘；全部茎叶两面特别是沿脉被亮色的钩状分叉的硬毛。头状花序多数在茎枝顶端排成伞房花序或伞房圆锥花序，花序梗细长，总苞圆柱状钟形，长达 1.2 厘米。总苞片 3 层；全部总苞片外面被硬毛和短柔毛；舌状小花黄色，冠筒被白色短柔毛。花果期 6—9 月。南太行中低山广布。生于山坡草地、林缘林下、灌丛、路旁、高山草甸。全草入药，具泻火解毒、祛瘀止痛、利小便的功效。

304 日本毛连菜 | *Picris japonica*   菊科 毛连菜属

多年生草本。茎直立,有纵沟纹,全部茎枝被稠密或稀疏的钩状的硬毛,硬毛黑色或黑绿色。基生叶花期枯萎脱落;全部茎叶两面被分叉的钩状硬毛。头状花序在茎枝顶端排成伞房花序或伞房圆锥花序,有线形苞叶;总苞圆柱状钟形;总苞片3层,黑绿色;全部总苞片外面被黑色或近黑色的硬毛;舌状小花黄色,舌片基部被稀疏的短柔毛。花果期6—10月。南太行中低山广布。生于山坡草地、林缘林下、灌丛、路旁、高山草甸。全草入药,具泻火解毒、祛瘀止痛、利小便的功效。

305 额河千里光 | *Jacobaea argunensis*   菊科 疆千里光属

多年生草本。茎单生,直立被蛛丝状柔毛,有时多少脱毛,上部有花序枝。基生叶和下部茎叶在花期枯萎,通常凋落;中部茎叶较密集,无柄,全形卵状长圆形至长圆形,羽状全裂至羽状深裂,纸质,正面无毛,背面有疏蛛丝状毛,基部具狭耳或撕裂状耳;上部叶渐小,顶端较尖,羽状分裂。头状花序具多数花,排列成顶生复伞房花序;花序梗细,长1~2.5厘米,有疏至密蛛丝状毛,有苞片和数个线状钻形小苞片;总苞近钟状,具外层苞片;苞片约10,线形;总苞片约13,长圆状披针形,尖,上端具短髯毛,草质,边缘宽干膜质,绿色或有时变紫色,背面被疏蛛丝毛;舌状花10~13朵,舌片黄色,长圆状线形,顶端钝,有3细齿,具4脉。花果期8—12月。南太行分布于海拔1000米以上山区。生于草坡、山地草甸。

306 琥珀千里光 | *Jacobaea ambracea*　　菊科　疆千里光属

多年生草本。茎单生，直立，被疏蛛丝状柔毛或近无毛，不分枝或上部有花序枝。基生叶在花期枯萎；下部茎叶具柄，倒卵状长圆形，顶端钝，羽状深裂，正面无毛，背面被疏柔毛或无毛；中部茎叶无柄，羽状深裂或羽状全裂，侧裂片长圆状线形，具齿至深细裂，基部通常有撕裂状耳；上部叶渐小，羽状裂或有粗齿，线形，近全缘。头状花序有舌状花，排列成通常较开展的顶生伞房花序；花序梗有疏蛛丝状柔毛或变无毛，有苞片和数个线形或线状钻形小苞片；总苞宽钟状至半球形，具外层苞片；苞片2~6，线形；总苞片13~15，狭长圆形，草质，边缘狭干膜质，具明显3脉，背面无毛；舌状花13~14朵，舌片黄色，长圆形，顶端钝，有3细齿，具4脉。花果期8—12月。南太行分布于海拔1000米以上山区。生于草坡、山地草甸。

307 林荫千里光 | *Senecio nemorensis*　　菊科　千里光属

多年生草本。茎单生或有时数个，直立花序下不分枝，被疏柔毛或近无毛。基生叶和下部茎叶在花期凋落；中部茎叶多数，近无柄，披针形或长圆状披针形，顶端渐尖或长渐尖，基部楔状渐狭或多少半抱茎，边缘具密锯齿，稀粗齿，纸质，两面被疏短柔毛或近无毛，羽状脉，侧脉7~9对；上部叶渐小，线状披针形至线形，无柄。头状花序具舌状花，多数，在茎端或枝端或上部叶腋排成复伞房花序；花序梗细，具3~4小苞片；总苞近圆柱形，具外层苞片；苞片4~5，线形，短于总苞；总苞片12~18，长圆形，顶端三角状渐尖，被褐色短柔毛，草质，边缘宽干膜质，外面被短柔毛；舌状花8~10朵，舌片黄色，线状长圆形，顶端具3细齿，具4脉。花果期6—12月。南太行分布于山西运城舜王坪。生于林中开旷处、草地或溪边。全草入药，具清热解毒的功效。

308 欧亚旋覆花 | *Inula britanica*　　　　菊科　旋覆花属

多年生草本。茎直立，单生或2~3个簇生，基部常有不定根，上部有伞房状分枝，被长柔毛，全部有叶。基部叶在花期常枯萎，长椭圆形或披针形，下部渐狭成长柄；中部叶长椭圆形，基部宽大，无柄，心形或有耳，半抱茎，有浅或疏齿，正面无毛或被疏伏毛，背面被密伏柔毛，有腺点；中脉和侧脉被较密的长柔毛；上部叶渐小。头状花序1~5个，生于茎端或枝端；花序梗长1~4厘米；总苞半球形，直径1.5~2.2厘米；总苞片4~5层，外层线状披针形，但最外层全部草质，常较长，常反折，内层披针状线形，除中脉外干膜质；舌状花舌片线形，黄色。花期7—9月，果期8—10月。南太行平原、山区广布。生于林缘、路旁、湿润坡地、田埂、水边。

309 线叶旋覆花 | *Inula linariifolia*　　　　菊科　旋覆花属

多年生草本。茎直立，单生或2~3簇生，多枚粗壮，有细沟，被短柔毛，上部常被长毛，杂有腺体，中部及以上有多数细长常稍直立的分枝，全部有稍密的叶。基部叶和下部叶在花期常生存，线状披针形，下部渐狭成长柄，边缘常反卷，质较厚，正面无毛，背面有腺点，被蛛丝状短柔毛或长伏毛；中脉在正面稍下陷，网脉有时明显；中部叶渐无柄；上部叶渐狭小，线状披针形至线形。头状花序直径1.5~2.5厘米，在枝端单生或3~5个排列成伞房状；花序梗短或细长；总苞半球形；总苞片约4层，多数等长或外层较短，上部叶质，下部革质，但有时最外层叶状，较总苞稍长，内层较狭，顶端尖，除中脉外干膜质，有缘毛；舌状花较总苞长2倍，舌片黄色，有尖三角形裂片。花期7—9月，果期8—10月。南太行山区、丘陵广布。生于山坡、荒地、路旁、河岸。根入药，具健脾和胃、调气解郁、止痛安胎的功效。

310 旋覆花 | *Inula japonica*　　　　菊科　旋覆花属

多年生草本。茎单生，有时2~3个簇生，直立，有时基部具不定根，有细沟，被长伏毛。基部叶常较小，在花期枯萎；中部叶长圆形、长圆状披针形或披针形，基部多少狭窄，常有圆形半抱茎的小耳，无柄，顶端稍尖或渐尖，边缘有小尖头状疏齿或全缘，正面有疏毛或近无毛，背面有疏伏毛和腺点；中脉和侧脉有较密的长毛；上部叶渐狭小，线状披针形。头状花序直径3~4厘米，排列成疏散的伞房花序；花序梗细长；总苞半球形；总苞片约6层，线状披针形，近等长，但最外层常叶质而较长，外层基部革质，上部叶质，背面近无毛，有缘毛，内层除绿色中脉外干膜质，渐尖，有腺点和缘毛；舌状花黄色，较总苞长2~2.5倍，舌片线形。花期6—10月，果期9—11月。南太行平原、山区广布。生于山坡路旁、湿润草地、河岸或田埂上。根及叶可治刀伤、疔毒，煎服可平喘镇咳；花是健胃祛痰药，也可治胸中否闷、胃部膨胀、嗳气、咳嗽、呕逆等，也用于古方祛痰、除湿、利肠，又为治水肿的主要药。

311 齿叶橐吾 | *Ligularia dentata*　　　　菊科　橐吾属

多年生草本。丛生叶与茎下部叶具柄，无翅，被白色蛛丝状柔毛，基部膨大成鞘；叶肾形，正面绿色，光滑，背面近似灰白色，被白色蛛丝状柔毛，叶脉掌状，主脉5~7，在背面明显突起；上部叶肾形，近无柄，具膨大的鞘。伞房状或复伞房状花序开展，分枝叉开；花序梗长达9厘米，被与茎上一样的毛；苞片及小苞片卵形至线状披针形；头状花序多数，辐射状；总苞半球形，宽大于长；舌状花黄色。花果期7—10月。南太行分布于山西南部海拔1300米以上山区。生于山坡、水边、林缘和林中。根入药，具舒筋活血、散瘀止痛的功效。

312 橐吾 | *Ligularia sibirica* 　　　　　　菊科　橐吾属

多年生草本。丛生叶和茎下部叶具柄，光滑，基部鞘状，叶卵状心形、三角状心形、肾状心形或宽心形，长3.5~20厘米，先端圆形或钝，边缘具整齐的细齿，基部心形，两侧裂片长圆形或近圆形，有时具大齿，两面光滑，叶脉掌状；最上部叶仅有叶鞘，鞘缘有时具齿。总状花序长4.5~42厘米，常密集；苞片卵形或卵状披针形，下部者长达3厘米，向上渐小，全缘或有齿；花序梗长4~12毫米；头状花序多数，辐射状；小苞片狭披针形，全缘，光滑，近膜质；总苞宽钟形、钟形或钟状陀螺形，总苞片7~10，2层；舌状花6~10朵，黄色。花果期7—10月。南太行分布于山西南部海拔1500米以上山区。生于沼地、湿草地、河边、山地或林缘。根及根状茎入药，具润肺化痰、止咳、平喘的功效。

313 狭苞橐吾 | *Ligularia intermedia* 　　　　　　菊科　橐吾属

多年生草本。丛生叶与茎下部叶具柄，无翅，被白色蛛丝状柔毛，基部膨大成鞘；叶肾形，正面绿色，光滑，背面近似灰白色，被白色蛛丝状柔毛，叶脉掌状，主脉5~7，在背面明显突起；上部叶肾形，近无柄，具膨大的鞘。伞房状或复伞房状花序开展，分枝叉开；花序梗被与茎上一样的毛；苞片及小苞片卵形至线状披针形；头状花序多数，辐射状；总苞半球形，宽大于长；舌状花黄色。花果期7—10月。南太行分布于海拔800米以上山区。生于水边、山坡、林缘、林下或高山草原。根及根状茎入药，具润肺化痰、止咳、平喘的功效。

314 薄雪火绒草 | Leontopodium japonicum 　　菊科　火绒草属

多年生草本。茎直立，不分枝或有伞房状花序枝，上部被白色薄茸毛，下部不久脱毛，节间长1~2厘米。叶狭披针形，或下部叶倒卵圆状披针形，基部急狭，无鞘部，顶端尖，有长尖头，边缘平或稍波状反折，正面有疏蛛丝状毛或脱毛，背面被银白色或灰白色薄层密茸毛，3~5基出脉和侧脉在正面显明；下部叶较小，在花期枯萎或凋落；苞叶多数，较茎上部叶常短小，卵圆形或长圆形，两面被灰白色密茸毛或正面被珠丝状毛，排列成疏散而直径达4厘米的苞叶群，直径达10厘米的复苞叶群。头状花序直径3.5~4.5毫米，多数，较疏散。总苞钟形或半球形，被白色或灰白色密茸毛，长约4毫米；总苞片3层，顶端钝，无毛，露出毛茸之上；小花异形或雌雄异株；花冠长约3毫米。花期6—9月，果期9—10月。南太行中低山广布。生于山地灌丛、草坡和林下。花入药，具止咳的功效。

315 火绒草 | Leontopodium leontopodioides 　　菊科　火绒草属

多年生草本。无莲座状叶丛。花茎直立，被灰白色长柔毛或白色近绢状毛，下部有较密、上部有较疏的叶。下部叶在花期枯萎宿存。叶直立，在花后有时开展，无鞘，无柄，边缘平或有时反卷或波状，正面灰绿色，被柔毛，背面被白色或灰白色密绵毛或有时被绢毛。苞叶少数，较上部叶稍短，常较宽，基部渐狭两面或背面被白色或灰白色厚茸毛，与花序等长或长1.5~2倍，在雄株多少开展成苞叶群，在雌株多少直立，不排列成明显的苞叶群。头状花序大，在雌株直径7~10毫米，3~7个密集，在雌株常有较长的花序梗而排列成伞房状；总苞半球形，被白色绵毛；总苞片约4层，稍露出毛茸之上；小花雌雄异株，稀同株；雌花花冠丝状。花果期7—10月。南太行海拔800米以上广布。生于山坡草地、林缘林下、灌丛。全草药用，对蛋白尿及血尿有效。

316 鼠曲草 | *Pseudognaphalium affine*　　　　菊科　鼠曲草属

一年生草本。茎直立，上部不分枝，有沟纹，被白色厚绵毛，节间长 8~20 毫米。叶无柄，匙状倒披针形或倒卵状匙形，基部渐狭，稍下延，顶端圆，具刺尖头，两面被白色绵毛，正面常较薄。头状花序在枝顶密集成伞房花序，花黄色至淡黄色；总苞钟形，直径 2~3 毫米；总苞片 2~3 层，金黄色或柠檬黄色，膜质，有光泽，外层倒卵形或匙状倒卵形，背面基部被绵毛，内层长匙形，背面通常无毛。雌花多数，花冠细管状，花冠顶端扩大，3 齿裂，裂片无毛；两性花较少，管状，檐部 5 浅裂，裂片三角状渐尖，无毛。花期 1—4 月，果期 8—11 月。南太行平原有分布。生于干地或湿润草地上。茎叶入药，为镇咳、祛痰、治气喘和支气管炎以及非传染性溃疡、创伤之寻常用药；内服有降血压疗效。

317 华北鸦葱 | *Scorzonera albicaulis*　　　　菊科　蛇鸦葱属

多年生草本。茎单生或少数茎呈簇生，上部伞房状或聚伞花序状分枝，全部茎枝被白色茸毛，但在花序脱毛，茎基被棕色的残鞘。基生叶与茎生叶同形，线形、宽线形或线状长椭圆形，边缘全缘，两面光滑无毛，3~5 出脉，两面明显，基生叶基部鞘状扩大，抱茎。头状花序在茎枝顶端排成伞房花序，花序分枝长或排成聚伞花序而花序分枝短或长短不一；总苞圆柱状，花期直径 1 厘米；总苞片约 5 层，外层三角状卵形或卵状披针形，中内层椭圆状披针形、长椭圆形至宽线形；全部总苞片被薄柔毛；舌状小花黄色。花果期 5—9 月。南太行中低山有分布。生于山谷、山坡杂木林缘林下、灌丛、荒地、火烧迹或田间。

318 桃叶鸦葱 | *Scorzonera sinensis* 菊科 蛇鸦葱属

多年生草本。茎直立，簇生或单生，不分枝，光滑无毛；茎基被稠密的纤维状撕裂的鞘状残遗物。基生叶向基部渐狭成长或短柄，柄基鞘状扩大，两面光滑无毛，离基3~5出脉，侧脉纤细，边缘皱波状；茎生叶少数，鳞片状，半抱茎或贴茎。头状花序单生茎顶；总苞圆柱状，直径约1.5厘米；总苞片约5层，外层三角形或偏斜三角形，中层长披针形，内层长椭圆状披针形；全部总苞片外面光滑无毛，顶端钝或急尖；舌状小花黄色。花果期4—9月。南太行平原、山区广布。生于山坡、丘陵地、沙丘、荒地或灌木林下。根入药，具祛风除湿、理气活血、清热解毒、通乳消肿的功效。

319 鸦葱 | *Takhtajaniantha austriaca* 菊科 鸦葱属

多年生草本。茎多数，簇生，不分枝，直立，光滑无毛，茎基被稠密的棕褐色纤维状撕裂的鞘状残遗物。基生叶向下部渐狭成具翼的长柄，柄基鞘状扩大或向基部直接形成扩大的叶鞘，3~7出脉，侧脉不明显，边缘平或稍见皱波状，两面无毛或仅沿基部边缘有蛛丝状柔毛；茎生叶2~3，鳞片状，基部心形，半抱茎。头状花序单生茎端；总苞圆柱状，直径1~2厘米；总苞片约5层，外层三角形或卵状三角形，中层偏斜披针形或长椭圆形，内层线状长椭圆形；全部总苞片外面光滑无毛；舌状小花黄色。花果期4—7月。南太行中低山有分布。生于山坡、草滩及河滩地。全草入药，具祛风除湿、理气活血、清热解毒、通乳的功效。

320 斑叶蒲公英 | *Taraxacum variegatum* 　　　菊科　蒲公英属

多年生草本。叶倒披针形或长圆状披针形，近全缘，不分裂或具倒向羽状深裂，两面多少披蛛丝状毛或无毛，正面有暗紫色斑点。花葶上端疏被蛛丝状毛；外层总苞片短角状突起；内层总苞片先端增厚或具极短的小角，边缘白色膜质。瘦果上部有刺状突起，下部有小钝瘤；冠毛白色。花果期4—6月。南太行平原、山区广布。生于林缘林下、荒地、草地、田埂。全草入药，有清热、解毒、利尿、散结等功效。还可生吃、炒食、做汤，是药食兼用的植物。

321 丹东蒲公英 | *Taraxacum antungense* 　　　菊科　蒲公英属

多年生草本。叶倒披针形至线形，倒向羽状深裂，顶端裂片小，戟形、正三角形，每侧裂片6~8，裂片长三角形或三角状披针形，倒向。花葶顶端疏被蛛丝状毛或无毛，总苞钟状，长16~20毫米；外层总苞片广卵形或长卵形，先端渐尖，略增厚或具很短的角状突起，有黑绿色透明边缘；内层总苞片线形，先端多少具暗紫色短角状突起；舌状花黄色，边缘花舌片背面具暗色条纹。瘦果矩圆状倒卵形，棕褐色，长约4毫米，上部具刺状突起，下部多少具瘤状突起；冠毛白色，长6~8毫米。花果期5—7月。南太行平原、山区广布。生于林缘林下、荒地、草地、田埂。全草入药，有清热、解毒、利尿、散结等功效。还可生吃、炒食、做汤，是药食兼用的植物。

322 东北蒲公英 | *Taraxacum ohwianum*   菊科 蒲公英属

  多年生草本。叶倒披针形，先端尖或钝，不规则羽状浅裂至深裂，顶端裂片菱状三角形，每侧裂片 4~5，稍向后，裂片三角形或长三角形，全缘或边缘疏生齿。花葶多数，近顶端处密被白色蛛丝状毛；总苞长 13~15 毫米；外层总苞片花期伏贴，宽卵形，先端锐尖或稍钝，无或有不明显的增厚，暗紫色，具狭窄的白色膜质边缘，边缘疏生缘毛；内层总苞片线状披针形，长于外层总苞片 2~2.5 倍，先端钝，无角状突起；舌状花黄色，边缘花舌片背面有紫色条纹。瘦果长椭圆形，麦秆黄色，上部有刺状突起，向下近平滑，喙纤细；冠毛污白色，长 8 毫米。花果期 4—6 月。南太行山区广布。生于林缘林下、沟谷、草地、田埂。全草入药，有清热、解毒、利尿、散结等功效。还可生吃、炒食、做汤，是药食兼用的植物。

323 华蒲公英 | *Taraxacum sinicum*   菊科 蒲公英属

  多年生草本。叶倒卵状披针形或狭披针形，边缘叶羽状浅裂或全缘，具波状齿，内层叶倒向羽状深裂，顶裂片较大，每侧裂片 3~7，全缘或具小齿，平展或倒向，两面无毛，叶柄和背面叶脉常紫色。花葶 1 至数个，长于叶；头状花序直径 20~25 毫米；总苞小，长 8~12 毫米，淡绿色；总苞片 3 层，先端淡紫色，无增厚，亦无角状突起；外层总苞片卵状披针形，有窄或宽的白色膜质边缘；内层总苞片披针形，长于外层总苞片 2 倍；舌状花黄色，稀白色，边缘花舌片背面有紫色条纹。瘦果倒卵状披针形，淡褐色，长 3~4 毫米，上部有刺状突起，下部有稀疏的钝小瘤；冠毛白色，长 5~6 毫米。花果期 6—8 月。南太行平原、山区广布。生于林缘林下、沟谷、草地、荒地、田埂。全草入药，有清热、解毒、利尿、散结等功效。还可生吃、炒食、做汤，是药食兼用的植物。

第三部分 其他草本·黄色、橙色花

324 芥叶蒲公英 | *Taraxacum brassicaefolium* 　　菊科　蒲公英属

多年生草本。叶宽倒披针形或宽线形，似芥叶，羽状深裂或大头羽裂半裂，基部渐狭成短柄，具翅；侧裂片正三角形或线形，常上倾或稀倒向，全缘或有小齿，裂片间无或有锐尖的小齿；顶端裂片正三角形，极宽，全缘。花葶数个，较粗壮，疏被蛛丝状柔毛，后光滑，常为紫褐色；总苞宽钟状，长 22 毫米，基部圆形或截圆形，先端具短角状突起；外层总苞片狭卵形或线状披针形；内层总苞片线状披针形，先端带紫色；舌状花黄色，边缘花舌片背面具紫色条纹。瘦果倒卵状长圆形，淡绿褐色，长约 4 毫米，上部具刺状突起，中部有短而钝的小瘤，下部渐光滑；冠毛白色。花果期 4—6 月。南太行丘陵、山区广布。生于林缘林下、水边、草地、荒地。全草入药，有清热、解毒、利尿、散结等功效。还可生吃、炒食、做汤，是药食兼用的植物。

325 蒲公英 | *Taraxacum mongolicum* 　　菊科　蒲公英属

多年生草本。叶倒卵状披针形、倒披针形或长圆状披针形，边缘有时具波状齿或羽状深裂，顶端裂片较大，三角形全缘或具齿，每侧裂片 3~5，裂片三角形通常具齿，平展或倒向，裂片间常夹生小齿，基部渐狭成叶柄，叶柄及主脉常带红紫色，花葶 1 至数个，与叶等长或稍长，上部紫红色，密被蛛丝状白色长柔毛；总苞钟状，长 12~14 毫米，淡绿色；总苞片 2~3 层，外层总苞片卵状披针形或披针形，边缘宽膜质，基部淡绿色，上部紫红色，先端增厚或具小到中等的角状突起；内层总苞片线状披针形，先端紫红色，具小角状突起；舌状花黄色，边缘花舌片背面具紫红色条纹。瘦果倒卵状披针形，暗褐色，上部具小刺，下部具成行排列的小瘤；冠毛白色。花期 4—9 月，果期 5—10 月。南太行平原、山区广布。生于林缘林下、沟谷、草地、荒地、田埂。全草入药，有清热、解毒、利尿、散结等功效；还可生吃、炒食、做汤，是药食兼用的植物。

326 药用蒲公英 | *Taraxacum officinale*　　菊科　蒲公英属

多年生草本。叶狭倒卵形、长椭圆形，大头羽状深裂或羽状浅裂，顶端裂片三角形，全缘或具齿，每侧裂片 4~7，裂片三角形至三角状线形，全缘或具牙齿，裂片先端急尖或渐尖，裂片间常有小齿或小裂片，叶基有时显红紫色。花葶多数，长于叶，顶端被丰富的蛛丝状毛，基部常显红紫色；总苞宽钟状；总苞片绿色，先端渐尖、无角，有时略呈胼胝状增厚；外层总苞片宽披针形至披针形，反卷，无或有极窄的膜质边缘，等宽或稍宽于内层总苞片；内层总苞片长为外层总苞片的 1.5 倍；舌状花亮黄色，边缘花舌片背面有紫色条纹，柱头暗黄色。瘦果浅黄褐色，中部以上有大量小尖刺，其余部分具小瘤状突起，冠毛白色。花果期 6—8 月。南太行分布于海拔 1000 米以上山区。生于低山草原、森林草甸或田间与路边。全草入药，有清热、解毒、利尿、散结等功效；还可生吃、炒食、做汤，是药食兼用的植物。

327 稻槎菜 | *Lapsanastrum apogonoides* 菊科 稻槎菜属

一年生草本。茎细,自基部发出多数或少数的簇生分枝及莲座状叶丛;全部茎枝柔软。基生叶全形椭圆形、长椭圆状匙形或长匙形,大头羽状全裂或几全裂,有长1~4厘米的叶柄,边缘全缘或有极稀疏针刺状小尖头;茎生叶少数,与基生叶同形并等样分裂,向上茎叶渐小,不裂;全部叶质地柔软,两面同色,绿色,或背面色淡,淡绿色,几无毛。头状花序小,果期下垂或歪斜,少数(6~8个)在茎枝顶端排列成疏松的伞房状圆锥花序,花序梗纤细,总苞椭圆形或长圆形,长约5毫米;总苞片2层,外层卵状披针形,内层椭圆状披针形,先端喙状;全部总苞片草质,外面无毛;舌状小花黄色,两性。瘦果淡黄色,顶端两侧各有1枚下垂的长钩刺,无冠毛。花果期1—6月。南太行修武云台山有分布。生于田野、荒地及路边。

328 鬼针草 | Bidens pilosa　　　　菊科　鬼针草属

一年生草本。茎直立，高 30~100 厘米，钝四棱形，无毛或上部被极稀疏的柔毛。茎下部叶较小，茎下部 3 裂或不分裂，通常在开花前枯萎；中部叶具长 1.5~5 厘米无翅的柄，3 出，小叶 3，很少为具 5（7）小叶的羽状复叶；上部叶小，3 裂或不分裂。头状花序直径 8~9 毫米，有长 1~6 厘米（果时长 3~10 厘米）的花序梗；总苞基部被短柔毛，苞片 7~8，条状匙形，上部稍宽，开花时长 3~4 毫米，果时长至 5 毫米，草质，边缘疏被短柔毛或几无毛，条状披针形；无舌状花，盘花筒状，长约 4.5 毫米，冠檐 5 齿裂。瘦果黑色，条形，略扁，具棱，长 7~13 毫米，宽约 1 毫米，上部具稀疏瘤状突起及刚毛，顶端芒刺 3~4 枚，具倒刺毛。花期 8—9 月，果期 9—11 月。南太行平原、山区广布。生于路边荒地、山坡及田间。常用草药，有清热解毒、散瘀活血的功效。

329 金盏银盘 | Bidens biternata　　　　菊科　鬼针草属

一年生草本。茎直立，高 30~150 厘米，略具 4 棱，无毛或被稀疏卷曲短柔毛。叶为一回羽状复叶，侧生小叶下部的 1 对约与顶生小叶相等，具明显的柄，三出复叶状分裂或仅一侧具 1 裂片。头状花序直径 7~10 毫米，花序梗长 1.5~5.5 厘米；总苞基部有短柔毛，外层苞片 8~10，草质，条形，长 3~6.5 毫米，先端锐尖，背面密被短柔毛；内层苞片长椭圆形或长圆状披针形，长 5~6 毫米，背面褐色，有深色纵条纹，被短柔毛；舌状花通常 3~5 朵，不育，舌片淡黄色，长椭圆形，先端 3 齿裂，或有时无舌状花；盘花筒状，冠檐 5 齿裂。瘦果条形，黑色，具 4 棱，两端稍狭，多少被小刚毛，顶端芒刺 3~4 枚，长 3~4 毫米，具倒刺毛。花果期 9—11 月。南太行平原、山区广布。生于路边、村旁及荒地中。全草入药，有清热解毒、散瘀活血的功效。

330 婆婆针 | *Bidens bipinnata* 　　　　菊科　鬼针草属

一年生草本。茎直立，高30~120厘米，下部略具4棱，无毛或上部被稀疏柔毛。叶对生，具柄，柄长2~6厘米，背面微突或扁平，腹面沟槽，槽内及边缘具疏柔毛，二回羽状分裂，第一次分裂深达中肋，裂片再次羽状分裂，边缘有稀疏不规整的粗齿，两面均被疏柔毛。头状花序直径6~10毫米；花序梗长1~5厘米（果时长2~10厘米）；总苞杯形，基部有柔毛，外层苞片5~7，条形，草质，先端钝，被稍密的短柔毛；内层苞片膜质，椭圆形；托片狭披针形，长约5毫米，果时长可达12毫米；舌状花通常1~3朵，不育，舌片黄色，椭圆形或倒卵状披针形，先端全缘或具2~3齿，盘花筒状，黄色，冠檐5齿裂。瘦果条形，略扁，具3~4棱，具瘤状突起及小刚毛，顶端芒刺3~4枚，很少2枚，具倒刺毛。花果期7—8月。南太行平原、山区广布。生于路边荒地、山坡及田间。全草入药，有清热解毒、散瘀活血的功效。

331 小花鬼针草 | *Bidens parviflora* 　　　　菊科　鬼针草属

一年生草本。茎高20~90厘米，下部圆柱形，有纵条纹，中上部常为钝四方形。叶对生，具柄，柄长2~3厘米，腹面有沟槽，槽内及边缘有疏柔毛，二至三回羽状分裂，第一次分裂深达中肋，裂片再次羽状分裂，小裂片具1~2粗齿或再作第三回羽裂，最后一次裂片条形或条状披针形，边缘稍向上反卷，正面被短柔毛，背面无毛，上部叶互生，一回或二回羽状分裂。头状花序单生茎端及枝端，具长梗，开花时直径1.5~2.5毫米；总苞筒状，基部被柔毛，外层苞片4~5，草质，条状披针形，长约5毫米，边缘被疏柔毛，果时长可达8~15毫米；内层苞片稀疏，常仅1枚，托片状；无舌状花，盘花两性，具花6~12朵，花冠筒状，长4毫米，冠檐4齿裂。瘦果条形，略具4棱，两端渐狭，有小刚毛，顶端芒刺2枚，有倒刺毛。花果期6—9月。南太行平原、山区广布。生于路边荒地、林下及水沟边。全草入药，有清热解毒、活血散瘀的功效。

332 大狼耙草 | *Bidens frondosa*　　　　菊科　鬼针草属

一年生草本。茎直立，分枝，高20~120厘米，被疏毛或无毛，常带紫色。叶对生，具柄，为一回羽状复叶，小叶3~5，披针形。头状花序单生茎端和枝端，连同总苞苞片直径12~25毫米；总苞钟状或半球形，外层苞片5~10，通常8，披针形或匙状倒披针形，叶状，边缘有缘毛；内层苞片长圆形，长5~9毫米，膜质，具淡黄色边缘；无舌状花或舌状花不发育，极不明显，筒状花两性，花冠长约3毫米，冠檐5裂。瘦果扁平，狭楔形，近无毛或是糙伏毛，顶端芒刺2枚，长约2.5毫米，有倒刺毛。花果期7—9月。原产于北美洲。南太行丘陵区有分布。生于林缘林下、沟谷、荒坡、灌丛。全草入药，有强壮、清热解毒的功效，主治体虚乏力、盗汗、咯血、痢疾、疳积、丹毒。

333 甘菊 | *Chrysanthemum lavandulifolium*　　　　菊科　菊属

多年生草本。有地下匍匐茎。茎直立，自中部以上多分枝或仅上部伞房状花序分枝，茎枝有稀疏的柔毛。中部茎叶卵形、宽卵形或椭圆状卵形，二回羽状分裂，一回全裂或几全裂，二回为半裂或浅裂。头状花序多数在茎枝顶端排成疏松或稍紧密的复伞房花序；总苞碟形，总苞片约5层；外层线形或线状长圆形；中内层卵形、长椭圆形至倒披针形，全部苞片顶端圆形，边缘白色或浅褐色膜质；舌状花黄色，舌片椭圆形，端全缘或2~3不明显的齿裂。花果期5—11月。南太行丘陵、山区广布。生于山坡、岩石上、河谷、河岸、荒地及黄土丘陵地。全草入药，具明目、退肝火、治疗失眠、降低血压、增强活力、提神的功效。

334 菊芋 | *Helianthus tuberosus*   菊科 向日葵属

多年生草本，高 1~3 米。有块状的地下茎及纤维状根。茎直立，有分枝，被白色短糙毛或刚毛。叶通常对生，有叶柄，但上部叶互生；下部叶卵圆形或卵状椭圆形，有长柄，基部宽楔形或圆形，有时微心形，顶端渐细尖，边缘有粗锯齿，有离基 3 出脉，正面被白色短粗毛，背面被柔毛，上部叶长椭圆形至阔披针形，基部渐狭，下延成短翅状，顶端渐尖，短尾状。头状花序较大，少数或多数，单生于枝端，有 1~2 线状披针形的苞叶，直立，直径 2~5 厘米，总苞片多层，披针形，长 14~17 毫米，顶端长渐尖，背面被短伏毛，边缘被开展的缘毛；舌状花通常 12~20 朵，舌片黄色，开展，长椭圆形，长 1.7~3 厘米；管状花花冠黄色，长 6 毫米。花期 8~9 月，果期 10—11 月。原产于北美洲，现在我国各地广泛栽培。块茎俗称"洋姜"。可供食用。新鲜的茎、叶可做青贮饲料，营养价值较向日葵高。块茎含有丰富的淀粉，是优良的多汁饲料；还是一种味美的蔬菜并可加工制成酱菜；另外还可制菊糖及酒精，菊糖在医药上是治疗糖尿病的良药，也是一种有价值的工业原料。

335 线叶菊 | *Filifolium sibiricum*   菊科 线叶菊属

多年生草本。茎丛生，密集，基部具密厚的纤维鞘，高 20~60 厘米，分枝斜升，无毛，有条纹。基生叶有长柄，茎生叶较小，互生，全部叶二至三回羽状全裂；末次裂片丝形，长达 4 厘米，宽达 1 毫米，无毛，有白色乳头状小突起。头状花序在茎枝顶端排成伞房花序，花梗长 1~11 毫米；总苞球形或半球形，直径 4~5 毫米，无毛；总苞片 3 层，卵形至宽卵形，边缘膜质，黄褐色；边花花冠筒状，具 2~4 齿，有腺点；盘花多数，花冠管状，黄色，长约 2.5 毫米，顶端 5 裂齿，下部无狭管。花果期 6—9 月。南太行分布于山西晋城圣王坪。生于山坡、草地。全草入药，具清热解毒、抗菌消炎、安神镇惊、调经止血的功效。

336 豨莶 | *Siegesbeckia orientalis*　　　　菊科　豨莶属

一年生草本。茎直立，分枝斜升，上部的分枝常成复二歧状；全部分枝被灰白色短柔毛。基部叶花期枯萎；中部叶三角状卵圆形或卵状披针形，基部阔楔形，下延成具翼的柄，顶端渐尖，边缘有不规则的浅裂或粗齿，纸质，正面绿色，背面淡绿，具腺点，两面被毛，三出基脉，侧脉及网脉。头状花序直径 15~20 毫米，多数聚生于枝端，排列成具叶的圆锥花序；花梗长 1.5~4 厘米，密生短柔毛；总苞阔钟状；总苞片 2 层，叶质，背面被紫褐色头状具柄的腺毛；外层苞片 5~6，线状匙形或匙形，开展；内层苞片卵状长圆形或卵圆形；外层托片长圆形，内弯，内层托片倒卵状长圆形；花黄色；雌花花冠的管部长 0.7 毫米；两性管状花上部钟状，上端有 4~5 卵圆形裂片。花期 4—9 月，果期 6—11 月。南太行平原、山区广布。生于山野、荒草地、灌丛、林缘及林下，也常见于耕地中。全草入药，具解毒、镇痛作用，治全身酸痛、四肢麻痹，并有平降血压的功效。

337 黄顶菊 | *Flaveria bidentis*　　　　菊科　黄顶菊属

一年生草本。株高 20~100 厘米，最高的 3 米左右。茎直立、紫色，茎上带短茸毛。叶子交互对生，长椭圆形，叶边缘有稀疏而整齐的锯齿，基部生 3 条平行叶脉。主茎及侧枝顶端上头状花序聚集顶端密集成蝎尾状聚伞花序，花冠鲜艳，花鲜黄色，非常醒目。花果期夏季至秋季。外来入侵种。生于荒地、草地、路旁、林缘。根系发达，耐盐碱、耐瘠薄，抗逆性强，繁殖速度惊人，一旦入侵农田，将威胁农牧业生产及生态环境安全。被列入《中国外来入侵物种名单》（第二批）。南太行已在安阳市、濮阳市发现植物群落。

绿色花

338 拉拉藤（变种） | *Galium spurium* var. *leiospermum* 茜草科 拉拉藤属

原拉拉藤（原变种）。本变种特征：一年生草本。多枝、蔓生或攀缘状草本，通常高30~90厘米。茎有4棱角；棱上、叶缘、叶脉上均有倒生的小刺毛。叶纸质或近膜质，6~8叶轮生，稀为4~5叶，带状倒披针形或长圆状倒披针形，顶端有针状突尖头，基部渐狭，两面常有紧贴的刺状毛，常萎软状，干时常卷缩，1脉，近无柄。聚伞花序腋生或顶生，花小，4数，有纤细的花梗；花萼被钩毛，萼檐近截平；花冠黄绿色或白色，辐状，裂片长圆形，长不及1毫米，镊合状排列。果干燥，有1或2枚近球状的分果爿，肿胀，密被钩毛，果柄直，长可达2.5厘米，较粗。花期3—7月，果期4—11月。南太行平原、丘陵广布。生于山坡、旷野、沟边、河滩、田中、林缘、草地。全草药用，清热解毒、消肿止痛、利尿、散瘀、治淋浊、尿血、跌打损伤、肠痈、疔肿、中耳炎等。

339 麦仁珠 | *Galium tricornutum* 茜草科 拉拉藤属

一年生草本，高5~80厘米。茎具四角棱，棱上有倒生的刺，少分枝。叶坚纸质，6~8叶轮生，带状倒披针形，顶端锐尖，基部渐狭，两面无毛，在背面中脉和边缘均有倒生的小刺，1脉，在背面突起，无柄。聚伞花序腋生，总花梗长或短于叶，稍粗壮，有倒生的小刺，通常具花3~5朵，常向下弯；花小，4数；花梗长3~7毫米，具倒生的小刺，弓形下弯；花冠白色，辐状，花冠裂片卵形；雄蕊伸出，花丝短；花柱2，柱头头状。分果爿近球形，单生或双生。花期4—6月，果期5月至翌年3月。南太行分布于海拔1000米以上山区。生于山坡草地、旷野、河滩、沟边。全草入药，具清热解毒、利尿消肿、活血通络的功效。

340 四叶葎 | *Galium bungei*　　　　　　　茜草科　拉拉藤属

多年生草本，高5~50厘米。茎有4棱，不分枝或稍分枝，常无毛或节上有微毛。叶纸质，4叶轮生，叶形变化较大，常在同一株内上部与下部的叶均不同，顶端尖或稍钝，基部楔形，中脉和边缘常有刺状硬毛，有时两面亦有糙伏毛，1脉，近无柄。聚伞花序顶生和腋生，稠密或稍疏散，总花梗纤细，常3歧分枝，再形成圆锥状花序；花小；花梗纤细；花冠黄绿色或白色，辐状，直径1.4~2毫米，无毛，花冠裂片卵形或长圆形。果爿近球状，直径1~2毫米，通常双生，有小疣点、小鳞片或短钩毛，稀无毛。花期4—9月，果期5月至翌年1月。南太行平原、山区广布。生于田间、林中、灌丛或草地。全草药用，清热解毒、利尿、消肿，治尿路感染、赤白带下、痢疾、痈肿、跌打损伤。

341 商陆 | *Phytolacca acinosa*　　　　　　　商陆科　商陆属

多年生草本，高 0.5~1.5 米。全株无毛。茎直立，圆柱形，有纵沟，肉质，绿色或红紫色，多分枝。叶薄纸质，椭圆形、长椭圆形或披针状椭圆形，顶端急尖或渐尖，基部楔形，渐狭，两面散生细小白色斑点（针晶体），背面中脉突起；叶柄长 1.5~3 厘米，粗壮，正面有槽。总状花序顶生或与叶对生，圆柱状，直立，通常比叶短，密生多花；花被片5，白色、黄绿色，椭圆形、卵形或长圆形，顶端圆钝。果序直立。浆果扁球形，熟时黑色。花期5—8月，果期6—10月。南太行平原、山区有分布。生于竹林、荒地、路旁、村庄。根入药，红根有剧毒，仅供外用，具通二便、逐水、散结的功效；也可做兽药及农药。

五瓣花

342 垂序商陆 | *Phytolacca americana*   商陆科 商陆属

多年生草本，高1~2米。茎直立，圆柱形，有时带紫红色。叶椭圆状卵形或卵状披针形，顶端急尖，基部楔形；叶柄长1~4厘米。总状花序顶生或侧生，长5~20厘米；花梗长6~8毫米；花白色，微带红晕，直径约6毫米；花被片5，雄蕊、心皮及花柱通常均为10枚。果序下垂；浆果扁球形，熟时紫黑色。种子肾圆形，直径约3毫米。花期6~8月，果期8—10月。原产于北美洲东部，入侵物种。有毒。

343 耧斗菜 | *Aquilegia viridiflora*   毛茛科 耧斗菜属

多年生草本。茎高15~50厘米，常在上部分枝，除被柔毛外还密被腺毛。基生叶少数，二回三出复叶；裂片常有2~3枚圆齿，正面绿色，无毛，背面淡绿色至粉绿色，被短柔毛或近无毛；叶柄长达18厘米，基部有鞘；茎生叶数枚，为一至二回三出复叶，向上渐变小。花3~7朵，倾斜或微下垂；苞片3全裂；花梗长2~7厘米；萼片黄绿色，长椭圆状卵形，顶端微钝，疏被柔毛；花瓣瓣片与萼片同色，直立，倒卵形，比萼片稍长或稍短，顶端近截形，距直或微弯，长1.2~1.8厘米；雄蕊长达2厘米，伸出花外；心皮密被伸展的腺状柔毛，花柱比子房长或等长。蓇葖果长1.5厘米。花期5~7月，果期7—8月。南太行中低山广布。生于山地路旁、河边和潮湿草地。全草入药，具凉血止血、清热解毒的功效。

344 天胡荽 | *Hydrocotyle sibthorpioides*　　五加科　天胡荽属

多年生草本。有气味。茎细长而匍匐，平铺地上成片，节上生根。叶膜质至草质，圆形或肾圆形，基部心形，两耳有时相接，不分裂或 5~7 裂，裂片阔倒卵形，边缘有钝齿，正面光滑，背面脉上疏被粗伏毛，有时两面光滑或密被柔毛；叶柄长 0.7~9 厘米，无毛或顶端有毛，托叶略呈半圆形，薄膜质，全缘或稍有浅裂。伞形花序与叶对生，单生于节上；花序梗纤细，长 0.5~3.5 厘米，短于叶柄 1~3.5 倍；小总苞片卵形至卵状披针形，长 1~1.5 毫米，膜质，有黄色透明腺点，背部有 1 条不明显的脉；小伞形花序具花 5~18 朵，花无柄或有极短的柄，长约 1.2 毫米，绿白色，有腺点；花丝与花瓣同长或稍超出，花药卵形；花柱长 0.6~1 毫米。果实略呈心形，两侧扁压，中棱在果熟时极为隆起，幼时表面草黄色，成熟时有紫色斑点。花果期 4—9 月。南太行平原有逸生。生于草地、水边、林下。全草入药，清热、利尿、消肿、解毒，治黄疸、赤白痢疾、目翳、喉肿、痈疽疔疮、跌打瘀伤。

345 狭叶红景天 | *Rhodiola kirilowii*　　景天科　红景天属

多年生草本。直立。根颈直径 1.5 厘米，先端被三角形鳞片。花茎少数，叶密生。叶互生，线形至线状披针形，长 4~6 厘米，宽 2~5 毫米，先端急尖，边缘有疏锯齿，或有时全缘，无柄。花序伞房状，具多花，宽 7~10 厘米；雌雄异株；萼片 5 或 4 枚，三角形，长 2~2.5 毫米，先端急尖；花瓣 5 或 4，绿黄色，倒披针形，长 3~4 毫米，宽 0.8 毫米；雄花中雄蕊 10 或 8 枚，与花瓣同长或稍超出，花丝花药黄色；鳞片 5 或 4，近正方形或长方形，长 0.8 毫米，先端钝或有微缺。蓇葖果披针形，长 7~8 毫米，有短而外弯的喙。种子长圆状披针形，长 1.5 毫米。花期 6—7 月，果期 7—8 月。南太行分布于山西南部高海拔山区。生于林缘、草地、荒坡。根茎药用，可止血、止痛、破坚、消积、止泻。

六瓣花

346 龙须菜 | *Asparagus schoberioides*　　天门冬科　天门冬属

多年生草本，高可达1米。茎上部和分枝具纵棱，分枝有时有极狭的翅。叶状枝通常每3~4枚成簇，窄条形，镰刀状，基部近锐三棱形，上部扁平，长1~4厘米，宽0.7~1毫米；鳞片状叶近披针形，基部无刺。花每2~4朵腋生，黄绿色；花梗很短；雄花花被长2~2.5毫米；雄蕊的花丝不贴生于花被片上；雌花和雄花近等大。浆果直径约6毫米，熟时红色，通常有1~2颗种子。花期5—6月，果期8—9月。南太行丘陵、山区广布。生于林缘林下、灌丛、沟谷、路旁。全草含有大量调节人体机能的活动物质，具降低血脂、血糖、改善动脉粥样硬化等功效。

347 攀援天门冬 | *Asparagus brachyphyllus*　　天门冬科　天门冬属

多年生草本。茎近平滑，长20~100厘米，分枝具纵突纹，通常有软骨质齿。叶状枝每4~10枚成簇，近扁的圆柱形，略有几条棱，伸直或弧曲，长4~12（20）毫米，粗约0.5毫米，有软骨质齿，较少齿不明显；鳞片状叶基部有长1~2毫米的刺状短距，有时距不明显。花通常每2~4朵腋生，淡紫褐色；花梗长3~6毫米，关节位于近中部；雄花花被长7毫米；花丝中部以下贴生于花被片上；雌花较小，花被长约3毫米。浆果直径6~7毫米，熟时红色。花期5—6月，果期8月。南太行丘陵、山区广布。生于林缘林下、灌丛、沟谷、路旁。根入药，用于风湿性腰背关节痛、局部性浮肿、瘙痒性渗出性皮肤病。

348 曲枝天门冬 | *Asparagus trichophyllus*　　天门冬科　天门冬属

多年生草本,近直立,高60~100厘米。根较细,粗2~3毫米。茎平滑,中部至上部回折状,有时上部疏生软骨质齿;分枝先下弯而后上升,靠近基部的一段形成强烈弧曲,有时近半圆形,上部回折状,小枝多少具软骨质齿。叶状枝通常每5~8枚成簇,刚毛状,略有4~5棱,稍弧曲,长7~18毫米,粗0.2~0.4毫米,通常稍伏贴于小枝上,有时稍具软骨质齿;茎上的鳞片状叶基部有长1~3毫米的刺状距,极少成为硬刺,分枝上的距不明显。花每2朵腋生,绿黄色而稍带紫色;花梗长12~16毫米,关节位于近中部;雄花花被长6~8毫米;花丝中部以下贴生于花被片上;雌花较小,花被长2.5~3.5毫米。浆果直径6~7毫米,熟时红色,有3~5颗种子。花期5月,果期7月。南太行丘陵、山区广布。生于林缘林下、灌丛、沟谷、路旁。

349 天门冬 | *Asparagus cochinchinensis*　　天门冬科　天门冬属

多年生草本。根在中部或近末端呈纺锤状膨大,膨大部分长3~5厘米,粗1~2厘米。茎平滑,常弯曲或扭曲,长可达1~2米,分枝具棱或狭翅。叶状枝通常每3枚成簇,扁平或由于中脉龙骨状而略呈锐三棱形,稍镰刀状,长0.5~8厘米,宽1~2毫米;茎上的鳞片状叶基部延伸为长2.5~3.5毫米的硬刺,在分枝上的刺较短或不明显。花通常每2朵腋生,淡绿色;花梗长2~6毫米,关节一般位于中部,有时位置有变化;雄花花被长2.5~3毫米;花丝不贴生于花被片上;雌花大小和雄花相似。浆果直径6~7毫米,熟时红色,有1颗种子。花期5~6月,果期8—10月。南太行丘陵、山区广布。生于林缘林下、灌丛、沟谷、路旁。块根是常用的中药,有滋阴润燥、清火止咳的功效。

350 兴安天门冬 | *Asparagus dauricus* 天门冬科 天门冬属

多年生草本，高 30~70 厘米。茎和分枝有条纹，有时幼枝具软骨质齿。叶状枝每 1~6 枚成簇，通常全部斜立，和分枝交成锐角，很少兼有平展和下倾的，稍扁的圆柱形，略有几条不明显的钝棱，长 1~5 厘米，粗约 0.6 毫米，伸直或稍弧曲，有时有软骨质齿；鳞片状叶基部无刺。花每 2 朵腋生，黄绿色；雄花花梗长 3~5 毫米，和花被近等长，关节位于近中部；花丝大部分贴生于花被片上，离生部分很短，只有花药长的 1/2；雌花极小，花被长约 1.5 毫米，短于花梗，花梗关节位于上部。浆果直径 6~7 毫米。花期 5—6 月，果期 7—9 月。南太行丘陵、山区广布。生于沙丘或干燥山坡上。

351 长花天门冬 | *Asparagus longiflorus* 天门冬科 天门冬属

多年生草本，近直立，高 20~170 厘米。茎通常中部以下平滑，上部及分枝多少具纵突纹并稍有软骨质齿，较少齿不明显。叶状枝每 4~12 枚成簇，伏贴或张开，近扁的圆柱形，略有棱，一般伸直，长 6~15 毫米，通常有软骨质齿，很少齿不明显；茎上的鳞片状叶基部有长 1~5 毫米的刺状距，较少距不明显或具硬刺，分枝上的距短或不明显。花通常每 2 朵腋生，淡紫色；花梗长 6~12（15）毫米，关节位于近中部或上部；雄花花被长 6~7 毫米；花丝中部以下贴生于花被片上；雌花较小，花被长约 3 毫米。浆果直径 7~10 毫米，熟时红色。花期 4—5 月，果期 6—8 月。南太行丘陵、山区广布。生于山坡、林下或灌丛中。

352 少花万寿竹 | *Disporum uniflorum*　　秋水仙科　万寿竹属

多年生草本。根状茎肉质，横出，长3~10厘米。茎直立，高30~80厘米，上部具叉状分枝。叶薄纸质至纸质，矩圆形、卵形、椭圆形至披针形，长4~15厘米，背面色浅，脉上和边缘有乳头状突起，具横脉，先端骤尖或渐尖，基部圆形或宽楔形，有短柄或近无柄。花黄色、绿黄色或白色，1~3（5）朵着生于分枝顶端；花梗长1~2厘米，较平滑；花被片近直出，倒卵状披针形，长2~3厘米，边缘有乳头状突起，基部具长1~2毫米的短距；雄蕊内藏，花丝长约15毫米；花柱长约15毫米，具3裂而外弯的柱头。浆果椭圆形或球形，直径约1厘米，具3颗种子。花期3—6月，果期6—11月。南太行海拔900米以上有零星分布。生于林下或灌木丛中。根状茎供药用，有益气补肾、润肺止咳的功效。

353 二叶舌唇兰 | *Platanthera chlorantha*　　兰科　舌唇兰属

多年生草本。块茎卵状。基生叶2，椭圆形或倒披针形，长10~20厘米，宽4~8厘米；总状花序具花10余朵；苞片披针形，和子房近等长；花白绿色，中萼片宽卵状三角形；侧萼片椭圆形，较中萼片狭；花瓣偏斜，条状披针形，基部较宽；唇瓣条形，基部有弧曲的距。花果期6—9月。南太行分布于海拔1000米以上山区。生于山坡或沟谷林下、亚高山草甸。可观赏。根入药，具补肺生肌、化瘀止血的功效。

354 火烧兰 | *Epipactis helleborine*　　　兰科　火烧兰属

多年生草本。茎上部被短柔毛，下部无毛，具 2~3 鳞片状鞘。叶 4~7，互生；叶卵圆形、卵形至椭圆状披针形，先端通常渐尖至长渐尖；向上叶逐渐变窄而呈披针形或线状披针形。总状花序长 10~30 厘米，通常具花 3~40 朵；花苞片叶状，线状披针形，下部的长于花 2~3 倍或更多，向上逐渐变短；花梗和子房，具黄褐色茸毛；花绿色或淡紫色，下垂，较小；花瓣椭圆形，先端急尖或钝；唇瓣长 6~8 毫米，中部明显缢缩；下唇兜状；上唇近三角形或近扁圆形，先端锐尖，在近基部两侧各有 1 枚长约 1 毫米的半圆形褶片，近先端有时脉稍呈龙骨状。蒴果倒卵状椭圆状，具极疏的短柔毛。花期 7 月，果期 9 月。南太行分布于海拔 1000 米以上山区。生于山坡林下、草丛或沟边。可观赏。

355 角盘兰 | *Herminium monorchis*　　　兰科　角盘兰属

多年生草本，高 5.5~35 厘米。茎直立，无毛，基部具 2 枚筒状鞘，下部具 2~3 叶，在叶之上具 1~2 苞片状小叶。叶狭椭圆状披针形或狭椭圆形，直立伸展，先端急尖，基部渐狭并略抱茎。总状花序具多数花，圆柱状，长达 15 厘米；花苞片线状披针形，长 2.5 毫米，宽约 1 毫米，先端长渐尖，尾状，直立伸展；花小，黄绿色，垂头，萼片近等长，具 1 脉；花瓣近菱形，上部肉质增厚，较萼片稍长，向先端渐狭，或在中部多少 3 裂，中裂片线形，先端钝，具 1 脉；唇瓣与花瓣等长，肉质增厚，基部凹陷呈浅囊状，近中部 3 裂，中裂片线形，长 1.5 毫米，侧裂片三角形，较中裂片短很多；蕊柱粗短，长不及 1 毫米；柱头 2，隆起，叉开，位于蕊喙之下；退化雄蕊 2 枚，近三角形，先端钝，显著。花期 6—7（8）月。南太行分布于海拔 900 米以上山区。生于林缘林下、草甸。块茎入药，具滋阴补肾、养胃调经的功效。

356 叉唇角盘兰 | *Herminium lanceum*   兰科　角盘兰属

与角盘兰的主要区别：唇瓣轮廓为长圆形，长3~7毫米，宽1~2毫米，常下垂，基部扩大，凹陷，无距，常在近基部上面有1枚短的、纵的脊状隆起，有时不明显，中部通常缢缩，在中部或中部以上呈叉状3裂，侧裂片线形或线状披针形，较中裂片长很多或稍较长，先端或多或少卷曲；中裂片披针形或齿状三角形。花期6—8月。南太行分布于海拔900米以上山区。生于林缘林下、草甸。块茎入药，具滋阴补肾、养胃调经的功效。

357 巴天酸模 | *Rumex patientia*   蓼科　酸模属

多年生草本。茎直立，粗壮，高90~150厘米，上部分枝，具深沟槽。基生叶长圆形或长圆状披针形，长15~30厘米，顶端急尖，基部圆形或近心形，边缘波状；叶柄粗壮，长5~15厘米；茎上部叶披针形，较小，具短叶柄或近无柄；托叶鞘筒状，膜质，长2~4毫米，易破裂。花序圆锥状，大型；花两性；花梗细弱，中下部具关节；外花被片长圆形，长约1.5毫米，内花被片果时增大，宽心形，长6~7毫米，顶端圆钝，基部深心形，边缘近全缘，具网脉，全部或一部具小瘤；小瘤长卵形，通常不能全部发育。瘦果卵形，具3锐棱，顶端渐尖，褐色，有光泽。花期5—6月，果期6—7月。南太行平原、山区广布。生于沟边湿地、水边。根、叶入药，具清热解毒、活血散瘀、止血、润肠的功效。

358 长叶酸模 | *Rumex longifolius*　　　蓼科　酸模属

多年生草本。茎直立,高 60~120 厘米,粗壮,分枝,具浅沟槽。基生叶长圆状披针形或宽披针形,长 20~35 厘米,顶端急尖,基部宽楔形或圆形,边缘微波状,背面沿叶脉具乳头状小突起;叶柄具沟槽,比叶短;茎生叶披针形,顶端尖,基部楔形,叶柄短;托叶鞘膜质,破裂,脱落。花序圆锥形,花两性,多花轮生,花梗纤细,中下部具关节,关节果时膨大,明显;花被片 6,外花被片披针形,内花被片果时增大,圆肾形或圆心形,先端圆钝基部心形,全缘无小瘤。瘦果狭卵形。花期 6—7 月,果期 7—8 月。南太行平原、山区广布。生于沟边湿地、水边、林缘。

359 齿果酸模 | *Rumex dentatus*　　　蓼科　酸模属

一年生草本。茎直立,高 30~70 厘米,自基部分枝,枝斜上,具浅沟槽。茎下部叶长圆形或长椭圆形,长 4~12 厘米,顶端圆钝或急尖,基部圆形或近心形,边缘浅波状,茎生叶较小;叶柄长 1.5~5 厘米。花序总状,顶生和腋生;内花被片果时增大,三角状卵形,顶端急尖,基部近圆形,网纹明显,全部具小瘤,小瘤长 1.5~2 毫米,边缘每侧具 2~4 枚刺状齿,齿长 1.5~2 毫米。瘦果卵形,具 3 锐棱。花期 5—6 月,果期 6—7 月。南太行平原、山区广布。生于沟边湿地、山坡路旁。

360 刺酸模 | *Rumex maritimus*　　　　蓼科　酸模属

一年生草本。茎直立,高 15~60 厘米,自中下部分,具深沟槽。茎下部叶披针形或披针状长圆形,顶端急尖,基部狭楔形,边缘微波状;叶柄长 1~2.5 厘米,茎上部近无柄;托叶鞘膜,早落。花序圆锥状,具叶,花两性,多花轮生;花梗基部具关节;外花被椭圆形,长约 2 毫米,内花被片果时增大,狭三角状卵形,长 2.5~3 毫米,宽约 1.5 毫米,顶端急尖,基部截形,边缘每侧具 2~3 枚针刺,针刺长 2~2.5 毫米,全部具长圆形小瘤,小瘤长约 1.5 毫米。瘦果椭圆形,两端尖,具 3 锐棱,黄褐色,有光泽,长 1.5 毫米。花期 5—6 月,果期 6—7 月。南太行分布于黄河滩区。生于荒滩、草地、湿地。

361 毛脉酸模 | *Rumex gmelinii*　　　　蓼科　酸模属

多年生草本。茎直立,高 40~100 厘米,粗壮,无毛,具沟槽,黄绿色或淡红色。基生叶钝三角状卵形,长 8~25 厘米,宽 5~20 厘米,顶端圆钝,基部深心形,正面无毛,背面沿叶脉密生乳头状突起,边缘全缘或呈微波状,叶柄长可达 30 厘米;茎生叶较小长圆状卵形,顶端圆钝,基部心形,叶柄比叶短;托叶鞘膜质,破裂。花序圆锥状,通常具叶;花两性,外花被片长圆形,内花被片果时增大,椭圆状卵形,顶端钝,基部圆形,具网脉,全部无小瘤。瘦果卵形,具 3 棱。花期 5—6 月,果期 6—7 月。南太行分布于海拔 500 米左右山区。生于水边、山谷湿地。

362 酸模 | *Rumex acetosa*　　　蓼科　酸模属

多年生草本。根为须根。茎直立，高40~100厘米，具深沟槽，通常不分枝。基生叶和茎下部叶箭形，长3~12厘米，宽2~4厘米，顶端急尖或圆钝，基部裂片急尖，全缘或微波状；叶柄长2~10厘米；茎上部叶较小，具短叶柄或无柄；托叶鞘膜质。花序狭圆锥状，顶生，分枝稀疏；雌花内花被片果时增大，近圆形，全缘基部心形，网脉明显，基部具极小的小瘤，外花被片椭圆形，反折。瘦果椭圆形，具3锐棱，两端尖。花期5—7月，果期6—8月。南太行分布于海拔1000米以上山区。生于荒坡、水边、山谷湿地。

363 羊蹄 | *Rumex japonicus*　　　蓼科　酸模属

多年生草本。茎直立，高50~100厘米，上部分枝，具沟槽。基生叶长圆形或披针状长圆形，长8~25厘米，顶端急尖，基部圆形或心，边缘微波状；茎上部叶狭长圆形；叶柄长2~12厘米；托叶鞘膜质，易破裂。花序圆锥状，花两性，多花轮生；花梗细长，中下部具关节；花被片6，淡绿色，外花被片椭圆形，内花被片果时增大，宽心形，顶端渐尖，基部心形，网脉明显，边缘具不整齐的小齿，齿长0.3~0.5毫米，全部具小瘤，小瘤长卵形。瘦果宽卵形，具3锐棱，两端尖，暗褐色，有光泽。花期5—6月，果期6—7月。南太行平原、山区有分布。生于田边路旁、河滩、沟边湿地。根入药，具清热、凉血、杀虫润肠的功效。

364 皱叶酸模 | *Rumex crispus* 蓼科 酸模属

多年生草本。根粗壮，黄褐色。茎直立，高50~120厘米，不分枝或上部分枝，具浅沟槽。基生叶披针形或狭披针形，长10~25厘米，顶端急尖，基部楔形，边缘皱波状；茎生叶较小狭披针形；叶柄长3~10厘米；托叶鞘膜质，易破裂。花序狭圆锥状，花序分枝近直立或上升；花两性；淡绿色；花梗细，中下部具关节；花被片6，外花被片椭圆形，内花被片果时增大，宽卵形，网脉明显，基部近截形，边缘近全缘，全部具小瘤，小瘤卵形。瘦果卵形，顶端急尖，具3锐棱，暗褐色，有光泽。花期5—6月，果期6—7月。南太行平原、山区广布。生于河滩、沟边湿地。根入药（中药称牛耳大黄），有清热解毒、止血、通便、杀虫的功效。

365 升麻 | *Actaea cimicifuga* 毛茛科 类叶升麻属

多年生草本。茎微具槽，分枝，被短柔毛。叶为二至三回三出羽状复叶；茎下部叶的叶三角形，宽达30厘米；顶生小叶具长柄，菱形，常浅裂，边缘有锯齿，侧生小叶具短柄或无柄，斜卵形，比顶生小叶略小，正面无毛，背面沿脉疏被白色柔毛；叶柄长达15厘米；上部的茎生叶较小，具短柄或无柄。花序具分枝3~20条；轴密被灰色或锈色的腺毛及短毛；苞片钻形，比花梗短；花两性；萼片倒卵状圆形，白色或绿白色。蓇葖果长圆形，顶端有短喙。花期7—9月，果期8—10月。南太行分布于山西晋城等地。生于山地林缘、林中或路旁草丛中。根状茎药用，治风热头痛、咽喉肿痛、斑疹不易透发等症。

366 小升麻 | *Actaea japonica*

毛茛科　类叶升麻属

多年生草本。茎直立，高25~110厘米，下部近无毛或疏被伸展的长柔毛，上部密被灰色的柔毛。叶1或2，近基生，为三出复叶；叶宽达35厘米，小叶有长4~12厘米的柄；顶生小叶卵状心形，7~9掌状浅裂，浅裂片三角形或斜梯形，边缘有锯齿，正面只在近叶缘处被短糙伏毛，背面沿脉被白色柔毛；叶柄长达32厘米，疏被长柔毛或近无毛。花序顶生，单一或有1~3分枝；轴密被灰色短柔毛；花小，近无梗；萼片白色，椭圆形至倒卵状椭圆形；退化雄蕊圆卵形，基部具蜜腺。蓇葖果长约10毫米，宽约3毫米，宿存花柱向外方伸展。花期8—9月，果期10月。南太行分布于山西晋城。生于山地林下或林缘。根状茎药用，治劳伤内损、疔毒等症；也可做土农药。

367 蝎子草（亚种） | *Girardinia diversifolia* subsp. *suborbiculata*

荨麻科　蝎子草属

大蝎子草（原种）。本亚种特征：一年生草本。叶互生，宽卵形或近圆形，长5~19厘米，宽4~18厘米，先端短尾状，边缘有缺刻状粗牙齿，有蛰毛，可引起严重刺痛，应避免碰触；基出3脉。花单性，雌雄同株；花序穗状，较粗状。瘦果宽卵形。花期7—9月，果期9—11月。南太行分布于海拔900米以上山区。生于林缘、路旁、草地。全草入药，具镇静止疼、解毒止痒的功效。

368 艾麻 | *Laportea cuspidata* 荨麻科 艾麻属

多年生草本。茎下部多少木质化，直立，在上部呈"之"字形，具5条纵棱，有时带紫红色，疏生刺毛和短柔毛，有时生于叶腋的木质珠芽数枚。叶近膜质至纸质，卵形、椭圆形或近圆形，先端长尾状，基部心形或圆形，边缘具粗大的锐牙齿，两面疏生刺毛和短柔毛，基出脉3条；叶柄长3~14厘米，被毛同茎上部；托叶卵状三角形，先端2裂，以后脱落。花序雌雄同株，雄花序圆锥状，生雌花序的下部叶腋，直立，长8~17厘米；雌花序长穗状，生于茎梢叶腋，小团伞花簇稀疏着生于单一的序轴上，花序梗较短，疏生刺毛和短柔毛；雄花具短梗或近无梗；花被片5，狭椭圆形，疏生微毛；雌花具梗；花被片4，不等大，侧生2枚紧包被着子房，长圆状卵形。花期6—7月，果期8—9月。南太行分布于海拔600米以上山区。生于山坡林下或沟边。韧皮纤维可制绳索和代麻。根药用，有祛风湿、解毒消肿的功效。

369 八角麻 | *Boehmeria platanifolia* 荨麻科 苎麻属

亚灌木或多年生草本。茎高50~150厘米，中部以上与叶柄和花序轴密被短毛。叶对生，稀互生；叶纸质，扁五角形或扁圆卵形，茎上部叶常为卵形，顶部3骤尖或3浅裂，基部截形、浅心形或宽楔形，边缘有粗牙齿，正面粗糙，有糙伏毛，背面密被短柔毛，侧脉2对；叶柄长1.5~6（10）厘米。穗状花序单生叶腋，或同一植株的全为雌性，或茎上部的雌性，其下的为雄性，雌的长5.5~24厘米，雄的长8~17厘米；团伞花序直径1~2.5毫米；雄花花被片4，椭圆形，下部合生，外面上部疏被短毛；雌花花被椭圆形，齿不明显，外面有密柔毛；柱头长1~1.6毫米。花期7—8月，果期9—10月。南太行分布于海拔500米以上山区。生于山谷疏林下、沟边或田边。全草入药，具清热解毒、祛风除湿的功效。

370 赤麻 | *Boehmeria silvestrii*　　荨麻科　苎麻属

多年生草本或亚灌木。茎高60~100厘米，下部无毛，上部疏被短伏毛。叶对生；叶薄草质，茎中部的近五角形或圆卵形，长5~13厘米，顶端3或5骤尖，基部宽楔形或截状楔形，茎上部叶渐变小，常为卵形，顶部1或3骤尖，边缘自基部之上有牙齿，两面疏被短伏毛；叶柄长达4~8厘米。花单性，雌雄异株或同株，穗状花序长4~11（20）厘米，团伞花序直径1~3毫米，苞片长1.5毫米；雄花花被片4，椭圆形，长1.5毫米，合生至中部；雄蕊4枚，雌花花被顶端具2小齿。瘦果近卵球形或椭圆球形。花期6—8月，果期9—10月。南太行分布于海拔600米以上山区。生于山谷石边阴处、沟边。茎皮纤维坚韧，可供织麻布、拧绳索。

371 小赤麻 | *Boehmeria spicata*　　荨麻科　苎麻属

多年生草本或亚灌木。叶对生，卵状菱形或卵状宽菱形，顶端长骤尖，基部宽楔形，边缘每侧在基部之上有3~8个大牙齿，侧脉1~2对；叶柄长1~6.5厘米。穗状花序单生叶腋，雌雄异株，或雌雄同株，此时，茎上部的为雌性，其下的为雄性；雄花无梗；雌花花被近狭椭圆形，果期呈菱状倒卵形或宽菱形。花果期6—8月。南太行海拔500米以上有分布。生于丘陵或低山草坡、石上、沟边。

372 透茎冷水花 | *Pilea pumila*　　　　　　荨麻科　冷水花属

一年生草本。茎肉质。叶对生，叶菱状卵形或宽卵形，长1~8.5厘米，宽0.8~5厘米，基部之上密生牙齿，基出3脉。花单性，雌雄同株；花序长0.5~5厘米，多分枝；雄花花被片通常2，雌花花被片3；柱头画笔头状。瘦果卵形，光滑。花果期7—9月。南太行分布于海拔800米以上山区。生于沟谷林下、水边。根、茎可药用，有利尿解热和安胎的功效。

373 半夏 | *Pinellia ternata*　　　　　　天南星科　半夏属

多年生草本。块茎圆球形，直径1~2厘米，具须根。叶2~5，有时1；叶柄长15~20厘米，基部具鞘，鞘内、鞘部以上或叶基部（叶柄顶头）有直径3~5毫米的珠芽，珠芽在母株上萌发或落地后萌发；幼苗叶卵状心形至戟形，为全缘单叶；老株叶3全裂，裂片绿色，两头锐尖；全缘或具不明显的浅波状圆齿，侧脉8~10对。花序柄长25~35厘米，长于叶柄；佛焰苞绿色或绿白色，管部狭圆柱形；檐部长圆形，绿色，有时边缘青紫色，钝或锐尖；肉穗花序，雌花序长2毫米，雄花序长5~7毫米，其中间隔3毫米；附属器绿色变青紫色，直立，有时"S"形弯曲。浆果卵圆形，黄绿色，先端渐狭为明显的花柱。花期5—7月，果期8月。南太行海拔800米以上有分布。常生于草坡、荒地、玉米地、田边或疏林下。为旱地中的杂草之一。块茎入药，有毒，能燥湿化痰、降逆止呕、消痞肿，主治咳嗽痰多、恶心呕吐；外用治急性乳腺炎、急慢性化脓性中耳炎；兽医用以治锁喉瘴。

374 虎掌 | *Pinellia pedatisecta*　　天南星科　半夏属

多年生草本。块茎近圆球形；块茎四旁常生若干小球茎。叶 1~3 或更多，叶柄淡绿色，长 20~70 厘米，下部具鞘；叶鸟足状分裂，裂片 6~11，披针形，渐尖，基部渐狭，楔形；侧脉 6~7 对，离边缘 3~4 毫米处弧曲，连结为集合脉，网脉不明显。花序柄长 20~50 厘米，直立；佛焰苞淡绿色，管部长圆形，长 2~4 厘米，直径约 1 厘米，向下渐收缩；肉穗花序，雌花序长 1.5~3 厘米；雄花序长 5~7 毫米；附属器黄绿色，细线形，长 10 厘米，直立或略呈"S"形弯曲。浆果卵圆形，绿色至黄白色，小，藏于宿存的佛焰苞管部内。花期 6—7 月，果期 9—11 月。南太行丘陵、山区有分布。生于林下、山谷或河谷阴湿处。我国特有。块茎入药，主治恶痢冷漏疮、恶疮疔风，味道苦、辛；有毒。

375 独角莲 | *Sauromatum giganteum*　　天南星科　斑龙芋属

多年生草本。块茎外被暗褐色小鳞片，有 7~8 条环状节，颈部周围生多条须根。通常一、二年生的只有 1 叶，三、四年生的有 3~4 叶；叶与花序同时抽出；叶柄圆柱形，长约 60 厘米，密生紫色斑点，中部以下具膜质叶鞘；叶幼时内卷如角状（因名），后即展开，箭形，先端渐尖，基部箭状；中肋背面隆起。花序柄长 15 厘米；佛焰苞紫色，管部圆筒形或长圆状卵形，长约 6 厘米，粗 3 厘米；檐部卵形，展开，长达 15 厘米，先端渐尖常弯曲；肉穗花序几无梗，长达 14 厘米。花期 6—8 月，果期 7—9 月。南太行分布于海拔 900 米以上山区。生于荒地、山坡、水沟旁。块茎供药用，能祛风痰、逐寒湿、镇痉，治头痛、口眼㖞斜、半身不遂、破伤风、跌打劳伤、肢体麻木、中风不语、淋巴结核等。中药称白附子。

376 一把伞南星 | *Arisaema erubescens*　　　天南星科　天南星属

多年生草本。块茎扁球形，直径可达6厘米。叶通常1，叶柄长40~80厘米，中部以下具鞘，叶放射状分裂，裂片4~20，长8~24厘米，宽6~35毫米，长渐尖。花序从叶柄基部伸出，单性异株；佛焰苞绿色，管部圆筒形，檐部三角状卵形，常具长5~15厘米的条形尾尖，附属器棒状。浆果熟时红色。花期5—7月，果期9月。南太行分布于海拔1000米以上山区。生于林缘林下、草地、路旁。块茎入药，具燥湿化痰、祛风止痉、散结消肿的功效。

377 大麻 | *Cannabis sativa*　　　桑科　大麻属

一年生直立草本，高1~3米。枝具纵沟槽，密生灰白色贴伏毛。叶掌状全裂，裂片披针形或线状披针形，中裂片最长，先端渐尖，基部狭楔形，边缘具向内弯的粗锯齿，中脉及侧脉在正面微下陷，背面隆起；叶柄长3~15厘米，密被灰白色贴伏毛；托叶线形。雄花序长达25厘米；花黄绿色，花被5，膜质，外面被细伏贴毛，雄蕊5枚；雌花绿色；花被1，紧包子房，略被小毛；子房近球形，外面包于苞片。瘦果为宿存黄褐色苞片所包，果皮坚脆，表面具细网纹。花期5—6月，果期7月。南太行平原、丘陵有逸生。生于废弃耕地、路旁、草地。茎皮纤维长而坚韧，可用于织麻布或纺线、制绳索、编织渔网和造纸。种子榨油，可制油漆、涂料等，油渣可做饲料。果实入药，性平，味甘，有润肠的功效，主治大便燥结；果壳和苞片有毒，治劳伤、破积、散胀，多服令人发狂；叶含麻醉性树脂可以配制麻醉剂。

378 北美车前 | *Plantago virginica*　　车前科　车前属

一年生或二年生草本。直根纤细,有细侧根。根茎短。叶基生呈莲座状,平卧至直立;叶倒披针形至倒卵状披针形,先端急尖或近圆形,边缘波状、疏生牙齿或近全缘,基部狭楔形,下延至叶柄,两面及叶柄散生白色柔毛,脉 5(3)条;叶柄长 0.5~5 厘米,具翅或无翅,基部鞘状。花序 1 至多数;花序梗直立或弓曲上升,长 4~20 厘米,较纤细,有纵条纹,密被开展的白色柔毛,中空;穗状花序细圆柱状,长 3(1)~18 厘米,下部常间断;苞片披针形或狭椭圆形,背面及边缘有白色疏柔毛;萼片与苞片等长或略短,先端及背面有白色短柔毛;花冠淡黄色,无毛,冠筒等长或略长于萼片;花两型,能育花的花冠裂片卵状披针形,直立。蒴果卵球形。花期 4—5 月,果期 5—6 月。南太行平原、山区广布。生于路旁、荒地荒坡、水边、沟谷。全草入药,具利尿、清热、明目、祛痰的功效。

379 车前 | *Plantago asiatica*　　车前科　车前属

二年生或多年生草本。须根多数。根茎短,稍粗。叶基生呈莲座状;叶薄纸质或纸质,宽卵形至宽椭圆形,长 4~12 厘米,宽 2.5~6.5 厘米,两面疏生短柔毛;脉 5~7 条;叶柄基部扩大成鞘,疏生短柔毛。花序 3~10 枚,直立或弓曲上升;花序梗长 5~30 厘米,有纵条纹,疏生白色短柔毛;穗状花序细圆柱状,长 3~40 厘米,紧密或稀疏,下部常间断;花冠白色,无毛。蒴果纺锤状卵形、卵球形或圆锥状卵形。花期 4—8 月,果期 6—9 月。南太行平原、山区广布。生于草地、沟边、河岸湿地、田边、路旁或村边空旷处。传统中药,有清热利尿、祛痰、凉血、解毒等功效。

380 大车前 | *Plantago major*   车前科　车前属

二年生或多年生草本。须根多数。根茎粗短。叶基生呈莲座状；叶草质或纸质，宽卵形至宽椭圆形，长3~30厘米，宽2~21厘米，脉3~7条；叶柄基部鞘状，常被毛。花序1至数枚；穗状花序细圆柱状，基部常间断。蒴果近球形、卵球形或宽椭圆球形。花期6—8月，果期7—9月。南太行平原、山区广布。生于草地、草甸、河滩、沟边、沼泽地、山坡路旁、田边或荒地。药效同车前。

381 平车前 | *Plantago depressa*   车前科　车前属

一年生或二年生草本。直根长，具多数侧根。根茎短。叶基生呈莲座状；叶纸质，椭圆形、椭圆状披针形或卵状披针形，先端急尖或微钝，基部宽楔形至狭楔形，下延至叶柄，脉5~7条，正面略凹陷，于背面明显隆起，两面疏生白色短柔毛；叶柄长2~6厘米，基部扩大呈鞘状。花序3~10余枚；花序梗长5~18厘米；穗状花序细圆柱状，上部密集，基部常间断，长6~12厘米；花冠白色，无毛。蒴果卵状椭圆形至圆锥状卵形。花期5—7月，果期7—9月。南太行平原、山区广布。生于草地、河滩、沟边、草甸、田间及路旁。药效同车前。

382 毛平车前（亚种） | *Plantago depressa* subsp. *turczaninowii*

车前科　车前属

与平车前（原种）的区别：叶和花序梗密被或疏生白色柔毛。花期5—7月，果期7—9月。南太行平原、山区广布。生于河滩、湿草地、阴湿山坡。药效同车前。

383 长叶车前 | *Plantago lanceolata*

车前科　车前属

多年生草本。直根粗长，根茎粗短，不分枝或分枝。叶基生呈莲座状，无毛或散生柔毛；叶纸质，线状披针形、披针形或椭圆状披针形，长6~20厘米，宽0.5~4.5厘米，先端渐尖至急尖，边缘全缘或具极疏的小齿，基部狭楔形，下延；叶柄细，长2~10厘米，基部略扩大呈鞘状，有长柔毛。花序3~15个；花序梗直立或弓曲上升，长10~60厘米，有明显的纵沟槽，棱上多少贴生柔毛；穗状花序幼时通常呈圆锥状卵形；花冠白色，无毛，冠筒约与萼片等长或稍长。蒴果狭卵球形。花期5—6月，果期6—7月。南太行分布于海拔1000米以上山区。生于海滩、河滩、草原湿地、山坡多石处或沙质地、路边、荒地。药效同车前。

384 地肤 | *Kochia scoparia*

苋科　沙冰藜属

一年生草本，高 50~100 厘米。茎直立，圆柱状，淡绿色或带紫红色，有多数条棱；分枝稀疏，斜上。叶为平面叶，披针形或条状披针形，无毛或稍有毛，先端短渐尖，基部渐狭入短柄，通常有 3 条明显的主脉，边缘有疏生的锈色绢状缘毛；茎上部叶较小，无柄，1 脉。花两性或雌性，通常 1~3 朵生于上部叶腋，构成疏穗状圆锥状花序；花被近球形，淡绿色，花被裂片近三角形，无毛；翅端附属物三角形至倒卵形，边缘微波状或具缺刻；花丝丝状；柱头 2，丝状，紫褐色，花柱极短。胞果扁球形，果皮膜质，与种子离生。花期 6—9 月，果期 7—10 月。南太行平原、丘陵广布。生于田边、路旁、荒地等处。幼苗可作蔬菜。果实中药称地肤子，能清湿热、利尿，治尿痛、尿急、小便不利及荨麻疹；外用治皮肤癣及阴囊湿疹。

385 苋 | *Amaranthus tricolor*

苋科　苋属

一年生草本，高 80~150 厘米。茎粗壮，绿色或红色，常分枝。叶卵形、菱状卵形或披针形，绿色中间加杂其他颜色，顶端圆钝或尖凹，具突尖，基部楔形，全缘或波状缘，无毛；叶柄长 2~6 厘米，绿色或红色。花簇腋生，直到下部叶，或同时具顶生花簇，呈下垂的穗状花序；花簇球形，直径 5~15 毫米，雄花和雌花混生。胞果卵状矩圆形。花期 5—8 月，果期 7—9 月。各地均有栽培，有时逸为半野生。茎叶作为蔬菜食用。叶杂有各种颜色者供观赏。全草入药，有明目、利大小便、去寒热的功效。

386 刺苋 | *Amaranthus spinosus* 　　苋科　苋属

　　一年生草本，高 30~100 厘米。茎直立，圆柱形或钝棱形，多分枝，有纵条纹，绿色或带紫色，无毛或稍有柔毛。叶菱状卵形或卵状披针形；叶柄长 1~8 厘米，无毛，在其旁有 2 刺，刺长 5~10 毫米。圆锥花序腋生及顶生，长 3~25 厘米。胞果矩圆形。花果期 7—11 月。南太行平原广布。生于旷地或园圃的杂草。嫩茎叶作野菜食用。全草供药用，有清热解毒、散血消肿的功效。

387 凹头苋 | *Amaranthus blitum* 　　苋科　苋属

　　一年生草本。全株无毛。茎伏卧而上升，从基部分枝，淡绿色或紫红色。叶卵形或菱状卵形，顶端凹缺，有 1 芒尖，或微小不显，基部宽楔形，全缘或稍呈波状；叶柄长 1~3.5 厘米。花成簇在叶腋部腋生，直至下部叶的腋部，生在茎端和枝端者成直立穗状花序或圆锥花序；苞片及小苞片矩圆形；花被片矩圆形或披针形。胞果扁卵形。花期 7—8 月，果期 8—9 月。南太行平原、山区广布。生于田野、人家附近的杂草地上。全草入药，用作缓和止痛、收敛、利尿、解热剂；种子有明目、利大小便、去寒热的功效；鲜根有清热解毒的功效。

388 反枝苋 | *Amaranthus retroflexus*　　　苋科　苋属

一年生草本,高20~80厘米,有时1米多。茎直立,粗壮,淡绿色,有时具带紫色条纹,稍具钝棱,密生短柔毛。叶菱状卵形或椭圆状卵形,顶端锐尖或尖凹,有小突尖,基部楔形,全缘或波状缘,两面及边缘有柔毛,背面毛较密;叶柄长1.5~5.5厘米,淡绿色,有时淡紫色,有柔毛。圆锥花序顶生及腋生,直立,直径2~4毫米,由多数穗状花序形成,顶生花穗较侧生者长。胞果扁卵形,薄膜质,淡绿色,包裹在宿存花被片内。花期7—8月,果期8—9月。南太行平原、山区广布。生于田园内、农地旁、居民区附近的草地上,有时生在瓦房上。嫩茎叶为野菜,也可做家畜饲料。种子作"青葙子"入药;全草药用,治腹泻、痢疾、痔疮肿痛出血等症。

389 皱果苋 | *Amaranthus viridis*　　　苋科　苋属

一年生草本,高40~80厘米。全株无毛。茎直立,有不显明棱角,稍有分枝,绿色或带紫色。叶卵形、卵状矩圆形或卵状椭圆形,长3~9厘米,顶端尖凹或凹缺,少数圆钝,有1芒尖,基部宽楔形或近截形,全缘或微呈波状缘;叶柄长3~6厘米,绿色或带紫红色。圆锥花序顶生,长6~12厘米,有分枝,由穗状花序形成,圆柱形、细长,直立,顶生花穗比侧生者长。胞果扁球形,直径约2毫米,绿色,不裂,极皱缩,超出花被片。花期6—8月,果期8—10月。南太行平原、山区广布。生于居民区附近的杂草地上或田野间。嫩茎叶可作野菜食用,也可做饲料。全草入药,有清热解毒、利尿止痛的功效。

390 绿穗苋 | *Amaranthus hybridus*　　　　苋科　苋属

一年生草本，高 30~50 厘米。茎直立，分枝，上部近弯曲，有开展柔毛。叶卵形或菱状卵形，顶端急尖或微凹，具突尖，基部楔形，边缘波状或有不明显锯齿，微粗糙，正面近无毛，背面疏生柔毛。圆锥花序顶生，细长，上升稍弯曲，有分枝，由穗状花序而成，中间花穗最长；苞片及小苞片钻状披针形，长 3.5~4 毫米，中脉坚硬，绿色，向前伸出成尖芒。花期 7—8 月，果期 9—10 月。南太行海拔 800 米以上有分布。生于林缘、旷地或山坡。嫩茎叶可作野菜食用，也可做饲料。

391 北美苋 | *Amaranthus blitoides*　　　　苋科　苋属

一年生草本，高 15~50 厘米。全株无毛或近无毛。茎大部分伏卧，从基部分枝，绿白色。叶密生，倒卵形、匙形至矩圆状倒披针形，长 5~25 毫米，顶端圆钝或急尖，具细突尖，尖长达 1 毫米，基部楔形，全缘；叶柄长 5~15 毫米。花腋生，呈簇，比叶柄短，有少数花；苞片及小苞片披针形，长 3 毫米，顶端急尖，具尖芒；花被片 4，卵状披针形至矩圆披针形，长 1~2.5 毫米，绿色，顶端稍渐尖，具尖芒；柱头 3，顶端卷曲。胞果椭圆形，长 2 毫米，环状横裂，上面带淡红色，近平滑，比最长花被片短。种子卵形。花期 8—9 月，果期 9—10 月。由北美洲引进。南太行平原、山区广布。生于田野、路旁杂草地上。嫩茎叶可作野菜食用，也可做饲料。

392 腋花苋（亚种） | *Amaranthus graecizans* subsp. *thellungianus*

苋科　苋属

拟腋花苋（原种）。本亚种特征：一年生草本，高30~65厘米。茎直立，多分枝，淡绿色，全株无毛。叶菱状卵形、倒卵形或矩圆形，长2~5厘米，顶端微凹，具突尖，基部楔形，波状缘；叶柄长1~2.5厘米，纤细。花腋生，花簇短，花数少且疏生；苞片及小苞片钻形，长2毫米，背面有1绿色隆起中脉，顶端具芒尖；花被片披针形，长2.5毫米，顶端渐尖，具芒尖；雄蕊比花被片短；柱头3，反曲。胞果卵形，长3毫米，环状横裂，和宿存花被略等长。种子近球形。花期7—8月，果期8—9月。南太行平原、山区广布。生于旷地或田地旁。嫩茎叶可作野菜食用，也可做饲料。

393 藜 | *Chenopodium album*

苋科　藜属

一年生草本，高30~150厘米。茎直立，粗壮，具条棱及绿色或紫红色色条，多分枝；枝条斜升或开展。叶菱状卵形至宽披针形，长3~6厘米，宽2.5~5厘米，先端急尖或微钝，基部楔形至宽楔形，正面通常无粉，有时嫩叶的正面有紫红色粉，背面多少有粉，边缘具不整齐锯齿；叶柄与叶近等长，或为叶长度的1/2。花两性，花簇生于枝上部，排列成或大或小的穗状圆锥状或圆锥状花序；花被裂片5，宽卵形至椭圆形，背面具纵隆脊，有粉，先端或微凹，边缘膜质；果皮与种子贴生。花果期5—10月。南太行平原、山区广布。生于路旁、荒地及田间。很难除掉的杂草。全草可入药，能止泻痢、止痒，可治痢疾腹泻；配合野菊花煎汤外洗，治皮肤湿毒及周身发痒。

394 小藜 | *Chenopodium ficifolium*   苋科 藜属

一年生草本，高 20~50 厘米。茎直立，具条棱及绿色色条。叶卵状矩圆形，长 2.5~5 厘米，宽 1~3.5 厘米，通常 3 浅裂；中裂片两边近平行，先端钝或急尖并具短尖头，边缘具深波状锯齿；侧裂片位于中部以下，通常各具 2 枚浅裂齿。花两性，数朵集聚，排列于上部的枝上形成较开展的顶生圆锥状花序；花被近球形，5 深裂，裂片宽卵形，不开展，背面具微纵隆脊并有密粉。胞果包在花被内，果皮与种子贴生。花期 4—5 月，果期 6—9 月。南太行平原、山区广布。为普通田间杂草，有时也生于荒地、道旁、垃圾堆等处。作用同藜。

395 灰绿藜 | *Chenopodium glaucum*   苋科 藜属

一年生草本，高 20~40 厘米。茎平卧或外倾，具条棱及绿色或紫红色色条。叶矩圆状卵形至披针形，长 2~4 厘米，肥厚，先端急尖或钝，基部渐狭，边缘具缺刻状牙齿，正面无粉、平滑，背面有粉而呈灰白色，有稍带紫红色；中脉明显，黄绿色；叶柄长 5~10 毫米。花两性，兼有雌性，通常数花聚成团伞花序，再于分枝上排列成有间断而通常短于叶的穗状或圆锥状花序。胞果顶端露出于花被外，果皮膜质，黄白色。花果期 5—10 月。南太行平原、山区广布。生于农田、菜园、村房、水边等有轻度盐碱的土壤上。嫩茎叶可作野菜食用，也可做饲料。

396 杖藜 | *Chenopodium giganteum*　　　　　　　苋科　藜属

一年生大型草本，高可达 3 米。茎直立，粗壮，基部直径达 5 厘米，具条棱及绿色或紫红色色条，上部多分枝，幼嫩时顶端的嫩叶有彩色密粉而现紫红色。叶菱形至卵形，长可达 20 厘米，宽可达 16 厘米，先端通常钝，基部宽楔形，正面深绿色，无粉，背面浅绿色，有粉或老后变为无粉，边缘具不整齐的浅波状钝锯齿，上部分枝上的叶渐小，卵形至卵状披针形，有齿或全缘；叶柄长为叶长度的 1/2~2/3。花序为顶生大型圆锥状花序，多粉，开展或稍收缩，果时通常下垂；花两性，在花序中数个团集或单生；花被裂片 5，卵形，绿色或暗紫红色，边缘膜质；雄蕊 5 枚。胞果双凸镜形，果皮膜质。花期 8 月，果期 9—10 月。本种为栽培种。嫩茎叶可作野菜食用，也可做饲料。

397 牛膝 | *Achyranthes bidentata*　　　　　　　苋科　牛膝属

多年生草本，高 70~120 厘米。根圆柱形，土黄色。茎有棱角或四方形，绿色或带紫色，有白色贴生或开展柔毛，或近无毛，分枝对生。叶椭圆形或椭圆披针形，少数倒披针形，长 4.5~12 厘米，基部楔形或宽楔形，两面有贴生或开展柔毛；叶柄长 5~30 毫米，有柔毛。穗状花序顶生及腋生，长 3~5 厘米；总花梗长 1~2 厘米，有白色柔毛；花多数，密生。胞果矩圆形。花期 7—9 月，果期 9—10 月。南太行平原、丘陵区广布。生于荒地、草地、路旁、河滩。根入药，生用，活血通经，治产后腹痛、月经不调、闭经、鼻衄、虚火牙痛、脚气水肿；熟用，补肝肾，强腰膝，治腰膝酸痛、肝肾亏虚、跌打瘀痛；兽医用于治牛软脚症、跌伤断骨等。

398 猪毛菜 | *Kali collinum*   苋科　猪毛菜属

一年生草本，高 20~100 厘米。茎自基部分枝，枝互生，伸展，茎、枝绿色，有白色或紫红色条纹。叶丝状圆柱形，伸展或微弯曲，长 2~5 厘米，生短硬毛，顶端有刺状尖，基部边缘膜质，稍扩展而下延。花序穗状，生枝条上部；苞片卵形，有刺状尖，边缘膜质，背部有白色隆脊；小苞片狭披针形，顶端有刺状尖，苞片及小苞片与花序轴紧贴。花期 7—9 月，果期 9—10 月。南太行平原、丘陵区广布。生于荒地、草地、路旁、河滩。全草入药，有降低血压的功效。嫩茎、叶可供食用。

399 草胡椒 | *Peperomia pellucida*   胡椒科　草胡椒属

一年生草本，高 20~40 厘米。茎直立或基部有时平卧，分枝，无毛，下部节上常生不定根。叶互生，膜质，半透明，阔卵形或卵状三角形，长和宽近相等，1~3.5 厘米，顶端短尖或钝，基部心形，两面均无毛；基出脉 5~7 条，网状脉不明显；叶柄长 1~2 厘米。穗状花序顶生和与叶对生，细弱，长 2~6 厘米，其与花序轴均无毛；花疏生。浆果球形，顶端尖，直径约 0.5 毫米。花期 4—7 月，果期 5—8 月。南太行平原有分布。生于林下湿地、石缝中或宅舍墙脚下。全草入药，具散瘀止痛，用于治烧、烫伤和跌打损伤。

400 小花山桃草 | *Gaura parviflora*　　柳叶菜科　月见草属

一年生或二年生草本。全株密被伸展灰白色长毛与腺毛。基生叶宽倒披针形,茎生叶渐小,互生。花序穗状;萼片4枚,绿色;花瓣白绿色或带粉色,常早落。蒴果纺锤形。花期7—8月,果期8—9月。原产于美国。我国引种后,逸为野生杂草。南太行平原、山区广布。生于各种环境。

401 苍耳 | *Xanthium strumarium*　　菊科　苍耳属

一年生草本。叶互生,具长柄,三角状卵形或心形,长4~9厘米,宽5~10厘米,基出3脉,边缘有3~5不明显浅裂。花单性,雌雄同株;雄花序球形,黄绿色;雌花序椭圆形,含雌花2朵;成熟时总苞变坚硬,长12~15毫米,外面疏生倒钩刺,可钩住动物皮毛用于传播种子。花期7—8月,果期9—10月。南太行平原、丘陵区广布。常生于平原、丘陵、低山、荒野路边、田边。果实入药,具发散风寒、通鼻窍、祛风湿和止痛、镇咳、降血糖、降压、抗菌、消炎,以及抗凝血酶的功效。

402 刺苍耳 | *Xanthium spinosum*   菊科 苍耳属

一年生直立草本。茎上部多分枝，节上具3叉状棘刺，刺长1~3厘米。叶狭卵状披针形或阔披针形，长3~8厘米，宽6~30毫米；叶柄细，长5~15毫米，被茸毛。花单性，雌雄同株；总苞内有2枚长椭圆形瘦果。果实呈纺锤形，表面黄绿色，着生先端膨大钩刺。花期7—9月，果期9—11月。原产于南美洲。南太行山西阳城等地发现其踪迹，且生长旺盛。生于路边、荒地和旱作物地，侵入农田，危害白菜、小麦、大豆等旱地作物，此外对牧场的危害也比较严重。是一种世界上广泛蔓延的恶性杂草。

403 香丝草 | *Erigeron bonariensis*   菊科 飞蓬属

一年生或二年生草本。茎直立或斜升，高20~50厘米，稀更高，中部以上常分枝，常有斜上不育的侧枝，密被贴短毛，杂有开展的疏长毛。叶密集，基部叶花期常枯萎，下部叶倒披针形或长圆状披针形，长3~5厘米，顶端尖或稍钝，基部渐狭成长柄，通常具粗齿或羽状浅裂，中部和上部叶具短柄或无柄，狭披针形或线形，长3~7厘米，中部叶具齿，上部叶全缘，两面均密被贴糙毛。头状花序多数，在茎端排列成总状或总状圆锥花序；两性花淡黄色，花冠管状，长约3毫米，上端具5齿裂；冠毛1层，淡红褐色，长约4毫米。花果期5—10月。南太行平原、丘陵区广布。常生于荒地、田边、路旁，为一种常见的杂草。全草入药，治感冒、疟疾、急性关节炎及外伤出血等症。

404 小蓬草 | *Erigeron canadensis*　　　　菊科　飞蓬属

一年生草本。上部多分枝。叶互生，条状披针形，长6~10厘米，边缘有微锯齿。头状花序在茎端密集呈圆锥状；总苞圆柱状，总苞片2~3层，被疏柔毛；舌状花雌性，白绿色，舌片短；管状花两性。花果期5—10月。南太行平原、丘陵区广布。常生于旷野、荒地、田边和路旁。一种常见的杂草。全草入药，可消炎止血、祛风湿、治血尿、水肿、肝炎、胆囊炎、小儿头疮等。

405 暗花金挖耳 | *Carpesium triste*　　　　菊科　天名精属

多年生草本。茎高30~100厘米，被开展的疏长柔毛，中部分枝或有时不分枝。基叶具长柄，上部具宽翅，向下渐狭；叶卵状长圆形，先端锐尖或短渐尖，基部近圆形，骤然下延，边缘有不规整具胼胝尖的粗齿，被白色长柔毛，有时甚密；茎下部叶与基叶相似，中部叶较狭，叶柄较短，上部叶渐变小，几无柄。头状花序生茎、枝端及上部叶腋，具短梗，呈总状或圆锥花序式排列，开花时下垂；苞叶多枚，其中1~3枚较大，条状极披针形，被稀疏柔毛，其余约与总苞等长；总苞钟状，苞片约4层，近等长；两性花筒状，冠檐5齿裂。花果期7—10月。南太行海拔500米山地有分布。生于林下及路边。

406 天名精 | Carpesium abrotanoides　　　菊科　天名精属

多年生草本。茎下部近无毛，上部密被柔毛，多分枝。茎下部叶宽椭圆形或长椭圆形，长8~16厘米，正面被柔毛，老时几无毛，背面密被柔毛，有细小腺点，具不规则钝齿，叶柄长0.5~1.5厘米，密被柔毛；茎上部叶较密，长椭圆形或椭圆状披针形，具短柄；叶宽椭圆形至椭圆状披针形，茎上部叶较密且狭。头状花序多数，生茎端及沿茎、枝生于叶腋，呈穗状排列；着生茎端及枝端者具椭圆形或披针形苞叶，总苞钟状球形，3层，向内渐长；雌花窄筒状，两性花筒状。花果期7—10月。南太行分布于海拔500米以上丘陵、山区。生于荒地、草地、路旁、河滩。果实为中药杀虫方中的重要药物，主治蛔虫病、蛲虫病、绦虫病、虫积腹痛；全草也供药用，可清热解毒、祛痰止血，主治咽喉肿痛、扁桃体炎、支气管炎；外用治创伤出血、疔疮肿毒、蛇虫咬伤。

407 烟管头草 | Carpesium cernuum　　　菊科　天名精属

多年生草本。茎直立，多分枝，被白色长柔毛。叶匙状矩圆形，基生叶大，长9~20厘米，宽4~6厘米，边缘有不规则的锯齿，茎生叶向上渐小。头状花序在茎和枝顶端单生，下垂，基部有数个条状披针形不等长的苞叶；总苞杯状，总苞片4层，外中层和内层干膜质；小花管状，黄绿色。瘦果条形，顶端有短喙。花果期7—10月。南太行海拔500米以上山地有分布。生于路边荒地及山坡、沟边等处。全草可入药，民间把本种与金挖耳当作同一种使用。

408 石胡荽 | *Centipeda minima*　　　　菊科　石胡荽属

一年生小草本。茎铺散，多分枝。叶互生，长7~18毫米，楔状倒披针形，顶端钝，边缘有不规则的粗齿，无毛或仅背面有微毛。头状花序小，扁球形，单生于叶腋，无总花梗；总苞半球形；花杂性，黄绿色，全部为管状。花果期6—10月。南太行平原有分布。生于路旁、湿润处，或为温室中的杂草。中药称鹅不食草，能通窍散寒、祛风利湿、散瘀消肿，主治鼻炎、跌打损伤等。

409 黄花蒿 | *Artemisia annua*　　　　菊科　蒿属

一年生草本。植株有浓烈的挥发性香气。叶互生，基部及下部叶在花期枯萎，中部叶卵形，三回羽状深裂，小裂片矩圆形，开展，顶端尖，两面微毛；上部叶更小。头状花序极多数，有短梗，排列成总状或圆锥状，常有条形苞叶；总苞球形；小花管状，淡黄色，长不及1毫米，外层雌性，内层两性。瘦果矩圆形，无毛。花果期8—11月。南太行平原、山区广布。生于荒地、草地、路旁、河滩。全草可提取青蒿素，入药可清热、解暑、截疟、凉血、利尿、健胃、止盗汗。

410 裂叶蒿 | *Artemisia tanacetifolia*　　菊科　蒿属

多年生草本。茎少数或单生，高 70（90）厘米，茎上部与分枝通常被平贴柔毛。叶背面初密被白色茸毛，后稍稀疏；茎下部与中部叶椭圆状长圆形或长卵形，长 3~12 厘米，二至三回栉齿状羽状分裂，一回全裂，每侧裂片 6~8，裂片基部下延，在叶轴与叶柄上端呈窄翅状，小裂片椭圆状披针形或线状披针形栉齿，不裂或具小锯齿，叶柄长 3~12 厘米，基部有小型假托叶；上部叶一至二回栉齿状羽状全裂；苞片叶栉齿状羽状分裂或不裂，线形或线状披针形。头状花序球形或半球形，直径 2~3.5 毫米，下垂，排成密集或稍疏散穗状花序，在茎上组成扫帚状圆锥花序；总苞片背面无毛或初微被稀疏茸毛；花冠檐部背面有柔毛。花果期 7—10 月。南太行分布于山西南部海拔 1200 米以上山区。多生于中低海拔地区的森林草原、林缘、疏林中或灌丛等处。夏秋后收割可做饲料。

411 茵陈蒿 | *Artemisia capillaris*　　菊科　蒿属

多年生半灌木状草本。植株有浓烈的香气。基生叶密集着生，常呈莲座状，茎、枝、基生叶、茎下部叶与营养枝、叶两面均被棕黄色或灰黄色绢质柔毛，后期茎下部叶被毛脱落，叶二回羽状分裂，下部叶裂片较宽、短，中上部叶裂片细，条形。头状花序极多数，在枝端排列成圆锥状。花果期 7—10 月。南太行平原、山区广布。生于山地路旁、田边、管草丛中。全草入药，主治风湿、寒热、邪气热结、黄疸等。

412 猪毛蒿 | *Artemisia scoparia*　　　　菊科　蒿属

多年生草本或近一、二年生草本。植株有浓烈的香气。根状茎粗短，直立，枝上密生叶。茎通常单生，稀 2~3 枚，高 40~130 厘米，红褐色或褐色，有纵纹；常自下部开始分枝，下部分枝开展，上部枝多斜上展；茎、枝幼时被灰白色或灰黄色绢质柔毛，以后脱落。基生叶与营养枝叶两面被灰白色绢质柔毛，叶近圆形、长卵形，二至三回羽状全裂，具长柄，花期叶凋谢；茎下部叶初时两面密被灰白色或灰黄色略带绢质的短柔毛，后毛脱落，叶长卵形或椭圆形，二至三回羽状全裂，每侧有裂片 3~4，再次羽状全裂，每侧具小裂片 1~2，小裂片狭线形。头状花序近球形，极多数，直径 1~2 毫米，具极短梗或无梗，在分枝上偏向外侧生长，并排成复总状或复穗状花序，而在茎上再组成大型、开展的圆锥花序；总苞片 3~4 层，外层总苞片草质、卵形，背面绿色、无毛，边缘膜质。花果期 7—10 月。南太行平原、山区广布。生于山坡、旷野、路旁等。基生叶、幼苗及幼叶等入药，民间称"土茵陈"，化学成分、药效同茵陈蒿。

413 白莲蒿 | *Artemisia sacrorum*　　　　菊科　蒿属

多年生草本或半灌木。叶二至三回羽状深裂，背面灰白色，密被柔毛。头状花序排成圆锥状；总苞球形，小花管状。花果期 8—10 月。南太行丘陵、山区广布。生于中低海拔地区的山坡、路旁、灌丛地及森林草原地区。全草入药，有清热、解毒、祛风、利湿的功效，可作茵陈的代用品，又作止血药。牧区做牲畜饲料。

414 艾 | *Artemisia argyi*　　　　菊科　蒿属

多年生草本或略成半灌木状。植株有浓烈香气。下部叶宽卵形，羽状深裂，侧裂片 2~3 对，不裂或有少数牙齿，背面密被灰白色蛛状丝毛，中上部叶羽状浅裂至不裂。头状花序排列成圆锥状；总苞椭圆形，密被灰白色毛，小花粉红色或紫色，不等 5 深裂。花果期 7—10 月。南太行常栽培，平原、丘陵偶有野生。生于山坡路旁、灌草丛中。全草入药，有温经、去湿、散寒、止血、消炎、平喘、止咳、安胎、抗过敏等作用。

415 朝鲜艾（变种）| *Artemisia argyi* var. *gracilis*　　　　菊科　蒿属

与艾（原变种）的区别：茎中部叶为羽状深裂。平原有栽培。南太行海拔 800 米以上有分布。生于荒地、草地、路旁、河滩。

416 大籽蒿 | *Artemisia sieversiana*

菊科　蒿属

二年生或多年生草本。中下部叶有长柄，叶宽卵形，长4~13厘米，宽3~15厘米，二至三回羽状深裂，裂片宽或狭条形，上部叶浅裂或不裂，条形。头状花序多数排成圆锥状，下垂，有短梗及条形苞叶；总苞半球形，总苞片4~5层；花序托有白色托毛；小花管状，黄色，极多数，外层雌性，内层两性。瘦果无冠毛。花果期6—10月。南太行海拔700米以上有分布。生于田边、路旁、荒地、山坡林缘、草丛中。全草入药，有消炎、清热、止血的功效；高原地区用于治疗太阳紫外线辐射引起的灼伤。牧区做牲畜饲料。

417 红足蒿 | *Artemisia rubripes*

菊科　蒿属

多年生草本。茎、枝初微被柔毛。叶正面近无毛，背面除中脉外密被灰白色蛛丝状茸毛；营养枝叶与茎下部叶二回羽状全裂或深裂，具短柄；中部叶长7~13厘米，一回或二回羽状分裂，一回全裂，每侧裂片3~4，羽状深裂或全裂，每侧具2~3小裂片或为浅裂齿，叶柄长0.5~1厘米，基部常有小型假托叶；上部叶椭圆形，羽状全裂，每侧具裂片2~3；苞片叶小，3~5全裂或不裂。头状花序椭圆状卵圆形或长卵圆形，直径1~2毫米，具小苞叶，排成密穗状花序，在茎上组成圆锥花序；总苞片背面初疏被蛛丝状柔毛，后无毛。花果期8—10月。南太行海拔1100米以上广泛分布。生于低海拔地区的荒地、草坡、森林草原、灌丛、林缘、路旁、河边及草甸等。全草入药，可作艾的代用品。

418 宽叶山蒿 | *Artemisia stolonifera*　　菊科　蒿属

多年生草本。茎中部或上部着生头状花序的短分枝，高达 1.2 米，茎、枝初被灰白色蛛丝状薄毛。叶正面具小凹点及白色腺点，初微被蛛丝状柔毛，背面密被灰白色蛛丝状茸毛；基生叶、茎下部叶与营养枝叶椭圆形或椭圆状倒卵形，不裂，具疏裂齿或疏锯齿；中部叶椭圆状倒卵形、长卵形或卵形，长 6~12 厘米，全缘或中上部具 2~3 裂齿，有少数锯齿，叶下部楔形，渐窄呈短柄状，基部常有分裂、半抱茎假托叶；上部叶卵形，疏生粗齿或全缘，无柄；苞片叶椭圆形、卵状披针形或线状披针形，全缘。头状花序多数，长圆形或宽卵圆形，直径 3~4 毫米，在短分枝上密集排成穗状花序或穗状总状花序，在茎上组成窄圆锥花序；总苞片背面深褐色，被蛛丝状茸毛。花果期 7—11 月。南太行分布于海拔 400 米以上的丘陵、山区。多生于低海拔湿润地区的林缘、疏林下、路旁及荒地与沟谷等处。有饲用价值，枯黄后绵羊、山羊采食。

419 魁蒿 | *Artemisia princeps*　　菊科　蒿属

多年生草本。茎、枝初被蛛丝状薄毛。叶正面无毛，背面密被灰白色蛛丝状茸毛；下部叶卵形或长卵形，一至二回羽状深裂，每侧有裂片 2，羽状浅裂，具长柄；中部叶卵形或卵状椭圆形，长 6~12 厘米，羽状深裂或半裂，稀全裂，每侧裂片 2(3)，裂片椭圆状披针形或椭圆形，中裂片较侧裂片大，侧裂片基部裂片较侧边与中部裂片大，不裂或每侧具 1~2 疏裂齿，叶柄长 1~3 厘米，基部有小假托叶；上部叶羽状深裂或半裂，每侧裂片 1~2；苞片叶3 深裂或不裂。头状花序长圆形或长卵圆形，直径 1.5~2.5 毫米，排成穗状或穗状总状花序，在茎上组成中等开展的圆锥花序；总苞片背面绿色，微被蛛丝状毛。花果期 7—11 月。南太行海拔 600 米以上广布。生于路旁、山坡、灌丛、林缘及沟边。全草入药，可作艾的代用品。

420 辽东蒿 | *Artemisia verbenacea*　　　　菊科　蒿属

多年生草本。茎、枝初被灰白色蛛丝状短茸毛。叶正面初被灰白色蛛丝状茸毛及稀疏白色腺点,背面密被灰白色蛛丝状绵毛;茎下部叶卵圆形或近圆形,一至二回羽状深裂,稀全裂,每侧裂片2~4,裂片椭圆形,先端具2~3浅裂齿,叶柄长1~2厘米;中部叶宽卵一回全裂,每侧裂片3(4),小裂片长椭圆形或椭圆状披针形,叶柄长1~2厘米,两侧常有短小裂齿,基部具假托叶;上部叶羽状全裂,苞片叶3~5全裂。头状花序长圆形或长卵圆形,直径2~3毫米,有小苞叶,排成穗状花序,在茎上常组成疏离、稍开展或窄圆锥花序;总苞片背面密被灰白色蛛丝状绵毛。花果期8—10月。南太行分布于海拔1500米以上山区。多生于山坡、路旁及河湖岸边等地。全草入药,可作艾的代用品。

421 蒙古蒿 | *Artemisia mongolica*　　　　菊科　蒿属

多年生草本。叶互生,叶形变异极大,二回羽状全裂或深裂,正面近无毛,背面除中脉外被白色短茸毛;中下部叶长6~10厘米,宽4~6厘米,上部叶渐小。头状花序多数密集成狭长的圆锥状花序,直立;总苞矩圆形,总苞片3~4层,被密或疏的茸毛;小花管状,黄绿色,上部带紫红色。瘦果矩圆状倒卵形。花果期8—10月。南太行平原、山区广布。生于山坡、灌丛、河湖岸边及路旁等。全草入药,可作艾的代用品,有温经、止血、散寒、祛湿等功效。

422 牡蒿 | *Artemisia japonica*　　　　菊科　蒿属

多年生草本。茎单生或少数，高达 1.3 米；茎、枝被微柔毛。叶两面无毛；基生叶与茎下部叶倒卵形或宽匙形，长 4~7 厘米，羽状深裂或半裂，具短柄；中部叶匙形，长 2.5~4.5 厘米，上端有 3~5 斜向浅裂片或深裂片，每裂片上端有 2~3 小齿或无齿，无柄；上部叶上端具 3 浅裂或不裂；苞片叶长椭圆形、线状披针形。头状花序卵圆形或近球形，直径 1.5~2.5 毫米，基部具线形小苞叶，排成穗状或穗状花序状的总状花序，在茎上组成窄中或等开展的圆锥花序；总苞片无毛。花果期 7—10 月。南太行丘陵、山区广布。常生于林缘、林中空地、疏林下、旷野、灌丛、丘陵、山坡、路旁等。全草入药，有清热、解毒、消暑、去湿、止血、消炎、散瘀的功效；又作青蒿（即黄花蒿）的代用品，或做农药。

423 南牡蒿 | *Artemisia eriopoda*   菊科　蒿属

多年生草本。主根明显，粗短、侧根多。基生叶有长柄，全长 5~13 厘米，宽 2~5 厘米，羽状深裂或浅裂，裂片 5~7，有时不裂，边缘有粗锯齿；茎上部叶 3 裂或不裂。头状花序在枝端排成圆锥状；总苞卵形，无毛；小花管状，黄绿色。瘦果长圆形。花果期 6—11 月。南太行丘陵、山区广布。生于山坡或沟谷林缘、林下、石缝中。全草入药，有祛风、去湿、解毒的功效；又作青蒿（即黄花蒿）的代用品。

424 南艾蒿 | *Artemisia verlotorum*   菊科　蒿属

多年生草本。茎、枝初微被柔毛。叶正面近无毛，被白色腺点及小凹点，背面除叶脉外密被灰白色绵毛；基生叶与茎下部叶卵形或宽卵形，一至二回羽状全裂，具柄；中部叶卵形或宽卵形，长 5~13 厘米，一或二回羽状全裂，每侧裂片 3~4，裂片披针形或线状披针形，稀线形，长 3~5 厘米，不裂或偶有数浅裂齿，边反卷，叶柄短或近无柄；上部叶 3~5 全裂或深裂；苞片叶不裂。头状花序椭圆形或长圆形，排成穗状花序，在茎上组成圆锥花序；总苞片背面初微有蛛丝状柔毛；花冠檐部紫红色。花果期 7—10 月。南太行丘陵、山区广布。生于路旁、山坡、灌丛、林缘及沟边。全草入药，可作艾的代用品，有消炎、止血的功效。

425 牛尾蒿 | *Artemisia dubia*　　　　菊科　蒿属

多年生半灌木状草本。茎多数或少数，丛生，直立或斜向上，高80~120厘米，基部木质，纵棱明显，紫褐色或绿褐色，分枝多，开展，常呈屈曲延伸。叶厚纸质或纸质，正面微有短柔毛，背面毛密，宿存；基生叶与茎下部叶大，卵形或长圆形，羽状5深裂，有时裂片上还有1~2小裂片，无柄，花期叶凋谢；中部叶卵形，羽状5深裂，裂片长圆状披针形，先端尖，边缘无裂齿，基部渐狭，楔形，呈柄状，有小型、披针形或线形的假托叶；上部叶与苞片叶指状3深裂或不分裂。茎、枝、叶背面初时被灰白色短柔毛，后脱落无毛。头状花序多数，宽卵球形或球形，直径1.5~2毫米，有短梗或近无梗，基部有小苞叶，在分枝的小枝上排成穗状花序或穗状花序状的总状花序，而在分枝上排成复总状花序，在茎上组成开展、具多级分枝大型的圆锥花序；总苞片3~4层。花果期8—10月。南太行海拔1200米以上广布。生于山坡、河边、路旁、沟谷、林缘等，局部地区为植物群落的优势种。全草入药，有清热、解毒、消炎、杀虫的功效。

426 五月艾 | *Artemisia indica*　　　　菊科　蒿属

多年生半灌木状草本。植株具浓烈的香气。茎单生，高80~150厘米，褐色或上部微带红色，纵棱明显，分枝多；茎、枝初时微有短柔毛，后脱落。叶正面初时被灰白色或淡灰黄色茸毛，背面密被灰白色蛛丝状茸毛；基生叶与茎下部叶卵形或长卵形，一或二回羽状分裂或近于大头羽状深裂，通常第一回全裂或深裂，每侧裂片3~4，第二回为深或浅裂齿或为粗锯齿，或基生叶不分裂，有时中轴有狭翅，具短叶柄，花期叶均萎谢；中部叶卵形、长卵形或椭圆形，一或二回羽状全裂或为大头羽状深裂，每侧裂片3（4），裂片椭圆状披针形、线状披针形或线形，不再分裂或有1~2枚深或浅裂齿，边不反卷或微反卷，近无柄，具小型假托叶；上部叶羽状全裂，每侧裂片2（3）；苞片叶3全裂或不分裂，裂片或不分裂的苞片叶披针形或线状披针形。头状花序卵形、长卵形或宽卵形，多数，直径2~2.5毫米，具短梗及小苞叶，直立，花后斜展或下垂，在分枝上排成穗状花序式的总状花序或复总状花序，而在茎上再组成开展或中等开展的圆锥花序。花果期8—10月。南太行分布于海拔800米以上山区。生于路旁、林缘、坡地及灌丛处。全草入药，具祛湿散寒、止血止痛的功效。

427 小球花蒿 | *Artemisia moorcroftiana*　　　　菊科　蒿属

多年生亚灌木状草本。茎少数或单生；茎、枝初被灰白或淡灰黄色短柔毛。叶正面微被茸毛，背面密被灰白或灰黄色茸毛；茎下部叶长圆形、卵形或椭圆形，二或三回羽状全裂或深裂，每侧裂片4~6，小裂片披针形或线状披针形，中轴具窄翅，叶柄长1~3厘米，基部有小假托叶；中部叶卵形或椭圆形，二回羽状分裂，一回近全裂或深裂，每侧裂片4~6，二回深裂或浅裂齿，上部叶羽状或3~5全裂；苞片叶3全裂或不裂。头状花序球形或半球形，直径4~5毫米，有线形小苞叶，排成穗状花序，在茎上组成窄长圆锥花序；总苞片背面绿色，被灰白或淡灰黄色柔毛。瘦果长卵圆形或长圆状倒卵圆形。花果期7—10月。南太行丘陵、山区广布。生于山坡、台地、干河谷、砾质坡地。全草入药，有止血、消炎的功效。

428 野艾蒿 | *Artemisia lavandulifolia*　　　　菊科　蒿属

多年生草本。植株有较浓的香气。茎、枝被灰白色蛛丝状短柔毛。叶互生，较厚，稍显肉质，叶卵形，二回羽状全裂或深裂，正面疏被灰白色蛛丝状毛，后变无毛，背面密被灰白色绵毛。头状花序排列成较密集的圆锥状，下垂；总苞椭圆形，密被灰白色蛛丝状柔毛；小花管状，上部紫红色。瘦果长卵形。花果期8—10月。南太行丘陵、山区广布。生于山坡、台地、干河谷、砾质坡地。全草入药，可作艾的代用品，有散寒、祛湿、温经、止血的功效。

429 阴地蒿 | *Artemisia sylvatica*　　　　菊科　蒿属

多年生草本。茎、枝初微被柔毛,后脱落。叶薄纸质,正面初微被柔毛及疏生白色腺点,背面被灰白色蛛丝状薄茸毛或近无毛;茎下部叶具长柄,卵形或宽卵形,二回羽状深裂;中部叶具柄,卵形或长卵形,长8~15厘米,一至二回羽状深裂,每侧裂片2~3,裂片椭圆形或长卵形,长6~9厘米,3~5深裂、浅裂或不裂,小裂片或裂片长椭圆形或椭圆状披针形,有疏锯齿或无,叶柄长2~6厘米,基部有小假托叶;上部叶有短柄,羽状深裂或近全裂,中裂片长,偶有1~2小锯齿;苞片叶3~5深裂或不裂。头状花序近球形或宽卵圆形,直径1.5~2.5毫米,具短梗及细小、线形小苞叶,下垂,在茎上常组成疏散、开展、具多级分枝的圆锥花序;总苞片初微被蛛丝状薄毛。花果期8—10月。南太行丘陵、山区有分布。生于山坡、台地、干河谷、林缘、灌丛处。全草入药,具清热解毒、止痛消肿、祛湿止痒的功效。

430 中亚苦蒿 | *Artemisia absinthium*　　　　菊科　蒿属

多年生草本。茎单生或2~3枚,直立,有纵棱,密被灰白色短柔毛,上半部多分枝。叶纸质,两面幼时密被黄白色或灰黄色稍带绢质的短柔毛,之后叶正面毛渐稀疏,背面毛宿存;茎下部与营养枝的叶长圆形或卵形,二至三回羽状全裂,每侧有裂片4~5,裂片长卵形或椭圆形,再次羽状全裂,小裂片椭圆状披针形或线状披针形,先端钝尖,叶柄长6~12厘米;中部叶卵形或长卵形,二回羽状全裂,小裂片线状披针形,叶柄长2~6厘米;上部叶全裂或羽状全裂,裂片披针形或线状披针形,近无柄;苞片叶3深裂或不分裂,裂片或不分裂的苞片叶披针形或线状披针形。头状花序球形或近球形,直径2.5~3.5(4)毫米,有短梗或近无梗,下垂,基部有狭线形的小苞叶,在分枝及茎端排成穗状花序式的总状花序,并在茎上组成略开展或中等开展的扫帚形圆锥花序。花果期8—11月。南太行海拔1000米以上有分布。生于林缘、路旁、灌丛处。全草入药,有消炎、健胃、驱虫的功效。

431 北重楼 | *Paris verticillata*

藜芦科　重楼属

多年生草本，高 25~60 厘米。茎绿白色，有时带紫色。叶 6（5）~8 轮生，披针形、狭矩圆形、倒披针形或倒卵状披针形，先端渐尖，基部楔形，具短柄或近无柄。花梗长 4.5~12 厘米；外轮花被片绿色，极少带紫色，叶状，通常 4（5）枚，纸质，平展，倒卵状披针形、矩圆状披针形或倒披针形，先端渐尖，基部圆形或宽楔形；内轮花被片黄绿色，条形，长 1~2 厘米；子房近球形，紫褐色，顶端无盘状花柱基，花柱具 4~5 分枝，分枝细长，并向外反卷，比不分枝部分长 2~3 倍。蒴果浆果状，不开裂，具数颗种子。花期 5~6 月，果期 7~9 月。南太行分布于修武、辉县市、林州市。生于山坡林下、草丛、阴湿地或沟边。根可入药，治疗咽喉肿痛和毒蛇咬伤，因此具有很高的药用价值。

432 土荆芥 | *Dysphania ambrosioides*

苋科　腺毛藜属

一年生或多年生草本，高 50~80 厘米。有强烈香味。茎直立，多分枝，有色条及钝条棱；枝通常细瘦，有短柔毛并兼有具节的长柔毛。叶矩圆状披针形至披针形，先端急尖或渐尖，边缘具稀疏不整齐的大锯齿，基部渐狭具短柄，正面平滑无毛，背面有散生油点并沿叶脉稍有毛。花两性及雌性，通常 3~5 个团集，生于上部叶腋；花被裂片 5，绿色，果时通常闭合；雄蕊 5 枚；花柱不明显，丝形，伸出花被外。胞果扁球形，完全包于花被内。花果期 6—10 月。河南焦作博爱青天河有逸生。喜生于村旁、路边、河岸等处。全草入药，内服治蛔虫病、钩虫病、蛲虫病；外用治皮肤湿疹，并能杀蛆虫。

红色、紫色花

433 远志 | *Polygala tenuifolia* 远志科 远志属

多年生草本，高15~50厘米。茎多数丛生，直立或倾斜，具纵棱槽，被短柔毛。单叶互生，叶纸质，线形至线状披针形，先端渐尖，基部楔形，全缘，反卷，无毛或极疏被微柔毛，主脉正面凹陷，背面隆起，侧脉不明显，近无柄。总状花序呈扁侧状生于小枝顶端，细弱，长5~7厘米，通常略俯垂，少花，稀疏；苞片3，披针形，早落；萼片5枚，宿存，无毛，外面3枚线状披针形，急尖，里面2枚花瓣状，倒卵形或长圆形，先端圆形，具短尖头，沿中脉绿色，周围膜质，带紫堇色，基部具爪；花瓣3，紫色，侧瓣斜长圆形，基部与龙骨瓣合生，基部内侧具柔毛，龙骨瓣较侧瓣长，具流苏状附属物；雄蕊8枚，花丝3/4以下合生成鞘，具缘毛，3/4以上两侧各3枚合生，花丝丝状，具狭翅，花药长卵形；子房扁圆形，顶端微缺，花柱弯曲，顶端呈喇叭形，柱头内藏。蒴果圆形，直径约4毫米，顶端微凹，具狭翅，无缘毛。花果期5—9月。南太行丘陵、山区广布。生于山坡草地、灌丛中以及杂木林下。根皮入药，主治神经衰弱、心悸、健忘、失眠、梦遗、咳嗽多痰、支气管炎、腹泻、膀胱炎、痈疽疮肿，并有强壮、刺激子宫收缩等功效。

434 西伯利亚远志 | *Polygala sibirica* 远志科 远志属

多年生草本，高10~30厘米。茎丛生，通常直立，被短柔毛。叶互生，叶纸质至亚革质，下部叶小卵形，上部者大，披针形或椭圆状披针形。总状花序腋外生或假顶生，通常高出茎顶，具小苞片3，被短柔毛；花瓣3，蓝紫色，侧瓣倒卵形，龙骨瓣较侧瓣长，背面被柔毛，具流苏状鸡冠状附属物。花期4—7月，果期5—8月。南太行分布于海拔1100米以上山区。生于砾质土、石砾和石灰岩山地灌丛、林缘或草地。药效同远志。

435 小扁豆 | *Polygala tatarinowii*　　远志科　远志属

一年生直立草本，高5~15厘米。茎不分枝或多分枝，具纵棱，无毛。单叶互生，叶纸质，卵形或椭圆形至阔椭圆形，先端急尖，基部楔形下延，全缘，具缘毛，两面均绿色，疏被短柔毛，具羽状脉；叶柄长5~10毫米，稍具翅。总状花序顶生，花密，花后延长达6厘米；花长1.5~2.5毫米，具小苞片2，苞片披针形，长约1毫米，早落；萼片5枚，绿色，花后脱落，外面3枚小，内面2枚花瓣状，长倒卵形，先端钝圆；花瓣3，红色至紫红色，侧生花瓣较龙骨瓣稍长，2/3以下合生，龙骨瓣顶端无鸡冠状附属物，圆形，具乳突；雄蕊8枚；子房圆形，花柱长约2毫米。蒴果扁圆形，顶端具短尖头，具翅，疏被短柔毛。花期8—9月，果期9—11月。南太行分布于海拔900米以上山区。生于山坡草地、杂木林下或路旁草丛中。全草入药，用于治疟疾和身体虚弱。

436 水珠草（亚种）| *Circaea canadensis* subsp. *quadrisulcata*

柳叶菜科　露珠草属

加拿大水珠草（原种）。本亚种特征：多年生草本，高15~80厘米。茎无毛，稀疏生曲柔毛。叶狭卵形、阔卵形至矩圆状卵形，基部圆形至近心形，稀阔楔形，先端短渐尖至长渐尖，边缘具锯齿。总状花序长2.5~30厘米，单总状花序或基部具分枝；花梗与花序轴垂直，被腺毛，基部无小苞片，花管长0.6~1毫米；萼片通常紫红色，反曲；花瓣倒心形通常粉红色；先端凹缺至花瓣长度的1/3或1/2；蜜腺明显，伸出于花管之外。果实梨形至近球形，基部通常不对称地渐狭至果梗，果上具明显纵沟。花期6—8（9）月，果期7—9月。南太行分布于修武云台山。生于寒温带落叶阔叶林及针阔混交林中。全草入药，具宣肺止咳、理气活血、利尿解毒的功效。

437 短梗柳叶菜 | *Epilobium royleanum*　　柳叶菜科　柳叶菜属

多年生草本。直立或上升，自茎基部生出越冬肉质根出条。茎高 10~60 厘米，常多分枝，周围被曲柔毛，上部常混生有腺毛，无棱线。叶对生，花序上的互生，基部稍抱茎，狭卵形至披针形，有时椭圆形或长圆状披针形，先端锐尖或近渐尖，基部楔形，稀近圆形，边缘每边具 10~24 细锯齿，侧脉每侧 4~6 条，脉上与边缘有曲柔毛；叶柄长 2~7 毫米。花序直立；花直立；花蕾长圆状卵形，密被曲柔毛，常棍生腺毛；花梗长 0.3~0.8 厘米；萼片倒披针形，被曲柔毛与腺毛；花瓣粉红色至玫瑰紫色，狭倒心形，先端凹缺深 0.6~1 毫米；花柱长 2~3.2 毫米，直立，通常无毛；柱头头状或宽棍棒状。蒴果长 3.5~7 厘米，被曲柔毛与少量腺毛；果梗长 0.4~1 厘米。花期 7~9 月，果期 8—10 月。南太行分布于山西晋城、运城一带。生于山区、沿河谷、溪沟、路旁或荒坡湿处。全草均可药用，花入药，清热消炎；根入药，理气活血，止血；根或带根全草入药，可治骨折、跌打损伤、疔疮痈肿、外伤出血。

438 柳叶菜 | *Epilobium hirsutum*　　柳叶菜科　柳叶菜属

多年生草本。常在中上部多分枝，周围密被伸展长柔毛，常混生较短而直的腺毛，尤花序上如此，稀密被白色绵毛。叶草质，对生，茎上部的互生，无柄，并多少抱茎；茎生叶披针状椭圆形至狭倒卵形或椭圆形，稀狭披针形，先端锐尖至渐尖，基部近楔形，边缘每侧具 20~50 细锯齿，两面被长柔毛，有时在背面混生短腺毛，稀背面密被绵毛或近无毛，侧脉常不明显，每侧 7~9 条。总状花序直立；苞片叶状；花直立，花蕾卵状长圆形；花梗长 0.3~1.5 厘米；萼片长圆状线形，背面隆起呈龙骨状，被毛如子房上的；花瓣常玫瑰红色，宽倒心形，先端凹缺，深 1~2 毫米；花药乳黄色，长圆形；花柱直立，长 5~12 毫米，白色或粉红色，无毛，稀疏生长柔毛；柱头白色，4 深裂，长稍高过雄蕊。蒴果长 2.5~9 厘米，被毛同子房上的；果梗长 0.5~2 厘米。花期 6—8 月，果期 7—9 月。南太行丘陵、山区广布。生于湖泊、溪流、草甸、沟谷。根或全草入药，可消炎止痛、祛风除湿、跌打损伤，有活血、止血、生肌的功效。

439 毛脉柳叶菜 | *Epilobium amurense*　　柳叶菜科　柳叶菜属

多年生直立草本。茎不分枝或有少数分枝，上部有曲柔毛与腺毛，中下部有时甚至上部常有明显的毛棱线，其余无毛，稀全株无毛。叶对生，花序上的互生，近无柄或茎下部的有很短的柄，卵形，先端锐尖，基部圆形或宽楔形，边缘每边有6~25枚锐齿，侧脉每侧4~6条，背面常隆起，脉上与边缘有曲柔毛，其余无毛。花序直立，有时初期稍下垂，常被曲柔毛与腺毛；花在芽时近直立；花蕾椭圆状卵形，常疏被曲柔毛与腺毛；子房长1.5~2.8毫米，被曲柔毛与腺毛；萼片披针状长圆形，疏被曲柔毛，在基部接合处腋间有一束毛；花瓣白色、粉红色或玫瑰紫色，倒卵形，先端凹缺深0.8~1.5毫米；花药卵状；花柱长2~4.7毫米；柱头近头状，顶端近平，开花时围以外轮花药或稍伸出。蒴果长1.5~7厘米，疏被柔毛至变无毛；果梗长0.3~1.2厘米。花期7（5）—8月，果期8（6）—10（12）月。南太行分布于山西南部海拔1500米以上山区。生于林缘林下、草甸、路旁、灌丛。全草均可药用，花入药，清热消炎；根入药，理气活血、止血；根或带根全草入药，可治骨折、跌打损伤、疔疮痈肿、外伤出血。

440 光滑柳叶菜（亚种） | *Epilobium amurense* subsp. *cephalostigma*　　柳叶菜科　柳叶菜属

与毛脉柳叶菜（原种）的区别：茎常多分枝，上部周围只被曲柔毛，无腺毛，中下部具不明显的棱线，但不贯穿节间，棱线上近无毛。叶长圆状披针形至狭卵形，基部楔形；叶柄长1.5~6毫米。花较小，长4.5~7毫米；萼片均匀地被稀疏的曲柔毛。花期6—8（9）月，果期8—9（10）月。南太行分布于海拔900米以上山区。生于林缘林下、草甸、路旁、灌丛。全草均可药用，花入药，清热消炎；根入药，理气活血、止血；根或带根全草入药，可治骨折、跌打损伤、疔疮痈肿、外伤出血。

441 细籽柳叶菜 | *Epilobium minutiflorum*   柳叶菜科 柳叶菜属

多年生直立草本。自茎基部生出短的肉质根出条或多叶莲座状芽。茎高15~100厘米，多分枝，周围尤上部密被曲柔毛，下部常近无毛，有时具2（稀4）条不明显的棱线。叶对生，花序上的互生，长圆状披针形至狭卵形，先端近钝或锐尖，基部楔形或近圆形，边缘每边具20~41细锯齿，侧脉每侧4~7条，隆起，脉上与边缘具曲柔毛，其余无毛；叶柄长1~6毫米，上部的近无柄。花序花前稍下垂，被灰白色柔毛与稀疏的腺毛；花直立；花蕾球形至卵状，密被灰白色柔毛与稀疏腺毛；花柄长0.4~1.5厘米；花管长0.8~1.2毫米，直径1.2~1.4毫米，萼片长圆状披针形，稍龙骨状，先端锐尖；花瓣白色，稀粉红色或玫瑰红色，长圆形、菱状卵形或倒卵形，先端的凹缺深0.5~1毫米，花药长圆状披针形；花柱直立，无毛；柱头棍棒状，稀近头状，开花时围以外轮花药。蒴果长3~8厘米，被曲柔毛稀变无毛；果梗长0.5~2厘米。花期6~8月，果期7~10月。南太行分布于山西南部海拔1100米以上山区。生于林缘林下、草甸、路旁、灌丛。全草均可药用，花入药，清热消炎；根入药，理气活血、止血；根或带根全草入药，可治骨折、跌打损伤、疔疮痈肿、外伤出血。

442 粉花月见草 | *Oenothera rosea*   柳叶菜科 月见草属

多年生草本。茎常丛生，被曲柔毛，上部幼时密生，下部常紫红色。基生叶紧贴地面，倒披针形，先端锐尖或钝圆，自中部渐狭或骤狭，并不规则羽状深裂下延至柄；叶柄淡紫红色，开花时基生叶枯萎；茎生叶灰绿色，披针形（轮廓）或长圆状卵形，基部宽楔形并骤缩下延至柄，边缘具齿突，基部细羽状裂，侧脉6~8对，两面被曲柔毛；叶柄长1~2厘米。花单生于茎、枝顶部叶腋，近早晨日出开放；花蕾绿色，锥状圆柱形，长1.5~2.2厘米，顶端萼齿紧缩成喙；花管淡红色，长5~8毫米，被曲柔毛，萼片绿色，带红色，披针形，先端萼齿长1~1.5毫米，背面被曲柔毛，开花时反折再向上翻；花瓣粉红至紫红色，宽倒卵形，先端钝圆，具4~5对羽状脉；花丝白色至淡紫红色，长5~7毫米；花药粉红色至黄色，长圆状线形；子房花期狭椭圆状，密被曲柔毛；花柱白色，伸出花管部分长4~5毫米；柱头红色。蒴果棒状，长8~10毫米，直径3~4毫米，具4条纵翅，翅间具棱，顶端具短喙；果梗长6~12毫米。花期4—11月，果期9—12月。原产于美国得克萨斯州南部至墨西哥。南太行地区有栽培。根入药，有消炎、降血压的功效。

443 阿拉伯婆婆纳 | Veronica persica　　车前科　婆婆纳属

一年生草本。茎密生2列多细胞柔毛。叶2~4对，具短柄，卵形或圆形，基部浅心形，平截或浑圆，边缘具钝齿，两面疏生柔毛。苞片互生，与叶同形且几乎等大；花梗比苞片长；花冠蓝色或蓝紫色，裂片卵形至圆形。蒴果肾形。花期3~5月，果期6—10月。原产于亚洲。南太行平原广布。生于路旁、田边。

444 婆婆纳 | Veronica polita　　车前科　婆婆纳属

一年生草本。叶2~4对，具3~6毫米长的短柄，叶心形至卵形，每边有2~4个深刻的钝齿，两面被白色长柔毛。苞片叶状，下部的对生或全部互生；花梗比苞片略短；花冠淡紫色、蓝色、粉色或白色。蒴果近于肾形。花期3—10月，果期7—10月。南太行平原广布。生于路旁、田边。

445 直立婆婆纳 | Veronica arvensis　　车前科　婆婆纳属

一年生草本。茎直立或上升，不分枝或铺散分枝，高5~30厘米，有2列多细胞白色长柔毛。叶常3~5对，下部的有短柄，中上部的无柄，卵形至卵圆形，具3~5脉，边缘具圆或钝齿，两面被硬毛。总状花序长而多花，长可达20厘米，各部分被多细胞白色腺毛；苞片下部的长卵形而疏具圆齿至上部的长椭圆形而全缘；花梗极短；花萼长3~4毫米，裂片条状椭圆形，前方2枚长于后方2枚；花冠蓝紫色或蓝色，长约2毫米，裂片圆形至长矩圆形；雄蕊短于花冠。蒴果倒心形，强烈侧扁，长2.5~3.5毫米，宽略过之，边缘有腺毛，凹口很深，几乎为果半长，裂片圆钝，宿存的花柱不伸出凹口。花期4—5月，果期6—7月。南太行平原广布。生于路边及荒野草地。全草入药，具清热、除疟的功效。

446 北水苦荬 | *Veronica anagallis-aquatica*   车前科　婆婆纳属

多年生（稀为一年生）草本。通常全株无毛，极少在花序轴、花梗、花萼和蒴果上有几根腺毛。根茎斜走。茎直立或基部倾斜。叶无柄，上部的半抱茎，多为椭圆形或长卵形，全缘或有疏而小的锯齿。花序比叶长，多花；花梗与苞片近等长，上升，与花序轴呈锐角，果期弯曲向上，使蒴果靠近花序轴，花序通常不宽于1厘米；花萼裂片卵状披针形，急尖，长约3毫米，果期直立或叉开，不紧贴蒴果；花冠浅蓝色、浅紫色或白色，直径4~5毫米，裂片宽卵形；雄蕊短于花冠。蒴果近圆形，长宽近相等，几乎与萼等长，顶端圆钝而微凹，花柱长约2毫米。花果期4—9月。南太行平原、山区广布。生于湖泊、溪流、湿地边。全草入药，具清热利湿、止血化瘀的功效。

447 水苦荬 | *Veronica undulata*   车前科　婆婆纳属

与北水苦荬在体态上极为相似，植株稍矮。叶有时为条状披针形，通常叶缘有尖锯齿。茎、花序轴、花萼和蒴果上多少有大头针状腺毛。花梗在果期挺直，横叉开，与花序轴几乎呈直角，因而花序宽过1厘米，可达1.5厘米；花柱也较短，长1~1.5毫米。花果期4—8月。南太行平原、山区广布。生于湖泊、溪流、湿地边。全草入药，具清热利湿、止血化瘀的功效。

448 水蔓菁(亚种) | *Pseudolysimachion linariifolium* subsp. *dilatatum*

车前科　兔尾苗属

细叶水蔓菁（原种）。本亚种特征：多年生草本。有短的根状茎。下部叶对生，上部叶对生或近对生，条状披针形或宽条形，长 3~8 厘米，宽 1~2 厘米，顶端钝或急尖，基部楔形，边缘有三角状锯齿。总状花序顶生枝端，细长，常弯曲；花萼 4 深裂，裂片披针形，长 2~3 毫米；花冠蓝色或淡蓝紫色，筒部宽，喉部有柔毛，裂片 4，宽度不等，后方 1 枚圆形，其余 3 枚卵形。蒴果卵球形，稍扁，顶端微凹。花期 7—8 月，果期 9—10 月。南太行分布于海拔 900 米以上山区。生于林缘、灌草丛中。全草入药，具清肺、化痰、止咳、解毒的功效。

449 离子芥 | *Chorispora tenella*

十字花科　离子芥属

一年生草本，高 5~30 厘米。植株具稀疏单毛和腺毛。基生叶丛生，宽披针形，边缘具疏齿或羽状分裂；茎生叶披针形，较基生叶小，边缘具数对凹波状浅齿或近全缘。总状花序疏展，果期延长，花淡紫色或淡蓝色；萼片披针形，长约 0.5 毫米，宽不及 1 毫米，具白色膜质边缘；花瓣长 7~10 毫米，宽约 1 毫米，顶端钝圆，下部具细爪。长角果圆柱形，长 1.5~3 厘米，略向上弯曲，具横节，喙长 1~1.5 厘米，向上渐尖，与果实顶端的界限不明显；果梗长 3~4 毫米，与果实近等粗。花果期 4—8 月。南太行广布。生于干燥荒地、荒滩、牧场、山坡草丛、路旁沟边及农田中。田间杂草。可食用。

450 涩荠 | *Strigosella africana*

十字花科　涩荠属

二年生草本，高 8~35 厘米。密生单毛或叉状硬毛；茎直立或近直立，多分枝，有棱角。叶长圆形、倒披针形或近椭圆形，顶端圆形，有小短尖，基部楔形，边缘有波状齿或全缘；叶柄长 5~10 毫米或近无柄。总状花序具 10~30 朵花，疏松排列，果期长达 20 厘米；萼片长圆形，长 4~5 毫米；花瓣紫色或粉红色，长 8~10 毫米。长角果（线细状）圆柱形或近圆柱形，近 4 棱，倾斜、直立或稍弯曲，密生短或长分叉毛；柱头圆锥状；果梗加粗，长 1~2 毫米。花果期 6~8 月。南太行平原广布。生于路边荒地或田间。田间杂草。可食用。

451 诸葛菜 | *Orychophragmus violaceus*

十字花科　诸葛菜属

一年生或二年生草本，高 10~50 厘米，无毛；茎单一，直立，基部或上部稍有分枝，浅绿色或带紫色。基生叶及下部茎生叶大头羽状全裂，顶端钝，基部心形，有钝齿，侧裂片 2~6 对，叶柄长 2~4 厘米，疏生细柔毛；上部叶长圆形或窄卵形，长 4~9 厘米，顶端急尖，基部耳状，抱茎，边缘有不整齐牙齿。花紫色、浅红色或褪成白色，直径 2~4 厘米；花梗长 5~10 毫米；花萼筒状，紫色，萼片长约 3 毫米；花瓣宽倒卵形，密生细脉纹，爪长 3~6 毫米。长角果线形，长 7~10 厘米，具 4 棱，裂瓣有 1 条突出中脊，喙长 1.5~2.5 厘米；果梗长 8~15 毫米。花期 4—5 月，果期 5—6 月。南太行平原、山区广布。生于路旁、荒坡荒地、草甸、村庄。花大美丽，常作观赏植物。嫩茎叶可炒食。种子可榨油。

452 紫花碎米荠 | *Cardamine tangutorum*　　十字花科　碎米荠属

多年生草本，高15~50厘米。茎单一，不分枝。基部倾斜，上部直立，表面具沟棱，下部无毛，上部有少数柔毛。基生叶有长叶柄；小叶3~5对，顶生小叶与侧生小叶的形态和大小相似，长椭圆形，顶端短尖，边缘具钝齿，基部呈楔形或阔楔形，无小叶柄，两面与边缘有少数短毛；茎生叶通常只有3枚，着生于茎的中上部，有叶柄，长1~4厘米，小叶3~5对，与基生的相似，但较狭小。总状花序具花10余朵，花梗长10~15毫米；外轮萼片长圆形，内轮萼片长椭圆形，基部囊状，长5~7毫米，边缘白色膜质，外面带紫红色，有少数柔毛；花瓣紫红色或淡紫色，倒卵状楔形，长8~15毫米，顶端截形，基部渐狭成爪；花丝扁而扩大，花药狭卵形；雌蕊柱状，无毛，花柱与子房近于等粗，柱头不显著。长角果线形，扁平；果梗直立。花期5—7月，果期6—8月。南太行分布于山西晋城、长治，河南济源。生于高山山沟草地及林下阴湿处。全草入药，具清热利湿功效。可食用。

453 扁蕾 | *Gentianopsis barbata*　　龙胆科　扁蕾属

一年生或二年生草本，高8~40厘米。茎单生，直立，近圆柱形，下部单一，上部有分枝，条棱明显，有时带紫色。基生叶多对，常早落，匙形或线状倒披针形，先端圆形，边缘具乳突，基部渐狭成柄，中脉在背面明显，叶柄长至0.6厘米；茎生叶3~10对，无柄，狭披针形至线形，先端渐尖，边缘具乳突，基部钝，分离，中脉在背面明显。花单生茎或分枝顶端；花梗直立，近圆柱形，有明显的条棱，长达15厘米，果时更长；花萼筒状，稍扁，略短于花冠，或与花冠筒等长，裂片2对，不等长，异形，萼筒长10~18毫米，口部宽6~10毫米；花冠筒状漏斗形，筒部黄白色，檐部蓝色或淡蓝色，长2.5~5厘米，口部宽达12毫米，裂片椭圆形，长6~12毫米，宽6~8毫米，先端圆形，有小尖头，边缘有小齿，下部两侧有短的细条裂齿；腺体近球形，下垂；花丝线形，花药黄色，狭长圆形；子房具柄，狭椭圆形，花柱短，子房柄长2~4毫米。蒴果具短柄，与花冠等长。花果期7—9月。南太行海拔1000米以上有分布。生于水沟边、山坡草地、林下、灌丛中、沙丘边缘。全草入药，具清热解毒、利胆、消肿的功效。

454 斑种草 | *Bothriospermum chinense*　　紫草科　斑种草属

一年生草本。密生开展或向上的硬毛。基生叶及茎下部叶具长柄，匙形或倒披针形，基部渐狭为叶柄，边缘皱波状或近全缘，两面均被基部具基盘的长硬毛及伏毛，茎中部及上部叶无柄，基部楔形或宽楔形，正面被向上贴伏的硬毛，背面被硬毛及伏毛；花冠淡蓝色，喉部附属物梯形，先端2深裂。花药卵圆形或长圆形，长约0.7毫米，花丝极短，着生花冠筒基部以上1毫米处；花柱短，长约为花萼的1/2。小坚果肾形，长约2.5毫米，有网状皱折及稠密的粒状突起，腹面有椭圆形的横凹陷。花期4—6月，果期5—6月。南太行平原、山区都有分布。生于荒野路边、山坡草丛及竹林下。全草入药，具清热燥湿、解毒消肿的功效。

455 多苞斑种草 | *Bothriospermum secundum*　　紫草科　斑种草属

一年生或二年生草本。茎单一或数条丛生，由基部分枝，分枝通常细弱，稀粗壮，开展或向上直伸，被向上开展的硬毛及伏毛。基生叶具柄，倒卵状长圆形，长2~5厘米，先端钝，基部渐狭为叶柄；茎生叶长圆形或卵状披针形，无柄，两面均被基部具基盘的硬毛及短硬毛。花序生茎顶及腋生枝条顶端，花与苞片依次排列，而各偏于一侧；苞片长圆形或卵状披针形，被硬毛及伏毛；花梗长2~3毫米，果期不增长或稍增长，下垂；花萼长2.5~3毫米，外面密生硬毛，裂片披针形，裂至基部；花冠蓝色至淡蓝色，檐部直径约5毫米，裂片圆形，喉部附属物梯形，高约0.8毫米，先端微凹；花药长圆形，长与附属物略等，花丝极短，着生花冠筒基部以上1毫米处；花柱圆柱形，极短，约为花萼1/3，柱头头状。小坚果卵状椭圆形，长约2毫米，密生疣状突起，腹面有纵椭圆形的环状凹陷。花期5—7月，果期6—8月。南太行平原、山区广布。生于山坡、道旁、河床、农田路边及山坡林缘、灌木林下、山谷溪边阴湿处等。

456 柔弱斑种草 | *Bothriospermum zeylanicum* 紫草科 斑种草属

一年生草本，高 15~30 厘米。茎细弱，丛生，直立或平卧，多分枝，被向上贴伏的糙伏毛。叶椭圆形或狭椭圆形，先端钝，具小尖，基部宽楔形，两面被向上贴伏的糙伏毛或短硬毛。花序柔弱，细长，长 10~20 厘米；苞片椭圆形或狭卵形，被伏毛或硬毛；花萼长 1~1.5 毫米，果期增大，长约 3 毫米，外面密生向上的伏毛，内面无毛或中部以上散生伏毛，裂片披针形或卵状披针形，裂至近基部；花冠蓝色或淡蓝色，基部直径 1 毫米，檐部直径 2.5~3 毫米，裂片圆形，长宽约 1 毫米，喉部有 5 个梯形的附属物，附属物高约 0.2 毫米；小坚果肾形，长 1~1.2 毫米，腹面具纵椭圆形的环状凹陷。花果期 2—10 月。南太行平原、山区广布。生于的山坡路边、田间草丛、山坡草地及溪边阴湿处。全草入药，具止咳、止血的功效。

457 长柱斑种草 | *Bothriospermum longistylum* 紫草科 斑种草属

一年生草本。茎数条丛生，被开展糙硬毛及短伏毛；叶倒披针形，基部渐窄至叶柄，两面被具基盘糙硬毛，无柄。花冠淡蓝或蓝色，冠筒极长，达 5 毫米，冠檐裂片近圆形，喉部附属物平截，花柱长于小坚果一倍以上。小坚果的腹面凹陷为长圆形。花果期 5—9 月。南太行平原、山区广布。生于荒坡、田间、路旁、林缘等。

458 倒提壶 | *Cynoglossum amabile*   紫草科 琉璃草属

多年生草本，高 15~60 厘米。茎单一或数条丛生，密生贴伏短柔毛。基生叶具长柄，长圆状披针形或披针形，两面密生短柔毛；茎生叶长圆形或披针形，无柄，长 2~7 厘米，侧脉极明显。花序锐角分枝，分枝紧密，向上直伸，集为圆锥状，无苞片；花梗长 2~3 毫米，果期稍增长；花萼长 2.5~3.5 毫米，外面密生柔毛，裂片卵形或长圆形，先端尖；花冠通常蓝色，檐部直径 8~10 毫米，裂片圆形，长约 2.5 毫米，有明显的网脉，喉部具 5 个梯形附属物，附属物长约 1 毫米；花柱线状圆柱形，与花萼近等长或较短。小坚果卵形，长 3~4 毫米，背面微凹，密生锚状刺，边缘锚状刺基部连合，成狭或宽的翅状边，腹面中部以上有三角形着生面。花果期 5—9 月。原产于西南部云南等地。南太行河南修武云台山、辉县山前丘陵区有分布。生于山坡草地、山地灌丛、干旱路边及针叶林缘。全草入药，味苦性寒，有利尿消肿及治黄疸的功效。

459 盾果草 | *Thyrocarpus sampsonii*   紫草科 盾果草属

多年生草本。茎 1 至数条，直立或斜升，高 20~45 厘米，常自下部分枝，有开展的长硬毛和短糙毛。基生叶丛生，有短柄，匙形，全缘或有疏细锯齿，两面都有具基盘的长硬毛和短糙毛；茎生叶较小，无柄，狭长圆形或倒披针形。花序长 7~20 厘米；苞片狭椭圆形至披针形，花生苞腋或腋外；花梗长 1.5~3 毫米；花萼长约 3 毫米，裂片狭椭圆形，背面和边缘有开展的长硬毛，腹面稍有短伏毛；花冠淡蓝色或白色，显著比萼长，筒部比檐部短 2.5 倍，檐部直径 5~6 毫米，裂片近圆形，开展，喉部附属物线形，长约 0.7 毫米，肥厚，有乳头突起，先端微缺。小坚果 4，长约 2 毫米，黑褐色，碗状突起的外层边缘色较淡，齿长约为碗状突起的 1/2，伸直，先端不膨大，内层碗状突起不向里收缩。花果期 5—7 月。南太行平原、山区广布。生于山坡草丛或灌丛下。全草可供药用，能治咽喉痛；研磨后用桐油混合，外敷能治乳痛、疔疮。

460 鹤虱 | *Lappula myosotis*　　紫草科　鹤虱属

一年生或二年生草本。茎直立，高30~60厘米，中部以上多分枝，密被白色短糙毛。基生叶长圆状匙形，全缘，先端钝，基部渐狭成长柄，两面密被有白色基盘的长糙毛；茎生叶较短而狭，披针形或线形，扁平或沿中肋纵折，先端尖，基部渐狭，无叶柄。花序在花期短，果期伸长，长10~17厘米；苞片线形，较果实稍长；花梗果期伸长，长约3毫米，直立而被毛；花萼5深裂，几达基部，裂片线形，急尖，有毛，星状开展或反折；花冠淡蓝色，漏斗状至钟状，长约4毫米，檐部直径3~4毫米，裂片长圆状卵形，喉部附属物梯形。小坚果卵状，长3~4毫米，背面狭卵形或长圆状披针形，通常有颗粒状疣突，稀平滑或沿中线龙骨状突起，上有小棘突，边缘有2行近等长的锚状刺，内行刺长1.5~2毫米，基部不连合；花柱伸出小坚果但不超过小坚果上方之刺。花果期6—9月。南太行平原、山区有分布。生于草地、山坡草地等处。

461 附地菜 | *Trigonotis peduncularis*　　紫草科　附地菜属

一年生或二年生草本。茎通常多条丛生，稀单一，密集，铺散，高5~30厘米，基部多分枝，被短糙伏毛。基生叶呈莲座状，有叶柄，叶匙形，长2~5厘米，先端圆钝，基部楔形或渐狭，两面被糙伏毛，茎上部叶长圆形或椭圆形，无叶柄或具短柄。花序生茎顶，幼时卷曲，后渐次伸长，通常占全茎的1/2~4/5，只在基部具2~3个叶状苞片，其余部分无苞片；花梗短，顶端与花萼连接部分变粗呈棒状；花萼裂片卵形，先端急尖；花冠淡蓝色或粉色，筒部甚短，檐部直径1.5~2.5毫米，裂片平展，倒卵形，先端圆钝，喉部附属物5，白色或带黄色。小坚果4，斜三棱锥状四面体形。早春开花，花期甚长，果期5—7月。南太行广布。生于平原、丘陵草地、林缘、田间及荒地。全草入药，能温中健胃、消肿止痛、止血。嫩叶可供食用。

462 钝萼附地菜（变种） | *Trigonotis peduncularis* var. *amblyosepala*

紫草科　附地菜属

与附地菜（原变种）的区别：茎多条丛生，斜升或铺散，基生叶不呈莲座状。花序生于茎及小枝顶端，幼时卷曲，后渐次延伸，长达20厘米；花萼5深裂，裂片倒卵状长圆形或狭匙形；花冠蓝色。南太行海拔1000米以上有分布。生于山坡草地、林缘、灌丛或田间、荒野。

463 狼紫草 | *Anchusa ovata*

紫草科　牛舌草属

一年生草本。茎高10~40厘米，常自下部分枝，有开展的稀疏长硬毛。基生叶和茎下部叶有柄，其余无柄，倒披针形至线状长圆形，两面疏生硬毛，边缘有微波状小牙齿。花序花期短，花后逐渐伸长；苞片比叶小，卵形至线状披针形；花梗长约2毫米，果期伸长可达1.5厘米；花萼长约7毫米，5裂至基部，有半贴伏的硬毛，裂片钻形，稍不等长，果期增大，星状开展；花冠蓝紫色，有时紫红色，长约7毫米，无毛，筒下部稍膝曲，裂片开展，宽度稍大于长度，附属物疣状至鳞片状，密生短毛；花柱长约2.5毫米，柱头球形，2裂。小坚果肾形，淡褐色，长3~3.5毫米，宽约2毫米，表面有网状皱纹和小疣点，着生面碗状，边缘无齿。花果期4—7月。南太行平原、山区广布。生于山坡、河滩、田边等处。全草入药，具解毒止痛的功效。

464 梓木草 | *Lithospermum zollingeri*　　　紫草科　紫草属

多年生匍匐草本。根褐色，稍含紫色物质。匍匐茎长可达 30 厘米，有开展的糙伏毛；茎直立，高 5~25 厘米。基生叶有短柄，叶倒披针形或匙形，两面都有短糙伏毛但背面毛较密；茎生叶与基生叶同形而较小。花序长 2~5 厘米，具花 1 至数朵，苞片叶状；花有短花梗；花萼长约 6.5 毫米，裂片线状披针形，两面都有毛；花冠蓝色或蓝紫色，长 1.5~1.8 厘米，外面稍有毛，筒部与檐部无明显界限，檐部直径约 1 厘米，裂片宽倒卵形，近等大，长 5~6 毫米，全缘，无脉，喉部有 5 条向筒部延伸的纵褶，纵褶长约 4 毫米，稍肥厚并有乳头；花柱长约 4 毫米，柱头头状。小坚果斜卵球形，长 3~3.5 毫米，乳白色而稍带淡黄褐色，平滑，有光泽，腹面中线凹陷呈纵沟。花果期 5—8 月。南太行中低山有分布。生于丘陵、低山草坡或灌丛下。果实可供药用，消肿、止痛，治疗疮、支气管炎、消化不良等症。

465 田紫草 | *Lithospermum arvense*　　　紫草科　紫草属

一年生草本。叶无柄，倒披针形至线形，两面均有短糙伏毛。花冠高脚碟状，白色，有时蓝色或淡蓝色，喉部无附属物。南太行平原、山区广布。生于丘陵、低山草坡或田边。全草入药，具凉血、活血、清热、解毒的功效。（见 64 页）

466 锦葵 | *Malva cathayensis*　　　　　锦葵科　锦葵属

二年生或多年生直立草本，高 50~90 厘米。分枝多，疏被粗毛。叶圆心形或肾形，具 5~7 圆齿状钝裂片，长 5~12 厘米，宽几相等，基部近心形至圆形，边缘具圆锯齿，两面均无毛或仅脉上疏被短糙伏毛；叶柄长 4~8 厘米，近无毛，但上面槽内被长硬毛；托叶偏斜，卵形，具锯齿，先端渐尖。花 3~11 朵簇生，花梗长 1~2 厘米，无毛或疏被粗毛；小苞片 3，长圆形，长 3~4 毫米，宽 1~2 毫米，先端圆形，疏被柔毛；萼状，长 6~7 毫米，萼裂片 5，宽三角形，两面均被星状疏柔毛；花紫红色或白色，直径 3.5~4 厘米，花瓣 5，匙形，长 2 厘米，先端微缺，爪具髯毛；雄蕊柱长 8~10 毫米，被刺毛，花丝无毛；花柱分枝 9~11，被微细毛。果扁圆形，直径 5~7 毫米，分果爿 9~11，肾形，被柔毛。种子黑褐色，肾形，长 2 毫米。花期 5—10 月，果期 8—11 月。南太行丘陵、山区广布。生于路旁、宅旁、荒地。

467 野葵 | *Malva verticillata*　　　　　锦葵科　锦葵属

二年生草本，高 50~100 厘米。茎干被星状长柔毛。叶肾形或圆形，直径 5~11 厘米，通常为掌状 5~7 裂，边缘具钝齿，两面被极疏糙伏毛或近无毛；叶柄长 2~8 厘米，近无毛；托叶卵状披针形，被星状柔毛。花 3 至数朵簇生于叶腋，具极短柄至近无柄；小苞片 3，线状披针形，长 5~6 毫米，被纤毛；萼杯状，直径 5~8 毫米，萼裂 5，广三角形，疏被星状长硬毛；花冠长稍微超过萼片，淡白色至淡红色，花瓣 5，长 6~8 毫米，先端凹入，爪无毛或具少数细毛；花柱分枝 10~11。果扁球形，直径 5~7 毫米；分果爿 10~11，背面平滑，厚 1 毫米，两侧具网纹。花果期 3—11 月。南太行平原、山区广布。生于村旁、荒地、路旁、水边。种子、根和叶入药，能利水滑窍、润便利尿、下乳汁、去死胎；鲜茎叶和根可拔毒排脓、疗疗疮疖痈。嫩苗可供蔬食。

468 圆叶锦葵 | *Malva pusilla*   锦葵科 锦葵属

多年生草本，高 25~50 厘米。分枝多而常匍生，被粗毛。叶肾形，基部心形，边缘具细圆齿，偶为 5~7 浅裂，正面疏被长柔毛，背面疏被星状柔毛；叶柄长 3~12 厘米，被星状柔毛；托叶小，卵状渐尖。花通常 3~4 朵簇生于叶腋，花梗不等长，疏被星状柔毛；小苞片 3，披针形，被星状柔毛；萼钟形，长 5~6 毫米，被星状柔毛，裂片 5，三角状渐尖头；花白色至浅粉红色，长 10~12 毫米，花瓣 5，倒心形；花柱分枝 13~15。果扁圆形，直径 5~6 毫米；分果爿 13~15，不为网状，被短柔毛。花果期 3—11 月。南太行丘陵、山区广布。生于荒野、草坡。观赏花卉。

469 蜀葵 | *Alcea rosea*   锦葵科 蜀葵属

二年生直立草本，高达 2 米。茎枝密被刺毛。叶近圆心形，掌状 5~7 浅裂或波状棱角，裂片三角形或圆形，正面疏被星状柔毛，粗糙，背面被星状长硬毛或茸毛。花腋生，单生或近簇生，排列成总状花序式，具叶状苞片；花大，有红、紫、白、粉红、黄和黑紫等色，单瓣或重瓣。花果期 2—10 月。原产于我国西南地区，现全国各地广泛栽培供园林观赏用。全草入药，有清热止血、消肿解毒的功效，治吐血、血崩等症。（见 68 页）

470 麦蓝菜 | *Gypsophila vaccaria* 石竹科 石头花属

一年生或二年生草本，高30~70厘米。全株无毛，微被白粉，呈灰绿色；茎直立，二歧分枝。叶对生，基部圆形或近心形，微抱茎，具3基出脉。苞片披针形，着生花梗中上部；花萼卵状圆锥形，后期微膨大呈球形，棱绿色，棱间绿白色，近膜质，萼齿小，三角形，顶端急尖，边缘膜质；雌雄蕊柄极短；花瓣淡红色、白色，爪狭楔形，淡绿色，瓣片狭倒卵形，斜展或平展，微凹缺，有时不明显的缺刻。蒴果宽卵形或近圆球形，长8~10毫米。花期5—7月，果期6—8月。南太行平原、丘陵有分布。生于草坡、撂荒地或麦田中。麦田常见杂草。种子入药，治经闭、乳汁不通、乳腺炎和痈疖肿痛。(见55页)

471 麦瓶草 | *Silene conoidea* 石竹科 蝇子草属

一年生草本，高25~60厘米。全株被短腺毛。茎单生，直立，不分枝。基生叶匙形，茎生叶长圆形或披针形，基部楔形，顶端渐尖，两面被短柔毛，边缘具缘毛，中脉明显。二歧聚伞花序具数花；花直立，直径约20毫米；花萼圆锥形，绿色，基部脐形，果期膨大，长达35毫米，下部宽卵状，直径6.5~10毫米，纵脉30条，沿脉被短腺毛，萼齿狭披针形，长为花萼1/3或更长，边缘下部狭膜质，具缘毛；花瓣淡红色，瓣片倒卵形，全缘或微凹缺，有时微啮蚀状；副花冠片狭披针形，长2~2.5毫米，白色，顶端具数浅齿；花柱微外露。蒴果梨状。花期5—6月，果期6—7月。南太行平原广布。常生于麦田中或荒地草坡。全国各地已驯化栽培。可食用。全草药用，可治鼻衄、吐血、尿血、肺脓疡和月经不调等。

472 鹤草 | *Silene fortunei*　　　　石竹科　蝇子草属

多年生草本，高 50~80（100）厘米。茎丛生，直立，多分枝，被短柔毛或近无毛，分泌黏液。基生叶倒披针形或披针形，基部渐狭，下延呈柄状，顶端急尖，两面无毛或早期被微柔毛，边缘具缘毛，中脉明显。聚伞状圆锥花序，小聚伞花序对生，具花 1~3 朵，有黏质；花梗细；苞片线形，长 5~10 毫米，被微柔毛；花萼长筒状，长 22~30 毫米，直径约 3 毫米，无毛，基部截形，果期上部微膨大呈筒状棒形，纵脉紫色，萼齿三角状卵形，长 1.5~2 毫米，顶端圆钝，边缘膜质，具短缘毛；花瓣淡红色，爪微露出花萼，倒披针形，无毛，瓣片平展，楔状倒卵形，2 裂达瓣片的 1/2 或更深，裂片呈撕裂状条裂副花冠片小，舌状；雄蕊微外露，花丝无毛；花柱微外露。蒴果长圆形，长 12~15 毫米，直径约 4 毫米，比宿存萼短或近等长。花期 6~8 月，果期 7—9 月。南太行分布于海拔 700 米以上山区。生于草地、灌丛、荒坡、林缘。全草入药，治痢疾、肠炎，蝮蛇咬伤、挫伤、扭伤等。

473 瞿麦 | *Dianthus superbus*　　　　石竹科　石竹属

多年生草本，高 50~60 厘米。茎丛生，直立，绿色，无毛，上部分枝。叶线状披针形，顶端锐尖，中脉特显，基部合生呈鞘状，绿色，有时带粉绿色。花 1 或 2 朵生枝端，有时顶下腋生；苞片 2~3 对，倒卵形，约为花萼 1/4，顶端长尖；花萼圆筒形，长 2.5~3 厘米，直径 3~6 毫米，常染紫红色晕，萼齿披针形，长 4~5 毫米；花瓣长 4~5 厘米，爪长 1.5~3 厘米，包于萼筒内，瓣片宽倒卵形，边缘繸状细裂至中部或中部以上，通常淡红色或带紫色，稀白色，喉部具丝毛状鳞片；雄蕊和花柱微外露。蒴果圆筒形，与宿存萼等长或微长，顶端 4 裂。花期 6—9 月，果期 8—10 月。南太行广布。生于丘陵山地疏林下、林缘、草甸、沟谷溪边。全草入药，有清热、利尿、破血通经功效；也可做农药，能杀虫。

474 石竹 | *Dianthus chinensis*　　　　石竹科　石竹属

多年生草本。全株无毛，带粉绿色。茎由根颈生出，疏丛生，直立，上部分枝。叶线状披针形，顶端渐尖，基部稍狭，全缘或有细小齿，中脉较显。花单生枝端或数花集成聚伞花序；花梗长 1~3 厘米；苞片 4，长达花萼 1/2 以上，边缘膜质，有缘毛；花萼圆筒形，有纵条纹，萼齿披针形，长约 5 毫米，直伸，顶端尖，有缘毛；花瓣长 16~18 毫米，瓣片倒卵状三角形，长 13~15 毫米，紫红色、粉红色、鲜红色或白色，顶缘不整齐齿裂，喉部有斑纹，疏生髯毛；雄蕊露出喉部外，花药蓝色；子房长圆形，花柱线形。蒴果圆筒形，包于宿存萼内，顶端 4 裂。种子黑色，扁圆形。花期 5—6 月，果期 7—9 月。南太行平原、山区广布。生于草原和山坡草地。为观赏花卉。根和全草入药，清热利尿、破血通经、散瘀消肿。

475 习见萹蓄 | *Polygonum plebeium*　　　　蓼科　萹蓄属

一年生草本。茎平卧，自基部分枝，具纵棱，沿棱具小突起，通常小枝的节间比叶短。叶狭椭圆形或倒披针形，两面无毛，侧脉不明显；近无柄；托叶鞘膜质，白色，透明，长 2.5~3 毫米，顶端撕裂，花 3~6 朵，簇生于叶腋，遍布于全植株；苞片膜质；花梗中部具关节，比苞片短；花被 5 深裂；花被片长椭圆形，绿色，背部稍隆起，边缘白色或淡红色，长 1~1.5 毫米；雄蕊 5 枚，比花被短；花柱 3，极短，柱头头状。瘦果宽卵形，具 3 锐棱或双凸镜状，黑褐色，平滑，包于宿存花被内。花期 5—8 月，果期 6—9 月。南太行平原广布。生于田边、路旁、水边湿地。全草入药，具利水通淋、杀虫止痒的功效。

476 宿根亚麻 | *Linum perenne*　　　亚麻科　亚麻属

多年生草本，高20~90厘米。茎多数，直立或仰卧，中部以上多分枝，基部木质化，具密集狭条形叶的不育枝。叶互生；叶狭条形或条状披针形，全缘内卷，先端锐尖，基部渐狭，1~3脉。花多数，组成聚伞花序，蓝色、蓝紫色或淡蓝色，直径约2厘米；花梗细长，长1~2.5厘米，直立或稍向一侧弯曲；萼片5枚，卵形，长3.5~5毫米，外面3枚先端急尖，内面2枚先端饨，全缘，5~7脉，稍突起；花瓣5，倒卵形，长1~1.8厘米，顶端圆形，基部楔形；雄蕊5枚，花丝中部以下稍宽，基部合生；退化雄蕊5枚，与雄蕊互生；子房5室，花柱5，分离，柱头头状。蒴果近球形，直径3.5~7（8）毫米，草黄色，开裂。花期6—7月，果期8—9月。南太行分布于平原、山区。生于干旱草原、沙砾质干河滩和干旱的山地阳坡疏灌丛或草地。花、果入药，具通经活血的功效。

477 野亚麻 | *Linum stelleroides*　　　亚麻科　亚麻属

一年生或二年生草本，高20~90厘米。茎直立，圆柱形，基部木质化，有凋落的叶痕点，不分枝或自中部以上多分枝，无毛。叶互生，线形、线状披针形或狭倒披针形，顶部钝、锐尖或渐尖，基部渐狭，无柄，全缘，两面无毛，6脉3基出。单花或多花组成聚伞花序；花梗长3~15毫米，花直径约1厘米；萼片5枚，绿色，长椭圆形或阔卵形，长3~4毫米，顶部锐尖，基部有不明显的3脉，宿存；花瓣5，倒卵形，长达9毫米，顶端啮蚀状，基部渐狭，淡红色、淡紫色或蓝紫色；雄蕊5枚，与花柱等长，基部合生；通常有退化雄蕊5枚；子房5室，有5棱；花柱5，中下部结合或分离，柱头头状，干后黑褐色。蒴果球形或扁球形，直径3~5毫米，有纵沟5条，室间开裂。花期6—9月，果期8—10月。南太行中低山有分布。生于山坡、路旁和荒山地。重要的纤维、油料和药用植物。

478 大叶铁线莲 | *Clematis heracleifolia* 毛茛科 铁线莲属

多年生草本。茎粗壮，有明显的纵条纹，密生白色糙茸毛。三出复叶；小叶亚革质或厚纸质，卵圆形、宽卵圆形至近于圆形，顶端短尖基部圆形或楔形，有时偏斜，边缘有不整齐的粗锯齿，齿尖有短尖头，正面暗绿色，近于无毛，背面有曲柔毛，尤以叶脉上为多，主脉及侧脉在正面平坦，在背面显著隆起；叶柄粗壮，长达15厘米，被毛；顶生小叶柄长，侧生者短。聚伞花序顶生或腋生，花梗粗壮，有淡白色的糙茸毛，每花下有1枚线状披针形的苞片；花杂性，雄花与两性花异株；花直径2~3厘米，花萼下半部呈管状，顶端常反卷；萼片4枚，蓝紫色，长椭圆形至宽线形，常在反卷部分增宽，内面无毛，外面有白色厚绢状短柔毛，边缘密生白色茸毛；雄蕊长约1厘米，花丝线形，无毛，花药线形与花丝等长。瘦果卵圆形，两面突起，长约4毫米，红棕色，被短柔毛，宿存花柱丝状，长达3厘米，有白色长柔毛。花期8—9月，果期10月。南太行分布于海拔800米以上山区。常生于山坡沟谷、林边及路旁的灌丛中。草及根供药用，有祛风除湿、解毒消肿的功效，治风湿关节痛、结核性溃疡、瘘管等。

479 华北耧斗菜 | *Aquilegia yabeana* 毛茛科 耧斗菜属

多年生草本。根圆柱形，粗约1.5厘米。茎高40~60厘米，有稀疏短柔毛和少数腺毛，上部分枝。基生叶数枚，有长柄，为一或二回三出复叶；叶宽约10厘米；小叶菱状倒卵形或宽菱形，3裂，边缘有圆齿，正面无毛，背面疏被短柔毛；叶柄长8~25厘米；茎中部叶有稍长柄，通常为二回三出复叶，宽达20厘米；上部叶小，有短柄，为一回三出复叶。花序有少数花，密被短腺毛；苞片3裂或不裂，狭长圆形；花下垂；萼片紫色，狭卵形；花瓣紫色，瓣片长1.2~1.5厘米，顶端圆截形，距长1.7~2厘米，末端钩状内曲，外面有稀疏短柔毛；雄蕊长达1.2厘米；心皮5，子房密被短腺毛。蓇葖果长1.5（1.8）~2厘米，隆起的脉网明显。花期5—6月，果期6—8月。南太行中低山广布。生于山地草坡或林边。根含糖类，可做饴糖或酿酒。种子含油，可供工业用。

480 河北耧斗菜 | *Aquilegia hebeica*　　　毛茛科　耧斗菜属

多年生草本。基生叶少数，二回三出复叶；叶宽4~10厘米，中央小叶上部3裂，裂片常有2~3圆齿，正面绿色，无毛，背面淡绿色至粉绿色，被短柔毛或近无毛；叶柄长达18厘米；茎生叶数枚，为一至二回三出复叶，向上渐变小。花3~7朵，倾斜或微下垂；苞片3全裂；萼片暗紫色或紫色；花瓣瓣片与萼片同色，比萼片稍长或稍短，顶端近截形，距直或微弯。花期5—7月，果期7—8月。南太行海拔800米以上有分布。生于山地路旁、河边和潮湿草地。

481 大火草 | *Anemone tomentosa*　　　毛茛科　银莲花属

多年生草本，高40~150厘米。基生叶3~4，有长柄，为三出复叶；中央小叶有长柄，小叶卵形至三角状卵形，长9~16厘米，宽7~12厘米，顶端急尖，3浅裂至3深裂，边缘有不规则小裂片和锯齿，正面有糙伏毛，背面密被白色茸毛，侧生小叶稍小，叶柄长16（6）~48厘米，与花莛都密被白色或淡黄色短茸毛。聚伞花序长26~38厘米，二至三回分枝；苞片3，与基生叶相似，不等大，有时1个为单叶，3深裂；花梗长3.5~6.8厘米，有短茸毛；萼片5枚，淡粉红色或白色，倒卵形、宽倒卵形或宽椭圆形，背面有短茸毛雄蕊长约为萼片长度的1/4；子房密被茸毛，柱头斜，无毛。聚合果球形，直径约1厘米；瘦果长约3毫米，有细柄，密被绵毛。花期7—10月，果期8—11月。南太行中低山广布。生于山地草坡或路边阳处。根状茎供药用，功效与打破碗花相同，治痢疾等，也可做小儿驱虫药。茎含纤维，脱胶后可搓绳。种子可榨油，含油率15%左右；种子毛可作填充物、救生衣等。

482 北方獐牙菜 | *Swertia diluta*   龙胆科 獐牙菜属

一年生草本，高 20~70 厘米。茎直立，四棱形，棱上具窄翅，基部直径 2~4 毫米，多分枝，枝细瘦，斜升。叶无柄，线状披针形至线形，两端渐狭，背面中脉明显突起。圆锥状复聚伞花序具多数花；花梗直立，四棱形，长至 1.5 厘米；花 5 数，直径 1~1.5 厘米；花萼绿色，长于或等于花冠，裂片线形，长 6~12 毫米，先端锐尖，背面中脉明显；花冠浅蓝色，裂片椭圆状披针形，长 6~11 毫米，先端急尖，基部有 2 个腺窝，腺窝窄矩圆形，沟状，周缘具长柔毛状流苏；花丝线形，花药狭矩圆形；子房无柄，花柱粗短，柱头 2 裂，裂片半圆形。蒴果卵形，长至 1.2 厘米。花果期 8—10 月。南太行中低山有分布。生于阴湿山坡、山坡林下、田边、谷地。全草入药，具平息协热、清热健胃、利湿的功效。

483 秦艽 | *Gentiana macrophylla*   龙胆科 龙胆属

多年生草本，高 30~60 厘米。全株光滑无毛，基部被枯存的纤维状叶鞘包裹。枝少数丛生，直立或斜升，黄绿色或有时上部带紫红色，近圆形。莲座丛叶卵状椭圆形或狭椭圆形，边缘平滑，叶脉 5~7 条，在两面均明显，叶柄宽，包被于枯存的纤维状叶鞘中；茎生叶，叶脉 3~5 条，在叶两面均明显，无叶柄至叶柄长达 4 厘米。花多数，无花梗，簇生枝顶呈头状或腋生呈轮状；花萼筒膜质，黄绿色或有时带紫色，一侧开裂呈佛焰苞状，先端截形或圆形，萼齿 4~5，甚小，锥形；花冠筒部黄绿色，冠檐蓝色或蓝紫色，壶形，裂片卵形或卵圆形，先端钝或钝圆，全缘，褶整齐，三角形，截形，全缘；子房无柄，椭圆状披针形或狭椭圆形，柱头 2 裂，裂片矩圆形。蒴果内藏或先端外露，卵状椭圆形，长 15~17 毫米。花果期 7—10 月。南太行山西晋城、运城高山有分布。生于河滩、路旁、水沟边、山坡草地、草甸、林缘林下。全草入药，具祛风湿、舒筋络、清虚热的功效。

484 红花龙胆 | *Gentiana rhodantha*　　　　龙胆科　龙胆属

多年生草本，高 20~50 厘米。具短缩根茎。茎直立，单生或数个丛生，常带紫色，具细条棱，微粗糙，上部多分枝。基生叶呈莲座状，椭圆形或倒卵形具短柄，边缘膜质浅波状；茎生叶宽卵形或卵状三角形，先端渐尖或急尖，边缘浅波状，叶脉 3~5 条，背面明显，有时疏被毛，无柄或下部的叶具极短而扁平的柄，基部连合成短筒抱茎。花单生茎顶，无花梗；花萼膜质，有时微带紫色，萼筒长 7~13 毫米，脉稍突起具狭翅，裂片线状披针形，边缘有时疏生睫毛；花冠淡红色，上部有紫色纵纹，筒状，上部稍开展，裂片卵形或卵状三角形，先端钝或渐尖，褶宽三角形，比裂片稍短，先端具细长流苏；花柱丝状，柱头线形，2 裂。蒴果内藏或仅先端外露，淡褐色，长椭圆形，两端渐狭。花果期 10 月至翌年 2 月。南太行中低山有分布。生于草地、林缘林下、路旁、灌丛。全草入药，可清热、消炎、止咳，可治肝炎、支气管炎、小便不利等症。

485 鳞叶龙胆 | *Gentiana squarrosa*　　　　龙胆科　龙胆属

一年生草本，高 2~8 厘米。茎黄绿色或紫红色，密被黄绿色有时夹杂有紫色乳突，自基部起多分枝，枝铺散，斜升。叶先端钝圆或急尖，具短小尖头，基部渐狭，边缘厚软骨质，两面光滑，中脉白色软骨质，在背面突起，密生细乳突，叶柄白色膜质，边缘具短睫毛，背面具细乳突；基生叶大，在花期枯萎，宿存，卵形、卵圆形或卵状椭圆形；茎生叶小，外反，倒卵状匙形或匙形。花多数，单生于小枝顶端；花梗黄绿色或紫红色，密被黄绿色乳突、藏于最上部叶中；花萼倒锥状筒形，萼筒常具白色膜质和绿色叶质相间的宽条纹，裂片外反，绿色，具短小尖头，基部圆形，边缘厚软骨质，密生细乳突，两面光滑，中脉白色厚软骨质，在背面突起，弯缺宽，截形；花冠蓝色，筒状漏斗形，裂片卵状三角形，先端钝，无小尖头，褶卵形，先端钝，全缘或边缘有细齿。蒴果外露，倒卵状矩圆形，先端圆形，有宽翅，两侧边缘有狭翅，基部渐狭成柄，柄粗壮，直立。花果期 4—9 月。南太行中低山有分布。生于草地、林缘林下、路旁、灌丛。全草入药，具清热利湿、解毒消痈的功效。

486 多歧沙参（亚种） | *Adenophora potaninii* subsp. *wawreana*

桔梗科　沙参属

与泡沙参（原种）的区别：基生叶心形；茎生叶卵形或卵状披针形，叶柄长达2.5厘米。花序为大圆锥花序，花序分枝长而多，近横向伸展，常有次级分枝，至三级分枝，仅少数分枝短而组成窄圆锥花序，稀花序无分枝而为假总状花序。花萼无毛，萼筒倒卵圆形或倒卵状圆锥形，裂片线形或钻形，边缘有2~3对瘤状小齿或窄长齿。

487 长柱沙参 | *Adenophora stenanthina*

桔梗科　沙参属

多年生草本。茎常数支丛生，高40~120厘米，有时上部有分枝，通常被倒生糙毛。基生叶心形，边缘有深刻而不规则的锯齿。花序无分枝，因而成假总状花序，或有分枝而集成圆锥花序；花萼无毛；花冠细，近于筒状或筒状钟形，5浅裂，雄蕊与花冠近等长；花盘细筒状，长4~7毫米，完全无毛或有柔毛；花柱长20~22毫米，伸出花冠7~10毫米。蒴果椭圆状，长7~9毫米，直径3~5毫米。花期8—9月，果期9—11月。南太行分布于海拔1000米以上深山区。生于林缘、草地。根入药，具清热养阴、润肺止咳的功效。

488 泡沙参 | *Adenophora potaninii*　　　桔梗科　沙参属

多年生草本。茎高 30~100 厘米，不分枝，常单枝发自一条茎基上，常密被倒生短硬毛。茎生叶无柄，卵状椭圆形或矩圆形，少数为条状椭圆形和倒卵形，基部钝或楔形，顶端钝、急尖或短渐尖，每边具 2 至数个粗大齿，两面有疏或密的短毛。花序通常在基部有分枝，组成圆锥花序，也有时仅数朵花，集成假总状花序；花梗短，长不逾 1 厘米；花萼无毛，筒部倒卵状或球状倒卵形，基部圆钝或稍钝，裂片狭三角状钻形，长 3~7 毫米，边缘有 1 对细长齿；花冠钟状，紫色、蓝色或蓝紫色，少为白色，长 1.5~2.5 厘米，裂片卵状三角形，长 5~8 毫米；花柱与花冠近等长，或稍伸出。蒴果球状椭圆形或椭圆状，长约 8 毫米，直径 4~5 毫米。种子棕黄色，长椭圆状，有 1 条翅状棱，长 1.4 毫米。花期 7—10 月，果期 10—11 月。南太行分布于山西南部海拔 1500 米以上山区。生于林缘、草地、灌丛。根入药，具清热养阴、润肺止咳的功效。

489 石沙参 | *Adenophora polyantha*　　　桔梗科　沙参属

多年生草本。茎 1 至数支发自同一条茎基上，常不分枝，高 20~100 厘米，无毛或有各种疏密程度的短毛。基生叶心状肾形，边缘具不规则粗锯齿，基部沿叶柄下延；茎生叶完全无柄，卵形至披针形，边缘具疏离而三角形的尖锯齿或几乎为刺状的齿，无毛或疏生短毛。花序常不分枝而成假总状花序，或有短的分枝而组成狭圆锥花序；花梗短，长一般不超过 1 厘米；花萼通常各式被毛，极少完全无毛的，筒部倒圆锥状，裂片狭三角状披针形；花冠紫色或深蓝色，钟状，喉部常稍稍收缩，长 14~22 毫米，裂片短，不超过全长 1/4，常先直而后反折；花柱常稍稍伸出花冠，有时在花大时与花冠近等长。蒴果卵状椭圆形，长约 8 毫米，直径约 5 毫米。花期 8—10 月，果期 9—11 月。南太行中低山广布。生于阳坡开旷草地。沙参属所有种含沙参皂甙，有润肺、止咳的功效。根肥厚肉质，味甜，可充饥。

490 细叶沙参（亚种） | *Adenophora capillaris* subsp. *paniculata*

桔梗科　沙参属

详见 71 页细叶沙参。

491 杏叶沙参（亚种） | *Adenophora petiolata* subsp. *hunanensis*

桔梗科　沙参属

详见 71 页杏叶沙参。

492 半边莲 | Lobelia chinensis   桔梗科 半边莲属

多年生草本。茎细弱，匍匐，节上生根，分枝直立，高6~15厘米，无毛。叶互生，无柄或近无柄，椭圆状披针形至条形，先端急尖，基部圆形至阔楔形，全缘或顶部有明显的锯齿，无毛。花通常1朵，生于分枝的上部叶腋；花梗细，长1.2~2.5（3.5）厘米；花萼筒倒长锥状，基部渐细而与花梗无明显区分，长3~5毫米，无毛，裂片披针形，约与萼筒等长，全缘或下部有1对小齿；花冠粉红色或白色，长10~15毫米，背面裂至基部，喉部以下生白色柔毛，裂片全部平展于下方，呈一个平面，两侧裂片披针形，较长，中间3裂片椭圆状披针形，较短；雄蕊长约8毫米，蒴果倒锥状，长约6毫米。花果期5—10月。南太行平原有分布。生于水田边、沟边及潮湿草地上。全草可供药用，有清热解毒、利尿消肿的功效，治毒蛇咬伤、肝硬化腹水、晚期血吸虫病腹水、阑尾炎等。

493 光叶党参 | Codonopsis cardiophylla   桔梗科 党参属

多年生草本。茎基有多数瘤状茎痕，根常肥大呈纺锤状或圆柱状。叶在茎下部及中部的对生，至上部则渐趋于互生；叶近于无柄或叶柄极短，长一般不及3毫米，无毛或被硬毛；叶卵形或披针形，顶端钝；基部浅心形或较圆钝，全缘，边缘反卷而形成一条窄的镶边，正面绿色，近无毛，背面灰绿色，疏被短毛。花顶生于主茎及上部的侧枝顶端；花梗长；花萼贴生至子房中部，筒部半球状，具10条明显辐射脉，光滑无毛，裂片宽披针形或近三角形，顶端钝，全缘，绿色，脉纹明显，无毛；花冠阔钟状，淡蓝白色，花冠筒内有红紫色或褐红色斑点，浅裂，裂片卵形，顶端急尖，长宽约1厘米，被柔毛；雄蕊无毛。蒴果下部半球状，上部圆锥状。花果期7—10月。山西运城海拔2000米以上有分布。生于山地草坡及石崖上。根可药用，有补脾、生津、催乳、祛痰、止咳、止血、益气、固脱等功效。

494 桔梗 | *Platycodon grandiflorus*　　桔梗科　桔梗属

多年生草本。茎高 20~120 厘米，通常无毛，不分枝。叶全部轮生，部分轮生至全部互生，无柄，叶卵形、卵状椭圆形至披针形，基部宽楔形至圆钝，顶端急尖，正面无毛而绿色，背面常无毛而有白粉，边缘具细锯齿。花单朵顶生，或数朵集成假总状花序，或有花序分枝而集成圆锥花序；花萼筒部半圆球状或圆球状倒锥形，被白粉，裂片三角形，有时齿状；花冠大，长 1.5~4.0 厘米，蓝色或紫色。蒴果球状，直径约 1 厘米。花期 7—9 月，果期 9—11 月。南太行分布于海拔 800 米以上山区。生于林缘林下、路旁、草地、荒坡。根药用，含桔梗皂甙，有止咳、祛痰、消炎（治肋膜炎）等功效。

495 柳叶马鞭草 | *Verbena bonariensis*　　马鞭草科　马鞭草属

多年生草本。茎直立，株高约 1.5 米；叶对生，线形或披针形，先端尖，基部无柄，绿色；由数十朵小花组成聚伞花序，顶生，小花蓝紫色。花果期 6—9 月。南太行有人工栽培。可供观赏用。

496 马鞭草 | *Verbena officinalis*　　　马鞭草科　马鞭草属

多年生草本，高30~120厘米。茎四方形，近基部可为圆形，节和棱上有硬毛。叶卵圆形至倒卵形或长圆状披针形，基生叶的边缘通常有粗锯齿和缺刻，茎生叶多数3深裂，裂片边缘有不整齐锯齿，两面均有硬毛，背面脉上尤多。穗状花序顶生和腋生，细弱，结果时长达25厘米，花小，无柄，最初密集，结果时疏离；苞片稍短于花萼，具硬毛；花萼长约2毫米，有硬毛，有5脉，脉间凹穴处质薄而色淡；花冠淡紫色至蓝色，长4~8毫米，外面有微毛，裂片5；雄蕊4枚，着生于花冠管的中部，花丝短；子房无毛。果长圆形，长约2毫米，外果皮薄，成熟时4瓣裂。花期6—8月，果期7—10月。南太行山区、平原都有分布。生于林缘、路旁、河滩、灌丛。全草供药用，有凉血、散瘀、通经、清热、解毒、止痒、驱虫、消胀的功效。

497 缬草 | *Valeriana officinalis*　　　忍冬科　缬草属

多年生草本，高100~150厘米。茎中空，有纵棱，被粗毛。匍枝叶、基出叶和基部叶在花期常凋萎。茎生叶卵形至宽卵形，羽状深裂，裂片7~11；中央裂片与两侧裂片近同形同大小，裂片披针形或条形，顶端渐窄，基部下延，全缘或有疏锯齿，两面及柄轴多少被毛。花序顶生，成伞房状三出聚伞圆锥花序；小苞片中央纸质，两侧膜质，先端芒状突尖，边缘多少有粗缘毛；花冠淡紫红色或白色，长4~5(6)毫米，花冠裂片椭圆形，雌雄蕊约与花冠等长。瘦果长卵形，长4~5毫米，基部近平截，光秃或两面被毛。花期5—7月，果期6—10月。南太行中低山有分布。生于山坡草地、林下、沟边。根茎及根供药用，驱风、镇痉，治跌打损伤等。

498 长药八宝 | *Hylotelephium spectabile*　　　景天科　八宝属

多年生草本。茎直立，高30~70厘米。叶对生，或3叶轮生，卵形至宽卵形，或长圆状卵形，先端急尖，钝，基部渐狭，全缘或多少有波状牙齿。花序大形，伞房状，顶生，直径7~11厘米；花密生，萼片5枚，线状披针形至宽披针形，长1毫米，渐尖；花瓣5，淡紫红色至紫红色，披针形至宽披针形，长4~5毫米，雄蕊10枚，花药紫色；鳞片5，长方形，长1~1.2毫米，先端有微缺；花柱长1.2毫米。蓇葖果直立。花期8—9月，果期9—10月。南太行山区有零星分布。生于低山多石山坡上。城市园林造景。

499 瓦松 | *Orostachys fimbriatus*　　　景天科　瓦松属

二年生草本。一年生莲座丛的叶短；莲座叶线形，先端增大，为白色软骨质，半圆形，有齿；二年生花茎一般高10~20厘米，小的只长5厘米。叶互生，疏生，有刺，线形至披针形，长可达3厘米，宽2~5毫米。花序总状，紧密，或下部分枝，可呈宽20厘米的金字塔形；苞片线状渐尖；花梗长达1厘米，萼片5枚，长圆形，长1~3毫米；花瓣5，红色，披针状椭圆形，长5~6毫米，先端渐尖，基部1毫米合生；雄蕊10枚，与花瓣同长或稍短，花药紫色。蓇葖果5，长圆形，长5毫米，喙细，长1毫米。种子多数，卵形，细小。花期8—9月，果期9—10月。南太行丘陵、山区都有分布。生于崖壁、沟谷、荒坡岩石或瓦房顶。全草药用，有止血、活血、敛疮的功效；有微毒，慎用。

500 小丛红景天 | *Rhodiola dumulosa*   景天科 红景天属

多年生草本。花茎聚生主轴顶端，长 5~28 厘米，直立或弯曲，不分枝。叶互生，线形至宽线形，先端稍急尖，基部无柄，全缘。花序聚伞状，具花 4~7 朵；萼片 5 枚，线状披针形，先端渐尖，基部宽；花瓣 5，白色或红色，披针状长圆形，直立，先端渐尖，有较长的短尖，边缘平直，或多少呈流苏状；雄蕊 10 枚，较花瓣短，对萼片的长 7 毫米，对花瓣的长 3 毫米；鳞片 5，横长方形；心皮 5，卵状长圆形。花期 6—7 月，果期 8 月。南太行分布于山西运城一带。生于山坡石上。根颈药用，有补肾、养心安神、调经活血、明目的功效。

501 大花马齿苋 | *Portulaca grandiflora*   马齿苋科 马齿苋属

一年生草本，高 10~30 厘米。茎平卧或斜升，紫红色，多分枝，节上丛生毛。叶密集枝端，较下的叶分开，不规则互生，叶细圆柱形，有时微弯，长 1~2.5 厘米，直径 2~3 毫米，顶端圆钝，无毛；叶柄极短或近无柄，叶腋常生一撮白色长柔毛。花单生或数朵簇生枝端，直径 2.5~4 厘米，日开夜闭；总苞 8~9，叶状，轮生，具白色长柔毛；萼片 2 枚，淡黄绿色，卵状三角形；花瓣 5 或重瓣，倒卵形，顶端微凹，长 12~30 毫米，红色、紫色或黄白色；雄蕊多数；花柱与雄蕊近等长，柱头 5~9 裂，线形。蒴果近椭圆形，盖裂。花期 6—9 月，果期 8—11 月。栽培观赏用。全草可供药用，有散瘀止痛、清热、解毒消肿功效，用于咽喉肿痛、烫伤、跌打损伤、疮疖肿毒。

502 土人参 | *Talinum paniculatum*　　土人参科　土人参属

一年生或多年生草本。全株无毛，高 30~100 厘米。茎直立，肉质，基部近木质，多少分枝，圆柱形。叶互生或近对生，近无柄，叶稍肉质，倒卵形或倒卵状长椭圆形，顶端急尖，有时微凹，具短尖头，基部狭楔形，全缘。圆锥花序顶生或腋生，较大形，常二叉状分枝，具长花序梗；花小，直径约 6 毫米；总苞片绿色或近红色，圆形，顶端圆钝，长 3~4 毫米；苞片 2，膜质，披针形，顶端急尖，长约 1 毫米；花梗长 5~10 毫米；萼片卵形，紫红色，早落；花瓣粉红色或淡紫红色，长 6~12 毫米，顶端圆钝，稀微凹；雄蕊 15（10）~20 枚，比花瓣短；花柱线形，长约 2 毫米，基部具关节；柱头 3 裂，稍开展。蒴果近球形，直径约 4 毫米，3 瓣裂，坚纸质。花期 6—8 月，果期 9—11 月。南太行平原有栽培。生于阴湿地。根为滋补强壮药，补中益气、润肺生津；叶可消肿解毒，治疗疮疖肿。

503 牻牛儿苗 | *Erodium stephanianum*　　牻牛儿苗科　牻牛儿苗属

多年生草本，高通常 15~50 厘米。茎多数，仰卧或蔓生，具节，被柔毛。叶对生；托叶三角状披针形，分离，被疏柔毛，边缘具缘毛；基生叶和茎下部叶具长柄，柄长为叶的 1.5~2 倍，被开展的长柔毛和倒向短柔毛；叶卵形或三角状卵形，基部心形，二回羽状深裂，小裂片卵状条形，全缘或具疏齿，正面被疏伏毛，背面被疏柔毛，沿脉被毛较密。伞形花序腋生，明显长于叶，总花梗被开展长柔毛和倒向短柔毛，每梗具花 2~5 朵；苞片狭披针形，分离；花梗花期直立，果期开展，上部向上弯曲；萼片矩圆状卵形，先端具长芒，被长糙毛；花瓣紫红色，倒卵形，等于或稍长于萼片，先端圆形或微凹；雄蕊稍长于萼片，花丝紫色，被柔毛；雌蕊被糙毛，花柱紫红色。蒴果长约 4 厘米，密被短糙毛。花期 6—8 月，果期 8—9 月。南太行山区、平原广布。生于干山坡、农田边、沙质河滩地和草原凹地等。全草供药用，有祛风除湿和清热解毒的功效。

504 芹叶牻牛儿苗 | *Erodium cicutarium*   牻牛儿苗科　牻牛儿苗属

一年生或二年生草本，高10~20厘米。茎多数，直立、斜升或蔓生，被灰白色柔毛。叶对生或互生；托叶三角状披针形或卵形，干膜质，棕黄色，先端渐尖；基生叶具长柄，茎生叶具短柄或无柄，叶矩圆形或披针形，二回羽状深裂，裂片7~11对，小裂片短小，全缘或具1~2齿，两面被灰白色伏毛。伞形花序腋生，明显长于叶，总花梗被白色早落长腺毛，每梗通常具花2~10朵；花梗与总花梗相似，长为花3~4倍，花期直立，果期下折；苞片多数，卵形或三角形，合生至中部；萼片卵形，3~5脉，先端锐尖，被腺毛或具枯胶质糙长毛；花瓣紫红色，倒卵形，稍长于萼片，先端钝圆或凹，基部楔形，被糙毛；雄蕊稍长于萼片，花丝紫红色，中部以下扩展；雌蕊密被白色柔色。蒴果长2~4厘米，被短伏毛。花期6—7月，果期7—10月。南太行平原有分布。生于山地砂砾质山坡、沙质平原草地和干河谷等处。

505 朝鲜老鹳草 | *Geranium koreanum*   牻牛儿苗科　老鹳草属

多年生草本，高30~50厘米。茎直立，具棱槽，中部以上假二叉状分枝，被倒向糙毛，近基部常无毛。叶基生和茎上对生；托叶披针形，长先端渐尖，被疏糙毛；基生叶和茎下部叶具长柄，柄长为叶的3~4倍，被倒向糙毛，近叶处被毛密集，向上叶柄渐短；叶五角状肾圆形，长5~6厘米，宽8~9厘米，3~5深裂至3/5处，裂片宽锲形，正面被疏伏毛，背面被疏糙毛或仅沿脉被毛。花序腋生或顶生，二歧聚伞状，长于叶，总花梗被倒向短糙柔毛，具花2朵；苞片钻状，长6~8毫米，花梗与总花梗相似，长为花的1.5~2倍，直立或稍弯曲，果期下折；萼片长卵形或矩圆状椭圆形，长8~10毫米，宽3~4毫米，先端具长约2毫米的尖头，外面沿脉被糙毛；花瓣淡紫色，倒圆卵形，长为萼片的1.5~2倍，被白色糙毛，雄蕊稍长于萼片；雌蕊被短糙毛，蒴果长约2厘米，被短糙毛。花期7—8月，果期8—9月。南太行分布于山西运城舜王坪。生于山地阔叶林下和草甸。

506 粗根老鹳草 | *Geranium dahuricum* 牻牛儿苗科 老鹳草属

多年生草本。茎多数，直立，具棱槽，假二叉状分枝，被疏短伏毛或下部近无毛，亦有时全茎被长柔毛或基部具腺毛，叶基生和茎上对生；托叶披针形或卵形，先端长渐尖，外被疏柔毛；基生叶和茎下部叶具长柄，柄长为叶的3~4倍，密被短伏毛，向上叶柄渐短，最上部叶几无柄；叶七角状肾圆形，掌状7深裂近基部，裂片羽状深裂，小裂片披针状条形，全缘，正面被短伏毛，背面沿脉被毛较密或仅沿脉被毛。花序腋生和顶生，长于叶，密被倒向短柔毛，总花梗具花2朵；苞片披针形，先端长渐尖；花梗与总梗相似，长约为花的2倍，花果期下弯；萼片卵状椭圆形，长5~7毫米，宽约3毫米，先端具短尖头，背面和边缘被长柔毛；花瓣紫红色，倒长卵形，长约为萼片的1.5倍，密被白色柔毛；雄蕊稍短于萼片；雌蕊密被短伏毛。花期7—8月，果期8—9月。南太行分布于山西南部海拔1200米以上山区。生于林缘、草地。根状茎含鞣酸，可提取栲胶。

507 灰背老鹳草 | *Geranium wlassowianum* 牻牛儿苗科 老鹳草属

多年生草本。上部围以残存基生托叶和叶柄，茎2~3，直立或基部仰卧，具棱角，假二叉状分枝，被倒向短柔毛。叶基生和茎上对生；托叶先端具芒状长尖头；基生叶具长柄，柄长为叶的4~5倍，被疏柔毛，茎下部叶柄稍长于叶，上部叶柄明显短于叶；叶五角状肾圆形，基部浅心形，5深裂达中部或稍过之，裂片倒卵状楔形，下部全缘，上部3深裂，中间小裂片狭长，3裂，侧小裂片具1~3牙齿，正面被短伏毛，背面灰白色，沿脉被短糙毛。花序腋生和顶生，稍长于叶，总花梗被倒向短柔毛，具花2朵；花梗与总花梗相似，通常长为花的1.5~2倍，花期直立或弯曲，果期水平状叉开；萼片长8~10毫米，宽3~4毫米，先端具长尖头，密被短柔毛和开展的疏散长柔毛；花瓣淡紫红色，具深紫色脉纹，宽倒卵形，长约为萼片的2倍；雄蕊稍长于萼片。蒴果长约3厘米，被短糙毛。花期7—8月，果期8—9月。南太行分布于山西晋城、运城一带。生于中低山的山地草甸、林缘等处。

508 毛蕊老鹳草 | *Geranium platyanthum* 牻牛儿苗科 老鹳草属

多年生草本，高 30~80 厘米。茎直立，单一，假二叉状分枝或不分枝，被开展的长糙毛和腺毛。叶基生和茎上互生；托叶三角状披针形，外被疏糙毛；基生叶和茎下部叶具长柄，柄长为叶的 2~3 倍，密被糙毛，向上叶柄渐短；叶五角状肾圆形，掌状 5 裂达叶中部或稍过之，裂片菱状卵形或楔状倒卵形，下部全缘，上部边缘具不规则齿状缺刻，齿端急尖，具不明显短尖头，正面被疏糙伏毛，背面主要沿脉被糙毛。花序通常为伞形聚伞花序，顶生或有时腋生，长于叶，被开展的糙毛和腺毛，总花梗具花 2~4 朵；苞片钻状；花梗与总花梗相似，长为花的 1.5~2 倍，稍下弯，果期劲直；萼片长卵形，长 8~10 毫米，宽 3~4 毫米，先端具短尖头，外被糙毛和开展腺毛；花瓣淡紫红色，宽倒卵形或近圆形，经常向上反折，具深紫色脉纹；雄蕊长为萼片的 1.5 倍，花丝淡紫色；花药紫红色，雌蕊稍短于雄蕊，被糙毛，花柱上部紫红色。蒴果长约 3 厘米，被开展的短糙毛和腺毛。花期 6—7 月，果期 8—9 月。南太行中低山有分布。生于山地林下、灌丛和草甸。全草入药，具疏风通络、强筋健骨的功效。

509 老鹳草 | *Geranium wilfordii* 牻牛儿苗科 老鹳草属

多年生草本，高 30~50 厘米。茎直立，单生，具棱槽，假二叉状分枝，被倒向短柔毛，有时上部混生开展腺毛。叶基生和茎生叶对生；托叶披针状三角形，基生叶和茎下部叶具长柄，柄长为叶的 2~3 倍，被倒向短柔毛，茎上部叶柄渐短或近无柄；基生叶圆肾形，5 深裂达 2/3 处，裂片倒卵状楔形，下部全缘，上部呈不规则状齿裂，茎生叶 3 裂至 3/5 处，裂片长卵形或宽楔形，上部齿状浅裂，正面被短伏毛，背面沿脉被短糙毛。花序腋生和顶生，稍长于叶，总花梗被倒向短柔毛，每梗具花 2 朵；苞片钻状；花梗与总花梗相似，长为花的 2~4 倍，花果期通常直立；萼片长卵形或卵状椭圆形，长 5~6 毫米，宽 2~3 毫米，先端具细尖头，背面沿脉和边缘被短柔毛；花瓣白色或淡红色，倒卵形，与萼片近等长，内面基部被疏柔毛；雄蕊稍短于萼片，花丝淡棕色，被缘毛；雌蕊被短糙状毛，花柱分枝紫红色。蒴果长约 2 厘米。花期 6—8 月，果期 8—9 月。南太行中低山广布。生于低山林下、草甸。全草供药用，可祛风通络。

510 鼠掌老鹳草 | *Geranium sibiricum*   牻牛儿苗科 老鹳草属

一年生或多年生草本，高 30~70 厘米。根为直根，有时具不多的分枝。茎纤细，仰卧或近直立，多分枝，具棱槽，被倒向疏柔毛。叶对生；托叶披针形，棕褐色，先端渐尖，基部抱茎，外被倒向长柔毛；基生叶和茎下部叶具长柄，柄长为叶的 2~3 倍；下部叶肾状五角形，基部宽心形，掌状 5 深裂，裂片倒卵形或菱形，中部以上齿状羽裂或齿状深缺刻，下部楔形，两面被疏伏毛，背面沿脉被毛较密；上部叶具短柄，3~5 裂。总花梗丝状，单生于叶腋，长于叶，被倒向柔毛或伏毛，具 1 或偶具 2 花；苞片对生，生于花梗中部或基部；萼片长约 5 毫米，先端急尖，具短尖头，背面沿脉被疏柔毛；花瓣倒卵形，淡紫色或白色，等于或稍长于萼片，先端微凹或缺刻状；花柱不明显。蒴果长 15~18 毫米，被疏柔毛，果梗下垂。花期 6—7 月，果期 8—9 月。南太行平原、山区广布。生于林缘、疏灌丛、河谷草甸。杂草。全草入药，能治疗风湿症、跌打损伤、神经痛等疾病。

511 野老鹳草 | *Geranium carolinianum*   牻牛儿苗科 老鹳草属

一年生草本，高 20~60 厘米，茎直立或仰卧，单一或多数，具棱角，密被倒向短柔毛。基生叶早枯，茎生叶互生或最上部对生；托叶披针形或三角状披针形，外被短柔毛；茎下部叶具长柄，柄长为叶的 2~3 倍，被倒向短柔毛，上部叶柄渐短；叶圆肾形，基部心形，掌状 5~7 裂近基部，裂片楔状倒卵形或菱形，下部楔形，全缘，上部羽状深裂，小裂片条状矩圆形。花序腋生和顶生，长于叶，被倒生短柔毛和开展的长腺毛，每总花梗具 2 花，顶生总花梗常数个集生，花序呈伞形状；花梗与总花梗相似，等于或稍短于花；苞片钻状；萼片长卵形或近椭圆形，长 5~7 毫米，宽 3~4 毫米，先端急尖，其长约 1 毫米尖头，外被短柔毛或沿脉被开展的糙柔毛和腺毛；花瓣淡紫红色，倒卵形，稍长于萼片，雄蕊稍短于萼片；雌蕊稍长于雄蕊，密被糙柔毛。蒴果长约 2 厘米，被短糙毛。花期 4—7 月，果期 5—9 月。南太行平原、山区广布。生于平原和低山荒坡杂草丛中。全草入药，有祛风收敛和止泻的功效。

512 地黄 | *Rehmannia glutinosa*　　列当科　地黄属

多年生草本，高 10~30 厘米。密被灰白色多细胞长柔毛和腺毛。根茎肉质，鲜时黄色。叶通常在茎基部集成莲座状，向上则强烈缩小成苞片，或逐渐缩小而在茎上互生；叶卵形至长椭圆形，正面绿色，背面略带紫色或呈紫红色，边缘具不规则圆齿或钝锯齿以至牙齿状；基部渐狭成柄，叶脉在上面凹陷，背面隆起。花具长 0.5~3 厘米的梗，梗细弱，弯曲而后上升，在茎顶部略排列成总状花序。萼长 1~1.5 厘米，密被多细胞长柔毛和白色长毛，具 10 条隆起的脉；萼齿 5，矩圆状披针形；花冠长 3~4.5 厘米；花冠筒多少弓曲，外面紫红色，被多细胞长柔毛；花冠裂片 5，先端钝或微凹，内面黄紫色，外面紫红色，两面均被多细胞长柔毛，雄蕊 4 枚；花柱顶部扩大成 2 枚片状柱头。蒴果卵形至长卵形，长 1~1.5 厘米。花果期 4~7 月。南太行平原、山区广布。生于海拔 50~1100 米的砂质壤土、荒山坡、山脚、墙边、路旁等处。河南焦作是重要的地黄产地。根茎可药用。

513 独根草 | *Oresitrophe rupifraga*　　虎耳草科　独根草属

多年生草本，高 12~28 厘米。叶均基生，2~3 枚；叶心形至卵形，先端短渐尖，边缘具不规则牙齿，基部心形，正面近无毛，背面和边缘具腺毛，叶柄长 11.5~13.5 厘米，被腺毛。花葶不分枝，密被腺毛；多歧聚伞花序长 5~16 厘米；多花；无苞片；花梗长 0.3~1 厘米，与花序梗均密被腺毛，有时毛极疏；萼片 5~7 枚，不等大，卵形至狭卵形，全缘，具多脉，无毛；雄蕊 10~13 枚，长 3.1~3.3 毫米；子房近上位，花柱长约 2 毫米。花果期 5—9 月。南太行中低山有分布。生于山谷、悬崖的阴湿石隙。可供观赏。太行山三宝之一。

514 红花酢浆草 | *Oxalis corymbosa* 　　　　酢浆草科　酢浆草属

多年生直立草本。无地上茎,地下部分有球状鳞茎。叶基生;叶柄长 5~30 厘米或更长,被毛;小叶 3,扁圆状倒心形,顶端凹入,两侧角圆形,基部宽楔形,正面绿色,被毛或近无毛;背面浅绿色,通常两面或有时仅边缘有干后呈棕黑色的小腺体,背面尤甚并被疏毛;托叶长圆形,顶部狭尖,与叶柄基部合生。总花梗基生,二歧聚伞花序,通常排列成伞形花序式,总花梗长 10~40 厘米或更长,被毛;花梗、苞片、萼片均被毛;花梗长 5~25 毫米,每花梗有披针形干膜质苞片 2;萼片 5 枚,披针形,先端有暗红色长圆形的小腺体 2 枚;花瓣 5,倒心形,长 1.5~2 厘米,为萼长的 2~4 倍,淡紫色至紫红色,基部颜色较深;雄蕊 10 枚,柱头浅 2 裂。花果期 3—12 月。原产于南美热带地区。南太行生于低海拔的山地、路旁、荒地或水田中。城市常用地被花卉。全草入药,治跌打损伤、赤白痢,可止血。

515 假酸浆 | *Nicandra physalodes* 　　　　茄科　假酸浆属

一年生草本。茎直立,有棱条,无毛,高 0.4~1.5 米,上部交互不等的二歧分枝。叶卵形或椭圆形,草质,顶端急尖或短渐尖,基部楔形,边缘有具圆缺的粗齿或浅裂,两面有稀疏毛;叶柄长为叶长的 1/4~1/3。花单生于枝腋而与叶对生,通常具较叶柄长的花梗,俯垂;花萼 5 深裂,裂片顶端尖锐,基部心脏状箭形,有 2 尖锐的耳片,果时包围果实,直径 2.5~4 厘米;花冠钟状,浅蓝色,直径达 4 厘米,檐部有折襞,5 浅裂。浆果球状,直径 1.5~2 厘米,黄色。花果期夏秋季。原产于南美洲。南太行平原有逸为野生。生于田边、荒地或住宅区。在我国南北均可药用或作观赏栽培。全草药用,有镇静、祛痰、清热解毒的功效。

516 青杞 | *Solanum septemlobum*　　　茄科　茄属

多年生草本或灌木状。茎具棱角，被白色具节弯卷的短柔毛至近于无毛。叶互生，卵形，全缘或不规则裂，先端钝，基部楔形，两面均疏被短柔毛；叶柄长 1~2 厘米，被有与茎相似的毛被。二歧聚伞花序，顶生或腋外生，总花梗长 1~2.5 厘米，花梗纤细，长 5~8 毫米，基部具关节；萼小，杯状，5 裂，萼齿三角形，长不到 1 毫米；花冠青紫色，直径约 1 厘米，花冠筒隐于萼内，先端深 5 裂，裂片长圆形，长约 5 毫米，开放时常向外反折；花丝长不及 1 毫米；子房卵形，花柱丝状，长约 7 毫米，柱头头状，绿色。浆果近球状，熟时红色，直径约 8 毫米。花期夏秋间，果熟期秋末冬初。南太行分布于海拔 800 米以上山区。生于灌丛、林缘、路旁。

517 蓝雪花 | *Ceratostigma plumbaginoides*　　　白花丹科　蓝雪花属

多年生直立草本，通常高 20~30（60）厘米。每年由地下茎上端接近地面的几个节上生出数条更新枝成为地上茎。地上茎细弱，沿节多少呈"之"字形曲折。叶宽卵形或倒卵形，枝两端者较小，先端渐尖或偶而钝圆，基部骤窄而后渐狭或仅为渐狭，除边缘外两面无毛或近无毛，常有细小钙质颗粒。花序生于枝端和上部 1~3 节叶腋的短柄上，基部紧托有 1 片披针形至长圆形的叶，含 15~30 朵或更多的花，花期中经常有 1~5 朵花开放；苞片长 6.5~8 毫米，宽 3~3.5 毫米，长卵形，先端渐尖成一短细尖，小苞狭长圆形至狭长卵形，先端有细尖；萼长 13（12）~15（18）毫米，沿脉有稀少长硬毛，裂片长约 2 毫米；花冠长 25~28 毫米，筒部紫红色，裂片蓝色，倒三角形，顶缘浅凹而沿中脉伸出一窄三角形的短尖；花丝略伸于花冠喉部之外，花药长约 2 毫米，蓝色；子房椭圆形，花柱异长，短柱型的柱头不外露，长柱型的柱头伸于花药之上。蒴果椭圆状卵形，淡黄褐色，长约 6 毫米。花期 7—9 月，果期 8—10 月。我国特有。南太行海拔 600 米以上广布。生于荒坡、林缘林下、灌丛、草地。可作城市绿化用。

518 狼毒 | *Stellera chamaejasme*　　　　瑞香科　狼毒属

多年生草本，高20~50厘米。茎直立，丛生，不分枝，纤细，绿色，无毛，草质，基部木质化，有时具棕色鳞片。叶散生，稀对生或近轮生，薄纸质，披针形或长圆状披针形，稀长圆形，先端渐尖或急尖，稀钝形，基部圆形至钝形或楔形，正面绿色，背面淡绿色至灰绿色，边缘全缘，中脉在背面隆起，侧脉4~6对，第2对直伸直达叶的2/3，两面均明显；叶柄短，长约1.1毫米，基部具关节，正面扁平或微具浅沟。花白色、黄色至带紫色，芳香，多花的头状花序，顶生，圆球形；具绿色叶状总苞片；无花梗；花萼筒细瘦，长9~11毫米，具明显纵脉，基部略膨大，无毛，裂片5，卵状长圆形，顶端圆形，稀截形，常具紫红色的网状脉纹；雄蕊10枚，2轮，花丝极短，花药黄色，线状椭圆形，长约1.5毫米；子房椭圆形，几无柄，花柱短，柱头头状，顶端微被黄色柔毛。果实圆锥形，长5毫米，直径约2毫米，上部或顶部有灰白色柔毛，为宿存的花萼筒所包围。花期4—6月，果期7—9月。南太行海拔1000米以上有分布，山西圣王坪有集中分布。生于林缘、草甸。毒性较大，可以杀虫。根入药，有祛痰、消积、止痛的功效，外敷可治疥癣。

519 散布报春 | *Primula conspersa*　　　　报春花科　报春花属

多年生草本。叶椭圆形、狭矩圆形或披针形，长1~5（7）厘米，宽0.5~2（3）厘米，先端圆形或钝，基部渐狭窄，边缘具整齐的牙齿，中肋稍宽，侧脉极纤细；叶柄长仅达叶的1/2或与叶近等长，具狭翅。花葶直立，高10~45厘米，近顶端被粉质腺体；伞形花序1~2轮，每轮5（2）~15花；苞片线状披针形；花梗纤细，长1~5厘米，被粉质腺体；花萼钟状，外面被粉质腺体，分裂约达中部，裂片狭三角形，边缘具小腺毛；花冠蓝紫色或淡蓝色，冠筒口周围橙黄色，冠筒管状，长9~12毫米，冠檐直径1~1.5厘米，裂片倒卵形，先端具深凹缺。蒴果长圆形，略长于宿存花萼。花期5—7月，果期8—9月。南太行分布于海拔1100米以上山区。生于灌丛、林缘、路旁、河滩。具观赏价值。

520 中华花荵 | *Polemonium chinense*　　　　花荵科　花荵属

多年生草本。茎直立，高 0.5~1 米，无毛或被疏柔毛。羽状复叶互生，茎下部叶长可超过 20 厘米，茎上部叶长 7~14 厘米，小叶互生，11~21 枚，长卵形至披针形，顶端锐尖或渐尖，基部近圆形，全缘，无小叶柄；叶柄长 1.5~8 厘米，生下部者长，上部具短叶柄或无柄。聚伞圆锥花序顶生或上部叶腋生，疏生多花；花梗长 3~5（10）毫米，连同总梗密生短的或疏长腺毛；花萼钟状，长 5~8 毫米，被短的或疏长腺毛，裂片长圆形或卵状披针形，顶端锐尖或钝头，与萼筒近相等长；花冠紫蓝色，钟状，长 1~1.8 厘米，裂片倒卵形，边缘有疏或密的缘毛或无缘毛；雄蕊着生于花冠筒基部之上，通常与花冠近等长；子房球形，柱头稍伸出花冠之外。蒴果卵形，长 5~7 毫米。花果期 6—8 月。南太行分布于山西南部海拔 1500 米以上山区。生于山坡草丛、山谷疏林下、山坡路边灌丛或溪流附近湿处。

521 紫花前胡 | *Angelica decursiva*　　　　伞形科　当归属

多年生草本。根圆锥状，有强烈气味。茎高 1~2 米，直立，单一，中空，光滑，常为紫色，无毛，有纵沟纹。根生叶和茎生叶有长柄，基部膨大成紫色的圆形叶鞘，抱茎，外面无毛；叶三角形至卵圆形，坚纸质，一回三全裂或一至二回羽状分裂；第一回裂片的小叶柄翅状延长，侧方裂片和顶端裂片的基部连合，沿叶轴呈翅状延长，翅边缘有锯齿；末回裂片卵形，顶端锐尖，边缘有白色软骨质锯齿，齿端有尖头，正面深绿色，背面绿白色，主脉常带紫色，正面脉上有短糙毛，背面无毛；茎上部叶简化成囊状膨大的紫色叶鞘。复伞形花序顶生和侧生，花序梗长 3~8 厘米，有柔毛；伞辐 10~22；总苞片 1~3，反折，紫色；小总苞片 3~8，线形，无毛；花深紫色，萼齿明显，花瓣倒卵形，顶端通常不内折成凹头状，花药暗紫色。果实长圆形至卵状圆形，无毛，背棱线形隆起，尖锐，侧棱有较厚的狭翅，与果体近等宽。花期 8—9 月，果期 9—11 月。南太行山西晋城高山草甸有分布。生于山坡林缘、溪沟边或杂木林灌丛中。根称前胡，入药，解热、镇咳、祛痰，用于治疗感冒、发热、头痛、气管炎、咳嗽、胸闷等症。

522 紫茉莉 | *Mirabilis jalapa*　　紫茉莉科　紫茉莉属

一年生草本，高可达1米。茎直立，圆柱形，多分枝，无毛或疏生细柔毛，节稍膨大。叶卵形或卵状三角形，顶端渐尖，基部截形或心形，全缘，两面均无毛，脉隆起；叶柄长1~4厘米，上部叶几无柄。花常数朵簇生枝端；总苞钟形，5裂，无毛，具脉纹，果时宿存；花被高脚碟状，筒部长2~6厘米，檐部直径2.5~3厘米，5浅裂；花午后开放，有香气，次日午前凋萎；雄蕊5枚，花丝细长，常伸出花外；花柱单生，线形，伸出花外，柱头头状。瘦果球形。花期6—10月，果期8—11月。原产于南美洲。我国南北各地常栽培。观赏花卉。根、叶可供药用，有清热解毒、活血调经和滋补的功效。

523 矮韭 | *Allium anisopodium*　　石蒜科　葱属

多年生草本。根状茎明显，横生。叶半圆柱状，有时因背面中央的纵棱隆起而呈三棱状狭条形，光滑，或沿叶缘和纵棱具细糙齿，与花葶近等长，宽1~2（4）毫米。花葶圆柱状，具细的纵棱，光滑，长30（20）~50（65）厘米，下部被叶鞘；总苞单侧开裂，宿存；伞形花序近扫帚状，松散；小花梗不等长，果期尤为明显，基部无小苞片；花淡紫色至紫红色；外轮的花被片卵状矩圆形至阔卵状矩圆形，先端钝圆，内轮的倒卵状矩圆形，先端平截或略为钝圆的平截，常比外轮的稍长；花丝约为花被片长度的2/3，基部合生并与花被片贴生；子房卵球状，基部无凹陷的蜜穴；花柱比子房短或近等长，不伸出花被外。花果期7—9月。南太行分布于海拔600米以上山区。生于林缘林下、草地。幼叶可供食用。

524 雾灵韭 | *Allium stenodon*　　　　石蒜科　葱属

多年生草本。叶条形，扁平，近与花葶等长，先端长渐尖，边缘向下反卷。花葶圆柱状，中部以下被叶鞘；总苞单侧开裂，比伞形花序短，具短喙，宿存或早落；花序半球状至近半球状，具多而密集的花；花常为蓝色和紫蓝色，稀紫色；内轮花丝基部扩大，扩大部分每侧各具 1 长齿，或齿的上部又具小齿，小花梗从与花被片近等长至其长的 1.5 倍。花果期 7—9 月。南太行分布于海拔 1000 米的山坡、草地或林下。

525 球序韭 | *Allium thunbergii*　　　　石蒜科　葱属

多年生草本。鳞茎常单生，卵状至狭卵状，或卵状柱形。叶三棱状条形，中空或基部中空，背面具 1 纵棱，呈龙骨状隆起，短于或略长于花葶，宽 2（1.5）~5 毫米。花葶中生，圆柱状，中空，长 30~70 厘米，1/4~1/2 被疏离的叶鞘；总苞单侧开裂或 2 裂，宿存；伞形花序球状，具多而极密集的花；小花梗近等长，比花被片长 2~4 倍，基部具小苞片；花红色至紫色；花被片椭圆形至卵状椭圆形，先端钝圆，外轮舟状，较短；花丝等长，约为花被片长的 1.5 倍，锥形，无齿，仅基部合生并与花被片贴生；子房倒卵状球形；花柱伸出花被外。花果期 8 月底至 10 月。南太行分布于海拔 900 米以上山区。生于山坡、草地或林缘。鳞茎可食用。

526 山韭 | *Allium senescens*　　　　　石蒜科　葱属

多年生草本。具粗壮的横生根状茎。叶狭条形至宽条形，肥厚，基部近半圆柱状，上部扁平，有时略呈镰状弯曲，短于或稍长于花葶，宽2~10毫米，先端钝圆，叶缘和纵脉有时具极细的糙齿。花葶圆柱状，常具2纵棱，有时纵棱变成窄翅而使花葶成为二棱柱状，长度变化很大，粗1~5毫米，下部被叶鞘；总苞2裂，宿存；伞形花序半球状至近球状，具多而稍密集的花；小花梗近等长，比花被片长2~4倍，基部具小苞片；花紫红色至淡紫色；花被片长3.2~6毫米，宽1.6~2.5毫米，内轮花被片矩圆状卵形至卵形，先端钝圆并常具不规则的小齿，外轮的卵形，舟状，略短；花丝等长；花柱伸出花被外。花果期7—9月。南太行分布于海拔800米以上山区。生于林缘、草甸和山坡上。幼叶可供食用。

527 细叶韭 | *Allium tenuissimum*　　　　　石蒜科　葱属

多年生草本。鳞茎数枚聚生，近圆柱状。花葶圆柱状，具细纵棱，光滑，长10~35（50）厘米，粗0.5~1毫米，下部被叶鞘；总苞单侧开裂，宿存；伞形花序半球状或近扫帚状，松散；小花梗近等长，长0.5~1.5厘米，具纵棱，光滑，罕沿纵棱具细糙齿，基部无小苞片；花白色或淡红色；外轮花被片卵状矩圆形至阔卵状矩圆形，先端钝圆，内轮的倒卵状矩圆形，先端平截或为钝圆状平截，常稍长；花丝为花被片长度的2/3，基部合生并与花被片贴生；子房卵球状；花柱不伸出花被外。花果期7—9月。南太行分布于海拔800米以上山区。生于林缘、草甸、荒坡。幼叶可供食用。

528 薤白 | *Allium macrostemon*　　　石蒜科　葱属

多年生草本。鳞茎近球状，粗 0.7~1.5（2）厘米，基部常具小鳞茎。叶 3~5，半圆柱状，或因背部纵棱发达而为三棱状半圆柱形，中空，正面具沟槽，比花葶短。花葶圆柱状，长 30~70 厘米，1/4~1/3 被叶鞘；总苞 2 裂，比花序短；伞形花序半球状至球状，具多而密集的花，或间具珠芽或有时全为珠芽；小花梗近等长，比花被片长 3~5 倍，基部具小苞片；珠芽暗紫色，基部亦具小苞片；花淡紫色或淡红色；花被片矩圆状卵形至矩圆状披针形，内轮的常较狭；花丝等长，比花被片稍长直至比其长 1/3，在基部合生并与花被片贴生；子房近球状，腹缝线基部具有帘的凹陷蜜穴；花柱伸出花被外。花果期 5—7 月。南太行平原、山区广布。生于林缘林下、路旁、荒坡荒地、草甸。鳞茎可作蔬菜食用。

529 禾叶山麦冬 | *Liriope graminifolia*　　　天门冬科　山麦冬属

多年生草本。叶长 20~50（60）厘米，宽 2~3（4）毫米，先端钝或渐尖，具 5 条脉，近全缘，但先端边缘具细齿，基部常有残存的枯叶或有时撕裂呈纤维状。花葶通常稍短于叶，总状花序长 6~15 厘米，具许多花；花通常 3~5 朵簇生于苞片腋内；苞片卵形，先端具长尖，最下面的长 5~6 毫米，干膜质；花梗长约 4 毫米，关节位于近顶端；花被片狭矩圆形或矩圆形，先端钝圆，长 3.5~4 毫米，白色或淡紫色；花丝长 1~1.5 毫米，扁而稍宽；子房近球形；花柱长约 2 毫米，稍粗，柱头与花柱等宽。种子卵圆形或近球形，初期绿色，成熟时蓝黑色。花期 6—8 月，果期 9—11 月。南太行丘陵、山区广布。生于林缘林下、路旁、灌丛、草甸。小块根有时作麦冬用。

530 山麦冬 | *Liriope spicata*   天门冬科 山麦冬属

多年生草本。花葶通常长于或几等长于叶，少数稍短于叶；总状花序长 6~15（20）厘米，具多数花；花通常 3（2）~5 朵簇生于苞片腋内；苞片小，披针形。种子近球形，直径约 5 毫米。花期 5—7 月，果期 8—10 月。南太行丘陵、山区有分布。生于山谷、灌丛、林下、路旁等。常见栽培的观赏植物，也可药用。

531 麦冬 | *Ophiopogon japonicus*   天门冬科 沿阶草属

多年生草本。花葶长 6~15（27）厘米，通常比叶短得多，总状花序长 2~5 厘米；花单生或成对着生于苞片腋内；苞片披针形，先端渐尖。种子球形，直径 7~8 毫米。花期 5—8 月，果期 8—9 月。南太行丘陵、山区有分布。生于林缘林下、灌丛、溪旁。园林常用草本植物，耐阴，主要用于乔木树下地被绿化。块根（中药称麦冬）入药，有生津解渴、润肺止咳的功效。

532 绵枣儿 | *Barnardia japonica*　　　天门冬科　绵枣儿属

多年生草本。基生叶通常 2~5，狭带状，长 15~40 厘米，宽 2~9 毫米，柔软。花葶通常比叶长；总状花序长 2~20 厘米，具多数花；花紫红色、粉红色至白色，小，直径 4~5 毫米，在花梗顶端脱落；花梗长 5~12 毫米，基部有 1~2 枚较小的、狭披针形苞片；花被片近椭圆形、倒卵形或狭椭圆形，基部稍合生而呈盘状，先端钝而且增厚；雄蕊生于花被片基部，稍短于花被片；花丝近披针形，基部稍合生；子房长 1.5~2 毫米，基部有短柄；花柱长为子房的 1/2~2/3。果近倒卵形。花果期 7—11 月。南太行中低山广布。生于山坡、草地、路旁或林缘。鳞茎入药，具活血解毒、消肿止痛的功效。

533 知母 | *Anemarrhena asphodeloides*　　　天门冬科　知母属

多年生草本。根状茎粗 0.5~1.5 厘米，为残存的叶鞘所覆盖。叶长 15~60 厘米，宽 1.5~11 毫米，向先端渐尖而呈近丝状，基部渐宽而呈鞘状，具多条平行脉，没有明显的中脉。花葶比叶长得多；总状花序通常较长，长 20~50 厘米；苞片小，卵形或卵圆形，先端长渐尖；花粉红色、淡紫色至白色；花被片条形，长 5~10 毫米，中央具 3 脉，宿存。蒴果狭椭圆形，长 8~13 毫米，顶端有短喙。花果期 6—9 月。南太行中低山广布。生于山坡、草地或路旁较干燥或向阳的地方。为著名中药，根状茎入药，性苦寒，有滋阴降火、润燥滑肠、利大小便的功效。

534 藜芦 | *Veratrum nigrum*　　　　藜芦科　藜芦属

多年生草本，高可达 1 米。叶椭圆形、宽卵状椭圆形或卵状披针形，大小变化较大，通常长 22~25 厘米，宽约 10 厘米，薄革质，先端锐尖或渐尖，基部无柄或生于茎上部的具短柄，两面无毛。圆锥花序密生黑紫色花；侧生总状花序近直立伸展，长 4~12（22）厘米，通常具雄花；顶生总状花序常较侧生花序长 2 倍以上，几乎全部着生两性花；总轴和枝轴密生白色绵状毛；小苞片披针形，边缘和背面有毛；生于侧生花序上的花梗长约 5 毫米，约等长于小苞片，密生绵状毛；花被片开展或在两性花中略反折，矩圆形，长 5~8 毫米，先端钝或浑圆，全缘；雄蕊长为花被片的 1/2；子房无毛。蒴果长 1.5~2 厘米。花果期 7—9 月。南太行中低山广布。生于山坡林下或草丛中。有毒。根、根状茎和地上部分均可供药用，有催吐、祛痰、杀虫的功效。

535 韭莲 | *Zephyranthes carinata*　　　　石蒜科　葱莲属

多年生草本。鳞茎卵状球形，直径 2~3 厘米。基生叶常数枚簇生，线形，扁平，长 15~30 厘米，宽 6~8 毫米。花单生于花茎顶端，下有佛焰苞状总苞，总苞片常带淡紫红色，长 4~5 厘米，下部合生成管；花梗长 2~3 厘米；花玫瑰红色或粉红色；花被管长 1~2.5 厘米，花被裂片 6，裂片倒卵形，顶端略尖，长 3~6 厘米；雄蕊 6 枚，长为花被的 2/3~4/5，花药"丁"字形着生；子房下位，花柱细长，柱头深 3 裂。蒴果近球形。花期夏秋，果期 8—10 月。原产于中美洲、南美洲。南太行平原有种植。全草及鳞茎入药，具散热解毒、活血凉血的功效。

536 马蔺 | *Iris lactea*   鸢尾科 鸢尾属

多年生密丛草本。叶基生、坚韧，灰绿色，条形或狭剑形，长约50厘米，宽4~6毫米，顶端渐尖，基部鞘状，带红紫色，无明显的中脉。花茎光滑，长3~10厘米；苞片3~5，草质，绿色，边缘白色，披针形，长4.5~10厘米，顶端渐尖或长渐尖，内具花2~4朵；花浅蓝色、蓝色或蓝紫色，花被上有较深色的条纹，直径5~6厘米；花梗长4~7厘米；花被管甚短，长约3毫米，外花被裂片倒披针形，长4.5~6.5厘米，顶端钝或急尖，爪部楔形，内花被裂片狭倒披针形，长4.2~4.5厘米，爪部狭楔形；雄蕊长2.5~3.2厘米；子房纺锤形，长3~4.5厘米。蒴果长椭圆状柱形，直径1~1.4厘米，有6条明显的肋，顶端有短喙。花期5—6月，果期6—9月。南太行分布于海拔600米以上山区。生于林缘林下、草地、路旁。耐盐碱、耐践踏，根系发达，可用于水土保持和改良盐碱土。花和种子可入药，种子含有马蔺子甲素，可做口服避孕药。

537 紫苞鸢尾 | *Iris ruthenica*   鸢尾科 鸢尾属

多年生草本。植株基部围有短的鞘状叶。叶条形，灰绿色，长20~25厘米，顶端长渐尖，基部鞘状，有3~5条纵脉。花茎纤细，略短于叶，长15~20厘米，茎生叶2~3；苞片2，膜质，绿色，边缘带红紫色，披针形或宽披针形，长约3厘米，宽0.8~1厘米，中脉明显，内具花1朵；花蓝紫色，直径5~5.5厘米；花梗长0.6~1厘米；花被管长1~1.2厘米，外花被裂片倒披针形，长约4厘米，有白色及深紫色的斑纹，内花被裂片直立，狭倒披针形，长3.2~3.5厘米；雄蕊长约2.5厘米，花药乳白色；花柱分枝扁平，长3.5~4厘米，顶端裂片狭三角形。蒴果球形或卵圆形，直径1.2~1.5厘米，6条肋明显，顶端无喙，成熟时自顶端向下开裂至1/2处。花期5~6月，果期7~8月。南太行广布。生于向阳草地或石质山坡。具较高的园艺价值。

538 白头翁 | *Pulsatilla chinensis*　　　　　毛茛科　白头翁属

多年生草本，高 15~35 厘米。基生叶 4~5，通常在开花时刚刚生出，有长柄；叶宽卵形，3 全裂，中全裂片有柄或近无柄，宽卵形，3 深裂，侧深裂片不等 2 浅裂，侧全裂片无柄或近无柄，不等 3 深裂，正面变无毛，背面有长柔毛；叶柄长 7~15 厘米，有密长柔毛。花葶 1（2），有柔毛；苞片 3，基部合生成长 3~10 毫米的筒，3 深裂，深裂片线形，不分裂或上部 3 浅裂，背面密被长柔毛；花梗长 2.5~5.5 厘米，结果时长达 23 毫米；花直立；萼片蓝紫色，长圆状卵形，长 2.8~4.4 厘米，背面有密柔毛；雄蕊长约为萼片的 1/2。聚合果直径 9~12 厘米。花期 4—5 月，果期 6 月。南太行丘陵、山区广布。生于林缘、草甸、荒坡。根状茎药用，治热毒血痢、温疟、鼻衄、痔疮出血等症。

539 雨久花 | *Monochoria korsakowii*　　　　　雨久花科　雨久花属

多年生立水生草本。茎直立，高 30~70 厘米，全株光滑无毛，基部有时带紫红色。叶基生和茎生；基生叶宽卵状心形，长 4~10 厘米，宽 3~8 厘米，顶端急尖或渐尖，基部心形，全缘，具多数弧状脉；叶柄长达 30 厘米，有时膨大呈囊状；茎生叶叶柄渐短，基部增大成鞘，抱茎。总状花序顶生，有时再聚成圆锥花序；花 10 余朵，具 5~10 毫米长的花梗；花被片椭圆形，长 10~14 毫米，顶端圆钝，蓝色；雄蕊 6 枚，其中 1 枚较大，花丝丝状。蒴果长卵圆形，长 10~12 毫米。花期 7—8 月，果期 9—10 月。南太行平原有分布。生于池塘、湖沼靠岸的浅水处和稻田中。全草可做家畜、家禽饲料。花美丽，可供观赏。

540 梭鱼草 | *Pontederia cordata*　　　雨久花科　梭鱼草属

多年生挺水或湿生草本。叶柄绿色,圆筒形,横切断面具膜质物;叶光滑,呈橄榄色,倒卵状披针形;叶基生广心形,端部渐尖。穗状花序顶生,长 5~20 厘米,小花密集在 200 朵以上,蓝紫色带黄斑点,直径 10 毫米左右,花被裂片 6,近圆形,裂片基部连接为筒状。果实初期绿色,成熟后褐色;果皮坚硬。花果期 5—10 月。原产于美洲。我国引种栽培。生于湖泊、湿地。可用于园林湿地、水边、池塘绿化。

541 千屈菜 | *Lythrum salicaria*　　　千屈菜科　千屈菜属

多年生草本。茎直立,多分枝,高 30~100 厘米,全株青绿色,略被粗毛或密被茸毛,枝通常具 4 棱。叶对生或 3 叶轮生,披针形或阔披针形,长 4~6(10)厘米,顶端钝形或短尖,基部圆形或心形,有时略抱茎,全缘,无柄。花组成小聚伞花序,簇生,因花梗及总梗极短,因此花枝全形似一大型穗状花序;苞片阔披针形至三角状卵形,长 5~12 毫米;萼筒长 5~8 毫米,有纵棱 12 条,稍被粗毛,裂片 6,三角形;附属体针状,直立,长 1.5~2 毫米;花瓣 6,红紫色或淡紫色,倒披针状长椭圆形,基部楔形,长 7~8 毫米,着生于萼筒上部,有短爪,稍皱缩;雄蕊 12 枚,6 长 6 短,伸出萼筒之外;子房 2 室,花柱长短不一。蒴果扁圆形。常见植物。花期 7—9 月,果期 10 月。南太行平原、山区广布。生于河岸、湖畔、溪沟边和潮湿草地。全草入药,治肠炎、痢疾、便血;外用于外伤出血。

542 弹刀子菜 | *Mazus stachydifolius*　　通泉草科　通泉草属

多年生草本，高10~50厘米。粗壮，全株被多细胞白色长柔毛。茎直立，稀上升，圆柱形。基生叶匙形，有短柄，常早枯萎；茎生叶对生，上部的常互生，无柄，长椭圆形至倒卵状披针形，纸质，长2~4（7）厘米，以茎中部的较大，边缘具不规则锯齿。总状花序顶生，长2~20厘米，有时稍短于茎，花稀疏；苞片三角状卵形，长约1毫米；花萼漏斗状，直径超过1厘米，比花梗长或近等长，萼齿略长于筒部，披针状三角形，顶端长锐尖，10条脉纹明显；花冠蓝紫色，长15~20毫米，花冠筒与唇部近等长，上部稍扩大，上唇短，顶端2裂，裂片狭长三角形状，端锐尖，下唇宽大，开展，3裂，中裂较侧裂约小1倍，近圆形，稍突出，褶襞两条从喉部直通至上下唇裂口，被黄色斑点同稠密的乳头状腺毛；雄蕊4枚，二强，着生在花冠筒的近基部；子房上部被长硬毛。蒴果扁卵球形，长2~3.5毫米。花期4—6月，果期7—9月。南太行山区有分布。生于林缘林下、灌丛、溪旁。全草入药，具解蛇毒的功效。

543 通泉草 | *Mazus pumilus*　　通泉草科　通泉草属

一年生草本，高3~30厘米。无毛或疏生短柔毛。在体态上变化幅度很大，茎1~5或有时更多，直立，上升或倾卧状上升，着地部分节上常能长出不定根，分枝多而披散。基生叶少至多数，有时呈莲座状或早落，倒卵状匙形至卵状倒披针形，膜质至薄纸质，长2~6厘米，顶端全缘或有不明显的疏齿，基部楔形，下延成带翅的叶柄，边缘具不规则的粗齿或基部有1~2枚浅羽裂；茎生叶对生或互生，少数，与基生叶相似或几乎等大。总状花序生于茎、枝顶端，常在近基部即生花，伸长或上部呈束状，通常3~20朵，花疏稀；花梗在果期长达10毫米；花萼钟状，萼片与萼筒近等长，卵形，端急尖，脉不明显；花冠白色、紫色或蓝色，长约10毫米，上唇裂片卵状三角形，下唇中裂片较小，稍突出，倒卵圆形。花果期4—10月。南太行丘陵、山区有分布。生于林缘林下、灌丛、草地。全草入药，具止痛、健胃、解毒消肿功效。

544 角蒿 | *Incarvillea sinensis*   紫葳科 角蒿属

一年生至多年生草本。具分枝的茎，高达80厘米。叶互生，二至三回羽状细裂，形态多变异，长4~6厘米，小叶不规则细裂，末回裂片线状披针形，具细齿或全缘。顶生总状花序，疏散，长达20厘米；花梗长1~5毫米；小苞片绿色，线形，长3~5毫米；花萼钟状，绿色带紫红色，长和宽均约5毫米，萼齿钻形，萼齿间被褶2浅裂；花冠淡玫瑰色或粉红色，有时带紫色，钟状漏斗形，基部收缩成细筒，长约4厘米，直径粗2.5厘米，花冠裂片圆形；雄蕊4枚，二强；花柱淡黄色。蒴果淡绿色，细圆柱形。花期5—9月，果期10—11月。南太行分布于海拔800米以上山区。生于林缘林下、灌丛、沟谷、路旁。全草入药，具祛风湿、解毒、杀虫的功效。

545 山罗花 | *Melampyrum roseum*   列当科 山罗花属

一年生草本。全株疏被鳞片状短毛。茎通常多分枝，少不分枝，近于四棱形，高15~80厘米。叶柄长约5毫米，叶披针形至卵状披针形，顶端渐尖，基部圆钝或楔形；苞叶绿色，仅基部具尖齿至整个边缘具多条刺毛状长齿，较少几乎全缘的，顶端急尖至长渐尖；花萼长约4毫米，常被糙毛，脉上常生多细胞柔毛，萼齿长三角形至钻状三角形，生有短睫毛；花冠紫色、紫红色或红色，长15~20毫米，筒部长约为檐部长的2倍，上唇内面密被须毛，下唇具2个椭圆状白色突起。蒴果卵状渐尖。花果期7—10月。南太行分布于海拔900米以上山区。生于林缘林下、灌丛、沟谷、路旁。全草入药，具清热解毒的功效。

546 松蒿 | *Phtheirospermum japonicum*

列当科 松蒿属

一年生草本。全株被多细胞腺毛。茎直立或弯曲而后上升，通常多分枝。叶具柄长5~12毫米、边缘有狭翅的柄，叶长三角状卵形，近基部的羽状全裂，向上则为羽状深裂，小裂片长卵形或卵圆形，多少歪斜，边缘具重锯齿或深裂。花冠紫红色至淡紫红色，外面被柔毛；上唇裂片三角状卵形，下唇裂片先端圆钝，喉部具2个披针形白色突起。花丝基部疏被长柔毛。蒴果卵珠形，长6~10毫米。花果期6—10月。南太行分布于海拔900米以上山区。生于林缘林下、灌丛、草甸。全草入药，具清热利湿的功效。

547 小米草 | *Euphrasia pectinata*

列当科 小米草属

一年生草本。植株直立，高10~30（45）厘米，不分枝或下部分枝，被白色柔毛。叶与苞叶无柄，卵形至卵圆形，长5~20毫米，基部楔形，每边有数枚稍钝、急尖的锯齿，两面脉上及叶缘多少被刚毛。花序长3~15厘米，初花期短而花密集，逐渐伸长至果期果疏离；花萼管状，长5~7毫米，被刚毛，裂片狭三角形，渐尖；花冠白色或淡紫色，背面长5~10毫米，外面被柔毛，背部较密，其余部分较疏，下唇比上唇长约1毫米，下唇裂片顶端明显凹缺；花药棕色。蒴果长矩圆状，长4~8毫米。花期6—9月，果期8—10月。南太行分布于海拔1300米以上山区。生于林缘林下、草甸。全草入药，具清热解毒、利尿的功效。

548 列当 | *Orobanche coerulescens*   列当科 列当属

二年生或多年生寄生草本，高 15（10）~40（50）厘米。全株密被蛛丝状长绵毛。茎直立，不分枝，具明显的条纹，基部常稍膨大。叶干后黄褐色，生于茎下部的较密集，上部的渐变稀疏，卵状披针形，长 1.5~2 厘米，连同苞片和花萼外面及边缘密被蛛丝状长绵毛。花多数，排列成穗状花序，长 10~20 厘米，顶端钝圆或呈锥状；苞片与叶同形并近等大，先端尾状渐尖；花萼长 1.2~1.5 厘米，2 深裂达近基部，每裂片中部以上再 2 浅裂，小裂片狭披针形，长 3~5 毫米，先端长尾状渐尖；花冠深蓝色、蓝紫色或淡紫色，长 2~2.5 厘米，筒部在花丝着生处稍上方缢缩，口部稍扩大；上唇 2 浅裂，极少顶端微凹，下唇 3 裂，裂片近圆形或长圆形，中间的较大，顶端钝圆，边缘具不规则小圆齿；雄蕊 4 枚，花丝着生于筒中部；雌蕊长 1.5~1.7 厘米；子房椭圆体状或圆柱状，花柱与花丝近等长，常无毛，柱头常 2 浅裂。蒴果卵状长圆形或圆柱形，干后深褐色。花期 4—7 月，果期 7—9 月。南太行修武低山有分布，常寄生于蒿属植物的根上。生于沙丘、山坡及沟边草地上。全草药用，有补肾壮阳、强筋骨、润肠的功效，主治阳痿、腰酸腿软、神经官能症及小儿腹泻等。

549 穗花马先蒿 | *Pedicularis spicata*   列当科 马先蒿属

一年生草本，高达 30（40）厘米。茎单一或多条，上部常多分枝，分枝 4 条轮生，均中空，略呈四棱状，被毛线。基生叶常早枯，较小；茎生叶多 4 叶轮生，柄长约 1 厘米，叶长圆状披针形或线状窄披针形，两面被白毛，羽状浅裂或深裂，裂片 9~20 对，具尖锯齿。穗状花序，花萼短钟形；花冠红色，管在萼口向前方以直角或相近的角度膝屈，向喉稍稍扩大，盔指向前上方，基部稍宽，额高突，下唇长于盔 2~2.5 倍。蒴果长 6~7 毫米，歪窄卵形，上部向下弓曲。花期 7—9 月，果期 8—10 月。南太行分布于海拔 1500 米以上山区。生于林缘林下、灌丛、草地、溪流旁。

550 返顾马先蒿 | *Pedicularis resupinata*　　列当科　马先蒿属

多年生草本。茎上部多分枝。叶均茎生，互生或中下部叶对生；叶柄长 0.2~1 厘米；叶卵形或长圆状披针形，有钝圆重齿，齿上有浅色胼胝或刺尖，常反卷。花序总状苞片叶状；花萼长 6~9 毫米，长卵圆形，前方深裂，萼齿 2；花冠长 2~2.5 厘米，淡紫红色，花冠筒长 1.2~1.5 厘米，基部向右扭旋，下唇及上唇呈返顾状，上唇上部两次稍膝状弓曲，顶端成圆锥状短喙，背部常被毛，下唇稍长于上唇，锐角开展，有缘毛，中裂片较小，略前凸；花丝 1 对，有毛。南太行分布于海拔 1200 米以上山区。生于草地、林缘。全草入药，具祛风湿、利尿、清热解毒的功效。

551 短茎马先蒿 | *Pedicularis artselaeri*　　列当科　马先蒿属

多年生草本。茎细短，被毛，基部被披针形或卵形黄褐色膜质鳞片及枯叶柄。叶柄长 5.5~9 厘米，铺散，密被柔毛；叶长圆状披针形，长 7~10 厘米，宽 2~2.5 厘米，羽状全裂，裂片 8~14 对，卵形，羽状深裂，有缺刻状锯齿。花腋生；花梗细柔弯曲，被长柔毛；花萼被长柔毛，萼齿 5，叶状；花冠紫色，花冠筒直伸，较萼长，上唇镰状弓曲，先端尖，顶部稍钝，下唇稍长于上唇，伸展，裂片圆形，近相等；花丝均被长毛。蒴果卵圆形，长约 1.3 厘米，全为膨大宿萼所包。花果期 4—6 月。南太行分布于海拔 1100 米以上山区。生于石坡草丛、林缘林下。

552 藓生马先蒿 | *Pedicularis muscicola*   列当科　马先蒿属

多年生草本。多毛；茎丛生，中间者直立，外层多弯曲上升或倾卧，长达 25 厘米。叶柄长达 1.5 厘米，有疏长毛；叶椭圆形或披针形，长达 5 厘米，羽状全裂，裂片 4~9 对，有重锐齿，正面被毛。花腋生；花梗长达 1.5 厘米；花萼圆筒形，长达 1.1 厘米，前方不裂，萼齿 5，上部卵形，有锯齿；花冠玫瑰色，花冠筒长 4~7.5 厘米，外面被毛，上唇近基部向左折扭，顶部向下，喙长超过 1 厘米，向上卷曲呈"S"形，下唇宽达 2 厘米，中裂片长圆形；花丝均无毛，花柱稍伸出喙端；蒴果偏卵形，长 1 厘米，为宿萼所包均无毛，花柱稍稍伸出于喙端。蒴果稍扁平，偏卵形，长 1 厘米，宽 7 毫米，为宿萼所包。花期 5—7 月，果期 8 月。南太行分布于海拔 1600 米以上山区。生于林缘林下、草甸。根入药，具滋补强壮、补气血、助消化、生津止渴的功效。

553 并头黄芩 | *Scutellaria scordifolia*   唇形科　黄芩属

多年生草本。根茎斜行或近直伸，节上生须根。茎直立，高 12~36 厘米，四棱形，基部粗 1~2 毫米，常带紫色。叶具很短的柄，柄长 1~3 毫米，腹凹背突，被小柔毛；叶三角状狭卵形、三角状卵形或披针形，先端大多钝，基部浅心形、近截形，边缘大多具浅锐牙齿，正面绿色，无毛，背面较淡，沿中脉及侧脉疏被小柔毛，侧脉约 3 对，正面凹陷，背面明显突起。花单生于茎上部的叶腋内，偏向一侧；花梗长 2~4 毫米，被短柔毛，近基部有 1 对长约 1 毫米的针状小苞片；花萼被短柔毛及缘毛；花冠蓝紫色，长 2~2.2 厘米，外面被短柔毛，内面无毛；冠筒基部浅囊状膝曲；冠檐二唇形，上唇盔状，内凹，先端微缺，下唇中裂片圆状卵圆形，先端微缺，两侧裂片卵圆形，先端微缺；雄蕊 4 枚，均内藏；花柱细长，先端锐尖，微裂。小坚果黑色，椭圆形具瘤状突起，腹面近基部具果脐。花期 6—8 月，果期 8—9 月。南太行分布于海拔 1500 米以上山区。生于林缘林下、灌丛、草甸。根茎入药，具清热燥湿、凉血安胎的功效。

554 黄芩 | *Scutellaria baicalensis* 　　　　唇形科　黄芩属

多年生草本。根茎肥厚，肉质，直径达 2 厘米，伸长而分枝。茎基部伏地，上升，钝四棱形，具细条纹，近无毛或被上曲至开展的微柔毛，绿色或带紫色，自基部多分枝。叶坚纸质，披针形至线状披针形，顶端钝，基部圆形，全缘，正面暗绿色，无毛或疏被贴生至开展的微柔毛，背面色较淡，密被下陷的腺点，侧脉 4 对，与中脉正面下陷背面突出；叶柄短，被微柔毛。花序在茎及枝上顶生，总状，长 7~15 厘米，常再于茎顶聚成圆锥花序；花梗长 3 毫米，与序轴均被微柔毛；苞片下部者似叶，上部者远较小，卵圆状披针形至披针形，长 4~11 毫米，近于无毛；花萼开花时长 4 毫米，盾片长 1.5 毫米，外面密被微柔毛，萼缘被疏柔毛；花冠紫色、紫红至蓝色，外面密被具腺短柔毛；冠筒近基部明显膝曲，中部直径 1.5 毫米，至喉部宽达 6 毫米；冠檐二唇形，上唇盔状，先端微缺，下唇中裂片三角状卵圆形，宽 7.5 毫米，两侧裂片向上唇靠合；雄蕊 4 枚，稍露出；花柱细长，先端锐尖，微裂。小坚果卵球形，黑褐色，具瘤，腹面近基部具果脐。花期 7—8 月，果期 8—9 月。南太行分布于海拔 900 米以上山区。生于林缘林下、灌丛、草甸。

555 京黄芩 | *Scutellaria pekinensis* 　　　　唇形科　黄芩属

一年生草本。茎高 24~40 厘米，直立，四棱形，绿色，基部通常带紫色，疏被上曲的白色小柔毛，以茎上部者较密。叶草质，卵圆形或三角状卵圆形，先端锐尖至钝，基部截形、截状楔形至近圆形，边缘具浅而钝的 2~10 对牙齿，两面疏被伏贴的小柔毛，背面以沿各脉上较密，侧脉 3~4 对，斜上升，与中脉在正面不明显背面突出；叶柄长 0.5（0.3）~2 厘米，疏被上曲的小柔毛。花对生，排列成顶生长 4.5~11.5 厘米的总状花序；花与序轴密被上曲的白色小柔毛；苞片除花序上最下 1 对较大且叶状外余均细小，狭披针形，全缘，疏被短柔毛；花冠蓝紫色，长 1.7~1.8 厘米，外被具腺小柔毛，内面无毛；冠筒前方基部略膝曲状；冠檐二唇形，上唇盔状，内凹，顶端微缺，下唇中裂片宽卵圆形，两侧中部微内缢，顶端微缺，两侧裂片卵圆形。成熟小坚果栗色或黑栗色。花期 6—8 月，果期 7—10 月。南太行分布于海拔 1000 米以上山区。生于林缘林下、灌丛、草甸、路旁。药效同并头黄芩。

556 莸状黄芩 | *Scutellaria caryopteroides*　　唇形科　黄芩属

多年生草本，高80~100厘米。直立，下部近圆柱形，上部钝四棱形，密被平展混生腺毛的微柔毛。叶近坚纸质，三角状卵形，边缘具间有双重的圆齿状锯齿，两面密被微柔毛，侧脉约4对，与中脉正面略凹陷背面突出；叶柄密被平展具腺的微柔毛。花对生，于茎及上部分枝排列成长6~15厘米的总状花序；花梗长2~3毫米，与序轴密被平展具腺的微柔毛；苞片菱状长圆形，具柄，密被具腺的微柔毛；花萼开花时长约2毫米，盾片细小，长约1毫米；花冠暗紫色，长约1.6厘米，外疏被具腺的微柔毛；冠筒前方基部曲膝状囊状膨大；冠檐二唇形，上唇盔状，内凹，先端微缺，下唇中裂片三角状卵圆形，宽4毫米，先端微缺，两侧裂片卵圆形，宽1.5毫米。花期6—7月，果期6—8月。南太行分布于海拔800米以上山区。生于林缘林下、灌丛、路旁。药效同并头黄芩。

557 丹参 | *Salvia miltiorrhiza*　　唇形科　鼠尾草属

多年生直立草本。根肥厚。叶常为奇数羽状复叶，小叶3~5，卵圆形，边缘具圆齿，草质，两面被疏柔毛，背面较密。轮伞花序具6或多花，下部者疏离，上部者密集，组成顶生或腋生总状花序；苞片披针形，全缘；花萼钟形，带紫色；花冠紫蓝色，二唇形；能育雄蕊2枚，伸至上唇片；花柱远外伸，先端不相等2裂，后裂片极短。小坚果黑色，椭圆形。花期4—8月，花后见果。南太行低山常见。生于山坡、林下草丛或溪谷旁。根入药，含丹参酮，为强壮性通经剂，有祛瘀、生新、活血、调经等效；为妇科要药，对治疗冠心病有良好效果。

558 荫生鼠尾草 | *Salvia umbratica*　　　唇形科　鼠尾草属

一年生或二年生草本。茎直立，高可达 1.2 米，钝四棱形，被长柔毛，枝锐四棱形。叶三角形或卵圆状三角形，长 3~16 厘米，先端渐尖或尾状渐尖，基部心形或戟形，边缘具重圆齿或牙齿，正面绿色，被长柔毛或短硬毛，背面淡绿色，沿脉被长柔毛，其他部位散布黄褐色腺点；叶柄长 1~9 厘米，被疏或密的长柔毛。轮伞花序具 2 花，疏离，组成顶生及腋生总状花序；下部苞片叶状，具齿，较上部的披针形，全缘，两面被短柔毛；花梗长约 2 毫米，与花序轴被长柔毛及腺短柔毛；花萼钟形，二唇形，唇裂至萼长 1/3，上唇宽卵状三角形，先端有 3 个聚合的短尖头，下唇比上唇略长，半裂成 2 齿，齿斜三角形，先端锐尖；花冠蓝紫色或紫色，冠筒基部狭长，圆筒形，伸出萼外，向上突然膨大，并向上弯曲，呈喇叭状，宽达 7 毫米，冠檐二唇形，上唇长圆状倒心形，先端微缺，下唇较上唇短而宽，3 裂，中裂片阔扇形，侧裂片新月形；能育雄蕊 2 枚，伸至上唇片，不伸出；花柱外伸或与花冠上唇等长，先端不相等 2 浅裂。小坚果椭圆形。花期 8—10 月，果期 9—11 月。南太行分布于海拔 900 米以上山区。生于林缘林下、沟谷、路旁。叶入药，具杀菌灭菌、抗毒解毒、驱瘟除疫的功效；可凉拌食用。茎叶和花可泡茶饮用。

559 林荫鼠尾草 | *Salvia nemorosa*　　　唇形科　鼠尾草属

多年生草本，高 50~90 厘米。叶对生，长椭圆状或近披针形，叶正面皱，先端尖，具柄。轮伞花序再组成穗状花序，长达 30~50 厘米，花冠二唇形，略等长，下唇反折，蓝紫色、粉红色。花期夏秋季，果期 8—12 月。原产于欧洲。南太行有引进栽培。

560 荔枝草 | *Salvia plebeia*   唇形科 鼠尾草属

一年生或二年生草本。茎直立，高 15~90 厘米，粗壮，多分枝，被向下的灰白色疏柔毛。叶椭圆状卵圆形或椭圆状披针形，先端钝或急尖，基部圆形或楔形，边缘具圆齿、牙齿或尖锯齿，草质，正面被稀疏的微硬毛，正面被短疏柔毛，余部散布黄褐色腺点；叶柄长 4~15 毫米，密被疏柔毛。轮伞花序 6 花，多数，在茎、枝顶端密集组成总状或总状圆锥花序，花序长 10~25 厘米，结果时延长；苞片披针形，全缘，两面被疏柔毛，边缘具缘毛；花梗长约 1 毫米；花萼钟形，外面被疏柔毛，散布黄褐色腺点，二唇形，唇裂约至花萼长 1/3，上唇全缘，先端具 3 个小尖头，下唇深裂成 2 齿；花冠淡红色、淡紫色、紫色、蓝紫色至蓝色，冠筒外面无毛，内面中部有毛环，冠檐二唇形，上唇长圆形，先端微凹，外面密被微柔毛，两侧折合，下唇长约 1.7 毫米，宽 3 毫米，外面被微柔毛，3 裂，中裂片最大，阔倒心形，顶端微凹或呈浅波状，侧裂片近半圆形。花期 4—5 月，果期 6—7 月。南太行平原、丘陵广布。生于山坡、路旁、沟边。全草入药，广泛用于跌打损伤、无名肿毒、流感、咽喉肿痛、高血压及胃癌等。

561 筋骨草 | *Ajuga ciliate*   唇形科 筋骨草属

多年生草本。茎高 25~40 厘米，四棱形，紫红色或绿紫色，通常无毛，幼嫩部分被灰白色长柔毛。叶柄长 1 厘米以上或几无，基部抱茎，被灰白色疏柔毛或仅边缘具缘毛；叶纸质，卵状椭圆形至狭椭圆形，基部楔形，下延，先端钝或急尖，边缘具不整齐的双重牙齿，具缘毛，正面被疏糙伏毛，背面被糙伏毛或疏柔毛，侧脉约 4 对，与中脉在正面下陷，背面隆起。穗状聚伞花序顶生，由多数轮伞花序密聚排列组成；苞叶大，叶状，有时呈紫红色，卵形，全缘或略具缺刻，边缘具缘毛；花梗短，无毛；花萼漏斗状钟形，萼齿 5，长三角形，长为花萼的 1/2 或略长，整齐；花冠紫色，具蓝色条纹，冠筒长为花萼的 1 倍或较长，冠檐二唇形，上唇短，直立，先端圆形，微缺，下唇增大，伸长，3 裂；子房无毛。花期 4—8 月，果期 7—9 月。南太行广布。山谷溪旁、荫湿的草地上、林下湿润处及路旁草丛中。全草入药，治肺热咯血、跌打损伤、扁桃腺炎、咽喉炎等。

562 线叶筋骨草 | *Ajuga linearifolia*　　唇形科　筋骨草属

多年生草本。直立，具分枝，全株被白色具腺长柔毛或绵毛，高25~40厘米。茎四棱形，淡紫红色，基部木质化，嫩枝绿色，多毛。叶柄极短，具狭翅及槽；叶纸质或近膜质，线状披针形或线形，基部渐狭，下延，抱茎，边缘多少有缺刻或具波状齿，具长柔毛状缘毛，正面被疏糙伏毛，背面通常于叶脉上被毛。轮伞花序在茎中部以上着生，向上渐密，排列成穗状花序；苞叶与茎叶同形，无柄；花萼漏斗状，萼齿5，长为花萼的3/5，整齐，先端渐尖，密具长柔毛状缘毛；花冠白色或淡蓝色，具紫蓝色斑点，筒状，冠檐二唇形，上唇极短，直立，圆形，先端微缺，下唇宽大，伸长，长6~8毫米，3裂；雄蕊4枚，二强，弯曲，伸出，花丝几无毛；花柱粗壮，无毛，与雄蕊等长或略短，先端2浅裂，裂片细尖。南太行分布于海拔500~900米的丘陵、山区。生于林缘林下、灌丛、沟谷、路旁。全草入药，具止咳、祛痰、平喘、抑菌的功效。

563 活血丹 | *Glechoma longituba*　　唇形科　活血丹属

多年生草本，具匍匐茎，上升，逐节生根。茎四棱形，几无毛。叶草质，叶心形或近肾形，叶柄长为叶的1~2倍。轮伞花序通常2花，稀具4~6花；苞片及小苞片线形；花萼管形，长0.9~1.1厘米，被长柔毛，萼齿卵状三角形，长3~5毫米，先端芒状，上唇3齿较长；花冠淡蓝色、蓝色至紫色，下唇具深色斑点，冠筒直立，上部渐膨大呈钟形，冠檐二唇形；上唇直立，2裂，下唇伸长，斜展，3裂，中裂片最大，肾形，较上唇片大1~2倍，先端凹入。坚果长约1.5毫米，顶端圆，基部稍三棱形。花期4—5月，果期5—6月。南太行分布于海拔1000米以上山区。生于林缘林下、路旁、草甸。全草入药，具利湿通淋、清热解毒、散瘀消肿等功效。

564 荆芥 | *Nepeta cataria*　　唇形科　荆芥属

多年生草本。茎坚强，基部木质化，多分枝，高达 1.5 米，被白色短柔毛。叶柄长 0.7~3 厘米，细弱，叶卵形或三角状心形，基部心形或平截，具粗齿。聚伞圆锥花序顶生，花萼管状；花冠白色，下唇被紫色斑点，上唇先端微缺，下唇中裂片近圆形，具内弯粗齿，侧裂片圆。小坚果三棱状卵球形，长约 1.7 毫米。花期 7—9 月，果期 9—10 月。南太行平原有栽培。全草入药，具镇痉、祛风、凉血的功效。

565 麻叶风轮菜 | *Clinopodium urticifolium*　　唇形科　风轮菜属

多年生直立草本。根茎木质。茎高 25~80 厘米，钝四棱形，具细条纹，常带紫红色，疏被向下的短硬毛，上部常具分枝，沿棱及节上较密被向下的短硬毛。叶卵圆形、卵状长圆形至卵状披针形，边缘锯齿状，坚纸质，正面榄绿色，被极疏的短硬毛，背面略淡，主要沿各级脉上被稀疏贴生具节疏柔毛，侧脉 6~7 对，与中肋在正面微凹陷背面明显隆起；下部叶叶柄较长，向上渐短。轮伞花序多花密集，半球形，位于下部者直径达 3 厘米，上部者直径约 2 厘米，彼此远隔；苞叶叶状，下部者超出轮伞花序，上部者与轮伞花序等长，且呈苞片状；苞片线形，为花萼长的 2/3~3/4，被白色缘毛；总梗长 3~5 毫米，分枝多数；花梗长 1.5~2.5 毫米，与总梗及序轴密被腺微柔毛；花萼狭管状，花冠紫红色，冠檐二唇形，上唇直伸，先端微缺，下唇 3 裂，中裂片稍大。花期 6—8 月，果期 8—10 月。南太行山西圣王坪有分布。生于山坡、草地、路旁、林下。全草入药，具疏风清热、解毒止痢、活血止血的功效。

566 毛建草 | *Dracocephalum rupestre*　　　唇形科　青兰属

多年生草本。根茎直，生出多数茎。茎不分枝，渐升，长 15~42 厘米，四棱形，疏被倒向的短柔毛，常带紫色。基出叶多数，花后仍多数存在，柄长 3~14 厘米，被不密的伸展白色长柔毛，叶三角状卵形，先端钝，基部常为深心形，长 1.4~5.5 厘米，边缘具圆锯齿，两面疏被柔毛；茎中部叶具明显的叶柄，叶柄通常长过叶，长 2~6 厘米，叶似基出叶。轮伞花序密集，通常呈头状，极少呈穗状；花具短梗；苞片大者倒卵形，每侧具 4~6 枚带长 1~2 毫米刺的小齿，小者倒披针形，每侧有 2~3 枚带刺小齿；花萼长 2~2.4 厘米，常带紫色，被短柔毛及睫毛，2 裂至 2/5 处，上唇 3 裂至本身基部，中齿宽为侧齿的 2 倍，下唇 2 裂稍超过本身基部，齿狭披针形；花冠紫蓝色，外面被短毛，下唇中裂片较小，无深色斑点及白长柔毛；花丝疏被柔毛，顶端具尖的突起。花期 7—9 月，果期 8—10 月。南太行分布于山西晋城圣王坪。生于高山草原、草坡或疏林下阳处。全草入药，具解热消炎、凉肝止血的功效。全草具香气，可制成毛尖茶。花色呈鲜艳的蓝紫色，有较高的观赏价值。

567 三花莸 | *Schnabelia terniflora*　　　唇形科　四棱草属

多年生亚灌木。常自基部分枝，高 15~60 厘米。茎方形，密生灰白色向下弯曲柔毛。叶纸质，卵圆形至长卵形，顶端尖，基部阔楔形至圆形，两面具柔毛和腺点，以背面较密，边缘具规则钝齿，侧脉 3~6 对；叶柄长 0.2~1.5 厘米，被柔毛。聚伞花序腋生，花序梗长 1~3 厘米，通常 3 花，花柄长 3~6 毫米；苞片细小，锥形；花萼钟状，长 8~9 毫米，两面有柔毛和腺点，5 裂，裂片披针形；花冠紫红色或淡红色，长 1.1~1.8 厘米，外面疏被柔毛和腺点，顶端 5 裂，二唇形，裂片全缘，下唇中裂片较大，圆形；雄蕊 4 枚，与花柱均伸出花冠管外；花柱长过雄蕊。蒴果成熟后四瓣裂。花果期 6—9 月。南太行丘陵、山区广布。生于林缘林下、沟谷、路旁。全草药用，有解表散寒、宣肺的功效，治外感头痛、咳嗽、外障目翳、烫伤等症。

568 水棘针 | *Amethystea caerulea* 唇形科 水棘针属

一年生草本。基部有时木质化，高 0.3~1 米，呈金字塔形分枝。四棱形，紫色、灰紫黑色或紫绿色。叶柄紫色或紫绿色，有沟；叶三角形或近卵形，3 深裂，稀不裂或 5 裂，裂片披针形，边缘具粗锯齿或重锯齿。花序为由松散具长梗的聚伞花序所组成的圆锥花序；花冠蓝色或紫蓝色，冠筒内藏或略长于花萼，冠檐二唇形，外面被腺毛，上唇 2 裂，长圆状卵形或卵形，下唇略大，3 裂，中裂片近圆形，侧裂片与上唇裂片近同形。花期 8—9 月，果期 9—10 月。南太行广布。生于田边旷野、河岸沙地、开阔路边及溪旁。全草入药，具疏风解表、宣肺平喘的功效。

569 黑龙江香科科 | *Teucrium ussuriense* 唇形科 香科科属

多年生草本。具匍匐茎。茎直立，高 25~45 厘米，不分枝或具极短的分枝，被白色绵毛。叶柄长 4~7 毫米，被白色绵毛；叶坚纸质，卵圆状长圆形，长 2.5~4 厘米，基部截平或阔楔形，边缘为不规则的细锯齿，正面绿色，被平贴的短柔毛，背面密被白色绵毛，侧脉约 4 对，与中肋在正面凹陷背面十分突起，网脉在正面凹陷因而多少具皱。轮伞花序具 2 或 3~4 花，在分枝叶腋内腋生，远隔，或在叶腋内组成一长约 2 厘米的短穗状花序，在茎顶端组成长达 4.5 厘米的穗状花序；苞叶在花序下部者与茎叶同形，向上渐变小呈苞片状，苞片线状披针形，长 3~4 毫米，被疏柔毛；花梗长约 2 毫米，与序轴被疏柔毛；花萼钟形，外面被疏柔毛，10 脉，萼齿 5，长约为萼长的 1/4，呈二唇形，微开张，上唇 3 齿，卵圆状正三角形，具发达的侧脉，下唇 2 齿三角状披针形，先端渐尖，齿均具缘毛；花冠仅具单唇，紫红色，长 12 毫米，外面疏被白色微柔毛，冠筒长为花冠长的 1/3 或以上，与花萼平齐或内藏，唇片中裂片菱状倒卵形，为唇片长的 2/5，侧裂片卵状长圆形，后方一对先端具腺毛，前对雄蕊与唇片等长；花柱稍超出雄蕊。小坚果常 2~3 颗发育。花期 8 月，果期 9 月。南太行分布于海拔 900 米以上山区。生于林缘、灌丛、荒坡。

570 细叶益母草 | *Leonurus sibiricus*　　　唇形科　益母草属

一年生或二年生草本。茎直立，高 20~80 厘米，钝四棱形，微具槽，有短而贴生的糙伏毛。茎最下部的叶早落，中部的叶卵形，基部宽楔形，掌状 3 全裂，裂片呈狭长圆状菱形，其上再羽状分裂成 3 裂的线状小裂片，正面绿色，疏被糙伏毛，叶脉下陷，背面淡绿色，被疏糙伏毛及腺点，叶脉明显突起且呈黄白色；叶柄纤细，长约 2 厘米，被糙伏毛；花序最上部的苞叶近于菱形，3 全裂成狭裂片，中裂片通常再 3 裂，小裂片均为线形。轮伞花序腋生，多花，花时为圆球形，直径 3~3.5 厘米，多数，向顶渐次密集组成长穗状；小苞片刺状，向下反折，比萼筒短，长 4~6 毫米，被短糙伏毛；花梗无；花萼管状钟形，外面在中部密被疏柔毛，余部贴生微柔毛，脉 5，显著，齿 5，前 2 齿靠合，具刺尖，长 3~4 毫米，后 3 齿较短，具刺尖，长 2~3 毫米；花冠粉红色至紫红色，长约 1.8 厘米，冠筒长约 0.9 厘米，冠檐二唇形，上唇长圆形，直伸，内凹，全缘，外面密被长柔毛，内面无毛，下唇长约 0.7 厘米，宽约 0.5 厘米，比上唇短 1/4 左右，外面疏被长柔毛，内面无毛，3 裂，中裂片倒心形，先端微缺，边缘薄膜质，基部收缩，侧裂片卵圆形，细小。花期 7—9 月，果期 9 月。南太行丘陵、山区广布。生于林缘林下、灌丛、草地、路旁。全草入药，具活血化瘀的功效，主治妇科病。

571 益母草 | *Leonurus japonicus*　　　唇形科　益母草属

一年生或二年生草本。茎直立，钝四棱形，微具槽，有倒向糙伏毛，在基部有时近于无毛，多分枝。叶变化很大，茎下部叶卵形，基部宽楔形，掌状 3 裂，裂片呈长圆状菱形至卵圆形，裂片上再分裂，正面绿色，有糙伏毛，叶脉稍下陷，背面淡绿色，被疏柔毛及腺点，叶脉突出，叶柄纤细，由于叶基下延而在上部略具翅，被糙伏毛；茎中部叶菱形，较小，通常分裂成 3 个，基部狭楔形，叶柄长 0.5~2 厘米。花序最上部的苞叶近于无柄，线形或线状披针形，长 3~12 厘米，宽 2~8 毫米，全缘或具稀少牙齿。花期 6—9 月，果期 9—10 月。南太行丘陵、山区广布。生于林缘林下、灌丛、草地、路旁。全草入药，有效成分为益母草素，故广泛用于治妇女闭经、痛经、月经不调、产后出血过多、恶露不尽、产后子宫收缩不全、胎动不安、子宫脱垂及赤白带下等。

572 百里香 | *Thymus mongolicus*　　　唇形科　百里香属

半灌木。茎多数，匍匐或上升；不育枝从茎的末端或基部生出，匍匐或上升，被短柔毛；花枝高 2（1.5）~10 厘米，在花序下密被向下曲或稍平展的疏柔毛，具 2~4 对叶，基部有脱落的先出叶。叶为卵圆形，长 4~10 毫米，全缘或稀有 1~2 对小锯齿，两面无毛，侧脉 2~3 对，叶柄明显，靠下部的叶柄长约为叶的 1/2，在上部则较短；苞叶与叶同形，边缘在下部 1/3 处具缘毛。花序头状，花具短梗；花萼管状钟形或狭钟形，长 4~4.5 毫米，下唇较上唇长或与上唇近相等，上唇齿短，齿不超过上唇全长的 1/3，三角形；花冠紫红色、紫色或淡紫色、粉红色，长 6.5~8 毫米，被疏短柔毛，冠筒伸长，长 4~5 毫米，向上稍增大。小坚果近圆形或卵圆形。花期 7—8 月，果期 8—10 月。南太行分布于海拔 1100 米以上山区。生于林缘、草甸、荒坡。全草入药，具通气消痛、缓解感冒咳嗽、降低血压的功效。全草可做香料。

573 地椒 | *Thymus quinquecostatus*　　　唇形科　百里香属

半灌木。茎斜上升或近水平伸展；不育枝从茎基部，疏被向下弯曲的疏柔毛；花枝多数，直立或上升，具有多数节间，节间最多可达 15 个，通常比叶短，在基部的先出叶通常脱落，花序以下密被向下弯曲的疏柔毛，毛在花枝下部较短而变疏。叶长圆状椭圆形或长圆状披针形，基部渐狭成短柄，全缘，边外卷，沿边缘下 1/2 处或仅在基部具长缘毛，近革质，两面无毛，侧脉 2（3）对，粗，在背面突起正面明显，腺点小且多而密，明显；苞叶同形，边缘在下部 1/2 被长缘毛。花序头状或稍伸长成长圆状的头状花序；花梗长达 4 毫米，密被向下弯曲的短柔毛；花萼管状钟形，长 5~6 毫米，上面无毛，下面被平展的疏柔毛，上唇稍长或近相等于下唇，上唇的齿披针形，近等于全唇 1/2 长或稍短；花冠长 6.5~7 毫米，冠筒比花萼短。花期 8 月，果期 8—9 月。南太行分布于海拔 600~900 米丘陵、山区。生于林缘、草甸、路旁、荒坡。气味芳香，可作为蜜源植物。全草入药，具祛风湿、降血压、助消化、驱虫等功效。新鲜枝叶可取精油。

574 夏枯草 | *Prunella vulgaris*　　　　　唇形科　夏枯草属

多年生草本。根茎匍匐，在节上生须根。茎高 20~30 厘米，上升，下部伏地，自基部多分枝，钝四棱形，其浅槽，紫红色。茎叶卵状长圆形或卵圆形，下延至叶柄成狭翅，草质，正面橄榄绿色，背面淡绿色，侧脉 3~4 对，叶柄长 0.7~2.5 厘米，自下部向上渐变短；花序下方的一对苞叶似茎叶，近卵圆形，无柄。轮伞花序密集组成顶生长 2~4 厘米的穗状花序，每一轮伞花序下承以苞片；苞片宽心形，先端具骤尖头，膜质，浅紫色；花萼钟形，二唇形，上唇扁平，先端几截平，具 3 个不很明显的短齿，下唇较狭，2 深裂，尖头微刺状；花冠紫，冠檐二唇形，上唇近圆形，内凹，多少呈盔状，先端微缺，下唇约为上唇的 1/2，3 裂，中裂片较大，近倒心脏形，先端边缘具流苏状小裂片，侧裂片长圆形，垂向下方，细小。小坚果黄褐色。花期 4—6 月，果期 7—10 月。南太行分布于海拔 500 米以上丘陵、山区。生于湿地、河滩、草地、路旁。全草入药，味苦，微辛，性微温，可祛肝风、行经络。

575 薄荷 | *Mentha canadensis*　　　　　唇形科　薄荷属

详见 96 页薄荷。

576 藿香 | *Agastache rugosa*   唇形科 藿香属

多年生草本。茎直立，高 0.5~1.5 米，四棱形。叶心状卵形至长圆状披针形，长 4.5~11 厘米，向上渐小，先端尾状长渐尖，基部心形，边缘具粗齿，纸质，叶柄长 1.5~3.5 厘米。轮伞花序多花，在主茎或侧枝上组成顶生密集的圆筒形穗状花序，穗状花序长 2.5~12 厘米，花序基部的苞叶长不超过 5 毫米，披针状线形，长渐尖，苞片形状与之相似，较小；轮伞花序具短梗，总梗长约 3 毫米，被腺微柔毛；花萼管状倒圆锥形，长约 6 毫米，萼齿三角状披针形，后 3 齿长约 2.2 毫米，前 2 齿稍短；花冠淡紫蓝色，长约 8 毫米，外被微柔毛，冠筒基部宽约 1.2 毫米，微超出于萼，向上渐宽，至喉部宽约 3 毫米，冠檐二唇形，上唇直伸，先端微缺，下唇 3 裂，中裂片较宽大，长约 2 毫米，宽约 3.5 毫米，平展，侧裂片半圆形；雄蕊伸出花冠；花柱与雄蕊近等长，丝状，先端相等的 2 裂。成熟小坚果卵状长圆形。花期 6—9 月，果期 9—11 月。南太行分布于平原、丘陵区。生于灌丛、草地、路旁。常见栽培。全草可入药，止呕吐，治霍乱腹痛，驱逐肠胃充气、清暑等。

577 紫苏 | *Perilla frutescens*   唇形科 紫苏属

一年生草本。茎高 0.3~2 米，绿色或紫色，钝四棱形，具四槽，密被长柔毛。叶阔卵形或圆形，长 7~13 厘米，先端短尖，基部圆形或阔楔形，边缘在基部以上有粗锯齿，两面绿色或紫色，或仅背面紫色，背面被贴生柔毛，侧脉 7~8 对，在正面微突起背面明显突起，色稍淡；叶柄长 3~5 厘米，背腹扁平，密被长柔毛。轮伞花序 2 花，组成长 1.5~15 厘米、密被长柔毛、偏向一侧的顶及腋生总状花序；苞片宽卵圆形或近圆形，长宽约 4 毫米，先端具短尖，外被红褐色腺点，无毛，边缘膜质；花梗长 1.5 毫米，密被柔毛；花萼钟形，10 脉，长约 3 毫米，直伸，下部被柔毛，萼檐二唇形，上唇宽大，3 齿，中齿较小，下唇比上唇稍长，2 齿，齿披针形；花冠白色至紫红色，长 3~4 毫米，外面略被微柔毛，内面在下唇片基部略被微柔毛，冠筒短，长 2~2.5 毫米，喉部斜钟形，冠檐近二唇形，上唇微缺，下唇 3 裂，中裂片较大，侧裂片与上唇相近似；雄蕊 4 枚，几不伸出；花柱先端相等 2 浅裂。小坚果近球形。花期 8—11 月，果期 8—12 月。南太行平原广泛栽培。全草入药，有镇痛、镇咳、祛痰、治感冒、平喘和解毒的作用。可制香料。

578 毛叶香茶菜 | *Isodon japonicus*

唇形科　香茶菜属

多年生草本。茎直立，高 0.4~1.5 米，钝四棱形，具四槽及细条纹，下部木质，几无毛，茎上部被微柔毛及腺点。茎叶对生，卵形或阔卵形，先端具卵形的顶齿，基部阔楔形，边缘有粗大具硬尖头的钝锯齿，侧脉约 5 对。圆锥花序在茎及枝上顶生，疏松而开展，由具 5（3）~7 花的聚伞花序组成，聚伞花序具梗，总梗长 6（3）~15 毫米，向上渐短，花梗长约 3 毫米，与总梗及序轴均被微柔毛及腺点；下部一对苞叶卵形，叶状，向上变小，呈苞片状，阔卵圆形，无柄；雄蕊 4 枚，伸出，花柱伸出，先端相等 2 浅裂。花期 7—8 月，果期 9—10 月。南太行分布于海拔 1000 米以上山区。生于林缘林下、灌丛、草地、路旁。全草入药，具热利湿、活血散瘀、解毒消肿的功效。

579 蓝萼毛叶香茶菜（变种） | *Isodon japonicus* var. *glaucocalyx*

唇形科　香茶菜属

与毛叶香茶菜（原变种）的区别：叶疏被短柔毛及腺点，顶齿卵形或披针形而渐尖，锯齿较钝；花萼常带蓝色，外面密被贴生微柔毛。分布、生境、作用同毛叶香茶菜。

580 溪黄草 | *Isodon serra*　　唇形科　香茶菜属

多年生草本。茎直立，钝四棱形，具四浅槽，带紫色，基部向上密被倒向微柔毛；上部多分枝。茎叶对生，卵圆形先端近渐尖，基部楔形，边缘具粗大内弯的锯齿，草质，两面仅脉上密被微柔毛，散布淡黄色腺点，侧脉每侧4~5与中脉在两面微隆起，在边缘之内网结；叶柄长0.5~3.5厘米，上部具渐宽大的翅，腹凹背突，密被微柔毛。圆锥花序生于茎及分枝顶上，长10~20厘米，下常分枝，因而植株上部全株组成庞大疏松的圆锥花序，圆锥花序由具5至多花的聚伞花序组成，聚伞花序具梗，总梗长0.5~1.5厘米，花梗长1~3毫米；苞叶在下部者叶状，具短柄，长超过聚伞花序，向上渐变小呈苞片状，披针形至线状披针形，长约与总梗相等，苞片及小苞片细小；花萼钟形，外密被灰白微柔毛，萼齿5，近等大，长约为萼长的1/2。花冠紫色，基部上方浅囊状，冠檐二唇形，上唇外反，先端具相等4圆裂，下唇阔卵圆形，长约3毫米，内凹；雄蕊4枚，内藏，花柱丝状，内藏，先端相等2浅裂。成熟小坚果阔卵圆形。花果期8—9月。南太行分布于海拔1000米以上山区。生于林缘林下、灌丛、草地、路旁。全草入药，可治急性肝炎、急性胆囊炎、跌打瘀肿等。

581 内折香茶菜 | *Isodon inflexus*　　唇形科　香茶菜属

多年生草本。茎曲折，直立，高0.4~1（1.5）米，自下部多分枝，钝四棱形，具四槽，褐色，具细条纹，沿棱上密被下曲具节白色疏柔毛。茎叶三角状阔卵形或阔卵形，长3~5.5厘米，基部阔楔形，骤然渐狭下延，边缘在基部以上具粗大圆齿状锯齿，侧脉约4对，与中脉在正面微凹陷背面隆起，平行细脉在背面明显；叶柄长0.5~3.5厘米，上部具宽翅，腹凹背突，密被具节白色疏柔毛。狭圆锥花序长6~10厘米，在主茎及分枝顶端及上部茎叶腋内着生，由于上部茎叶变小呈苞叶状，因而整体常呈复合圆锥花序，花序由具3~5花的聚伞花序组成，聚伞花序具梗，总梗长达5毫米，与较短的花梗及序轴密被短柔毛，苞叶卵圆形，近无柄，边缘具疏齿至近全缘；花冠淡红色至青紫色，冠檐二唇形，上唇外反，先端具相等4圆裂，下唇阔卵圆形，内凹，舟形；雄蕊4枚，内藏；花柱丝状，内藏，先端相等2浅裂。花期8—10月，果期9—11月。南太行海拔800米以上有分布。生于山谷溪旁疏林中或阳处。全草入药，具清热利湿、活血散瘀、解毒消肿的功效。

582 香薷 | *Elsholtzia ciliata*　　　　唇形科　香薷属

多年生草本。茎自中部以上分枝，钝四棱形，具槽，无毛或被疏柔毛。叶卵形或椭圆状披针形，先端渐尖，基部楔状下延成狭翅，边缘具锯齿，侧脉6~7对；叶柄长0.5~3.5厘米。穗状花序长2~7厘米，宽达1.3厘米，偏向一侧，由多花的轮伞花序组成；苞片宽卵圆形或扁圆形，先端具芒状突尖，尖头长达2毫米，边缘具缘毛；花梗纤细；花萼钟形，外面被疏柔毛，萼齿5，三角形，前2齿较长，先端具针状尖头，边缘具缘毛；花冠淡紫色，约为花萼长的3倍，外面被柔毛，冠筒自基部向上渐宽，冠檐二唇形，上唇直立，先端微缺，下唇开展，3裂；雄蕊4枚，外伸。花柱内藏，先端2浅裂。小坚果长圆形，棕黄色，光滑。花期7—10月，果期10月至翌年1月。南太行分布于海拔700米以上山区。生于路旁、山坡、荒地、林缘。全草入药，具发汗解表、化湿和中、利水消肿的功效。

583 海州香薷 | *Elsholtzia splendens*　　　　唇形科　香薷属

多年生直立草本，高30~50厘米。茎直立，污黄紫色，被近2列疏柔毛。叶卵状三角形至长圆状披针形或披针形，长3~6厘米，先端渐尖，基部阔或狭楔形，下延至叶柄，边缘疏生锯齿，正面绿色，疏被小纤毛，脉上较密，背面较淡，沿脉上被小纤毛，密布凹陷腺点；叶柄在茎中部叶上较长，向上变短。穗状花序顶生，偏向一侧，长3.5~4.5厘米，由多数轮伞花序所组成；苞片近圆形或宽卵圆形，先端具尾状骤尖，尖头长1~1.5毫米，染紫色；花梗长不及1毫米，近无毛，序轴被短柔毛；花萼钟形，外面被白色短硬毛，具腺点，萼齿5，三角形，近相等，先端刺芒尖头，边缘具缘毛。花冠玫瑰红紫色，微内弯，近漏斗形，外面密被柔毛，冠筒基部宽约0.5毫米，冠檐二唇形，上唇直立，先端微缺，下唇开展，3裂；雄蕊4枚，前对较长，均伸出；花柱超出雄蕊，先端近相等2浅裂。小坚果长圆形。花果期9—11月。南太行分布于海拔700米以上山区。生于灌丛、草地、路旁。全草入药，具发汗解表、化湿和中、利水消肿的功效。

584 密花香薷 | *Elsholtzia densa* 唇形科 香薷属

多年生草本，高20~60厘米。茎直立，自基部多分枝，分枝细长，茎及枝均四棱形，具槽，被短柔毛。叶长圆状披针形至椭圆形，先端急尖或微钝，基部宽楔形或近圆形，边缘在基部以上具锯齿，两面被短柔毛，侧脉6~9对，与中脉在正面下陷背面明显；叶柄长0.3~1.3厘米，被短柔毛。穗状花序长圆形，长2~6厘米，宽1厘米，密被紫色串珠状长柔毛，由密集的轮伞花序组成；最下的一对苞叶与叶同形，向上呈苞片状，卵圆状圆形，先端圆，外面及边缘被具节长柔毛；花萼钟状，长约1毫米，外面及边缘密被紫色串珠状长柔毛，萼齿5，后3齿稍长，近三角形，果时花萼膨大，近球形，外面极密被串珠状紫色长柔毛；花冠小，淡紫色，外面及边缘密被紫色串珠状长柔毛，冠筒向上渐宽大，冠檐二唇形，上唇直立，先端微缺，下唇稍开展，3裂；雄蕊4枚，微露出；花柱微伸出。花果期7—10月。南太行分布于山西晋城、运城高山区。生于林缘林下、高山草甸、河边及山坡荒地。全草入药，外用可治脓疮及皮肤病。

585 野草香 | *Elsholtzia cypriani* 唇形科 香薷属

多年生草本，高0.1~1米。茎、枝绿色或紫红色，钝四棱形，具浅槽，密被下弯短柔毛。叶卵形至长圆形，先端急尖，基部宽楔形，下延至叶柄，边缘具圆齿状锯齿，背面淡绿色，密被短柔毛及腺点，侧脉5~6对，与中脉在正面微下陷，背面隆起；叶柄长0.2~2厘米，上部具三角形狭翅，密被短柔毛。穗状花序圆柱形，于茎、枝或小枝上顶生，由多数密集的轮伞花序组成；苞片线形，长达3毫米，被短柔毛；花梗长0.5毫米，与序轴密被短柔毛；花萼管状钟形，外面密被短柔毛，萼齿5，长约为萼长的1/4，近等长，向前弯曲，偏向一侧呈尖嘴状；花冠玫瑰红色，长约2毫米，外面被柔毛，冠筒基部宽0.5毫米，向上渐宽，至喉部宽达1.5毫米，冠檐二唇形，上唇全缘或略凹缺，下唇开展，3裂，中裂片圆形，侧裂片半圆形，全缘。花果期8—11月。南太行分布于海拔800米以上山区。生于田边、路旁、河谷两岸、林中或林边草地。新鲜植株含芳香油。全草或叶入药，清热解毒，可治伤风感冒、疔疮、鼻渊等；花穗可止血。

586 宝盖草 | *Lamium amplexicaule*　　唇形科　野芝麻属

一年生或二年生草本。茎高 10~30 厘米，基部多分枝，茎四棱形，具浅槽，常为深蓝色。茎下部叶具长柄，柄与叶等长或过之，上部叶无柄，叶均圆形或肾形。轮伞花序具 6~10 花；花冠外面除上唇被有较密带紫红色的短柔毛外，余部均被微柔毛，内面无毛环，冠筒细长，冠檐二唇形，上唇直伸，长圆形先端微弯，下唇稍长，3 裂，中裂片倒心形，先端深凹，基部收缩，侧裂片浅圆裂片状。小坚果倒卵圆形，具 3 棱，先端近截状，基部收缩，长约 2 毫米，宽约 1 毫米，淡灰黄色，表面有白色大疣状突起。花期 3—5 月，果期 7—8 月。南太行平原、丘陵区广布。生于路旁、林缘、沼泽草地及宅旁等地，或为田间杂草。全草入药，治外伤骨折、跌打损伤红肿、毒疮、瘫痪、半身不遂、高血压、小儿肝热及脑漏等。

587 糙苏 | *Phlomis umbrosa*　　唇形科　糙苏属

多年生草本。茎高 50~150 厘米，多分枝，四棱形，具浅槽，疏被向下短硬毛，常带紫红色。叶近圆形，先端急尖，稀渐尖，基部浅心形或圆形，边缘为具胼胝尖的锯齿状牙齿，正面橄榄绿色，被疏柔毛及星状疏柔毛，背面较淡，毛被同叶正面，但有时较密，叶柄长 1~12 厘米，腹凹背突，密被短硬毛；苞叶通常为卵形，边缘为粗锯齿状牙齿，毛被同茎叶，叶柄长 2~3 毫米。轮伞花序通常 4~8 花，多数，生于主茎及分枝上；苞片线状钻形，常呈紫红色，被星状微柔毛、近无毛或边缘被具节缘毛；花萼管状，外面被星状微柔毛，齿先端具长约 1.5 毫米的小刺尖；花冠通常粉红色，下唇较深色，常具红色斑点，冠檐二唇形，上唇长约 7 毫米，外面被绢状柔毛，边缘具不整齐的小齿，自内面被髯毛，下唇长约 5 毫米，宽约 6 毫米，外面除边缘无毛外密被绢状柔毛，3 圆裂，裂片卵形或近圆形，中裂片较大；雄蕊内藏。小坚果无毛。花期 6—9 月，果期 9 月。南太行低山广布。生于疏林下或草坡上。民间用根入药，性苦辛、微温，有消肿、生肌、续筋、接骨的功效，兼补肝肾、强腰膝，又有安胎的功效。

588 裂叶荆芥 | *Schizonepeta tenuifolia*　　唇形科　裂叶荆芥属

一年生草本。茎高 0.3~1 米，四棱形，多分枝，被灰白色疏短柔毛，茎下部的节及小枝基部通常微红色。叶通常为指状 3 裂，大小不等，先端锐尖，基部楔状渐狭并下延至叶柄，裂片披针形，宽 1.5~4 毫米，中间的较大，两侧的较小，全缘，草质，被短柔毛，脉上及边缘较密，有腺点；叶柄长 2~10 毫米。花序为多数轮伞花序组成的顶生穗状花序，长 2~13 厘米，通常生于主茎上的较长，大而多花，生于侧枝上的较小而疏花，但均为间断的；苞片叶状，下部的较大，与叶同形，上部的渐变小，乃至与花等长，小苞片线形，极小；花萼管状钟形，被灰色疏柔毛，具 15 脉，齿 5；花冠青紫色，外被疏柔毛，冠筒向上扩展，冠檐二唇形，上唇先端 2 浅裂，下唇 3 裂，中裂片最大；雄蕊 4 枚，均内藏；花柱先端近相等 2 裂。小坚果长圆状三棱形，褐色，有小点。花期 7—9 月，果期 9 月以后。南太行丘陵区有广布。生于灌丛、草地、路旁。全草及花穗为常用中药，多用于发表，可治风寒感冒、头痛、咽喉肿痛、月经过多、崩漏、小儿发热抽搐、疗疮疥癣、风火赤眼、风火牙痛、湿疹、荨麻疹以及皮肤瘙痒。全草富含芳香油，可提制芳香油。

589 陌上菜 | *Lindernia procumbens*　　母草科　陌上菜属

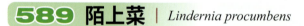

一年生草本。茎高 5~20 厘米，基部多分枝，无毛。叶无柄；叶椭圆形至矩圆形多少带菱形，长 1~2.5 厘米，顶端钝至圆头，全缘或有不明显的钝齿，两面无毛，叶脉并行，自叶基发出 3~5 条。花单生于叶腋，花梗纤细，长 1.2~2 厘米，比叶长，无毛；萼仅基部连合，齿 5，条状披针形，长约 4 毫米，顶端钝头，外面微被短毛；花冠粉红色或紫色，长 5~7 毫米，管长约 3.5 毫米，向上渐扩大，上唇短，长约 1 毫米，2 浅裂，下唇甚大于上唇，长约 3 毫米，3 裂，侧裂椭圆形较小，中裂圆形，向前突出；雄蕊 4 枚，全育，前方 2 枚雄蕊的附属物腺体状而短小；花药基部微凹；柱头 2 裂。蒴果球形或卵球形，与萼近等长或略过之，室间 2 裂。花期 7—10 月，果期 9—11 月。南太行平原有分布。生于水边及潮湿处。

590 手参 | *Gymnadenia conopsea*　　　　　兰科　手参属

多年生草本，高20~60厘米。茎直立，圆柱形，基部具2~3枚筒状鞘，其上具4~5叶，上部具1至数枚苞片状小叶。叶线状披针形，基部收狭成抱茎的鞘。总状花序具多数密生的花，圆柱形，长5.5~15厘米；花苞片披针形，直立伸展，先端长渐尖呈尾状，长于或等长于花；花粉红色；中萼片宽椭圆形或宽卵状椭圆形，长3.5~5毫米，先端急尖，略呈兜状，具3脉；侧萼片斜卵形，反折，边缘向外卷，较中萼片稍长或几等长，先端急尖，具3脉；花瓣直立，斜卵状三角形，与中萼片等长，与侧萼片近等宽，边缘具细锯齿，先端急尖，具3脉，与中萼片相靠；唇瓣向前伸展，宽倒卵形，长4~5毫米，前部3裂，中裂片较侧裂片大，三角形，先端钝或急尖；距细而长，狭圆筒形，下垂，长约1厘米，稍向前弯；花粉团卵球形。花期6—8月，果期7—9月。南太行分布于晋城、运城高海拔山地。生于山坡林下、草地或砾石滩草丛中。块茎药用，有补肾益精、理气止痛的功效。

591 旋蒴苣苔 | *Boea hygrometrica*　　　　　苦苣苔科　旋蒴苣苔属

多年生草本。叶全部基生，莲座状，无柄，近圆形、圆卵形、卵形，长1.8~7厘米，正面被白色贴伏长柔毛，背面被白色或淡褐色贴伏长茸毛，顶端圆形，边缘具牙齿或波状浅齿。聚伞花序伞状，2~5条，每花序具2~5花；花序梗长10~18厘米，被淡褐色短柔毛和腺状柔毛；苞片2，极小或不明显；花梗长1~3厘米，被短柔毛；花萼钟状，5裂至近基部，裂片稍不等，外面被短柔毛，顶端钝，全缘；花冠淡蓝紫色，直径6~10毫米，外面近无毛；筒长约5毫米；檐部稍二唇形，上唇2裂，裂片相等，长圆形，比下唇裂片短而窄，下唇3裂，裂片相等，宽卵形或卵形，长5~6毫米，宽6~7毫米；雄蕊2枚，雌蕊长约8毫米，不伸出花冠外，柱头1，头状。蒴果长圆形。花期7—8月，果期9月。南太行广布。生于山坡路旁岩石上。全草药用，味甘、性温，治中耳炎、跌打损伤等。

592 爵床 | *Justicia procumbens*

爵床科　爵床属

一年生草本。茎基部匍匐，通常有短硬毛，高 20~50 厘米。叶椭圆形至椭圆状长圆形，长 1.5~3.5 厘米，宽 1.3~2 厘米，先端锐尖或钝，基部宽楔形或近圆形，两面常被短硬毛；叶柄短，长 3~5 毫米，被短硬毛。穗状花序顶生或生上部叶腋，长 1~3 厘米，宽 6~12 毫米；苞片 1，小苞片 2，均披针形，长 4~5 毫米，有缘毛；花萼裂片 4，线形，约与苞片等长，有膜质边缘和缘毛；花冠粉红色，长 7 毫米，二唇形，下唇 3 浅裂；雄蕊 2 枚，药室不等长，下方 1 室有距。蒴果长约 5 毫米，上部具 4 颗种子，下部实心似柄状。花期 8—12 月，果期 10—11 月。南太行平原有逸生。生于山坡林间草丛中。常见野草。全草入药，治腰背痛、创伤等。

593 糙叶黄芪 | *Astragalus scaberrimus*

豆科　黄芪属

蝶形花（两侧对称）

多年生草本。密被白色伏贴毛。根状茎短缩，多分枝，木质化；地上茎不明显或极短，有时伸长而匍匐。羽状复叶有具 7~15 小叶，小叶椭圆形，两面密被伏贴毛。总状花序生 3~5 花，花萼管状，花冠淡黄色或白色。荚果披针状长圆形，具短喙。花期 4—8 月，果期 5—9 月。南太行平原、山区广布。生于山坡石砾质草地、草原、沙丘及沿河流两岸的砂地。牧草及保持水土植物。

594 达乌里黄芪 | *Astragalus dahuricus*　　豆科　黄芪属

一年生或二年生草本。被开展的白色柔毛。茎直立，高达 80 厘米，分枝，有细棱。羽状复叶具 11~19（23）小叶，长 4~8 厘米；叶柄长不及 1 厘米；托叶分离，狭披针形或钻形，长 4~8 毫米；小叶长圆形、倒卵状长圆形，长 5~20 毫米，先端圆或略尖，基部钝或近楔形，小叶柄长不及 1 毫米。总状花序较密，生 10~20 花，长 3.5~10 厘米；总花梗长 2~5 厘米；苞片线形或刚毛状，长 3~4.5 毫米；花梗长 1~1.5 毫米；花萼斜钟状，长 5~5.5 毫米，萼筒长 1.5~2 毫米，萼齿线形或刚毛状，上边 2 齿较萼部短，下边 3 齿较长（长达 4 毫米）；花冠紫色，旗瓣近倒卵形，长 12~14 毫米，宽 6~8 毫米，先端微缺，基部宽楔形，翼瓣长约 10 毫米，瓣片弯长圆形，长约 7 毫米，宽 1~1.4 毫米，先端钝，基部耳向外伸，瓣柄长约 3 毫米，龙骨瓣长约 13 毫米，瓣片近倒卵形，长 8~9 毫米，宽 2~2.5 毫米，瓣柄长约 4.5 毫米。荚果线形，长 1.5~2.5 厘米，宽 2~2.5 毫米，先端突尖喙状，直立、内弯，具横脉。花期 7—9 月，果期 8—10 月。南太行分布于平原、山区。生于河滩、草地、林缘、路旁。牧草及保持水土植物。

595 斜茎黄芪 | *Astragalus laxmannii*　　豆科　黄芪属

多年生草本，高 20~100 厘米。茎多数或数个丛生，直立或斜上。羽状复叶具 9~25 小叶，叶柄较叶轴短；托叶三角形，渐尖，基部稍合生或有时分离，长 3~7 毫米；小叶长圆形、近椭圆形或狭长圆形，长 10~25（35）毫米，基部圆形或近圆形，有时稍尖，正面疏被伏贴毛，背面较密。总状花序长圆柱状或穗状，生多数花，排列密集，有时较稀疏；总花梗生于茎的上部，较叶长或与其等长；花梗极短；苞片狭披针形至三角形，先端尖；花萼管状钟形，长 5~6 毫米，被黑褐色或白色毛，或有时被黑白混生毛，萼齿狭披针形，长为萼筒的 1/3；花冠近蓝色或红紫色，旗瓣倒卵圆形，先端微凹，翼瓣较旗瓣短，龙骨瓣长 7~10 毫米；子房被密毛。荚果长圆形，长 7~18 毫米，两侧稍扁，背缝凹入成沟槽，顶端具下弯的短喙，被黑色、褐色或和白色混生毛。花期 6—8 月，果期 8—10 月。南太行广布。生于向阳山坡灌丛及林缘地带。种子入药，为强壮剂，治神经衰弱。为优质牧草和保土植物。

596 鸡峰山黄芪 | *Astragalus kifonsanicus* 豆科 黄芪属

多年生草本，高 20~40 厘米。茎匍匐斜上，多分枝，被白色伏贴毛。羽状复叶具 3~9 小叶；叶柄短，被白色伏贴毛；托叶膜质，离生，疏被白色柔毛；小叶披针形，长 1~4 厘米，先端尖，基部圆钝，两面被白色伏贴毛。总状花序具 5~15 花；总花梗较叶长，被白色伏贴毛；苞片小，狭披针形，被长刚毛；花萼管状，长 10~15 毫米；被伏贴毛，萼齿披针形，长为筒部的 1/3~1/2；花冠淡红色或白色，旗瓣长圆形，近基部狭，先端微凹，翼瓣较旗瓣稍短，瓣片较瓣柄略短，上部微弯，龙骨瓣较翼瓣短，瓣片半圆形，瓣柄较瓣片长；子房被伏贴毛。荚果圆柱形，长 3~5 厘米，微弯，被白色伏贴毛。花期 4—5 月，果期 8—10 月。南太行分布于海拔 700 米以上山区。生于林缘、灌丛、路旁。

597 草木樨状黄芪 | *Astragalus melilotoides* 豆科 黄芪属

多年生草本。茎直立或斜生，高 30~50 厘米，多分枝，具条棱，被白色短柔毛或近无毛。羽状复叶具 5~7 小叶，长 1~3 厘米；托叶离生，三角形或披针形，长 1~1.5 毫米；小叶长圆状楔形或线状长圆形，长 7~20 毫米，先端截形或微凹，基部渐狭，具极短的柄，两面均被白色细伏贴柔毛。总状花序生多数花，稀疏；总花梗远较叶长；花小；苞片小，披针形，长约 1 毫米；花梗长 1~2 毫米，连同花序轴均被白色短伏贴柔毛；花萼短钟状，长约 1.5 毫米，被白色短伏贴柔毛，萼齿三角形，较萼筒短；花冠白色或带粉红色，旗瓣近圆形或宽椭圆形，长约 5 毫米，先端微凹，翼瓣较旗瓣稍短，先端有不等的 2 裂或微凹，基部具短耳，龙骨瓣较翼瓣短，瓣片半月形，先端带紫色。荚果宽倒卵状球形或椭圆形，先端微凹，具短喙，长 2.5~3.5 毫米，假 2 室，背部具稍深的沟，有横纹。花期 7—8 月，果期 8—9 月。南太行山区广布。生于向阳山坡、路旁草地或草甸草地。

598 细叶黄芪（变种） | *Astragalus melilotoides* var. *tenuis*　豆科　黄芪属

与草木樨状黄芪（原变种）的区别：植株多分枝，呈扫帚状；小叶 3，稀 5，狭线形或丝状，长 10~15（17）毫米，宽约 0.5 毫米。南太行分布于海拔 800 米以上山区。生于向阳山坡、路旁草地或草甸草地。

599 蔓黄芪 | *Phyllolobium chinense*　豆科　蔓黄芪属

多年生草本。主根圆柱状，长达 1 米。茎平卧，单 1 至多数，有棱，无毛或疏被粗短硬毛，分枝。羽状复叶具 9~25 小叶；托叶离生，披针形，长 3 毫米；小叶椭圆形或倒卵状长圆形，长 5~18 毫米，先端钝或微缺，基部圆形，正面无毛，背面疏被粗伏毛，小叶柄短。总状花序生 3~7 花，较叶长；总花梗长 1.5~6 厘米，疏被粗伏毛；苞片钻形，长 1~2 毫米；花梗短；小苞片长 0.5~1 毫米；花萼钟状，被灰白色或白色短毛，萼齿披针形，与萼筒近等长；花冠乳白色或带紫红色，旗瓣最长，瓣片近圆形，先端微缺，翼瓣最短，瓣片长圆形，先端圆形，龙骨瓣瓣片近倒卵形；子房有柄，密被白色粗伏毛，柱头被簇毛。荚果略膨胀，狭长圆形，长达 35 毫米，宽 5~7 毫米，两端尖，背腹压扁，微被褐色短粗伏毛。花期 7—9 月，果期 8—10 月。南太行分布于海拔 700 米以上山区。生于林缘、灌丛、草地。

600 山黧豆 | *Lathyrus quinquenervius* 豆科 山黧豆属

多年生草本。根状茎不增粗，横走。茎通常直立，单一，高20~50厘米，具棱及翅，有毛，后渐脱落。偶数羽状复叶，叶轴末端具不分枝的卷须，下部叶的卷须短，呈针刺状；托叶披针形至线形；小叶1~2（3）对；小叶质坚硬，椭圆状披针形或线状披针形，长35~80毫米，先端渐尖，具细尖，基部楔形，具5条平行脉，两面明显突出。总状花序腋生，具花5~8朵；花梗长3~5毫米；萼钟状，被短柔毛，最下一萼齿约与萼筒等长；花紫蓝色或紫色，长15（12）~20毫米，旗瓣近圆形，先端微缺，瓣柄与瓣片约等长，翼瓣狭倒卵形，与旗瓣等长或稍短，具耳及线形瓣柄，龙骨瓣卵形，具耳及线形瓣柄；子房密被柔毛。荚果线形，长3~5厘米，宽4~5毫米。花期5—7月，果期8—9月。南太行分布于海拔1200米以上山区。生于林缘、灌丛、草甸。

601 长萼鸡眼草 | *Kummerowia stipulacea* 豆科 鸡眼草属

一年生草本。茎平伏，茎和枝上被疏生向上的白毛。叶为三出羽状复叶；托叶卵形，比叶柄长或有时近相等，边缘通常无毛；叶柄短；小叶纸质，倒卵形，先端微凹或近截形，基部楔形，全缘；背面中脉及边缘有毛，侧脉多而密。花常1~2朵腋生；小苞片4，其中1枚很小，生于花梗关节之下，常具1~3条脉；花梗有毛；花萼膜质，5裂，有缘毛；花冠上部暗紫色，旗瓣椭圆形，先端微凹，较龙骨瓣短。荚果椭圆形。花期7—8月，果期8—10月。南太行丘陵、山区广布。生于路旁、草地、山坡等处。

602 鸡眼草 | *Kummerowia striata*　　　豆科　鸡眼草属

一年生草本。披散或平卧，茎和枝上被倒生的白色细毛。叶为三出羽状复叶；托叶大，膜质，卵状长圆形，比叶柄长，有缘毛；叶柄极短；小叶纸质，倒卵形，先端圆形，基部近圆形或宽楔形，全缘；两面沿中脉及边缘有白色粗毛。花小，1~3朵簇生于叶腋；花梗下端具2大小不等的苞片，萼基部具4小苞片，其中1枚极小，生于花梗关节处，常具5~7条纵脉；花萼钟状，带紫色，5裂；花冠粉红色或紫色，旗瓣椭圆形，龙骨瓣比旗瓣稍长或近等长，翼瓣比龙骨瓣稍短。荚果圆形。花期7—9月，果期8—10月。南太行丘陵、山区广布。生于路旁、田边、溪旁、砂质地或缓山坡草地。

603 二色棘豆 | *Oxytropis bicolor*　　　豆科　棘豆属

多年生草本，高5~20厘米。外倾，植株各部密被开展白色绢状长柔毛，淡灰色。轮生羽状复叶长4~20厘米；托叶膜质，卵状披针形，密被白色绢状长柔毛；小叶7~17轮（对），对生或4叶轮生，线形、线状披针形或披针形，长3~23毫米，先端渐尖，基部圆形，边缘常反卷，两面密被绢状长柔毛，正面毛较疏。花10~15（23）朵组成或疏或密的总状花序；花葶与叶等长或稍长，直立或平卧，被开展长硬毛；苞片披针形，长4~10毫米，先端尖，疏被白色柔毛；花萼筒状，长9~12毫米，宽2.5~4毫米，密被长柔毛，萼齿线状披针形，长3~5毫米；花冠紫红色、蓝紫色，旗瓣菱状卵形，长14~20毫米，先端圆，或略微凹，中部黄色，干后有黄绿色斑，翼瓣长圆形，长15~18毫米，先端斜宽，微凹，龙骨瓣长11~15毫米，喙长2~2.5毫米。荚果几草质，稍坚硬，卵状长圆形，膨胀，腹背稍扁，长17~22毫米，宽约5毫米，先端具长喙，腹、背缝均有沟槽，密被长柔毛。花果期4—9月。南太行分布于海拔800米以上山区。生于林缘、灌丛、荒坡、路旁。

604 硬毛棘豆 | *Oxytropis hirta*　　豆科　棘豆属

多年生草本，高7~10厘米。茎缩短，密被枯萎叶柄和托叶轮生羽状复叶长4~7厘米。托叶膜质，被贴伏白色柔毛；叶柄与叶轴被开展硬毛；小叶8~12轮，每轮3~4叶，长圆状披针形，长5~10毫米，先端尖，边缘内卷，两面疏被白色长硬毛。花8朵组成穗形总状花序；总花梗坚硬，略长于叶，被开展白色柔毛；苞片草质，卵状披针形，长4~6毫米；花萼筒状，微膨胀，长12~13毫米，被白色柔毛，萼齿披针形，长5~7毫米；花冠红紫色，旗瓣长22~26毫米，瓣片卵形，先端圆，翼瓣长17~19毫米，微凹，背部突起，龙骨瓣长16~18毫米，喙长2.5~3毫米。荚果革质，长圆形，长18~22毫米，腹面具深沟，被贴伏白色柔毛。花果期5—6月。南太行低中山有分布。生于石质山坡。

605 紫苜蓿 | *Medicago sativa*　　豆科　苜蓿属

多年生草本，高30~100厘米。茎直立、丛生以至平卧，四棱形，无毛或微被柔毛，枝叶茂盛。羽状三出复叶；托叶大，卵状披针形，先端锐尖，基部全缘或具1~2齿裂，脉纹清晰；叶柄比小叶短；小叶长卵形、倒长卵形至线状卵形，等大，长10（5）~25（40）毫米，纸质，先端钝圆，具由中脉伸出的长齿尖，基部狭窄，楔形，边缘在1/3处以上具锯齿，背面被贴伏柔毛，侧脉8~10对。花序总状或头状，长1~2.5厘米，具花5~30朵；总花梗挺直，比叶长；苞片线状锥形，比花梗长或等长；花长6~12毫米；花梗短，长约2毫米；萼钟形，长3~5毫米，萼齿线状锥形，比萼筒长，被贴伏柔毛；花冠各色，淡黄色、深蓝色至暗紫色，花瓣均具长瓣柄，旗瓣长圆形，先端微凹，明显较翼瓣和龙骨瓣长，翼瓣较龙骨瓣稍长。荚果螺旋状紧卷2~4（6）圈，中央无孔或近无孔，直径5~9毫米，脉纹细，不清晰，熟时棕色。花期5—7月，果期6—8月。南太行平原、山区栽培或呈半野生状态。生于林缘、草地、荒坡、路旁。全草入药，具降低胆固醇、血脂含量和调节免疫、抗氧化、防衰老的功效。优质的牲畜饲料。

606 杂交苜蓿 | *Medicago × varia*　　　豆科　苜蓿属

多年生草本，高60~80（120）厘米。茎直立、平卧或上升，具4棱，多分枝，上部微被开展柔毛。羽状三出复叶；托叶披针形，基部稍具齿裂，脉纹清晰；下部叶柄较小叶长，上部均比小叶短；小叶长倒卵形至椭圆形，纸质，近等大，先端钝圆，具由中脉伸出长齿尖，叶缘中部以上具浅锯齿，侧脉8对；顶生小叶具稍长小叶柄。花序长圆形，具花8~15朵，初时紧密，花期伸长而疏松；总花梗挺直，腋生比叶长；苞片线状锥形，通常比花梗短；花梗长2~3毫米；萼钟形，微被毛，萼齿披针状三角形；花冠各色，花期内逐渐变化，由灰黄色转蓝色、紫色至深紫色，也有棕红色的，旗瓣卵状长圆形，常带条状色纹，先端微凹，比翼瓣和龙骨瓣长，翼瓣与龙骨瓣几等长，均钝头，并具瓣柄。荚果旋转1（0.5）~1.5（2）圈，松卷，直径7（4）~9（12）毫米，中央有孔，被贴伏柔毛，脉纹不清晰。花果期7—9月。南太行平原、山区有栽培。叶量丰富，草质柔软，粗蛋白质、粗脂肪含量高，为优质的家畜饲料。

607 两型豆 | *Amphicarpaea edgeworthii*　　　豆科　两型豆属

一年生缠绕草本。茎纤细，长0.3~1.3米，被淡褐色柔毛。羽状小叶3；托叶小，披针形具明显线纹；叶柄长2~5.5厘米；小叶薄纸质或近膜质，顶生小叶菱状卵形，长2.5~5.5厘米，先端钝或有时短尖，常具细尖头，基部圆形、宽楔形，正面绿色，背面淡绿色，两面常被贴伏的柔毛，基出脉3，纤细，小叶柄短。花二型，生在茎上部的为正常花，排成腋生的短总状花序，具花2~7朵，各部被淡褐色长柔毛；苞片近膜质，卵形至椭圆形，长3~5毫米，具线纹多条，腋内通常具花1朵；花梗纤细，长1~2毫米；花萼管状，5裂，裂片不等；花冠淡紫色或白色，长1~1.7厘米，各瓣近等长，旗瓣倒卵形，两侧具内弯的耳，翼瓣长圆形亦具瓣柄和耳，龙骨瓣与翼瓣近似，先端钝，具长瓣柄。另生于下部为闭锁花，无花瓣，柱头弯至与花药接触，子房伸入地下结实。荚果二型，生于茎上部的完全花结的荚果为长圆形或倒卵状长圆形，扁平，微弯，被淡褐色柔毛，以背、腹缝线上的毛较密；由闭锁花伸入地下结的荚果呈椭圆形或近球形，不开裂，内含1颗种子。花果期8—11月。南太行山区、黄河滩区都有分布。生于山坡路旁及旷野草地上。种子入药，具抗炎、抗氧化、抗肿瘤、抗菌等功效。

608 野大豆 | *Glycine soja*

豆科 大豆属

一年生缠绕草本，长 1~4 米。茎、小枝纤细，全株疏被褐色长硬毛。小叶 3，长可达 14 厘米；托叶卵状披针形，急尖，被黄色柔毛；顶生小叶卵圆形或卵状披针形，长 3.5~6 厘米，先端锐尖至钝圆，基部近圆形，全缘，两面均被绢状的糙伏毛，侧生小叶斜卵状披针形。总状花序通常短；花小，长约 5 毫米；花梗密生黄色长硬毛；苞片披针形；花萼钟状，密生长毛，裂片 5，三角状披针形，先端锐尖；花冠淡红紫色或白色，旗瓣近圆形，先端微凹，基部具短瓣柄，翼瓣斜倒卵形，有明显的耳，龙骨瓣比旗瓣及翼瓣短小，密被长毛；花柱短而向一侧弯曲。荚果长圆形，稍弯，两侧稍扁，长 17~23 毫米，宽 4~5 毫米，密被长硬毛，种子间稍缢缩，干时易裂。花期 7~8 月，果期 8—10 月。南太行山区、黄河滩区都有分布。生于潮湿的田边、园边、沟旁、河岸、湖边、沼泽、草甸。种子具育种价值和饲用价值。种子入药，具气血、强壮、利尿的功效。

609 贼小豆 | *Vigna minima*

豆科 豇豆属

一年生缠绕草本。茎纤细，无毛或被疏毛。羽状复叶具 3 小叶；托叶披针形，盾状着生被疏硬毛；小叶卵形、卵状披针形、披针形或线形，长 2.5~7 厘米，先端急尖或钝，基部圆形或宽楔形，两面近无毛或被极稀疏的糙伏毛。总状花序柔弱；总花梗远长于叶柄，通常具花 3~4 朵；小苞片线形或线状披针形；花萼钟状，长约 3 毫米，具不等大的 5 齿，裂齿或硬缘毛；花冠黄色，旗瓣极外弯，近圆形，长约 1 厘米，宽约 8 毫米；龙骨瓣具长而尖的耳。荚果圆柱形，长 3.5~6.5 厘米，宽 4 毫米，开裂后旋卷。花果期 8—10 月。南太行山区、黄河滩区都有分布。生于旷野、草丛或灌丛中。

610 长柄山蚂蝗 | *Hylodesmum podocarpum*　　豆科　长柄山蚂蝗属

多年生草本，高 50~100 厘米。茎具条纹，疏被伸展短柔毛。羽状三出复叶，小叶 3；托叶钻形，外面与边缘被毛；叶柄长 2~12 厘米，着生茎上部的叶柄较短，疏被伸展短柔毛；小叶纸质，顶生小叶宽倒卵形，长 4~7 厘米，先端突尖，基部楔形或宽楔形，全缘，两面疏被短柔毛或几无毛，侧脉每边约 4 条，直达叶缘，侧生小叶斜卵形，较小，偏斜，小托叶丝状；小叶柄长 1~2 厘米，被伸展短柔毛。总状花序或圆锥花序，顶生或顶生和腋生，长 20~30 厘米；总花梗被柔毛和钩状毛；通常每节生 2 花，花梗长 2~4 毫米，结果时增长 5~6 毫米；苞片早落；花萼钟形，裂片极短，被小钩状毛；花冠紫红色，长约 4 毫米，旗瓣宽倒卵形，翼瓣窄椭圆形，龙骨瓣与翼瓣相似，均无瓣柄；雄蕊单体；雌蕊长约 3 毫米。荚果长约 1.6 厘米，通常有荚节 2，背缝线弯曲，节间深凹入达腹缝线；荚节略呈半倒卵形，长 5~10 毫米，宽 3~4 毫米，先端截形，基部楔形，被钩状毛和小直毛，稍有网纹；果梗长约 6 毫米；果颈长 3~5 毫米。花果期 8—9 月。南太行中低山有分布。生于山坡路旁、草坡、次生阔叶林下或高山草甸处。根入药，具发表散寒、止血、破瘀消肿、健脾化湿。

611 大花野豌豆 | *Vicia bungei*　　豆科　野豌豆属

一年生或二年生缠绕或匍匐伏草本，高 15~40（50）厘米。茎有棱，多分枝，近无毛偶数羽状复叶，顶端卷须有分枝。托叶半箭头形，长 0.3~0.7 厘米，有锯齿；小叶 3~5 对，长圆形或狭倒卵长圆形，长 1~2.5 厘米，先端平截微凹，稀齿状，正面叶脉不甚清晰，背面叶脉明显被疏柔毛。总状花序长于叶或与叶轴近等长，具花 2~4（5）朵，着生于花序轴顶端，长 2~2.5 厘米，萼钟形，被疏柔毛，萼齿披针形；花冠红紫色或蓝紫色，旗瓣倒卵披针形，先端微缺，翼瓣短于旗瓣，长于龙骨瓣；子房柄细长，沿腹缝线被金色绢毛；花柱上部被长柔毛。荚果扁长圆形，长 2.5~3.5 厘米。花期 4—5 月，果期 6—7 月。南太行平原、丘陵区有广布。全草入药，具解痉止痛、抗胃溃疡、止咳化痰的功效。

612 大野豌豆 | *Vicia sinogigantea*　　豆科　野豌豆属

多年生草本，高 40~100 厘米。灌木状，全株被白色柔毛。茎有棱，多分枝，被白柔毛。偶数羽状复叶顶端卷须有 2~3 分枝或单一；托叶 2 深裂，裂片披针形，长约 0.6 厘米；小叶 3~6 对，近互生，椭圆形或卵圆形，长 1.5~3 厘米，先端钝，具短尖头，基部圆形，两面被疏柔毛，叶脉 7~8 对，背面中脉突出，被灰白色柔毛。总状花序长于叶，具花 6~16 朵，稀疏着生于花序轴上部；花冠白色、粉红色、紫色或雪青色，较小，长约 0.6 厘米，小花梗长 0.15~0.2 厘米；花萼钟状，长 0.2~0.25 厘米，萼齿狭披针形或锥形，外面被柔毛；旗瓣倒卵形，先端微凹，翼瓣与旗瓣近等长，龙骨瓣最短。荚果长圆形或菱形，长 1~2 厘米，两面急尖，表皮棕色。花期 6—7 月，果期 8—10 月。南太行分布于海拔 700 米以上山区。生于林缘、灌丛、荒坡、路旁。根入药，具消肿排脓的功效。

613 大叶野豌豆 | *Vicia pseudo-orobus*　　豆科　野豌豆属

多年生草本，高 50~150（200）厘米。茎直立或攀缘，有棱，绿色或黄色，具黑褐斑，被微柔毛，老时渐脱落。偶数羽状复叶，长 2~17 厘米；顶端卷须发达，有 2~3 分枝，托叶戟形，长 0.8~1.5 厘米，边缘齿裂；小叶 2~5 对，卵形、椭圆形或长圆披针形，纸质或革质，先端圆或渐尖，有短尖头，基部圆形或宽楔形，叶脉清晰，背面被疏柔毛。总状花序长于叶，长 4.5~1.5 厘米，花序轴单一，长于叶；花萼斜钟状，萼齿短，短三角形，长 1 毫米；花多，通常 15~30 朵，花长 1~2 厘米，紫色或蓝紫色，翼瓣、龙骨瓣与旗瓣近等长。荚果长圆形，扁平，长 2~3 厘米，宽 0.6~0.8 厘米，棕黄色。花期 6—9 月，果期 8—10 月。南太行分布于海拔 1000 米以上山区。生于林缘、灌丛、沟谷、路旁。全草上部嫩茎叶可用作透骨草，具清热解毒药的功效；外用洗风湿、毒疮。

第三部分　其他草本·红色、紫色花

614 牯岭野豌豆 | *Vicia kulingiana* 　　豆科　野豌豆属

多年生直立草本，高 50~90 厘米。根近木质化，茎基部近紫褐色，常数茎丛生。偶数羽状复叶长 2~3.5 厘米，叶轴顶端无卷须，具短尖头；托叶半箭头形或披针形，边缘齿裂；小叶 2~3 对，卵圆状披针形或长圆披针形；两面微被茸毛；侧脉 5~8 对。总状花序长于叶轴或近等长；花萼近斜钟状，长约 0.6 厘米，萼齿长仅 0.1 厘米；具花 5~18 朵，着生于花序轴上部，花较大；小花梗长 0.15 厘米，基部有宿存小苞片；花冠紫色、紫红色或蓝色，旗瓣长圆状提琴形或近长圆形，翼瓣与旗瓣近等长，龙骨瓣略短于翼瓣。荚果长圆形，长 4~5 厘米，两端渐尖，表皮黄色，网脉清晰。花期 4—6 月，果期 6—9 月。南太行分布于海拔 800 米以上山区。生于林缘、沟谷、路旁。全草药用，有清热解毒的功效。国外报道其种子内含物可用于治疗帕金森式麻痹震颤症。

615 广布野豌豆 | *Vicia cracca* 　　豆科　野豌豆属

多年生草本，高 40~150 厘米。茎攀缘或蔓生，有棱，被柔毛。偶数羽状复叶，叶轴顶端卷须有 2~3 分枝；托叶半箭头形或戟形，上部 2 深裂；小叶 5~12 对互生，线形、长圆或披针状线形，长 1.1~3 厘米，宽 0.2~0.4 厘米，全缘；叶脉稀疏，呈 3 出脉状，不甚清晰。总状花序与叶轴近等长，花多数，10~40 朵密集一面向着生于总花序轴上部；花萼钟状，萼齿 5，近三角状披针形；花冠紫色、蓝紫色或紫红色，长 0.8~1.5 厘米；旗瓣长圆形，中部缢缩呈提琴形，先端微缺，瓣柄与瓣片近等长；翼瓣与旗瓣近等长，明显长于龙骨瓣先端钝。荚果长圆形或长圆菱形，长 2~2.5 厘米，宽约 0.5 厘米。花果期 5—9 月。南太行丘陵、山区广布。生于林缘、沟谷、路旁。水土保持绿肥作物。嫩时为牛羊等牲畜喜食饲料。花期早春为蜜源植物之一。

616 确山野豌豆 | *Vicia kioshanica* 豆科 野豌豆属

多年生草本。偶数羽状复叶，顶端卷须单一或有分枝；托叶半箭头形，2裂，有锯齿；小叶3~7对，近互生，革质，长圆形或线形，先端圆或渐尖，具短尖头，叶脉密集而清晰，侧脉10对，背面密被长柔毛，后渐脱落，叶全缘，背具极细微可见的白边。总状花序长可达20厘米，柔软而弯曲，明显长于叶；花萼钟状，长约0.4厘米，萼齿披针形，外面疏被柔毛；具花6~16（20）朵疏松排列于花序轴上部；花冠紫色或紫红色，稀近黄色或红色，长0.7~1.4厘米，旗瓣长圆形，长1~1.1厘米，翼瓣与旗瓣近等长，龙骨瓣最短。荚果菱形或长圆形。花期4—6月，果期6—9月。南太行分布于海拔800米以上山区。生于林缘、草地、沟谷、路旁。茎、叶嫩时可食，亦为饲料。全草入药，具清热、消炎的功效。

617 山野豌豆 | *Vicia amoena* 豆科 野豌豆属

多年生草本，高30~100厘米。全株被疏柔毛。茎具棱，多分枝，细软，斜升或攀缘。偶数羽状复叶，几无柄，顶端卷须有2~3分枝；托叶半箭头形，边缘有3~4裂齿；小叶4~7对，互生或近对生，椭圆形至卵披针形，长1.3~4厘米；先端圆，微凹，基部近圆形，正面被贴伏长柔毛，背面粉白色；沿中脉毛被较密，侧脉扇状展开直达叶缘。总状花序通常长于叶；花10~20（30）朵密集着生于花序轴上部；花冠红紫色、蓝紫色；花萼斜钟状，萼齿近三角形，上萼齿长0.3~0.4厘米，明显短于下萼齿；旗瓣倒卵圆形，长1~1.6厘米，宽0.5~0.6厘米，先端微凹，瓣柄较宽，翼瓣与旗瓣近等长，瓣片斜倒卵形，龙骨瓣短于翼瓣。荚果长圆形，长1.8~2.8厘米，宽0.4~0.6厘米，两端渐尖，无毛。花期4—6月，果期7—10月。南太行分布于海拔800米以上山区。生于林缘、草地、沟谷、路旁。优质牧草，蛋白质可达10.2%，牲畜喜食。民间药用称透骨草，有去湿、清热解毒的功效，为疮洗剂。

618 救荒野豌豆 | *Vicia sativa* 　　豆科　野豌豆属

一年生或二年生草本，高 15~90（105）厘米。茎斜升或攀缘，单一或多分枝，具棱，被微柔毛。偶数羽状复叶长 2~10 厘米，叶轴顶端卷须有 2~3 分枝；托叶戟形，通常 2~4 裂齿；小叶 2~7 对，长椭圆形或近心形，长 0.9~2.5 厘米，宽 0.3~1 厘米，先端圆或平截有凹，具短尖头，基部楔形，侧脉不甚明显，两面被贴伏黄柔毛。花 1~2（4）朵腋生，近无梗；萼钟形，外面被柔毛，萼齿披针形或锥形；花冠紫红色或红色，旗瓣长倒卵圆形，先端圆，微凹，中部缢缩，翼瓣短于旗瓣，长于龙骨瓣。荚果长圆线形，长 4~6 厘米，宽 0.5~0.8 厘米，表皮土黄色间缢缩，有毛。花期 4~7 月，果期 7~9 月。南太行平原地区广布。生于河滩、荒地、村庄、田边。可做绿肥。优质牧草。

619 窄叶野豌豆（亚种）| *Vicia sativa* subsp. *nigra* 　　豆科　野豌豆属

救荒野豌豆（原种）。本亚种特征：一年生或二年生草本。茎斜升、蔓生或攀缘，多分支，被疏柔毛；偶数羽状复叶长 2~6 厘米，卷须发达；托叶半箭头形和披针形，有 2~5 齿，被微柔毛；小叶 4~6 对，线形或线状长圆形，先端平截或微凹，具短尖头，基部近楔形，两面被浅黄色疏柔毛。花 1~4 朵，腋生，有小苞叶；花萼钟形，萼齿 5；花冠红或紫红色，旗瓣倒卵形，先端圆，微凹，有瓣柄，翼瓣与旗瓣近等长，龙骨瓣短于翼瓣。荚果长线形，微弯。花期 3—6 月，果期 5—9 月。南太行平原地区广布。生于河滩、荒地、村庄、田边。

620 歪头菜 | *Vicia unijuga*

豆科 野豌豆属

多年生草本。茎常丛生，具棱，疏被柔毛。叶轴顶端具细刺尖，偶见卷须；托叶戟形或近披针形，边缘有不规则齿；小叶1对，卵状披针形，先端尾状渐尖，基部楔形，边缘具小齿状，两面均疏被微柔毛。总状花序单一，稀有分支呈复总状花序，明显长于叶，具8~20朵密集的花；花萼紫色；花冠蓝紫、紫红或淡蓝色，旗瓣中部两侧缢缩呈倒提琴形，龙骨瓣短于翼瓣。荚果扁，长圆形。花期6—8月，果期8—11月。南太行丘陵、山区广布。生于山地、林缘、草地、沟边及灌丛。全草药用，有补虚、调肝、理气、止痛等功效。

621 绣球小冠花 | *Coronilla varia*

豆科 小冠花属

多年生草本。茎直立，粗壮，多分枝，疏展，高50~100厘米。茎、小枝圆柱形，具条棱，幼时稀被白色短柔毛，后变无毛。奇数羽状复叶，具小叶11~17（25）；托叶小，膜质，披针形，长3毫米，分离，无毛；叶柄短，长约5毫米；小叶薄纸质，椭圆形或长圆形，长15~25毫米，先端具短尖头，基部近圆形，两面无毛；侧脉每边4~5条；小托叶小。伞形花序腋生，长5~6厘米，比叶短；总花梗长约5厘米，疏生小刺；花5~10（20）朵，密集排列成绣球状；苞片2，披针形，宿存；花梗短；小苞片2，披针形，宿存；花萼膜质，萼齿短于萼管；花冠紫色、淡红色或白色，有明显紫色条纹，长8~12毫米，旗瓣近圆形，翼瓣近长圆形，龙骨瓣先端呈喙状，喙紫黑色，向内弯曲。荚果细长圆柱形，稍扁，具4棱，先端有宿存的喙状花柱，荚节长约1.5厘米，各荚节有种子1颗。花期6—7月，果期8—9月。原产于欧洲地中海地区。南太行有栽培。花紫红色，艳丽，可作花卉植物，还可药用。

622 米口袋 | *Gueldenstaedtia verna*　　豆科　米口袋属

多年生草本。分茎极缩短,叶及总花梗于分茎上丛生。托叶宿存,基部合生,外面密被白色长柔毛;叶在早春时长仅 2~5 厘米,夏秋间可长达 15 厘米,早生叶被长柔毛,后生叶毛稀疏;叶柄具沟;小叶 7~21,椭圆形至长圆形,顶端小叶有时为倒卵形,基部圆,先端具细尖、急尖、钝、微缺或下凹呈弧形。伞形花序具花 2~6 朵;总花梗具沟,被长柔毛,花期较叶稍长,花后约与叶等长或短于叶长;苞片三角状线形,花梗长 1~3.5 毫米;花萼钟状,被贴伏长柔毛,上 2 枚最大,与萼筒等长,下 3 枚较小,最下 1 枚最小;花冠紫堇色,旗瓣倒卵形,全缘,先端微缺,基部渐狭成瓣柄,翼瓣斜长倒卵形,具短耳,龙骨瓣倒卵形。荚果圆筒状,长 17~22 毫米,直径 3~4 毫米,被长柔毛。花期 4 月,果期 5—6 月。南太行广布。生于山坡或沟谷林缘、路旁。在我国东北、华北地区全草作为紫花地丁入药。

以下是 3 种不同形态的米口袋。

● 形态 1：长柄米口袋
主要特征：总花梗花期时长为叶的 1/3~1 倍。

●形态2：光滑米口袋

主要特征：全株光滑无毛。

●形态3：狭叶米口袋

主要特征：小叶狭窄，果期线形，全株被伏贴硬毛。

623 太行米口袋 | *Gueldenstaedtia taihangensis* 豆科 米口袋属

多年生草本。主根直下，根颈具多数多年生较长的分茎，叶及花序在分茎先端丛生。叶长3.5~7.5厘米，叶柄纤细具沟，被稀疏柔毛；小叶5~13，宽卵形至近圆形，长6~9毫米，先端截形或深缺，基部圆形，两面被稀疏柔毛；小叶柄极短。伞形花序，总花梗具沟，纤细，开花时约与叶等长；花序具花2~3朵；苞片狭三角形；花梗极短；小苞片狭三角形，在花萼基部贴生；花萼钟状，长约7毫米，密被贴伏长柔毛，萼齿5，上2枚与萼筒等长，下3枚较短而狭，狭为上2枚的1/2；花冠紫堇色，旗瓣长圆形，长11毫米，基部渐狭成瓣柄，先端微缺，翼瓣倒卵形，具斜截头，长9毫米，瓣柄长2毫米，龙骨瓣长5毫米，瓣片卵形，瓣柄线形，比瓣片稍短。荚果圆锥状，被稀疏柔毛，长1.5厘米，直径3毫米，开裂后瓣片扭卷。花期5月，果期8月。南太行海拔600米以上常见。生于山坡草地、灌丛等干燥地方。

624 粗距舌喙兰 | *Hemipilia crassicalcarata* 兰科 舌喙兰属

多年生草本，高15~35厘米。茎无毛，基部具1枚筒状膜质鞘，鞘以上有1~2叶，向上还具1~4鞘状退化叶，小叶鳞片状，基部抱茎。总状花序具7（2）~15朵偏向一侧的花；花紫红色；中萼片直立，舟状，卵形，先端钝；侧萼片斜卵形，先端钝；唇瓣近长圆形，基部略宽，先端近截形或微缺，常在中央具细尖，基部宽楔形，边缘具不整齐的圆齿或缺刻；距白色，较粗，圆筒状，长10~12毫米，末端钝且稍膨大，有时稍弯曲；蕊喙长圆状椭圆形，长约1.5毫米，宽约1毫米，先端浑圆。花期7月，果期8—9月。南太行分布于海拔1000~1200米山区。生于林下或草坡路旁。珍贵花卉。

625 绶草 | *Spiranthes sinensis*　　　兰科　绶草属

多年生草本，高13~30厘米。茎较短，近基部生2~5叶。叶宽线形或宽线状披针形，直立伸展，长3~10厘米，常宽5~10毫米，先端急尖或渐尖，基部收狭具柄状抱茎的鞘。花茎直立，长10~25厘米，上部被腺状柔毛至无毛；总状花序具多数密生的花，长4~10厘米，呈螺旋状扭转；花小，紫红色、粉红色或白色，在花序轴上呈螺旋状排列生长；花瓣斜菱状长圆形，先端钝，与中萼片等长但较薄；唇瓣宽长圆形，凹陷，长4毫米，宽2.5毫米，先端极钝，前半部上面具长硬毛且边缘具强烈皱波状啮齿，唇瓣基部凹陷呈浅囊状，囊内具2枚胼胝体。花期7—8月，果期8—9月。南太行分布于海拔800米以上山区。生于山坡林下、灌丛下、草地中。可用来点缀草坪。

626 秋海棠 | *Begonia grandis*　　　秋海棠科　秋海棠属

多年生草本。茎生叶互生，具长柄；叶两侧不相等，宽卵形至卵形，先端渐尖至长渐尖，基部心形，偏斜，边缘具不等大的三角形浅齿，齿尖带短芒，并常呈波状或宽三角形的极浅齿，正面褐绿色，常有红晕，背面色淡，带红晕或紫红色，掌状7（9）条脉，带紫红色，窄侧常2（3）条，宽侧3~4（5）条，近中部分枝，呈羽状脉；叶柄长4~13.5厘米，有棱，近无毛；托叶膜质，长圆形至披针形，先端渐尖，早落。花莛长7.1~9厘米，有纵棱，无毛；花粉红色，较多数，二至四回二歧聚伞状，花序梗长4.5~7厘米，基部常有1小叶，有纵棱，均无毛；雄花花梗长约8毫米，无毛，花被片4，先端圆或钝，基部楔形，无毛，雄蕊多数，整体呈球形；雌花花梗长约2.5厘米，无毛，花被片3，子房长圆形，3室，中轴胎座，每室胎座具2裂片，具不等3翅或2短翅退化呈檐状，花柱3，1/2部分合生或微合生或离生，柱头常2裂或头状或肾状，外向膨大呈螺旋状扭曲，或"U"字形并带刺状乳头。蒴果下垂，果梗长3.5厘米，细弱，无毛；长圆形，无毛，具不等3翅。花期7月开始，果期8月开始。南太行中低山广布。生于山谷潮湿石壁、山谷溪旁密林石上、山沟边岩石上和山谷灌丛中。著名观赏植物。

627 中华秋海棠（亚种） | *Begonia grandis* subsp. *sinensis*

秋海棠科　秋海棠属

与秋海棠（原种）的区别：茎几无分枝，花序较短，呈伞房状至圆锥状二歧聚伞花序；花柱基部合生或微合生，有分枝，柱头呈螺旋状扭曲，稀呈"U"字形。南太行分布于海拔700米以上山区。生于山谷阴湿岩石上、荒坡阴湿处以及山坡林下。有较高的观赏价值。

628 饭包草 | *Commelina bengalensis*

鸭跖草科　鸭跖草属

多年生披散草本。茎大部分匍匐，被疏柔毛。叶有明显的叶柄，叶鞘口沿有疏而长的睫毛。佛焰苞下缘连合呈漏斗状或风帽状；花序下面一枝具细长梗，具1~3朵不孕的花，伸出佛焰苞，上面一枝有花数朵，结实，不伸出佛焰苞；萼片膜质，披针形，无毛；花瓣蓝色，圆形，长3~5毫米；内面2枚具长爪。蒴果椭圆状，长4~6毫米，3室。花期夏秋季，果期11—12月。南太行平原、山区广布。生于阴湿地或林下潮湿地。

629 鸭跖草 | Commelina communis　　鸭跖草科　鸭跖草属

一年生披散草本。茎匍匐生根，多分枝，长可达1米，下部无毛，上部被短毛。叶披针形至卵状披针形。总苞片佛焰苞状有1.5~4厘米的柄，与叶对生，边缘分离，基部心形或浑圆；聚伞花序，下面一枝仅具花1朵，具长8毫米的梗，不孕；上面一枝具花3~4朵，具短梗，几乎不伸出佛焰苞；花梗花期长仅3毫米，花瓣深蓝色；内面2枚具爪，长近1厘米。蒴果椭圆形，长5~7毫米，2室，2片裂。种子4颗。花期7—9月，果期8—10月。南太行平原、山区广布。生于阴湿地或林下潮湿地。全草药用，为消肿利尿、清热解毒之良药，此外对麦粒肿、咽炎、扁桃腺炎、宫颈糜烂、腹蛇咬伤有良好疗效。

630 凤仙花 | Impatiens balsamina　　凤仙花科　凤仙花属

两侧对称、有距

一年生草本。茎粗壮，肉质，直立，不分枝或有分枝。叶互生，叶披针形、狭椭圆形先端尖或渐尖，基部楔形，边缘有锐锯齿，侧脉4~7对；叶柄长1~3厘米。花单生或2~3朵簇生于叶腋，无总花梗，单瓣或重瓣；花梗长2~2.5厘米，密被柔毛；苞片线形，位于花梗的基部；侧生萼片2枚，唇瓣深舟状，被柔毛，基部急尖成长1~2.5厘米内弯的距；旗瓣圆形，兜状，先端微凹，背面中肋具狭龙骨状突起，顶端具小尖，翼瓣具短柄，2裂，外缘近基部具小耳。蒴果宽纺锤形。花果期7—10月。南太行广泛栽培。为常见的观赏花卉。民间常用其花及叶染指甲。茎及种子入药，茎称凤仙透骨草，有祛风湿、活血、止痛的功效，用于治风湿性关节痛、屈伸不利；种子作中药称急性子，有软坚、消积的功效，用于治噎膈、骨鲠咽喉、腹部肿块、闭经。

631 中州凤仙花 | *Impatiens henanensis*　　　凤仙花科　凤仙花属

一年生草本。茎绿色或下部变紫色，直立，有分枝。叶互生，具短柄，卵形或椭圆状卵形，顶端渐尖或尾状尖，基部宽楔形或近圆形，边缘具锯齿，齿端具小尖，侧脉 7~11 对，中脉和侧脉在背面明显；叶柄长 5~15 毫米。总花梗生于上部叶腋，明显短于叶，具花 2~3 朵；花梗细，中上部有苞片；苞片顶端尖，外弯，具 3~5 脉，宿存；花粉紫色，侧生萼片 2 枚，喙尖，中肋背面具极窄的翅；旗瓣近圆形，中肋背面具鸡冠状突起，先端尖，翼瓣具短柄，2 裂，基部裂片长圆形，上部裂片斧形，背部具近半月形反折的小耳；唇瓣囊状，口部斜上，先端尖，基部急狭成长 6~7 毫米上弯 2 裂的距。蒴果线状圆柱形。花期 8 月，果期 9 月。南太行分布于海拔 900 米以上山区。生于山谷林缘或阴湿处。为美化花坛、花境的常用材料。

632 北乌头 | *Aconitum kusnezoffii*　　　毛茛科　乌头属

多年生草本。茎等距离生叶，通常分枝。茎下部叶有长柄，在开花时枯萎。茎中部叶有稍长柄或短柄；叶纸质或近革质，五角形，基部心形，3 全裂，中央全裂片菱形，渐尖，近羽状分裂，小裂片披针形，侧全裂片斜扇形，不等 2 深裂，正面疏被短曲毛，背面无毛。顶生总状花序具花 9~22 朵，上萼片盔形或高盔形，长 1.5~2.5 厘米，有短或长喙。蓇葖果条直。花期 7—9 月，果期 9—10 月。南太行分布于山西晋城、运城一带。生于荒坡、草地、林缘。块根有剧毒，经炮制后可入药，治风湿性关节炎、神经痛、牙痛、中风等症。

633 高乌头 | *Aconitum sinomontanum* 毛茛科 乌头属

多年生草本。茎中部以下几无毛,上部近花序处被反曲的短柔毛。叶4~6,基生叶1,与茎下部叶具长柄;叶肾形或圆肾形,基部宽心形,3深裂约至本身长度的6/7处;中深裂片较小,楔状狭菱形,渐尖,3裂边缘有不整齐的三角形锐齿;侧深裂片斜扇形,不等3裂稍超过中部,两面疏被短柔毛或变无毛。总状花序长30(20)~50厘米,具密集的花;轴及花梗多少密被紧贴的短柔毛;苞片比花梗长,下部苞片叶状,其他的苞片不分裂,线形;小苞片通常生花梗中部,狭线形;萼片蓝紫色或淡紫色,外面密被短曲柔毛,上萼片圆筒形,外缘在中部之下稍缢缩,下缘长1.1~1.5厘米;花瓣无毛,长达2厘米,唇舌形,长约3.5毫米,距长约6.5毫米,向后拳卷。蓇葖果长1.1~1.7厘米。花期6—9月,果期9—10月。南太行分布于山西晋城、运城一带。生于山坡草地或林中。块根有剧毒,治心悸、经炮制后可入药,治胃气痛、跌打损伤等症。

634 华北乌头(变种) | *Aconitum jeholense* var. *angustius* 毛茛科 乌头属

准噶尔乌头(原变种)。本变种特征:多年生草本。根倒圆锥形,2块。茎高80~120厘米,茎下部叶有长柄,在开花时枯萎,中部叶有稍长柄。叶五角形,3全裂,叶分裂程度较大,末回小裂片线形或狭线形,宽1.5~3(3.5)毫米。总状花序长15(10)~30厘米,具花15(7)~30朵;上萼片盔形。花果期8—9月。南太行分布于海拔1400米以上山区。生于草地、林缘。块根有剧毒,可供药用,有散风寒、除湿、止痛的功效。

635 秦岭翠雀花 | *Delphinium giraldii*　　　毛茛科　翠雀属

多年生草本。茎直立，高55~110（150）厘米，与叶柄、花序轴和花梗均无毛，上部分枝。叶五角形，3全裂，中央全裂片菱形或菱状倒卵形，渐尖，在中部3裂，二回裂片有少数小裂片和卵形粗齿，侧全裂片宽为中央全裂片的2倍，不等2深裂近基部，两面均有短柔毛；叶柄长约为叶的1.5倍，基部近无鞘。总状花序数个组成圆锥花序；花梗斜上展；萼片蓝紫色，距钻形，长1.6~2厘米，长于萼片，直或呈镰状向下弯曲。蓇葖果长约1.4厘米。花期7—8月，果期8—9月。南太行分布于海拔960~1800米山区。生于山地草坡或林中。可供观赏。

636 翠雀 | *Delphinium grandiflorum*　　　毛茛科　翠雀属

多年生草本。茎与叶柄均被反曲而贴伏的短柔毛。叶圆五角形，3全裂，中央全裂片近菱形，一至二回3裂近中脉，小裂片线状披针形至线形；边缘干时稍反卷，侧全裂片扇形，不等2深裂近基部，两面疏被短柔毛或近无毛。总状花序具花3~15朵；下部苞片叶状，其他苞片线形；花梗与轴密被贴伏的白色短柔毛；萼片紫蓝色，外面有短柔毛，距钻形，直或末端稍向下弯曲；花瓣蓝色，无毛。蓇葖果直。花期5—10月，果期9—10月。南太行分布于山西晋城、运城一带。生于山地草坡或丘陵砂地。可供观赏。

637 腺毛翠雀（变种） | *Delphinium grandiflorum* var. *gilgianum*

毛茛科　翠雀属

与翠雀（原变种）的区别：花序轴和花梗除了反曲的白色短柔毛之外还有开展的黄色短腺毛。南太行分布于山西南部。生于草坡或灌丛中。

638 北京延胡索 | *Corydalis gamosepala*

罂粟科　紫堇属

多年生草本，高10（7）~22厘米。通常近直立，有时匍匐。块茎圆球形或近长圆形，直径1~1.5厘米。茎基部以上具1~2鳞片，常具3茎生叶；下部叶具叶鞘并常具腋生的分枝，叶二回三出。总状花序具花7~13朵；下部苞片具篦齿或粗齿，上部的全缘或具1~2齿；花梗纤细，花期长5~13毫米，等长或稍长于苞片，果期长10~20毫米；花桃红色或紫色，稀蓝色；萼片小，早落；外花瓣宽展，全缘，顶端微凹，通常无短尖；上花瓣长1.6~2厘米；距长1~1.3厘米，常稍上弯，末端稍下弯；蜜腺体贯穿距长的1/2~2/3，末端圆钝；下花瓣略向前伸出；内花瓣长9（8）~10毫米，柱头扁四方形，前端具4乳突。蒴果线形。花果期5—6月。南太行分布于山西晋城、长治一带。生于山坡、灌丛或阴湿地。

639 小药巴旦子 | *Corydalis caudata* 　　　　罂粟科　紫堇属

多年生草本，高 15~20 厘米。块茎圆球形或长圆形。茎基以上具 1~2 鳞片，鳞片上部具叶，枝条多发自叶腋，少数发自鳞片腋内。叶一至三回三出，具细长的叶柄和小叶柄；叶柄基部常具叶鞘；小叶圆形至椭圆形，有时浅裂，下部苍白色。总状花序具 3~8 花，疏离；苞片卵圆形或倒卵形，下部的较大，约长 6 毫米；花梗明显长于苞片；萼片小，早落；花蓝色或紫蓝色；上花瓣长约 2 厘米，瓣片较宽展，顶端微凹；距圆筒形，弧形上弯，长 1.2（1）~1.4 厘米；蜜腺体约贯穿距长的 3/4，顶端钝；下花瓣长约 1 厘米，瓣片宽展，微凹，基部具宽大的浅囊；内花瓣长 7~8 毫米；柱头四方形，上端具 4 乳突，下部具 2 尾状的乳突。蒴果卵圆形至椭圆形。花果期 3—5 月。南太行分布于海拔 1000 米以上山地。生于沟谷、林缘、荒坡。

640 地丁草 | *Corydalis bungeana* 　　　　罂粟科　紫堇属

二年生草本，高 10~50 厘米。具主根。茎自基部铺散分枝，灰绿色，具棱。基生叶多数，长 4~8 厘米，叶柄约与叶等长，基部多少具鞘，边缘膜质；叶正面绿色，背面苍白色，二至三回羽状全裂，裂片顶端圆钝；茎生叶与基生叶同形。总状花序长 1~6 厘米，多花，先密集，后疏离，果期伸长；苞片叶状，具柄至近无柄，明显长于长梗；花梗短，长 2~5 毫米；萼片宽卵圆形至三角形，长 0.7~1.5 毫米，具齿，常早落；花粉红色至淡紫色，平展，外花瓣顶端多少下凹，具浅鸡冠状突起，边缘具浅圆齿；上花瓣长 1.1~1.4 厘米；距长 4~5 毫米，稍向上斜伸，末端多少囊状膨大；蜜腺体约占距长的 2/3，末端稍增粗；下花瓣稍向前伸出；爪向后渐狭，稍长于瓣片；内花瓣顶端深紫色；柱头小，圆肾形。蒴果椭圆形，下垂，长 1.5~2 厘米。花期 4—5 月，果期 5—6 月。南太行山区、平原广布。生于多石坡地或河水泛滥地段。全草入药，具清热解毒的功效。

641 紫堇 | *Corydalis edulis*　　　　　罂粟科　紫堇属

一年生草本，高 20~50 厘米。具主根。茎分枝，具叶；花枝花葶状，常与叶对生。基生叶具长柄，叶近三角形，长 5~9 厘米，正面绿色，背面苍白色，一至二回羽状全裂，一羽片 2~3 对，具短柄，二回羽片近无柄，羽状分裂，裂片狭卵圆形，顶端钝；茎生叶与基生叶同形。总状花序疏具 3~10 花，苞片狭卵圆形，渐尖，全缘，约与花梗等长或稍长；花梗长约 5 毫米，萼片小，近圆形，直径约 1.5 毫米，具齿；花粉红色至紫红色，平展；外花瓣较宽展，顶端微凹，无鸡冠状突起；上花瓣长 1.5~2 厘米，距圆筒形，基部稍下弯，约占花瓣全长的 1/3；蜜腺体长，近伸达距末端，大部分与距贴生，末端不变狭；下花瓣近基部渐狭。内花瓣具鸡冠状突起。蒴果线形，下垂，长 3~3.5 厘米。花果期 4—7 月。南太行山区、平原广布。生于丘陵、沟边或多石地。全草入药，具清热解毒、止痒、收敛、固精、润肺、止咳的功效。

642 刻叶紫堇 | *Corydalis incise*　　　　　罂粟科　紫堇属

多年生草本，高 15~60 厘米。叶具长柄，基部具鞘，叶二回三出，一回羽片具短柄，二回羽片近无柄，菱形或宽楔形，长约 2 厘米，3 深裂，裂片具缺刻状齿。总状花序长 3~12 厘米，多花，先密集，后疏离；苞片约与花梗等长，具缺刻状齿；花梗长约 1 厘米；萼片小，长约 1 毫米，丝状深裂；花紫红色至紫色，平展；外花瓣顶端圆钝，平截至多少下凹，顶端稍后具陡峭的鸡冠状突起；上花瓣长 2（1.6）~2.5 厘米；距圆筒形，近直，约与瓣片等长或稍短；蜜腺体短，占距长的 1/4~1/3，末端稍圆钝；下花瓣基部常具小距或浅囊，有时发育不明显；内花瓣顶端深紫色。蒴果线形至长圆形。花果期 4—9 月。南太行分布于河南林县、济源和山西。生于林缘、路边或疏林下。全草药用，解毒杀虫，治疮癣、蛇咬伤。

643 辽东堇菜 | *Viola savatieri*　　　堇菜科　堇菜属

多年生草本。无地上茎,高约15厘米。基生叶2~4;叶三角状披针形,长4~5.5厘米,花后长可达9厘米,先端渐尖,基部稍呈心形或近截形,上部边缘具不整齐钝锯齿,下部具不整齐的浅裂状粗锯齿,两面无毛或正面及背面沿叶脉被微柔毛,侧脉4~5;叶柄细,长7~10厘米,上部具极狭的翅;托叶下半部与叶柄合生,离生部分钻状或线状披针形,先端渐尖,边缘具稀疏细齿或全缘。花紫堇色,具长梗;花梗与叶等长或稍超出于叶,被短柔毛或无毛,在中部以下有2枚小苞片;小苞片对生或近对生,线形;萼片披针形,长6~8毫米,先端尖,边缘膜质,具3脉,无毛,基部附属物长方形或近半圆形,末端截形;上方花瓣长圆状倒卵形,先端圆,基部渐狭,侧方花瓣长圆形,里面基部疏生短须毛,下方花瓣连距长1.8厘米;距粗而长,末端钝圆;子房近长圆形,长约2毫米,花柱棍棒状,长约1.5毫米,基部稍细且向前方膝曲,顶端两侧稍增厚成极狭的缘边,前方具平伸的短喙,喙端有较粗的柱头孔。花期5月,果期4—6月。南太行分布于河南修武云台山。生于向阳山坡草地。全草入药,具清热解毒的功效。首次在河南修武云台山发现。《中国植物志》描述南太行不是该种分布区域,许多研究者将其列入总裂叶堇菜,但从标本看,该种重要特征与《中国植物志》描述相符,故鉴定为辽东堇菜。

644 裂叶堇菜 | *Viola dissecta*　　　堇菜科　堇菜属

多年生草本。无地上茎。基生叶圆形、肾形或宽卵形,通常3,稀5,全裂,两侧裂片具短柄,常2深裂,中裂片3深裂,裂片线形、长圆形或狭卵状披针形,宽0.2~3厘米,最终裂片全缘,通常有细缘毛,幼叶两面被白色短柔毛,后变无毛,背面叶脉明显隆起并被短柔毛或无毛;托叶近膜质,约2/3以上与叶柄合生,离生部分狭披针形,边缘疏生细齿。花较大,淡紫色至紫堇色;花梗通常与叶等长或稍超出于叶,中部以下有2枚线形小苞片;萼片卵形,边缘狭膜质,具3脉,基部附属物短,长1~1.5毫米,末端截形,全缘;上方花瓣长倒卵形,上部微向上反曲,侧方花瓣长圆状倒卵形,里面基部有长须毛或疏生须毛,下方花瓣连距长1.4~2.2厘米;距明显,圆筒形,末端钝而稍膨胀。花期9月,果期5—10月。南太行丘陵、山区广布。生于山坡草地、杂木林缘、灌丛下及田边、路旁等地。全草入药,具清热解毒的功效。

645 总裂叶堇菜（变种） | *Viola dissecta* var. *incisa*   堇菜科 堇菜属

与裂叶堇菜（原变种）的区别：全株密被白色短柔毛。基生叶4~8；叶卵形，先端稍尖，基部宽楔形，边缘具缺刻状浅裂至中裂，下部裂片通常具2~3不整齐的钝齿，两面密被白色短柔毛；叶柄在花期长3~4厘米，上部具极狭的翅，密被白色短柔毛。花大，紫堇色，具长梗；花梗细，长达8厘米，高出于叶，密被短柔毛。萼片基部附属物较短，边缘具缘毛。里面基部有稀疏的须毛，下方花瓣连距长约2厘米。花期4—5月，果期6—8月。南太行分布于海拔1000米以上山区。生于山地林缘、山间荒坡草地。全草入药，具清热解毒的功效。

646 鸡腿堇菜 | *Viola acuminata*   堇菜科 堇菜属

多年生草本。具地上茎。叶心形，边缘有钝锯齿，长3~6厘米，两面有疏短柔毛；托叶草质，边缘牙齿状羽裂。花淡紫色或近白色，具长梗；花梗细，被细柔毛，通常均超出于叶，中部以上或在花附近具2枚线形小苞片；萼片线状披针形，基部附属物长2~3毫米，末端截形或有时具1~2齿裂，上面及边缘有短毛，具3脉；花瓣有褐色腺点，上方花瓣与侧方花瓣近等长，上瓣向上反曲，侧瓣里面近基部有长须毛，下瓣里面常有紫色脉纹，连距长0.9~1.6厘米；距通常直，长1.5~3.5毫米，呈囊状，末端钝。花果期5—9月。南太行分布于海拔1000米以下山区。生于沟谷林下。全草入药，具清热解毒的功效。

第三部分　其他草本·红色、紫色花

647 球果堇菜 | *Viola collina*　　　堇菜科　堇菜属

多年生草本。花期高4~9厘米，果期高可达20厘米。叶均基生，呈莲座状；叶宽卵形或近圆形，长1~3.5厘米，先端钝、锐尖或稀渐尖，基部弯缺浅或深而狭窄，边缘具浅而钝的锯齿，两面密生白色短柔毛，基部心形；叶柄具狭翅，被倒生短柔毛，花期长2~5厘米；托叶膜质，披针形，先端渐尖，基部与叶柄合生，边缘具较稀疏的流苏状细齿。花淡紫色，长约1.4厘米，具长梗，在花梗的中部或中部以上有2枚长约6毫米的小苞片；萼片长圆状披针形或披针形，长5~6毫米，具缘毛和腺体，基部的附属物短而钝；花瓣基部微带白色，上方花瓣及侧方花瓣先端钝圆，侧方花瓣里面有须毛或近无毛；下方花瓣的距白色，较短，长约3.5毫米，平伸而稍向上方弯曲，末端钝；子房被毛，花柱基部膝曲，向上渐增粗，顶部向下方弯曲成钩状喙。蒴果球形，密被白色柔毛，成熟时果梗通常向下方弯曲，致使果实接近地面。花果期5—8月。南太行分布于1000米以上山区。生于林下或林缘、灌丛、草坡、沟谷及路旁较阴湿处。全草入药，具清热解毒的功效。

648 北京堇菜 | *Viola pekinensis*　　　堇菜科　堇菜属

多年生草本。无地上茎，高6~8厘米。叶基生，莲座状；叶圆形或卵状心形，长2~3厘米，宽与长几相等，先端钝圆，基部心形，边缘具钝锯齿，两面无毛；叶柄细长，长1.5~4.5厘米，无毛；托叶外方者较宽，白色，膜质，约3/4与叶柄合生，内部者较窄，绿色，约1/2与叶柄合生，离生部分边缘具稀疏的流苏状细齿。花淡紫色，有时近白色；花梗细弱，通常稍长于叶丛，近中部有2枚线形小苞片；萼片披针形或卵状披针形，先端急尖，边缘狭膜质，具3脉，基部具明显伸长的附属物，附属物长2~3毫米，末端浅裂；花瓣宽倒卵形，里面近基部有明显须毛，下瓣连距长1.5~1.8厘米；距圆筒状，稍粗壮，长6~9毫米，直伸，末端钝圆；子房无毛，花柱棍棒状，基部通常直且较细，向上渐增粗，顶部平坦，两侧及后方具明显缘边，前方具短喙。蒴果无毛。花期4—5月，果期5—7月。南太行中低山广布。生于阔叶林林下或林缘草地。全草入药，具清热解毒的功效。（见91页）

本种形态存在一定变化。主要是叶形状、颜色和花色存在差异。以下是3种不同形态的北京堇菜。

●形态1：

●形态2：

●形态3：

649 毛柄堇菜 | *Viola hirtipes*　　　　堇菜科　堇菜属

多年生草本。无地上茎和匍匐枝，花期高7~15厘米，果期高可达30厘米。叶在花期1~4；叶长圆状卵形或卵形，长2~7厘米，先端钝或稍尖，基部微心形或深心形，边缘具平而钝的圆齿，两面通常无毛，果期叶数增多，叶增大，长可达15厘米，宽约8厘米；叶柄与叶等长或稍长于叶，密被平伸或有时向下伸展的白色细长毛；托叶淡绿色或苍白色，近膜质，约1/2以上与叶柄合生，离生部分线状披针形，先端渐尖，边缘疏生短流苏状腺齿。花形大，淡紫色，直径2~3厘米；花梗细长，与叶等长或稍长于叶，疏生或密被白色细长毛，在中部或中部以下有2枚线形小苞片；萼片长圆状披针形或狭披针形，长6~8.5毫米，先端尖，边缘狭膜质，具3或5脉，基部附属物长1.5~2毫米，末端截形或圆钝，有缘毛或无毛；花瓣倒卵形，长约1.6厘米，宽约7.5毫米，侧方花瓣里面基部有明显的长须毛，下方花瓣基部稍白色并有紫色条纹，连距长2.0~2.5厘米；距圆筒状，长7~9毫米，粗1~2毫米，直或稍向上弯，末端圆；子房长卵状，无毛或被微柔毛，花柱基部微膝曲，向上明显增粗，柱头2裂，其两侧及后方具明显增厚而伸展的缘边，前方具短喙，蒴果长椭圆形，无毛。花期 4—6 月，果期 5—7 月。南太行分布于海拔 600 米以上山地。生于荒坡、沟谷、林缘等。全草入药，具清热解毒的功效。

以下是 7 种不同形态的毛柄堇菜。

● 形态 1：

● 形态 2：

● 形态 3：

● 形态 4：

●形态 5：

●形态 6：

●形态 7：

650 蒙古堇菜 | *Viola mongolica*   堇菜科　堇菜属

多年生草本。无地上茎，高 5~9 厘米，果期高可达 17 厘米，花期通常宿存去年残叶。叶数枚，基生；叶卵状心形、心形或椭圆状心形，长 1.5~3 厘米，果期叶较大，长 2.5~6 厘米，先端钝或急尖，基部浅心形或心形，边缘具钝锯齿，两面疏生短柔毛，背面有时几无毛；叶柄具狭翅，长 2~7 厘米，无毛；托叶 1/2 与叶柄合生，离生部分狭披针形，边缘疏生细齿。花白色；花梗细，通常长于叶，无毛，近中部有 2 枚线形小苞片；萼片椭圆状披针形或狭长圆形，先端钝或尖，基部附属物长 2~2.5 毫米，末端浅齿裂，具缘毛；侧方花瓣里面近基部稍有须毛，下方花瓣连距长 1.5~2 厘米，中下部有时具紫色条纹，距管状，长 6~7 毫米，稍向上弯，末端钝圆；子房无毛，花柱基部稍向前膝曲，向上渐增粗，柱头两侧及后方具较宽的缘边，前方具短喙，喙端具微上向的柱头孔。蒴果卵形，长 6~8 毫米，无毛。

花果期 5—8 月。南太行河南修武云台山有集中分布。生于阔叶林、针叶林林下及林缘、石砾地等处。全草入药，具清热解毒的功效。

以下是 4 种不同形态的蒙古堇菜。

● 形态 1：

● 形态 2：

● 形态 3：

● 形态 4：

651 茜堇菜 | *Viola phalacrocarpa* 　　　　　　　　堇菜科　堇菜属

多年生草本。无地上茎，高 6~17 厘米，花期较低矮，果期显著增高。叶均基生，莲座状，叶最下方者常呈圆形，其余叶呈卵形或卵圆形，长 1.5~4.5 厘米，果期长 6~7 厘米，先端钝或稍尖，边缘具低而平的圆齿，基部稍呈心形但果期通常呈深心形，两面散生或密被（通常在花期的幼叶上）白色短毛，背面有时稍带淡紫色；叶柄长而细，长 4~13 厘米，上部具明显的翅，幼时密被短毛，后渐稀疏，托叶外围者呈膜质，苍白色，无叶，内部者淡绿色，1/2 以上与叶柄合生，离生部分披针形边缘疏生短流苏状细齿。花紫红色，有深紫色条纹；花梗细弱，通常超出于叶或与叶近等长，被短毛，中部以上有 2 枚线形小苞片；萼片披针形，先端尖，具狭膜质缘，基部附属物长 1~2 毫米，末端钝圆或截形，通常具不整齐的浅牙齿，密生或疏生短毛及缘毛；上方花瓣倒卵形，先端常具波状凹缺，侧方花瓣长圆状倒卵形，里面基部有明显的长须毛，下方花瓣连距长 1.7~2.2 厘米，先端具微凹；距管状，直或稍向上弯，末端圆，有时疏生细毛；子房卵球形，密被短柔毛，花柱棍棒状，基部膝曲，向上部明显增粗，柱头两侧及背部明显增厚成直伸或平展的缘边，前方具较粗的短喙，柱头孔较粗。蒴果椭圆形，长 6~8 毫米。种子卵球形。花果期 4 月下旬至 9 月。南太行分布于海拔 600 米以上山地。生于荒坡、沟谷、林缘等。全草入药，具清热解毒的功效。

652 细距堇菜 | *Viola tenuicornis* 　　　　　　　　堇菜科　堇菜属

多年生草本。无地上茎，高 2~13 厘米。叶 2 至多数，均基生；叶卵形或宽卵形，长 1~3 厘米，果期增大，长可达 6 厘米，先端钝，基部微心形或近圆形，边缘具浅圆齿，两面皆为绿色，无毛；叶柄细弱，长 1.5~6 厘米，无翅或仅上部具极狭的翅，通常有细短毛或近无毛；托叶外侧者近膜质，内侧者淡绿色，2/3 与叶柄合生，离生部分线状披针形，边缘疏生流苏状短齿。花紫堇色；花梗细弱，稍超出或不超出于叶，被细毛或近无毛，在中部或中部稍下处有 2 枚线形小苞片；萼片通常绿色或带紫红色，披针形、卵状披针形，长 5~8 毫米，无毛，先端尖，边缘狭膜质，具 3 脉，基部附属物短，长 1~1.5 毫米，末端截形或圆形；花瓣倒卵形，上方花瓣长 1~1.2 厘米，宽约 6 毫米，侧方花瓣长 8~10 毫米，里面基部稍有须毛或无毛，下方花瓣连距长 15~17（20）毫米；距圆筒状，较细或稍粗，长 5~7（9）毫米，粗 1.2~3 毫米，末端圆而向上弯；子房无毛，花柱棍棒状，基部向前方膝曲，上部明显增粗，柱头两侧及后方增厚成直伸的缘边，中央部分微隆起，前方具稍粗的短喙，喙端具向上开口的柱头孔。蒴果椭圆形，长 4~6 毫米，无毛。花果期 4 月中旬至 9 月。南太行分布于海拔 600 米以上山地。生于山坡草地较湿润处、灌木林中、林下或林缘。全草入药，具清热解毒的功效。

以下是 3 种不同形态的细距堇菜，主要区别是叶正面沿脉是否有白色白斑。

●形态1：

●形态2：

●形态3：

653 东北堇菜 | *Viola mandshurica*　　　堇菜科　堇菜属

多年生草本。无地上茎，高 6~18 厘米。叶 3 或 5 至多数，皆基生；叶长圆形、舌形、卵状披针形，下部者通常较小呈狭卵形，长 2~6 厘米，花期后叶渐增大，呈长三角形、椭圆状披针形，稍呈戟形，长可达 10 余厘米，最宽处位于叶的最下部，先端钝或圆，基部截形或宽楔形，下延于叶柄，边缘具疏生波状浅圆齿，有时下部近全缘，两面无毛或被疏柔毛，背面有明显隆起的中脉；叶柄较长，长 2.5~8 厘米，上部具狭翅，花期后翅显著增宽，被短毛或无毛；托叶膜质，下部者呈鳞片状，褐色，上部者淡褐色、淡紫色或苍白色，约 2/3 以上与叶柄合生，离生部分线状披针形，边缘疏生细齿或近全缘；花紫堇色或淡紫色，较大，直径约 2 厘米；花梗细长，通常超出于叶，无毛或被短毛，通常在中部以下或近中部处具 2 枚线形苞片；萼片卵状披针形或披针形，长 5~7 毫米，先端渐尖，基部的附属物短（长 1.5~2 毫米）而较宽，末端圆或截形，通常无齿，具狭膜质边缘，具 3 脉；上方花瓣倒卵形，侧方花瓣长圆状倒卵形，里面基部有长须毛，下方花瓣连距长 15~23 毫米，距圆筒形，粗而长，长 5~10 毫米，末端圆，向上弯或直；子房卵球形，长约 2.5 毫米，无毛，花柱棍棒状，基部细而向前方膝曲，上部较粗，柱头两侧及后方稍增厚成薄而直立的缘部，前方具明显向上斜升的短喙，喙端具较粗的柱头孔。蒴果长圆形，无毛，先端尖。花果期 4 月下旬至 9 月。南太行分布于海拔 1000 米以上山地。生于草地、草坡、灌丛、林缘、疏林下、田野荒地及河岸沙地等处。全草入药，具清热解毒的功效。（见 92 页）

以下是 3 种不同形态的东北堇菜。

● 形态 1：

● 形态 2：

● 形态 3：

654 戟叶堇菜 | *Viola betonicifolia*　　　堇菜科　堇菜属

多年生草本。无地上茎。叶多数，均基生，莲座状；叶狭披针形、长三角状戟形或三角状卵形，长 2~7.5 厘米，先端尖，有时稍钝圆，基部截形或略呈浅心形，有时宽楔形，花期后叶增大，基部垂片开展并具明显的牙齿，边缘具疏而浅的波状齿，近基部齿较深，两面无毛；叶柄较长，上半部有狭而明显的翅，通常无毛；托叶褐色，约 3/4 与叶柄合生，离生部分线状披针形或钻形，先端渐尖，边缘全缘或疏生细齿。花白色或淡紫色，有深色条纹，长 1.4~1.7 厘米；花梗细长，与叶等长或长于叶，通常无毛，有时仅下部有细毛，中部附近有 2 枚线形小苞片；萼片卵状披针形或狭卵形，长 5~6 毫米，先端渐尖或稍尖，基部附属物较短，长 0.5~1 毫米，末端圆，有时疏生钝齿，具狭膜质缘，具 3 脉；上方花瓣倒卵形，长 1~1.2 厘米，侧方花瓣长圆状倒卵形，长 1~1.2 厘米，里面基部密生或有时生较少量的须毛，下方花瓣通常稍短，连距长 1.3~1.5 厘米；距管状，稍短而粗，长 2~6 毫米，粗 2~3.5 毫米，末端圆，直或稍向上弯；子房卵球形，长约 2 毫米，无毛，花柱棍棒状，基部稍向前膝曲，上部逐渐增粗，柱头两侧及后方略增厚成狭缘边，前方明显的短喙，喙端具柱头孔。蒴果椭圆形至长圆形，长 6~9 毫米，无毛。花果期 4—9 月。南太行中低山有分布。生于田野、路边、山坡草地、灌丛、林缘等处。全草入药，具清热解毒的功效。

以下是 2 种不同形态的戟叶堇菜。

● 形态 1：

● 形态 2：

655 早开堇菜 | *Viola prionantha*　　　　董菜科　董菜属

多年生草本。无地上茎，花期高 3~10 厘米，果期高可达 20 厘米。叶多数，均基生；叶在花期呈长圆状卵形、卵状披针形或狭卵形，长 1~4.5 厘米，先端稍尖或钝，基部微心形、截形或宽楔形，稍下延，幼叶两侧通常向内卷折，边缘密生细圆齿，两面无毛或被细毛，有时仅沿中脉有毛；果期叶显著增大，长可达 10 厘米，三角状卵形，最宽处靠近中部，基部通常宽心形；叶柄较粗壮，花期长 1~5 厘米，果期长达 13 厘米，上部有狭翅，无毛或被细柔毛；托叶苍白色或淡绿色，干后呈膜质，2/3 与叶柄合生，下部者宽 7~9 毫米，离生部分线状披针形，长 7~13 毫米，边缘疏生细齿。花大，紫堇色或淡紫色，喉部色淡并有紫色条纹，直径 1.2~1.6 厘米，无香味；花梗较粗壮，具棱，超出于叶，在近中部处有 2 枚线形小苞片；萼片披针形或卵状披针形，长 6~8 毫米，先端尖，具白色狭膜质边缘，基部附属物长 1~2 毫米，末端具不整齐牙齿，无毛或具纤毛；上方花瓣倒卵形，长 8~11 毫米，向上方反曲，侧方花瓣长圆状倒卵形，长 8~12 毫米，里面基部通常有须毛或近于无毛，下方花瓣连距长 14~21 毫米，距长 5~9 毫米，粗 1.5~2.5 毫米，末端钝圆且微向上弯；子房长椭圆形，无毛，花柱棍棒状，基部明显膝曲，上部增粗，柱头顶部平或微凹，两侧及后方浑圆或具狭缘边，前方具不明显短喙，喙端具较狭的柱头孔。蒴果长椭圆形，长 5~12 毫米，无毛，顶端钝常具宿存的花柱。花果期 4 月上中旬至 9 月。南太行平原、山区广布。生于山坡草地、沟边、宅旁等向阳处。全草入药，具清热解毒的功效。

以下是 3 种不同形态的早开堇菜。

● 形态 1：

● 形态 2：

●形态 3：

656 毛花早开堇菜（变种） | *Viola prionantha* var. *trichantha*

堇菜科　堇菜属

与早开堇菜（原变种）的区别：花冠较大，直径约 2 厘米，侧方花瓣里面基部密被白色长须毛，上方花瓣亦有少量须毛，下方花瓣连距长 2~2.5 厘米，距长 8~10 毫米。花期 4 月中旬至 6 月。全草入药，具清热解毒的功效。

657 紫花地丁 | *Viola philippica*   董菜科 董菜属

多年生草本，无地上茎，高 4~14 厘米，果期高 20 余厘米。叶多数，基生，莲座状；叶下部者通常较小，呈三角状卵形或狭卵形，上部者较长，呈长圆形、狭卵状披针形或长圆状卵形，长 1.5~4 厘米，先端圆钝，基部截形或楔形，稀微心形，边缘具较平的圆齿，两面无毛或被细短毛，有时仅背面沿叶脉被短毛，果期叶增大，长超过 10 厘米；叶柄在花期通常长于叶 1~2 倍，上部具极狭的翅，果期长超过 10 厘米，上部具较宽之翅，无毛或被细短毛；托叶膜质，苍白色或淡绿色，长 1.5~2.5 厘米，2/3~4/5 与叶柄合生，离生部分线状披针形，边缘疏生具腺体的流苏状细齿或近全缘。花中等大，紫堇色或淡紫色，稀呈白色，喉部色较淡并带有紫色条纹；花梗通常多数，细弱，与叶等长或长于叶，无毛或有短毛，中部附近有 2 枚线形小苞片；萼片卵状披针形或披针形，长 5~7 毫米，先端渐尖，基部附属物短，长 1~1.5 毫米，末端圆形或截形，边缘具膜质白边，无毛或有短毛；花瓣倒卵形或长圆状倒卵形，侧方花瓣长 1~1.2 厘米，里面无毛或有须毛，下方花瓣连距长 1.3~2 厘米，里面有紫色脉纹；距细管状，长 4~8 毫米，末端圆形；子房卵形，无毛，花柱棍棒状，比子房稍长，基部稍膝曲，柱头三角形，两侧及后方稍增厚成微隆起的缘边，顶部略平，前方具短喙。蒴果长圆形，长 5~12 毫米，无毛。花果期 4 月中下旬至 9 月。南太行平原、山区广布。生于田间、荒地、山坡草丛、林缘或灌丛中。全草入药，具清热解毒的功效。

以下是 4 种不同形态的紫花地丁。

● 形态 1：

● 形态 2：

第三部分　其他草本·红色、紫色花

● 形态 3：

● 形态 4：

658 太行堇菜（暂定名） 堇菜科 堇菜属

多年生草本。叶厚质，卵状、长椭圆状心形，先端稍急尖或圆钝，基部狭深心形，两侧垂片发达，常内卷，边缘具钝齿，两面疏生白色短毛；叶脉两面明显，正面内凹，背面突起；叶柄粗壮，长2~7厘米，果期长可达13厘米，有狭翅，疏生白色短毛；花紫色，稍超出或不超出于叶，被白色毛，通常在中部有2枚小苞片；萼片卵状披针形，基部附属物长圆形、截形，较宽大，长约2毫米，末端具缺刻状浅裂并疏生缘毛；花瓣倒卵形，侧方花瓣无须毛，下方花瓣连距长1.5~2厘米；距较粗，长可达8毫米，粗2~3毫米，末端圆，直或稍向上弯；子房无毛，花柱棍棒状，基部稍向前膝曲，上部明显增粗，柱头顶部平坦，两侧具窄缘边，前方具明显短喙，喙端具向上柱头孔。蒴果较小，椭圆形，无毛，先端钝。花果期5—7月。南太行分布于焦作云台山。生于阴坡沟谷内。

659 长鬃蓼 | *Persicaria longiseta*　　　蓼科　蓼属

一年生草本。茎直立、上升或基部近平卧，自基部分枝，高30~60厘米，无毛，节部稍膨大。叶披针形或宽披针形，长5~13厘米，顶端急尖或狭尖，基部楔形，正面近无毛，背面沿叶脉具短伏毛，边缘具缘毛；叶柄短或近无柄；托叶鞘筒状，长7~8毫米，疏生柔毛，顶端截形，缘毛。总状花序呈穗状，顶生或腋生，细弱，下部间断，直立，长2~4厘米，苞片漏斗状，无毛，边缘具长缘毛，每苞内具5~6花；花梗长2~2.5毫米，与苞片近等长；花被5深裂，淡红色或紫红色，花被片椭圆形，长1.5~2毫米；雄蕊6~8枚；花柱3，中下部合生，柱头头状。瘦果宽卵形，具3棱。花期6—8月，果期7—9月。南太行分布于平原、丘陵、山区。生于山谷水边、河边草地。

660 春蓼 | *Persicaria maculosa*　　　蓼科　蓼属

一年生草本。茎直立或上升，分枝或不分枝，疏生柔毛或近无毛，高40~80厘米。叶披针形或椭圆形，长4~15厘米，顶端渐尖或急尖，基部狭楔形，两面疏生短硬伏毛，背面中脉上毛较密，正面近中部有时具黑褐色斑点，边缘具粗缘毛；叶柄长5~8毫米，被硬伏毛；托叶鞘筒状，膜质，长1~2厘米，顶端截形，缘毛长1~3毫米。总状花序呈穗状，顶生或腋生，较紧密，长2~6厘米，通常数个再集成圆锥状，花序梗具腺毛或无毛；苞片漏斗状，紫红色，具缘毛，每苞内含5~7花；花梗长2.5~3毫米，花被通常5深裂，紫红色；雄蕊6~7枚，花柱2，偶3，中下部合生。瘦果近圆形或卵形，双凸镜状。花期6—9月，果期7—10月。南太行平原、山区广布。生于沟边湿地。

661 水蓼 | *Persicaria hydropiper*　　　　蓼科　蓼属

一年生草本，高40~70厘米。茎直立，多分枝，无毛，节部膨大。叶披针形或椭圆状披针形，长4~8厘米，顶端渐尖，基部楔形，边缘全缘，具缘毛，两面无毛，被褐色小点，有时沿中脉具短硬伏毛，具辛辣味，叶腋具闭花受精花；叶柄长4~8毫米；托叶鞘筒状，膜质，褐色，长1~1.5厘米，疏生短硬伏毛，顶端截形，具短缘毛，通常托叶鞘内藏有花簇。总状花序呈穗状，顶生或腋生，长3~8厘米，通常下垂，花稀疏，下部间断；苞片漏斗状，长2~3毫米，绿色，边缘膜质，疏生短缘毛，每苞内具3~5花；花梗比苞片长；花被5深裂，绿色，上部白色或淡红色，雄蕊6枚；花柱2~3，柱头头状。瘦果卵形，长2~3毫米，双凸镜状或具3棱。花期5—9月，果期6—10月。南太行平原、山区广布。生于河滩、水沟边、山谷湿地。全草入药，有化湿行滞、祛风消肿的功效。

662 丛枝蓼 | *Persicaria posumbu*　　　　蓼科　蓼属

一年生草本。茎细弱，无毛，具纵棱，高30~70厘米，下部多分枝，外倾。叶卵状披针形或卵形，长3~6（8）厘米，顶端尾状渐尖，基部宽楔形，纸质，两面疏生硬伏毛或近无毛，背面中脉稍突出，边缘具缘毛；叶柄长5~7毫米，具硬伏毛；托叶鞘筒状，薄膜质，长4~6毫米，具硬伏毛，顶端截形，缘毛粗壮，长7~8毫米。总状花序呈穗状，顶生或腋生，细弱，下部间断，花稀疏，长5~10厘米；苞片漏斗状，无毛，淡绿色，边缘具缘毛，每苞片内含3~4花；花梗短，花被5深裂，淡红色，花被片椭圆形；雄蕊8枚，比花被短；花柱3，下部合生，柱头头状。瘦果卵形，具3棱。花期6—9月，果期7—10月。南太行分布于丘陵、山区。生于山坡林下、山谷水边。

663 酸模叶蓼 | *Persicaria lapathifolia*　　　蓼科　蓼属

一年生草本，高40~90厘米。茎直立，具分枝，无毛，节部膨大。叶披针形或宽披针形，长5~15厘米，顶端渐尖或急尖，基部楔形，正面绿色，常有1个大的黑褐色新月形斑点，两面沿中脉被短硬伏毛，全缘，边缘具粗缘毛；叶柄短，具短硬伏毛；托叶鞘筒状，长1.5~3厘米，膜质，淡褐色，无毛，具多数脉，顶端截形，无缘毛，稀具短缘毛。总状花序呈穗状，顶生或腋生，近直立，花紧密，通常由数个花穗再组成圆锥状，花序梗被腺体；苞片漏斗状，边缘具稀疏短缘毛；花被淡红色或白色，4（5）深裂，花被片椭圆形，脉粗壮，顶端叉分，外弯；雄蕊通常6枚。瘦果宽卵形，双凹。花期6—8月，果期7—9月。南太行平原、山区广布。生于田边、路旁、水边、荒地或沟边湿地。果实入药，具利尿的功效。

664 绵毛酸模叶蓼（变种） | *Persicaria lapathifolia* var. *salicifolia*　　　蓼科　蓼属

与酸模叶蓼（原变种）的区别：叶背面密生白色绵毛。

665 拳参 | *Bistorta officinalis*　　　　蓼科　拳参属

多年生草本。基生叶宽披针形或狭卵形，顶端渐尖或急尖，基部截形或近心形，沿叶柄下延成翅，边缘外卷，微呈波状，叶柄长 10~20 厘米；茎生叶披针形或线形，无柄。总状花序呈穗状，顶生，紧密。花期 6—7 月，果期 8—9 月。南太行分布于海拔 1200 米以上山区。生于林缘、山坡、山顶草甸。根状茎入药，清热解毒、散结消肿。（见 103 页）

666 红蓼 | *Persicaria orientalis*　　　　蓼科　蓼属

一年生草本。茎直立，粗壮，高 1~2 米，上部多分枝，密被开展的长柔毛。叶宽卵形、宽椭圆形或卵状披针形，长 10~20 厘米，顶端渐尖，基部圆形或近心形，微下延，边缘全缘，密生缘毛，两面密生短柔毛，叶脉上密生长柔毛；叶柄长 2~10 厘米，具开展的长柔毛；托叶鞘筒状，膜质，长 1~2 厘米，被长柔毛，具长缘毛，通常沿顶端具草质、绿色的翅。总状花序呈穗状，顶生或腋生，长 3~7 厘米，花紧密，微下垂，通常数个再组成圆锥花序。瘦果近圆形，双凹，直径长 3~3.5 毫米，黑褐色，有光泽，包于宿存花被内。花期 6—9 月，果期 8—10 月。南太行平原有分布。生于沟边湿地、村边路旁。果实作中药称水红花子，有活血、止痛、消积、利尿的功效。

667 青葙 | *Celosia argentea*　　　　　苋科　青葙属

一年生草本，高0.3~1米。全株无毛。茎直立，有分枝，绿色或红色，具显明条纹。叶矩圆披针形、披针形或披针状条形，少数卵状矩圆形，长5~8厘米，绿色常带红色，顶端急尖或渐尖，具小芒尖，基部渐狭；叶柄长2~15毫米，或无叶柄。花多数，密生，在茎端或枝端成单一、无分枝的塔状或圆柱状穗状花序，长3~10厘米。花期5—8月，果期6—10月。南太行分布于平原区。生于河滩、田边、路旁。种子入药，具清热明目的功效。

668 地榆 | *Sanguisorba officinalis*　　　　　蔷薇科　地榆属

多年生草本，高30~120厘米。基生叶为羽状复叶，有小叶4~6对，叶柄无毛或基部有稀疏腺毛；小叶有短柄，卵形或长圆状卵形，长1~7厘米，宽0.5~3厘米，顶端圆钝稀急尖，基部心形至浅心形，边缘有多数粗大圆钝稀急尖的锯齿，两面绿色，无毛；茎生叶较少，小叶有短柄至几无柄，长圆形至长圆状披针形，狭长，基部微心形至圆形，顶端急尖；基生叶托叶膜质，褐色，被稀疏腺毛，茎生叶托叶大，草质，半卵形，外侧边缘有尖锐锯齿。穗状花序椭圆形，圆柱形或卵球形，直立，从花序顶端向下开放，花序梗光滑或偶有稀疏腺毛。花果期7—10月。南太行广布。生于草原、草甸、山坡草地、灌丛中、疏林下。根为止血药，同时可治疗烧伤、烫伤。此外有些地区用来提制栲胶。嫩叶可食，又可代茶饮。

669 长茎飞蓬（亚种） | *Erigeron acris* subsp. *politus*　　菊科　飞蓬属

飞蓬（原种）。本亚种特征：二年生或多年生草本。茎数个，上部有分枝，枝细长，斜上或内弯，紫色，密被贴短毛，杂有疏开展的长硬毛，头状花序下仅有具柄腺毛或杂有少数开展的长硬毛。叶全缘，质较硬，绿色，或叶柄紫色，边缘常有睫毛状的长节毛，两面无毛，基部叶密集，莲座状，花期常枯萎，基部及下部叶倒披针形或长圆形，顶端钝，基部狭成长叶柄，中部和上部叶无柄，长圆形或披针形，顶端尖或稍钝。头状花序较少数，生于伸长的小枝顶端，排列成伞房状或伞房状圆锥花序，总苞半球形，总苞片3层，短于花盘，紫红色，顶端渐尖，背面密被具柄的腺毛，内层具狭膜质边缘，外层短于内层的1/2；雌花外层舌状，不超出花盘或与花盘等长，舌片淡红色或淡紫色，顶端全缘，两性花管状，黄色，檐部窄锥形，管部上部被疏微毛，裂片暗紫色；冠毛白色，2层，刚毛状，外层极短，内层长4.5~6毫米。花期7—9月，果期9—11月。南太行分布于高海拔山区。生于开旷山坡草地、沟边及林缘。全草入药，具散寒解表、祛风除湿、活血化瘀、消炎止痛、清热解毒、化痰止咳等功效。

670 堪察加飞蓬（亚种） | *Erigeron acris* subsp. *kamtschaticus*　　菊科　飞蓬属

飞蓬（原种）。本亚种特征：二年生草本。茎单生或数个，高30~70厘米，上部有分枝，斜上，直立或多少弯曲，伞房状，小枝又有二次分枝而呈圆锥状，绿色，或有时紫色，全部或仅下部被疏开展的长节毛，头状花序下密被具柄腺毛。叶薄质，基部叶较密集，花期常枯萎，倒披针形，顶端尖，基部渐狭成长柄，边缘具疏锯齿或稀具小齿尖，中部和上部叶披针形，无柄，全缘，全部叶两面被疏开展的长节。头状花序多数排成宽圆锥花序，总苞半球形，总苞片3层，绿色或紫色，线状披针形，顶端急尖，背面被密具柄腺毛，有时杂有疏开展的长节毛；内层短于花盘，外层约短于内层的1/2；雌花外层舌状，舌片淡红紫色，较内层的细管状无色，花柱淡红紫色；两性花管状，黄色，上部有疏微毛，檐部近圆柱形，裂片淡红紫色，无毛；冠毛淡白色，2层，刚毛状，外层极短。花期6—9月，果期9—11月。南太行山区、平原黄河滩区有分布。生于低山山坡草地、林缘和平原。药效同长茎飞蓬。

671 小红菊 | *Chrysanthemum chanetii*　　　　菊科　菊属

多年生草本。茎直立或基部弯曲，自基部或中部分枝，但通常仅在茎顶有伞房状花序分枝。全部茎枝有稀疏的毛。中部茎叶肾形、半圆形、近圆形或宽卵形，宽略等于长，通常3~5掌状或掌式羽状浅裂或半裂，少有深裂的；侧裂片椭圆形，宽1（0.5）~1.5厘米，顶裂片较大，全部裂片边缘钝齿、尖齿或芒状尖齿；根生叶及下部茎叶与茎中部叶同形，但较小；上部茎叶椭圆形或长椭圆形，接花序下部的叶长椭圆形或宽线形，羽裂、齿裂或不裂；全部中下部茎叶基部稍心形或截形，有长3~5厘米的叶柄，两面几同形，有稀疏的柔毛至无毛。头状花序在茎枝顶端排成疏松伞房花序；总苞碟形，总苞片4~5层；外层宽线形，长5~9毫米，仅顶端膜质或膜质圆形扩大，边缘縫状撕裂，外面有稀疏的长柔毛；中内层渐短，宽倒披针形或三角状卵形至线状长椭圆形；全部苞片边缘白色或褐色膜质；舌状花白色、粉红色或紫色，舌片长1.2~2.2厘米，顶端2~3齿裂。花果期7—10月。南太行中低山广布。生于草原、山坡林缘、灌丛及河滩与沟边。

672 楔叶菊 | *Chrysanthemum naktongense*　　　　菊科　菊属

多年生草本。中部茎叶长椭圆形、椭圆形或卵形，掌式羽状或羽状3~7浅裂、半裂或深裂；叶腋常簇生较小的叶；基生叶和下部茎叶与中部茎叶同形，较小；上部茎叶倒卵形、倒披针形或长倒披针形，3~5裂或不裂；全部茎叶基部楔形或宽楔形，有长柄，柄基有或无叶耳。总苞碟状，总苞片5层；外层线形或线状披针形，顶端圆形膜质扩大，中内层椭圆形或长椭圆形，边缘及顶端白色或褐色膜质，中外层外面被稀疏柔毛或几无毛；舌状花白色、粉红色或淡紫色，舌片长1~1.5厘米，顶端全缘或2齿。花果期7—8月。南太行分布于海拔1200米以上山区。生于林缘林下、草甸。

673 尼泊尔蓼 | *Persicaria nepalensis*　　　　蓼科　蓼属

一年生草本。茎外倾或斜上，自基部多分枝，在节部疏生腺毛，高 20~40 厘米。茎下部叶卵形或三角状卵形，长 3~5 厘米，顶端急尖，基部宽楔形，沿叶柄下延成翅，两面无毛，疏生黄色透明腺点，茎上部较小；叶柄长 1~3 厘米，或近无柄，抱茎；托叶鞘筒状，长 5~10 毫米，膜质，淡褐色，顶端斜截形，无缘毛，基部具刺毛。花序头状，顶生或腋生，基部常具 1 枚叶状总苞片，花序梗细长，上部具腺毛；苞片卵状椭圆形，通常无毛，边缘膜质，每苞内具 1 花；花梗比苞片短；花被通常 4 裂，淡紫红色或白色，花被片长圆形，顶端圆钝。瘦果宽卵形。花期 5—8 月，果期 7—10 月。南太行中低山广布。生于林缘、沟谷、草地、路旁。全草入药，有清热解毒、除湿通络的功效。

674 支柱蓼 | *Bistorta suffulta*　　　　蓼科　拳参属

多年生草本。茎直立或斜上，细弱，上部分枝或不分枝，通常数条自根状茎发，高 10~40 厘米。基生叶卵形或长卵形，长 5~12 厘米，宽 3~6 厘米，顶端渐尖或急尖，基部心形，全缘，疏生短缘毛，两面无毛或疏生短柔毛；叶柄长 4~15 厘米；茎生叶卵形，较小具短柄，最上部的叶无柄，抱茎；托叶鞘膜质，筒状，褐色，长 2~4 厘米，顶端偏斜，开裂，无缘毛。总状花序呈穗状，紧密，顶生或腋生，长 1~2 厘米；苞片膜质，长卵形，顶端渐尖，长约 3 毫米，每苞内具 2~4 花；花梗细弱，长 2~2.5 毫米，比苞片短；花被 5 深裂，白色或淡红色。瘦果宽椭圆形，具 3 锐棱。花期 6—7 月，果期 7—10 月。南太行分布于海拔 1200 米以上的山地。生于山坡路旁、林下湿地及沟边。根状茎入药，活血止痛、散瘀消肿。

675 漏芦 | *Rhaponticum uniflorum*　　　　　菊科　漏芦属

多年生草本，高 30~100 厘米。茎直立，不分枝，簇生或单生，灰白色，被绵毛，被褐色残存的叶柄。基生叶及下部茎叶椭圆形，长椭圆形或倒披针形，羽状深裂或几全裂，叶柄长 6~20 厘米；侧裂片 5~12 对，边缘有锯齿或锯齿稍大而使叶呈现二回羽状分裂，或边缘少锯齿或无锯齿，最下部的侧裂片小耳状，顶裂片长椭圆形或几匙形，边缘有锯齿；中上部茎叶渐小，与基生叶及下部茎叶同形并等样分裂，无柄或有短柄；全部叶质地柔软，两面灰白色，被稠密的或稀疏的蛛丝毛及多细胞糙毛和黄色小腺点；叶柄灰白色，被稠密的蛛丝状绵毛。头状花序单生茎顶，花序梗粗壮，裸露或有少数钻形小叶；总苞半球形，大，直径 3.5~6 厘米；总苞片约 9 层，覆瓦状排列；全部苞片顶端有膜质附属物，附属物宽卵形或几圆形，长达 1 厘米，宽达 1.5 厘米，浅褐色。花果期 4—9 月。南太行广布。生于山坡丘陵地、松林下或桦木林下。根及根状茎入药，清热、解毒、排脓、消肿和通乳。

676 泥胡菜 | *Hemistepta lyrata*　　　　　菊科　泥胡菜属

一年生草本，高 30~100 厘米。茎单生，被稀疏蛛丝毛，上部长分枝。基生叶长椭圆形或倒披针形，花期通常枯萎；中下部茎叶与基生叶同形，全部叶大头羽状深裂或几全裂，侧裂片 2~6 对，通常 4~6 对，倒卵形、长椭圆形、匙形、倒披针形或披针形，全部裂片边缘三角形锯齿或重锯齿；有时全部茎叶不裂或下部茎叶不裂，边缘有锯齿或无锯齿；全部茎叶质地薄，两面异色，正面绿色，无毛，背面灰白色，被厚或薄茸毛，基生叶及下部茎叶有长叶柄，叶柄长达 8 厘米，柄基扩大抱茎，上部茎叶的叶柄渐短，最上部茎叶无柄。头状花序在茎枝顶端排成疏松伞房花序；总苞宽钟状或半球形，直径 1.5~3 厘米；总苞片多层，覆瓦状排列，最外层长三角形；外层及中层椭圆形或卵状椭圆形；最内层线状长椭圆形或长椭圆形；全部苞片质地薄，草质，中外层苞片外面上方近顶端有直立的鸡冠状突起的附片，附片紫红色，内层苞片顶端长渐尖，上方染红色，但无鸡冠状突起的附片；小花紫色或红色。花果期 3—8 月。南太行山区、平原广布。生于山坡、山谷、平原、丘陵等处。全草可药用，具有清热解毒、散结消肿的功效。

677 麻花头 | *Klasea centauroides*   菊科 麻花头属

多年生草本，高 40~100 厘米。茎直立，上部少分枝或不分枝，中部以下被稀疏的或稠密的节毛，基部被残存的纤维状撕裂的叶柄。基生叶及下部茎叶长椭圆形，长 8~12 厘米，羽状深裂，有长 3~9 厘米的叶柄；侧裂片 5~8 对，全缘或有锯齿或少锯齿，顶端急尖；中部茎叶与基生叶及下部茎叶同形并等样分裂，但无柄或有极短的柄；上部的叶更小，5~7 羽状全缘，裂片全缘，无锯齿，或不裂，边缘无锯齿；全部叶两面粗糙，两面被多细胞长或短节毛。头状花序少数，单生茎枝顶端，花序梗或花序枝伸长，几裸露，无叶；总苞卵形或长卵形，直径 1.5~2 厘米，上部有收缢或稍见收缢；总苞片 10~12 层，覆瓦状排列，顶端急尖，有长 2.5 毫米的短针刺或刺尖；内层及最内层椭圆形、披针形或长椭圆形至线形，硬膜质。全部小花红色、红紫色或白色。花果期 6—9 月。南太行丘陵、山区广布。生于山坡林缘、草原、草甸、路旁或田间。可作观赏植物。

678 碗苞麻花头（亚种） | *Klasea centauroides* subsp. *chanetii*   菊科 麻花头属

与麻花头（原种）的区别：总苞碗状，上部无收缢，直径 2~3（3.5）厘米；总苞片 7~8 层。南太行分布于丘陵、山区。生于山坡草地、林下、荒地与田间。

第三部分　其他草本·红色、紫色花

679　缢苞麻花头（亚种）　| *Klasea centauroides* subsp. *strangulata*

菊科　麻花头属

与麻花头（原种）的区别：基生叶与下部茎叶长椭圆形或倒披针状长椭圆形或倒披针形，长 10~20 厘米，宽 3~7 厘米。大头羽状或不规则大头羽状深裂或羽状深裂，总苞半圆球形或扁圆球形，直径 2.5~3.5 厘米；总苞片约 10 层，全部苞片上部边缘有绢毛，中外层上部有细条纹。南太行广布于丘陵、山区。生于山坡、草地、路旁、河滩地及田间。根入药，具清热解毒的功效。

680　钟苞麻花头（亚种）　| *Klasea centauroides* subsp. *cupuliformis*

菊科　麻花头属

与麻花头（原种）的区别：基部叶与下部茎叶边缘有锯齿或粗锯齿；中部茎叶具不规则大头羽状浅裂或半裂，即仅基部或近基部羽状分裂，顶裂片边缘有粗锯齿。总苞卵状，直径 2~2.5 厘米，上部有收缢；总苞片约 10 层，总苞片顶端急尖，有长不足 0.5 毫米的针刺；全部苞片无毛。南太行分布于山西晋城。生于山坡草地与疏林下。

681 刺疙瘩 | *Olgaea tangutica*　　　　菊科　猬菊属

多年生草本，高 20~100 厘米。茎单生或 2~3 条茎成簇生，被稀疏蛛丝毛，基部被密厚的棕色的纤维状撕裂的柄基，通常有长分枝。基生叶线形或线状长椭圆形，长达 33 厘米，羽状浅裂或深裂，基部渐狭成长或短叶柄，柄基扩大；侧裂片约 10 对，三角形，通常边缘有不等大的 2 或 3 枚刺齿，齿顶针刺褐色或淡黄色；茎生叶与基生叶同形，等样分裂，或边缘具等样的刺齿或针刺；最上部茎叶或接头状花序下部的叶最小，长三角形，边缘针刺；全部茎叶基部两侧沿茎下延成茎翼，不包翼缘针刺宽达 1 厘米，翼缘有三角刺齿，齿顶有长针刺，齿缘有短针刺或无针刺；全部叶及茎翼质地坚硬，革质，两面异色，正面绿色，无毛，有光泽，背面灰白色，被密厚的茸毛。头状花序单生枝端，疏松排列，成不明显的伞房花序；总苞钟状，无毛，直径 3~4 厘米。总苞片多层，多数；全部苞片顶端针刺状渐尖，外层短渐尖，内层及中层长渐尖；小花紫色或蓝紫色，花冠长 2.7 厘米，5 裂，裂片线形。瘦果楔状长椭圆形，淡黄白色；冠毛多层，褐色或浅土红色，不等长。花果期 6—9 月。南太行分布于运城一带。生于山坡、山谷灌丛或草坡、河滩地及荒地或农田中。

682 藿香蓟 | *Ageratum conyzoides*　　　　菊科　藿香蓟属

一年生草本，茎粗壮，不分枝或自基部或自中部以上分枝，或下基部平卧而节常生不定根。全部茎枝淡红色，或上部绿色，被白色尘状短柔毛或上部被稠密开展的长茸毛。叶对生，有时上部互生，常有腋生的不发育的叶芽；中部茎叶卵形或椭圆形或长圆形；全部叶基部钝或宽楔形，基出 3 脉或不明显 5 出脉，顶端急尖，边缘圆锯齿，叶长 1~3 厘米，两面被白色稀疏的短柔毛且有黄色腺点，正面沿脉处及叶背面的毛稍多有时背面近无毛，上部叶的叶柄或腋生幼枝、腋生枝上的小叶的叶柄通常被白色稠密开展的长柔毛。头状花序 4~18 个在茎顶排成通常紧密的伞房状花序；花序直径 1.5~3 厘米；花梗长 0.5~1.5 厘米；总苞钟状或半球形，宽 5 毫米；总苞片 2 层，长圆形或披针状长圆形，外面无毛，边缘撕裂。花冠淡紫色。花果期 1—12 月。原产于中南美洲。南太行平原、丘陵区逸为野生。全草入药，具清热解毒用和消炎止血的功效。

683 刺儿菜（变种） | *Cirsium arvense* var. *integrifolium*　　菊科　蓟属

丝路蓟（原变种）。本变种特征：多年生草本。茎直立，高30~80厘米，上部有分枝，花序分枝无毛或有薄茸毛。基生叶和中部茎叶椭圆形或长椭圆形，顶端钝或圆形，基部楔形，通常无叶柄，长7~15厘米，上部茎叶渐小、椭圆形、披针形或线状披针形，或全部茎叶不分裂。叶缘有细密的针刺，针刺紧贴叶缘，或叶缘有刺齿，针刺长达3.5毫米，或大部茎叶羽状浅裂或半裂或边缘粗大圆锯齿，齿顶及裂片顶端有较长的针刺；全部茎叶两面同色，绿色或背面色淡，两面无毛。头状花序单生茎端，或数个头状花序在茎枝顶端排成伞房花序；总苞卵形、长卵形或卵圆形，直径1.5~2厘米；总苞片约6层，覆瓦状排列，向内层渐长，宽1.5~2毫米，包括顶端针刺长5~8毫米；内层及最内层长椭圆形至线形，长1.1~2厘米；中外层苞片顶端有长不足0.5毫米的短针刺，内层及最内层渐尖，膜质，短针刺；小花粉红色或紫色，不等5深裂或白色。瘦果淡黄色，椭圆形或偏斜椭圆形，压扁；冠毛污白色，多层，整体脱落。花果期6—9月。南太行山区平原广布。生于山坡、河旁或荒地、田间。全草可做猪饲料。

684 大刺儿菜（变种） | *Cirsium arvense* var. *setosum*　　菊科　蓟属

丝路蓟（原变种）。本变种特征：多年生草本，高60~120厘米。茎直立，粗壮，上部密被蛛丝状绵毛。茎下部和中部叶披针形或长圆状披针形，无柄，耳状半抱茎，羽状半裂，裂片宽三角形，边缘有大小相等的齿，刺长5~15毫米，两面绿色，正面疏生长3~8毫米的黄色针刺，背面脉上被柔毛；上部叶条状披针形，具疏刺齿。头状花序单生或1~2个集生于枝端，球形，直径4~5厘米，无梗或有短梗，基部具苞片状小叶；总苞密被蛛丝状茸毛；外层和中层总苞片卵状矩圆形，先端狭条形，背部有脊，内层渐长，条形，先端长渐尖；全为管状花，花冠暗紫色，长约3.8厘米，筒部较檐部长约2倍。瘦果长圆形4.5~7毫米，压扁，淡褐黑色，稍光亮；冠毛羽状，污白色，先端略粗糙。花果期6—9月。南太行分布于平原、丘陵、山区。生于山坡、草地、路旁。全草或根部入药，具凉血、止血、祛瘀、消痈肿等功效。

685 魁蓟 | *Cirsium leo*　　　　菊科　蓟属

多年生草本，高达 1 米。茎枝被长毛。基部和下部茎生叶长椭圆形或倒披针状长椭圆形，羽状深裂，侧裂片 8~12 对，侧裂片有三角形刺齿，叶柄长达 5 厘米或无柄，向上的叶渐小，与基部和下部茎生叶同形并等样分裂，无柄或基部半抱茎；叶两面绿色，被长节毛。头状花序排成伞房花序；总苞钟状，直径达 4 厘米，总苞片 8 层，镊合状排列，近等长，边缘或上部边缘有针刺，外层与中层钻状长三角形或钻状披针形，背面疏被蛛丝毛，内层硬膜质，披针形或线形；小花紫色或红色，檐部长 1.4 厘米，细管部长 1 厘米。瘦果灰黑色，偏斜椭圆形；冠毛污白色。花果期 5—9 月。南太行分布于河南济源和山西晋城、运城地区。生于山谷、山坡草地、林缘、河滩及石滩地。

686 牛口刺 | *Cirsium shansiense*　　　　菊科　蓟属

多年生草本，高 0.3~1.5 米。茎枝被长毛或茸毛；中部茎生叶卵形、披针形、长椭圆形，羽状浅裂、半裂或深裂，基部渐窄，扩大抱茎；侧裂片 3~6 对，先端及边缘有针刺，向上的叶渐小，与中部茎生叶同形并等样分裂，具齿裂；叶正面绿色，被长毛，背面灰白色，密被茸毛。头状花序多数在茎枝顶端排成明显或不明显的伞房花序；总苞卵形或卵球形，无毛，直径 2~2.5 厘米；总苞片 7 层，覆瓦状排列，最外层长三角形，顶端渐尖成针刺，针刺长 2 毫米，外层三角状披针形，包括顶端针刺长 8~10 毫米，顶端有长约 1 毫米的短针刺，中外层顶端针刺贴伏或开展，内层及最内层披针形或宽线形红色，全部苞片顶端膜质扩大外面有黑色黏腺；小花粉红色或紫色，不等 5 深裂。瘦果偏斜椭圆状倒卵形。花果期 5—11 月。南太行海拔 800 米以上广布。生于林缘、路旁。全草入药，有凉血止血、行淤消肿的功效。

687 太行蓟（暂命名）   菊科　蓟属

该种与牛口刺的区别：叶背面茸毛较稀疏，叶脉突出，被多细胞长毛；总苞被稠密或稀疏蛛丝状毛；除最内层苞片外，其余苞片 1/2 处反折；总苞片上有或无黏腺。南太行分布于山西南部海拔 1500 米山区。生于高山草甸。初步判定为牛口刺变种。需进一步观察研究。

688 绒背蓟 | *Cirsium vlassovianum*   菊科　蓟属

多年生草本。有块根。茎直立，有条棱，单生，不分枝或上部伞房状花序分枝，高 25~90 厘米，全部茎枝被稀疏的多细胞长节毛。全部茎叶披针形或椭圆状披针形，顶端渐尖、急尖或钝，中部叶较大，长 6~20 厘米，上部叶较小；全部叶，不分裂，边缘有长约 1 毫米的针刺状睫毛，两面异色，正面绿色，被稀疏的多细胞长节毛，背面灰白色，被稠密的茸毛，下部叶有短或长叶柄，中部及上部叶耳状扩大或圆形扩大，半抱茎。头状花序单生茎顶或生花序枝端，少数排成疏松伞房花序或穗状花序；总苞长卵形，直立，直径 2 厘米；总苞片约 7 层，紧密覆瓦状排列，向内层渐长，最外层长三角形，顶端急尖成短针刺，中内层披针形，顶端急尖成短针刺，最内层宽线形，顶端膜质长渐尖，中外层顶端针刺长不及 1 毫米，全部苞片外面有黑色黏腺；小花紫色。瘦果褐色，稍压扁，倒披针状或偏斜倒披针状；冠毛浅褐色，多层。花果期 5—9 月。南太行中低山广布。生于山坡林中、林缘、河边或潮湿地。块根入药，具祛风、除湿、止痛的功效。

689 线叶蓟 | Cirsium lineare

菊科 蓟属

多年生草本。茎直立，有条棱，高60~150厘米，上部有分枝，分枝坚挺，全部茎枝被稀疏的蛛丝毛及多细胞长节毛。下部和中部茎叶长椭圆形或披针形，长6~12厘米，向上的叶渐小，与中下部茎叶同形；全部茎叶不分裂或有羽状浅裂，三角状大齿，基部渐狭在中下部茎成短翼柄，在上部叶则无叶柄，正面绿色，被多细胞长或短节毛，背面色淡或淡白色，边缘有细密的针刺。头状花序生花序分枝顶端，数个在茎枝顶端排成稀疏的圆锥状伞房花序；总苞卵形或长卵形，直径1.5~2厘米。总苞片约6层，覆瓦状排列，向内层渐长，外层与中层三角形及三角状披针形，顶端有针刺，针刺长2毫米；内层披针形或三角状披针形，顶端渐尖，最内层线形或线状披针形，顶端膜质扩大，红色；小花粉红色或紫色，不等5深裂，不等5深裂。瘦果倒金字塔状，顶端截形；冠毛浅褐色，多层。花果期9~10月。南太行海拔800米以上广布。生于林缘、路旁、荒地。全草入药，有活血散瘀、解毒消肿的功效。

690 烟管蓟 | Cirsium pendulum

菊科 蓟属

多年生草本，高1~3米。茎直立，粗壮，上部分枝，全部茎枝有条棱，被极稀疏的蛛丝状及多细胞长节毛。基生叶及下部茎叶下部渐狭成翼柄或无柄，明显但不规则二回羽状分裂，一回为深裂，一回侧裂片5~7对，中部侧裂片较大，长4~16厘米，宽1.5~6厘米，向上、向下的侧裂片渐小，全部一回侧裂片仅一侧深裂或半裂，而另侧不裂，边缘有针刺状缘毛或兼有少数小型刺齿，二回侧裂片斜三角形，二回裂片长披针形或宽线形，全部二回裂片边缘及顶端有针刺；向上的叶渐小，无柄或扩大耳状抱茎。全部叶两面同色，绿色或背面稍淡，无毛，边缘及齿顶或裂片顶端针刺长可达3毫米。头状花序下垂，在茎枝顶端排成总状圆锥花序；总苞钟状，无毛；总苞片约10层，覆瓦状排列，外层与中层长三角形至钻状披针形，上部或中部以上钻状，向外反折或开展，内层及最内层披针形或线状披针形，顶端短钻状渐尖；小花紫色或红色；冠毛污白色，多层。花果期6—9月。南太行零星分布于中低山区。生于山谷、山坡草地、林缘林下、岩石缝隙、溪旁及村旁。全草入药，有解毒、止血、补虚的功效。

第三部分　其他草本·红色、紫色花

691 蓟 | *Cirsium japonicum*　　　　　菊科　蓟属

多年生草本。茎直立，分枝或不分枝，全部茎枝有条棱，被稠密或稀疏的多细胞长节毛。基生叶卵形、长倒卵形、长椭圆形，长 8~20 厘米，羽状深裂或几全裂，基部渐窄成翼柄，柄翼边缘有针刺及刺齿，侧裂片 6~12 对，有小锯齿，或二回状分裂；基部向上的茎生叶渐小，与基生叶同形并等样分裂，两面绿色，基部半抱茎。头状花序直立，不呈明显的花序式排列，少有头状花序单生茎端的；总苞钟状，直径 3 厘米；总苞片约 6 层，覆瓦状排列，向内层渐长，外层与中层卵状三角形至长三角形，顶端长渐尖，有长 1~2 毫米的针刺，内层披针形或线状披针形，顶端渐尖呈软针刺状；全部苞片外面有微糙毛并沿中肋有粘腺；小花红色或紫色，不等 5 浅裂。瘦果压扁。花果期 4—11 月。南太行分布于海拔 1000 米以上山区。生于林缘、灌丛、草地、路旁。全草或根入药，具清热解毒、消炎止血及恢复肝等功效。

692 猬菊 | *Olgaea lomonosowii*　　　　　菊科　猬菊属

多年生草本。茎单生，基部被棕褐色残存的叶柄，通常自基部或下部分枝，分枝伸长，开展或斜升，全部茎枝有条棱，灰白色，被密厚茸毛或变稀毛。基生叶长椭圆形，羽状浅裂或深裂，向基部渐窄成叶柄；侧裂片 4~7 对，长椭圆形、长卵形或卵状披针形，裂片边缘及先端有浅褐色针刺；下部茎生叶与基生成翼柄；叶草质或纸质，正面无毛，背面密被灰白色茸毛；冠毛多层，褐色，向内层渐长。瘦果楔状倒卵形。花果期 7—10 月。南太行山西阳城有分布。生于山谷、山坡、沙窝或河槽地。全草入药，具清热解毒、凉血止血的功效。

693 节毛飞廉 | Carduus acanthoides

菊科 飞廉属

二年生或多年生草本。茎单生，有条棱，有长分枝或不分枝，全部茎枝被稀疏或下部稍稠密的多细胞长节毛。全部茎叶两面同色，绿色，沿脉有稀疏的多细胞长节毛，羽状浅裂、半裂或深裂，裂片6~12对，基部渐狭，两侧沿茎下延成茎翼；茎翼齿裂，齿顶及齿缘有长达3毫米的针刺。头状花序几无花序梗，3~5个集生或疏松排列于茎顶或枝端；总苞卵圆形；总苞片多层，向内层渐长，疏被蛛丝毛。花果期5—10月。南太行分布于平原、丘陵、山区。生于山坡、草地、林缘、山谷、田间。全草或根入药，用于感冒咳嗽、头痛眩晕、尿路感染。

694 丝毛飞廉 | Carduus crispus

菊科 飞廉属

二年生草本。茎有翼，翼有齿刺。叶椭圆状披针形，长5~20厘米，羽状深裂，裂片边缘具刺，长3~10毫米，正面绿色具微毛，背面有蛛丝状毛，后渐变无毛。头状花序数个生枝端；总苞钟状；总苞片多层，条状披针形，顶端长尖，成刺状，向外反曲，全部苞片无毛或被稀疏的蛛丝毛；花全为管状，紫色，偶有白色。瘦果长椭圆形，冠毛白色。花果期4—10月。南太行山区、平原广布。生于山坡草地、田间、荒地河旁及林下。全草或根入药，具祛风、清热利湿、凉血止血、活血消肿等功效。（见114页）

695 篦苞风毛菊 | *Saussurea pectinata* 菊科 风毛菊属

多年生草本，高20~100厘米。茎直立，有棱，下部被稀疏蛛丝毛，上部被短糙毛。基生叶花期枯萎，下部和中部茎叶有柄，柄长4.5~5厘米，有时达17厘米，叶卵形、卵状披针形或椭圆形，羽状深裂，梳羽状浅裂，侧裂片5（4）~8对，边缘深波状或缺刻状钝锯齿，正面及边缘有糙毛，绿色，背面淡绿色，有短柔毛及腺点；上部茎叶有短柄，羽状浅裂或不裂而边缘全缘。头状花序数个在茎枝顶端排成伞房花序；总苞钟状；总苞片5层，上部被蛛丝毛，外层卵状披针形，长1厘米，宽3毫米，顶端草绿色，边缘栉齿状，通常反折，中层披针形至长椭状披针形，顶端草绿色，内层线形，顶端钝，粉紫色；小花紫色。花果期8—10月。南太行分布于丘陵、山区。生于山坡、林缘林下、路旁、草原、沟谷。

696 风毛菊 | *Saussurea japonica* 菊科 风毛菊属

二年生草本。茎直立，通常无翼，极少有翼，被稀疏的短柔毛及金黄色的小腺点。基生叶与下部茎叶有叶柄，柄长3~3.5（6）厘米，有狭翼，叶羽状深裂，侧裂片7~8对，中部的侧裂片较大，向两端的侧裂片较小，侧裂片边缘全缘或极少边缘有少数大锯齿，极少基生叶不分裂，披针形或线状披针形，全缘或有大锯齿；中部茎叶与基生叶及下部茎叶同形并等样分裂，但渐小，有短柄；上部茎叶与花序分枝上的叶更小，羽状浅裂或不裂，无柄；全部两面同色。头状花序多数，在茎枝顶端排成伞房状或伞房圆锥花序，有小花梗；总苞圆柱状，直径5~8毫米，被白色稀疏的蛛丝状毛；总苞片6层，外层长卵形，顶端微扩大，紫红色，中层与内层倒披针形或线形，顶端有扁圆形的紫红色的膜质附片，附片边缘有锯齿；小花紫色。花果期6—11月。南太行分布于海拔700米以上山区。生于山坡、山谷、林下、灌丛。全草入药，具祛风活络、散瘀止痛的功效。

697 卷苞风毛菊 | Saussurea tunglingensis　　菊科　风毛菊属

多年生草本。基生叶及下部茎叶有长翼柄，翼柄长5~14厘米，柄基鞘状扩大；叶椭圆状披针形、卵形，顶端渐尖，基部近截形，边缘浅波状或不规则波状锯齿，齿端有小尖头；上部茎叶披针形，小，有短叶柄，柄有狭翼或几无柄，顶端渐尖，基部截形或心状箭头形；全部叶两面绿色，背面色淡，两面无毛。头状花序单生茎端或少数，腋生枝端；总苞宽钟状；总苞片6~7层，外层卵形或卵状三角形，顶端渐尖，反卷；中层狭卵形，顶端渐尖，反卷；内层披针形、长椭圆形或线形，边缘有长纤毛，顶端钝；小花粉红色或紫色，不等5深裂。瘦果圆锥状。花果期7—9月。南太行分布于海拔1500米以上山区。生于林缘林下、路旁、草原、沟谷。

698 蒙古风毛菊 | Saussurea mongolica　　菊科　风毛菊属

多年生草本。茎直立，有棱，无毛或被稀疏的糙毛，上部伞房状或伞房圆锥花序状分枝。下部茎叶有长柄，柄长达16厘米，叶顶端急尖，基部心形或微心形，羽状深裂或下半部羽状分裂，而上半部边缘有粗齿，侧裂片1~3对，中部与上部茎叶同形并等样分裂或边缘有粗齿，全部叶两面绿色，背面色淡，两面被稀疏的短糙毛。头状花序多数，在茎枝顶端伞房花序或伞房圆锥花序；总苞长圆状；总苞片5层，被稀疏的蛛丝毛或短柔毛，外层卵形，中层长卵形，内层线形或长椭圆形，全部总苞片顶端有马刀形的附属物，附属物长渐尖，反折；小花粉红色或紫色，不等5深裂。瘦果圆柱状。花果期7—10月。南太行山区广布。生于山坡、草地、林缘及山沟。

699 美花风毛菊 | *Saussurea pulchella*　　菊科　风毛菊属

多年生草本。茎直立，上部有伞房状分枝，被短硬毛和腺点或近无毛。基生叶有叶柄，羽状深裂或全裂。总苞球形或球状钟形，总苞片6~7层，外层卵形，顶端有扩大的圆形红色膜质附片；中层与内层卵形、长圆形或线状披针形，顶端有扩大的边缘有锯齿的粉红色膜质附片。花果期8—10月。南太行海拔1200米以上有分布。生于荒坡、路旁、林缘。全草入药，具祛风除湿、理气止痛的功效。

700 乌苏里风毛菊 | *Saussurea ussuriensis*　　菊科　风毛菊属

多年生草本。茎直立，有纵棱，被稀疏的短柔毛或几无毛。基生叶及下部茎叶有叶柄，长3.5~6厘米，叶卵形、三角形或椭圆形，顶端长或短渐尖，基部心形、戟形或截形，边缘有锯齿或羽状浅裂，两面绿色，正面及边缘有微糙毛并密布黑色腺点，背面被稀疏短柔毛或无毛；中部与上部茎叶渐变小，长圆状卵形或披针形以至线形，顶端渐尖，基部截形或戟形，边缘有细锯齿，有短叶柄或无叶柄。头状花序多数排成伞房状或伞房圆锥状；总苞长圆形，直径5~7毫米，总苞片5层，疏被蛛丝毛或柔毛，先端有马刀形附属物，附属物长渐尖，反折，外层卵形，中层长卵形，内层线形或长椭圆形；小花粉红色或紫色，不等5深裂。花果期7—9月。南太行中低山广布。生于林下、荒坡、路旁。根入药，具祛寒、散瘀、镇痛的功效。

701 硬叶风毛菊 | *Saussurea firma* 　　菊科　风毛菊属

与乌苏里风毛菊（原变种）的区别：叶质厚而坚硬，背面无毛或被稀疏蛛丝毛以至密被绵毛而呈灰白色。南太行山西阳城有分布。生于山坡草地或沟谷。

702 狭头风毛菊 | *Saussurea dielsiana* 　　菊科　风毛菊属

多年生草本。茎直立，单生，粗壮，有条纹，不分枝或上部伞房花序状分枝，基部带紫色，中部以上被短柔毛。下部茎叶有叶柄，叶柄长3~6厘米，叶长圆状三角形，顶端渐尖，基部截形，稀心形，不分裂或羽状分裂，若羽状分裂侧裂片2~3对，大；中部以上的叶渐小，有长0.5~4厘米的叶柄，叶披针形或长三角形，通常不分裂，顶端渐尖或长渐尖，基部楔形、截形或稍圆形，全部叶或叶裂片边缘波状锯齿，两面绿色，无毛或背面色淡。头状花序多数，在茎枝顶端密集成伞房状或单生于叶腋；总苞狭钟状或圆柱状，宽4~6毫米；总苞片5~6层，坚硬，革质，边缘有蛛丝状毛，外层短小、卵形，顶端急尖并外弯且紫色，内层伸长至线形，顶端急尖或略钝，边缘或中上部紫红色；小花粉红色或紫色，不等5深裂。瘦果圆柱状。花果期10月。南太行分布于山西晋城圣王坪。生于林缘、草地。

703 狭翼风毛菊 | *Saussurea frondosa*　　菊科　风毛菊属

多年生草本。茎直立，有狭翼，被稠密的柔毛，上部或顶端伞房花序状分枝。基生叶花期凋落；下部及中部茎叶卵形或椭圆形，不裂，顶端急尖或渐尖，基部楔形渐狭成短翼柄或无柄，或大头羽状深裂；上部叶渐小，椭圆形或长椭圆形，几无柄，顶端急尖，基部楔形，边缘有细锯齿，齿端有小尖头，或上部茎叶边缘全缘，两面绿色，无毛。头状花序小，多数，在茎枝顶端排列成伞房花序，花序梗细，长0.2~1厘米；总苞卵状长圆形；总苞片5层，外面被稀疏蛛丝毛，外层卵形，顶端有长4毫米的钻状渐尖，中层椭圆形，顶端有长3~4毫米的钻状渐尖，内层长圆形，顶端钝；小花粉红色或紫色，不等5深裂。瘦果圆柱状。花果期7—9月。南太行分布于海拔1450米以上山区。生于林缘林下、草甸。

704 翼茎风毛菊 | *Saussurea alata*　　菊科　风毛菊属

多年生草本。茎直立，有翼，翼宽，边缘有锯齿或全缘。基生、中部和下部叶有柄或无柄，叶大头羽状或羽状浅裂、半裂、深裂或至全裂，极少不裂而边缘全缘；全部叶两面同色。头状花序多数，在茎枝顶端排列成伞房花序或伞房圆锥花序，有小花梗；总苞长圆状或卵状；总苞片5层外层长椭圆形或卵状披针形，顶端急尖或钝，有小尖头，中层披针形，顶端钝或圆形，紫色，稍膜质扩大，内层线状披针形，顶端有紫色膜质扩大的边缘有小锯齿的附片；小花粉红色或紫色，不等5深裂。瘦果倒圆锥状。花果期8—9月。南太行分布于海拔1000米以上山区。生于林缘林下、草甸、灌丛。

705 银背风毛菊 | *Saussurea nivea* 菊科 风毛菊属

多年生草本。茎直立,被稀疏蛛丝毛或后脱毛,上部有伞房花序状分枝。基生叶花期脱落;下部与中部茎叶有长柄,柄长3~8厘米,叶披针状三角形、心形或戟形,基部心形、戟形或截形,顶部渐尖,边缘有锯齿,齿顶有小尖头;上部茎叶渐小,与中下部茎叶同形或卵状椭圆形、长椭圆形至披针形,有短柄或几无柄,全部叶两面异色,正面绿色,无毛,背面银灰色,被稠密的绵毛。头状花序在茎枝顶端排列成伞房花序,花梗长0.5~5厘米,有线形苞叶;总苞钟状,直径1~1.2厘米;总苞片6~7层,被白色绵毛,外层卵形,顶端短渐尖,有黑紫色尖头,中层椭圆形或卵状椭圆形,顶端稍钝或急尖,内层线形,长1厘米,宽1.5毫米,顶端急尖;小花紫色。瘦果圆柱状。花果期7—9月。南太行中低山广布。生于林缘林下、灌丛、路旁、草地。可作背景或地被材料。

706 肾叶风毛菊 | *Saussurea acromelaena* 菊科 风毛菊属

多年生草生。茎直立,粗壮,被稀疏的白色绵毛,上部伞房花序状分枝。基生叶及下部茎叶有叶柄,叶柄长6~12厘米,被绵毛,叶宽肾形,长,顶端微凹、圆形或突尖,基部心形或深心形,两侧呈圆耳形,边缘有粗锯齿;中上部茎叶渐小,有长0.5~1.5厘米的叶柄,卵圆形、三角状卵形或披针形,顶部急尖或渐尖,基部几截形或楔形,全部两面异色,无毛或有稀疏的细毛,背面灰白色,被白色稠密的绵毛。头状花序多数,在茎端排列成伞房花序,花序梗长0.5~2厘米,被绵毛;总苞钟状,直径0.6~1厘米;总苞片5层,革质,外面密被白色绵毛,顶端有黑紫色小尖头;小花淡紫色。瘦果褐色,圆柱状。花果期9—10月。南太行分布于海拔1000米以上山区。生于林缘林下、草甸。

707 紫苞风毛菊 | *Saussurea purpurascens*   菊科 风毛菊属

多年生草本。茎直立，被柔毛。叶莲座状，条形，具小刺尖，基部稍扩大，倒向羽裂，顶端具小刺尖，边缘稍反卷，正面绿色，无毛，背面除中脉外密被白色茸毛。头状花序单生，直径2.2厘米；总苞宽钟形或球状，长2厘米，总苞片4层，外层卵状披针形，长13~14毫米，革质，紫红色，边缘暗紫红色，上部绿色，草质，反折，无毛，内层条形，长1.7厘米，干膜质，淡绿色，上部紫色，先端具细齿，顶端具小刺尖；托片条形，白色，长2毫米；花紫红色。瘦果圆柱形。花果期7—9月。南太行分布于高海拔山区。生于林缘、灌丛、路旁、草地。

708 华东蓝刺头 | *Echinops grijsii*   菊科 蓝刺头属

多年生草本，高30~80厘米。茎直立，单生，全部茎枝被密厚的蛛丝状绵毛，下部花期变稀毛。叶质地薄，纸质；基部叶及下部茎叶有长叶柄，羽状深裂；侧裂片4~5（7）对；全部裂片边缘有均匀而细密的刺状缘毛；向上叶渐小；中部茎叶与基部及下部茎叶等样分裂，无柄或有较短的柄；全部茎叶两面异色，正面绿色，无毛无腺点，背面白色或灰白色，被密厚的蛛丝状绵毛。复头状花序单生枝端或茎顶，直径约4厘米；头状花序长1.5~2厘米；基毛多数，白色，长7~8毫米，为总苞片长度的1/2；外层苞片与基毛近等长，边缘短缘毛；中层长椭圆形，长约1.3厘米，上部边缘有短缘毛，中部以上渐窄，顶端芒刺状短渐尖；内层苞片长椭圆形，顶端芒状齿裂或芒状片裂；全部苞片24~28；小花长1厘米，花冠5深裂。花果期7—10月。南太行中低山有分布。生于山坡、草地、林缘、路旁。根及根状茎入药，性寒，味苦咸，可清热、解毒、排脓、消肿和通乳。

709 火烙草 | *Echinops przewalskii* 　　　菊科　蓝刺头属

多年生草本。茎高 15~40 厘米，单生或自茎基发出少数的茎而呈簇生，不分枝或茎生 1~3 个分枝，全部茎枝被稀疏的蛛丝状薄绵毛或密厚的蛛丝状绵毛。基生叶与下部茎叶长椭圆形、长椭圆状披针形或长倒披针形，二回或近二回羽状分裂，基部有短柄；一回为深裂，最下部侧裂片呈针刺状；二回为半裂，二回裂片为三角形，顶端针刺状长渐尖；中上部茎叶渐小，基部无柄，抱茎或贴茎，羽状深裂，裂片边缘及顶端有刺齿及针刺，裂片顶端针刺较大；全部叶质地坚硬，革质，两面异色，正面绿色或黄绿色，被稀疏蛛丝毛，无腺点，背面白色或灰白色，被稠密或密厚的蛛丝状绵毛。复头状花序单生茎枝顶端，直径 5~5.5 厘米；头状花序长达 1.8 厘米；基毛白色，约为总苞长度的 1/2 或过之；外层苞片线状倒披针形，稍长于基毛，中层苞片长 1.5 厘米，倒披针形，自中部以上收窄成刺芒状长渐尖，边缘有紧贴的长缘毛；内层苞片与中层同形，但稍长，基部有时黏合；全部苞片 16~20，龙骨状，外面无毛无腺点；小花白色或浅蓝色。花果期 6—8 月。南太行分布于山西阳城。生于草地、林缘、路旁。

710 驴欺口 | *Echinops davuricus* 　　　菊科　蓝刺头属

多年生草本，高 30~60 厘米。茎直立，下部被稀疏的蛛丝状绵毛或无毛，向上连接复头状花序部位呈灰白色，被稠密或密厚的蛛丝状绵毛。基生叶与下部茎叶，通常有长叶柄，柄基扩大贴茎或半抱茎，二回羽状分裂，一回为深裂或几全裂，一回侧裂片 4~8 对，中部侧裂片较大，向上、向下渐小，二回为深裂或浅裂，顶端针刺状长渐尖，边缘少数三角形刺齿或通常无刺齿；中上部茎叶与基生叶及下部茎叶同形并近等样分裂；上部茎叶羽状半裂或浅裂，无柄，基部扩大抱茎；全部茎叶质地薄，纸质，两面异色，正面绿色，无毛或被稀疏蛛丝毛，背面灰白色，被密厚的蛛丝状绵毛。复头状花序单生茎顶或茎生 2~3 个复头状花序，直径 3~5.5 厘米；头状花序长 1.9 厘米；基毛白色，长约 7 毫米，为总苞长度的 2/5；总苞片 14~17，外层苞片稍长于基毛，边缘有长缘毛；中层倒披针形，自最宽处向上突然收窄成针刺状长渐尖，边缘有稀疏短缘毛；内层长椭圆形，上部边缘有短缘毛，顶端刺芒状渐尖；全部苞片外面无毛；小花蓝色，花冠裂片线形。花果期 6—9 月。南太行海拔 1000 米以上有分布。生于山坡草地及山坡疏林下。可以做鲜切花和干花。

711 羽裂蓝刺头 | *Echinops pseudosetifer* 　　　菊科　蓝刺头属

多年生草本，高 50~100 厘米。茎直立，从下到上分别被多细胞节毛或蛛丝状绵毛。基部及下部茎叶有长叶柄，柄基或叶柄下部鞘状扩大抱茎或贴茎，叶羽状深裂，侧裂片 5~8 对，通常仅沿一侧边缘有 1~2 个或稍多的三角形刺齿；中上部茎叶同形，羽状浅裂或半裂，基部无柄，扩大抱茎；全部茎叶质地薄，两面异色，正面绿色，背面白色或灰白色，被密厚或稠密的蛛丝状绵毛。复头状花序单生茎顶，或茎生 2~7 个复头状花序；头状花序长 1.9~2.1 厘米；基毛不等长，长 0.7~0.8 厘米，长为总苞长度的 1/3~2/5；外层苞片线状倒披针形，等长或稍长于基毛，上部菱形或椭圆形扩大，褐色，边缘有短缘毛；中层苞片倒披针形或倒披针状长椭圆形，自最宽处向上突然收窄或渐窄成针芒状渐尖，边缘有稀疏短缘毛；内层苞片顶端芒刺裂或芒片裂；全部苞片 18~22；小花蓝色，花冠深 5 裂，裂片线形。花果期 8—9 月。南太行中低山广布。生于山坡。

712 鞑靼狗娃花 | *Aster neobiennis* 　　　菊科　紫菀属

二年生草本，高 20~40 厘米。茎直立，通常单生，有细条纹，上部多分枝，分枝直展，下部常带紫红色，被白色向上或稍开展的疏柔毛；下部叶花期枯萎，全部叶条形或矩圆状条形，长 2~5 厘米，宽 2~5 毫米，渐尖，两面被紧贴的柔毛或上面较少，中脉在正面凹陷，在背面突起，近花序处的叶小，密而呈苞片状。头状花序单生枝端，数个排成伞房状；总苞半球形；总苞片绿色，外层狭条形，内层披针形且下部边缘膜质，渐尖，背面疏生长柔毛及腺；舌状花淡紫色或淡蓝紫色，舌片长 14~20 毫米，宽 2~2.2 毫米；管状花黄色。瘦果全能育，倒卵形，被柔毛；冠毛淡红褐色，舌状花冠毛与管状花冠毛同型，长 3~3.5 毫米。花果期 8—10 月。南太行丘陵、山区广布。生于林下沙丘或河岸沙地。

713 阿尔泰狗娃花 | *Aster altaicus*

菊科　紫菀属

多年生草本。茎直立，高20~60厘米，被上曲或有时开展的毛，上部常有腺，上部或全部有分枝。基部叶在花期枯萎；下部叶条形、矩圆状披针形、倒披针形或近匙形，长2.5~6厘米，宽0.7~1.5厘米，全缘或有疏浅齿；上部叶渐狭小，条形；全部叶两面或背面被粗毛或细毛，常有腺点，中脉在背面稍突起。头状花序直径2~3.5厘米，单生枝端或排成伞房状。总苞半球形；总苞片2~3层，近等长或外层稍短，矩圆状披针形或条形，顶端渐尖，背面或外层全部草质，被毛，常有腺，边缘膜质；舌状花约20朵，舌片浅蓝紫色，矩圆状条形，长10~15毫米；管状花长5~6毫米，裂片不等大。有疏毛瘦果扁，倒卵状矩圆形，长2~2.8毫米，宽0.7~1.4毫米，灰绿色或浅褐色，被绢毛，上部有腺；冠毛污白色或红褐色，长4~6毫米，有不等长的微糙毛。花果期5—9月。南太行分布于山西晋城一带。生于草原、荒漠地、沙地及干旱山地。全草入药，具清热降火、排脓的功效。

714 糙毛阿尔泰狗娃花（变种） | *Aster altaicus* var. *hirsutus*

菊科　紫菀属

与阿尔泰狗娃花（原变种）的区别：全株绿色。茎直立，高20~60厘米，通常在中部以上分枝，被疏伏毛。叶疏生，披针形，长约3厘米，宽约0.4厘米。花序少分枝。南太行丘陵、山区广布。生于荒坡、林缘。作用同阿尔泰狗娃花。

715 千叶阿尔泰狗娃花（变种） | *Aster altaicus* var. *millefolius*

菊科　紫菀属

与阿尔泰狗娃花（原变种）的区别：全株绿色。茎直立或斜升，高 20~60 厘米，被上曲的短贴毛及腺毛，有多数近等长而开展的分枝。叶条形或条状披针形，长 1~2 厘米，宽 1~2.5 毫米，开展。花序多分枝，有密生的叶；总苞直径 0.5~0.8 厘米；总苞片边缘狭或宽膜质，外层有时草质，被毛或近无毛，有腺；舌片长 5~6 毫米。南太行丘陵、山区广布。生于荒坡、林缘。作用同阿尔泰狗娃花。

716 狗娃花 | *Aster hispidus*

菊科　紫菀属

一年生或二年生草本。茎高 30~50 厘米，有时达 150 厘米，单生，有时数个丛生，被上曲或开展的粗毛，下部常脱毛，有分枝。基部及下部叶在花期枯萎，倒卵形，长 4~13 厘米，渐狭成长柄，顶端钝或圆形，全缘或有疏齿；中部叶矩圆状披针形或条形，长 3~7 厘米，常全缘，上部叶小，条形；全部叶质薄，两面被疏毛或无毛，边缘有疏毛，中脉及侧脉显明。头状花序直径 3~5 厘米，单生于枝端而排列成伞房状；总苞半球形，直径 10~20 毫米；总苞片 2 层，近等长，条状披针形，宽 1 毫米，草质，或内层菱状披针形而下部及边缘膜质，背面及边缘有多少上曲的粗毛，常有腺点；舌状花多数，舌片浅红色或白色，条状矩圆形，长 12~20 毫米。瘦果倒卵形，扁，长 2.5~3 毫米，宽 1.5 毫米，有细边肋，被密毛；冠毛在舌状花极短，白色，膜片状，或部分带红色，长，糙毛状；在管状花糙毛状，初白色，后带红色，与花冠近等长。花期 7—9 月，果期 8—9 月。南太行丘陵、山区广布。生于荒地、路旁、林缘及草地。根入药，具解毒消肿的功效。

717 砂狗娃花 | *Aster meyendorffii*　　　　菊科　紫菀属

一年生草本，高 35~50 厘米。茎直立，有纵条纹，被上曲或开展的粗长毛和细贴毛，通常自中部分枝。基部及下部叶在花期枯萎，卵形或倒卵状矩圆形，长 5~6 厘米，顶端钝或急尖，基部狭成长柄，边缘有粗圆齿，具 3 脉；中部茎生叶狭矩圆形，长 6~8 厘米，顶端钝或急尖，基部稍渐狭，无柄，上部边缘有粗齿或全缘，正面绿色，背面浅绿，两面被平贴的短硬毛或边缘及背面脉上被硬毛，中脉及侧脉两面均较明显；上部叶渐小，披针形至条状披针形，在小枝上的长 1~1.5 厘米，全缘，1 脉。头状花序单生枝端，直径 3~5 厘米，基部有苞片状小叶；总苞半球形，直径 13~18 毫米；总苞片 2~3 层，草质，条状披针形，长 7~8 毫米，顶端渐尖，背面被粗长毛和腺，内层下部边缘膜质；舌状花管部长约 1.8 毫米；舌片篮紫色，条状矩圆形，长 14~17 毫米，顶端 3 裂或全缘；管状花黄色，长约 5 毫米，裂片 5，不等大，花柱附属物三角形。瘦果仅在管状花的能育，倒卵形，长 2.2~3 毫米，宽 0.8~2.2 毫米，扁，有边肋，被短硬毛，舌状花瘦果狭长，不育；冠毛淡红褐色，长 2~4.5 毫米，有 25~35 个不等长的糙毛，舌状花冠毛少数或较短或有时无冠毛。花期 7—9 月，果期 8—10 月。南太行分布于海拔 800 米以上山区。生于河岸砂地、林下沙丘、山坡草地。头状花序入药，具解热的功效。

以下是 4 种不同形态的砂狗娃花。

●形态 1：

●形态 2：

● 形态 3：

● 形态 4：

718 裂叶马兰 | *Aster incisus*　　　菊科　紫菀属

多年生草本。茎直立，高 60~120 厘米，有沟棱，无毛或疏生向上的白色短毛，上部分枝。叶纸质，下部叶在花期枯萎；中部叶长椭圆状披针形或披针形，顶端渐尖，基部渐狭，无柄，边缘疏生缺刻状锯齿或间有羽状披针形尖裂片，正面无毛，边缘粗糙或有向上弯的短刚毛，背面近光滑，脉在背面突起；上部分枝上的叶小，条状披针形，全缘。头状花序直径 2.5~3.5 厘米，单生枝端且排成伞房状；总苞半球形，直径 10~12 毫米，总苞片 3 层，覆瓦状排列，有微毛，外层较短，急尖，内层长 4~5 毫米，顶端钝尖，边缘膜质；舌状花淡蓝紫色；管状花黄色。瘦果倒卵形，被白色短毛；冠毛长 0.5~1.2 毫米，淡红色。花果期 7—9 月。南太行分布于海拔 1000 米以上山区，河南、山西都有分布。生于山坡草地、灌丛、林间空地及湿草地。全草入药，具消食、除湿热、利小便等功效。

719 蒙古马兰 | *Aster mongolicus* 菊科 紫菀属

多年生草本。茎直立，高 60~100 厘米，有沟纹，被向上的糙伏毛，上部分枝。叶纸质或近膜质，最下部叶在花期枯萎，中部及下部叶倒披针形或狭矩圆形，羽状中裂，两面疏生短硬毛或近无毛，边缘具较密的短硬毛；裂片条状矩圆形，顶端钝，全缘；上部分枝上的叶条状披针形，长 1~2 厘米。头状花序单生于长短不等的分枝顶端，直径 2.5~3.5 厘米；总苞半球形，直径 1~1.5 厘米；总苞片 3 层，覆瓦状排列，无毛，顶端钝，有白色或带紫红色的膜质缝状边缘，背面上部绿色；舌状花淡蓝紫色，舌片长 2.2 厘米；管状花黄色；冠毛淡红色，不等长，舌状花瘦果冠毛长约 0.5 毫米，管状花瘦果的冠毛长 1~1.5 毫米。花果期 7—9 月。南太行分布于河南济源和山西晋城、运城一带。生于山坡、灌丛、田边。全草入药，有清热解毒、利湿、凉血止血的功效。

720 山马兰 | *Aster lautureanus* 菊科 紫菀属

多年生草本，高 50~100 厘米。茎直立，单生或 2~3 个簇生，具沟纹，被白色向上的糙毛，上部分枝。叶厚或近革质，下部叶花期枯萎；中部叶披针形或矩圆状披针形，顶端渐尖或钝，茎部渐狭，无柄，有疏齿或羽状浅裂，分枝上的叶条状披针形，全缘；全部叶两面疏生短糙毛或无毛，边缘均有短糙毛。头状花序单生于分枝顶端且排成伞房状，直径 2~3.5 厘米；总苞半球形，直径 10~14 毫米；总苞片 3 层，覆瓦状排列，上部绿色，无毛，外层较短，内层倒披针状长椭圆形，顶端钝，边缘有膜质缝状边缘；舌状花淡蓝色；管状花黄色。瘦果倒卵形，扁平，淡褐色，疏生短柔毛；冠毛淡红色，长 0.5~1 毫米。花果期 7—9 月。南太行分布于海拔 900 米以上山区。生于草地、林缘、路旁。全草可入药，有清热解毒、止血的功效。

721 全叶马兰 | *Aster pekinensis*   菊科　紫菀属

多年生草本。茎直立，高30~70厘米，单生或数个丛生，被细硬毛，中部以上有近直立的帚状分枝。下部叶在花期枯萎；中部叶多而密，条状披针形、倒披针形或矩圆形，顶端钝或渐尖，常有小尖头，基部渐狭无柄，全缘，边缘稍反卷；上部叶较小，条形；全叶背面灰绿，两面密被粉状短茸毛；中脉在背面突起。头状花序单生枝端且排成疏伞房状；总苞半球形；总苞片3层，覆瓦状排列，外层近条形，内层矩圆状披针形，顶端尖，上部单质，有短粗毛及腺点；舌状花1层，20余个；舌片淡紫色；管状花花冠长3毫米，有毛。瘦果倒卵形，浅褐色，上部有短毛及腺；冠毛带褐色，长0.3~0.5毫米，不等长，弱而易脱落。花期6—10月，果期7—11月。南太行平原、山区广布。生于山坡、林缘、灌丛或路旁。优质饲料。

722 马兰 | *Aster indicus*   菊科　紫菀属

多年生草本。茎直立，高30~70厘米，上部有短毛，上部或从下部起有分枝。基部叶在花期枯萎；茎部叶倒披针形或倒卵状矩圆形，顶端钝或尖，基部渐狭成具翅的长柄，边缘从中部以上具有小尖头的钝或尖齿或有羽状裂片，上部叶小，全缘，基部急狭无柄；全部叶稍薄质，两面或正面有疏微毛或近无毛，边缘及背面沿脉有短粗毛，中脉在背面突起。头状花序单生于枝端并排列成疏伞房状；总苞半球形；总苞片2~3层，覆瓦状排列；外层倒披针形，内层倒披针状矩圆形，边缘膜质，有缘毛；舌状花1层，15~20朵。花期5—9月，果期8—10月。南太行山区、平原广布。生于林缘、草丛、溪岸或路旁。全草药用，有清热解毒、消食积、利小便、散瘀止血的功效。幼叶通常作蔬菜食用，俗称马兰头。

723 裸菀 | *Aster piccolii*

菊科 紫菀属

多年生草本。茎直立，被密或疏糙毛及腺状微毛，上部多开展的分枝或少分枝。叶矩圆状倒披针形，长7~9厘米，宽1.2~1.8厘米，顶端渐尖，茎部渐狭，无柄，边缘有粗锯齿，正面深绿色，背面色较浅，两面被糙毛或上面近无毛而仅在边缘及下面脉上被毛，叶脉在下面突起，分枝上的叶小，长2~3厘米，宽4~6毫米，全缘或有齿。头状花序多数，直径2~2.5厘米，排成伞房状，近陀螺状半球形，长7~8毫米，宽12毫米，基部有苞片状小叶；总苞片约5层，覆瓦状排列，疏松，外层草质，卵状矩圆形，顶端钝，上部常反卷且带紫色，内层狭矩圆形或倒披针形，边缘宽膜质，有睫毛；舌状花蓝紫色无冠毛。花果期5—10月。南太行分布于海拔1000米以上山区。生于山坡草地。

724 三脉紫菀 | *Aster ageratoides*

菊科 紫菀属

多年生草本。根状茎粗壮。茎直立，高40~100厘米，细或粗壮，有棱及沟，被柔毛或粗毛，上部有时屈折，有上升或开展的分枝。下部叶在花期枯落，叶宽卵圆形，急狭成长柄；中部叶椭圆形或长圆状披针形，中部以上急狭成楔形具宽翅的柄，顶端渐尖，边缘有3~7对锯齿；上部叶渐小，有浅齿或全缘，全部叶纸质，正面被短糙毛，背面浅色被短柔毛常有腺点，或两面被短茸毛而下面沿脉有粗毛，有离基（有时长达7毫米）3出脉，侧脉3~4对，网脉常显明。头状花序直径1.5~2厘米，排列成伞房或圆锥伞房状，花序梗长0.5~3厘米；总苞倒锥状或半球状；总苞片3层，覆瓦状排列，线状长圆形，下部近革质或干膜质，上部绿色或紫褐色。瘦果倒卵状长圆形，灰褐色，长2~2.5毫米。外层长达2毫米，内层长约4毫米，有短缘毛；舌状花10余朵，紫色、浅红色或白色，管状花黄色；冠毛浅红褐色或污白色，长3~4毫米。花果期7—12月。南太行中低山广布。生于林缘林下、灌丛及山谷湿地。全草入药，有清热解毒、利尿止血的功效。

该种变化较大，以下是2种不同形态的三脉紫菀，供参考。

●形态1：

●形态2：

725 湿生紫菀 | *Aster limosus* 　　　　　菊科　紫菀属

多年生草本。根状茎粗厚。茎常单生，直立，有细沟，被密伏毛，不分枝或中部分枝。下部叶在花期枯萎，有长2~6厘米的叶柄，叶心形、肾形或近圆形，长2~5厘米，宽2.2~4.5厘米，被长毛；中部叶心状卵圆形，顶端钝或稍尖，边缘具厚尖头的疏齿；上部叶渐小，卵圆形，近无柄；全部叶质厚，正面密被短糙毛，背面被疏短毛和沿脉较密的毛，中脉及3出脉或近掌状基出脉在背面突起，侧脉约3对，显明。头状花序4~8个在茎和枝端排列成伞房状；花序梗长7~12毫米，有长圆形或线形苞叶；总苞近钟形；总苞片约4层，疏松覆瓦状排列，线形，顶端钝，外层长2毫米，宽0.5毫米，上部草质，被密短毛，有暗色中脉，内层长5毫米，宽0.7毫米，顶端常紫红色，稍尖，除中脉外干膜质，无毛；舌状花10余朵，舌片紫红色，长圆形；管状花黄色。花果期7—9月。南太行仅发现于焦作云台山。生于沟谷湿阴处。

726 翼柄紫菀 | *Aster alatipes*　　　　　菊科　紫菀属

多年生草本。茎高达 1 米，被粗毛。下部叶圆形或近心形，长达 3.5 厘米，具窄翅长柄；中部叶卵圆状披针形，长 5~10 厘米，具宽翅柄，上部有 7~10 对具小尖头疏齿；上部叶有具宽翅短柄；正面密生糙毛，背面被毛，稍有腺点，侧脉 3~4 对。头状花序直径 1.5 厘米，在枝端排成伞房状，花序梗被密伏毛；总苞半球状，直径 5 毫米；总苞片 3 层，覆瓦状排列，外层长圆形，长 1.5 毫米，草质，被毛，内层线状披针形，长 4 毫米，先端绿色，宽膜质，有缘毛；舌状花管部长 2 毫米，舌片浅紫色；管状花长约 4 毫米，管部长 1.5 毫米，裂片长 0.7 毫米，冠毛 1 层，污白色或浅红色，与管状花近等长，有微糙毛。瘦果长圆形，稍扁，一面有肋，被粗毛。花果期 7—10 月。南太行分布于海拔 600 米以上山区。生于林缘、草地。全草入药，具祛热、止渴、止汗、表寒的功效。

以下是 2 种不同形态的翼柄紫菀。

● 形态 1：

● 形态 2：

727 紫菀 | *Aster tataricus*　　　　　　菊科　紫菀属

多年生草本。茎直立，粗壮，基部有纤维状枯叶残片且常有不定根，有棱及沟，被疏粗毛，有疏生的叶。基部叶在花期枯落，长圆状或椭圆状匙形，下半部渐狭成长柄，边缘有具小尖头的圆齿或浅齿；下部叶匙状长圆形，常较小，下部渐狭或急狭成具宽翅的柄，渐尖，边缘除顶部外有密锯齿；中部叶长圆形或长圆披针形，无柄，全缘或有浅齿，上部叶狭小；全部叶厚纸质，正面被短糙毛，背面被稍疏的但沿脉被较密的短粗毛；中脉粗壮，与5~10对侧脉在背面突起，网脉明显。头状花序多数，在茎和枝端排列成复伞房状；花序梗长，有线形苞叶；总苞半球形；总苞片3层，线形或线状披针形，顶端尖或圆形，全部或上部草质，被密短毛，边缘宽膜质且带紫红色，有草质中脉；舌状花20余朵，舌片蓝紫色，有4至多脉。花期7—9月，果期8—10月。生于低山阴坡湿地、山顶和低山草地及沼泽地。南太行分布于海拔900米以上山区。生于林缘林下、草地、山坡阴湿处。根入药，治风寒咳嗽气喘、虚劳咳吐脓血。

728 钻叶紫菀 | *Symphyotrichum subulatum*　　　　　　菊科　联毛紫菀属

一年生草本植物，高可达150厘米。主根圆柱状，向下渐狭，茎单一，直立，茎和分枝具粗棱，光滑无毛。基生叶在花期凋落；茎生叶多数，叶披针状线形，极稀狭披针形，两面绿色，光滑无毛，中脉在背面突起，侧脉数对。头状花序极多数，花序梗纤细、光滑；总苞钟形，总苞片外层披针状线形，内层线形，边缘膜质，光滑无毛；雌花花冠舌状，舌片淡红色、红色、紫红色或紫色，线形；两性花花冠管状，冠管细。瘦果线状长圆形，稍扁。花果期6—10月。原产于北美洲。南太行平原、丘陵广布。生于湖泊、河流、湿地。

729 林泽兰 | *Eupatorium lindleyanum*　　菊科　泽兰属

多年生草本。茎直立，下部及中部红色或淡紫红色，常自基部分枝或不分枝而上部仅有伞房状花序分枝；全部茎枝被稠密的白色长或短柔毛。下部茎叶花期脱落；中部茎叶长椭圆状披针形或线状披针形，不分裂或 3 全裂，质厚，基部楔形，顶端急尖，基出 3 脉，两面粗糙，被白色粗毛及黄色腺点，正面及沿脉的毛密；自中部向上与向下的叶渐小，与中部茎叶同形同质；全部茎叶基出 3 脉，边缘有犬齿，无柄或几乎无柄。头状花序多数在茎顶或枝端排成紧密的伞房花序，或排成大型的复伞房花序；花序枝及花梗紫红色或绿色，被白色密集的短柔毛；总苞钟状，含 5 朵小花；总苞片覆瓦状排列，约 3 层；全部苞片绿色或紫红色，顶端急尖；花白色、粉红色或淡紫红色。花果期 5—12 月。南太行丘陵、山区都有分布。生于山谷阴处水湿地、林下湿地或草原上。枝叶入药，有发表祛湿、和中化湿的功效。

730 牛蒡 | *Arctium lappa*　　菊科　牛蒡属

二年生草本。茎直立，高达 2 米，粗壮，基部直径达 2 厘米，通常带紫红色或淡紫红色，有多数突起的条棱，分枝斜升，多数，全部茎枝被稀疏的乳突状短毛及长蛛丝毛并混杂有棕黄色的小腺点。基生叶宽卵形，长达 30 厘米，宽达 21 厘米，边缘稀疏的浅波状凹齿或齿尖，基部心形，有长达 32 厘米的叶柄，两面异色，正面绿色。总苞片多层，多数；全部苞近等长，长约 1.5 厘米，顶端有软骨质钩刺；小花粉红色或紫色，不等 5 深裂。花果期 6—9 月。南太行分布于平原、山区。生于林缘林下、山谷、灌丛、河边潮湿地。果实入药，性味辛、苦寒，可疏散风热、宣肺透疹、散结解毒；根入药，有清热解毒、疏风利咽的功效。

731 短柱侧金盏花 | *Adonis davidii*　　　毛茛科　侧金盏花属

多年生草本。茎高20（10）~40（58）厘米，常从下部分枝，基部有膜质鳞片，无毛。茎下部叶有长柄，上部有短柄或无柄，无毛；叶五角形或三角状卵形，3全裂，二回羽状全裂或深裂，末回裂片狭卵形，有锐齿；叶柄长达7厘米，鞘顶部有叶状裂片。花直径1.8（1.5）~2.8厘米；萼片5~7枚，椭圆形，长5~8毫米；花瓣7~10（14），白色，有时带淡紫色，倒卵状长圆形或长圆形，顶端圆形或微尖；雄蕊与萼片近等长；子房卵形，有疏柔毛，花柱极短，柱头球形。瘦果倒卵形，长3~4毫米，疏被短柔毛，有短宿存花柱。花期4—8月，果期4—10月。南太行分布于高海拔山区。生于草地、沟边、林缘林下。微毒。全草入药，具清热解毒、强心镇静的功效。

732 兔儿伞 | *Syneilesis aconitifolia*　　　菊科　兔儿伞属

多年生草本。茎直立，紫褐色，无毛，具纵肋，不分枝。叶通常2，疏生；下部叶具长柄；叶盾状圆形，直径20~30厘米，掌状深裂；裂片7~9，每裂片再次2~3浅裂；小裂片线状披针形，边缘具不等长的锐齿，顶端渐尖，初时反折呈闭伞状，被密蛛丝状茸毛，后开展呈伞状，变无毛，正面淡绿色，背面灰色；叶柄长10~16厘米，基部抱茎；中部叶较小，直径12~24厘米，裂片通常4~5；叶柄长2~6厘米；其余的叶呈苞片状，披针形，向上渐小，无柄或具短柄。头状花序多数，在茎端密集成复伞房状；花序梗长5~16毫米，具数枚线形小苞片；总苞筒形，基部有3~4小苞片；总苞片1层，长圆形，顶端钝，边缘膜质，外面无毛；小花8~10朵，花冠淡粉白色，5裂。花期6—7，果期8—10月。南太行中低山有分布。生于山坡荒地林缘或路旁。根及全草入药，具祛风湿、舒筋活血、止痛的功效，可治腰腿疼痛、跌打损伤等。

733 日本续断 | *Dipsacus japonicus*　　　忍冬科　川续断属

多年生草本，高1米以上。茎中空，向上分枝，具4~6棱，棱上具钩刺。基生叶具长柄，叶椭圆形，分裂或不裂；茎生叶对生，叶椭圆状卵形至长椭圆形，先端渐尖，基部楔形，常为3~5裂，边缘具粗齿或近全缘，有时全为单叶对生，正面被白色短毛，叶柄和叶背面脉上均具疏的钩刺和刺毛。头状花序顶生，圆球形；总苞片线形，具白色刺毛；小苞片倒卵形，顶端喙尖长5~7毫米，两侧具长刺毛；花萼盘状，4裂，被白色柔毛；花冠管长5~8毫米，4裂，裂片不相等，外被白色柔毛；小总苞具4棱，被白色短毛，顶端具8齿。花期8—9月，果期9—11月。南太行中低山有分布。生于山坡、路旁和草坡。根入药，具补肝肾、行血脉、续筋骨、安胎的功效。

734 窄叶蓝盆花 | *Scabiosa comosa*　　　忍冬科　蓝盆花属

多年生草本。茎直立，黄白色或带紫色，具棱，被贴伏白色短柔毛，在茎基部和花序下最密。基生叶成丛，叶窄椭圆形，羽状全裂，稀为齿裂，裂片线形，花时常枯萎；叶柄长3~6厘米；茎生叶对生，基部连接成短鞘，抱茎，具长1~1.2厘米的短柄或无柄，叶长圆形，一至二回狭羽状全裂，裂片线形，渐尖头。总花梗长10~25厘米，近顶端处密生卷曲白色短纤毛；头状花序单生或3出，半球形，果时球形；总苞片6~10；花萼5裂，细长针状，棕黄色，上面疏生短毛；花冠蓝紫色，外面密生短柔毛，中央花冠筒状，先端5裂，裂片等长，边缘花二唇形，长达2厘米，上唇2裂，较短，下唇3裂，较长，中裂片最长达1厘米，倒卵形。花期7—8月，果期9月。南太行分布于海拔800米以上山区。生于荒坡、草地、林缘。全草入药，具抗炎解热、抗氧化、减轻肾功能损伤、镇静及增强免疫等功效。

花被不明显

735 大戟 | *Euphorbia pekinensis* 　　　　　大戟科　大戟属

多年生草本。茎单生或自基部多分枝，每个分枝上部又 4~5 分枝。叶互生，常为椭圆形，先端尖或渐尖，基部渐狭或呈楔形或近圆形或近平截，边缘全缘；主脉明显，侧脉羽状，不明显，叶两面无毛；总苞叶 4~7 枚，长椭圆形，先端尖，基部近平截；伞幅 4~7，长 2~5 厘米；苞叶 2，近圆形，先端具短尖头，基部平截或近平截。花序单生于二歧分枝顶端，无柄；总苞杯状，长约 3.5 毫米，直径 3.5~4 毫米，边缘 4 裂，裂片半圆形；腺体 4，半圆形或肾状圆形，淡褐色；雄花多数，伸出总苞之外；雌花 1 枚，具较长的子房柄，柄长 3~5（6）毫米；子房幼时被较密的瘤状突起；花柱 3，分离；柱头 2 裂。蒴果球状，长约 4.5 毫米，直径 4~4.5 毫米，被稀疏的瘤状突起。花期 5—8 月，果期 6—9 月。南太行平原、山区广布。生于林缘、灌丛、路旁、荒地、草丛。根入药，可逐水通便、消肿散结，主治水肿，并有通经的功效；亦可做兽药；有毒，宜慎用。

736 甘青大戟 | *Euphorbia micractina* 　　　　　大戟科　大戟属

多年生草本。茎自基部 3~4 分枝，每个分枝向上不再分枝。叶互生，长椭圆形至卵状长椭圆形先端钝，基部楔形或近楔形，两面无毛，全缘；侧脉羽状；总苞叶 5~8 枚，与茎生叶同形；伞幅 5~8，长 2~4 厘米；苞叶常 3 枚，卵圆形，长约 6 毫米，宽 4~5 毫米，先端圆，基部渐狭。花序单生于二歧分枝顶端，基部近无柄；总苞杯状，直径约 1.5 毫米，边缘 4 裂，裂片三角形；腺体 4，半圆形，淡黄褐色；雄花多枚，伸出总苞；雌花 1 枚，明显伸出总苞之外；子房被稀疏的刺状或瘤状突起；花柱 3，基部合生；柱头微 2 裂。蒴果球状，果脊上被稀疏的刺状或瘤状突起。花果期 6—7 月。南太行修武云台山有分布。生于山坡、草甸、林缘及沙石砾地区。全草入药，具活血化瘀、祛风散寒、止疼消肿等功效；有毒，慎用。

737 甘遂 | *Euphorbia kansui*　　　大戟科　大戟属

多年生草本。茎自基部多分枝或仅有 1~2 分枝。叶互生，线状披针形、线形或线状椭圆形，先端钝，基部渐狭，全缘；侧脉羽状；总苞叶 3~6 枚，倒卵状椭圆形，先端钝或尖，基部渐狭；苞叶 2 枚，三角状卵形，先端圆，基部近平截或略呈宽楔形。花序单生于二歧分枝顶端，基部具短柄；总苞杯状，长与直径均约 3 毫米；边缘 4 裂，裂片半圆形；腺体 4，新月形；雄花多数，明显伸出总苞外；雌花 1 枚，子房柄长 3~6 毫米；子房光滑无毛，花柱 3，2/3 以下合生；柱头 2 裂，不明显。蒴果三棱状球形。花期 4—6 月，果期 6—8 月。南太行分布于海拔 1000 米以上山区。生于荒坡、沟谷、草地。根为著名中药（甘遂、甘遂子），具除水、利尿的功效；全株有毒，根毒性大，易致癌，宜慎用。

738 钩腺大戟 | *Euphorbia sieboldiana*　　　大戟科　大戟属

多年生草本。茎单一或自基部多分枝，每个分枝向上再分枝。叶互生，椭圆形或倒卵状披针形，先端钝、尖或渐尖，基部渐狭或呈狭楔形，全缘；侧脉羽状；叶柄极短或无；总苞叶 3~5 枚，椭圆形或卵状椭圆形，长 1.5~2.5 厘米，宽 4~8 毫米，先端钝尖，基部近平截；伞幅 3~5，长 2~4 厘米；苞叶 2 枚，常呈肾状圆形，先端圆或略呈突尖状，基部近平截、微凹或近圆形。花序单生于二歧分枝的顶端，基部无柄；总苞杯状，长 3~4 毫米，直径 3~5 毫米，边缘 4 裂，裂片三角形，腺体 4，新月形，两端具角，角尖钝或长刺芒状，以黄褐色为主；雄花多数，伸出总苞之外；雌花 1 枚，子房柄伸出总苞边缘；子房光滑无毛，花柱 3，分离；柱头 2 裂。蒴果三棱状球状，光滑，成熟时分裂为 3 枚分果片。花果期 4—9 月。南太行分布于海拔 900 米以上山区。生于林缘林下、灌丛、山坡、草地。根状茎入药，具泻下和利尿的功效；煎水外用洗疥疮；有毒，宜慎用。

739 林大戟 | *Euphorbia lucorum* 　　　　大戟科　大戟属

多年生草本。全株光滑无毛。茎单一或数个发自基部，向上直立，顶部多分枝。叶互生，椭圆形，先端圆，基部渐狭；侧脉羽状，不明显；近无叶柄；总苞叶常为5枚，近卵形先端渐尖，基部圆或近平截；伞幅5；次级苞叶3枚，棱状卵形或近圆形，长与宽均1~1.2厘米，先端圆或钝，基部圆，边缘具微细齿；苞叶2枚，同总苞叶，但略小。花序单生二歧聚伞分枝的顶端；总苞钟状，直径约2.5毫米，边缘4裂，裂片钝圆，有齿或无；腺体4，狭椭圆形，暗褐色；雄花多数，微伸出总苞外；雌花1枚，子房柄明显伸出总苞外；子房除沟外被长瘤；花柱3，近基部合生；柱头2裂。蒴果三棱状球形，具3个纵沟，脊上稀疏被瘤至鸡冠状突起，成熟时分裂为3枚分果爿。花期5—6月，果期6—7月。南太行山西阳城有分布。生于林缘林下、灌丛、草甸及山坡等。有毒。

740 乳浆大戟 | *Euphorbia esula* 　　　　大戟科　大戟属

多年生草本。茎单生或丛生，单生时自基部多分枝；不育枝常发自基部，较矮，有时发自叶腋。叶线形至卵形，先端尖或钝尖，基部楔形至平截；无叶柄；不育枝叶常为松针状，直径约1毫米；无柄；总苞叶3~5枚，与茎生叶同形；伞幅3~5，长2~4（5）厘米；苞叶2枚，常为肾形，先端渐尖或近圆，基部近平截。花序单生于二歧分枝的顶端，基部无柄；总苞钟状，长约3毫米，直径2.5~3毫米，边缘5裂，裂片半圆形至三角形；腺体4，新月形，两端具角，角长而尖或短而钝，褐色；雄花多枚，无毛；雌花1枚，子房柄明显伸出总苞之外；子房光滑无毛；花柱3，分离；柱头2裂。蒴果三棱状球形，长与直径均5~6毫米，具3个纵沟。花果期4—10月。南太行中低山有分布。生于路旁、杂草丛、山坡、林下、河沟边、荒山、沙丘及草地。种子含油率达30%，可供工业用。全草入药，具拔毒止痒的功效。

741 泽漆 | *Euphorbia helioscopia*　　　大戟科　大戟属

一年生草本。茎直立，单一或自基部多分枝，分枝斜展向上，高10~30（50）厘米，直径3~5（7）毫米，光滑无毛。叶互生，倒卵形或匙形，长1~3.5厘米，先端具牙齿，中部以下渐狭或呈楔形；总苞叶5枚，倒卵状长圆形，长3~4厘米，先端具牙齿，基部略渐狭，无柄；总伞幅5，长2~4厘米；苞叶2枚，卵圆形，先端具牙齿，基部呈圆形。花序单生，有柄或近无柄；总苞钟状，长约2.5毫米，直径约2毫米，光滑无毛，边缘5裂，裂片半圆形；腺体4，盘状，中部内凹，基部具短柄，淡褐色；雄花数枚，明显伸出总苞外；雌花1枚，子房柄略伸出总苞边缘。蒴果三棱状阔圆形，光滑，无毛；具明显的3纵沟；成熟时分裂为3枚分果爿。花果期4—10月。南太行平原、山区广布。生于山沟、路旁、荒野和山坡，较常见。全草入药，有清热、祛痰、利尿消肿及杀虫的功效。种子含油率达30%，可供工业用。

742 斑地锦草 | *Euphorbia maculata*　　　大戟科　大戟属

一年生草本。茎匍匐，被白色疏柔毛。叶对生，长椭圆形至肾状长圆形，先端钝，基部偏斜，不对称，略呈渐圆形，边缘中部以下全缘，正面绿色，中部常具有1个长圆形的紫色斑点。花序单生于叶腋，腺体4，横椭圆形，边缘具白色附属物，子房被疏柔毛；花柱短，近基部合生；柱头2裂。蒴果三角状卵形，长约2毫米，直径约2毫米，被稀疏柔毛，成熟时易分裂为3枚分果爿。花果期4—9月。南太行广布。生于平原或低山坡的路旁。全草入药，具止血、清湿热、通乳的功效；微毒。

743 地锦草 | *Euphorbia humifusa* 　　　　　大戟科　大戟属

一年生草本。茎匍匐,自基部以上多分枝,基部常红色或淡红色。叶对生,先端钝圆,基部偏斜。花序单生于叶腋,基部具1~3毫米的短柄;总苞陀螺状,长与直径各约1毫米,边缘4裂,裂片三角形;腺体4,矩圆形,边缘具白色或淡红色附属物。雄花数枚,近与总苞边缘等长;雌花1枚,子房柄伸出至总苞边缘;子房三棱状卵形,光滑无毛;花柱3,分离;柱头2裂。蒴果三棱状卵球形,成熟时分裂为3枚分果爿,花柱宿存。花果期5—10月。南太行平原、山区广布。生于荒地、路旁、田间、山坡。根入药,能祛瘀消肿。

744 千根草 | *Euphorbia thymifolia* 　　　　　大戟科　大戟属

一年生草本。茎纤细,常呈匍匐状,自基部多分枝,被稀疏柔毛。叶对生,先端圆,基部偏斜,不对称,呈圆形或近心形,边缘有细锯齿,稀全缘,两面被稀疏柔毛,稀无毛。花序单生或数个簇生于叶腋,具短柄;总苞狭钟状至陀螺状,外部被稀疏的短柔毛,边缘5裂,裂片卵形;腺体4,被白色附属物。蒴果卵状三棱形,长约1.5毫米,直径1.3~1.5毫米,被贴伏的短柔毛,成熟时分裂为3枚分果爿。花果期6—11月。南太行丘陵、平原,特别是城市植物林下有分布。生于路旁、屋旁、草丛、稀疏灌丛等。全草入药,有清热利湿、收敛止痒的功效,主治菌痢、肠炎、腹泻等。

745 通奶草 | *Euphorbia hypericifolia*   大戟科 大戟属

一年生草本。茎直立，自基部分枝或不分枝。叶对生，狭长圆形或倒卵形，先端钝或圆，基部圆形，通常偏斜，不对称，边缘全缘或基部以上具细锯齿。花序数个簇生于叶腋或枝顶；总苞陀螺状，长与直径各约1毫米或稍大；边缘5裂，裂片卵状三角形；腺体4，边缘具白色或淡粉色附属物；子房三棱状，无毛；花柱3，分离；柱头2浅裂。蒴果三棱状，长约1.5毫米，直径约2毫米，无毛，成熟时分裂为3枚分果爿。花果期8—12月。南太行平原、山区都有分布。生于旷野荒地、路旁、灌丛及田间。全草入药，可通奶，故名。

746 闽南大戟 | *Euphorbia heyneana*   大戟科 大戟属

一年生草本。茎自基部分枝，匍匐状，全株淡红色或红色。叶对生，鳞片状，先端圆，基部极偏斜，边缘近全缘；叶柄极短。花序单生或2个并生于叶腋，无柄；总苞钟状，边缘5裂，裂片三角形，锐尖；腺体4，狭椭圆形，边缘具极窄的白色附属物。蒴果球状三棱形，长与直径均约1.5毫米，无毛，成熟时分裂为3枚分果爿。花果期6—12月。南太行平原、山区广布。生于路旁、阳坡山地。全草入药，具止痢的功效。

747 地构叶 | *Speranskia tuberculata*　　　　大戟科　地构叶属

多年生草本。茎直立，高 25~50 厘米，分枝较多，被伏贴短柔毛。叶纸质，披针形或卵状披针形。总状花序长 6~15 厘米，上部有雄花 20~30 朵，下部有雌花 6~10 朵，位于花序中部的雌花两侧有时具雄花 1~2 朵。蒴果扁球形，长约 4 毫米，直径约 6 毫米，被柔毛并具瘤状突起。花果期 5—9 月。南太行山区、丘陵、山前坡地广布。生于山坡草丛或灌丛中。全草入药，可祛风除湿、活血止痛。

748 铁苋菜 | *Acalypha australis*　　　　大戟科　铁苋菜属

一年生草本，高 0.2~0.5 米。小枝细长，被贴毛柔毛，毛逐渐稀疏。叶膜质，长卵形、近菱状卵形或阔披针形。雌雄花同序，花序腋生，稀顶生，花序梗长 0.5~3 厘米，雌花苞片 1~2（4），卵状心形，花后增大，边缘具三角形齿，外面沿掌状脉具疏柔毛，苞腋具雌花 1~3 朵；花梗无；雄花生于花序上部，排列呈穗状或头状，雄花苞片卵形，苞腋具雄花 5~7 朵，簇生。蒴果直径 4 毫米，具 3 枚分果爿。花果期 4—12 月。南太行平原、山区广布。生于山坡较湿润耕地和空旷草地。全草或地上部分入药，具清热解毒、利湿消积、收敛止血的功效。

749 裂苞铁苋菜 | *Acalypha supera*　　大戟科　铁苋菜属

一年生草本，高 20~80 厘米。全株被短柔毛和散生的毛。叶膜质，卵形、阔卵形或菱状卵形，长 2~5.5 厘米，顶端急尖或短渐尖，基部浅心形，有时楔形，上半部边缘具圆锯齿；基出脉 3~5 条；叶柄细长，长 2.5~6 厘米，具短柔毛；托叶披针形，长约 5 毫米。雌雄花同序，花序 1~3 个腋生，花序梗几无，雌花苞片 3~5，掌状深裂，裂片长圆形，苞腋具 1 朵雌花；雄花密生于花序上部，呈头状或短穗状，苞片卵形，长 0.2 毫米；有时花序轴顶端具 1 朵异形雌花。花期 5—12 月，果期 8—12 月。南太行海拔 1000 米以上有分布。生于林缘、路旁、沟旁。

750 瓣蕊唐松草 | *Thalictrum petaloideum*　　毛茛科　唐松草属

多年生草本。三至四回三出复叶，小叶倒卵形至菱形，长 3~12 毫米，宽 2~25 毫米，3 裂。聚伞花序伞房状；萼片 4 枚，白色，早落；雄蕊多数，花丝增大呈棍棒状，明显比花药宽；心皮 4~13。瘦果卵球形，有明显纵肋。花果期 6—8 月。南太行山西晋城、运城等地有分布。生于山坡林缘、灌草丛中或亚高山草甸。根入药，主治黄疸型肝炎、腹泻、痢疾、渗出性皮炎等症。

751 长柄唐松草 | *Thalictrum przewalskii*   毛茛科 唐松草属

多年生草本。茎高 50~120 厘米，无毛，通常分枝，约有 9 叶。基生叶和近基部的茎生叶在开花时枯萎；茎下部叶长达 25 厘米，四回三出复叶；叶长达 28 厘米；小叶薄草质，顶生小叶卵形、菱状椭圆形或倒卵形，顶端钝或圆形，基部圆形、浅心形或宽楔形，3 裂常达中部，有粗齿，背面脉稍隆起，有短毛；叶柄长约 6 厘米，基部具鞘；托叶膜质，半圆形，边缘不规则开裂。圆锥花序多分枝，无毛；花梗长 3~5 毫米；萼片白色或稍带黄绿色，狭卵形，有 3 脉，早落；雄蕊多数，花药长圆形，比花丝宽，花丝白色，上部线状倒披针形，下部丝形；有子房柄，花柱与子房等长。瘦果扁，斜倒卵形，有 4 条纵肋。花果期 6—9 月。南太行山西晋城、长治有分布。生于山地灌丛边、林下或草坡上。果实入药，具清热燥湿、化瘀消肿的功效；有毒，慎用。

752 长喙唐松草 | *Thalictrum macrorhynchum*   毛茛科 唐松草属

多年生草本。全株无毛。茎高 45~65 厘米，分枝。基生叶和茎下部叶有较长柄，上部叶有短柄，为二至三回三出复叶；小叶草质，顶生小叶圆菱形或宽倒卵形，顶端圆形，基部圆形或浅心形，3 浅裂，有圆牙齿，正面脉平，背面脉平或中脉稍隆起，小叶柄细，长 0.9~1.6 厘米；叶柄长达 8 厘米，基部稍增宽成鞘，托叶薄膜质，全缘。圆锥状花序有稀疏分枝；花梗长 1.2~3.2 厘米；萼片白色，椭圆形，长约 3.5 毫米，早落；雄蕊长约 4 毫米，花药长椭圆形，花丝比花药稍宽或等宽，上部狭倒披针形；花柱与子房近等长，拳卷。瘦果狭卵球形，有 8 条纵肋。花果期 6—9 月。南太行分布于山西运城。生于山地林中或山谷灌丛中。带根全草入药，用于治疗伤风感冒；有毒，慎用。

753 东亚唐松草（变种） | *Thalictrum minus* var. *hypoleucum*

毛茛科　唐松草属

亚欧唐松草（原变种）。本变种特征：多年生草本。全株无毛。茎下部叶有稍长柄或短柄，茎中部叶有短柄或近无柄，四回三出羽状复叶；叶长达 20 厘米；小叶纸质或薄草质，顶生小叶楔状倒卵形、宽倒卵形或狭菱形，长 0.7~1.5 厘米，基部楔形至圆形，3 浅裂或有疏牙齿，背面淡绿色，脉不明显隆起；叶柄长达 4 厘米，基部有狭鞘。圆锥花序长达 30 厘米；花梗长 3~8 毫米，萼片 4 枚，淡黄绿色，脱落，狭椭圆形；雄蕊多数，长约 6 毫米，花药狭长圆形，花丝丝形；柱头正三角形状箭头。瘦果狭椭圆球形，稍扁，有 8 条纵肋。花期 6—7 月，果期 7—8 月。南太行分布于丘陵、山区。生于山地草坡、田边、灌丛中或林下。根可治牙痛、急性皮炎、湿疹等。

754 箭头唐松草 | *Thalictrum simplex*

毛茛科　唐松草属

多年生草本。全株无毛。茎高 54~100 厘米，不分枝或在下部分枝。茎生叶向上近直展，为二回羽状复叶；茎下部的叶长达 20 厘米，小叶较大，圆菱形、菱状宽卵形或倒卵形，基部圆形，3 裂，裂片顶端钝或圆形，有圆齿，脉在背面隆起，脉网明显，茎上部叶渐变小，小叶倒卵形或楔状倒卵形，基部圆形或楔形，裂片顶端急尖；茎下部叶有稍长柄，上部叶无柄。圆锥花序，分枝与轴呈 45°角斜上层；花梗长达 7 毫米；萼片 4 枚，早落，狭椭圆形；雄蕊约 15 枚，花药狭长圆形，顶端有短尖头，花丝丝形；柱头宽三角形。瘦果狭椭圆球形或狭卵球形，长约 2 毫米，有 8 条纵肋。花期 7 月，果期 7—9 月。南太行分布于山西晋城圣王坪。生于平原或低山草地或沟边。根入药，具清湿热、解毒的功效；有毒，慎用。

755 展枝唐松草 | *Thalictrum squarrosum*   毛茛科　唐松草属

多年生草本。全株无毛。茎高 60~600 厘米，有细纵槽，通常自中部近二歧状分枝。基生叶在开花时枯萎。茎下部及中部叶有短柄，为二至三回羽状复叶；叶长 8~18 厘米；小叶坚纸质或薄革质，顶生小叶楔状倒卵形、宽倒卵形、长圆形或圆卵形，顶端急尖，基部楔形至圆形，通常 3 浅裂，裂片全缘或有 2~3 枚小齿，背面有白粉，脉平或稍隆起；叶柄长 1~4 厘米。花序圆锥状，近二歧状分枝；花梗细，长 1.5~3 厘米；萼片 4 枚，淡黄绿色，狭卵形，脱落；雄蕊 5~14 枚，柱头箭头状。瘦果狭倒卵球形或近纺锤形，有 8 条粗纵肋。花果期 7—9 月。南太行山区、平原广布。生于平原草地、田边或干燥草坡。叶含鞣质，可提制烤胶。

756 萹蓄 | *Polygonum aviculare*

蓼科　萹蓄属

一年生草本。茎平卧、上升或直立,自基部多分枝,具纵棱。叶椭圆形、狭椭圆形或披针形,长1~4厘米,顶端钝圆或急尖,基部楔形,边缘全缘,两面无毛,背面侧脉明显;叶柄短或近无柄,基部具关节;托叶鞘膜质,下部褐色,上部白色,撕裂脉明显。花单生或数朵簇生于叶腋,遍布于植株;苞片薄膜质;花梗细,顶部具关节;花被5深裂,绿色,边缘白色或淡红色;雄蕊8枚;花柱3,柱头头状。瘦果卵形,具3棱。花期5~7月,果期6—8月。南太行山区、平原广布。生于路旁、河边、沟谷。全草入药,有通经利尿、清热解毒功效。

757 天麻 | *Gastrodia elata*

兰科　天麻属

多年生草本,高30~100厘米,有时可达2米。腐生。根状茎肥厚,块茎状,椭圆形至近哑铃形,肉质,具较密的节,节上被许多三角状宽卵形的鞘。茎直立,橙黄色、黄色或灰棕色,无绿叶,下部被数枚膜质鞘。总状花序长5~30(50)厘米,通常具花30~50朵。花果期5—7月。南太行分布于高海拔山区。生于疏林下,林中空地、林缘、灌丛边缘。名贵中药,用以治疗头晕目眩、肢体麻木、小儿惊风等。

758 小果博落回 | *Macleaya microcarpa*　　罂粟科　博落回属

亚灌木状草本。基部木质化，具乳黄色浆汁。茎高 0.8~1 米，通常淡黄绿色，光滑，多白粉，中空，上部多分枝。叶宽卵形或近圆形，长 5~14 厘米，宽 5~12 厘米，先端急尖、钝或圆形，基部心形，通常 7 或 9 深裂或浅裂，裂片半圆形、扇形等，边缘波状、缺刻状、粗齿或多细齿，正面绿色，无毛，背面多白粉，被茸毛，基出脉通常 5，侧脉 1 对稀 2 对，细脉网状；叶柄长 4~11 厘米，正面平坦，通常不具沟槽。大型圆锥花序多花，长 15~30 厘米，生于茎和分枝顶端；花梗长 2~10 毫米。花芽圆柱形，萼片狭长圆形，舟状；花瓣无；雄蕊 8~12 枚；子房倒卵形，柱头 2 裂。蒴果近圆形。种子 1 颗。花果期 6—10 月。南太行丘陵、山区广布。生于山坡路边草地或灌丛中。全草入药，有毒，不能内服，外用治恶疮及皮肤病；也可做农药。

禾草类植物

759 稗 | *Echinochloa crusgalli*   禾本科 稗属

一年生草本。秆高50~150厘米，光滑无毛，基部倾斜或膝曲。叶鞘疏松裹秆，平滑无毛，下部者长于而上部者短于节间；叶舌缺；叶扁平，线形，无毛，边缘粗糙。圆锥花序直立，近尖塔形，长6~20厘米；主轴具棱，粗糙或具疣基长刺毛；分枝斜上举或贴向主轴，有时再分小枝；穗轴粗糙或生疣基长刺毛；小穗卵形，长3~4毫米，脉上密被疣基刺毛，具短柄或近无柄，密集在穗轴的一侧；第一颖三角形，具3~5脉，先端尖；第二颖与小穗等长，先端渐尖或具小尖头，具5脉，脉上具疣基毛；第一小花通常中性，其外稃草质，上部具7脉，脉上具疣基刺毛，顶端延伸成一粗壮的芒，芒长0.5~1.5（3）厘米，内稃薄膜质，狭窄，具2脊。花果期6—9月。南太行平原广布。生于沼泽、草地、沟边。全草入药，具凉血止血的功效。

760 西来稗（变种） | *Echinochloa crusgalli* var. *zelayensis*   禾本科 稗属

与稗（原变种）的区别：秆高50~75厘米。叶长5~20毫米；圆锥花序直立，长11~19厘米，分枝上不再分枝；小穗卵状椭圆形，长3~4毫米，顶端具小尖头而无芒，脉上无疣基毛，但疏生硬刺毛。花果期6—9月。南太行平原广布。多生于沼泽地、沟边及水稻田中。田间杂草。全草可做绿肥及饲料。

761 短芒稗（变种） | *Echinochloa crusgalli* var. *breviseta*　　禾本科　稗属

与稗（原变种）的区别：植株高30~70厘米。叶长8~15厘米，宽4~6毫米。圆锥花序较狭窄，长8~10厘米；小穗卵形，绿色，长约3毫米，脉上疏被短硬毛，顶端具小尖头或具短芒，芒长通常不超过0.5厘米。南太行平原广布。生于沼泽、草地、路旁。田间杂草。全草可做绿肥及饲料。

762 无芒稗（变种） | *Echinochloa crusgalli* var. *mitis*　　禾本科　稗属

与稗（原变种）的区别：秆高50~120厘米，直立，粗壮；叶长20~30厘米，宽6~12毫米。圆锥花序直立，长10~20厘米，分枝斜上举而开展，常再分枝；小穗卵状椭圆形，长约3毫米，无芒或具极短芒，芒长常不超过0.5毫米，脉上被疣基硬毛。南太行平原广布。生于水边、路旁、草地。全草可做绿肥及饲料。

763 长芒稗 | *Echinochloa caudata*　　禾本科　稗属

一年生草本。秆高 1~2 米。叶鞘无毛、常有疣基毛、仅有粗糙毛或仅边缘有毛；叶舌缺；叶线形，长 10~40 厘米，两面无毛，边缘增厚而粗糙。圆锥花序稍下垂，长 10~25 厘米；主轴粗糙，具棱，疏被疣基长毛；分枝密集，常再分小枝；小穗卵状椭圆形，常带紫色，长 3~4 毫米，脉上具硬刺毛，有时疏生疣基毛；第一颖三角形，长为小穗的 1/3~2/5，先端尖，具 3 脉；第二颖与小穗等长，顶端具长 0.1~0.2 毫米的芒，具 5 脉；第一外稃草质，顶端具长 1.5~5 厘米的芒，具 5 脉，脉上疏生刺毛，内稃膜质，先端具细毛，边缘具细睫毛；第二外稃革质，光亮，边缘包着同质的内稃。花果期夏秋季。南太行平原广布。生于路旁及河边湿润处。根及幼苗入药，具止血的功效。

764 光头稗 | *Echinochloa colonum*　　禾本科　稗属

一年生草本。秆直立，高 10~60 厘米。叶鞘压扁而背具脊，无毛；叶舌缺；叶扁平，线形，长 3~20 厘米，无毛，边缘稍粗糙。圆锥花序狭窄，长 5~10 厘米；主轴具棱，通常无疣基长毛，棱边上粗糙，花序分枝长 1~2 厘米，排列稀疏，直立上升或贴向主轴，仅基部被 1~2 疣基长毛；小穗卵圆形，长 2~2.5 毫米，具小硬毛，无芒，较规则呈 4 行排列于穗轴的一侧；第一颖三角形，长约为小穗的 1/2，具 3 脉；第二颖与第一外稃等长且同形，顶端具小尖头，具 5~7 脉，间脉常不达基部；第一小花常中性，其外稃具 7 脉，内稃膜质，稍短于外稃，脊上被短纤毛；第二外稃椭圆形，平滑，光亮，边缘内卷，包着同质的内稃。花果期夏秋季。南太行平原广布。生于田野、路旁、湿地。田间杂草。全草为牲畜青饲料。

765 臭草 | *Melica scabrosa* 禾本科 臭草属

一年生草本。秆丛生，直立或基部膝曲，高20~90厘米，直径1~3毫米，基部密生分蘖。叶鞘闭合近鞘口，常撕裂，光滑或微粗糙，下部者长于而上部者短于节间；叶舌透明膜质，长1~3毫米，顶端撕裂而两侧下延；叶质较薄，扁平，干时常卷折，长6~15厘米，两面粗糙或正面疏被柔毛。圆锥花序狭窄，长8~22厘米，宽1~2厘米；分枝直立或斜向上升，主枝长达5厘米；小穗柄短，纤细，上部弯曲，被微毛；小穗淡绿色或乳白色，长5~8毫米，含孕性小花2~4（6）朵，顶端由数个不育外稃集呈小球形；颖膜质，狭披针形，两颖几等长，具3~5脉，背面中脉常生微小纤毛；外稃草质，顶端尖或钝且为膜质，具7条隆起的脉，背面颖粒状粗糙，第一外稃长5~8毫米；内稃短于外稃或相等，倒卵形，顶端钝，具2脊，脊上被微小纤毛。花果期5—8月。南太行平原、山区广布。生于山坡草地、沟谷、路旁。全草入药，具祛风、退热、利尿、活血、解毒、消肿的功效。

766 广序臭草 | *Melica onoei* 禾本科 臭草属

多年生草本。秆少数丛生，直立或基部各节膝曲，高75~150厘米，具10余节。叶鞘闭合几达鞘口，紧密包茎，无毛或基部者被倒生柔毛，均长于节间；叶舌质硬，顶端截平，短小，长约0.5毫米；叶质地较厚，扁平或干时卷折，常转向一侧，长10~25厘米，正面常带白粉色，两面均粗糙。圆锥花序开展呈金字塔形，长15~35厘米，每节具2~3分枝；基部主枝长达15厘米，粗糙或下部光滑，极开展；小穗柄细弱，顶端弯曲被毛；小穗绿色，线状披针形，含孕性小花2~3朵，顶生不育外稃1枚；颖薄膜质，顶端尖，第一颖长2~3毫米，具1脉，第二颖长3~4.5毫米，具3~5脉（侧脉极短）；外稃硬纸质，边缘和顶端具膜质，细点状粗糙，第一外稃长4~4.5毫米，具隆起7脉；内稃长4~4.5毫米，顶端钝或有2微齿，具2脊，脊上光滑或粗糙。颖果纺锤形。花果期7—10月。南太行分布于中低海拔山区。生于路旁、草地、山坡阴湿处及山沟或林下。全草入药，具利水通淋、散热的功效。

767 细叶臭草 | *Melica radula*　　禾本科　臭草属

一年生草本。须根细弱，较稠密。秆直立，较细弱，高30~40厘米，基部密生分蘖。叶鞘闭合至鞘口，均长于节间，光滑无毛；叶舌短，膜质，长约0.5毫米；叶常纵卷成线形，长5~12厘米，两面粗糙或有时正面被短毛。圆锥花序极狭窄，长6~15厘米；分枝少，直立，着生稀少的小穗或似总状；小穗柄短，顶端弯曲，被微毛；小穗淡绿色，长圆状卵形，长5~8毫米，含孕性小花2（稀1或3）朵，顶生不育外稃聚集呈棒状或小球形；颖膜质，长圆状披针形，两颖几等长，顶端尖，长4~7毫米，光滑无毛；外稃草质，卵状披针形，顶端膜质，常稍钝或尖，背面颖粒状粗糙，第一外稃长4.5~7毫米，具7脉；内稃卵圆形，短于外稃，背面稍弯曲，脊上被纤毛。花果期5—8月。南太行分布于海拔350米以上丘陵、山区。生于沟边、山坡、田野、路旁。

768 棒头草 | *Polypogon fugax*　　禾本科　棒头草属

一年生草本。秆丛生，基部膝曲，大都光滑，高10~75厘米。叶鞘光滑无毛，大都短于或下部者长于节间；叶舌膜质，长圆形，长3~8毫米，常2裂或顶端具不整齐的裂齿；叶扁平，微粗糙或背面光滑，长2.5~15厘米。圆锥花序穗状，长圆形或卵形，较疏松，具缺刻或有间断，分枝长可达4厘米；小穗长约2.5毫米，灰绿色或部分带紫色；颖长圆形，疏被短纤毛，先端2浅裂，芒从裂口处伸出，细直，微粗糙，长1~3毫米；外稃光滑，长约1毫米，先端具微齿，中脉延伸成长约2毫米而易脱落的芒。颖果椭圆形。花果期4—9月。南太行山区、平原均有分布。生于山坡、田边、潮湿处。优质牧草。

769 拂子茅 | *Calamagrostis epigeios*　　禾本科　拂子茅属

多年生草本。具根状茎。秆直立，平滑无毛或花序下稍粗糙，高45~100厘米，直径2~3毫米。叶鞘平滑或稍粗糙，短于或基部者长于节间；叶舌膜质，长5~9毫米，长圆形，先端易破裂；叶长15~27厘米，扁平或边缘内卷，正面及边缘粗糙，背面较平滑。圆锥花序紧密，圆筒形，劲直，具间断，长10~25（30）厘米，分枝粗糙，直立或斜向上升；小穗长5~7毫米，淡绿色或带淡紫色；两颖近等长或第二颖微短，先端渐尖，具1脉，第二颖具3脉，主脉粗糙；外稃透明膜质，长约为颖的1/2，顶端具2齿，基盘的柔毛几与颖等长，芒自稃体背中部附近伸出，细直，长2~3毫米。花果期5—9月。南太行分布于海拔1000米以上山区。生于湿地、河滩、草地。可作园林绿化观赏草。

770 假苇拂子茅 | *Calamagrostis pseudophragmites*　　禾本科　拂子茅属

多年生草本。秆直立，高40~100厘米，直径1.5~4毫米。叶鞘平滑无毛，或稍粗糙，短于节间，有时在下部者长于节间；叶舌膜质，长4~9毫米，长圆形，顶端钝而易破碎；叶长10~30厘米，扁平或内卷，正面及边缘粗糙，背面平滑。圆锥花序长圆状披针形，疏松开展，长10~20（35）厘米，分枝簇生，直立、细弱，稍糙涩；小穗长5~7毫米，草黄色或紫色；颖线状披针形，成熟后张开，顶端长渐尖，第二颖较第一颖短1/4~1/3，具1脉或第二颖具3脉，主脉粗糙；外稃透明膜质，具3脉，顶端全缘，稀微齿裂，芒自顶端或稍下伸出，细直、细弱，长1~3毫米。花果期7—9月。南太行分布于黄河滩区、山区。生于湿地、河滩、草地。可做饲料。

771 丝带草（变种） | *Phalaris arundinacea* var. *picta* 　　禾本科　虉草属

虉草（原变种）。本变种特征：多年生草本。有根茎。秆通常单生或少数丛生，高60~140厘米，6~8节。叶鞘无毛，下部者长于而上部者短于节间；叶舌薄膜质，长2~3毫米；叶扁平，幼嫩时微粗糙，长6~30厘米，宽1~1.8厘米。圆锥花序紧密狭窄，长8~15厘米，分枝直向上举，密生小穗；小穗长4~5毫米，无毛或有微毛。花果期6—8月。南太行海拔1000米以上有分布。生于湖泊、河流、沟谷。常作观赏栽培种。

772 鸭茅 | *Dactylis glomerata* 　　禾本科　鸭茅属

多年生草本。秆直立或基部膝曲，单生或少数丛生，高40~120厘米。叶鞘无毛，通常闭合达中部以上；叶舌薄膜质，长4~8毫米，顶端撕裂；叶扁平，边缘或背部中脉均粗糙，长10（6）~30厘米。圆锥花序开展，长5~15厘米，分枝单生或基部者稀可孪生，长5（3）~15厘米，伸展或斜向上升，1/2以下裸露，平滑；小穗多聚集于分枝上部，具花2~5朵，绿色或稍带紫色；颖片披针形，先端渐尖，长4~5（6.5）毫米，边缘膜质，中脉稍突出成脊，脊粗糙或具纤毛；外稃背部粗糙或被微毛，脊具细刺毛或具稍长的纤毛，顶端具长约1毫米的芒，第一外稃近等长于小穗；内稃狭窄，约等长于外稃，具2脊，脊具纤毛；花药长约2.5毫米。花果期5—8月。南太行分布于海拔1500米以上山区。生于林缘、沟谷、草地、路旁。优质牧草。

773 大狗尾草 | *Setaria faberii*　　　禾本科　狗尾草属

一年生草本。秆粗壮而高大、直立或基部膝曲，光滑无毛。叶鞘松弛，边缘具细纤毛；叶舌具密集的长1~2毫米的纤毛；叶线状披针形，无毛或上面具较细疣毛，基部钝圆或渐窄狭几呈柄状，边缘具细锯齿。圆锥花序紧缩呈圆柱状，通常垂头，主轴具较密长柔毛，花序基部通常不间断；小穗椭圆形，长约3毫米，顶端尖；第一颖长为小穗的1/3~1/2，宽卵形，顶端尖，具3脉；第二颖长为小穗的3/4或稍短于小穗，顶端尖，具5~7脉，第一外稃与小穗等长，具5脉，其内稃膜质，披针形，长为其1/2~1/3，第二外稃与第一外稃等长，具细横皱纹，顶端尖，成熟后背部极膨胀隆起。花果期7—10月。南太行山区、平原广布。生于山坡、路旁、田园或荒野。优质牧草。根、茎入药，可清热消疳、杀虫止痒、祛风止痛。

774 狗尾草 | *Setaria viridis*　　　禾本科　狗尾草属

一年生草本。秆直立或基部膝曲，高10~100厘米，基部直径3~7毫米。叶鞘松弛，无毛或疏具柔毛或疣毛，边缘具较长的密绵毛状纤毛；叶舌极短，缘有长1~2毫米的纤毛；叶扁平，长三角状狭披针形或线状披针形，长4~30厘米，宽2~18毫米，通常无毛或疏被疣毛，边缘粗糙。圆锥花序紧密呈圆柱状或基部稍疏离，直立或稍弯垂，主轴被较长柔毛，长2~15厘米，宽4~13毫米，刚毛长4~12毫米，粗糙或微粗糙，直或稍扭曲，通常绿色或褐黄色至紫红或紫色；小穗2~5个簇生于主轴上或更多的小穗着生在短小枝上，椭圆形，先端钝，长2~2.5毫米，铅绿色。颖果灰白色。花果期5—10月。南太行平原、山区广布。生于荒地、田间地头、路旁、林缘。全草入药，具清肝明目、解热祛湿的功效。

775 金色狗尾草 | *Setaria pumila*　　禾本科　狗尾草属

一年生草本。单生或丛生。秆直立或基部倾斜膝曲，近地面节可生根，高 20~90 厘米，光滑无毛，仅花序下面稍粗糙。叶鞘下部扁压具脊，上部圆形，光滑无毛，边缘薄膜质，光滑无纤毛；叶舌具一圈长约 1 毫米的纤毛，叶线状披针形或狭披针形，长 5~40 厘米，正面粗糙，背面光滑，近基部疏生长柔毛。圆锥花序紧密呈圆柱状或狭圆锥状，长 3~17 厘米，直立，主轴具短细柔毛，刚毛金黄色或稍带褐色，粗糙，长 4~8 毫米，先端尖，通常在一簇中仅具 1 个发育的小穗。花果期 6—10 月。南太行平原、山区广布。生于林边、山坡、路边和荒芜的园地及荒野。可做青储饲料。

776 鬼蜡烛 | *Phleum paniculatum*　　禾本科　梯牧草属

一年生草本。秆细瘦，直立，丛生，基部常膝曲，高 3~45 厘米，具 3~5 节。叶鞘短于节间，紧密或松弛；叶舌膜质，长 2~4 毫米；叶扁平，长 1.5~15 厘米，宽 2~6 毫米，先端尖。圆锥花序紧密，呈窄的圆柱状，长 0.8~10 厘米，宽 4~8 毫米，成熟后草黄色；小穗楔形或倒卵形，长 2~3 毫米；颖具 3 脉，脉间具深沟，脊上无毛或具硬纤毛，先端具长约 0.5 毫米的尖头；外稃卵形，长 1.3~2 毫米，贴生短毛；内稃几等长于外稃。颖果长约 1 毫米。花果期 4—8 月。南太行平原常见。生于山坡、道旁、田野以及池沼旁。草田轮作的主要牧草。

777 看麦娘 | *Alopecurus aequalis*　　禾本科　看麦娘属

一年生草本。秆少数丛生，细瘦，光滑，节处常膝曲，高15~40厘米。叶鞘光滑，短于节间；叶舌膜质，长2~5毫米；叶扁平，长3~10厘米，宽2~6毫米。圆锥花序圆柱状，灰绿色，长2~7厘米，宽3~6毫米；小穗椭圆形或卵状长圆形，长2~3毫米；颖膜质，基部互相连合，具3脉，脊上有细纤毛，侧脉下部有短毛；外稃膜质，先端钝，等大或稍长于颖，下部边缘互相连合，芒长1.5~3.5毫米，约于稃体下部1/4处伸出，隐藏或稍外露；花药橙黄色，长0.5~0.8毫米。颖果长约1毫米。花果期4—8月。南太行平原广布。生于田边及潮湿之地。全草入药，具利水消肿、解毒的功效。

778 白草 | *Pennisetum flaccidum*　　禾本科　狼尾草属

多年生草本。具横走根茎。秆直立，单生或丛生，高20~90厘米。叶鞘疏松包茎，基部者密集近跨生，上部短于节间；叶舌短，具长1~2毫米的纤毛；叶狭线形，长10~25厘米，宽5~8（1）毫米，两面无毛。圆锥花序紧密，直立或稍弯曲，长5~15厘米；主轴具棱角，无毛或罕疏生短毛；刚毛柔软、细弱，微粗糙，长8~15毫米，灰绿色或紫色；小穗通常单生，卵状披针形，长3~8毫米；第一颖微小，先端钝圆、锐尖或齿裂，脉不明显；第二颖长为小穗的1/3~3/4，先端芒尖，具1~3脉；第一外稃与小穗等长，厚膜质，先端芒尖，具3~5（7）脉，第一内稃透明，膜质或退化；第二小花两性，第二外稃具5脉，先端芒尖，与其内稃同为纸质。花果期7—10月。南太行丘陵、山区广布。多生于山坡和较干燥之处。优质牧草。

779 狼尾草 | Pennisetum alopecuroides　　禾本科　狼尾草属

多年生草本。须根较粗壮。秆直立，丛生，高30~120厘米，在花序下密生柔毛。叶鞘光滑，两侧压扁，主脉呈脊，在基部者跨生状，秆上部者长于节间；叶舌具长约2.5毫米的纤毛；叶线形，长10~80厘米，宽3~8毫米，先端长渐尖，基部生疣毛。圆锥花序直立，长5~25厘米；主轴密生柔毛；总梗长2~3（5）毫米；刚毛粗糙，淡绿色或紫色，长1.5~3厘米；小穗通常单生，偶有双生，线状披针形，长5~8毫米；第一颖微小或缺；第二颖卵状披针形，先端短尖，具3~5脉，长为小穗的1/3~2/3。花果期夏秋季。南太行分布于平原、山区。多生于田岸、荒地、道旁及小山坡上。可作园林观赏植物。

780 大针茅 | Stipa grandis　　禾本科　针茅属

多年生草本。秆高50~100厘米，具3~4节，基部宿存枯萎叶鞘。叶鞘粗糙或老时变平滑，下部者通常长于节间；基生叶舌长0.5~1毫米，钝圆，缘具睫毛，秆生叶长3~10毫米，披针形；叶纵卷似针状，正面具微毛，背面光滑，基生叶长可达50厘米。圆锥花序基部包藏于叶鞘内，长20~50厘米，分枝细弱，直立上举；小穗淡绿色或紫色；颖长3~4.5厘米，尖披针形，先端丝状，第一颖具3~4脉，第二颖具5脉；外稃长1.5~1.6厘米，具5脉，芒两回膝曲扭转，微糙涩，第一芒柱长7~10厘米，第二芒柱长2~2.5厘米，芒针卷曲，长11~18厘米；内稃与外稃等长。花果期5—8月。南太行分布于海拔1200米以上山区。生于林缘林下、草甸、荒坡。优质牧草。

781 朝阳芨芨草 | *Achnatherum nakaii*　　禾本科　芨芨草属

多年生草本。秆细弱，紧密丛生，直立，高40~60厘米，直径1~1.2毫米，具2~3节，光滑。叶鞘平滑或疏被短毛，上部者短于节间；叶舌长0.5~1毫米，平截，顶端撕裂；叶直立，通常内卷，光滑或边缘微粗糙，长10~25厘米。圆锥花序疏松，长12~20厘米，分枝细，微粗糙，多孪生，斜向上升或平展，下部裸露，中部以上疏生小穗；小穗长5~6.5毫米，草绿色或褐紫色；颖长圆状披针形，近等长或第一颖稍短，顶端稍钝，背部具微毛，具3脉；外稃长约4.5毫米，顶端具2微齿，背部密被柔毛，具3脉，脉于顶端汇合，基盘较钝，长约0.5毫米，具毛，芒长10~15毫米，一回或不明显地二回膝曲，芒柱扭转且稍粗糙；内稃近等长于外稃。花果期7—9月。南太行分布于海拔1200米以上山区。生于林缘林下、草地、河滩砂地。

782 芨芨草 | *Achnatherum splendens*　　禾本科　芨芨草属

多年生草本。秆直立，坚硬，内具白色的髓，形成大的密丛，节多聚于基部，具2~3节，平滑无毛，基部宿存枯萎的黄褐色叶鞘。叶鞘无毛，具膜质边缘；叶舌三角形或尖披针形，长5~10（15）毫米；叶纵卷，质坚韧，宽5~6毫米。圆锥花序长30（15）~60厘米，开花时呈金字塔形开展，分枝细弱，2~6枚簇生，平展或斜向上升，长8~17厘米，基部裸露；小穗灰绿色，基部带紫褐色，成熟后常变草黄色；颖膜质，披针形，顶端尖或锐尖，芒自外稃齿间伸出，直立或微弯，粗糙，不扭转，长5~12毫米，易断落。花果期6—9月。南太行分布于海拔900米以上山区。生于林缘、荒坡、草地。优质牧草。

783 京芒草 | *Achnatherum pekinense*　　禾本科　羽茅属

多年生草本。秆直立，光滑，疏丛，高60~100厘米，具3~4节，基部常宿存枯萎的叶鞘，并具光滑的鳞芽。叶鞘光滑无毛，上部者短于节间；叶舌质地较硬，平截，具裂齿，长1~1.5毫米；叶扁平或边缘稍内卷，长20~35厘米，正面及边缘微粗糙，背面平滑。圆锥花序开展，长12~25厘米，分枝细弱，2~4枚簇生，中部以下裸露，上部疏生小穗；小穗长11~13毫米，草绿色或变紫色，颖膜质，几等长，披针形，先端渐尖，具3脉；外稃长6~7毫米，顶端具2微齿，芒长2~3厘米，二回膝曲，芒柱扭转且具微毛。花果期7—10月。南太行分布于海拔900米以上山区。生于草地、林下、河滩及路旁。优质牧草。

784 乱子草 | *Muhlenbergia huegelii*　　禾本科　乱子草属

多年生草本。秆质较硬，稍扁，直立，高70~90厘米，基部直径1~2毫米，有时带紫色，节下常贴生白色微毛。叶鞘疏松，平滑无毛，除顶端1~2节外大都短于节间；叶舌膜质，长约1毫米，无毛或具纤毛；叶扁平，狭披针形，先端渐尖，两面及边缘糙涩，深绿色，长4~14厘米。圆锥花序稍疏松开展，有时下垂，长8~27厘米，每节簇生数分枝，分枝斜上升或稍开展，糙涩，细弱；小穗柄糙涩，大都短于小穗，与穗轴贴生；小穗灰绿色有时带紫色，披针形，长2~3毫米；颖薄膜质，白色透明，部分稍带紫色，无脉或第二颖先端尖且具1脉，长0.5~1.2毫米；外稃与小穗等长，先端尖或具2齿，具3脉，中脉延伸成芒，其芒纤细，灰绿色或紫色，微糙涩，长8~16毫米。花果期7—10月。南太行分布于海拔900米以上山区。生于山谷、河边湿地、林下和灌丛。优质牧草。

785 细柄草 | *Capillipedium parviflorum*　　　禾本科　细柄草属

多年生草本。秆直立或基部稍倾斜，高50~100厘米，不分枝或具数直立、贴生的分枝。叶鞘无毛或有毛；叶舌干膜质，长0.5~1毫米，边缘具短纤毛；叶线形，长15~30厘米，顶端长渐尖，基部收窄，近圆形，两面无毛或被糙毛。圆锥花序长圆形，长7~10厘米，近基部宽2~5厘米，分枝簇生，可具一至二回小枝，纤细光滑无毛，枝腋间具细柔毛，小枝为具1~3节的总状花序，总状花序轴节间与小穗柄长为无柄小穗的1/2，边缘具纤毛；无柄小穗长3~4毫米，基部具髯毛；第一外稃长为颖的1/4~1/3，先端钝或呈钝齿状；第二外稃线形，先端具1膝曲的芒，芒长12~15毫米；有柄小穗中性或雄性，等长或短于无柄小穗，无芒。花果期8—12月。南太行分布于海拔800米以上山区。生于林缘林下、灌丛、沟谷、路旁。优质牧草。全草入药，具驱风除湿的功效。

786 野青茅 | *Deyeuxia arundinacea*　　　禾本科　野青茅属

多年生草本。秆直立，其节膝曲，丛生，高50~60厘米，平滑。叶鞘疏松裹茎，长于或上部者短于节间，无毛或鞘颈具柔毛；叶舌膜质，长2~5毫米，顶端常撕裂；叶扁平或边缘内卷，长5~25厘米，无毛，两面粗糙，带灰白色。圆锥花序紧缩似穗状，长6~10厘米，分枝3或数枚簇生，长1~2厘米，直立贴生，与小穗柄均粗糙；小穗长5~6毫米，草黄色或带紫色；颖片披针形，先端尖，稍粗糙，两颖近等长；外稃稍粗糙，顶端具微齿裂，芒自外稃近基部或下部1/5处伸出，长7~8毫米，近中部膝曲，芒柱扭转。花果期6—9月。南太行分布于海拔800米以上山区。生于林缘林下、灌丛、沟谷、路旁。

787 短毛野青茅（变种） | *Deyeuxia arundinacea* var. *brachytricha*

禾本科　野青茅属

与野青茅（原变种）的区别：秆高达 1 米。叶鞘密生柔毛；叶舌长 2~3 毫米。圆锥花序紧密，长 8~20 厘米，宽 1.5~2 厘米；小穗长 5~5.5 毫米；外稃长 4~4.5 毫米，基盘两侧的柔毛长为稃体的 1/2；花药长约 2 毫米。花果期 8—10 月。南太行分布于海拔 800 米以上山区。生于林缘林下、山坡草地、灌丛、沟谷、路旁。优良饲料。

788 小画眉草 | *Eragrostis minor*

禾本科　画眉草属

一年生草本。秆纤细，丛生，膝曲上升，高 15~50 毫米，直径 1~2 毫米，具 3~4 节，节下具有一圈腺体。叶鞘较节间短，松裹茎，叶鞘脉上有腺体，鞘口有长毛；叶舌为一圈长柔毛，长 0.5~1 毫米；叶线形，平展或蜷缩，长 3~15 厘米，宽 2~4 毫米，背面光滑，正面粗糙并疏生柔毛，主脉及边缘都有腺体。圆锥花序开展而疏松，长 6~15 厘米，宽 4~6 厘米，每节 1 分枝，分枝平展或上举，腋间无毛，花序轴、小枝以及柄上都有腺体；小穗长圆形，长 3~8 毫米，宽 1.5~2 毫米，具花 3~16 朵，绿色或深绿色；小穗柄长 3~6 毫米；颖锐尖，具 1 脉，脉上有腺点。颖果红褐色，近球形，直径约 0.5 毫米。花果期 6—9 月。南太行平原广布。生于荒芜田野、草地和路旁。优质牧草。

789 知风草 | *Eragrostis ferruginea*

禾本科 画眉草属

多年生草本。秆丛生或单生,直立或基部膝曲,高 30~110 厘米,粗壮,直径约 4 毫米。叶鞘两侧极压扁,基部相互跨覆,均较节间为长,光滑无毛,鞘口与两侧密生柔毛,通常在叶鞘的主脉上生有腺点;叶舌退化为一圈短毛,长约 0.3 毫米;叶平展或折叠,长 20~40 毫米。圆锥花序大而开展,分枝节密,每节生枝 1~3 个,向上,枝腋间无毛;小穗柄长 5~15 毫米,在其中部或中部偏上有 1 腺体,腺体多为长圆形,稍突起;小穗长圆形,长 5~10 毫米,宽 2~2.5 毫米,具花 7~12 朵,多带黑紫色,有时也出现黄绿色。颖果棕红色,长约 1.5 毫米。花果期 8—12 月。南太行山区广布。生于路边、山坡草地。优质牧草。

790 黄茅 | *Heteropogon contortus*

禾本科 黄茅属

多年生丛生草本。秆高 20~100 厘米,基部常膝曲,上部直立,光滑无毛。叶鞘压扁而具脊,光滑无毛,鞘口常具柔毛;叶舌短,膜质,顶端具纤毛;叶线形,扁平或对折,长 10~20 厘米,顶端渐尖或急尖,基部稍收窄,两面粗糙或正面基部疏生柔毛。总状花序单生于主枝或分枝顶,长 3~7 厘米(芒除外),诸芒常于花序顶扭卷成一束;花序基部 3~10(12) 小穗对,为同性,无芒,宿存;上部 7~12 对为异性;无柄小穗线形(成熟时圆柱形),两性,长 6~8 毫米,具棕褐色髯毛;第一颖狭长圆形,革质顶端钝,边缘包卷同质的第二颖;第二颖较窄,顶端钝,具 2 脉,边缘膜质;第二小花外稃极窄,向上延伸成二回膝曲的芒,芒长 6~10 厘米,芒柱扭转被毛;内稃常缺。有柄小穗长圆状披针形,雄性或中性,无芒,常偏斜扭转覆盖无柄小穗,绿色或带紫色。花果期 4—12 月。南太行分布于丘陵、山区。生于向阳山坡、灌丛、草地。秆可供造纸、编织。根、秆、花可制清凉剂。

791 节节麦 | *Aegilops tauschii*   禾本科　山羊草属

一年生草本。秆高20~40厘米。叶鞘紧密包茎，平滑无毛而边缘具纤毛；叶舌薄膜质，长0.5~1毫米；叶宽约3毫米，微粗糙，正面疏生柔毛。穗状花序圆柱形，含7（5）~10（13）个小穗；小穗圆柱形，长约9毫米，含3~4（5）朵小花；颖革质，长4~6毫米，通常具7~9脉，顶端截平或有微齿；外稃披针形，顶具长约1厘米的芒，穗顶部者长达4厘米，具5脉，内稃与外稃等长，脊上具纤毛。花果期5—6月。南太行平原广布。生于田间地头，常与小麦共生。世界性恶性杂草。

792 短柄草 | *Brachypodium sylvaticum*   禾本科　短柄草属

多年生草本。秆丛生，直立或膝曲上升，高50~90厘米，具6~7节，节密生细毛。叶鞘大多短于其节间被倒向柔毛；叶舌厚膜质，长1~2毫米；叶片10~30厘米，两面散生柔毛。穗形总状花序长10~18厘米，着生10余个小穗；穗轴节间长1~2厘米；小穗柄长约1毫米，被微毛；小穗圆筒形，长20~30（40）毫米，含6~12（16）朵小花；小穗轴节间长约2毫米，贴生细毛；颖披针形，顶端尖或具尖状短芒，上部与边缘被短毛；外稃长圆状披针形，长6~13毫米，具7~9脉，背面上部与基盘贴生短毛；芒细直，长8~12毫米，微糙涩。花果期7—9月。南太行分布于海拔800米以上山区。生于林缘、路旁、草地。优质牧草。

793 多花黑麦草 | *Lolium multiflorum*　　禾本科　黑麦草属

一年生、越年生或短期多年生草本。秆直立，高50~130厘米，具4~5节，较细弱至粗壮。叶鞘疏松；叶舌长达4毫米，有时具叶耳；叶扁平，长10~20厘米，无毛。穗形总状花序直立或弯曲，长15~30厘米，宽5~8毫米；穗轴柔软，节间长10~15毫米，无毛；小穗含10~15朵小花，长10~18毫米，宽3~5毫米；颖披针形，质地较硬，具5~7脉，长5~8毫米，具狭膜质边缘，顶端钝，通常与第一小花等长；外稃长圆状披针形，长约6毫米，具5脉，顶端膜质透明，具长约5（15）毫米的细芒，或上部小花无芒。花果期7—8月。原产于非洲、欧洲、西南亚洲，引入我国作为牧草、绿地。优质牧草。

794 黑麦草 | *Lolium perenne*　　禾本科　黑麦草属

多年生草本。秆丛生，高30~90厘米，具3~4节，质软，基部节上生根。叶舌长约2毫米；叶线形，长5~20厘米，柔软，具微毛，有时具叶耳。穗形穗状花序直立或稍弯，长10~20厘米，宽5~8毫米；颖披针形，为其小穗长的1/3，具5脉，边缘狭膜质；外稃长圆形，草质，长5~9毫米，具5脉，平滑，基盘明显，顶端无芒，或上部小穗具短芒。花果期5—7月。南太行分布于海拔200~1800米的丘陵、山区。生于荒坡、田野、路旁。优质牧草。

795 硬直黑麦草 | *Lolium rigidum*　　　禾本科　黑麦草属

一年生草本。秆高20~60厘米，直立丛生或基部膝曲，较粗壮，平滑无毛。叶长5~20厘米，正面与边缘微粗糙，背面平滑，基部具有长达3毫米的叶耳。穗形总状花序硬直，长5~20厘米；穗轴质硬；小穗长10~15毫米，含5~10朵小花；颖片长8~12（20）毫米，长约为小穗的1/2，具5~7（9）脉，先端钝；外稃长圆形至长圆状披针形，长5~8毫米，具长3（8）毫米的芒。花果期5—7月。南太行丘陵、山区广布。生于荒坡、田野、路旁。优质牧草。

796 赖草 | *Leymus secalinus*　　　禾本科　赖草属

多年生草本。具下伸和横走的根茎。秆单生或丛生，直立，高40~100厘米，具3~5节，光滑无毛或在花序下密被柔毛。叶鞘光滑无毛；叶舌膜质，截平，长1~1.5毫米；叶长8~30厘米，扁平或内卷，正面及边缘粗糙或具短柔毛，背面平滑或微粗糙。穗状花序直立，长10~15（24）厘米，宽10~17毫米，灰绿色；穗轴被短柔毛，节与边缘被长柔毛，节间长3~7毫米，基部者长达20毫米；小穗通常2~3，稀1或4个生于每节，长10~20毫米，含4~7（10）朵小花；颖短于小穗，线状披针形，先端狭窄如芒，不覆盖第一外稃的基部，具不明显的3脉，第一颖短于第二颖；外稃披针形，边缘膜质，先端渐尖或具长1~3毫米的芒。花果期6—10月。南太行分布于平原黄河滩区。生于滩涂、草地。根茎或全草入药，有清热利湿、止血的功效。

797 荻 | *Miscanthus sacchariflorus*　　　　禾本科　芒属

多年生草本。具发达被鳞片的长匍匐根状茎，节处生有粗根与幼芽。秆直立，高1~1.5米，直径约5毫米，具10多节，节生柔毛。叶鞘无毛，长于或上部者稍短于其节间；叶舌短，长0.5~1毫米，具纤毛；叶扁平，宽线形，长20~50厘米，除正面基部密生柔毛外两面无毛，边缘锯齿状粗糙，基部常收缩成柄，中脉白色，粗壮。圆锥花序疏展成伞房状，长10~20厘米，宽约10厘米；主轴无毛，具10~20枚较细弱的分枝，腋间生柔毛，直立而后开展；总状花序轴节间长4~8毫米；小穗短柄长1~2毫米，长柄长3~5毫米；小穗线状披针形，长5~5.5毫米，成熟后带褐色，基盘具长为小穗2倍的丝状柔毛；第一颖边缘和背部具长柔毛；第二颖边缘皆为膜质，并具纤毛；第一外稃稍短于颖，先端尖，具纤毛；第二外稃狭窄披针形，短于颖片的1/4，顶端尖，具小纤毛，稀有1芒状尖头。颖果长圆形，长1.5毫米。花果期8—10月。南太行分布于丘陵、山区。生于山坡草地、河岸湿地。根茎发达，具固沙、护堤的作用。

798 芒 | *Miscanthus sinensis*　　　　禾本科　芒属

多年生草本。秆丛生，高1米以上，粗壮，具多数节。叶鞘通常长于其节间，鞘口或上部边缘具柔毛；叶舌长约2毫米，顶端密生纤毛；叶披针状线形，长约50厘米，宽1~1.5厘米，背面灰绿色，通常被柔毛，基部边缘或正面具柔毛，边缘微粗糙，中脉粗厚。圆锥花序长约25厘米，总状花序5~15个，着生于短缩主轴上；分枝较粗壮，长约15厘米，腋生柔毛；总状花序轴的节间长5~14毫米；小穗柄先端棒状；小穗披针形，长6~7.5毫米，金黄色，基盘具长9~12毫米的白色丝状毛；第一颖与小穗等长或稍短，顶端膜质渐尖，背部无毛，具3~4脉，脉间上部微粗糙，边缘无毛；第二颖等长于小穗，具3脉，无毛，顶端渐尖；第一外稃稍短于颖，膜质，无毛；第二外稃长3~6毫米，几无毛，顶端具长达2毫米的2裂齿，齿间伸出长10~16毫米膝曲的芒，芒柱长2~4毫米，扭转。花果期7—12月。南太行海拔800米以上有分布。生于荒坡、草地、沟谷。可以用作造纸原料。

799 芦苇 | *Phragmites australis*　　　　禾本科　芦苇属

多年生草本。秆直立,高 1~3(8)米,直径 1~4 厘米,具 20 多节,基部和上部的节间较短,最长节间位于下部第 4~6 节,节下被蜡粉。叶鞘下部者短于上部者,长于其节间;叶舌边缘密生一圈长约 1 毫米的短纤毛,易脱落;叶披针状线形,长 30 厘米,无毛,顶端长渐尖呈丝形。圆锥花序大型,长 20~40 厘米,宽约 10 厘米,分枝多数,长 5~20 厘米,着生稠密下垂的小穗;小穗柄长 2~4 毫米,无毛;小穗长约 12 毫米,含 4 朵花;颖具 3 脉,第一不孕外稃雄性,长约 12 毫米,第二外稃长 11 毫米,具 3 脉,顶端长渐尖,基盘延长,两侧密生等长于外稃的丝状柔毛。颖果长约 1.5 毫米。花果期 8—12 月。南太行平原、山区广布。生于河岸、湖泊、湿地。可用作造纸、建材原料。根入药,具利尿、解毒、清凉、镇呕、防脑炎等功效。

800 垂穗披碱草 | *Elymus nutans*　　　　禾本科　披碱草属

多年生草本。秆直立,基部稍呈膝曲状,高 50~70 厘米。基部和根出的叶鞘具柔毛;叶扁平,正面有时疏生柔毛,背面粗糙或平滑,长 6~8 厘米。穗状花序较紧密,通常曲折而先端下垂,长 5~12 厘米,穗轴边缘粗糙或具小纤毛;小穗绿色,成熟后带有紫色,通常在每节生有 2 枚而接近顶端及下部节上仅生有 1 枚,多少偏生于穗轴一侧,近于无柄或具极短的柄,长 12~15 毫米,含 3~4 朵小花;颖长圆形,长 4~5 毫米,两颖几相等,先端渐尖或具长 1~4 毫米的短芒,具 3~4 脉,脉明显而粗糙;外稃长披针形,具 5 脉,全部被微小短毛,第一外稃长约 10 毫米,顶端延伸成芒,芒粗糙,向外反曲或稍展开,长 12~20 毫米;内稃与外稃等长。花果期 6—8 月。南太行分布于丘陵、山区。生于路旁、林缘、草地。优质牧草。

801 东瀛鹅观草 | *Elymus × mayebaranus*　　　禾本科　披碱草属

多年生草本。秆单生或疏丛，直立或基部略倾斜，高60~90厘米。叶质地较硬，扁平或边缘内卷，长10~25厘米，两面粗糙或下面光滑。穗状花序直立或稍弯曲，长8~20厘米；小穗单生于节上，含5~8朵小花；颖宽长圆状披针形，具5~7粗壮而密接的脉，脉上粗糙，先端具小尖头或具长约3毫米的短芒，边缘膜质；外稃长圆状披针形，上部明显5脉，边缘具狭膜质，先端芒粗糙，直立，长2（1.2）~3毫米；内稃上部具简短刺状纤毛。花果期5—7月。南太行平原、丘陵有分布。多生于路边或山坡草地。可做牲畜的饲料。

802 鹅观草 | *Elymus kamoji*　　　禾本科　披碱草属

多年生草本。秆直立或基部倾斜，高30~100厘米。叶鞘外侧边缘常具纤毛；叶扁平，长5~40厘米。穗状花序长7~20厘米，弯曲或下垂；小穗绿色或带紫色，单生于长13~25毫米（芒除外），含3~10朵小花；颖卵状披针形至长圆状披针形，先端锐尖至具短芒（芒长2~7毫米），边缘为宽膜质，第一颖长4~6毫米，第二颖长5~9毫米；外稃披针形，具有较宽的膜质边缘，第一外稃长8~11毫米，先端延伸成芒，芒粗糙，劲直或上部稍有曲折，长20~40毫米。花果期5—7月。南太行平原、丘陵广布。生于荒地、路旁、湿润草地。可做牲畜饲料。

803 肥披碱草 | *Elymus excelsus*　　禾本科　披碱草属

多年生草本。秆粗壮,高可达140厘米,粗达6毫米。叶鞘无毛,有时下部的叶鞘具短柔毛;叶扁平,长20~30厘米,两面粗糙或背面平滑,常带粉绿色。穗状花序直立,粗壮,长15~22厘米,穗轴边缘具有小纤毛,每节具2~3(4)小穗;小穗长12~15(25)毫米(芒除外),含4~5朵小花;颖狭披针形,具5~7明显而粗糙的脉,先端具长达7毫米的芒;外稃上部具5明显的脉,第一外稃长8~12毫米,先端延伸成芒,芒粗糙,反曲,长15~20毫米,亦有长达40毫米者。花果期7—8月。南太行分布于海拔600米以上山区。生于山坡、草地、路旁。优质牧草。

804 老芒麦 | *Elymus sibiricus*　　禾本科　披碱草属

多年生草本。秆单生或成疏丛,直立或基部稍倾斜,高60~90厘米,粉红色,下部的节稍呈膝曲状。叶鞘光滑无毛;叶扁平,有时正面生短柔毛,长10~20厘米。穗状花序较疏松而下垂,长15~20厘米,通常每节具2个小穗,有时基部和上部的各节仅具1个小穗;小穗灰绿色或稍带紫色,含4(3)~5朵小花;颖狭披针形,长4~5毫米,具3~5明显的脉,脉上粗糙,背部无毛,先端渐尖或具长达4毫米的短芒;外稃披针形,背部粗糙无毛或全部密生微毛,具5脉,第一外稃顶端芒粗糙,长15~20毫米,稍展开或反曲。花果期6—9月。南太行分布于海拔800米以上山区。生于路旁、河谷、草地。优质牧草。

805 麦薲草 | *Elymus tangutorum*

禾本科　披碱草属

多年生草本。植株较高大粗壮，秆高可达120厘米，基部呈膝曲状。叶鞘光滑；叶扁平，长10~20厘米，两面粗糙或正面疏生柔毛，背面平滑。穗状花序直立，较紧密；小穗稍偏于一侧，长8~15厘米，通常每节具有2个而接近先端各节仅1个小穗；小穗绿色稍带有紫色，长9~15毫米，含3~4朵小花；颖披针形至线状披针形，长7~10毫米，具5脉，脉明显而粗糙或可被有短硬毛，先端渐尖，具长1~3毫米的短芒；外稃披针形，具5脉，脉在上部明显，第一外稃长8~12毫米，顶生1直立粗糙的芒，芒长5（3）~11毫米。花果期7—9月。南太行分布于海拔1500米以上山区。生于林缘、草地、路旁。高寒地区先锋草种。

806 毛秆鹅观草（亚种）| *Elymus pendulinus* subsp. *pubicaulis*

禾本科　披碱草属

与缘毛鹅观草（原种）的区别：植株的节密生白色倒毛。南太行平原有分布。生于荒地、田间地头、路旁。优质牧草。

807 毛披碱草 | *Elymus villifer* 　　禾本科　披碱草属

多年生草本。秆疏丛，直立，高60~75厘米。叶鞘密被长柔毛；叶扁平或边缘内卷，两面及边缘被长柔毛，长9~15厘米。穗状花序微弯曲，长9~12厘米；穗轴节处膨大，密生长硬毛，棱边具窄翼，亦被长硬毛；小穗于每节具有2个或上部及下部仅具1个，长6~10毫米，含2~3朵小花；颖窄披针形，具3~4脉，脉上疏被短硬毛，有狭膜质边缘，先端渐尖成长1.5~2.5毫米的芒尖；外稃长圆状披针形，在上部具5明显的脉，背部粗糙，上部疏被短硬毛。生于山沟、低湿草地。花果期6—8月。南太行分布于平原、丘陵。生于荒地、河滩、低湿草地。优质牧草。（本标本稃具10毫米以上的芒）

808 披碱草 | *Elymus dahuricus* 　　禾本科　披碱草属

多年生草本。秆疏丛，直立，高70~140厘米，基部膝曲。叶鞘光滑无毛；叶扁平，稀可内卷，正面粗糙，背面光滑，有时呈粉绿色，长15~25厘米。穗状花序直立，较紧密，长14~18厘米，宽5~10毫米；穗轴边缘具小纤毛，中部各节具2个小穗而接近顶端和基部各节只具1个小穗；小穗绿色，成熟后变为草黄色，长10~15毫米，含3~5朵小花；颖披针形或线状披针形，先端长达5毫米的短芒，有3~5明显但粗糙的脉；外稃披针形，上部具5条明显的脉，全部密生短小糙毛，第一外稃先端延伸成芒，芒粗糙，长10~20毫米，成熟后向外展开。花果期7—9月。南太行分布于平原、丘陵。生于荒地、河滩、草甸、路旁。优质高产饲草。

809 纤毛鹅观草 | *Elymus ciliaris*　　禾本科　披碱草属

多年生草本。秆单生或成疏丛，直立，基部节常膝曲，高40~80厘米，平滑无毛，常被白粉。叶鞘无毛，稀可基部叶鞘于接近边缘处具有柔毛；叶扁平，长10~20厘米，两面均无毛，边缘粗糙。穗状花序直立或多少下垂，长10~20厘米；小穗通常绿色，单生于轴节上，含7（6）~12朵小花；颖椭圆状披针形，先端常具短尖头，两侧或一侧常具齿，具5~7脉，边缘与边脉上具有纤毛；外稃长圆状披针形，背部被粗毛，边缘具长而硬的纤毛，上部具有明显的5脉，通常在顶端两侧或一侧具齿，第一外稃长8~9毫米，顶端延伸成粗糙反曲的芒，长10~30毫米。花果期6—8月。南太行分布于平原、丘陵。生于荒地、河滩、路旁。可做家畜饲草。

810 缘毛鹅观草 | *Elymus pendulinus*　　禾本科　披碱草属

多年生草本。秆高60~80厘米，节处平滑无毛，基部叶鞘具倒毛。叶扁平，长10~20厘米，无毛或上面疏生柔毛。穗状花序稍垂头，长14~20厘米；小穗单生于轴节上，含4~8朵小花；颖长圆状披针形，先端锐尖至长渐尖，具5~7明显的脉；外稃边缘具长纤毛，背部粗糙或仅于近顶端处疏生短小硬毛，第一外稃长9~11毫米，芒长20（15）~28毫米。花果期6—8月。南太行分布于平原、丘陵。生于荒地、河滩、路旁、草地、林下。可做家畜饲草。

811 大油芒 | *Spodiopogon sibiricus*　　禾本科　大油芒属

多年生草本。秆直立，通常单一，高70~150厘米，具5~9节。叶鞘大多长于其节间，无毛或上部生柔毛，鞘口具长柔毛；叶舌干膜质，截平，长1~2毫米，叶线状披针形，长15~30厘米，中脉粗壮隆起，两面贴生柔毛或基部被疣基柔毛。圆锥花序长10~20厘米，主轴无毛，腋间生柔毛；分枝近轮生，下部裸露，上部单纯或具2小枝；总状花序长1~2厘米，具2~4节；小穗长5~5.5毫米，宽披针形，草黄色或稍带紫色，基盘具长约1毫米的短毛；第一颖草质，顶端尖或具2微齿，具7~9脉，脉粗糙隆起，脉间被长柔毛，边缘内折膜质；第二颖与第一颖近等长，顶端尖或具小尖头，第二小花两性，外稃稍短于小穗，无毛，顶端深裂达稃体长度的2/3，自2裂片间伸几出1芒；芒长8~15毫米，中部膝曲，芒柱栗色，扭转无毛，稍露出于小穗之外，芒针灰褐色，微粗糙，下部稍扭转。颖果长圆状披针形，棕栗色。花果期7—10月。南太行分布于海拔800米以上山区。生于林缘林下、灌丛、路旁。可做饲草。

812 油芒 | *Spodiopogon cotulifer*　　禾本科　大油芒属

一年生草本。秆较高大，直立，高60~80厘米，具5~13节，秆节稍膨大。叶鞘疏松裹茎，无毛，下部者压扁成脊并长于其节间，上部者圆筒形较短于其节间，鞘口具柔毛；叶舌膜质，褐色，长2~3毫米，顶端具小纤毛，紧贴其背部具柔毛；叶披针状线形，背面贴生疣基柔毛，正面粗糙，边缘微粗糙。圆锥花序开展，长15~30厘米，先端下垂；分枝轮生，细弱，下部裸露，上部具6~15节，节生短髭毛；每节具1长柄1个短柄小穗，节间无毛，等长或较长于小穗；小穗柄上部膨大，边缘具细短毛，长柄约与小穗等长，短柄长约2毫米；小穗线状披针形，长5~6毫米，基部具长不过1毫米的柔毛；第一颖草质，通常具9脉，脉间疏生及边缘密生柔毛，顶端渐尖具2微齿或有小尖头；第二颖具7脉，顶端具小尖头乃至短芒；第一外稃透明膜质，长圆形，顶端具齿裂或中间1齿突出，边缘具细纤毛；第二外稃窄披针形，长约4毫米，中部以上2裂，裂齿间伸出1芒，芒长12~15毫米，芒柱长约4毫米，芒针稍扭转。花果期9—11月。南太行分布于海拔800米以上山区。生于林缘林下、沟谷、路旁。可做家畜饲草。

813 茅香 | *Anthoxanthum nitens*　　　禾本科　黄花茅属

多年生草本。根茎细长。秆高50~60厘米，具3~4节，上部长裸露。叶鞘无毛或毛极少，长于节间；叶舌透明膜质，长2~5毫米，先端啮蚀状；叶披针形，质较厚，正面被微毛，长5厘米，基生者可长达40厘米。圆锥花序长约10厘米；小穗淡黄褐色，有光泽，长5（6）毫米；颖膜质，具1~3脉，等长或第一颖稍短；雄花外稃稍短于颖，顶具微小尖头，背部向上渐被微毛，边缘具纤毛；孕花外稃锐尖，长约3.5毫米，上部被短毛。花果期6—9月。南太行分布于平原、山区。生于林缘、湿润草地、荒坡。本种因含香豆素，可制作香草浸剂。其根茎蔓延可巩固坡地以防止水土流失。

814 野黍 | *Eriochloa villosa*　　　禾本科　野黍属

一年生草本。秆直立，基部分枝，稍倾斜，高30~100厘米。叶鞘无毛或被毛或鞘缘一侧被毛，松弛包茎，节具髭毛；叶舌具长约1毫米的纤毛；叶扁平，长5~25厘米，正面具微毛，背面光滑，边缘粗糙。圆锥花序狭长，长7~15厘米，由4~8枚总状花序组成；总状花序长1.5~4厘米，密生柔毛，常排列于主轴的一侧；小穗卵状椭圆形，长4.5~5（6）毫米；小穗柄极短，密生长柔毛。颖果卵圆形，长约3毫米。花果期7—10月。南太行分布于平原、丘陵区。生于荒地、湿润草地、河滩。可做饲料。谷粒含淀粉，可食用。

815 野古草 | *Arundinella hirta*   禾本科　野古草属

多年生草本。秆直立,高90~150厘米,直径2~4毫米,质稍硬,被白色疣毛及疏长柔毛,后变无毛,节黄褐色,密被短柔毛。叶鞘被疣毛,边缘具纤毛;叶舌长约0.2毫米,上缘截平,具长纤毛;叶长15~40厘米,宽约10毫米,先端长渐尖,两面被疣毛。圆锥花序长15~40厘米,花序柄、主轴及分枝均被疣毛;孪生小穗柄分别长约1.5毫米和4毫米,较粗糙,具疏长柔毛;小穗长3~4.2毫米,无毛;第一颖长2.4~3.4毫米,先端渐尖,具3~7脉,常为5脉;第二颖长2.8~3.6毫米,具5脉;第一小花雄性,长3~3.5毫米,外稃具3~5脉,内稃略短;第二小花长卵形,外稃长2.4~3毫米,无芒,常具0.2~0.6毫米的小尖头,基盘毛长1~1.6毫米。花果期8—10月。南太行分布于海拔600~1000米山区。生于林缘林下、路旁、灌丛。幼嫩植株可做饲料,也可作造纸原料。

816 耐酸草 | *Bromus pumpellianus*   禾本科　雀麦属

多年生草本。具横走根状茎。秆直立,高60~120厘米,具4~6节,节密生倒毛。叶鞘常宿存秆基,无毛或疏生倒柔毛;叶舌长约1毫米,顶端齿蚀状;叶长约15厘米,正面疏生柔毛,背面与边缘粗糙。圆锥花序开展,长约20厘米;分枝长2~6厘米,具1~2个小穗,棱具细刺毛,2~4枚着生于主轴各节;小穗含9~13朵花,小穗轴节间长2~2.5毫米,被柔毛;颖顶端尖,具膜质边缘;外稃披针形,下面与边缘膜质,具7脉,间脉和边脉较短或不明显,中部以下脊和边缘常具长1~2毫米的柔毛,顶端具长2~5毫米的短芒;内稃脊具纤毛,稍短于其外稃。颖果常不发育。花果期6—8月。南太行分布于海拔1000米以上山区。生于林缘、灌丛、草地。优质牧草。

817 雀麦 | *Bromus japonicus*

禾本科　雀麦属

一年生草本。秆直立，高 40~90 厘米。叶鞘闭合，被柔毛；叶舌先端近圆形，长 1~2.5 毫米；叶长 12~30 厘米，两面生柔毛。圆锥花序疏展，长 20~30 厘米，宽 5~10 厘米，具 2~8 分枝，向下弯垂；分枝细，长 5~10 厘米，上部着生 1~4 个小穗；小穗黄绿色，密生 7~11 朵小花，长 12~20 毫米，宽约 5 毫米；颖近等长，脊粗糙，边缘膜质；外稃椭圆形，草质，边缘膜质，长 8~10 毫米，具 9 脉，微粗糙，顶端钝三角形，芒自先端下部伸出，长 5~10 毫米，成熟后外弯。颖果长 7~8 毫米。花果期 5—7 月。南太行平原、丘陵广布。生于山坡林缘、荒野路旁、河漫滩湿地。全草入药，具止汗、催产的功效。

818 疏花雀麦 | *Bromus remotiflorus*

禾本科　雀麦属

多年生草本。具短根状茎。秆高 60~120 厘米，具 6~7 节，节生柔毛。叶鞘闭合，密被倒生柔毛；叶舌长 1~2 毫米；叶长 20~40 厘米，正面生柔毛。圆锥花序疏松开展，长 20~30 厘米，每节具 2~4 分枝；分枝细长孪生，粗糙，着生少数小穗，成熟时下垂。小穗疏生 5~10 朵小花；颖窄披针形，顶端渐尖至具小尖头；外稃窄披针形，边缘膜质，具 7 脉，顶端渐尖，伸出长 5~10 毫米的直芒；内稃狭，短于外稃；小穗轴节间长 3~4 毫米，着花疏松而外露。花果期 6—7 月。南太行分布于平原、山区。生于林缘、湿润草地、荒坡。优质牧草。

819 野燕麦 | *Avena fatua*   禾本科　燕麦属

一年生草本。须根较坚韧。秆直立，光滑无毛，高60~120厘米，具2~4节。叶鞘松弛，光滑或基部者被微毛；叶舌透明膜质，长1~5毫米；叶扁平，长10~30厘米，微粗糙，或正面和边缘疏生柔毛。圆锥花序开展，金字塔形，长10~25厘米，分枝具棱角，粗糙；小穗长18~25毫米，含2~3朵小花，其柄弯曲下垂，顶端膨胀；小穗轴密生淡棕色或白色硬毛，其节脆硬易断落，第一节间长约3毫米；颖草质，几相等，通常具9脉；外稃质地坚硬，第一外稃长15~20毫米，背面中部以下具淡棕色或白色硬毛，芒自稃体中部稍下处伸出，长2~4厘米，膝曲，芒柱棕色，扭转。颖果被淡棕色柔毛，腹面具纵沟，长6~8毫米。花果期4—9月。南太行平原、丘陵区广布。生于河滩、农田、荒地、路旁。为粮食的代用品及牛、马的青饲料，又是造纸原料。

820 锋芒草 | *Tragus mongolorum*   禾本科　锋芒草属

一年生草本。须根细弱。茎丛生，基部常膝曲而伏卧地面，高15~25厘米。叶鞘短于节间，无毛；叶舌纤毛状；叶长3~8厘米，边缘加厚，软骨质，疏生小刺毛。花序紧密呈穗状，长3~6厘米，宽约8毫米，小穗长4~4.5毫米，通常3个簇生，其中1个退化，或几残存为柄状；第一颖退化或极微小，薄膜质，第二颖革质，背部有5（7）肋，肋上具钩刺，顶端具明显伸出刺外的小头；外稃膜质，长约3毫米，具3条不太明显的脉。颖果棕褐色，稍扁，长2~3毫米。花果期7—9月。南太行丘陵、山区广布。生于荒野、路旁、山坡、草地。优质牧草。

821 虱子草 | *Tragus berteronianus*　　　　禾本科　锋芒草属

一年生草本。须根细弱。秆倾斜，基部常伏卧地面，直立部分高 15~30 厘米。叶鞘短于节间或近等长，松弛裹茎；叶舌膜质，顶端具长约 0.5 毫米的柔毛；叶披针形，长 3~7 厘米，边缘软骨质，疏生细刺毛。花序紧密，几呈穗状，长 4~11 厘米，宽约 5 毫米；小穗长 2~3 毫米，通常 2 个簇生，均能发育，稀仅 1 个发育；第一颖退化，第二颖草质，具 5 肋，肋上具钩刺，刺几生于顶端，刺外无明显伸出的小尖头；外稃膜质，卵状披针形，疏生柔毛，内稃稍狭而短。颖果椭圆形，稍扁，与稃体分离。花果期 6—9 月。南太行平原、丘陵广布。生于荒野路旁草地中。可做饲草。全草入药，具止呕定喘的功效。

822 草甸羊茅 | *Festuca pratensis* Huds.　　　　禾本科　羊茅属

多年生草本。具短根茎。秆平滑无毛，高 30~60 厘米。叶鞘平滑无毛，短于节间；叶舌长约 1 毫米，平截，齿裂状；叶扁平或边缘纵卷，正面及边缘粗糙，背面平滑，长 15~40 厘米，宽约 5 毫米，基部具披针形镰形状弯曲的叶耳，叶耳边缘具短纤毛；叶横切面具维管束 15 以上，无泡状细胞，厚壁组织束。圆锥花序长 10~20 厘米，疏松，花期开展，分枝孪生，边缘粗糙，长 2~8 厘米，1/4 以下裸露，上部密生小穗，小穗轴微弯，粗糙；小穗绿色或微带紫色，长 10~20 毫米，含 4（3）~9 朵花；颖片平滑，边缘膜质；外稃背部平滑或点状粗糙，具 5 脉，边缘膜质，顶端无芒或具短尖。花期 5—7 月，果期 6—8 月。南太行分布于海拔 1200 米以上山区。生于山坡、林缘、草地。

823 东方羊茅（亚种） | *Festuca arundinacea* subsp. *orientalis*

禾本科　羊茅属

与苇状羊茅（原种）的区别：外稃具短芒，芒长0.7~2.5（5）毫米。南太行山区、平原广布。生于林缘和潮湿的河谷草甸。

824 甘肃羊茅 | *Festuca kansuensis*

禾本科　羊茅属

多年生草本。密丛。秆直立，细弱，平滑无毛，或稀具微毛；叶舌长约0.5毫米，平截，具纤毛；叶纵卷，细丝状，正面平滑，背面粗糙，长10~20厘米；叶横切面具维管束5，厚壁组织束7。圆锥花序直立，狭窄但疏松，花期稍开展；分枝单一或孪生，微粗糙，长1~3厘米，下部1/3裸露；小穗黄绿色或微紫色，长7~8毫米，含3~4朵小花；小穗轴节间长约1毫米，粗糙；颖片背部平滑，边缘窄膜质，先端渐尖；外稃背上部微粗糙，顶端具芒，芒长1.5~2.7毫米。花果期6—8月。南太行山西阳城海拔1500米以上有分布。生于林缘、草地。优质牧草。

825 羊茅 | *Festuca ovina* 禾本科 羊茅属

多年生草本。密丛。鞘内分枝。秆具条棱、细弱、直立，平滑无毛或在花序下具微毛或粗糙，高15~20厘米，基部残存枯鞘。叶鞘开口几达基部，平滑，秆生者远长于其叶；叶舌截平，具纤毛，长约0.2毫米；叶内卷呈针状，质较软，稍粗糙，长4（2）~10（20）厘米。圆锥花序紧缩呈穗状，长2~5厘米，宽4~8毫米；分枝粗糙，基部主枝长1~2厘米，侧生小穗柄短于小穗，稍粗糙；小穗淡绿色或紫红色，含3~5（6）朵小花；颖片披针形，顶端尖或渐尖，平滑或顶端以下稍糙涩；外稃背部粗糙或中部以下平滑，具5脉，顶端具芒，芒粗糙，长1~1.5毫米。花果期6—9月。南太行分布于山西南部海拔1200米以上山区。生于山坡、林缘、草地。优质牧草。

826 紫羊茅 | *Festuca rubra* 禾本科 羊茅属

多年生草本。疏丛或密丛生，秆直立，平滑无毛，高30~60（70）厘米，具2节。叶鞘粗糙，基部者长于而上部者短于节间；叶舌平截，具纤毛，长约0.5毫米，叶对折或边缘内卷，稀扁平，两面平滑或正面被短毛，长5~20厘米。圆锥花序狭窄，疏松，花期开展，长7~13厘米；分枝粗糙，长2~4厘米，基部者长可达5厘米，1/3~1/2以下裸露；小穗淡绿色或深紫色，长7~10毫米；小穗轴节间长约0.8毫米，被短毛；颖片背部平滑或微粗糙，边缘窄膜质，顶端渐尖；外稃背部平滑或粗糙或被毛，顶端芒长1~3毫米。花果期6—9月。南太行分布于山西南部海拔1200米以上山区。生于山坡、林缘、草地。为优良观赏性的草坪草。

827 西伯利亚三毛草 | *Trisetum sibiricum* 禾本科 三毛草属

多年生草本。秆直立或基部稍膝曲，光滑，少数丛生，高 50~120 厘米，具 3~4 节。叶鞘基部多少闭合，上部松弛，光滑无毛或粗糙，基部者长于节间，上部者短于节间；叶舌膜质，长 1~2（5）毫米，先端不规则齿裂；叶扁平，绿色，粗糙或正面具短柔毛，长 6~20 厘米。圆锥花序狭窄且稍疏松，狭长圆形或长卵圆形，长 10~20 厘米，宽 3~5 厘米，分枝纤细，光滑或微粗糙，向上直立或稍伸展，长达 6 厘米，每节多枚丛生；小穗黄绿色或褐色，有光泽，含 2~4 朵小花；小穗轴节间被长 0.5~1.5 毫米的毛；两颖不等，先端渐尖，有时为褐色或紫褐色，光滑无毛；外稃硬纸质，褐色，顶端 2 微齿裂，背部粗糙，第一外稃长 5~7 毫米，自稃体顶端以下约 2 毫米处伸出 1 芒，其芒长 7~9 毫米，有时为紫色（常生在海拔 3500 米以上者），向外反曲，下部直立或微扭转。花果期 6—8 月。南太行分布于山西南部海拔 1200 米以上山区。生于山坡、林缘、草地。优质牧草。

828 北京隐子草 | *Cleistogenes hancei* 禾本科 隐子草属

多年生草本。秆直立，疏丛，较粗壮，高 50~70 厘米，基部具向外斜伸的鳞芽，鳞片坚硬。叶鞘短于节间，无毛或疏生疣毛；叶舌短，先端裂成细毛；叶线形，长 3~12 厘米，扁平或稍内卷，两面均粗糙，质硬，斜伸或平展，常呈绿色，亦有时稍带紫色。圆锥花序开展，长 6~9 厘米，具多数分枝，基部分枝长 3~5 厘米，斜上；小穗灰绿色或带紫色，排列较密，长 8~14 毫米，含 3~7 朵小花；颖具 3~5 脉，侧脉常不明显，外稃披针形，有紫黑色斑纹，具 5 脉，第一外稃长约 6 毫米，先端具长 1~2 毫米的短芒。花果期 7—11 月。南太行平原、山区广布。生于荒坡、路旁、林缘林下、灌丛。根系发达，具有防止水土流失作用；可作水土保持植物，亦为优质牧草。

829 糙隐子草 | *Cleistogenes squarrosa*   禾本科 隐子草属

多年生草本。秆直立或铺散，密丛，纤细，高10~30厘米，具多节，干后常成蜿蜒状或廻旋状弯曲，植株绿色，秋季经霜后常变成紫红色。叶鞘多长于节间，无毛，层层包裹直达花序基部；叶舌具短纤毛；叶线形，长3~6厘米，宽1~2毫米，扁平或内卷，粗糙。圆锥花序狭窄，长4~7厘米，宽5~10毫米；小穗长5~7毫米，含2~3朵小花，绿色或带紫色；颖具1脉，边缘膜质；外稃披针形，具5脉，第一外稃长5~6毫米，先端常具较稃体为短或近等长的芒；花药长约2毫米。花果期7—9月。南太行丘陵、山区广布。生于山坡、路旁、林缘林下、灌丛。优质牧草。

830 朝阳隐子草 | *Cleistogenes hackeli*   禾本科 隐子草属

多年生草本。秆丛生，基部具鳞芽，高30~85厘米，直径0.5~1毫米，具多节。叶鞘长于或短于节间，常疏生疣毛，鞘口具较长的柔毛；叶舌具长0.2~0.5毫米的纤毛，叶长3~10厘米，两面均无毛，边缘粗糙，扁平或内卷。圆锥花序开展，长4~10厘米，基部分枝长3~5厘米；小穗长5~7（9）毫米，含2~4朵小花；颖膜质，具1脉；外稃边缘及先端带紫色，背部具青色斑纹，具5脉，边缘及基盘具短纤毛，第一外稃长4~5毫米，先端芒长2~5毫米。花果期7—11月。南太行丘陵、山区广布。生于路旁、林缘林下、灌丛、草地。优良的饲用植物。

831 宽叶隐子草（变种） | *Cleistogenes hackelii* var. *nakaii*

禾本科　隐子草属

与朝阳隐子草（原变种）的区别：小穗灰绿色，长7~9毫米，含2~5朵小花；颖近膜质，具1脉或第一颖无脉，第一颖长0.5~2毫米，第二颖长1~3毫米；外稃披针形，黄绿色，常具灰褐色斑纹，外稃边缘及基盘均具短柔毛，第一外稃长5~6毫米，先端芒长3~9毫米。花果期7—10月。南太行分布于海拔1000米以上山区。生于沟谷、林缘、灌丛、草甸。本变种植株较高大，根系发达，秆直立，叶量丰富，具有绿化山林及防止水土流失的作用。优良的饲用植物，可尝试引种栽培。

832 多叶隐子草 | *Cleistogenes polyphylla*

禾本科　隐子草属

多年生草本。秆直立，丛生，粗壮，高15~40厘米，直径1~2.5毫米，具多节，秆上部左右弯曲，与鞘口近于叉状分离。叶鞘多少具疣毛，层层包裹直达花序基部；叶舌截平，长约5毫米，具短纤毛；叶披针形至线状披针形，长2~7厘米，多直立上升，扁平或内卷，坚硬。花序狭窄，基部常为叶鞘所包，长4~7毫米，宽4~10毫米；小穗长8~13毫米，绿色或带紫色，含3~7朵小花；颖披针形或长圆形，具1~3（5）脉；外稃披针形，5脉，第一外稃长4~5毫米，先端芒长0.5~1.5毫米的短芒；内稃与外稃近等长；花药长约2毫米。花果期7—10月。南太行分布于海拔600米以上山区。生于干燥山坡、林缘、灌丛、草地。优质牧草。

833 丛生隐子草 | *Cleistogenes caespitosa*　　禾本科　隐子草属

多年生草本。秆纤细，丛生，高 20~45 厘米，直径 1 毫米，黄绿色或紫褐色，基部常具短小鳞芽。叶鞘长于或短于节间，无毛，鞘口具长柔毛；叶舌具短纤毛；叶线形，长 3~6 厘米，扁平或内卷。分枝常斜上，长 1~3 厘米；小穗长 5~11 毫米，含 3（1）~5 朵小花；颖卵状披针形，先端钝，近膜质，具 1 脉；外稃披针形，具 5 脉，边缘具柔毛，第一外稃长 4~5.5 毫米，先端具长 0.5~1 毫米的短芒。花果期 7—10 月。南太行分布于海拔 700 米以上山区。生于干燥山坡、林缘、灌丛。优质牧草。

834 草地早熟禾 | *Poa pratensis*　　禾本科　早熟禾属

多年生草本。秆疏丛生，直立，高 50~90 厘米，具 2~4 节。叶鞘平滑或糙涩，长于节间，并较其叶长；叶舌膜质，长 1~2 毫米，蘖生者较短；叶线形，扁平或内卷，长 30 厘米左右，顶端渐尖，平滑或边缘与正面微粗糙，蘖生叶较狭长。圆锥花序金字塔形或卵圆形，长 10~20 厘米，宽 3~5 厘米；分枝开展，每节 3~5，微粗糙或下部平滑，二次分枝，小枝上着生 3~6 个小穗，基部主枝长 5~10 厘米，中部以下裸露；小穗卵圆形，绿色至草黄色，含 3~4 朵小花，长 4~6 毫米；颖卵圆状披针形，顶端尖；外稃膜质，顶端稍钝，具少许膜质，脊与边脉在中部以下密生柔毛，间脉明显，基盘具稠密长绵毛；内稃较短于外稃。颖果纺锤形，具 3 棱，长约 2 毫米。花期 5—6 月，果期 7—9 月。南太行分布于平原、山区。生于湿润草地、高山草甸。重要牧草。可用作草坪。

835 高株早熟禾 | *Poa alta*　　　禾本科　早熟禾属

多年生草本。秆直立，粗糙，高约1米，具3节，上部长裸露。叶鞘粗糙，顶生者长约15厘米，短于其叶；叶舌膜质，长约2毫米；叶扁平，粗糙，长20~30厘米，顶生叶位于秆的中部以下，长约15厘米。圆锥花序狭窄，长12~15厘米；分枝孪生，直伸，粗糙，下部裸露，上部着生4~6个小穗；基部主枝长约5厘米；小穗含4朵小花，长4~6毫米，草黄色，小穗轴无毛；两颖近相等，披针形，具3脉；外稃阔披针形，先端钝，5脉不明显，脊微粗糙，中部以下和边脉下部1/3具长柔毛。花期8月，果期9月。南太行分布于山西南部海拔1300米以上山区。生于林缘、草甸。良好牧草。

836 渐尖早熟禾 | *Poa attenuate*　　　禾本科　早熟禾属

多年生草本。密丛型。秆高15~25厘米，直立或细长，斜升，具4~5节，顶节位于下部1/3处。叶鞘微粗糙，带紫色；叶舌长1.5~2.5毫米；叶狭线形，对折或内卷呈针状，长2~10厘米，边缘粗糙。圆锥花序紧缩，长圆形，长4~7厘米，宽1~2厘米；分枝单生或孪生，长0.5~2厘米，斜升，粗糙；小穗卵状椭圆形，含2~4朵小花，长4~5（5.5）毫米，小穗轴无毛；两颖狭披针形，近相等，长约3毫米，具3脉；外稃长圆状披针形，长3~3.5毫米，渐尖。颖果纺锤形，长约1.5毫米。花果期5—8月。南太行分布于山西南部海拔1300米以上山区。生于高山草甸。优质牧草。

837 尼泊尔早熟禾 | *Poa nepalensis* 禾本科 早熟禾属

多年生草本。具细弱根状茎。秆直立或基部倾卧，具3~4节，高30~45厘米。叶鞘闭合直达鞘口，顶生者长6~10厘米，短于其叶；叶舌长0.5~1毫米，钝圆；叶质薄柔软，长约10厘米，正面与边缘微粗糙。圆锥花序长10~15厘米，每节生2~4分枝；基部主枝长3~8厘米，中部以下裸露，微粗糙，上部着生较多小枝，小枝先端具2~5个小穗；小穗草黄色，含4~5朵小花，长4~5毫米；颖披针形，先端尖，脊上部微粗糙，边缘狭膜质；第一外稃长3~3.2毫米，先端钝，与其边缘具狭膜质。花果期4—7月。南太行分布于山西南部海拔1300米以上山区。生于高山草甸。优质牧草。

838 普通早熟禾 | *Poa trivialis* 禾本科 早熟禾属

多年生草本。秆丛生，基部倾卧地面或着土生根而具匍匐茎。秆高50~80（100）厘米，直径1~2毫米，具3~4节，花序与鞘节以下微粗糙。叶鞘糙涩，顶生叶鞘长8~15厘米，约等长于其叶；叶舌长圆形，长3.5~5毫米；叶扁平，长8~15厘米，先端锐尖，两面粗糙。圆锥花序长圆形，长9~15厘米，宽2~4厘米，每节具4~5分枝；分枝粗糙，斜上直升，主枝长约4厘米，中部以下裸露；小穗柄极短；小穗含2~3朵小花；颖片中脊粗糙；外稃背部略呈弧形，具明显稍隆起的5脉，先端带膜质。花果期5—7月。南太行分布于平原、山区。生于河滩、湿地、山坡草地。优质牧草。

839 细叶早熟禾（亚种） | *Poa pratensis* subsp. *angustifolia*

禾本科　早熟禾属

与草地早熟禾（原种）的区别：叶鞘稍短于其节间而数倍长于其叶片；叶舌截平，长 0.5~1 毫米；圆锥花序长圆形，3~5 枚着生于各节。花期 6—7 月，果期 7—9 月。南太行分布于海拔 500 米以上山区。生于林缘、较平缓的山坡草地。优质牧草和草坪绿化环保植物。

840 早熟禾 | *Poa annua*

禾本科　早熟禾属

一年生或冬性禾草。秆直立或倾斜，质软，高 6~30 厘米，全株平滑无毛。叶鞘稍压扁，中部以下闭合；叶舌长 1~3（5）毫米，圆头；叶扁平或对折，长 2~12 厘米，宽 1~4 毫米，质地柔软，常有横脉纹，顶端急尖呈船形，边缘微粗糙。圆锥花序宽卵形，长 3~7 厘米，开展；分枝 1~3 枚着生各节，平滑；小穗卵形，含 3~5 朵小花，长 3~6 毫米，绿色；颖质薄，具宽膜质边缘，顶端钝；外稃卵圆形，顶端与边缘宽膜质，具明显的 5 脉。颖果纺锤形，长约 2 毫米。花期 4—5 月，果期 6—7 月。南太行分布于平原、丘陵区。生于路旁、草地、田野水沟和荫蔽荒坡湿地。

841 白羊草 | *Bothriochloa ischaemum*　　禾本科　孔颖草属

多年生草本。秆丛生，直立或基部倾斜，高 25~70 厘米，直径 1~2 毫米，具 3 至数节，节上无毛或具白色髯毛；叶鞘无毛，多密集于基部而相互跨覆，常短于节间；叶舌膜质，长约 1 毫米，具纤毛；叶线形，长 5~16 厘米，顶生者常缩短，两面疏生疣基柔毛或背面无毛。总状花序 4 至多数着生于秆顶呈指状，长 3~7 厘米，纤细，灰绿色或带紫褐色，总状花序轴节间与小穗柄两侧具白色丝状毛；无柄小穗长圆状披针形，长 4~5 毫米，基盘具髯毛；第一外稃长圆状披针形，先端尖，边缘上部疏生纤毛；第二外稃退化呈线形，先端延伸成一膝曲扭转的芒，芒长 10~15 毫米。花果期秋季。南太行平原、丘陵区广布。生于河滩、路旁、山坡草地。用于坡堤预防水土流失。

842 狗牙根 | *Cynodon dactylon*　　禾本科　狗牙根属

多年生草本。具根茎。秆细而坚韧，下部匍匐地面蔓延甚长，节上常生不定根，直立部分高 10~30 厘米，直径 1~1.5 毫米，秆壁厚，光滑无毛，有时略两侧压扁。叶鞘微具脊，无毛或有疏柔毛，鞘口常具柔毛；叶舌仅为一轮纤毛；叶线形，长 1~12 厘米，通常两面无毛。穗状花序 3（2）~5（6）枚；小穗灰绿色或带紫色，仅含 1 朵小花；颖长 1.5~2 毫米，背部成脊而边缘膜质；外稃舟形，具 3 脉，背部明显成脊，脊上被柔毛。颖果长圆柱形。花果期 5—10 月。南太行平原、丘陵广布。生于村庄附近、道旁河岸、荒地山坡。城市也大量用作绿化草皮。可作草坪。

843 虎尾草 | *Chloris virgata* 　　禾本科　虎尾草属

一年生草本。秆直立或基部膝曲，高 12~75 厘米，直径 1~4 毫米，光滑无毛。叶鞘背部具脊，包卷松弛，无毛；叶舌长约 1 毫米，无毛或具纤毛；叶线形，长 3~25 厘米，两面无毛或边缘及正面粗糙。穗状花序 5~10 枚，指状着生于秆顶，常直立而并拢呈毛刷状，有时包藏于顶叶之膨胀叶鞘中，成熟时常带紫色；小穗无柄，长约 3 毫米；颖膜质，1 脉；外稃纸质，两侧压扁，呈倒卵状披针形，3 脉，两侧边缘上部 1/3 处有长 2~3 毫米的白色柔毛，顶端尖或有时具 2 微齿，芒自背部顶端稍下方伸出，长 5~15 毫米。花果期 8—10 月。南太行平原、丘陵区广布。生于路旁、荒野、河岸沙地。可做牲畜饲草。

844 假稻 | *Leersia japonica*　　禾本科　假稻属

多年生草本。秆下部伏卧地面，节生多分枝的须根，上部向上斜升，高 60~80 厘米，节密生倒毛。叶鞘短于节间，微粗糙；叶舌长 1~3 毫米，基部两侧下延与叶鞘连合；叶长 6~15 厘米，宽 4~8 毫米，粗糙或背面平滑。圆锥花序长 9~12 厘米，分枝平滑，直立或斜升，有角棱，稍压扁；小穗长 5~6 毫米，带紫色；外稃具 5 脉，脊具刺毛；内稃具 3 脉，中脉生刺毛；雄蕊 6 枚，花药长 3 毫米。花果期夏秋季。南太行平原区有分布。生于河边湿地。可做牧草。

845 荩草 | *Arthraxon hispidus*   禾本科 荩草属

一年生草本。秆细弱，无毛，基部倾斜，高 30~60 厘米，具多节，常分枝，基部节着地易生根。叶鞘短于节间，生短硬疣毛；叶舌膜质，长 0.5~1 毫米，边缘具纤毛；叶卵状披针形，长 2~4 厘米，宽 0.8~1.5 厘米，基部心形，抱茎，除下部边缘生疣基毛外，余均无毛。总状花序细弱，长 1.5~4 厘米，2~10 枚呈指状排列或簇生于秆顶；无柄小穗卵状披针形，呈两侧压扁，长 3~5 毫米，灰绿色或带紫；第一颖草质，边缘膜质，脉上粗糙至生疣基硬毛，先端锐尖；第二颖近膜质，先端尖；第一外稃长圆形，透明膜质，先端尖；第二外稃与第一外稃等长，透明膜质，近基部伸出 1 膝曲的芒；芒长 6~9 毫米，下几部扭转。花果期 9—11 月。南太行平原、山区广布。生于荒地、荒坡、路旁、田间地头。优质牧草。

846 矛叶荩草 | *Arthraxon lanceolatus*   禾本科 荩草属

多年生草本。秆较坚硬，直立或倾斜，高 40~60 厘米，常分枝，具多节；节着地易生根，节上无毛或生短毛。叶鞘短于节间，无毛或疏生疣基毛；叶舌膜质，长 0.5~1 毫米，被纤毛；叶披针形至卵状披针形，长 2~7 厘米，宽 5~15 毫米，先端渐尖，基部心形，抱茎，无毛或两边生短毛，乃至具疣基短毛，边缘通常具疣基毛。总状花序长 2~7 厘米，2 至数枚呈指状排列于枝顶，稀可单性；总状花序轴节间长为小穗的 1/3~2/3，密被白毛纤毛；无柄小穗长圆状披针形，质较硬，背腹压扁；第一颖长约 6 毫米，硬草质，先端尖，两侧呈龙骨状，具 2 行篦齿状疣基钩毛，具不明显 7~9 脉，脉上及脉间具小硬刺毛，尤以顶端为多；第一外稃长圆形，透明膜质；第二外稃长 3~4 毫米，透明膜质，背面近基部处生 1 膝曲的芒；芒长 12~14 毫米，基部扭转。花果期 7—10 月。南太行平原、山区广布。生于山坡、旷野及沟边阴湿处。优质牧草。

847 马唐 | *Digitaria sanguinalis*　　禾本科　马唐属

一年生草本。秆直立或下部倾斜,膝曲上升,无毛或节生柔毛。叶鞘短于节间,无毛或散生疣基柔毛;叶舌长1~3毫米。总状花序4~12枚呈指状着生于主轴上;小穗孪生,穗轴直伸或开展,两侧具宽翼。花果期6—9月。南太行平原、丘陵区广布。生于路旁、田野、河滩。优质牧草,但又是危害农田、果园的杂草。全草入药,煎取汁,可明目润肺。

848 毛马唐（变种）| *Digitaria ciliaris* var. *chrysoblephara*　　禾本科　马唐属

与升马唐（原变种）的区别:叶舌膜质,叶两面多少生柔毛,边缘微粗糙。总状花序4~10枚,呈指状排列于秆顶;中肋白色,约占其宽的1/3,两侧的绿色翼缘具细刺状粗糙;小穗柄三棱形,粗糙;第一外稃等长于小穗。花果期5—10月。南太行平原、丘陵区广布。生于路旁、田野、河滩。优质牧草。

849 升马唐 | *Digitaria ciliaris*　　　　禾本科　马唐属

一年生草本。秆基部横卧地面，节处生根和分枝，高30~90厘米。叶鞘常短于节间，多少具柔毛；叶舌长约2毫米；叶线形或披针形，长5~20厘米，宽3~10毫米，正面散生柔毛，边缘稍厚，微粗糙。总状花序5~8枚，长5~12厘米，呈指状排列于茎顶；穗轴宽约1毫米，边缘粗糙；小穗披针形，长3~3.5毫米，孪生于穗轴的一侧；小穗柄微粗糙，顶端截平；第一颖小，三角形；第二颖披针形，长约为小穗的2/3，具3脉，脉间及边缘生柔毛；第一外稃等长于小穗，具7脉，脉平滑，边缘具长柔毛；第二外稃椭圆状披针形，革质；花药长0.5~1毫米。花果期5—10月。南太行平原、丘陵区广布。生于路旁、田野、河滩。优质牧草，也是果园旱田中危害庄稼的主要杂草。药效同马唐。

850 求米草 | *Oplismenus undulatifolius*　　　　禾本科　求米草属

多年生草本。秆纤细，基部平卧地面，节处生根，上升部分高20~50厘米。叶鞘短于或上部者长于节间，密被疣基毛；叶舌膜质，短小，长约1毫米；叶扁平，披针形至卵状披针形，长2~8厘米，宽5~18毫米，先端尖，基部略圆形而稍不对称，通常具细毛。圆锥花序长2~10厘米，主轴密被疣基长刺柔毛；分枝短缩，有时下部的分枝延伸长达2厘米；小穗卵圆形，被硬刺毛，长3~4毫米，簇生于主轴或部分孪生；颖草质，第一颖长约为小穗的1/2，顶端具长0.5~1（1.5）厘米硬直芒，具3~5脉；第二颖较长于第一颖，顶端芒长2~5毫米，具5脉；第一外稃草质，与小穗等长，具7~9脉，顶端芒长1~2毫米；第二外稃革质。花果期7—11月。南太行分布于海拔500米以上丘陵、山区。生于林缘林下、沟谷阴湿处。优质牧草，也是保土植物。

851 竹叶草 | *Oplismenus compositus* 禾本科　求米草属

多年生草本。秆较纤细,基部平卧地面,节着地生根,上升部分高20~80厘米。叶鞘短于或上部者长于节间,近无毛或疏生毛;叶披针形至卵状披针形,基部多少包茎而不对称,长3~8厘米,宽5~20毫米,近无毛或边缘疏生纤毛,具横脉。圆锥花序长5~15厘米,主轴无毛或疏生毛;分枝互生而疏离,长2~6厘米;小穗孪生(有时其中1个小穗退化),稀上部者单生,长约3毫米,颖草质,近等长,长为小穗的1/2~2/3,边缘常被纤毛,第一颖先端芒长0.7~2厘米;第二颖顶端的芒长1~2毫米;第一小花中性,外稃革质,与小穗等长,先端具芒尖,具7~9脉。花果期9—11月。南太行分布于海拔800米以上山区。生于林缘林下、沟谷阴湿处。全草入药,具清肺热、行血、消肿毒等功效。

852 双穗雀稗 | *Paspalum paspaloides* 禾本科　雀稗属

多年生草本。匍匐茎横走、粗壮,长达1米,向上直立部分高20~40厘米,节生柔毛。叶鞘短于节间,背部具脊,边缘或上部被柔毛;叶舌长2~3毫米,无毛;叶披针形,长5~15厘米,宽3~7毫米,无毛。总状花序2枚对连,长2~6厘米;穗轴宽1.5~2毫米;小穗倒卵状长圆形,长约3毫米,顶端尖,疏生微柔毛;第一颖退化或微小;第二颖贴生柔毛,具明显的中脉;第一外稃具3~5脉,通常无毛,顶端尖;第二外稃草质,顶端尖,被毛。花果期5—9月。南太行平原地区有分布。生于河滩、田野、路旁。优质牧草。

853 牛筋草 | *Eleusine indica*　　　　禾本科　䅟属

一年生草本。根系极发达。秆丛生，基部倾斜。叶鞘两侧压扁而具脊，松弛，无毛或疏生疣毛；叶舌长约1毫米；叶平展，线形，长10~15厘米，宽3~5毫米，无毛或正面被疣基柔毛。穗状花序2~7个指状着生于秆顶，很少单生，长3~10厘米，宽3~5毫米；小穗长4~7毫米，宽2~3毫米，含3~6朵小花；颖披针形，具脊，脊粗糙；第一外稃长3~4毫米，卵形，膜质，具脊，脊上有狭翼。囊果卵形。花果期6—10月。南太行平原、丘陵区广布。生于荒地、林缘、路旁、农田。可做饲料。优良保土植物。

854 白茅 | *Imperata cylindrica*　　　　禾本科　白茅属

多年生草本。具粗壮的长根状茎。秆直立，高30~80厘米，具1~3节，节无毛。叶鞘聚集于秆基，甚长于节间，质地较厚，老后破碎呈纤维状；叶舌膜质，长约2毫米，紧贴其背部或鞘口具柔毛，分蘖叶长约20厘米，宽约8毫米，扁平，质地较薄；秆生叶长1~3厘米，窄线形，通常内卷，顶端渐尖呈刺状，下部渐窄，或具柄，质硬，被有白粉，基部上面具柔毛。圆锥花序稠密，长20厘米，宽达3厘米，小穗长4.5~5（6）毫米，基盘具长12~16毫米的丝状柔毛；两颖草质及边缘膜质，近相等，常具纤毛，脉间疏生长丝状毛，第一外稃卵状披针形，透明膜质，第二外稃与其内稃近相等，顶端具齿裂及纤毛。颖果椭圆形，长约1毫米。花果期4—6月。南太行平原、丘陵区广布。生于荒地、河滩、路旁、河岸。有极强的水土保持能力。

855 黄背草 | *Themeda triandra*　　禾本科　菅属

多年生草本。秆高 0.5~1.5 米，圆形，压扁或具棱，下部直径可达 5 毫米，光滑无毛，具光泽，黄白色或褐色，实心，髓白色，有时节处被白粉。叶鞘紧裹秆，背部具脊，通常生疣基硬毛；叶舌坚纸质，长 1~2 毫米，顶端钝圆，有睫毛；叶线形，长 10~50 厘米，宽 4~8 毫米，基部通常近圆形，顶部渐尖，中脉显著，两面无毛或疏被柔毛，背面常粉白色，边缘略卷曲，粗糙。伪圆锥花序狭窄，由具佛焰苞的总状花序组成，长为全株的 1/3~1/2；佛焰苞长 2~3 厘米；总状花序长 15~17 毫米，具长 2~5 毫米的花序梗，由 7 个小穗组成；下部总苞状小穗对轮生于一平面，无柄，雄性，长圆状披针形，长 7~10 毫米；第一颖背面上部常生瘤基毛，具多数脉；无柄小穗两性；第一颖革质，被短刚毛，第二颖与第一颖同质，两边为第一颖所包卷；第一外稃短于颖；第二外稃退化为芒的基部，芒长 3~6 厘米，一至二回膝曲。颖果长圆形，胚线形。花果期 6—12 月。南太行平原、丘陵区广布。生于干燥山坡、草地、路旁、林缘等处。可作建茅草屋顶的主要原料。

856 虮子草 | *Leptochloa panicea*　　禾本科　千金子属

一年生草本。秆较细弱，高 30~60 厘米。叶鞘疏生有疣基的柔毛；叶舌膜质，多撕裂，或顶端作不规则齿裂，长约 2 毫米；叶质薄，扁平，长 6~18 厘米，宽 3~6 毫米，无毛或疏生疣毛。圆锥花序长 10~30 厘米，分枝细弱，微粗糙；小穗灰绿色或带紫色，长 1~2 毫米，含 2~4 朵小花；颖膜质，具 1 脉，脊上粗糙，第一颖较狭窄，第二颖较宽；外稃具 3 脉，脉上被细短毛。颖果圆球形，长约 0.5 毫米。花果期 7—10 月。南太行平原、山区广布。多生于田野路边和园圃内。本种草质柔软，为优质牧草。

857 茵草 | *Beckmannia syzigachne*　　禾本科　茵草属

一年生草本。秆直立，高15~90厘米，具2~4节。叶鞘无毛，多长于节间；叶舌透明膜质，长3~8毫米；叶扁平，长5~20厘米，宽3~10毫米，粗糙或背面平滑。圆锥花序长10~30厘米，分枝稀疏，直立或斜升；小穗扁平，圆形，灰绿色，常含1朵小花，长约3毫米；颖草质；外稃披针形，具5脉，常具伸出颖外的短尖头。颖果黄褐色，长圆形。花果期4—10月。南太行山区广布。生于湿地、水沟边及浅流水中。优质牧草。

858 坚被灯芯草 | *Juncus tenuis*　　灯芯草科　灯芯草属

多年生草本。根状茎短，须根褐色；茎丛生，圆柱形或稍扁，直径0.6~1.2毫米，深绿色。叶基生；叶线形，长4~23厘米，边缘内卷；叶鞘边缘膜质；叶耳白膜质，长2~4毫米，钝圆。花被片披针形，长3.5~4毫米，内、外轮几等长或外轮稍长，纸质，淡绿色，先端锐尖，边缘膜质，背部隆起，两侧与膜质边缘间有2条黄色纵纹，雄蕊6枚；花药长圆形，黄色，长约0.8毫米，花丝长约1.2毫米；花柱短，柱头3分叉，长1.6毫米，红褐色。蒴果三棱状卵形，黄绿色，与花被片近等长，顶端具短尖头，有3个不完全隔膜。花期6—7月，果期8—9月。南太行丘陵、山区有分布。生于河旁、溪边、湿草地。

859 笄石菖 | *Juncus prismatocarpus*　　灯芯草科　灯芯草属

多年生草本，高 17~65 厘米。茎丛生，直立或斜上，有时平卧，圆柱形，或稍扁，直径 1~3 毫米，下部节上有时生不定根。叶基生和茎生，短于花序；基生叶少；茎生叶 2~4；叶线形通常扁平，长 10~25 厘米，宽 2~4 毫米，顶端渐尖，具不完全横隔，绿色；叶鞘边缘膜质，长 2~10 厘米，有时带红褐色；叶耳稍钝。花序由 5~20（30）个头状花序组成，排列成顶生复聚伞花序，花序常分枝，具长短不等的花序梗；头状花序半球形至近圆球形，直径 7~10 毫米，有 8（4）~15（20）朵花；叶状总苞片常 1 枚，线形，短于花序；苞片多枚，宽卵形或卵状披针形，长 2~2.5 毫米，顶端锐尖或尾尖，膜质，背部中央有 1 脉；花具短梗。蒴果三棱状圆锥形，长 3.8~4.5 毫米，顶端具短尖头，1 室，淡褐色或黄褐色。花期 3—6 月，果期 7—8 月。南太行分布于平原、山区。生于溪边、路旁沟边、疏林草地以及山坡湿地。

860 扁秆荆三棱 | *Bolboschoenus planiculmis*　　莎草科　三棱草属

多年生草本。具匍匐根状茎和块茎。秆高 60~100 厘米，一般较细，三棱形，平滑，靠近花序部分粗糙，基部膨大，具秆生叶。叶扁平，宽 2~5 毫米，向顶部渐狭，具长叶鞘。叶状苞片 1~3，常长于花序，边缘粗糙；长侧枝聚伞花序短缩成头状，或有时具少数辐射枝，通常具 1~6 个小穗；小穗卵形或长圆状卵形，锈褐色，长 10~16 毫米，宽 4~8 毫米，具多数花；鳞片膜质，褐色或深褐色，背面具 1 条稍宽的中肋。小坚果宽倒卵形或倒卵形，扁，两面稍凹，或稍突，长 3~3.5 毫米。花期 5—6 月，果期 7—9 月。南太行平原区广布。生于湖泊、河边近水处。湿地植物。

861 荆三棱 | *Bolboschoenus yagara*　　莎草科　三棱草属

多年生草本。根状茎粗而长，呈匍匐状，顶端生球状块茎。秆高大粗壮，高70~150厘米，锐三棱形，平滑，基部膨大，具秆生叶。叶扁平，线形，宽5~10毫米，稍坚挺，上部叶边缘粗糙，叶鞘很长，最长可达20厘米。叶状苞片3~4，通常长于花序；长侧枝聚伞花序简单，具3~8个辐射枝，辐射枝最长达7厘米；每辐射枝具1~3（4）个小穗；小穗卵形或长圆形，锈褐色，长1~2厘米，宽5~8（10）毫米，具多数花；鳞片密覆瓦状排列，膜盾，长圆形，长约7毫米，外面被短柔毛，面具1条中肋，顶端具芒，芒长2~3毫米。小坚果倒卵形，三棱形，黄白色。花果期5—7月。南太行平原区广布。生于河岸、沟边潮湿处。湿地植物。

862 三棱水葱 | *Schoenoplectus triqueter*　　莎草科　水葱属

多年生草本。秆散生，粗壮，高20~90厘米，三棱形，基部具2~3个鞘，鞘膜质，横脉明显隆起，最上一个鞘顶端具叶。叶扁平，长1.3~5.5（8）厘米，宽1.5~2毫米。苞片1，为秆的延长，三棱形，长1.5~7厘米。简单长侧枝聚伞花序假侧生，有1~8个辐射枝；辐射枝三棱形，棱上粗糙，长可达5厘米，每辐射枝顶端有1~8个簇生的小穗；小穗卵形或长圆形，长6~12（14）毫米，宽3~7毫米，密生许多花；鳞片长圆形、椭圆形或宽卵形，顶端微凹或圆形，长3~4毫米，膜质，黄棕色，背面具1条中肋，稍延伸出顶端呈短尖，边缘疏生缘毛。小坚果倒卵形，平凸状，长2~3毫米，成熟时褐色，具光泽。花果期6—9月。南太行分布于平原、丘陵区。生于水沟、水塘、山溪边或沼泽地。挺水植物，可作水景观配置材料。

863 水葱 | *Schoenoplectus tabernaemontani*   莎草科　水葱属

多年生草本。匍匐根状茎粗壮，具许多须根。秆高大，圆柱状，高1~2米，平滑，基部具3~4个叶鞘，鞘长可达38厘米，管状，膜质，最上面一个叶鞘具叶。叶线形。苞片1，为秆的延长，直立，钻状，常短于花序，极少数稍长于花序；长侧枝聚伞花序简单或复出，假侧生，具4~13或更多个辐射枝；辐射枝长可达5厘米，一面突，一面凹，边缘有锯齿；小穗单生或2~3个簇生于辐射枝顶端，卵形或长圆形，顶端急尖或钝圆，长5~10毫米，宽2~3.5毫米，具多数花；鳞片椭圆形或宽卵形，顶端稍凹，具短尖，膜质，长约3毫米，棕色或紫褐色，有时基部色淡，背面有铁锈色突起小点，脉1条，边缘具缘毛。小坚果倒卵形或椭圆形，双凸状，少有三棱形，长约2毫米。花果期6—9月。南太行平原地区广布。生于水沟、水塘、山溪边或沼泽地。挺水植物，可作水景观配置材料。

864 水虱草 | *Fimbristylis miliacea*   莎草科　飘拂草属

多年生草本。无根状茎。秆丛生，高10（1.5）~60厘米，扁四棱形，具纵槽，基部包着1~3个无叶的鞘；鞘侧扁，鞘口斜裂，向上渐狭窄，有时呈刚毛状，长3.5（1.5）~9厘米。叶长于或短于秆或与秆等长，侧扁，套褶，剑状，边上有稀疏细齿，向顶端渐狭呈刚毛状，宽1.5（1）~2毫米；鞘侧扁，背面呈锐龙骨状，前面具膜质、锈色的边，鞘口斜裂，无叶舌。苞片2~4枚，刚毛状，基部宽，具锈色、膜质的边，较花序短；长侧枝聚伞花序复出或多次复出，很少简单，有许多小穗；辐射枝3~6个，细而粗糙，长0.8~5厘米；小穗单生于辐射枝顶端，球形或近球形，顶端极钝，长1.5~5毫米，宽1.5~2毫米；鳞片膜质，卵形，顶端极钝，栗色，具白色狭边，背面具龙骨状突起，具有3条脉，沿侧脉处深褐色，中脉绿色。小坚果倒卵形或宽倒卵形，钝三棱形，长1毫米，麦秆黄色，具疣状突起和横长圆形网纹。花果期7—10月。南太行分布于平原、丘陵区。生于水沟、水塘、山溪边或沼泽地。

865 双穗飘拂草 | *Fimbristylis subbispicata*　　莎草科　飘拂草属

多年生草本。无根状茎。秆丛生，细弱，高 7~60 厘米，扁三棱形，灰绿色，平滑，具多条纵槽，基部具少数叶。叶短于秆，宽约 1 毫米，稍坚挺，平张，上端边缘具小刺，有时内卷。苞片无或只有 1，直立，线形，长于花序，长 0.7~10 厘米；小穗通常 1 个，稀 2 个，顶生，卵形、长圆状卵形或长圆状披针形，圆柱状，长 8~30 毫米，宽 4~8 毫米，具多数花；鳞片螺旋状排列，膜质，卵形、宽卵形或近于椭圆形，顶端钝，具硬短尖，长 5~7 毫米，棕色，具锈色短条纹，背面无龙骨状突起，具多条脉。小坚果圆倒卵形，扁双凸状，长 1.5~1.7 毫米，褐色，基部具柄，表面具六角形网纹，稍有光泽。花期 6—8 月，果期 9—10 月。南太行平原、山区有分布。生于山坡、沼泽地、溪边、沟旁近水处。

866 头状穗莎草 | *Cyperus glomeratus*　　莎草科　莎草属

一年生草本。具须根。秆散生，粗壮，高 50~95 厘米，钝三棱形，平滑，基部稍膨大，具少数叶。叶短于秆，宽 4~8 毫米，边缘不粗糙；叶鞘长，红棕色。叶状苞片 3~4，较花序长，边缘粗糙；复出长侧枝聚伞花序具 3~8 个辐射枝，辐射枝长短不等，最长达 12 厘米；穗状花序无总花梗，近于圆形、椭圆形或长圆形，长 1~3 厘米，宽 6~17 毫米，具极多数小穗；小穗多列，排列极密，线状披针形或线形，稍扁平，长 5~10 毫米，宽 1.5~2 毫米，具 8~16 朵花；小穗轴具白色透明的翅；鳞片排列疏松，膜质，近长圆形，顶端钝，长约 2 毫米，棕红色，边缘内卷。小坚果长圆形，三棱形，长为鳞片的 1/2，灰色，具明显的网纹。花果期 6—10 月。南太行平原区广布。生于河岸、湖泊、沟边潮湿处。挺水植物，可作水景观配置材料。

867 白鳞莎草 | *Cyperus nipponicus*　　莎草科　莎草属

一年生草本。秆密丛生,细弱,高5~20厘米,扁三棱形,平滑,基部具少数叶。叶通常短于秆,或有时与秆等长,宽1.5~2毫米,平张或有时折合;叶鞘膜质,淡红棕色或紫褐色。苞片3~5,叶状,较花序长数倍,基部一般较叶宽些;长侧枝聚伞花序短缩呈头状,圆球形,直径1~2厘米,有时辐射枝稍延长,具多数密生的小穗;小穗无柄,披针形或卵状长圆形,压扁,长3~8毫米,宽1.5~2毫米,具8~30朵花;小穗轴具白色透明的翅;鳞片2列,稍疏的覆瓦状排列,宽卵形,顶端具小短尖,长约2毫米,背面沿中脉处绿色,两侧白色透明,有时具疏的锈色短条纹,具多数脉。小坚果长圆形,长约为鳞片的1/2,黄棕色。花果期8—9月。南太行分布于山西晋城、长治等地。生于荒地、荒坡等空旷处。

868 褐穗莎草 | *Cyperus fuscus*　　莎草科　莎草属

一年生草本。具须根。秆丛生,细弱,高6~30厘米,扁锐三棱形,平滑,基部具少数叶。叶短于秆或有时几与秆等长,宽2~4毫米,平张或有时向内折合,边缘不粗糙。苞片2~3,叶状,长于花序;长侧枝聚伞花序复出或有时为简单,具3~5个第一次辐射枝,辐射枝最长达3厘米;小穗5至十几个密聚成近头状花序,线状披针形或线形,长3~6毫米,宽约1.5毫米,稍扁平,具8~24朵花;小穗轴无翅;鳞片覆瓦状排列,膜质,宽卵形,顶端钝,长约1毫米,背面中间较宽的1条为黄绿色,两侧深紫褐色或褐色,具3条不十分明显的脉。小坚果椭圆形,三棱形,长约为鳞片的2/3,淡黄色。花果期7—10月。南太行平原地区有分布。生于河滩、溪边、沟旁近水处。

869 北莎草（变型） | *Cyperus fuscus* f. *virescens*　　　莎草科　莎草属

与褐穗莎草（原种）的区别：植株一般较高。小穗长可达 1 厘米；鳞片淡棕色或棕色。花果期 6—10 月。生于溪边、沟旁近水处。

870 水莎草 | *Cyperus serotinus*　　　莎草科　莎草属

多年生草本。根状茎长。秆高 35~100 厘米，粗壮，扁三棱形，平滑。叶少，宽 3~10 毫米，平滑，基部折合，正面平张，背面中肋呈龙骨状突起。苞片常 3，稀 4，叶状，较花序长 1 倍多，最宽至 8 毫米；复出长侧枝聚伞花序具 4~7 个第一次辐射枝；辐射枝向外展开，长短不等，最长达 16 厘米；每一辐射枝上具 1~3 个穗状花序，每一穗状花序具 5~17 个小穗；花序轴被疏的短硬毛；小穗排列稍松，近于平展，披针形或线状披针形，长 8~20 毫米，宽约 3 毫米，具 10~34 朵花；小穗轴具白色透明的翅；鳞片初期排列紧密，后期较松，纸质，宽卵形，顶端钝或圆，有时微缺，长 2.5 毫米，背面中肋绿色，两侧红褐色或暗红褐色，边缘黄白色透明，具 5~7 条脉。小坚果椭圆形或倒卵形，平凸状，长约为鳞片的 4/5，棕色，稍有光泽，具突起的细点。花果期 7—10 月。南太行平原区有分布。生于河滩、浅水、路旁。根入药，有止咳、破血、通经、消积、止痛的功效。

871 香附子 | *Cyperus rotundus*

莎草科 莎草属

多年生草本。匍匐根状茎长，具椭圆形块茎。秆稍细弱，高15~95厘米，锐三棱形，平滑，基部呈块茎状。叶较多，短于秆，宽2~5毫米，平张；鞘棕色，常裂成纤维状。叶状苞片2~3（5），常长于花序，或有时短于花序；长侧枝聚伞花序简单或复出，具3（2）~10个辐射枝；辐射枝最长达12厘米；穗状花序陀螺形，稍疏松，具3~10个小穗；小穗斜展开，线形，长1~3厘米，宽约1.5毫米，具8~28朵花；小穗轴具较宽的、白色透明的翅；鳞片稍密地覆瓦状排列，膜质，卵形或长圆状卵形，长约3毫米，顶端急尖或钝，无短尖，中间绿色，两侧紫红色或红棕色，具5~7条脉。小坚果长圆状倒卵形，三棱形。花果期5—11月。南太行平原、山区广布。生于田间、荒地、路旁、村旁等。块茎名可供药用，除能制作健胃药外，还可以治疗妇科各症。

872 异型莎草 | *Cyperus difformis*

莎草科 莎草属

多年生草本。根状茎短，须根褐色；茎丛生，圆柱形或稍扁，直径0.6~1.2毫米，深绿色。叶基生；叶线形，长4~23厘米，边缘内卷；叶鞘边缘膜质；叶耳白膜质，长2~4毫米，钝圆。花被片披针形，长3.5~4毫米，内、外轮几等长或外轮稍长，纸质，淡绿色，先端锐尖，边缘膜质，背部隆起，两侧与膜质边缘间有2条黄色纵纹，雄蕊6枚；花药长圆形，黄色，长约0.8毫米，花丝长约1.2毫米；花柱短，柱头3分叉，长1.6毫米，红褐色。蒴果三棱状卵形，黄绿色，与花被片近等长，顶端具短尖头，有3个不完全隔膜。花期6—7月，果期8—9月。南太行丘陵、山区有分布。生于河旁、溪边、湿草地。

873 红鳞扁莎 | *Pycreus sanguinolentus*　　莎草科　扁莎属

多年生草本。根为须根。秆密丛生，高7~40厘米，扁三棱形，平滑。叶稍多，常短于秆，少有长于秆，宽2~4毫米，平张，边缘具白色透明的细刺。苞片3~4，叶状，近于平向展开，长于花序；简单长侧枝聚伞花序具3~5个辐射枝；辐射枝有时极短，因而花序近似头状，有时长可达4.5厘米，由4~12个或更多的小穗密聚成短的穗状花序；小穗辐射展开，长圆形、线状长圆形或长圆状披针形，长5~12毫米，宽2.5~3毫米，具花6~24朵；小穗轴直，四棱形，无翅；鳞片稍疏松地覆瓦状排列，膜质，卵形，顶端钝，长约2毫米，背面中间部分黄绿色，具3~5条脉，两侧具较宽的槽，麦秆黄色或褐黄色，边缘暗血红色或暗褐红色。小坚果圆倒卵形或长圆状倒卵形，双凸状，稍肿胀，长为鳞片的1/2~3/5，成熟时黑色。花果期7—12月。南太行平原、丘陵区有分布。生于山谷、田边、河旁潮湿处，或长于浅水处。

874 球穗扁莎 | *Pycreus flavidus*　　莎草科　扁莎属

多年生草本。根状茎短，具须根。秆丛生，细弱，高7~50厘米，钝三棱形，一面具沟，平滑。叶少，短于秆，宽1~2毫米，折合或平张；叶鞘长，下部红棕色。苞片2~4，细长，较长于花序；简单长侧枝聚伞花序具1~6个辐射枝，辐射枝长短不等，最长达6厘米，有时极短缩成头状；每一辐射枝具2~20个小穗；小穗密聚于辐射枝上端呈球形，辐射展开，线状长圆形或线形，极压扁，长6~18毫米，宽1.5~3毫米，具12~34（66）朵花；小穗轴近四棱形，两侧有具横隔的槽；鳞片稍疏松排列，膜质，长圆状卵形，顶端钝，长1.5~2毫米，背面龙骨状突起，绿色；具3条脉，两侧黄褐色、红褐色或暗紫红色，具白色透明的狭边。小坚果倒卵形，顶端有短尖，双凸状，稍扁，长约为鳞片的1/3，褐色或暗褐色，具白色透明有光泽的细胞层和微突起的细点。花果期6—11月。南太行平原区有分布。生于河滩、浅水、路旁。

875 具刚毛荸荠（变种） | *Eleocharis valleculosa* var. *setosa*

莎草科　荸荠属

具槽秆荸荠（原变种）。本变种特征：多年生草本。秆单生或丛生，圆柱状，高 6~50 厘米。叶缺如，在秆的基部有 1~2 个长叶鞘，鞘膜质，鞘的下部紫红色，鞘口平，高 3~10 厘米。小穗长圆状卵形或线状披针形，少有椭圆形和长圆形，后期为麦秆黄色，有多数或极多数密生的两性花；在小穗基部有 2 鳞片中空无花，抱小穗基部的 1/2~2/3 周以上；其余鳞片全有花，卵形或长圆状卵形，顶端钝，背部淡绿色或苍白色，有 1 条脉，两侧狭，淡血红色，边缘很宽，白色，干膜质。花果期 6—8 月。南太行平原、山区广布。生于浅水中。

876 太行山藨蔍草 | *Trichophorum schansiense*

莎草科　藨蔍草属

多年生草本。具匍匐根状茎。秆丛生，纤细，高 5~40 厘米，近于四棱形，平滑，基部有 2~3 个叶鞘；鞘最长 2 厘米，顶端具刚毛状叶。小穗单一顶生，基部具鳞片状苞片，苞片等长或短于小穗，顶端具短芒，芒边缘具刺，粗糙；小穗倒卵形或长圆形，长 4~5 毫米，宽约 2 毫米，具 5~6 朵花；鳞片排列较松，长圆形、卵形或长圆状卵形，长 4~4.5 毫米，背面具 2 条脉，绿色，其余为麦秆黄色或红棕色，顶端具短芒，芒边缘粗糙。小坚果倒卵形，三棱形，长约 1 毫米，黄绿色，具光泽。花果期 5 月。南太行山区有分布。生于太行山山谷岩缝中。

877 矮丛薹草（变种） | *Carex callitrichos* var. *nana*　　莎草科　薹草属

羊须草（原变种）。本变种特征：多年生草本。根状茎长，匍匐或斜生。秆疏丛生，高2~6厘米，纤细如发，钝三棱形，光滑，基部具红褐色的宿存叶鞘。叶长为秆的5~6倍，细如毛发状，柔软，宽0.2~0.8（1）毫米，无毛，极少疏被短柔毛。苞片佛焰苞状，长7~10毫米，光滑，顶端急尖，鞘口边缘膜质，无明显的苞叶；小穗2~4个，疏远；顶生的3~4个雄性，圆柱形，长5~8毫米，粗1~1.5毫米，具少数花；小穗柄短，通常不伸出苞鞘外，花少数，1~2朵，疏生；雄花鳞片披针形，顶端渐尖，长约2.5毫米，淡锈色，边缘白色膜质；雌花鳞片披针形，长3~4毫米，顶端渐尖或急尖，具短尖，中间绿色，具1条中脉，两侧锈色或淡锈色，具宽的白色膜质边缘。小坚果长圆状倒卵形，三棱形，成熟时褐色。花果期3—5月。南太行丘陵、山区广布。生于石质山坡、荒山、松树与柞树混交林或油松林下。

878 矮生薹草 | *Carex pumila*

莎草科 薹草属

多年生草本。根状茎具细长的、发达的地下匍匐茎。秆疏丛生，高 10~30 厘米，三棱形，几全为叶鞘所包裹，下部为多个淡红褐色无叶的鞘所包裹，鞘的一侧常细裂成网状。叶长于或近等长于秆，宽 3~4 毫米，平张或有时对折，质坚挺，脉上和边缘粗糙，具鞘。位于下面的苞片叶状，长于秆，在雄小穗基部为芒状或鳞片状，短于小穗，位于下面的苞片具短鞘；小穗 3~6 个，间距较短，上端 2~3 个为雄小穗，棍棒形或狭圆柱形，长 1.5~3.5 厘米，具短柄；其余 2~3 个为雌小穗，长圆形或长圆状圆柱形，长 1.5~2.5 厘米，宽约 8 毫米，具稍疏生的多数花，通常具短柄；雄花鳞片狭披针形，顶端渐尖，淡黄褐色；雌花鳞片宽卵形，长约 5.5 毫米，顶端渐尖，具短尖或短芒，膜质，淡褐色或带锈色短线点，中间绿色，边缘白色透明，具 3 条脉。小坚果较紧地包于果囊内，宽倒卵形或近椭圆形，三棱形。花果期 4—6 月。南太行分布于丘陵、平原潮湿地区。生于林缘林下、路旁、草地。

879 白颖薹草（亚种） | *Carex duriuscula* subsp. *rigescens*

莎草科 薹草属

寸草（原种）。本亚种特征：多年生草本。根状茎细长，匍匐。秆高 5~20 厘米，纤细，平滑，基部叶鞘灰褐色，细裂呈纤维状。叶短于秆，宽 1~1.5 毫米，内卷，边缘稍粗糙。苞片鳞片状。穗状花序卵形或球形，长 0.5~1.5 厘米，宽 0.5~1 厘米；小穗 3~6 个，卵形，密生，长 4~6 毫米，雄雌顺序，具少数花；雌花鳞片宽卵形或椭圆形，长 3~3.2 毫米，锈褐色，边缘及顶端为白色膜质，顶端锐尖，具短尖。小坚果稍疏松地包于果囊中，近圆形或宽椭圆形，长 1.5~2 毫米，宽 1.5~1.7 毫米。花果期 4—6 月。南太行广布。生于山坡、半干旱地区或草原上。

880 叉齿薹草 | *Carex gotoi* 莎草科 薹草属

多年生草本。根状茎具长的地下匍匐茎。秆疏丛生，高30~70厘米，三棱形，平滑或近平滑，基部包以红褐色无叶的鞘，老叶鞘常细裂成网状。叶短于秆，宽2~3毫米，平张或对折，质稍硬，边缘粗糙，具较长的叶鞘。苞片叶状，最下面的苞片近等长于花序，具短鞘，上面的苞片渐短，近于无鞘；小穗3~5个，常4个，上端1~3个为雄小穗，间距近，圆柱形或披针形，顶端1个较长，长2.5~3厘米，下面的1~2个常较短，近于无柄；其余的小穗为雌小穗，间距较远，圆柱形或近长圆形，长1.5~3.5厘米，宽5~6毫米，密生多数花，具短柄；雌花鳞片卵形或狭卵形，长约3.5毫米，顶端渐尖，具边缘粗糙的短尖或芒，膜质，栗褐色，具3条脉，脉间和边缘色浅。小坚果较松地包于果囊内，基部具短柄，顶端具短尖。花果期5—6月。南太行分布于海拔1000米以上山区。生于河边湿地、草甸。

881 长嘴薹草 | *Carex longerostrata* 莎草科 薹草属

多年生草本。根状茎短，斜生，木质。秆丛生，高15~50厘米，扁三棱形，上部微粗糙，基部叶鞘最初淡绿色，后深棕色分裂成纤维状。苞片短叶状，短于花序，具鞘；小穗2个，稀3个，顶生1个雄性，棍棒状，长1~2.5厘米，花密生；侧生小穗雌性，卵形或长圆形，长1~1.7厘米，具6~10朵花；小穗柄短。雄花鳞片长圆形，顶端凹，具芒，锈色；雌花鳞片狭椭圆形或披针形，顶端截形或钝，长约6.5毫米，淡锈色，背面3条脉绿色，向顶延伸成粗糙的芒。小坚果紧包于果囊中，长约3毫米，具短柄，下部棱面凹。花果期5—6月。南太行分布于海拔1000米以上山区。生于山坡草丛中、水边或林下。

882 粗脉薹草 | *Carex rugulosa*　　莎草科　薹草属

多年生草本。根状茎具粗的地下匍匐茎。秆高50~80厘米，钝三棱形，下部平滑，上部稍粗糙，基部包以红褐色无叶的鞘，老叶鞘常细裂成网状。叶近等长于秆，宽3~5毫米，平张，坚挺，具叶鞘。苞片叶状，最下面的苞片等长或稍长于花序，上面的苞片较短，具短鞘；小穗4~6个，上端2~3个为雄小穗，间距短，狭披针形，长1~3.5厘米，近于无柄；其余的为雌小穗，间距长，雌小穗圆柱形或长圆状圆柱形，长2~4厘米，宽约1厘米，密生多数花，基部稍稀疏，具短柄，柄长约1厘米；雄花鳞片长圆状披针形，长约5毫米，顶端稍钝，膜质，暗血红色或淡锈褐色，具1条脉；雌花鳞片卵形，长3.5~4毫米，顶端急尖，具短尖，膜质，淡锈褐色，具3条脉，脉间色淡。小坚果稍紧地包于果囊内，长约3毫米，基部具短柄，顶端具稍长而弯曲的宿存花柱。花果期6—7月。南太行分布于平原、丘陵区。生于河边、湖泊、草地。

883 大披针薹草 | *Carex lanceolata*　　莎草科　薹草属

多年生草本。根状茎粗壮，斜生。秆密丛生，高10~35厘米，纤细，扁三棱形，上部稍粗糙。叶初时短于秆，后渐延伸，与秆近等长或超出，平张，基部具紫褐色分裂呈纤维状的宿存叶鞘。苞片佛焰苞状，苞鞘背部淡褐色，其余绿色具淡褐色线纹，腹面及鞘口边缘白色膜质，下部的在顶端具刚毛状的短苞叶，上部的呈突尖状；小穗3~6个，彼此疏远；顶生的1个雄性，线状圆柱形，低于其下的雌小穗或与之等高；侧生的2~5个小穗雌性，长圆形或长圆状圆柱形，有5~10朵疏生或稍密生的花；小穗柄通常不伸出苞鞘外，仅下部的1个稍外露；小穗轴微呈"之"字形曲折；雄花鳞片长圆状披针形，顶端急尖，膜质，褐色或褐棕色，具宽的白色膜质边缘，有1条中脉；雌花鳞片披针形或倒卵状披针形，顶端急尖或渐尖，具短尖，纸质，两侧紫褐色，有宽的白色膜质边缘，中间淡绿色，有3条脉。小坚果顶端具外弯的短喙。花果期4—7月。南太行丘陵、山区广布。生于林缘林下、草地、阳坡干燥瘠薄地。优质牧草。茎叶可作造纸原料。

884 亚柄薹草（变种） | *Carex lanceolata* var. *subpediformis*

莎草科　薹草属

与大披针薹草（原变种）的区别：雌花鳞片倒卵形或倒卵状长圆形；果囊除两侧脉外，无明显的细脉。南太行丘陵、山区广布。生于山坡、灌丛下、水边或耕地边。

885 青绿薹草 | *Carex breviculmis*

莎草科　薹草属

多年生草本。根状茎短。秆丛生，高8~40厘米，纤细，三棱形，上部稍粗糙，基部叶鞘淡褐色，撕裂成纤维状。叶短于秆，宽2~3（5）毫米，平张，边缘粗糙，质硬。苞片最下部的叶状，长于花序，具短鞘，鞘长1.5~2毫米，其余的刚毛状，近无鞘；小穗2~5个，上部的接近，下部的远离，顶生小穗雄性，长圆形，长1~1.5厘米，宽2~3毫米，近无柄，紧靠近其下面的雌小穗；侧生小穗雌性，长圆形或长圆状卵形，少有圆柱形，长0.6~1.5（2）厘米，宽3~4毫米，具稍密生的花，无柄或最下部的具长2~3毫米的短柄；雄花鳞片倒卵状长圆形，顶端渐尖，具短尖，膜质，黄白色，背面中间绿色；雌花鳞片长圆形，倒卵状长圆形，先端截形或圆形，长2~2.5毫米（不包括芒），宽1.2~2毫米，膜质，苍白色，背面中间绿色，具3条脉，向顶端延伸成长芒，芒长2~3.5毫米。小坚果紧包于果囊中，卵形，长约1.8毫米，栗色，顶端缢缩成环盘。花果期3—6月。南太行丘陵、山区广布。生于山坡草地、路边、山谷沟边。长寿草坪植物。

886 宽叶薹草 | *Carex siderosticta*　　　莎草科　薹草属

多年生草本。根状茎长。营养茎和花茎有间距，花茎近基部的叶鞘无叶，淡棕褐色，营养茎的叶长圆状披针形，长10~20厘米，宽1~2.5（3）厘米，有时具白色条纹，中脉及2条侧脉较明显，正面无毛，背面沿脉疏生柔毛。花茎长达30厘米，苞鞘上部膨大似佛焰苞状，长2~2.5厘米，苞片长5~10毫米；小穗3~6（10）个，单生或孪生于各节，雄雌顺序，线状圆柱形，长1.5~3厘米，具疏生的花；小穗柄长2~6厘米，多伸出鞘外；雄花鳞片披针状长圆形，先端尖，长5~6毫米，两侧透明膜质，中间绿色，具3条脉；雌花鳞片椭圆状长圆形至披针状长圆形，先端钝，长4~5厘米，两侧透明膜质，中间绿色，具3条脉，遍生稀疏锈点。小坚果紧包于果囊中，椭圆形，三棱形，长约2毫米。花果期4—5月。南太行分布于海拔1000~2000米山区。生于林缘林下、草甸。可作园林地被植物。

887 翼果薹草 | *Carex neurocarpa*　　　莎草科　薹草属

多年生草本。根状茎短，木质。秆丛生，全株密生锈色点线，高15~100厘米，宽约2毫米，粗壮，扁钝三棱形，平滑，基部叶鞘无叶，淡黄锈色。叶短于或长于秆，宽2~3毫米，平张，边缘粗糙，先端渐尖，基部具鞘，鞘腹面膜质，锈色。苞片下部的叶状，显著长于花序，无鞘，上部的刚毛状；小穗多数，雄雌顺序，卵形，长5~8毫米；穗状花序紧密，呈尖塔状圆柱形，长2.5~8厘米，宽1~1.8厘米；雄花鳞片长圆形，长2.8~3毫米，锈黄色，密生锈色点线；雌花鳞片卵形至长圆状椭圆形，顶端急尖，具芒尖，基部近圆形，长2~4毫米，宽约1.5毫米，锈黄色，密生锈色点线。小坚果疏松地包于果囊中，卵形或椭圆形，平凸状，长约1毫米，淡棕色，平滑，有光泽，具短柄，顶端具小尖头。花果期6—8月。南太行分布于平原、山区。生于河滩、水边湿地、草地。

888 异鳞薹草 | *Carex heterolepis*　　莎草科　薹草属

多年生草本。根状茎短，具长匍匐茎。秆高 40~70 厘米，三棱形，上部粗糙，基部具黄褐色细裂成网状的老叶鞘。叶与秆近等长，宽 3~6 毫米，平张，边缘粗糙。苞片叶状，最下部 1 枚长于花序，基部无鞘；小穗 3~6 个，顶生 1 个雄性，圆柱形，长 2~4 厘米，宽 4 毫米；具小穗柄，柄长 0.8~2 厘米；侧生小穗雌性，圆柱形，直立，长 1~4.5 厘米，宽约 6 毫米；小穗无柄，仅最下部 1 个具短柄。雌花鳞片狭披针形或狭长圆形，长 2~3 毫米，淡褐色，中间淡绿色，具 1~3 脉，顶端渐尖。小坚果紧包于果囊中，宽倒卵形或倒卵形，长 2~2.2 毫米，暗褐色。花果期 4—7 月。南太行分布于海拔 550 米以上丘陵、山区。生于沼泽地、河滩、水边。

889 皱果薹草 | *Carex dispalata*　　　莎草科　薹草属

多年生草本。根状茎粗,木质,具长而较粗的地下匍匐茎。秆高40~80厘米,锐三棱形,中等粗,上部棱上稍粗糙,基部常具红棕色无叶的鞘,鞘的一侧常撕裂成网状。叶几等长于秆,宽4~8毫米,平张,具2条明显的侧脉,两面平滑,上端边缘粗糙,近基部的叶具较长的鞘,上面的叶近于无鞘。苞片叶状,下面的苞片稍长于小穗,上面的苞片常短于小穗,通常近于无鞘;小穗4~6个,距离短,常集生于秆的上端,顶生小穗为雄小穗,圆柱形,长4~6厘米,具柄;侧生小穗为雌小穗,圆柱形,长3~9厘米,密生多数雌花,有时顶端具少数雄花,近于无柄或有时最下面的小穗具很短的小穗柄;雄花鳞片狭披针形,顶端急尖或钝,无短尖,长5~5.5毫米,两侧红褐色,中间具1条中脉,麦秆黄色;雌花鳞片卵状披针形或披针形,顶端渐尖,无短尖或具小短尖或芒,长约3毫米,膜质,两侧红褐色,中间黄绿色,具3条脉。小坚果稍松地包于果囊内,倒卵形或椭圆状倒卵形,三棱形,长约2毫米,顶端具小短尖。花果期6—8月。南太行分布于海拔500米以上丘陵、山区。生于沟谷、林缘林下、潮湿地。

水生植物

890 篦齿眼子菜 | *Stuckenia pectinata*　　眼子菜科　篦齿眼子菜属

多年生草本。根茎发达，白色，直径1~2毫米，具分枝。茎长50~200厘米，近圆柱形，纤细，直径0.5~1毫米，下部分枝稀疏，上部分枝稍密集。叶线形，长2~10厘米，宽0.3~1毫米，先端渐尖或急尖，基部与托叶贴生成鞘；鞘长1~4厘米，绿色，边缘叠压而抱茎，顶端具长4~8毫米的无色膜质小舌片；叶脉3条，平行，顶端连接，中脉显著，有与之近于垂直的次级叶脉，边缘脉细弱而不明显。穗状花序顶生，具花4~7轮，间断排列；花序梗细长，与茎近等粗。果实倒卵形。花果期5—10月。南太行丘陵、山区广布。生于河沟、水渠、池塘等各类水体，水体多呈微酸性或中性。全草可入药，性凉味微苦，有清热解毒的功效，可治肺炎、疮疖。

891 尖叶眼子菜 | *Potamogeton oxyphyllus*　　眼子菜科　眼子菜属

多年生沉水草本。无根茎。茎椭圆柱形或近圆柱形，直径0.5~1毫米，具分枝，基部常匍匐地面，节处疏生须根，长超过10厘米，淡黄色，纤长；茎节无腺体，节间长2~5厘米。叶线形，无柄，长3~10厘米，宽1.5~3毫米，常微弯曲而呈镰状，先端渐尖，基部渐狭，全缘；叶脉7~11条，平行，于叶端连接，中脉显著，两侧伴有通气组织形成的细条纹，侧脉较细弱，但清晰可见；托叶膜质，与叶离生，长0.6~1.2厘米，多脉，不合生为套管状，仅边缘叠压而呈鞘状抱茎，常早萎，纤维状宿存；休眠芽侧生短枝状，多叶，明显特化。穗状花序顶生，具花3~4轮；花序梗自下而上稍膨大成棒状；花小，被片绿色；雌蕊4枚。果实倒卵形，长3~3.5毫米。花果期6—10月。南太行平原、山区广布。生于池塘、溪沟之中，水体多呈微酸性。全草可做肥料或绿肥。

892 眼子菜 | *Potamogeton distinctus*　　　　　眼子菜科　眼子菜属

多年生水生草本。具匍匐根状茎。沉水叶披针形或条状披针形，长 5~10 厘米，宽 2~4 厘米，柄长 6~15 厘米；浮水叶较宽短。穗状花序生于浮水叶的叶腋，花序梗粗壮；穗长 4~5 厘米，密生黄绿色小花。小坚果宽卵形。花果期 5—10 月。南太行平原、山区广布。生于池塘、河沟、沼泽中。全草入药，具清热解毒、利水通淋的功效。

893 菹草 | *Potamogeton crispus*　　　　　眼子菜科　眼子菜属

多年生沉水草本。具近圆柱形的根茎。茎稍扁，多分枝，近基部常匍匐地面，于节处生出疏或稍密的须根。叶条形，无柄，长 3~8 厘米，宽 3~10 毫米，先端钝圆，基部约 1 毫米与托叶合生，但不形成叶鞘，叶缘多少呈浅波状，具疏或稍密的细锯齿；叶脉 3~5 条，平行，顶端连接，中脉近基部两侧伴有通气组织形成的细纹，次级叶脉疏而明显可见；托叶薄膜质，长 5~10 毫米，早落。穗状花序顶生，具花 2~4 轮，初时每轮 2 朵对生，穗轴伸长后常稍不对称；花序梗棒状，较茎细。果实卵形，果喙长向后稍弯曲，背脊约 1/2 以下具牙齿。花果期 4—7 月。南太行平原、山区广布。生于池塘、河沟、沼泽、缓流河水中。本种为草食性鱼类的良好天然饵料。

894 大藻 | *Pistia stratiotes*　　　天南星科　大藻属

多年生水生飘浮草本。有长而悬垂的根多数，须根羽状，密集。叶簇生呈莲座状，叶常因发育阶段不同而形异，倒三角形、倒卵形、扇形，以至倒卵状长楔形，长1.3~10厘米，宽1.5~6厘米，先端截头状或浑圆，基部厚，两面被毛，基部尤为浓密；叶脉扇状伸展，背面明显隆起呈折皱状。佛焰苞白色，长0.5~1.2厘米，外被茸毛。花期5—11月，果期9—11月。喜欢高温多雨的环境，适宜于在平静的淡水池塘、沟渠中生长。可做猪饲料。全草入药，外敷无名肿毒；煮水可洗汗瘢、血热作痒、消跌打肿痛；煎水内服可通经、治水肿、小便不利、汗皮疹、臁疮、水蛊。

895 凤眼莲 | *Pontederia crassipes*　　　雨久花科　梭鱼草属

多年生浮水草本，高30~60厘米。须根发达，棕黑色，长达30厘米。茎极短，具长匍匐枝，匍匐枝淡绿色或带紫色，与母株分离后长成新植株。叶在基部丛生，莲座状排列，一般5~10；叶圆形、宽卵形或宽菱形，长4.5~14.5厘米，顶端钝圆或微尖，基部宽楔形或在幼时为浅心形，全缘，具弧形脉，质地厚实，两边微向上卷，顶部略向下翻卷；叶柄长短不等，中部膨大呈囊状或纺锤形，黄绿色至绿色，光滑；叶柄基部有鞘状苞片，长8~11厘米，黄绿色，薄而半透明。花葶从叶柄基部的鞘状苞片腋内伸出，长34~46厘米，多棱；穗状花序长17~20厘米，通常具9~12朵花；花被裂片6，花瓣状，卵形、长圆形或倒卵形，紫蓝色，花冠略两侧对称，上方1裂片较大，三色即四周淡紫红色，中间蓝色，在蓝色的中央有1黄色圆斑。蒴果卵形。花期7—10月，果期8—11月。南太行平原地区有分布。生于河流、湖泊等水域。全草为家畜、家禽饲料。嫩叶及叶柄可作蔬菜。全草可供药用，有清凉解毒、除湿祛风热以及外敷热疮等功效。

第三部分　其他草本·水生植物

896 浮萍 | *Lemna minor*　　　天南星科　浮萍属

一年生浮水草本。叶状体对称，正面绿色，背面浅黄色或绿白色或常为紫色，近圆形、倒卵形或倒卵状椭圆形，全缘，长 1.5~5 毫米，宽 2~3 毫米，正面稍突起或沿中线隆起，3 脉，不明显，背面垂生丝状根 1 条。根白色，长 3~4 厘米，根冠钝头，根鞘无翅。叶状体背面一侧具囊，新叶状体于囊内形成浮出，以极短的细柄与母体相连，随后脱落。南太行平原地区有分布。生于湖泊、池塘等静水水域。为良好的猪饲料、鸭饲料；也是草鱼的饵料。全草入药，能发汗、利水、消肿毒，治风湿脚气、风疹热毒、衄血、水肿、小便不利、斑疹不透、感冒发热无汗。

897 大茨藻 | *Najas marina*　　　水鳖科　茨藻属

一年生沉水草本。植株多汁，较粗壮，呈黄绿色至墨绿色；株高 30~100 厘米，茎粗 1~4.5 毫米，节间长 1~10 厘米，或更长，基部节上生有不定根；分枝多，呈二叉状，常具稀疏锐尖的粗刺，刺长 1~2 毫米，先端具黄褐色刺细胞；表皮与皮层分界明显。叶近对生和 3 叶假轮生，于枝端较密集，无柄；叶线状披针形，稍向上弯曲，边缘每侧具 4~10 粗锯齿，齿长 1~2 毫米，背面沿中脉疏生长约 2 毫米的刺状齿；叶鞘宽圆形，长约 3 毫米，抱茎，全缘或上部具稀疏的细锯齿，齿端具 1 黄褐色刺细胞。花黄绿色，单生于叶腋。种皮质硬，易碎；外种皮细胞多边形，凹陷，排列不规则。花果期 9—11 月。南太行分布于平原地区。生于池塘、湖泊和缓流河水中。

898 黑藻 | *Hydrilla verticillata*   水鳖科 黑藻属

多年生沉水草本。茎圆柱形，表面具纵向细棱纹，质较脆。休眠芽长卵圆形；苞叶多数，螺旋状紧密排列，白色或淡黄绿色，狭披针形至披针形。叶3~8轮生，线形或长条形，长7~17毫米，宽1~1.8毫米，常具紫红色或黑色小斑点，先端锐尖，边缘锯齿明显，无柄，具腋生小鳞片；主脉1条，明显。花单性，雌雄同株或异株。果实圆柱形，表面常有2~9个刺状突起。植物以休眠芽繁殖为主。花果期5—10月。南太行平原、山区广布。生于池塘、河流中。可做绿肥。

899 金鱼藻 | *Ceratophyllum demersum*   金鱼藻科 金鱼藻属

多年生沉水草本。茎长40~150厘米，平滑，具分枝。叶4~12轮生，一至二回二叉状分歧，裂片丝状或丝状条形，长1.5~2厘米，宽0.1~0.5毫米，先端带白色软骨质，边缘仅一侧有数细齿。花直径约2毫米；苞片9~12，条形，长1.5~2毫米，浅绿色，透明，先端有3齿及带紫色毛。坚果宽椭圆形，长4~5毫米，宽约2毫米，黑色，平滑，边缘无翅，有3刺。花期6—7月，果期8—10月。南太行平原、山区广布。生于池塘、河沟。为鱼类饲料，又可喂猪。全草药用，治内伤吐血。

900 满江红（亚种） | *Azolla pinnata* subsp. *asiatica*   槐叶蘋科 满江红属

羽叶满江红（原种）。本亚种特征：一年生草本。植物体呈卵形或三角状，根状茎细长横走，侧枝腋生，假二歧分枝，向下生须根。叶小如芝麻，互生，无柄，覆瓦状排列成2行，叶深裂分为背裂片和腹裂片两部分，背裂片长圆形或卵形，肉质，绿色，但在秋后常变为紫红色，边缘无色透明，正面密被乳状瘤突，背面中部略凹陷，基部肥厚形成共生腔；腹裂片贝壳状，无色透明，多少饰有淡紫红色，斜沉水中。南太行分布于平原、丘陵区。生于水田和静水沟塘中。本种和蓝藻共生，是优良的绿肥，又是很好的饲料。全草入药，能发汗、利尿、祛风湿、治顽癣。

901 穗状狐尾藻 | *Myriophyllum spicatum*   小二仙草科 狐尾藻属

多年生沉水草本。茎圆柱形，长1~2米，多分枝。叶通常4~6轮生，羽状深裂，长2.5~3.5厘米，裂片长1~1.5厘米。穗状花序顶生或腋生，开花时挺出水面；花单性，雌雄同株，常4朵轮生于花序轴上；雌花着生于花序下部，雄花着生于花序上部。果球形。花果期4—9月。南太行平原、山区广布。生于池塘、河沟、沼泽中。全草入药，有清凉、解毒、止痢的功效，可治慢性下痢。夏季生长旺盛，一年四季可采，可做养猪、养鱼、养鸭的饲料。

902 黑三棱 | *Sparganium stoloniferum* 香蒲科　黑三棱属

多年生水生或沼生草本。块茎膨大，比茎粗 2~3 倍，或更粗；根状茎粗壮。茎直立，粗壮，高 0.7~1.2 米，或更高，挺水。叶长 40（20）~90 厘米，宽 0.7~16 厘米，具中脉，上部扁平，下部背面呈龙骨状突起或呈三棱形，基部鞘状。圆锥花序开展，长 20~60 厘米，具 3~7 个侧枝，每个侧枝上着生 7~11 个雄性头状花序和 1~2 个雌性头状花序，主轴顶端通常具 3~5 个雄性头状花序或更多，无雌性头状花序；花期雄性头状花序呈球形，直径约 10 毫米。果实长 6~9 毫米，倒圆锥形，上部通常膨大呈冠状，具棱，褐色。花果期 5—10 月。南太行分布于平原、丘陵区。生于河沟、沼泽、水塘边浅水处。块茎入药，具破瘀、行气、消积、止痛、通经、下乳等功效。

903 水烛 | *Typha angustifolia* 香蒲科　香蒲属

多年生水生或沼生草本。根状茎乳黄色或灰黄色，先端白色。地上茎直立，粗壮，高 1.5~2.5（3）米。叶长 54~120 厘米，宽 0.4~0.9 厘米，上部扁平，中部以下腹面微凹，背面向下逐渐隆起呈凸形，下部横切面呈半圆形，细胞间隙大，呈海绵状；叶鞘抱茎。雌雄花序相距 2.5~6.9 厘米；雄花序轴具褐色扁柔毛，单出或分叉；叶状苞片 1~3 枚，花后脱落；雌花序长 15~30 厘米，基部具 1 枚叶状苞片，通常比叶宽，花后脱落。小坚果长椭圆形，长约 1.5 毫米，具褐色斑点，纵裂。花果期 6—9 月。南太行平原区广布。生于河滩、湖泊、河流、池塘浅水处。叶用于编织、造纸等。雌花序可制作枕芯和坐垫的填充物。

904 长苞香蒲 | *Typha domingensis* 　　　香蒲科　香蒲属

多年生水生或沼生草本。根状茎粗壮，乳黄色，先端白色。地上茎直立，高0.7~2.5米，粗壮。叶长40~150厘米，宽0.3~0.8厘米，上部扁平，中部以下背面逐渐隆起，下部横切面呈半圆形，细胞间隙大，海绵状；叶鞘很长，抱茎。雌雄花序远离；雄花序长7~30厘米，花序轴弯曲柔毛，先端齿裂或否，叶状苞片1~2，长约32厘米，宽约8毫米，与雄花先后脱落；雌花序位于下部，长4.7~23厘米，叶状苞片比叶宽，花后脱落。小坚果纺锤形，长约1.2毫米，纵裂，果皮具褐色斑点。花果期6—8月。南太行平原区广布。生于河滩、湖泊、河流、池塘浅水处。本种经济价值较高，是重要的水生经济植物之一。花粉即"蒲黄"，可入药。叶用于编织、造纸等。幼叶基部和根状茎先端可作蔬食。雌花序可制作枕芯和坐垫的填充物。

905 无苞香蒲 | *Typha laxmannii* 　　　香蒲科　香蒲属

多年生沼生或水生草本。根状茎乳黄色或浅褐色，先端白色。地上茎直立，较细弱，高1~1.3米。叶窄条形，长50~90厘米，宽2~4毫米，光滑无毛，下部背面隆起，横切面半圆形，细胞间隙较大，近叶鞘处明显海绵质；叶鞘抱茎较紧。雌雄花序远离；雄性穗状花序长6~14厘米，明显长于雌花序，花序轴具白色、灰白色或黄褐色柔毛，基部和中部具1~2枚纸质叶状苞片，花后脱落；雌花序长4~6厘米，基部具1枚叶状苞片，通常比叶宽，花后脱落。果实椭圆形。花果期6—9月。南太行平原区广布。生于河滩、湖泊、河流、池塘浅水处。作用同长苞香蒲。

索 引

A

阿尔泰狗娃花	390
阿尔泰银莲花	117
阿拉伯婆婆纳	246
矮丛薹草（变种）	477
矮韭	285
矮生薹草	478
矮桃	062
艾	230
艾麻	207
暗花金挖耳	225
凹头苋	216

B

八角麻	207
巴天酸模	201
白草	427
白车轴草	118
白花草木樨	095
白花丹参（变型）	100
白花鬼针草（变种）	114
白花碎米荠	043
白莲蒿	229
白鳞莎草	472
白茅	465
白屈菜	120
白首乌	023
白头翁	293
白羊草	459
白英	033
白颖薹草（亚种）	478
白芷	073
百里香	310
百蕊草	048
败酱	129
稗	418
斑地锦草	407
斑叶蒲公英	181
斑种草	251
半边莲	270
半夏	209
瓣蕊唐松草	411
棒头草	422
宝盖草	317
北柴胡	144
北重楼	239
北方拉拉藤	045
北方獐牙菜	265
北黄花菜	152
北京堇菜	091/349
北京延胡索	344
北京隐子草	452
北马兜铃	032
北美车前	212
北美独行菜	039
北美苋	218
北莎草（变型）	473
北水苦荬	247
北乌头	341
北萱草	153
北鱼黄草	016
笔龙胆	060
篦苞风毛菊	381
篦齿眼子菜	486
蓖蓄	415
蝙蝠葛	034
扁秆荆三棱	468
扁蕾	250
变豆菜	072
变色苦荬菜（亚种）	113/170
并头黄芩	300
波叶大黄	103
播娘蒿	122
薄荷	096/311
薄雪火绒草	178

C

苍耳	223
苍术	104
糙毛阿尔泰狗娃花（变种）	390
糙苏	317
糙叶败酱	129
糙叶黄芪	320
糙隐子草	453
草地早熟禾	455
草甸羊茅	449
草胡椒	222
草木樨	159
草木樨状黄芪	322
草芍药	090
叉齿薹草	479
叉唇角盘兰	201
长苞香蒲	493
长柄山蚂蝗	329
长柄唐松草	412
长萼鸡眼草	324
长花天门冬	198
长喙唐松草	412
长茎飞蓬（亚种）	368

长裂苦苣菜……………… 166	酢浆草……………………… 151	地椒………………………… 310
长芒稗……………………… 420	簇生泉卷耳（亚种）……… 053	地锦草……………………… 408
长蕊石头花………………… 055	翠雀………………………… 343	地梢瓜……………………… 061
长药八宝…………………… 273		地笋………………………… 097
长叶车前…………………… 214	**D**	地榆………………………… 367
长叶酸模…………………… 202	达乌里黄芪………………… 321	等齿委陵菜………………… 135
长柱斑种草………………… 252	鞑靼狗娃花………………… 389	点地梅……………………… 062
长柱沙参…………………… 267	打碗花……………………… 014	顶冰花……………………… 154
长鬃蓼……………………… 363	大苞黄精…………………… 085	东北堇菜……………… 159/356
长嘴薹草…………………… 479	大车前……………………… 213	东北蒲公英………………… 182
朝天委陵菜………………… 131	大齿山芹…………………… 075	东北羊角芹………………… 080
朝鲜艾（变种）…………… 230	大茨藻……………………… 489	东方草莓…………………… 067
朝鲜老鹳草………………… 276	大刺儿菜（变种）………… 375	东方堇菜…………………… 159
朝阳芨芨草………………… 429	大丁草……………………… 105	东方羊茅（亚种）………… 450
朝阳隐子草………………… 453	大狗尾草…………………… 425	东方泽泻…………………… 038
车前………………………… 212	大花糙苏…………………… 155	东风菜……………………… 116
齿翅蓼……………………… 025	大花马齿苋………………… 274	东亚唐松草（变种）……… 413
齿果酸模…………………… 202	大花野豌豆………………… 329	东瀛鹅观草………………… 439
齿叶橐吾…………………… 176	大火草……………………… 264	独根草……………………… 280
赤飑………………………… 020	大戟………………………… 404	独角莲……………………… 210
赤麻………………………… 208	大狼耙草…………………… 188	独行菜……………………… 039
翅果菊……………………… 163	大麻………………………… 211	短柄草……………………… 434
臭草………………………… 421	大披针薹草………………… 480	短梗柳叶菜………………… 243
臭芥………………………… 123	大藻………………………… 488	短茎马先蒿………………… 299
川百合……………………… 151	大山黧豆…………………… 161	短芒稗（变种）…………… 419
穿龙薯蓣…………………… 031	大野豌豆…………………… 330	短毛独活…………………… 076
垂果南芥…………………… 040	大叶铁线莲………………… 263	短毛野青茅（变种）……… 432
垂盆草……………………… 141	大叶野豌豆………………… 330	短柱侧金盏花……………… 401
垂穗披碱草………………… 438	大油芒……………………… 444	钝萼附地菜（变种）……… 255
垂序商陆…………………… 194	大针茅……………………… 428	盾果草……………………… 253
春蓼………………………… 363	大籽蒿……………………… 231	多苞斑种草………………… 251
刺苍耳……………………… 224	丹东蒲公英………………… 181	多被银莲花………………… 117
刺儿菜（变种）…………… 375	丹参………………………… 302	多花黑麦草………………… 435
刺疙瘩……………………… 374	弹刀子菜…………………… 295	多茎委陵菜………………… 132
刺果峨参…………………… 073	党参………………………… 019	多裂委陵菜………………… 132
刺酸模……………………… 203	倒提壶……………………… 253	多歧沙参（亚种）………… 267
刺苋………………………… 216	稻槎菜……………………… 185	多叶隐子草………………… 454
丛生隐子草………………… 455	荻…………………………… 437	
丛枝蓼……………………… 364	地丁草……………………… 345	**E**
粗根老鹳草………………… 277	地肤………………………… 215	鹅观草……………………… 439
粗距舌喙兰………………… 337	地构叶……………………… 410	鹅绒藤……………………… 024
粗脉薹草…………………… 480	地黄………………………… 280	额河千里光………………… 173

二色棘豆 …… 325	狗尾草 …… 425	花锚 …… 128
二叶舌唇兰 …… 199	狗牙根 …… 459	花苜蓿 …… 161
	牯岭野豌豆 …… 331	花叶滇苦菜 …… 165
F	栝楼 …… 020	华北百蕊草 …… 048
翻白草 …… 131	挂金灯（变种）…… 060	华北耧斗菜 …… 263
繁缕 …… 050	光果田麻（变种）…… 147	华北前胡 …… 079
繁缕景天 …… 142	光滑柳叶菜（亚种）…… 244	华北散血丹 …… 059
反枝苋 …… 217	光头稗 …… 420	华北乌头（变种）…… 342
返顾马先蒿 …… 299	光叶党参 …… 270	华北鸦葱 …… 179
饭包草 …… 339	广布野豌豆 …… 331	华东蓝刺头 …… 387
防风 …… 078	广序北前胡（变种）…… 080	华蒲公英 …… 182
房山紫堇 …… 102	广序臭草 …… 421	黄鹌菜 …… 165
肥披碱草 …… 440	鬼蜡烛 …… 426	黄背草 …… 466
费菜 …… 142	鬼针草 …… 186	黄顶菊 …… 190
粉花月见草 …… 245		黄瓜菜 …… 171
风花菜 …… 125	**H**	黄花菜 …… 153
风毛菊 …… 381	海州香薷 …… 315	黄花蒿 …… 227
锋芒草 …… 448	蕹菜 …… 125	黄堇 …… 157
凤仙花 …… 340	禾叶山麦冬 …… 288	黄精 …… 087
凤眼莲 …… 488	何首乌 …… 025	黄毛棘豆 …… 096
佛甲草 …… 141	河北耧斗菜 …… 264	黄茅 …… 433
拂子茅 …… 423	褐穗莎草 …… 472	黄芩 …… 301
浮萍 …… 489	鹤草 …… 260	黄腺香青 …… 111
福王草 …… 106	鹤虱 …… 254	黄紫堇 …… 157
附地菜 …… 254	黑柴胡 …… 145	灰背老鹳草 …… 277
	黑龙江香科科 …… 308	灰绿藜 …… 220
G	黑麦草 …… 435	茴茴蒜 …… 143
甘菊 …… 188	黑三棱 …… 492	活血丹 …… 305
甘青大戟 …… 404	黑藻 …… 490	火烙草 …… 388
甘肃羊茅 …… 450	红柴胡 …… 145	火绒草 …… 178
甘遂 …… 405	红花酢浆草 …… 281	火烧兰 …… 200
赶山鞭 …… 146	红花龙胆 …… 266	藿香 …… 312
高茎紫菀 …… 115	红蓼 …… 366	藿香蓟 …… 374
高乌头 …… 342	红鳞扁莎 …… 475	
高株早熟禾 …… 456	红轮狗舌草 …… 168	**J**
藁本 …… 074	红纹马先蒿 …… 155	芨芨草 …… 429
茖葱 …… 083	红足蒿 …… 231	鸡肠繁缕 …… 050
葛缕子 …… 074	湖北黄精 …… 086	鸡峰山黄芪 …… 322
隔山消 …… 024	虎耳草 …… 065	鸡屎藤 …… 030
钩腺大戟 …… 405	虎尾草 …… 460	鸡腿堇菜 …… 348
狗舌草 …… 168	虎掌 …… 210	鸡眼草 …… 325
狗娃花 …… 391	琥珀千里光 …… 174	笄石菖 …… 468

蒺藜 …… 147	菊芋 …… 189	两似蟹甲草 …… 107
虮子草 …… 466	苣荬菜 …… 167	两型豆 …… 327
戟叶堇菜 …… 357	具刚毛荸荠（变种） …… 476	辽东蒿 …… 233
荠 …… 040	卷苞风毛菊 …… 382	辽东堇菜 …… 347
荠苨 …… 070	卷耳（亚种） …… 054	辽藁本 …… 075
蓟 …… 379	绢毛匍匐委陵菜（变种） …… 135	列当 …… 298
假稻 …… 460	决明 …… 148	裂苞铁苋菜 …… 411
假升麻 …… 104	爵床 …… 320	裂叶蒿 …… 228
假酸浆 …… 281		裂叶堇菜 …… 347
假苇拂子茅 …… 423	**K**	裂叶荆芥 …… 318
尖裂假还阳参 …… 172	堪察加飞蓬（亚种） …… 368	裂叶马兰 …… 393
尖叶眼子菜 …… 486	看麦娘 …… 427	林大戟 …… 406
坚被灯芯草 …… 467	扛板归 …… 026	林生茜草 …… 029
坚硬女娄菜 …… 057	刻叶紫堇 …… 346	林荫千里光 …… 174
剪刀股 …… 170	苦豆子 …… 094	林荫鼠尾草 …… 303
渐尖早熟禾 …… 456	苦苣菜 …… 166	林泽兰 …… 400
箭头唐松草 …… 413	苦荬菜 …… 170	鳞叶龙胆 …… 266
角蒿 …… 296	苦参 …… 093	柳叶菜 …… 243
角茴香 …… 121	苦藏 …… 139	柳叶马鞭草 …… 271
角盘兰 …… 200	宽叶山蒿 …… 232	六叶葎 …… 046
节节麦 …… 434	宽叶薹草 …… 482	龙葵 …… 058
节毛飞廉 …… 380	宽叶隐子草（变种） …… 454	龙须菜 …… 196
桔梗 …… 271	魁蒿 …… 232	龙牙草 …… 137
芥菜 …… 124	魁蓟 …… 376	耧斗菜 …… 194
芥叶蒲公英 …… 183		漏斗脬囊草 …… 140
金疮小草 …… 097	**L**	漏芦 …… 371
金灯藤 …… 018	拉拉藤（变种） …… 192	芦苇 …… 438
金莲花 …… 154	赖草 …… 436	鹿药 …… 084
金色狗尾草 …… 426	蓝萼毛叶香茶菜（变种） …… 313	路边青 …… 138
金鱼藻 …… 490	蓝雪花 …… 282	露珠草 …… 037
金盏银盘 …… 186	狼毒 …… 283	卵叶茜草 …… 029
筋骨草 …… 304	狼尾草 …… 428	乱子草 …… 430
锦葵 …… 257	狼尾花 …… 063	轮叶黄精 …… 087
荩草 …… 461	狼紫草 …… 255	罗勒 …… 099
箐姑草 …… 051	老鹳草 …… 278	萝藦 …… 022
京黄芩 …… 301	老芒麦 …… 440	裸茎碎米荠 …… 043
京芒草 …… 430	老鸦瓣 …… 089	裸菀 …… 396
荆芥 …… 306	离子芥 …… 248	驴欺口 …… 388
荆三棱 …… 469	藜 …… 219	绿穗苋 …… 218
韭 …… 088	藜芦 …… 291	荩草 …… 027
韭莲 …… 291	鳢肠 …… 105	
救荒野豌豆 …… 333	荔枝草 …… 304	

M

麻花头	372
麻叶风轮菜	306
马鞭草	272
马䏎瓜（变种）	022
马齿苋	148
马兰	395
马蔺	292
马唐	462
马蹄金	149
麦冬	289
麦蓝菜	055/259
麦蓍草	441
麦瓶草	259
麦仁珠	192
满江红（亚种）	491
曼陀罗	057
蔓孩儿参	049
蔓黄芪	323
芒	437
牻牛儿苗	275
猫耳菊	169
毛柄堇菜	350
毛秆鹅观草（亚种）	441
毛茛	143
毛花早开堇菜（变种）	359
毛建草	307
毛苦参（变种）	094
毛连菜	172
毛马唐（变种）	462
毛脉翅果菊	164
毛脉孩儿参	049
毛脉柳叶菜	244
毛脉酸模	203
毛曼陀罗	058
毛披碱草	442
毛平车前（亚种）	214
毛蕊老鹳草	278
毛叶香茶菜	313
矛叶荩草	461
茅香	445

莓叶委陵菜	133
美花风毛菊	383
蒙古风毛菊	382
蒙古蒿	233
蒙古黄芪（变种）	095
蒙古堇菜	352
蒙古马兰	394
米口袋	335
密花香薷	316
绵果芝麻菜（变种）	122
绵毛酸模叶蓼（变种）	365
绵枣儿	290
闽南大戟	409
陌上菜	318
母菊	110
牡蒿	234

N

耐酸草	446
南艾蒿	235
南赤䏎	021
南牡蒿	235
南苜蓿	162
南山堇菜	092
内折香茶菜	314
尼泊尔蓼	370
尼泊尔早熟禾	457
泥胡菜	371
牛蒡	400
牛扁（变种）	101
牛筋草	465
牛口刺	376
牛皮消	023
牛尾蒿	236
牛膝	221
牛膝菊	106
女娄菜	056
女菀	108

O

| 欧亚旋覆花 | 175 |

P

攀援天门冬	196
泡沙参	268
蓬子菜	127
披碱草	442
啤酒花葎草丝子	018
平车前	213
婆婆纳	246
婆婆针	187
蒲儿根	169
蒲公英	183
普通早熟禾	457

Q

千根草	408
千屈菜	294
千叶阿尔泰狗娃花（变种）	391
牵牛	016
茜草	028
茜堇菜	354
荞麦	068
窃衣	082
芹叶牻牛儿苗	276
秦艽	265
秦岭翠雀花	343
秦岭沙参	070
青绿薹草	481
青杞	282
青葙	367
苘麻	149
秋海棠	338
求米草	463
球果堇菜	349
球穗扁莎	475
球序韭	286
球序卷耳	053
曲枝天门冬	197
瞿麦	260
全叶马兰	395
拳参	103/366
雀麦	447

确山野豌豆⋯⋯⋯⋯⋯⋯⋯⋯ 332

R

日本毛连菜⋯⋯⋯⋯⋯⋯⋯⋯ 173
日本续断⋯⋯⋯⋯⋯⋯⋯⋯ 402
绒背蓟⋯⋯⋯⋯⋯⋯⋯⋯⋯ 377
柔毛路边青（变种）⋯⋯⋯⋯ 138
柔弱斑种草⋯⋯⋯⋯⋯⋯⋯ 252
乳浆大戟⋯⋯⋯⋯⋯⋯⋯⋯ 406

S

三花顶冰花⋯⋯⋯⋯⋯⋯⋯ 090
三花莸⋯⋯⋯⋯⋯⋯⋯⋯⋯ 307
三棱水葱⋯⋯⋯⋯⋯⋯⋯⋯ 469
三裂叶薯⋯⋯⋯⋯⋯⋯⋯⋯ 017
三脉紫菀⋯⋯⋯⋯⋯⋯⋯⋯ 396
三叶委陵菜⋯⋯⋯⋯⋯⋯⋯ 136
散布报春⋯⋯⋯⋯⋯⋯⋯⋯ 283
涩荠⋯⋯⋯⋯⋯⋯⋯⋯⋯⋯ 249
砂狗娃花⋯⋯⋯⋯⋯⋯⋯⋯ 392
山丹⋯⋯⋯⋯⋯⋯⋯⋯⋯⋯ 152
山尖子⋯⋯⋯⋯⋯⋯⋯⋯⋯ 107
山韭⋯⋯⋯⋯⋯⋯⋯⋯⋯⋯ 287
山黧豆⋯⋯⋯⋯⋯⋯⋯⋯⋯ 324
山柳菊⋯⋯⋯⋯⋯⋯⋯⋯⋯ 167
山罗花⋯⋯⋯⋯⋯⋯⋯⋯⋯ 296
山马兰⋯⋯⋯⋯⋯⋯⋯⋯⋯ 394
山麦冬⋯⋯⋯⋯⋯⋯⋯⋯⋯ 289
山桃草⋯⋯⋯⋯⋯⋯⋯⋯⋯ 047
山野豌豆⋯⋯⋯⋯⋯⋯⋯⋯ 332
商陆⋯⋯⋯⋯⋯⋯⋯⋯⋯⋯ 193
少花万寿竹⋯⋯⋯⋯⋯⋯⋯ 199
少蕊败酱⋯⋯⋯⋯⋯⋯⋯⋯ 130
蛇床⋯⋯⋯⋯⋯⋯⋯⋯⋯⋯ 081
蛇莓⋯⋯⋯⋯⋯⋯⋯⋯⋯⋯ 136
深山露珠草（亚种）⋯⋯⋯⋯ 037
肾叶风毛菊⋯⋯⋯⋯⋯⋯⋯ 386
升麻⋯⋯⋯⋯⋯⋯⋯⋯⋯⋯ 205
升马唐⋯⋯⋯⋯⋯⋯⋯⋯⋯ 463
虱子草⋯⋯⋯⋯⋯⋯⋯⋯⋯ 449
湿生紫菀⋯⋯⋯⋯⋯⋯⋯⋯ 397
蓍⋯⋯⋯⋯⋯⋯⋯⋯⋯⋯⋯ 109

石防风⋯⋯⋯⋯⋯⋯⋯⋯⋯ 079
石胡荽⋯⋯⋯⋯⋯⋯⋯⋯⋯ 227
石龙芮⋯⋯⋯⋯⋯⋯⋯⋯⋯ 144
石沙参⋯⋯⋯⋯⋯⋯⋯⋯⋯ 268
石生蝇子草⋯⋯⋯⋯⋯⋯⋯ 056
石竹⋯⋯⋯⋯⋯⋯⋯⋯⋯⋯ 261
手参⋯⋯⋯⋯⋯⋯⋯⋯⋯⋯ 319
首阳变豆菜⋯⋯⋯⋯⋯⋯⋯ 072
绶草⋯⋯⋯⋯⋯⋯⋯⋯⋯⋯ 338
疏花雀麦⋯⋯⋯⋯⋯⋯⋯⋯ 447
疏生香青（变种）⋯⋯⋯⋯⋯ 112
蜀葵⋯⋯⋯⋯⋯⋯⋯⋯ 068/258
鼠曲草⋯⋯⋯⋯⋯⋯⋯⋯⋯ 179
鼠掌老鹳草⋯⋯⋯⋯⋯⋯⋯ 279
薯蓣⋯⋯⋯⋯⋯⋯⋯⋯⋯⋯ 031
双穗飘拂草⋯⋯⋯⋯⋯⋯⋯ 471
双穗雀稗⋯⋯⋯⋯⋯⋯⋯⋯ 464
水葱⋯⋯⋯⋯⋯⋯⋯⋯⋯⋯ 470
水棘针⋯⋯⋯⋯⋯⋯⋯⋯⋯ 308
水苦荬⋯⋯⋯⋯⋯⋯⋯⋯⋯ 247
水蓼⋯⋯⋯⋯⋯⋯⋯⋯⋯⋯ 364
水蔓菁（亚种）⋯⋯⋯⋯⋯⋯ 248
水芹⋯⋯⋯⋯⋯⋯⋯⋯⋯⋯ 082
水莎草⋯⋯⋯⋯⋯⋯⋯⋯⋯ 473
水虱草⋯⋯⋯⋯⋯⋯⋯⋯⋯ 470
水珠草（亚种）⋯⋯⋯⋯⋯⋯ 242
水烛⋯⋯⋯⋯⋯⋯⋯⋯⋯⋯ 492
丝带草（变种）⋯⋯⋯⋯⋯⋯ 424
丝毛飞廉⋯⋯⋯⋯⋯⋯ 114/380
四叶葎⋯⋯⋯⋯⋯⋯⋯⋯⋯ 193
松蒿⋯⋯⋯⋯⋯⋯⋯⋯⋯⋯ 297
宿根亚麻⋯⋯⋯⋯⋯⋯⋯⋯ 262
酸浆⋯⋯⋯⋯⋯⋯⋯⋯⋯⋯ 059
酸模⋯⋯⋯⋯⋯⋯⋯⋯⋯⋯ 204
酸模叶蓼⋯⋯⋯⋯⋯⋯⋯⋯ 365
碎米荠⋯⋯⋯⋯⋯⋯⋯⋯⋯ 044
穗花马先蒿⋯⋯⋯⋯⋯⋯⋯ 298
穗状狐尾藻⋯⋯⋯⋯⋯⋯⋯ 491
梭鱼草⋯⋯⋯⋯⋯⋯⋯⋯⋯ 294

T

太行花⋯⋯⋯⋯⋯⋯⋯⋯⋯ 067

太行蓟（暂命名）⋯⋯⋯⋯⋯ 377
太行堇菜（暂定名）⋯⋯⋯⋯ 362
太行菊⋯⋯⋯⋯⋯⋯⋯⋯⋯ 111
太行米口袋⋯⋯⋯⋯⋯⋯⋯ 337
太行山蔄蔏草⋯⋯⋯⋯⋯⋯ 476
桃叶鸦葱⋯⋯⋯⋯⋯⋯⋯⋯ 180
藤长苗⋯⋯⋯⋯⋯⋯⋯⋯⋯ 015
天胡荽⋯⋯⋯⋯⋯⋯⋯⋯⋯ 195
天葵⋯⋯⋯⋯⋯⋯⋯⋯⋯⋯ 066
天蓝苜蓿⋯⋯⋯⋯⋯⋯⋯⋯ 162
天麻⋯⋯⋯⋯⋯⋯⋯⋯⋯⋯ 415
天门冬⋯⋯⋯⋯⋯⋯⋯⋯⋯ 197
天名精⋯⋯⋯⋯⋯⋯⋯⋯⋯ 226
天仙子⋯⋯⋯⋯⋯⋯⋯⋯⋯ 140
田旋花⋯⋯⋯⋯⋯⋯⋯⋯⋯ 015
田紫草⋯⋯⋯⋯⋯⋯⋯⋯ 064/256
甜瓜⋯⋯⋯⋯⋯⋯⋯⋯⋯⋯ 021
条叶岩风⋯⋯⋯⋯⋯⋯⋯⋯ 077
铁苋菜⋯⋯⋯⋯⋯⋯⋯⋯⋯ 410
莛子藨⋯⋯⋯⋯⋯⋯⋯⋯⋯ 069
葶苈⋯⋯⋯⋯⋯⋯⋯⋯⋯⋯ 123
通奶草⋯⋯⋯⋯⋯⋯⋯⋯⋯ 409
通泉草⋯⋯⋯⋯⋯⋯⋯⋯⋯ 295
头状穗莎草⋯⋯⋯⋯⋯⋯⋯ 471
透骨草（亚种）⋯⋯⋯⋯⋯⋯ 102
透茎冷水花⋯⋯⋯⋯⋯⋯⋯ 209
秃疮花⋯⋯⋯⋯⋯⋯⋯⋯⋯ 120
突脉金丝桃⋯⋯⋯⋯⋯⋯⋯ 146
土荆芥⋯⋯⋯⋯⋯⋯⋯⋯⋯ 239
土人参⋯⋯⋯⋯⋯⋯⋯⋯⋯ 275
兔儿伞⋯⋯⋯⋯⋯⋯⋯⋯⋯ 401
托叶龙牙草⋯⋯⋯⋯⋯⋯⋯ 137
橐吾⋯⋯⋯⋯⋯⋯⋯⋯⋯⋯ 177

W

瓦松⋯⋯⋯⋯⋯⋯⋯⋯⋯⋯ 273
歪头菜⋯⋯⋯⋯⋯⋯⋯⋯⋯ 334
弯曲碎米荠⋯⋯⋯⋯⋯⋯⋯ 044
碗苞麻花头（亚种）⋯⋯⋯⋯ 372
莴草⋯⋯⋯⋯⋯⋯⋯⋯⋯⋯ 467
委陵菜⋯⋯⋯⋯⋯⋯⋯⋯⋯ 134
猬菊⋯⋯⋯⋯⋯⋯⋯⋯⋯⋯ 379

蚊母草 …………………… 047	纤毛鹅观草 ………………… 443	徐长卿 …………………… 150
乌蔹莓 …………………… 027	藓生马先蒿 ………………… 300	旋覆花 …………………… 176
乌苏里风毛菊 …………… 383	苋 ………………………… 215	旋花 ……………………… 014
无瓣繁缕 ………………… 051	线叶蓟 …………………… 378	旋蒴苣苔 ………………… 319
无瓣蔊菜 ………………… 126	线叶筋骨草 ……………… 305	
无苞香蒲 ………………… 493	线叶菊 …………………… 189	**Y**
无芒稗（变种）…………… 419	线叶拉拉藤 ……………… 045	鸦葱 ……………………… 180
无心菜 …………………… 052	线叶旋覆花 ……………… 175	鸭茅 ……………………… 424
五月艾 …………………… 236	腺毛翠雀（变种）………… 344	鸭跖草 …………………… 340
舞鹤草 …………………… 084	香附子 …………………… 474	亚柄薹草（变种）………… 481
雾灵韭 …………………… 286	香青 ……………………… 112	烟管蓟 …………………… 378
	香薷 ……………………… 315	烟管头草 ………………… 226
X	香丝草 …………………… 224	岩茴香 …………………… 077
西伯利亚三毛草 ………… 452	小扁豆 …………………… 242	眼子菜 …………………… 487
西伯利亚乌头（变种）…… 101	小赤麻 …………………… 208	羊红膻 …………………… 083
西伯利亚远志 …………… 241	小丛红景天 ……………… 274	羊茅 ……………………… 451
西来稗（变种）…………… 418	小果博落回 ……………… 416	羊乳 ……………………… 019
西山堇菜 ………………… 093	小果亚麻荠 ……………… 124	羊蹄 ……………………… 204
菥蓂 ……………………… 042	小红菊 …………………… 369	药用蒲公英 ……………… 184
溪黄草 …………………… 314	小花草玉梅（变种）……… 066	野艾蒿 …………………… 237
豨莶 ……………………… 190	小花鬼针草 ……………… 187	野百合 …………………… 088
习见蓼 …………………… 261	小花黄堇 ………………… 158	野草香 …………………… 316
喜旱莲子草 ……………… 118	小花山桃草 ……………… 223	野慈姑 …………………… 038
细柄草 …………………… 431	小花糖芥 ………………… 127	野大豆 …………………… 328
细齿草木樨 ……………… 160	小画眉草 ………………… 432	野古草 …………………… 446
细根茎黄精 ……………… 085	小藜 ……………………… 220	野胡萝卜 ………………… 078
细距堇菜 ………………… 354	小米草 …………………… 297	野韭 ……………………… 089
细裂委陵菜（变种）……… 134	小苜蓿 …………………… 163	野葵 ……………………… 257
细叶臭草 ………………… 422	小蓬草 …………………… 225	野老鹳草 ………………… 279
细叶黄芪（变种）………… 323	小窃衣 …………………… 081	野青茅 …………………… 431
细叶黄乌头 ……………… 100	小球花蒿 ………………… 237	野黍 ……………………… 445
细叶韭 …………………… 287	小升麻 …………………… 206	野莴苣 …………………… 164
细叶沙参（亚种）………071/269	小酸浆 …………………… 139	野西瓜苗 ………………… 069
细叶益母草 ……………… 309	小药巴旦子 ……………… 345	野亚麻 …………………… 262
细叶早熟禾（亚种）……… 458	楔叶菊 …………………… 369	野燕麦 …………………… 448
细籽柳叶菜 ……………… 245	蝎子草（亚种）…………… 206	野鸢尾 …………………… 091
狭苞橐吾 ………………… 177	斜茎黄芪 ………………… 321	野芝麻 …………………… 098
狭头风毛菊 ……………… 384	缬草 ……………………… 272	腋花苋（亚种）…………… 219
狭叶红景天 ……………… 195	薤白 ……………………… 288	一把伞南星 ……………… 211
狭叶珍珠菜 ……………… 063	兴安天门冬 ……………… 198	一年蓬 …………………… 109
狭翼风毛菊 ……………… 385	杏叶沙参（亚种）………071/269	异鳞薹草 ………………… 483
夏枯草 …………………… 311	绣球小冠花 ……………… 334	异蕊芥 …………………… 042

异型莎草 …………………… 474	远志 ………………………… 241	中州凤仙花 ………………… 341
异叶败酱 …………………… 130	月见草 ……………………… 128	钟苞麻花头（亚种）………… 373
益母草 ……………………… 309	云南薹 ……………………… 110	皱果薹草 …………………… 484
缢苞麻花头（亚种）………… 373		皱果苋 ……………………… 217
翼柄紫菀 …………………… 398	**Z**	皱叶酸模 …………………… 205
翼果薹草 …………………… 482	杂交苜蓿 …………………… 327	皱叶委陵菜 ………………… 133
翼茎风毛菊 ………………… 385	錾菜 ………………………… 099	珠果黄堇 …………………… 158
翼蓼 ………………………… 026	早开堇菜 …………………… 358	诸葛菜 ……………………… 249
阴地蒿 ……………………… 238	早熟禾 ……………………… 458	猪毛菜 ……………………… 222
阴行草 ……………………… 156	泽漆 ………………………… 407	猪毛蒿 ……………………… 229
茵陈蒿 ……………………… 228	泽珍珠菜 …………………… 064	竹灵消 ……………………… 150
荫生鼠尾草 ………………… 303	贼小豆 ……………………… 328	竹叶草 ……………………… 464
银背风毛菊 ………………… 386	窄叶蓝盆花 ………………… 402	梓木草 ……………………… 256
淫羊藿 ……………………… 046	窄叶野豌豆（亚种）………… 333	紫苞风毛菊 ………………… 387
蚓果芥 ……………………… 041	展枝唐松草 ………………… 414	紫苞鸢尾 …………………… 292
印度草木樨 ………………… 160	獐牙菜 ……………………… 061	紫背金盘 …………………… 098
硬毛棘豆 …………………… 326	杖藜 ………………………… 221	紫草 ………………………… 065
硬毛南芥 …………………… 041	沼生蔊菜 …………………… 126	紫花地丁 …………………… 360
硬叶风毛菊 ………………… 384	支柱蓼 ……………………… 370	紫花前胡 …………………… 284
硬直黑麦草 ………………… 436	芝麻菜 ……………………… 121	紫花碎米荠 ………………… 250
油芒 ………………………… 444	知风草 ……………………… 433	紫堇 ………………………… 346
莸状黄芩 …………………… 302	知母 ………………………… 290	紫茉莉 ……………………… 285
羽裂蓝刺头 ………………… 389	直立茴芹 …………………… 076	紫苜蓿 ……………………… 326
雨久花 ……………………… 293	直立婆婆纳 ………………… 246	紫苏 ………………………… 312
玉竹 ………………………… 086	中国繁缕 …………………… 052	紫菀 ………………………… 399
圆叶锦葵 …………………… 258	中华花葱 …………………… 284	紫羊茅 ……………………… 451
圆叶牵牛 …………………… 017	中华苦荬菜 ………………… 171	总裂叶堇菜（变种）………… 348
缘毛鹅观草 ………………… 443	中华秋海棠（亚种）………… 339	菹草 ………………………… 487
缘毛卷耳 …………………… 054	中亚苦蒿 …………………… 238	钻叶紫菀 …………………… 399

《南太行植物图志》（下册）编委会

顾　　问：刘　冰
主　　任：岳益民　王立业　郭晓黎
委　　员：罗宗华　薛爱玲　谢运升　薛胜利　杨素琴　贾长军
　　　　　买银鹏　袁根旺　黄黎明　张松槐　赵金录
总 主 编：原毅彬
主　　编：李明宪　张春旺　魏万生
副 主 编：李　娜　张红嫄　宋晓毅　刘永英　原文佳
编　　委：冯千凤　李宇超　王　艳　张有生　原　鑫　祝鹏博
　　　　　李　全　张迎宾
摄　　影：原毅彬　张　玲
绘　　图：原文佳
其他人员：薛华龙　冯小三　李济武　冯宝春　刘　伟　任长有
协作单位：焦作市林业局
　　　　　修武县云台山风景名胜区管理局

前 言

南太行地貌在宏观上具有峰谷交错、谷深沟险、长崖长脊发育的特点；在剖面上，则崖台叠置，缓坡与崖壁交替出现呈现阶梯状地貌。复杂的地形地貌，造就了南太行植物种类繁多、生物多样性明显。就木本植物而言，组成南太行地区植被的乔灌木优势种、建群种有49种。针叶林包括落叶针叶林、常绿针叶林。落叶针叶林有华北落叶松（*Larix gmelinii* var. *principis-rupprechtii*）1个群系；白皮松（*Pinus bungeana*）林、华山松（*Pinus armandii*）林、油松（*Pinus tabuliformis*）林、侧柏（*Platycladus orientalis*）林4个群系。针阔叶混交林有油松、华山松分别与栎属的锐齿槲栎（*Quercus aliena* var. *acutiserrata*）组成的2个群系。阔叶林包括落叶阔叶林、半常绿阔叶林。落叶阔叶林有山杨（*Populus davidiana*）林、白桦（*Betula platyphylla*）林、红桦（*Betula albosinensis*）林、鹅耳枥（*Carpinus turczaninowii*）林、锐齿槲栎林、栓皮栎（*Quercus variabilis*）林、麻栎（*Quercus acutissima*）林、槲栎（*Quercus aliena*）林、蒙古栎（*Quercus mongolica*）林、胡桃楸（*Juglans mandshurica*）林、栾树（*Koelreuteria paniculata*）林、漆树（*Toxicodendron vernicifluum*）林、领春木（*Euptelea pleiosperma*）林、山白树（*Sinowilsonia henryi*）林、榆树（*Ulmus pumila*）林、毛白杨（*Populus tomentosa*）林、旱柳（*Salix matsudana*）林、刺槐（*Robinia pseudoacacia*）林、泡桐（*Paulownia fortunei*）林19个群系；半常绿阔叶林有橿子栎（*Quercus baronii*）纯林、橿子栎、鹅耳枥混交林2个群系。

经多年野外调查，《南太行植物图志》（下册）共收录了南太行野生木本植物、园林栽培植物以及蕨类植物、苔藓植物。其中野生木本植物217种，园林栽培植物124种，蕨类植物35种，苔藓植物22种（只鉴定到属）。苔藓植物由于鉴别手段以及标本等问题，难以全部进行科学的鉴定和分类。但本着求实的精神，通过对拍摄图片的反复比对，能鉴定到种的植物描述形态特征、生境等；无法鉴定到种的植物归类到具体的科、属，鉴于该类植物的复杂性，本册只进行简单的图片展示，不进行形态描述。

本册中野生木本植物、蕨类植物、苔藓植物按照传统的植物分类系统进行分类；园林栽培植物按照形态和用途进行分类。

由于编写团体水平有限，本书难免有遗漏或不足之处，敬请各位专家及读者批评指正。

2024 年 6 月

目 录

前 言

第一部分　野生木本植物 ………… 001

裸子植物 ………………………… 002
　1　侧柏 ……………………… 003
　2　南方红豆杉（变种）……… 004
　3　白皮松 …………………… 005
　4　华山松 …………………… 006
　5　油松 ……………………… 007
被子植物 ………………………… 008
　6　野茉莉 …………………… 009
　7　八角枫 …………………… 010
　8　瓜木 ……………………… 010
　9　华东菝葜 ………………… 011
　10　菝葜 …………………… 011
　11　短梗菝葜 ……………… 012
　12　鞘柄菝葜 ……………… 012
　13　木香薷 ………………… 013
　14　小叶香茶菜 …………… 013
　15　碎米桠 ………………… 014
　16　白棠子树 ……………… 015
　17　臭牡丹 ………………… 015
　18　海州常山 ……………… 016
　19　荆条（变种）………… 017
　20　牡荆（变种）………… 017
　21　柽柳 …………………… 018
　22　大叶朴 ………………… 019
　23　朴树 …………………… 019
　24　黑弹树 ………………… 020

　25　青檀 …………………… 020
　26　雀儿舌头 ……………… 021
　27　毛丹麻秆 ……………… 021
　28　尾叶铁苋菜 …………… 022
　29　白刺花 ………………… 023
　30　野皂荚 ………………… 023
　31　胡枝子 ………………… 024
　32　短梗胡枝子 …………… 025
　33　大叶胡枝子 …………… 027
　34　多花胡枝子 …………… 027
　35　美丽胡枝子（亚种）… 028
　36　绿叶胡枝子 …………… 028
　37　绒毛胡枝子 …………… 029
　38　牛枝子 ………………… 029
　39　兴安胡枝子 …………… 030
　40　阴山胡枝子 …………… 030
　41　长叶胡枝子 …………… 031
　42　尖叶铁扫帚 …………… 031
　43　截叶铁扫帚 …………… 032
　44　筅子梢 ………………… 032
　45　多花木蓝 ……………… 033
　46　河北木蓝 ……………… 033
　47　红花锦鸡儿 …………… 034
　48　山槐 …………………… 034
　49　葛 ……………………… 035
　50　照山白 ………………… 036
　51　杜仲 …………………… 037

52 蒙椴 …………………… 038	86 小叶梣 …………………… 060
53 辽椴 …………………… 039	87 连翘 …………………… 060
54 小花扁担杆（变种）……… 039	88 流苏树 …………………… 061
55 木防己 …………………… 040	89 北京丁香（亚种）………… 061
56 胡桃楸 …………………… 041	90 巧玲花 …………………… 062
57 翅果油树 ……………… 042	91 紫丁香 …………………… 062
58 牛奶子 …………………… 043	92 变叶葡萄 ……………… 063
59 中国沙棘（亚种）………… 043	93 华东葡萄 ……………… 063
60 毛萼山梅花 …………… 044	94 毛葡萄 …………………… 064
61 太平花 …………………… 044	95 桑叶葡萄（亚种）………… 064
62 钩齿溲疏 ……………… 045	96 山葡萄 …………………… 065
63 小花溲疏 ……………… 045	97 白蔹 …………………… 065
64 碎花溲疏（变种）………… 046	98 蓝果蛇葡萄 …………… 066
65 鹅耳枥 …………………… 047	99 葎叶蛇葡萄 …………… 066
66 千金榆 …………………… 047	100 乌头叶蛇葡萄 ………… 067
67 红桦 …………………… 048	101 掌裂草葡萄（变种）…… 068
68 榛 …………………… 048	102 掌裂蛇葡萄（变种）…… 068
69 山白树 …………………… 049	103 枹栎 …………………… 069
70 络石 …………………… 049	104 房山栎 ………………… 069
71 罗布麻 …………………… 050	105 槲栎 …………………… 070
72 杠柳 …………………… 050	106 锐齿槲栎（变种）……… 070
73 蚂蚱腿子 ……………… 051	107 橿子栎 ………………… 071
74 苦木 …………………… 052	108 蒙古栎 ………………… 072
75 连香树 …………………… 053	109 槲树 …………………… 073
76 粗齿铁线莲 …………… 054	110 栓皮栎 ………………… 073
77 短尾铁线莲 …………… 054	111 黄栌 …………………… 074
78 钝齿铁线莲（变种）……… 055	112 黄连木 ………………… 074
79 钝萼铁线莲 …………… 055	113 漆 …………………… 075
80 毛果扬子铁线莲（变种）… 056	114 红麸杨（变种）………… 075
81 无裂槭叶铁线莲 ……… 056	115 青麸杨 ………………… 076
82 太行铁线莲 …………… 057	116 盐肤木 ………………… 076
83 狭裂太行铁线莲（变种）… 057	117 薄皮木 ………………… 077
84 华中五味子 …………… 058	118 红柄白鹃梅 …………… 078
85 三叶木通 ……………… 059	119 白梨 …………………… 078

120 杜梨 …… 079	154 灰栒子 …… 098
121 木梨 …… 079	155 西北栒子 …… 098
122 沙梨 …… 080	156 毛叶水栒子 …… 099
123 秋子梨 …… 080	157 水栒子 …… 099
124 稠李 …… 081	158 蒙古绣线菊 …… 100
125 刺蔷薇 …… 082	159 中华绣线菊 …… 100
126 粉团蔷薇（变种） …… 082	160 李叶绣线菊 …… 101
127 山刺玫 …… 083	161 三裂绣线菊 …… 101
128 黄刺玫 …… 083	162 土庄绣线菊 …… 102
129 桃 …… 084	163 绣球绣线菊 …… 102
130 山桃 …… 084	164 枸杞 …… 103
131 山杏 …… 085	165 苦糖果 …… 104
132 野杏（变种） …… 085	166 葱皮忍冬 …… 104
133 长梗郁李（变种） …… 086	167 金银忍冬 …… 105
134 毛樱桃 …… 086	168 六道木 …… 105
135 欧李 …… 087	169 陕西荚蒾 …… 106
136 光叶山楂 …… 087	170 鸡树条（亚种） …… 106
137 裂叶山楂 …… 088	171 桦叶荚蒾 …… 107
138 山楂 …… 088	172 接骨木 …… 107
139 山里红（变种） …… 089	173 构 …… 108
140 河南海棠 …… 089	174 柘 …… 108
141 山荆子 …… 090	175 蒙桑 …… 109
142 花红 …… 091	176 山桑（变种） …… 109
143 花楸树 …… 091	177 桑 …… 110
144 珍珠梅 …… 092	178 毛梾 …… 111
145 华北珍珠梅 …… 092	179 红椋子 …… 112
146 插田藨 …… 093	180 山茱萸 …… 112
147 覆盆子 …… 093	181 省沽油 …… 113
148 弓茎悬钩子 …… 094	182 膀胱果 …… 113
149 牛叠肚 …… 094	183 君迁子 …… 114
150 华中悬钩子 …… 095	184 锐齿鼠李 …… 115
151 喜阴悬钩子 …… 095	185 冻绿 …… 115
152 茅莓 …… 097	186 卵叶鼠李 …… 116
153 腺花茅莓（变种） …… 097	187 小叶鼠李 …… 116

188	皱叶鼠李	117
189	东北鼠李（变种）	117
190	少脉雀梅藤	118
191	北枳椇	118
192	多花勾儿茶	119
193	酸枣（变种）	119
194	白杜	120
195	纤齿卫矛	120
196	卫矛	121
197	栓翅卫矛	121
198	石枣子	122
199	苦皮藤	122
200	南蛇藤	123
201	长序南蛇藤	123
202	元宝槭	124
203	茶条槭	125
204	青榨槭	125
205	栾	126
206	刺楸	127
207	直穗小檗	128
208	中国黄花柳	129
209	皂柳	129
210	榔榆	130
211	脱皮榆	130
212	旱榆	131
213	大果榉	131
214	臭檀吴萸	132
215	竹叶花椒	132
216	楸	133
217	梓	134

第二部分　园林栽培植物　135

常绿树种　136

218	枸骨	137
219	雀舌黄杨	137
220	海桐	138
221	夹竹桃	138
222	女贞	139
223	小叶女贞	139
224	木樨	140
225	火棘	140
226	石楠	141
227	红叶石楠	141
228	枇杷	142
229	珊瑚树	142
230	花叶青木（变种）	143
231	冬青卫矛	143
232	八角金盘	144
233	阔叶十大功劳	144
234	南天竹	145
235	樟	145
236	棕榈	146
237	竹	146

观花植物　147

238	紫荆	148
239	紫穗槐	148
240	红花檵木（变种）	149
241	木槿	149
242	长春花	150
243	蜡梅	150
244	北美海棠	151
245	垂丝海棠	153
246	海棠花	153
247	湖北海棠	154
248	西府海棠	154
249	贴梗海棠	155
250	木瓜海棠	155
251	梅	156

252 美人梅 …………………… 158
253 观赏桃 …………………… 159
254 东京樱花 ………………… 162
255 山樱花 …………………… 163
256 日本晚樱（变种）……… 164
257 榆叶梅 …………………… 164
258 重瓣榆叶梅 ……………… 165
259 欧洲李 …………………… 166
260 紫叶李（变型）………… 166
261 平枝栒子 ………………… 167
262 月季花 …………………… 167
263 棣棠 ……………………… 168
264 重瓣棣棠（变型）……… 168
265 风箱果 …………………… 169
266 紫薇 ……………………… 169
267 银薇（变型）…………… 170
268 白丁香（变种）………… 170
269 锦带花 …………………… 171
270 红瑞木 …………………… 171
271 牡丹 ……………………… 172
272 紫叶小檗（变种）……… 172

藤蔓植物 ……………………… 173
273 凌霄 ……………………… 174
274 地锦 ……………………… 174
275 三叶地锦 ………………… 175
276 五叶地锦 ………………… 175
277 云实 ……………………… 176
278 紫藤 ……………………… 176
279 木香花 …………………… 177
280 单瓣木香花（变种）…… 177
281 黄木香花（变型）……… 178
282 蔷薇 ……………………… 178

经济树种 ……………………… 179
283 胡桃 ……………………… 180

284 花椒 ……………………… 180
285 忍冬 ……………………… 181
286 苹果 ……………………… 181
287 梨 ………………………… 182
288 李 ………………………… 182
289 桃 ………………………… 183
290 杏 ………………………… 183
291 樱桃 ……………………… 184
292 中华猕猴桃 ……………… 184
293 葡萄 ……………………… 185
294 石榴 ……………………… 185
295 柿 ………………………… 186
296 无花果 …………………… 186
297 文冠果 …………………… 187
298 枣 ………………………… 187

观赏乔木 ……………………… 188
299 皂荚 ……………………… 189
300 合欢 ……………………… 189
301 槐 ………………………… 190
302 刺槐 ……………………… 190
303 香花槐 …………………… 191
304 重阳木 …………………… 192
305 乌桕 ……………………… 193
306 枫杨 ……………………… 194
307 梧桐 ……………………… 195
308 臭椿 ……………………… 196
309 香椿 ……………………… 197
310 楝 ………………………… 198
311 白蜡树 …………………… 199
312 荷花木兰 ………………… 199
313 玉兰 ……………………… 200
314 紫玉兰 …………………… 200
315 兰考泡桐 ………………… 201
316 火炬树 …………………… 201

317 全缘叶栾树（变种）……… 202	348 小羽贯众………………… 222
318 梣叶槭………………… 202	349 日本安蕨………………… 223
319 红花槭………………… 203	350 中华蹄盖蕨……………… 223
320 鸡爪槭………………… 203	351 东北蹄盖蕨……………… 224
321 红枫…………………… 204	352 高山冷蕨………………… 224
322 三角槭………………… 204	353 耳羽岩蕨………………… 225
323 色木槭………………… 205	354 华北岩蕨………………… 225
324 七叶树………………… 205	355 北京铁角蕨……………… 226
325 一球悬铃木…………… 206	356 虎尾铁角蕨……………… 226
326 黄檗…………………… 206	357 华中铁角蕨……………… 227
327 旱柳…………………… 207	358 西北铁角蕨……………… 228
328 垂柳…………………… 207	359 鳞毛肿足蕨……………… 229
329 毛白杨………………… 208	360 银粉背蕨………………… 230
330 加杨…………………… 208	361 陕西粉背蕨（变种）…… 230
331 银杏…………………… 209	362 铁线蕨………………… 231
332 榆树…………………… 209	363 团羽铁线蕨……………… 231
333 榉树…………………… 210	364 溪洞碗蕨………………… 232
针叶树种……………… 211	365 卷柏…………………… 233
334 圆柏…………………… 212	366 旱生卷柏………………… 233
335 龙柏…………………… 212	367 垫状卷柏………………… 234
336 塔柏…………………… 213	368 伏地卷柏………………… 235
337 匍地龙柏……………… 213	369 蔓出卷柏………………… 236
338 偃柏（变种）………… 214	370 小卷柏………………… 236
339 水杉…………………… 214	371 中华卷柏………………… 237
340 雪松…………………… 215	372 木贼…………………… 238
341 黑松…………………… 216	373 节节草………………… 238
	374 草问荆………………… 239
第三部分 蕨类植物……… 217	375 犬问荆………………… 239
342 鞭叶耳蕨……………… 219	376 问荆…………………… 240
343 半岛鳞毛蕨…………… 219	
344 华北鳞毛蕨…………… 220	**第四部分 苔藓植物**……… 241
345 稀羽鳞毛蕨…………… 220	**苔类植物**……………… 242
346 腺毛鳞毛蕨…………… 221	377 地钱属………………… 243
347 贯众…………………… 221	378 南溪苔属………………… 243

379 蛇苔属 …………… 244
380 溪苔属 …………… 244
381 星孔苔属 ………… 245
382 花萼苔属 ………… 245
383 紫背苔属 ………… 246

藓类植物 …………… 247
384 对齿藓属 ………… 248
385 扭口藓属 ………… 248
386 湿地藓属 ………… 249
387 石灰藓属 ………… 249
388 小石藓属 ………… 250

389 凤尾藓属 ………… 251
390 灰藓属 …………… 252
391 小金灰藓属 ……… 253
392 鳞叶藓属 ………… 253
393 毛灰藓属 ………… 254
394 小金发藓属 ……… 255
395 绢藓属 …………… 256
396 匐灯藓属 ………… 258
397 牛舌藓属 ………… 259
398 真藓属 …………… 260

索 引 …………………… **261**

野生木本植物

1 第一部分

裸子植物

第一部分　野生木本植物·裸子植物

1 侧柏 | *Platycladus orientalis*　　　柏科　侧柏属

乔木，高 20 余米。树皮薄，纵裂成条片；枝条向上伸展或斜展，幼树树冠卵状尖塔形，老树树冠广圆形；生鳞叶的小枝细，向上直展或斜展，扁平，排成一个平面。叶鳞形，先端微钝，小枝中央的叶露出部分呈倒卵状菱形或斜方形，背面中间有条状腺槽，两侧的叶船形，先端微内曲，背部有钝脊，尖头的下方有腺点。雄球花黄色，卵圆形；雌球花近球形，蓝绿色，被白粉。球果近卵圆形，成熟前近肉质，蓝绿色，被白粉，成熟后木质，开裂，红褐色；中间 2 对种鳞倒卵形或椭圆形，鳞背顶端的下方有一向外弯曲的尖头，上部一对种鳞窄长，近柱状，顶端有向上的尖头，下部一对种鳞极小，稀退化但不显著。种子卵圆形或近椭圆形，顶端微尖，灰褐色或紫褐色，稍有棱脊，无翅或有极窄之翅。花期 3—4 月，球果 10 月成熟。南太行山区、丘陵广布。重要的困难地造林树种。

2 南方红豆杉（变种） | *Taxus wallichiana* var. *mairei*　红豆杉科　红豆杉属

红豆杉（原变种）。本变种特征：乔木，高达 30 米。树皮灰褐色、红褐色或暗褐色，裂成条片脱落；大枝开展，一年生枝绿色或淡黄绿色，秋季变成绿黄色或淡红褐色，二、三年生枝黄褐色、淡红褐色或灰褐色；冬芽黄褐色、淡褐色或红褐色，有光泽，芽鳞三角状卵形，背部无脊或有纵脊，脱落或少数宿存于小枝的基部。叶排列成 2 列，条形，微弯或较直，上部微渐窄，先端常微急尖，稀急尖或渐尖，正面深绿色，有光泽，背面淡黄绿色，中脉带上有密生均匀而微小的圆形角质乳头状突起点。雄球花淡黄色，雄蕊 8~14 枚。种子生于杯状红色肉质的假种皮中，间或生于近膜质盘状的种托（即未发育成肉质假种皮的珠托）之上，常呈卵圆形，上部渐窄，稀倒卵状，微扁或圆，上部常具二钝棱脊，先端有突起的短钝尖头，种脐近圆形或宽椭圆形，稀三角状圆形。花期 5—6 月，球果成熟期 10 月。南太行河南辉县、修武海拔 1000 米以上山区有分布。生于沟谷、山坡、河滩。心材橘红色，边材淡黄褐色，纹理直，结构细，比重 0.55~0.76，坚实耐用，干后少开裂，可供建筑、车辆、家具、器具、农具及文具等用。

3 白皮松 | *Pinus bungeana*

松科 松属

乔木,高达 30 米。有明显的主干;枝较细长,斜展,形成宽塔形至伞形树冠;幼树树皮光滑,灰绿色,长大后树皮呈不规则的薄块片脱落,露出淡黄绿色的新皮,老则树皮呈淡褐灰色或灰白色,裂成不规则的鳞状块片脱落,脱落后近光滑,露出粉白色的内皮,白褐相间呈斑鳞状;一年生枝灰绿色,无毛;冬芽红褐色,卵圆形,无树脂。针叶 3 针一束,粗硬,先端尖,边缘有细锯齿;横切面扇状三角形或宽纺锤形,树脂道 6~7 个,边生,稀背面角处有 1~2 个中生;叶鞘脱落。雄球花卵圆形或椭圆形,长约 1 厘米,多数聚生于新枝基部呈穗状,长 5~10 厘米。球果通常单生,初直立,后下垂,成熟前淡绿色,熟时淡黄褐色,卵圆形或圆锥状卵圆形,长 5~7 厘米,直径 4~6 厘米,有短梗或几无梗;种鳞矩圆状宽楔形,先端厚,鳞盾近菱形,有横脊,鳞脐生于鳞盾的中央,明显,三角状,顶端有刺,刺之尖头向下反曲,稀尖头不明显。种子灰褐色,近倒卵圆形。花期 4—5 月,球果翌年 10—11 月成熟。南太行海拔 800 米以上广布。喜光树种,耐瘠薄土壤及较干冷的气候;在气候温凉、土层深厚、肥润的钙质土和黄土上生长良好。心材黄褐色,边材黄白色或黄褐色,质脆弱,纹理直,有光泽,花纹美丽,比重 0.46。木材可供房屋建筑、家具、文具等用。种子可食。树姿优美,树皮白色或褐白相间、极为美观,为优良的庭院树种。

4 华山松 | *Pinus armandii*   松科 松属

乔木，高达 35 米。幼树树皮灰绿色或淡灰色，平滑，老树则呈灰色，裂成方形或长方形厚块片固着于树干上，或脱落；枝条平展，形成圆锥形或柱状塔形树冠；一年生枝绿色或灰绿色（干后褐色），无毛，微被白粉；冬芽近圆柱形，褐色，微具树脂，芽鳞排列疏松。针叶 5 针一束，稀 6~7 针一束，边缘具细锯齿，仅腹面两侧各具 4~8 条白色气孔线；横切面三角形，树脂道通常 3 个，中生或背面 2 个边生、腹面 1 个中生，叶鞘早落。雄球花黄色，卵状圆柱形，长约 1.4 厘米，基部围有近 10 枚卵状匙形的鳞片，多数集生于新枝下部呈穗状，排列较疏松。球果圆锥状长卵圆形，长 10~20 厘米，直径 5~8 厘米，幼时绿色，成熟时黄色或褐黄色，种鳞张开，种子脱落，果梗长 2~3 厘米；中部种鳞近斜方形倒卵形，鳞盾近斜方形或宽三角状斜方形，不具纵脊，先端钝圆或微尖，不反曲或微反曲，鳞脐不明显。种子黄褐色、暗褐色或黑色，倒卵圆形，无翅或两侧及顶端具棱脊，稀具极短的木质翅。花期 4—5 月，球果翌年 9—10 月成熟。河南修武、山西晋城有分布。边材淡黄色，心材淡红褐色，结构微粗，纹理直，材质轻软，比重 0.42。树脂较多，耐久用，木材可供建筑、枕木、家具及木纤维工业原料等用。树干可割取树脂。树皮可提取栲胶。针叶可提炼芳香油。种子食用，亦可榨油供食用或工业用油。材质优良、生长较快的树种。

5 油松 | *Pinus tabuliformis* 松科 松属

乔木，高达 25 米。树皮灰褐色或褐灰色，裂成不规则较厚的鳞状块片，裂缝及上部树皮红褐色；枝平展或向下斜展，老树树冠平顶，小枝较粗，褐黄色，无毛，幼时微被白粉；冬芽矩圆形，顶端尖，微具树脂，芽鳞红褐色，边缘有丝状缺裂。针叶 2 针一束，深绿色，粗硬，边缘有细锯齿，两面具气孔线；横切面半圆形，树脂道 5~8 个或更多，边生；叶鞘初呈淡褐色，后呈淡黑褐色。雄球花圆柱形，长 1.2~1.8 厘米，在新枝下部聚生呈穗状。球果卵形或圆卵形，长 4~9 厘米，有短梗，向下弯垂，成熟前绿色，熟时淡黄色或淡褐黄色，常宿存树上近数年之久；中部种鳞近矩圆状倒卵形，鳞盾肥厚、隆起或微隆起，扁菱形或菱状多角形，横脊显著，鳞脐突起有尖刺。种子卵圆形或长卵圆形，淡褐色有斑纹。花期 4—5 月，球果翌年 10 月成熟。南太行海拔 800 米以上广布。我国特有树种，喜光、深根性树种，喜干冷气候，在土层深厚、排水良好的酸性、中性或钙质黄土上均能生长良好。心材淡黄红褐色，边材淡黄白色，纹理直，结构较细密，材质较硬，富树脂，耐久用，可供建筑、电杆、矿柱、造船、器具、家具及木纤维等用。树干可割取树脂，提取松节油。树皮可提取栲胶。松节、松针、花粉均可供药用。

被子植物

6 野茉莉 | *Styrax japonicus*

安息香科　安息香属

灌木或小乔木。平滑；嫩枝稍扁，开始时被淡黄色星状柔毛，以后脱落变为无毛，暗紫色，圆柱形。叶互生，纸质或近革质，椭圆形或长圆状椭圆形至卵状椭圆形，顶端急尖或钝渐尖，常稍弯，基部楔形或宽楔形，边近全缘或仅于上半部具疏离锯齿，正面除叶脉疏被星状毛外，其余无毛而稍粗糙，背面除主脉和侧脉汇合处有白色长髯毛外无毛，侧脉每边5~7条，两面均明显隆起；叶柄长5~10毫米，正面有凹槽，疏被星状短柔毛。总状花序顶生，具花5~8朵，长5~8厘米；有时下部的花生于叶腋；花序梗无毛；花白色，花梗纤细，开花时下垂，无毛；小苞片线形或线状披针形，无毛，易脱落；花萼漏斗状，膜质，无毛，萼齿短而不规则；花冠裂片卵形、倒卵形或椭圆形，两面均被星状细柔毛，花蕾时作覆瓦状排列；花丝扁平，下部联合成管，上部分离。果实卵形，顶端果短尖头，外面密被灰色星状茸毛，有不规则皱纹。花期4—7月，果期9—11月。该种原分布于黄河以南地区，首次在河南博爱县境内南太行山区发现，说明自然分布已达到北方地区。木材为散孔材，黄白色至淡褐色，纹理致密，材质稍坚硬，可作器具、雕刻等细工用材。种子油可做肥皂或机器润滑油。油粕可做肥料。花美丽、芳香，可作庭院观赏植物。

山茱萸科

7 八角枫 | *Alangium chinense*　　　山茱萸科　八角枫属

落叶乔木或灌木，高3~5米。小枝略呈"之"字形，幼枝紫绿色，无毛或有稀疏的疏柔毛，冬芽锥形，生于叶柄的基部内，鳞片细小。叶纸质，卵形、近圆形或椭圆形，顶端短锐尖或钝尖，基部两侧常不对称，一侧微向下扩张，另一侧向上倾斜，阔楔形、截形，稀近于心脏形，不分裂或3~7（9）裂，裂片短锐尖或钝尖，叶正面深绿色，背面淡绿色；基出脉3~5（7），呈掌状，侧脉3~5对；叶柄长2.5~3.5厘米，紫绿色或淡黄色。聚伞花序腋生，长3~4厘米，被稀疏微柔毛，具7~30（50）朵花，花梗长5~15毫米；总花梗长1~1.5厘米，常分节；花冠圆筒形，长1~1.5厘米，花萼长2~3毫米，顶端分裂为5~8齿状萼片；花瓣6~8，线形，基部黏合，上部开花后反卷，外面有微柔毛，初为白色，后变黄色；雄蕊和花瓣同数而近等长；花盘近球形；子房2室，花柱无毛，柱头头状，常2~4裂。核果卵圆形，幼时绿色，成熟后黑色。种子1颗。花期5~7月和9—10月，果期7—11月。南太行海拔800米以上有分布。可药用，根名白龙须，茎名白龙条，治风湿、跌打损伤、外伤止血等。树皮纤维可编绳索。木材可做家具及天花板。

8 瓜木 | *Alangium platanifolium*　　　山茱萸科　八角枫属

落叶灌木或小乔木，高5~7米。树皮平滑，灰色或深灰色；小枝纤细，近圆柱形，略呈"之"字形，当年生枝淡黄褐色或灰色，近无毛；冬芽圆锥状卵圆形，鳞片三角状卵形，覆瓦状排列，外面有灰色短柔毛。叶纸质，近圆形，稀阔卵形或倒卵形，顶端钝尖，基部近于心脏形或圆形，不分裂或稀分裂，分裂者裂片钝尖或锐尖至尾状锐尖，深仅达叶长度1/4~1/3，稀1/2，边缘呈波状或钝锯齿状，正面深绿色，背面淡绿色；主脉3~5条，由基部生出，常呈掌状，侧脉5~7对，和主脉相交呈锐角，均在叶正面显著，背面微突起，小叶脉仅在背面显著；叶柄长3.5~5（10）厘米，圆柱形，稀上面稍扁平或略呈沟状，基部粗壮，向顶端逐渐细弱，有稀疏的短柔毛或无毛。聚伞花序生叶腋，通常具3~5朵花，总花梗长1.2~2厘米，花梗长1.5~2厘米，几无毛，花萼近钟形，裂片5，三角形，花瓣6~7，线形，紫红色，外面有短柔毛，基部黏合，上部开花时反卷；雄蕊6~7枚，较花瓣短；花盘肥厚，近球形，无毛，微现裂痕；子房1室，花柱粗壮，柱头扁平。核果长卵圆形或长椭圆形。种子1颗。花期3—7月，果期7—9月。南太行海拔800米以上有分布。树皮含鞣质，纤维可作人造棉。根、叶可药用，治风湿和跌打损伤等病，又可以做农药。

9 华东菝葜 | *Smilax sieboldii*　　　　　菝葜科　菝葜属

攀缘灌木或半灌木。茎长1~2米，小枝常带草质，干后稍凹瘪，一般有刺；刺多半细长，针状，稍黑色。叶草质，卵形，先端长渐尖，基部常截形；叶柄长1~2厘米，约占一半具狭鞘，有卷须，脱落点位于上部。伞形花序具数朵花；总花梗纤细，长1~2.5厘米，通常长于叶柄或近等长；花序托几不膨大；花绿黄色；雄花花被片长4~5毫米，内3片比外3片稍狭；雄蕊稍短于花被片；雌花小于雄花，具6枚退化雄蕊。浆果直径6~7毫米，熟时蓝黑色。花期5—6月，果期10月。南太行分布于海拔1000米以上山区。生于灌丛、林缘、山坡草丛。

10 菝葜 | *Smilax china*　　　　　菝葜科　菝葜属

攀缘灌木，疏生刺。叶薄革质或坚纸质，干后通常红褐色或近古铜色，圆形、卵形或其他形状，背面通常淡绿色；叶柄长5~15毫米，约占全长的1/2~2/3，具宽0.5~1毫米（一侧）的鞘，几乎都有卷须，脱落点位于靠近卷须处。伞形花序生于叶尚幼嫩的小枝上，具花十几朵或更多，常呈球形；总花梗长1~2厘米；花序托稍膨大，近球形，具小苞片；花绿黄色，外花被片长3.5~4.5毫米，宽1.5~2毫米，内花被片稍狭；雄花常弯曲；雌花与雄花大小相似，有6枚退化雄蕊。浆果直径6~15毫米，熟时红色，有粉霜。花期2—5月，果期9—11月。南太行分布于海拔800米以上山区。生于灌丛、林缘、路旁、河谷。根状茎可以提取淀粉和栲胶，或用来酿酒。有些地区作土茯苓或绵萆薢混用，全草入药可祛风、活血。

11 短梗菝葜 | *Smilax scobinicaulis*　　　　菝葜科　菝葜属

攀缘灌木。茎和枝条通常疏生刺或近无刺，较少密生刺，刺针状，稍黑色，茎上的刺有时较粗短。叶卵形或椭圆状卵形，干后有时变为黑褐色，长 4~12.5 厘米，宽 2.5~8 厘米，基部钝或浅心形；叶柄长 5~15 毫米。总花梗很短，一般不到叶柄长度的 1/2。雌花具 3 枚退化雄蕊。浆果直径 6~9 毫米。其他特征和菝葜非常相似。花期 5 月，果期 10 月。南太行分布于海拔 700 米以上山区。生于灌丛、林缘、阴坡草丛。根状茎和根是一种中药，称威灵仙，祛风除湿、治关节痛。

12 鞘柄菝葜 | *Smilax stans*　　　　菝葜科　菝葜属

叶灌木或半灌木，直立或披散。茎和枝条稍具棱，无刺。叶纸质，卵形、卵状披针形或近圆形，背面稍苍白色或有时有粉尘状物；叶柄长 5~12 毫米，向基部渐宽呈鞘状，背面有多条纵槽，无卷须，脱落点位于近顶端。花序具花 1~3 朵或更多；总花梗纤细，比叶柄长 3~5 倍；花序托不膨大；花绿黄色；雄花外花被片长 2.5~3 毫米，宽约 1 毫米，内花被片稍狭；雌花比雄花略小，具 6 枚退化雄蕊，退化雄蕊有时具不育花药。浆果直径 6~10 毫米，熟时黑色，具粉霜。花期 5—6 月，果期 10 月。南太行分布于海拔 800 米以上山区。生于灌丛、林缘林下、沟谷。

13 木香薷 | *Elsholtzia stauntonii*　　　唇形科　香薷属

直立半灌木。茎上部多分枝，带紫红色，被灰白微柔毛。叶披针形或椭圆状披针形，长8~12厘米，先端渐尖，基部楔形，具锯齿状圆齿；叶柄长4~6厘米，带紫色。穗状花序偏向一侧，被灰白微柔毛；轮伞花序具花5~10朵；苞片披针形或线状披针形，带紫；花梗长0.5毫米；花萼管状钟形，密被灰白色茸毛，内面无毛，萼齿卵状披针形，近等大；花冠淡红紫色，长约9毫米，被白色柔毛及稀疏腺点，冠筒长约6毫米，漏斗形，上唇长约2毫米，先端微缺，下唇中裂片近圆形，长约3毫米，侧裂片近卵形。小坚果椭圆形，光滑。花果期7—10月。南太行低山区广布。植株具有香气，夏季开花，花繁密，粉紫色，花朵生于花序一侧，是理想的美化灌木，适于庭院、公园、居住区绿化，可丛植观赏，也可植为绿篱。

14 小叶香茶菜 | *Isodon parvifolius*　　　唇形科　香茶菜属

小灌木。多分枝，分枝细弱，幼枝四棱形，被白色贴生短茸毛，具条纹。叶对生，小，长圆状卵形、卵形或阔卵形，先端圆形，基部截状短渐狭，边缘全缘或具大而粗的圆齿，纸质，正面榄绿色，被极短腺微柔毛，背面灰白色，密被贴生短茸毛，仅中肋及侧脉微隆起；叶柄长2~12毫米。聚伞花序腋生，具花1~7朵，具梗，总梗长2~12毫米。花萼钟形，外面密被白色短茸毛，略呈3/2式二唇形，萼齿5，卵三角形，其长稍短于萼筒，近等大，下唇2齿稍长，果时花萼增大，外折；花冠浅紫色，长约9毫米，外面被疏柔毛，内面无毛，冠筒长约4毫米，基部上方浅囊状，冠檐二唇形，上唇上反，先端具4圆裂，下唇伸展，近圆形，内凹，雄蕊及花柱微伸出。坚果小，褐色，光滑。花期6—10月，果期7—11月。南太行分布于河南济源山区。生于灌丛、林缘林下、沟谷、山坡草丛。全草药用，有清热利湿、活血散瘀、解毒消肿的功效。

15 碎米桠 | *Isodon rubescens*   唇形科　香茶菜属

小灌木。茎直立，多数，基部近圆柱形，上部多分枝，分枝具花序，茎上部及分枝均四棱形，具条纹，褐色或带紫红色，密被小疏柔毛，幼枝极密被茸毛，带紫红色。茎叶对生，卵圆形或菱状卵圆形，长 2~6 厘米，宽 1.3~3 厘米，先端锐尖或渐尖，后一情况顶端一齿较长，基部宽楔形，骤然渐狭下延成假翅，边缘具粗圆齿状锯齿，齿尖具胼胝体，正面榄绿色，疏被小疏柔毛及腺点，背面淡绿色，密被灰白色短茸毛至近无毛，侧脉 3~4 对，两面十分明显，脉纹常带紫红色；叶柄连具翅假柄在内长 1~3.5 厘米，向茎、枝顶部渐变短。聚伞花序具花 3~5 朵，最下部者有时多至 7 朵，具长 2~5 毫米的总梗，在茎及分枝顶上排列成长 6~15 厘米狭圆锥花序；苞叶菱形或菱状卵圆形至披针形，向上渐变小，在圆锥花序下部者超出于聚伞花序，在上部者则往往短于聚伞花序很多，先端急尖，基部宽楔形，边缘具疏齿至近全缘，具短柄至近无柄，小苞片钻状线形或线形，长达 1.5 毫米，被微柔毛，花萼钟形，外密被灰色微柔毛及腺点，明显带紫红色，内面无毛，10 脉，萼齿 5，微呈 3/2 式二唇形，齿均卵圆状三角形，近钝尖，约占花萼长的 1/2，上唇 3 齿，中齿略小，下唇 2 齿稍大而平伸，果时花萼增大，管状钟形，略弯曲，长 4~5 毫米，脉纹明显；花冠长约 7 毫米，外疏被微柔毛及腺点，内面无毛，冠筒长 3.5~5 毫米，基部上方浅囊状突起，至喉部直径 2~2.5 毫米，冠檐二唇形，上唇长 2.5~4 毫米，外反，先端具 4 圆齿，下唇宽卵圆形，长 3.5~7 毫米，内凹；雄蕊 4 枚，略伸出，或有时雄蕊退化而内藏，花丝扁平，中部以下具髯毛；花柱丝状，伸出，先端相等 2 浅裂；花盘环状。小坚果倒卵状三棱形，无毛。花期 7—10 月，果期 8—11 月。南太行分布在海拔 500 米以上丘陵、山区。生于灌丛、林缘林下、沟谷、阴坡草丛。又称冬凌草，全草对食道癌、贲门癌、肝癌、乳腺癌、直肠癌等有缓解作用。

16 白棠子树 | *Callicarpa dichotoma* 唇形科　紫珠属

多分枝的小灌木，高1~3米。小枝纤细，幼嫩部分有星状毛。叶倒卵形或披针形，长2~6厘米，顶端急尖或尾状尖，基部楔形，边缘仅上半部具数枚粗锯齿，表面稍粗糙；侧脉5~6对；叶柄长不超过5毫米。聚伞花序在叶腋的上方着生，细弱，2~3次分歧，花序梗长约1厘米；苞片线形；花萼杯状，无毛，顶端有不明显的4齿或近截头状；花冠紫色，长1.5~2毫米，无毛；花丝长约为花冠的2倍；子房无毛。果实球形，紫色。花期5—6月，果期7—11月。南太行分布于海拔700米以上丘陵、山区。生于灌丛、林缘林下、沟谷、路旁。全草可药用，治感冒、跌打损伤、气血瘀滞、妇女闭经、外伤肿痛。叶可提取芳香油。

17 臭牡丹 | *Clerodendrum bungei* 唇形科　大青属

灌木，高1~2米。全株有臭味；花序轴、叶柄密被褐色、黄褐色或紫色脱落性的柔毛。叶纸质，宽卵形或卵形，长8~20厘米，顶端尖或渐尖，基部宽楔形、截形或心形，边缘具粗或细锯齿，侧脉4~6对，表面散生短柔毛，背面疏生短柔毛和散生腺点或无毛；叶柄长4~17厘米。伞房状聚伞花序顶生，密集；苞片叶状，披针形或卵状披针形，长约3厘米，小苞片披针形，长约1.8厘米；花萼钟状，长2~6毫米，萼齿三角形或狭三角形，长1~3毫米；花冠淡红色、红色或紫红色，花冠管长2~3厘米，裂片倒卵形，长5~8毫米；雄蕊及花柱均突出花冠外；柱头2裂。核果近球形，成熟时蓝黑色。花果期5—11月。南太行平原竹林、山区村旁有零星分布。生于山坡、林缘、沟谷、路旁、灌丛润湿处。根、茎、叶入药，有祛风解毒、消肿止痛的功效；近来还用于治疗子宫脱垂。

18 海州常山 | *Clerodendrum trichotomum*　　唇形科　大青属

灌木或小乔木。老枝灰白色，具皮孔。叶纸质，卵形、卵状椭圆形或三角状卵形，长 5~16 厘米，顶端渐尖，基部宽楔形至截形，偶有心形，正面深绿色，背面淡绿色，两面幼时被白色短柔毛，侧脉 3~5 对，全缘或有时边缘具波状齿；叶柄长 2~8 厘米。伞房状聚伞花序顶生或腋生，通常二歧分枝，疏散，末次分枝着花 3 朵，花序长 8~18 厘米，花序梗长 3~6 厘米；苞片叶状，椭圆形，早落；花萼蕾时绿白色，后紫红色，基部合生，中部略膨大，有 5 棱脊，顶端 5 深裂，裂片三角状披针形或卵形，顶端尖；花香，花冠白色或带粉红色，花冠管细，长约 2 厘米，顶端 5 裂，裂片长椭圆形；雄蕊 4 枚，花丝与花柱同伸出花冠外；花柱较雄蕊短，柱头 2 裂。核果近球形，包藏于增大的宿萼内，成熟时外果皮蓝紫色。花果期 6—11 月。南太行海拔 800 米以上有分布。可作良好的观赏植物。

19 荆条（变种） | *Vitex negundo* var. *heterophylla*　　唇形科　牡荆属

黄荆（原变种）。本变种特征：灌木或小乔木。小枝四棱形，密生灰白色茸毛。掌状复叶，小叶5，稀3；小叶边缘有缺刻状锯齿，浅裂以至深裂，背面密被灰白色茸毛。聚伞花序排成圆锥花序式，顶生，长10~27厘米，花序梗密生灰白色茸毛；花萼钟状，顶端有5裂齿，外有灰白色茸毛；花冠淡紫色，外有微柔毛，顶端5裂，二唇形；雄蕊伸出花冠管外；子房近无毛。核果近球形；宿萼接近果实的长度。花期4—6月，果期7—10月。南太行山区、丘陵、石滩广布。生于山坡灌丛中。茎皮可造纸及制人造棉。种子为清凉性镇静、镇痛药。花和枝叶可提取芳香油。

20 牡荆（变种） | *Vitex negundo* var. *cannabifolia*　　唇形科　牡荆属

黄荆（原变种）。本变种特征：落叶灌木或小乔木；小枝四棱形。叶对生，掌状复叶，小叶5，稀3；小叶披针形或椭圆状披针形，顶端渐尖，基部楔形，边缘有粗锯齿，正面绿色，背面淡绿色，通常被柔毛。圆锥花序顶生，长10~20厘米；花冠淡紫色。果实近球形，黑色。花期6—7月，果期8—11月。南太行山区广布。生于向阳山坡。可作园林观赏植物，也是重要的蜜源植物。

21 柽柳 | *Tamarix chinensis*

柽柳科 柽柳属

乔木或灌木。老枝直立，幼枝常开展而下垂，红紫色或暗紫红色，有光泽；嫩枝繁密纤细，悬垂。叶鲜绿色。每年开花两三次。春季开花，总状花序侧生在去年生木质化的小枝上，花大而少，较稀疏且纤弱点垂，小枝亦下倾；有短总花梗，或近无梗；苞片线状长圆形或长圆形，渐尖，与花梗等长或稍长；花梗纤细，较萼短；花5出；萼片5，狭长卵形，具短尖头，略全缘，外面2片，背面具隆脊，较花瓣略短；花瓣5，粉红色，通常卵状椭圆形或椭圆状倒卵形，较花萼微长，果时宿存；花盘5裂，裂片先端圆或微凹，紫红色，肉质；雄蕊5枚，长于或略长于花瓣；花柱3，棍棒状，长约为子房的1/2。总状花序长3~5厘米，较春生者细，生于当年生幼枝顶端，组成顶生大圆锥花序，疏松而通常下弯。蒴果圆锥形。花期4—9月，果期6—10月。南太行黄河滩区广布。生于河滩、荒坡、草地。可用于沙荒地造林。可作薪炭柴，亦可作农具等用材。细枝柔韧耐磨，多用来编筐，坚实耐用。枝可编篾和农具柄把。

第一部分　野生木本植物·被子植物

22 大叶朴 | *Celtis koraiensis* 　　　大麻科　朴属

落叶乔木，高达 15 米。树皮灰色或暗灰色，浅微裂；当年生小枝老后褐色至深褐色，散生小、微突、椭圆形的皮孔；冬芽深褐色，内部鳞片具棕色柔毛。叶椭圆形至倒卵状椭圆形，少有为倒广卵形，长 7~12 厘米（连尾尖），宽 3.5~10 厘米，基部稍不对称，宽楔形至近圆形或微心形，先端具尾状长尖，长尖常由平截状先端伸出，边缘具粗锯齿，两面无毛，或仅叶背面疏生短柔毛或在中脉和侧脉上有毛；叶柄长 5~15 毫米，无毛或生短毛；在萌发枝上的叶较大，且具较多和较硬的毛。果单生叶腋，果梗长 1.5~2.5 厘米，果近球形至球状椭圆形，直径约 12 毫米，成熟时橙黄色至深褐色；核球状椭圆形，直径约 8 毫米，有 4 条纵肋，表面具明显网孔状凹陷，灰褐色。花期 4—5 月，果期 9—10 月。南太行海拔 1000 米以上有分布。生于山坡、沟谷林中。可作园林绿化树种。可作造纸和人造棉等纤维编织植物的原料。

23 朴树 | *Celtis sinensis* 　　　大麻科　朴属

乔木，高达 20 米。树皮平滑，灰色。一年生枝被密毛。叶互生，革质，宽卵形至狭卵形，长 3~10 厘米，宽 1.5~4 厘米，先端急尖至渐尖，基部圆形或阔楔形，偏斜，中部以上边缘有浅锯齿，3 出脉，正面无毛，背面沿脉及脉腋疏被毛。花杂性（两性花和单性花同株），1~3 朵生于当年枝的叶腋；花被片 4，被毛；雄蕊 4 枚，柱头 2。核果单生或 2 个并生，近球形，直径 4~5 毫米，熟时红褐色，果核有穴和突肋。花期 4—5 月，果期 9—11 月。南太行平原、丘陵有分布。多生于路旁、山坡、林缘。良好的绿化树种。木材可制作家具。果实可制润滑油。茎皮可制作人造纤维。

24 黑弹树 | *Celtis bungeana*　　　　大麻科　朴属

落叶乔木，高达 10 米。树皮灰色或暗灰色；当年生小枝淡棕色。叶厚纸质，狭卵形、长圆形、卵状椭圆形至卵形，长 3~7（15）厘米，基部宽楔形至近圆形，稍偏斜至几乎不偏斜，先端尖至渐尖，中部以上疏具不规则浅齿，有时一侧近全缘，无毛；叶柄淡黄色，长 5~15 毫米。果单生叶腋（在极少情况下，一总梗上可具 2 果），果柄较细软，无毛，长 10~25 毫米，果成熟时蓝黑色，近球形，直径 6~8 毫米；核近球形，肋不明显，表面极大部分近平滑或略具网孔状凹陷，直径 4~5 毫米。花期 4—5 月，果期 10—11 月。南太行海拔 800 米以上广布。多生于路旁、山坡、灌丛或林边。良好的绿化树种。果实可榨油制作润滑油。树皮、根皮入药，治腰痛等。

25 青檀 | *Pteroceltis tatarinowii*　　　　大麻科　青檀属

乔木，高达 20 米。树皮灰色或深灰色，裂成不规则的长片状剥落；小枝黄绿色。叶纸质，宽卵形至长卵形，长 3~10 厘米，先端渐尖至尾状渐尖，基部不对称，楔形、圆形或截形，边缘有不整齐的锯齿，基部 3 出脉，侧出的一对近直伸达叶的上部，侧脉 4~6 对，叶面绿，幼时被短硬毛，光滑或稍粗糙，叶背淡绿，在脉上有稀疏的或较密的短柔毛，脉腋有簇毛，其余近光滑无毛；叶柄长 5~15 毫米，被短柔毛。翅果状坚果近圆形或近四方形，直径 10~17 毫米，黄绿色或黄褐色，翅宽，稍带木质，有放射线条纹，下端截形或浅心形，顶端有凹缺，果实外面无毛或多少被曲柔毛，常有不规则的皱纹，有时具耳状附属物，具宿存的花柱和花被；果梗纤细，长 1~2 厘米，被短柔毛。花期 3—5 月，果期 8—10 月。南太行海拔 800 米以上有分布。常生于山谷溪边石灰岩山地疏林中。树皮纤维为制宣纸的主要原料。木材坚硬细致，可供农具、车轴、家具和建筑用的上等木料。种子可榨油。栽培供观赏。

26 雀儿舌头 | *Leptopus chinensis*　　叶下珠科　雀舌木属

直立灌木。茎上部和小枝条具棱；除枝条、叶、叶柄和萼片均在幼时被疏短柔毛外，其余无毛。叶膜质至薄纸质，卵形、近圆形、椭圆形或披针形，顶端钝或急尖，基部圆或宽楔形，正面深绿色，背面浅绿色；侧脉每边4~6条，在叶背微突起；叶柄长2~8毫米；托叶小，卵状三角形。花小，雌雄同株，单生或2~4朵簇生于叶腋；萼片、花瓣和雄蕊均为5；雄花，花梗丝状；萼片椭圆形或宽卵形；花瓣白色，匙形，膜质；花盘腺体5个，分离，顶端2深裂；雄蕊离生，花丝丝状；雌花，花梗长1.5~2.5厘米；花瓣倒卵形；萼片与雄花的相同；花盘环状，10裂至中部，裂片长圆形；子房近球形。蒴果圆球形或扁球形，基部有宿存的萼片；果梗长2~3厘米。花期2—8月，果期6—9月。南太行丘陵、山区广布。生于山地灌丛、林缘、路旁、岩崖或石缝中。喜光，耐干旱，土层瘠薄环境，水分少的石灰岩山地亦能生长。水土保持林中优良的林下植物，也可作庭院绿化灌木。叶可制杀虫农药。嫩枝叶有毒，羊类多吃会致死。地上部分入药，具清热解毒、利湿消积、收敛止血的功效。

27 毛丹麻秆 | *Discocleidion rufescens*　　大戟科　丹麻秆属

灌木或小乔木，高1.5~5米。小枝、叶柄、花序均密被白色或淡黄色长柔毛。叶纸质，卵形或卵状椭圆形，顶端渐尖，基部圆形或近截平，稀浅心形或阔楔形，边缘具锯齿，正面被糙伏毛，背面被茸毛，叶脉上被白色长柔毛；基出脉3~5条，侧脉4~6对；近基部两侧常具褐色斑状腺体2~4个；叶柄长3~8厘米，顶端具2线形小托叶。总状花序或下部多分枝成圆锥花序，苞片卵形；雄花3~5朵簇生于苞腋，花梗长约3毫米；花萼裂片3~5，卵形，顶端渐尖；雄蕊35~60枚，花丝纤细；雌花1~2朵生于苞腋，苞片披针形，疏生长柔毛，花梗长约4毫米；花萼裂片卵形；花盘具圆齿，被毛；子房被黄色糙伏毛，花柱长1~3毫米，外反，2深裂至近基部，密生羽毛状突起。蒴果扁球形，被柔毛。花期4—8月，果期8—10月。南太行丘陵、山区广布。生于灌丛、沟谷、河滩、路旁。茎皮纤维可做编织物。叶有毒，牲畜误食，可致肝、肾被损害。

28 尾叶铁苋菜 | *Acalypha acmophylla*　　　　大戟科　铁苋菜属

落叶灌木。嫩枝被白色柔毛，小枝细长，暗红色，具散生皮孔。叶膜质，卵形、长卵形或菱状卵形，顶端渐尖或尾状渐尖，基部楔形至圆钝，上半部边缘具疏生长腺齿，两面沿叶脉具柔毛或疏毛；基出脉 3 条，侧脉 2~3 对；叶柄长 1~3.5（5）厘米，具柔毛；托叶长三角形，具疏柔毛。雌雄同株，通常雌雄花同序，花序腋生，长 4~6 厘米，花序梗长 3~10 毫米，花序轴纤细，具微柔毛，雌花 1 朵，生于花序基部，其余为雄花，有的花序无雌花或雌花单朵腋生；雌花苞片构状，花后增大，边缘具长尖齿 11，外面沿脉具疏生短毛；雄花苞片近卵形，散生，外面具疏毛，苞腋具雄花 3~9 朵，簇生；花梗长约 1 毫米；雄花，花蕾时球形，花萼裂片 4，卵形；雄蕊 8 枚；雌花，萼片 3~4，外面具微毛及缘毛；子房球形，被毛，花柱 3，撕裂 7 条；花梗几无。蒴果直径约 3 毫米，具 3 个分果爿，果皮具短柔毛和散生的小瘤状毛。花期 4—8 月。河南济源、山西南部有分布。花、种子为高蛋白低脂可食资源，对人体有一定的药用保健作用。蜜源植物。

29 白刺花 | *Sophora davidii*

豆科　苦参属

灌木或小乔木。枝多开展，不育枝末端明显变成刺，有时分叉。羽状复叶；托叶钻状，部分变成刺，宿存；小叶5~9对，形态多变，一般为椭圆状卵形或倒卵状长圆形，先端圆或微缺，常具芒尖，基部钝圆形，背面中脉隆起，疏被长柔毛或近无毛。总状花序着生于小枝顶端；花小，长约15毫米，较少；花萼钟状，稍歪斜，蓝紫色，萼齿5，不等大，圆三角形，无毛；花冠白色或淡黄色，旗瓣倒卵状长圆形，先端圆形，基部具细长柄，柄与瓣片近等长，反折，翼瓣与旗瓣等长，单侧生，倒卵状长圆形，具1锐尖耳，龙骨瓣比翼瓣稍短，镰状倒卵形，具锐三角形耳；雄蕊10枚；子房比花丝长，密被黄褐色柔毛，荚果非典型串珠状，稍压扁。种子卵球形，深褐色。花期3—8月，果期6—10月。南太行丘陵、山区广布。生于河谷沙丘和山坡路边的灌木丛中。花、种子为高蛋白低脂可食资源，对人体有一定的药用保健作用。蜜源植物。

30 野皂荚 | *Gleditsia microphylla*

豆科　皂荚属

灌木或小乔木。幼枝被短柔毛，老时脱落；刺不粗壮，长针形，有少数短小分枝。叶为一回或二回羽状复叶（具羽片2~4对）；小叶5~12对，薄革质，斜卵形至长椭圆形，先端圆钝，基部偏斜，阔楔形，边全缘，正面无毛，背面被短柔毛；叶脉在两面均不清晰；小叶柄短。花杂性，绿白色，近无梗，簇生，组成穗状花序或顶生的圆锥花序；花序长5~12厘米，被短柔毛；苞片3；雄花直径约5毫米；萼片3~4，披针形；花瓣3~4，卵状长圆形，与萼裂片外面均被短柔毛，里面被长柔毛；雄蕊6~8枚；两性花直径约4毫米；萼裂片4，三角状披针形，两面被短柔毛；花瓣4，卵状长圆形，外面被短柔毛，里面被长柔毛；雄蕊4枚，与萼片对生；子房具长柄。荚果扁薄，斜椭圆形或斜长圆形，红棕色至深褐色。种子1~3颗，扁卵形或长圆形，褐棕色，光滑。花期6—7月，果期7—10月。南太行海拔130~1300米的丘陵、山区广布，特别是丘陵、浅山区立地条件差的区域，分布最为集中。

31 胡枝子 | *Lespedeza bicolor*   豆科 胡枝子属

直立灌木。多分枝，小枝黄色或暗褐色，有条棱，被疏短毛。羽状复叶具3小叶；托叶2，线状披针形；叶柄长2~7（9）厘米；小叶质薄，卵形、倒卵形或卵状长圆形，长1.5~6厘米，宽1~3.5厘米，先端钝圆或微凹，具短刺尖，基部近圆形或宽楔形，全缘。总状花序腋生，比叶长，常构成大型、较疏松的圆锥花序；总花梗长4~10厘米；小苞片2，卵形；花梗短，长约2毫米，密被毛；花萼5浅裂，裂片通常短于萼筒，上方2裂片合生成2齿；花冠红紫色，极稀白色，长约10毫米，旗瓣倒卵形，先端微凹，翼瓣较短，近长圆形，龙骨瓣与旗瓣近等长，先端钝；子房被毛。荚果斜倒卵形，稍扁，长约10毫米，宽约5毫米，密被短柔毛。花期7—9月，果期9—10月。南太行分布于海拔900米以上山区。生于灌丛、林缘林下、山坡、路旁。性耐旱，是防风、固沙及水土保持植物，为营造防护林及混交林的伴生树种。种子油可供食用或做机器润滑油。叶可代茶。枝可编筐。

32 短梗胡枝子 | *Lespedeza cyrtobotrya*　　豆科　胡枝子属

直立灌木。多分枝，小枝褐色或灰褐色，具棱，贴生疏柔毛。羽状复叶具3小叶；托叶2，线状披针形；叶柄长1~2.5厘米；小叶宽卵形、卵状椭圆形或倒卵形，长1.5~4.5厘米，宽1~3厘米，先端圆或微凹，具小刺尖，侧生小叶比顶生小叶稍小。总状花序腋生，比叶短，稀与叶近等长；总花梗短缩或近无总花梗，密被白毛；苞片小；花梗短，被白毛；花萼筒状钟形，长2~2.5毫米，5裂至中部，裂片披针形，渐尖，表面密被毛；花冠红紫色，旗瓣倒卵形，先端圆或微凹，翼瓣长圆形，先端圆，短于旗瓣、长于龙骨瓣或等长，龙骨瓣顶端稍弯，短于旗瓣。荚果斜卵形，稍扁，长6~7毫米，宽约5毫米，表面具网纹，且密被毛。花期7—8月，果期9月。南太行分布于海拔800米以上山区。生于灌丛、林缘、路旁。枝条可供编织。叶可作牧草。

● 形态1：

● 形态2：

●形态3：

●形态4（疑问种）：

●形态5（变异种）：

33 大叶胡枝子 | *Lespedeza davidii* 豆科 胡枝子属

直立灌木。枝条较粗壮，稍曲折，有明显的条棱，密被长柔毛。托叶2，卵状披针形；叶柄长1~4厘米，密被短硬毛；小叶宽卵圆形或宽倒卵形，长3.5~7（13）厘米，宽2.5~5（8）厘米，先端圆或微凹，基部圆形或宽楔形，全缘，两面密被黄白色绢毛。总状花序腋生或于枝顶形成圆锥花序，花稍密集，比叶长；总花梗长4~7厘米，密被长柔毛；小苞片卵状披针形，长2毫米，外面被柔毛；花萼阔钟形，5深裂，长6毫米，裂片披针形，被长柔毛；花红紫色，旗瓣倒卵状长圆形，顶端圆或微凹，翼瓣狭长圆形，比旗瓣和龙骨瓣短，龙骨瓣略呈弯刀形，与旗瓣近等长，子房密被毛。荚果卵形，长8~10毫米，稍歪斜，先端具短尖，基部圆，表面具网纹和稍密的绢毛。花期7—9月，果期9—10月。南太行分布于海拔1000米以上山区。生于灌丛、林缘林下、路旁。根、叶入药，具宣开毛窍、通经活络的功效。

34 多花胡枝子 | *Lespedeza floribunda* 豆科 胡枝子属

小灌木。茎常近基部分枝；枝有条棱，被灰白色茸毛。托叶线形，先端刺芒状；羽状复叶具3小叶；小叶具柄，倒卵形、宽倒卵形或长圆形，长1~1.5厘米，宽6~9毫米，先端微凹、钝圆或近截形，具小刺尖，基部楔形，正面被疏伏毛，背面密被白色伏柔毛；侧生小叶较小。总状花序腋生；总花梗细长，显著超出叶；花多数；小苞片卵形，先端急尖；花萼长4~5毫米，被柔毛，5裂，上方2裂片下部合生，上部分离，先端渐尖；花冠紫色、紫红色或蓝紫色，旗瓣椭圆形，长8毫米，先端圆形，基部有柄，翼瓣稍短，龙骨瓣长于旗瓣，钝头。荚果宽卵形，长约7毫米，密被柔毛，有网状脉。花期6—9月，果期9—10月。南太行分布于海拔700米以上山区。生于灌丛、林缘、草地、路旁。根或全草入药，有消积散瘀、截疟的功效。

35 美丽胡枝子（亚种） | *Lespedeza thunbergii* subsp. *formosa*　　豆科　胡枝子属

日本胡枝子（原种）。本亚种特征：直立灌木。多分枝，枝伸展，被疏柔毛。托叶披针形至线状披针形，褐色，被疏柔毛；叶柄长1~5厘米；被短柔毛；小叶椭圆形、长圆状椭圆形或卵形，稀倒卵形，两端稍尖或稍钝，长2.5~6厘米，宽1~3厘米，正面绿色，稍被短柔毛，背面淡绿色，贴生短柔毛。总状花序单一，腋生，比叶长，或构成顶生的圆锥花序；总花梗长可达10厘米，被短柔毛；苞片卵状渐尖，密被茸毛；花梗短，被毛；花萼钟状，5深裂，裂片长圆状披针形，长为萼筒的2~4倍，外面密被短柔毛；花冠红紫色，长10~15毫米；旗瓣近圆形或稍长，先端圆，翼瓣倒卵状长圆形，短于旗瓣和龙骨瓣，龙骨瓣比旗瓣稍长，在花盛开时明显长于旗瓣，基部有耳和细长瓣柄。荚果倒卵形或倒卵状长圆形，长8毫米，宽4毫米，表面具网纹且被疏柔毛。花期7—9月，果期9—10月。南太行分布于海拔800米以上山区。生于灌丛、林缘、路旁。根入药，具清肺热、祛风湿、散淤血的功效。

36 绿叶胡枝子 | *Lespedeza buergeri*　　豆科　胡枝子属

直立灌木。枝灰褐色或淡褐色，被疏毛。托叶2，线状披针形；小叶卵状椭圆形，长3~7厘米，宽1.5~2.5厘米，先端急尖，基部稍尖或钝圆，正面鲜绿色，光滑无毛，背面灰绿色，密被贴生的毛。总状花序腋生，在枝上部者构成圆锥花序；苞片2，长卵形，褐色，密被柔毛；花萼钟状，长4毫米，5裂至中部，裂片卵状披针形或卵形，密被长柔毛；花冠淡黄绿色，长约10毫米，旗瓣近圆形，翼瓣椭圆状长圆形，瓣片先端有时稍带紫色，龙骨瓣倒卵状长圆形，比旗瓣稍长。荚果长圆状卵形，长约15毫米，表面具网纹和长柔毛。花期6—7月，果期8—9月。南太行海拔800米以上的山坡、林下、山沟和路旁有分布。根入药，具解表、化痰、利湿、活血的功效。

第一部分 野生木本植物·被子植物

37 绒毛胡枝子 | *Lespedeza tomentosa*   豆科 胡枝子属

灌木。全株密被黄褐色茸毛。茎直立，单一或上部少分枝。托叶线形；羽状复叶具3小叶；小叶质厚，椭圆形或卵状长圆形，长3~6厘米，宽1.5~3厘米，先端钝或微心形，边缘稍反卷，正面被短伏毛，背面密被黄褐色茸毛或柔毛，沿脉上尤多；叶柄长2~3厘米。总状花序顶生或于茎上部腋生；总花梗粗壮，长4~8（12）厘米；苞片线状披针形，长2毫米，有毛；花具短梗，密被黄褐色茸毛；花萼密被毛长约6毫米，5深裂，裂片狭披针形，长约4毫米，先端长渐尖；花冠黄色或黄白色，旗瓣椭圆形，长约1厘米，龙骨瓣与旗瓣近等长，翼瓣较短，长圆形；闭锁花生于茎上部叶腋，簇生呈球状。荚果倒卵形，先端有短尖，表面密被毛。花果期7—10月。南太行分布于海拔1000米以下的山坡草地及灌丛。水土保持植物，又可做饲料及绿肥。根药用，可健脾补虚，有增进食欲及滋补的功效。

38 牛枝子 | *Lespedeza potaninii*   豆科 胡枝子属

半灌木。茎斜升或平卧，基部多分枝，有细棱，被粗硬毛。托叶刺毛状；羽状复叶具3小叶，小叶狭长圆形，稀椭圆形至宽椭圆形，长8~15（22）毫米，宽3~5（7）毫米，先端钝圆或微凹，具小刺尖，基部稍偏斜，正面苍白绿色，无毛，背面被灰白色粗硬毛。总状花序腋生；总花梗长，明显超出叶；花疏生；小苞片锥形；花萼密被长柔毛，5深裂，裂片披针形，先端长渐尖，呈刺芒状；花冠黄白色，稍超出萼裂片，旗瓣中央及龙骨瓣先端带紫色，冀瓣较短；闭锁花腋生，无梗或近无梗。荚果倒卵形，长3~4毫米，双凸镜状，密被粗硬毛。花期7~9月，果期9~10月。南太行分布于海拔800米以上山区。生于灌丛、林缘、路旁。优质饲用植物。性耐干旱，可作水土保持及固沙植物。

39 兴安胡枝子 | *Lespedeza davurica*　　豆科　胡枝子属

小灌木。茎通常稍斜升，单一或数个簇生；老枝黄褐色或赤褐色，幼枝绿褐色，有细棱，被白色短柔毛。羽状复叶具3小叶；托叶线形；叶柄长1~2厘米；小叶长圆形或狭长圆形，长2~5厘米，宽5~16毫米，先端圆形或微凹，有小刺尖，基部圆形，正面无毛，背面被贴伏的短柔毛；顶生小叶较大。总状花序腋生，较叶短或与叶等长，密生短柔毛；小苞片披针状线形，有毛；花萼5深裂，外面被白毛，萼裂片披针形，先端长渐尖，呈刺芒状，与花冠近等长；花冠白色或黄白色，旗瓣长圆形，长约1厘米，中央稍带紫色，翼瓣长圆形，先端钝，较短，龙骨瓣比翼瓣长，先端圆形。荚果小，倒卵形或长倒卵形，先端有刺尖，基部稍狭，两面突起。花期7—8月，果期9—10月。南太行分布于海拔700米以上山区。生于山坡、灌丛、林缘、路旁。优质饲用植物，幼嫩枝条各种家畜均喜食，亦可做绿肥。

40 阴山胡枝子 | *Lespedeza inschanica*　　豆科　胡枝子属

灌木。茎直立或斜升。托叶丝状钻形；叶柄长5（3）~10毫米；羽状复叶具3小叶；小叶长圆形或倒卵状长圆形，长1~2（2.5）厘米，宽0.5~1（1.5）厘米，先端钝圆或微凹，基部宽楔形或圆形，正面近无毛，背面密被伏毛，顶生小叶较大。总状花序腋生，与叶近等长，具2~6朵花；小苞片长卵形或卵形，背面密被伏毛，边有缘毛；花萼长5~6毫米，5深裂，前方2裂片分裂较浅，裂片披针形，先端长渐尖，萼筒外被伏毛；花冠白色，旗瓣近圆形，先端微凹，基部带大紫斑，花期反卷，翼瓣长圆形，龙骨瓣通常先端带紫色。荚果倒卵形，密被伏毛，短于宿存萼。花期7—9月，果期9—10月。南太行分布于海拔1000米以上山区。生于山坡、灌丛、林缘、路旁。耐旱、耐贫瘠土壤，是很好的荒山绿化和水土保持植物。

41 长叶胡枝子 | *Lespedeza caraganae* 豆科 胡枝子属

灌木。茎直立；分枝斜升。托叶钻形；叶柄短；羽状复叶具3小叶；小叶长圆状线形，长2~4厘米，宽2~4毫米，先端钝或微凹，具小刺尖，基部狭楔形，边缘稍内卷，正面近无毛，背面被伏毛。总状花序腋生；总花梗长0.5~1厘米，密生白色伏毛，具3~4（5）朵花；花梗长2毫米，基部具3~4苞片；小苞片狭卵形，先端锐尖；花萼狭钟形，外密被伏毛，5深裂，裂片披针形，先端长渐尖；花冠显著超出花萼，白色或黄色，旗瓣宽椭圆形，翼瓣长圆形，龙骨瓣先端钝头。有瓣花的荚果长圆状卵形，疏被白色伏毛，先端具喙，疏被白色伏毛；闭锁花的荚果倒卵状圆形，先端具短喙。花期6—9月，果期10月。南太行分布于海拔1000米以上山区。生于山坡、灌丛、林缘、路旁。耐干旱，为良好的水土保持植物及固沙植物。

42 尖叶铁扫帚 | *Lespedeza juncea* 豆科 胡枝子属

小灌木。全株被伏毛，分枝或上部分枝呈扫帚状。托叶线形；叶柄长0.5~1厘米；羽状复叶具3小叶；小叶倒披针形、线状长圆形或狭长圆形，长1.5~3.5厘米，宽3（2）~7毫米，先端稍尖或钝圆，有小刺尖，基部渐狭，边缘稍反卷，正面近无毛，背面密被伏毛。总状花序腋生，稍超出叶，有3~7朵排列较密集的花，近似伞形花序；总花梗长；苞片及小苞片卵状披针形或狭披针形；花萼狭钟状，5深裂，裂片披针形，先端锐尖，外面被白色状毛，花开后具明显3脉；花冠白色或淡黄色，旗瓣基部带紫斑，花期不反卷或稀反卷，龙骨瓣先端带紫色，旗瓣、翼瓣与龙骨瓣近等长，有时旗瓣较短。荚果宽卵形，两面被白色伏毛，稍超出宿存萼。花期7—9月，果期9—10月。南太行分布于海拔600米以上山区。生于山坡、灌丛、林缘、路旁。嫩枝和叶片可做牲畜饲料，能做绿肥，保持水土。

43 截叶铁扫帚 | *Lespedeza cuneata*   豆科　胡枝子属

小灌木。茎直立或斜升，被毛，上部分枝；分枝斜上举。叶密集，柄短；小叶楔形或线状楔形，长1~3厘米，宽2~5（7）毫米，先端截形或近截形，具小刺尖，基部楔形，正面近无毛，背面密被伏毛。总状花序腋生，具2~4朵花；总花梗极短；小苞片卵形或狭卵形，先端渐尖，边具缘毛；花萼狭钟形，密被伏毛，5深裂，裂片披针形；花冠淡黄色或白色，旗瓣基部有紫斑，有时龙骨瓣先端带紫色，翼瓣与旗瓣近等长，龙骨瓣稍长，闭锁花簇生于叶腋。荚果宽卵形或近球形，被伏毛。花期7—8月，果期9—10月。南太行分布于海拔600米以上山区。生于山坡、灌丛、路旁。全草入药，能活血清热、利尿解毒；也可做饲料。

44 筅子梢 | *Campylotropis macrocarpa*   豆科　筅子梢属

灌木。小枝贴生短或长柔毛。羽状复叶具3小叶；托叶狭三角形、披针形或披针状钻形，长3（2）~6毫米；叶柄长1.5（1）~3.5厘米，枝上部（或中部）的叶柄常较短；小叶椭圆形或宽椭圆形，长3（2）~7厘米，宽1.5~3.5（4）厘米，先端圆形、钝或微凹，具小突尖，基部圆形，正面通常无毛，脉明显，背面通常贴生或近贴生短柔毛或长柔毛，中脉明显隆起，毛较密。总状花序单一（稀2）腋生并顶生，花序连总花梗长4~10厘米或有时更长，花序轴密生开展的短柔毛或微柔毛；总花梗常斜生或贴生短柔毛；苞片卵状披针形，早落或花后逐渐脱落，小苞片近线形或披针形，早落；花梗长6（4）~12毫米，在花萼下具关节，花萼钟形，稍浅裂或近中裂，通常贴生短柔毛，萼裂片狭三角形或三角形，渐尖，下方萼裂片较狭长，上方萼裂片几乎全部合生或少有分离；花冠紫红色或近粉红色，旗瓣椭圆形、倒卵形或近长圆形，翼瓣微短于旗瓣或等长，龙骨瓣呈直角或微钝角内弯。荚果长圆形、近长圆形或椭圆形，先端具短喙尖，无毛，具网脉，边缘生纤毛。花果期5—10月。南太行分布于海拔800米以上山区。生于山坡、林缘林下、灌丛、路旁。蜜源植物。可起到固氮、改良土壤的作用。枝条可供编织箩筐。叶及嫩枝可做绿肥或饲料。

45 多花木蓝 | *Indigofera amblyantha*　　　豆科　木蓝属

直立灌木。茎圆柱形，幼枝禾秆色，具棱，密被白色平贴"丁"字毛，后变无毛。羽状复叶长达18厘米；叶柄长2~5厘米，叶轴上面具浅槽，与叶柄均被平贴"丁"字毛；托叶微小，三角状披针形；小叶3~4（5）对，对生，稀互生，通常为卵状长圆形、长圆状椭圆形、椭圆形或近圆形，先端圆钝，具小尖头，基部楔形或阔楔形，正面绿色，疏生"丁"字毛，背面苍白色，被毛较密，中脉在正面微凹，背面隆起，侧脉4~6对；小叶柄长约1.5毫米，被毛；小托叶微小。总状花序腋生，长达11（15）厘米，近无总花梗；苞片线形，早落；花梗长约1.5毫米；花萼长约3.5毫米，被白色平贴"丁"字毛；花冠淡红色，旗瓣倒阔卵形，先端螺壳状，翼瓣长约7毫米，龙骨瓣较翼瓣短，距长约1毫米；荚果棕褐色，线状圆柱形，被短"丁"字毛。种子间有横隔。花期5—7月，果期9—11月。南太行分布于海拔600米以上山区。生于山坡、林缘林下、灌丛、路旁。全草入药，有清热解毒、消肿止痛的功效。

46 河北木蓝 | *Indigofera bungeana*　　　豆科　木蓝属

直立灌木。茎褐色，圆柱形，被灰白色"丁"字毛。羽状复叶长2.5~5厘米；叶柄长达1厘米，托叶三角形，早落；小叶2~4对，对生，椭圆形，稍倒阔卵形，先端钝圆，基部圆形，正面绿色，疏被"丁"字毛，背面苍绿色，"丁"字毛较粗；小叶柄长0.5毫米。总状花序腋生，长4~6（8）厘米；总花梗较叶柄短；苞片线形；花梗长约1毫米；花萼长约2毫米，外面被白色"丁"字毛，萼齿近相等，三角状披针形，与萼筒近等长；花冠紫色或紫红色，旗瓣阔倒卵形，外面被"丁"字毛，翼瓣与龙骨瓣等长，龙骨瓣有距。荚果褐色，线状圆柱形，长不超过2.5厘米，被白色"丁"字毛。种子间有横隔。花期5—6月，果期8—10月。南太行丘陵、山区广布。生于山坡、林缘林下、灌丛、路旁。全草药用，能清热止血、消肿生肌，外敷治创伤。

47 红花锦鸡儿 | *Caragana rosea*　　　　豆科　锦鸡儿属

灌木。小枝细长，具条棱。托叶在长枝者成细针刺，短枝者脱落；叶柄长5~10毫米，脱落或宿存成针刺；叶假掌状；小叶4，楔状倒卵形，先端圆钝或微凹，具刺尖，基部楔形，近革质，正面深绿色，背面淡绿色，无毛。花梗单生，长8~18毫米，关节在中部以上，无毛；花萼管状，常紫红色，萼齿三角形，渐尖，内侧密被短柔毛；花冠黄色，常紫红色或全部淡红色，凋时变为红色，旗瓣长圆状倒卵形，先端凹入，基部渐狭成宽瓣柄，翼瓣长圆状线形，瓣柄较瓣片稍短，耳短齿状，龙骨瓣的瓣柄与瓣片近等长。荚果圆筒形，长3~6厘米，具渐尖头。花期4—6月，果期6—7月。南太行分布于焦作市博爱县、济源市、新乡市辉县。生于山坡及沟谷。可供观赏，配植于坡地、山石旁，或作地被植物。

48 山槐 | *Albizia kalkora*　　　　豆科　合欢属

落叶小乔木或灌木。枝条暗褐色，被短柔毛，有显著皮孔。二回羽状复叶；羽片2~4对；小叶5~14对，长圆形或长圆状卵形，先端圆钝而有细尖头，基部不等侧，两面均被短柔毛，中脉稍偏于上侧。头状花序2~7枚生于叶腋，或于枝顶排成圆锥花序；花初白色，后变黄，具明显的小花梗；花萼管状，5齿裂；花冠中部以下连合呈管状，裂片披针形，花萼、花冠均密被长柔毛；雄蕊基部连合呈管状。荚果带状，深棕色，嫩荚密被短柔毛，老时无毛。种子4~12颗，倒卵形。花期5—6月，果期8—10月。南太行丘陵、山区广布。生于针阔混交林、灌丛、路旁。生长快，能耐干旱及瘠薄地。木材耐水湿。花美丽，可植为风景树。

49 葛 | *Pueraria montana*

豆科　葛属

粗壮藤本。全株被黄色长硬毛，茎基部木质，有粗厚的块状根。羽状复叶具 3 小叶；托叶背着，卵状长圆形，具线条；小托叶线状披针形，与小叶柄等长或较长；小叶 3 裂，偶尔全缘，顶生小叶宽卵形或斜卵形，先端长渐尖，侧生小叶斜卵形，稍小，正面被淡黄色、平伏的蔬柔毛，背面较密；小叶柄被黄褐色茸毛。总状花序长 15~30 厘米，中部以上有颇密集的花。苞片线状披针形至线形，远比小苞片长，早落；小苞片卵形，花 2~3 朵聚生于花序轴的节上；花萼钟形，被黄褐色柔毛，裂片披针形，渐尖，比萼管略长；花冠长 10~12 毫米，紫色，旗瓣倒卵形，具短瓣柄，翼瓣镰状，较龙骨瓣为狭，龙骨瓣镰状长圆形；子房线形，被毛。荚果长椭圆形，扁平，被褐色长硬毛。花期 9—10 月，果期 11—12 月。南太行广布。生于山地疏或密林中。良好的水土保持植物。根可供药用，有解表退热、生津止渴、止泻的功能，并能改善高血压病人的项强、头晕、头痛、耳鸣等症状。茎皮纤维供织布和造纸用。古代应用甚广，葛衣、葛巾均为平民服饰，葛纸、葛绳应用亦久，葛粉用于解酒。

50 照山白 | *Rhododendron micranthum*　　杜鹃花科　杜鹃花属

常绿灌木。茎灰棕褐色；枝条细瘦。幼枝被鳞片及细柔毛。叶近革质，倒披针形、长圆状椭圆形至披针形，长3（1.5）~4（6）厘米，宽0.4~1.2（2.5）厘米，顶端钝，急尖或圆，具小突尖，基部狭楔形，正面深绿色，有光泽，常被疏鳞片，背面黄绿色，被浅或深棕色有宽边的鳞片，鳞片相互重叠、邻接或相距为其直径的角状披针形或披针状线形，外面被鳞片，被缘毛。花冠钟状，长4~8（10）毫米，外面被鳞片，内面无毛，花裂片5，较花管稍长；雄蕊10枚，花丝无毛；花柱与雄蕊等长或较短，无鳞片。蒴果长圆形，长5（4）~6（8）毫米，被疏鳞片。花期5—6月，果期8—11月。南太行分布于海拔800米以上山区。生于灌丛、草地、山谷、路旁。全珠有剧毒，幼叶最毒，牲畜误食，易中毒死亡。

51 杜仲 | *Eucommia ulmoides* 杜仲科 杜仲属

落叶乔木。树皮灰褐色，粗糙，内含橡胶，折断拉开有多数细丝。嫩枝有黄褐色毛，老枝有明显的皮孔。芽体卵圆形，外面发亮，红褐色，有鳞片6~8，边缘有微毛。叶椭圆形、卵形或矩圆形，薄革质，长6~15厘米，宽3.5~6.5厘米；基部圆形或阔楔形，先端渐尖；正面暗绿色，初时有褐色柔毛，不久变秃净，老叶略有皱纹，背面淡绿，初时有褐毛，以后仅在脉上有毛；侧脉6~9对，与网脉在叶正面下陷，在叶背面稍突起；边缘有锯齿；叶柄长1~2厘米，正面有槽，被散生长毛。花生于当年枝基部，雄花无花被；花梗长约3毫米，无毛；苞片倒卵状匙形，长6~8毫米，顶端圆形，边缘有睫毛，早落；雄蕊长约1厘米，无毛；雌花单生，苞片倒卵形，花梗长8毫米，翅果扁平，长椭圆形，先端2裂，基部楔形，周围具薄翅。坚果位于中央，稍突起，子房柄长2~3毫米，与果梗相接处有关节。种子扁平，线形，两端圆形。早春开花，秋后果实成熟。南太行分布于海拔1200米以上山区。生于阔叶混交林中。平原、丘陵、山区、城市广泛栽培。对土壤的选择并不严格，在瘠薄的红土，或岩石峭壁均能生长。树皮药用，可作强壮剂及降血压，并能医腰膝痛、风湿及习惯性流产等。树皮分泌的硬橡胶供工业原料及绝缘材料，抗酸、碱及化学试剂腐蚀的性能高，可制造耐酸、碱容量及管道的衬里。木材可供建筑及制家具等用。

52 蒙椴 | *Tilia mongolica*

锦葵科　椴属

乔木。树皮淡灰色，呈不规则薄片状脱落；嫩枝无毛，顶芽卵形，无毛。叶阔卵形或圆形，长 4~6 厘米，宽 3.5~5.5 厘米，先端渐尖，常 3 裂，基部微心形或斜截形，正面无毛，背面仅脉腋内有毛丛，侧脉 4~5 对，边缘有粗锯齿，齿尖突出；叶柄长 2~3.5 厘米，无毛，纤细。聚伞花序长 5~8 厘米，具花 6~12 朵，花序柄无毛；花柄长 5~8 毫米，纤细；苞片窄长圆形，长 3.5~6 厘米，宽 6~10 毫米，两面均无毛，上下两端钝，下半部与花序柄合生，基部有柄长约 1 厘米；萼片披针形，长 4~5 毫米，外面近无毛；花瓣长 6~7 毫米；退化雄蕊花瓣状，稍窄小；雄蕊与萼片等长；子房有毛，花柱秃净。果实倒卵形，长 6~8 毫米，被毛，有棱或有不明显的棱。花期 7—9 月，果期 9 月。南太行海拔 1000 米以上山区有分布。可作为景观树，也是优良的蜜源植物。木材可供建筑、家具用。种子可榨油。

53 辽椴 | *Tilia mandshurica*　　　　　锦葵科　椴属

乔木。树皮暗灰色；嫩枝被灰白色星状茸毛，顶芽有茸毛。叶卵圆形，长8~10厘米，宽7~9厘米，先端短尖，基部斜心形或截形，正面无毛，背面密被灰色星状茸毛，侧脉5~7对，边缘有三角形锯齿，齿刻相隔4~7毫米，锯齿长1.5~5毫米；叶柄长2~5厘米，圆柱形，较粗大。聚伞花序长6~9厘米，具花6~12朵，花序柄有毛；花柄长4~6毫米，有毛；苞片窄长圆形或窄倒披针形，长5~9厘米，宽1~2.5厘米，正面无毛，背面有星状柔毛，先端圆，基部钝，下半部1/3~1/2与花序柄合生，基部有柄长4~5毫米；萼片长5毫米；花瓣长7~8毫米，退化雄蕊花瓣状；雄蕊与萼片等长。果实球形，长7~9毫米，有5条不明显的棱。花期7月，果实9月成熟。南太行海拔1000米以上有分布。可作庭荫树、行道树，也是优良的蜜源树种。

54 小花扁担杆（变种） | *Grewia biloba* var. *parviflora*　　　锦葵科　扁担杆属

扁担杆（原变种）。本变种特征：灌木或小乔木。多分枝，嫩枝被粗毛。叶薄革质，椭圆形或倒卵状椭圆形，长4~9厘米，宽2.5~4厘米，先端锐尖，基部楔形或钝，两面有稀疏星状粗毛，基出脉3条，两侧脉上行过半，中脉有侧脉3~5对，边缘有细锯齿；叶柄长4~8毫米，被粗毛；托叶钻形。聚伞花序腋生，多花，花序柄长不到1厘米；花柄长3~6毫米；苞片钻形；颚片狭长圆形，外面被毛，内面无毛；花瓣长1~1.5毫米；子房有毛，花柱与萼片平齐，柱头扩大，盘状，有浅裂。核果红色，有2~4颗分核。花期6—7月，果期9—10月。南太行山区广布。生于林下、荒坡、灌木林地。观果树种。根、叶入药，有健脾益气、祛风除湿、固精止带的功效。

55 木防己 | *Cocculus orbiculatus* 　　防己科　木防己属

木质藤本。小枝被茸毛至疏柔毛，或有时近无毛，有条纹。叶纸质至近革质，形状变异极大，自线状披针形至阔卵状近圆形、狭椭圆形至近圆形或倒披针形至倒心形，有时卵状心形，顶端短尖或钝而有小突尖，有时微缺或2裂，边全缘或3裂，有时掌状5裂，长通常3~8厘米，很少超过10厘米，宽不等，两面被密柔毛至疏柔毛，有时除背面中脉外两面近无毛；掌状脉3条，很少5条，在背面微突起；叶柄长1~3厘米，很少超过5厘米，被稍密的白色柔毛。聚伞花序少花，腋生，或排成多花、狭窄聚伞圆锥花序，顶生或腋生，长可达10厘米或更长，被柔毛；雄花，小苞片1或2，紧贴花萼，被柔毛；萼片6，外轮卵形或椭圆状卵形，内轮阔椭圆形至近圆形，有时阔倒卵形，长达2.5毫米或稍过之；花瓣6，下部边缘内折，抱着花丝，顶端2裂，裂片叉开；雄蕊6枚，比花瓣短；雌花，萼片和花瓣与雄花相同；退化雄蕊6枚，微小。核果近球形，红色至紫红色，果核骨质，背部有小横肋状雕纹。花果期5—10月。南太行平原、丘陵有分布。生于河滩、荒地、竹林、灌丛、路旁。

56 胡桃楸 | *Juglans mandshurica*

胡桃科 胡桃属

乔木。枝条扩展，树冠扁圆形；树皮灰色，具浅纵裂；幼枝被有短茸毛。奇数羽状复叶生于萌发条上者长可达80厘米，叶柄长9~14厘米，小叶15~23；生于孕性枝上者集生于枝端，长达40~50厘米，叶柄长5~9厘米，基部膨大，叶柄及叶轴被有短柔毛或星芒状毛；小叶9~17，椭圆形至长椭圆形，或卵状椭圆形至长椭圆状披针形，边缘具细锯齿，正面初被有稀疏短柔毛，后来除中脉外其余无毛，深绿色，背面色淡，被贴伏的短柔毛及星芒状毛；侧生小叶对生，无柄，先端渐尖，基部歪斜，截形至近于心脏形；顶生小叶基部楔形。雄性柔荑花序长9~20厘米，花序轴被短柔毛；雄花具短花柄；苞片顶端钝；雄蕊12枚，稀13或14枚，黄色，药隔急尖或微凹，被灰黑色细柔毛；雌性穗状花序具4~10朵雌花，花序轴被有茸毛；雌花长5~6毫米，被有茸毛，下端被腺质柔毛，花被片披针形或线状披针形，被柔毛，柱头鲜红色，背面被贴伏的柔毛。果序长10~15厘米，俯垂，通常具5~7果实，序轴被短柔毛。果实球状、卵状或椭圆状，顶端尖，密被腺质短柔毛，长3.5~7.5厘米，直径3~5厘米。花期5月，果期8—9月。南太行海拔800米以上有分布。

57 翅果油树 | *Elaeagnus mollis*

胡颓子科　胡颓子属

落叶直立乔木或灌木。幼枝灰绿色，密被灰绿色星状茸毛和鳞片，老枝茸毛和鳞片脱落，栗褐色或灰黑色；芽球形，黄褐色。叶纸质，卵形或卵状椭圆形，顶端钝尖，基部钝形或圆形，正面深绿色，散生少数星状柔毛，背面灰绿色，密被淡灰白色星状茸毛，侧脉6~10对，正面凹下，背面突起；叶柄半圆形。花灰绿色，下垂，芳香，密被灰白色星状茸毛；常1~3（5）花簇生幼枝叶腋；花梗被星状柔毛；萼筒钟状，在子房上骤收缩，裂片近三角形或近披针形，顶端渐尖或钝尖，内面疏生白色星状柔毛，包围子房的萼管短矩圆形或近球形，被星状茸毛和鳞片，具明显的8肋；雄蕊4枚，花药椭圆形，长1.6毫米；花柱直立，上部稍弯曲，下部密生茸毛。果实近圆形或阔椭圆形，具明显的8棱脊，翅状，果肉棉质；果核纺锤形。花期4—5月，果期8—9月。分布于南太行山西南部和河南焦作博爱青天河。生于阳坡和半阴坡的山沟谷地和潮湿地区。种子含油脂，种仁含粗脂肪，含油率30%~35%，榨出的油可食用和药用，亦可做肥料，能使小麦增产。木材可制农具、家具和柴薪。可用于水土保持。

58 牛奶子 | *Elaeagnus umbellata*

胡颓子科　胡颓子属

落叶直立灌木。具长1~4厘米的刺；小枝甚开展，多分枝，幼枝密被银白色和少数黄褐色鳞片，有时全被深褐色或锈色鳞片；芽银白色或褐色至锈色。叶纸质或膜质，椭圆形至卵状椭圆形或倒卵状披针形，顶端钝形或渐尖，基部圆形至楔形，边缘全缘或皱卷至波状，正面幼时具白色星状短柔毛或鳞片，成熟后全部或部分脱落，干燥后淡绿色或黑褐色，背面密被银白色和散生少数褐色鳞片，侧脉5~7对，两面均略明显；叶柄白色。花较叶先开放，黄白色，芳香，密被银白色盾形鳞片，1~7花簇生新枝基部，单生或成对生于幼叶腋；花梗白色；萼筒圆筒状漏斗形，在裂片下面扩展，向基部渐窄狭，在子房上略收缩，裂片卵状三角形，顶端钝尖，内面几无毛或疏生白色星状短柔毛；雄蕊的花丝极短；花柱直立，疏生少数白色星状柔毛和鳞片，柱头侧生。果实几球形或卵圆形，幼时绿色，被银白色或有时全被褐色鳞片，成熟时红色；果梗直立，粗壮。花期4—5月，果期7—8月。南太行山区常见。生于向阳林缘、灌丛中、荒坡上和沟边。亚热带和温带地区常见的植物。果实可生食，可制果酒、果酱等。叶可做土农药杀棉蚜虫。果实、根和叶可入药。可作观赏植物。

59 中国沙棘（亚种） | *Hippophae rhamnoides* subsp. *sinensis*

胡颓子科　沙棘属

沙棘（原种）。本亚种特征：落叶灌木或乔木。棘刺较多，粗壮，顶生或侧生；嫩枝褐绿色，密被银白色且带褐色鳞片或有时具白色星状柔毛，老枝灰黑色，粗糙。芽大，金黄色或锈色。单叶通常近对生，与枝条着生相似，纸质，狭披针形或矩圆状披针形，两端钝形或基部近圆形，基部最宽，正面绿色，初被白色盾形毛或星状柔毛，背面银白色或淡白色，被鳞片，无星状毛；叶柄极短，几无或长1~1.5毫米。果实圆球形，直径4~6毫米，橙黄色或橘红色；果梗长1~2.5毫米。花期4—5月，果期9—10月。南太行海拔800米以上有零星分布。生于向阳的山崤、谷地、干涸河床地、山坡、多砾石、沙质土壤或黄土上。为药食同源植物，果实中含有多种活性物质和人体所需的各种氨基酸，其中维生素C含量极高。

60 毛萼山梅花 | *Philadelphus dasycalyx*　　　　绣球科　山梅花属

灌木，高约 3 米，稍攀缘状。叶卵形或卵状椭圆形，长 3~6（8）厘米，先端急尖或短渐尖，基部阔楔形或圆形，边缘具锯齿，花枝上叶无毛或有时正面疏被糙伏毛，背面无毛，叶脉基出或稍离基出 3~5 条；叶柄长 5~10 毫米。总状花序具花 5~6（18）朵；花序轴长 2.5~5.5 厘米，疏被白色长柔毛或无毛；花梗长 4~5 毫米，密被白色长柔毛；花萼密被灰白色直立长柔毛，萼裂片卵形，长 5~6 毫米，疏被毛或无毛；花冠近盘状，直径 2.5~3 厘米；花瓣白色，倒卵形或阔倒卵形，无毛；雄蕊 25~34 枚，最长达 7 毫米；花盘和花柱无毛，极少疏被毛；花柱长约 6 毫米，先端稍分裂，柱头棒形，长约 1.5 毫米。蒴果倒卵形，长约 6 毫米，直径约 4.5 毫米，宿存萼裂片近顶生。种子长约 3 毫米，具短尾。花期 5—6 月，果期 7—9 月。南太行海拔 800 米以上广布。生于针叶林中或灌丛中。适用性广泛的优良花灌木。

61 太平花 | *Philadelphus pekinensis*　　　　绣球科　山梅花属

灌木，高 1~2 米。叶卵形或阔椭圆形，长 6~9 厘米，先端长渐尖，基部阔楔形或楔形，边缘具锯齿，两面无毛；叶脉离基出 3~5 条；花枝上叶较小，椭圆形或卵状披针形；叶柄长 5~12 毫米，无毛。总状花序具花 5~7（9）朵；花序轴长 3~5 厘米，黄绿色；花梗长 3~6 毫米，无毛；花萼黄绿色，外面无毛，裂片卵形，长 3~4 毫米，宽约 2.5 毫米，先端急尖，干后脉纹明显；花冠盘状，直径 2~3 毫米；花瓣白色，倒卵形，长 9~12 毫米；雄蕊 25~28 枚，最长的达 8 毫米；花盘和花柱无毛；花柱长 4~5 毫米，纤细，先端稍分裂，柱头棒形或槌形，长约 1 毫米。蒴果近球形或倒圆锥形，直径 5~7 毫米，宿存萼裂片近顶生。种子长 3~4 毫米，具短尾。花期 5—7 月，果期 8—10 月。南太行海拔 800 米以上广布。枝叶茂密，花朵多聚集，是北方初夏优良的灌木。

62 钩齿溲疏 | *Deutzia baroniana*　　　绣球科　溲疏属

灌木，高 0.3~1 米。花枝长 1~4 厘米。叶纸质，卵状菱形或卵状椭圆形，长 2~5（7）厘米，先端急尖，基部楔形或阔楔形，边缘具不整齐或大小间相锯齿，正面疏被 4~5 辐线星状毛，背面疏被 5~6（7）辐线星状毛，叶脉上具中央长辐线；叶柄长 3~5 毫米，疏被星状毛。聚伞花序长和宽均 1~1.5 厘米，具 2~3 花或花单生；花蕾长圆形；花冠直径 1.5~2.5 厘米；花梗长 3~12 毫米；萼筒杯状，高约 2 毫米，直径约 4 毫米，密被毛，裂片线状披针形，长 5~9 毫米；花瓣白色，倒卵状长圆形或倒卵状披针形，长 15~20 毫米，镊合状排列；外轮雄蕊长 6~7 毫米，花丝先端 2 齿，齿平展或下弯呈钩状，花药长圆形，具柄，内轮较短，形状与外轮相似。蒴果半球形，直径约 4 毫米，密被星状毛，具宿存的萼裂片外弯。花期 4—5 月，果期 9—10 月。南太行海拔 800 米以上的山坡灌丛广布。可作观赏植物。

63 小花溲疏 | *Deutzia parviflora*　　　绣球科　溲疏属

灌木，高约 2 米。叶纸质，卵形、椭圆状卵形或卵状披针形，长 3~6（10）厘米，宽 2~4.5 厘米，基部阔楔形或圆形，边缘具细锯齿，正面疏被 5（6）辐线星状毛，背面被大小不等 6~12 辐线星状毛，有时具中央长辐线；叶柄长 3~8 毫米。伞房花序直径 2~5 厘米，多花；花冠直径 8~15 厘米；萼筒杯状，长约 3.5 毫米，密被星状毛，裂片三角形，较萼筒短，先端钝；花瓣白色，阔倒卵形或近圆形，先端圆，基部急收狭，两面均被毛。蒴果球形，直径 2~3 毫米。花期 5—6 月，果期 8—10 月。南太行海拔 1000 米以上有分布。生于山谷林缘中。可作园林绿化植物。

64 碎花溲疏（变种） | *Deutzia parviflora* var. *micrantha*　　绣球科　溲疏属

与小花溲疏（原变种）的区别：花序多花，花小；花冠直径5~7毫米。叶背面被6~9（12）辐线星状毛，仅沿叶脉具中央长辐线；花丝全钻形。花期6月，果期7—9月。南太行海拔800米以上有分布。生于山谷灌丛中。可作观赏植物。

第一部分　野生木本植物·被子植物

65 鹅耳枥 | *Carpinus turczaninowii*　　　桦木科　鹅耳枥属

乔木，高 5~10 米。小枝被短柔毛。叶卵形、宽卵形、卵状椭圆形或卵菱形，有时卵状披针形，长 2.5~5 厘米，顶端锐尖或渐尖，基部近圆形或宽楔形，有时微心形或楔形，边缘具重锯齿，背面沿脉疏被长柔毛，脉腋间具髯毛，侧脉 8~12 对；叶柄长 4~10 毫米，疏被短柔毛。果序长 3~5 厘米；果苞变异较大，半卵形、半矩形或半矩圆形至卵形，长 6~20 毫米，疏被短柔毛，内侧的基部具一个内折的卵形小裂片，中裂片内侧边缘全缘或疏生不明显的小齿，外侧边缘具不规则的缺刻状粗锯齿或具 2~3 齿裂。小坚果宽卵形，长约 3 毫米，无或有时上部疏生树脂腺体。花期 3—6 月，果期 9 月。南太行海拔 600 米以上山区广布。生于阳坡或山脊林中、沟谷杂木林中。木材坚韧，可制农具、家具、日用小器具等。种子含油，可供食用或工业用。

66 千金榆 | *Carpinus cordata*　　　桦木科　鹅耳枥属

乔木，高约 15 米。小枝初生时疏被长柔毛，后变无毛。叶厚纸质，卵形或矩圆状卵形，较少倒卵形，长 8~15 厘米，顶端渐尖，具刺尖，基部斜心形，边缘具不规则的刺毛状重锯齿，正面疏被长柔毛或无毛，背面沿脉疏被短柔毛，侧脉 15~20 对；叶柄长 1.5~2 厘米。果序长 5~12 厘米；果苞宽卵状矩圆形，长 15~25 毫米，无毛，外侧的基部无裂片，内侧的基部具一矩圆形内折的裂片，全部遮盖着小坚果，中裂片外侧内折，其边缘的上部具疏齿，内侧的边缘具明显的锯齿，顶端锐尖。小坚果矩圆形，无毛，具不明显的细肋。花期 3—6 月，果熟期 7—8 月。南太行安阳、长治、晋城海拔 1000 米以上山区有分布。生于较湿润、肥沃的阴山坡或山谷杂木林中。可作园林绿化观赏植物。

67 红桦 | *Betula albosinensis*

桦木科 桦木属

大乔木，高可达 30 米。树皮淡红褐色或紫红色，有光泽和白粉，呈薄层状剥落，纸质；枝条红褐色，无毛；小枝紫红色，无毛。叶卵形或卵状矩圆形，长 3~8 厘米，顶端渐尖，基部圆形或微心形，边缘具不规则的重锯齿，齿尖常角质化，正面深绿色，无毛，背面淡绿色，密生腺点，沿脉疏被白色长柔毛，侧脉 10~14 对；叶柄长 5~15 厘米。雄花序圆柱形。果序圆柱形，单生或同时具有 2~4 枚排成总状，长 3~4 厘米；果序梗纤细，长约 1 厘米；果苞长 4~7 厘米，中裂片矩圆形或披针形，顶端圆，侧裂片近圆形，长及中裂片的 1/3。小坚果卵形，长 2~3 毫米，上部疏被短柔毛，膜质翅宽及果的 1/2。花期 3—6 月，果期 8—9 月。南太行安阳、济源、晋城海拔 1200 米以上山区有分布。生于山坡杂木林中。木材质地坚硬，结构细密，花纹美观，但较脆，可制工具或胶合板。树皮可做帽子或包装。

68 榛 | *Corylus heterophylla*

桦木科 榛属

灌木或小乔木，高 1~7 米。小枝黄褐色，密被短柔毛兼被疏生的长柔毛，具刺状腺体。叶矩圆形或宽倒卵形，长 4~13 厘米，顶端凹缺或截形，中央具三角状突尖，基部心形，边缘具不规则的重锯齿，中部以上具浅裂，正面无毛，背面于幼时疏被短柔毛，侧脉 3~5 对；叶柄纤细，长 1~2 厘米，疏被短毛。雄花序单生。果单生或 2~6 枚簇生呈头状；果苞钟状，密被短柔毛，密生刺状腺体，较果长但不超过 1 倍，上部浅裂，裂片三角形；序梗长约 1.5 厘米，密被短柔毛。坚果近球形。花期 3—7 月，果熟期 7—8 月。南太行海拔 800 米以上的山地广布。生于山坡灌丛。种子可食，并可榨油。

69 山白树 | *Sinowilsonia henryi*　　金缕梅科　山白树属

落叶灌木或小乔木，高约 8 米。嫩枝有灰黄色星状茸毛；老枝秃净，略有皮孔。叶纸质或膜质，倒卵形，稀为椭圆形，长 10~18 厘米，先端急尖，基部圆形或微心形，稍不等侧，正面绿色，脉上略有毛，背面有柔毛；侧脉 7~9 对，在正面很明显，在背面突起，网脉明显；边缘密生小齿突，叶柄长 8~15 毫米，有星状毛；托叶线形，早落。雄花总状花序，无正常叶，萼筒极短，萼齿匙形；雄蕊近于无柄，与萼齿基部合生。雌花穗状花序长 6~8 厘米，基部有 1~2 叶，花序柄长 3 厘米，与花序轴均有星状茸毛；苞片披针形，小苞片窄披针形，均有星状茸毛；萼筒壶形，萼齿长 1.5 毫米，均有星状；退化雄蕊 5 枚，藏于萼筒内，花柱长 3~5 毫米，突出萼筒外。果序长 10~20 厘米。蒴果无柄，卵圆形，长 1 厘米，先端尖，被灰黄色长丝毛，宿存萼筒长 4~5 毫米，被褐色星状茸毛，与蒴果离生。种子长 8 毫米，黑色，有光泽，种脐灰白色。花期 5—6 月，果期 8—9 月。南太行河南济源、山西垣曲有分布。

70 络石 | *Trachelospermum jasminoides*　　夹竹桃科　络石属

常绿木质藤本，长达 10 米，具乳汁。小枝被黄色柔毛，老时渐无毛。叶革质或近革质，椭圆形至卵状椭圆形或宽倒卵形，长 2~10 厘米，顶端锐尖至渐尖或钝，有时微凹或有小突尖，基部渐狭至钝，叶面无毛，叶背被疏短柔毛；叶柄长 0.3~1.2 厘米。二歧聚伞花序腋生或顶生，花白色，芳香；总花梗长 2~5 厘米，被柔毛；花萼 5 深裂，裂片线状披针形，顶部反卷，长 2~5 毫米，外面被有长柔毛及缘毛，内面无毛，花冠裂片长 5~10 毫米，无毛；雄蕊着生在花冠筒中部；花盘环状 5 裂与子房等长；花柱圆柱状，柱头卵圆形。蓇葖果双生，叉开，线状披针形，向先端渐尖，长 10~20 厘米。种子多颗，褐色，线形。花期 3—7 月，果期 7—12 月。南太行广布。生于山野、溪边、路旁、林缘或杂木林中，常缠绕于树上或攀缘于墙壁上、岩石上，可移栽于园圃，供观赏。根、茎、叶、果实可供药用，有祛风活络、利关节、止血、止痛消肿、清热解毒的功效；我国民间有用来治关节炎、肌肉痹痛、跌打损伤、产后腹痛等；安徽地区有用于治血吸虫腹水病。乳汁有毒，对心脏有毒害作用。茎皮纤维拉力强，可制绳索、纸及人造棉。花芳香，可提取络石浸膏。

71 罗布麻 | *Apocynum venetum*　　　　夹竹桃科　罗布麻属

直立半灌木，具乳汁。枝条对生或互生，圆筒形，光滑无毛，紫红色或淡红色。叶对生，叶椭圆状披针形至卵圆状长圆形，顶端急尖至钝，具短尖头，叶缘具细牙齿，两面无毛；叶柄长3~6毫米。圆锥状聚伞花序1至多歧；苞片膜质，披针形；花萼5深裂，裂片披针形或卵圆状披针形，边缘膜质；花冠圆筒状钟形，紫红色或粉红色，裂片卵圆状长圆形，与花冠筒几乎等长；雄蕊着生在花冠筒基部，与副花冠裂片互生；雌蕊长2~2.5毫米，花柱短，上部膨大，下部缩小，柱头基部盘状，顶端钝，2裂；蓇葖果2，平行或叉生，下垂，箸状圆筒形。花期4—9月（盛开期6—7月），果期7—12月（成熟期9—10月）。南太行平原黄河滩区有分布。生于水边、河滩盐碱地。本种是我国大面积生长的野生纤维植物。茎皮纤维具有细长柔韧、有光泽、耐腐、耐磨、耐拉的优质性能，为高级衣料、渔网丝、皮革线、高级用纸等原料，在国防工业、航空、航海、车胎帘布带、机器传动带、橡皮艇、高级雨衣等方面均有用途。叶含胶量4%~5%，可作轮胎原料。嫩叶蒸炒揉制后可当茶叶饮用，有清凉去火、防止头晕和强心的功用。根部含有生物碱可供药用。本种花多、美丽、芳香，花期较长，具有发达的蜜腺，是一种良好的蜜源植物。

72 杠柳 | *Periploca sepium*　　　　夹竹桃科　杠柳属

落叶蔓性灌木，长可达1.5米。具乳汁，除花外，全株无毛；茎皮灰褐色；小枝通常对生。叶卵状长圆形，长5~9厘米，顶端渐尖，基部楔形，正面深绿色，背面淡绿色；中脉在叶面扁平，在叶背微突起，每边20~25条；叶柄长约3毫米。聚伞花序腋生，具花数朵；花序梗和花梗柔弱；花萼裂片卵圆形，长3毫米，顶端钝；花冠紫红色，辐状，花冠筒短，裂片长圆状披针形，长8毫米，反折，内面被长柔毛，外面无毛；副花冠环状，10裂，其中5裂延伸丝状被短柔毛，顶端向内弯；雄蕊着生在副花冠内面，并与其合生，柱头盘状突起。蓇葖果2，圆柱状，长7~12厘米，具有纵条纹。种子长圆形，黑褐色；种毛长3厘米。花期5—6月，果期7—9月。南太行平原、丘陵、山区广布。生于林缘林下、灌丛、草地、山谷、路旁。根皮、茎皮可药用，能祛风湿、壮筋骨强腰膝，可治风湿关节炎、筋骨痛等。我国北方将杠柳的根皮称"北五加皮"，浸酒，功用与五加皮略似，但有毒，不宜过量和久服，以免中毒。

73 蚂蚱腿子 | *Pertya dioica* 　　　　　菊科　帚菊属

落叶小灌木，高60~80厘米。叶纸质，长2~6厘米，顶端短尖至渐尖，基部圆或长楔尖，全缘，幼时两面被较密的长柔毛；中脉两面均突起，网脉密而显著，两面均突起；叶柄长3~5毫米，被柔毛，短枝上的叶无明显的叶柄。头状花序近无梗，单生于侧枝之顶；总苞钟形或近圆筒形；总苞片5，内层与外层大小几相等，长圆形或近长圆形，顶端钝，背面被紧贴的绢毛；花托小，不平，无毛。花雌性和两性异株，先叶开放；雌花花冠紫红色，舌状，顶端3浅裂，两性花花冠白色，管状二唇形，5裂，裂片极不等长；花药顶端尖，基部箭形，尾部渐狭；雌花花柱分枝外卷，顶端略尖，两性花的子房退化。瘦果纺锤形，密被毛。雌花冠毛丰富，多层，浅白色，两性花的冠毛少数，2~4条，雪白色，长7~8毫米。花期5—7月，果期7—8月。南太行海拔800米以上有较广分布。生于山坡或林缘路旁。可作观赏植物。

苦木科

74 苦木 | *Picrasma quassioides* 　　　　　　苦木科　苦木属

落叶乔木，高 10 余米。平滑，有灰色斑纹，全株有苦味。叶互生，奇数羽状复叶，长 15~30 厘米；小叶 9~15，卵状披针形或广卵形，边缘具不整齐的粗锯齿，先端渐尖，基部楔形，除顶生叶外，其余小叶基部均不对称，叶面无毛；落叶后留有明显的半圆形或圆形叶痕；托叶披针形，早落。花雌雄异株，组成腋生复聚伞花序，花序轴密被黄褐色微柔毛；萼片小，通常 5，偶 4，卵形或长卵形，外面被黄褐色微柔毛，覆瓦状排列；花瓣与萼片同数，卵形或阔卵形，两面中脉附近有微柔毛；雄花中雄蕊长为花瓣的 2 倍，与萼片对生，雌花中雄蕊短于花瓣；花盘 4~5 裂。核果成熟后蓝绿色，长 6~8 毫米，宽 5~7 毫米，种皮薄，萼宿存。花期 4—5 月，果期 6—9 月。南太行海拔 800 米以上次生林中有分布。木材可作家具、农具、器具以及各种建筑用材。茎皮纤维可制人造棉。树皮可提取染料，又可做农药。

75 连香树 | *Cercidiphyllum japonicum* 连香树科　连香树属

落叶大乔木，高10~20米。小枝无毛，短枝在长枝上对生。叶生短枝上的近圆形、宽卵形或心形，生长枝上的椭圆形或三角形，长4~7厘米，先端圆钝或急尖，基部心形或截形，边缘有圆钝锯齿，先端具腺体，两面无毛，背面灰绿色带粉霜，掌状脉7条直达边缘；叶柄长1~2.5厘米，无毛。雄花常4朵丛生，近无梗；苞片在花期红色，膜质，卵形；雌花2~6（8）朵，丛生；花柱长1~1.5厘米，上端为柱头面。蓇葖果2~4，荚果状，褐色或黑色，微弯曲，先端渐细，有宿存花柱；果梗长4~7毫米。种子数颗，扁平四角形，褐色，先端有透明翅，长3~4毫米。花期4月，果期8月。南太行分布于河南济源海拔1000米以上山区。生于山谷边缘或林中开阔地的杂木林中。本种树干高大，寿命长，可供观赏。树皮及叶均含单宁肯，可提制栲胶。

76 粗齿铁线莲 | *Clematis argentilucida*   毛茛科　铁线莲属

落叶藤本。小枝密生白色短柔毛，老时外皮剥落。一回羽状复叶，有 5 小叶，有时茎端为三出叶；小叶卵形或椭圆状卵形，长 5~10 厘米，顶端渐尖，基部圆形、宽楔形或微心形，常有不明显 3 裂，边缘有粗大锯齿状牙齿，正面疏生短柔毛，背面密生白色短柔毛至较疏，或近无毛。腋生聚伞花序常具 3~7 花，或成顶生圆锥状聚伞花序，多花，较叶短；花直径 2~3.5 厘米；萼片 4，开展，白色，近长圆形，长 1~1.8 厘米，顶端钝，两面有短柔毛。瘦果扁卵圆形，宿存花柱长达 3 厘米。花期 5—7 月，果期 7—10 月。南太行山区分布较广。根药用，能行气活血、祛风湿、止痛，主治风湿筋骨痛、跌打损伤、血疼痛、肢体麻木等；茎藤药用，能杀虫解毒，主治失音声嘶、杨梅疮毒、虫疮久烂等。

77 短尾铁线莲 | *Clematis brevicaudata*   毛茛科　铁线莲属

藤本。枝有棱。一至二回羽状复叶或二回三出复叶，小叶 5~15，有时茎上部为三出叶；小叶长卵形、卵形至宽卵状披针形或披针形，长 1.5（1）~6 厘米，顶端渐尖或长渐尖，基部圆形、截形至浅心形，有时楔形，边缘疏生粗锯齿或牙齿，有时 3 裂，两面近无毛或疏生短柔毛。圆锥状聚伞花序腋生或顶生，常比叶短；花梗长 1~1.5 厘米，有短柔毛；花直径 1.5~2 厘米；萼片 4，开展，白色，狭倒卵形，长约 8 毫米，两面均有短柔毛。瘦果卵形，长约 3 毫米，密生柔毛，宿存花柱长 1.5~2（3）厘米。花期 7—9 月，果期 9—10 月。南太行山区广布。生于山地灌丛或疏林中。藤茎入药，可清热利尿、通乳、消食、通便，主治尿道感染、尿频、尿道痛、心烦尿赤、口舌生疮、腹中胀满、大便秘结和乳汁不通。

78 钝齿铁线莲（变种） | *Clematis apiifolia* var. *obtusidentata*

毛茛科　铁线莲属

女萎（原变种）。本变种特征：藤本。三出复叶，小叶较大，长 5~13 厘米，宽 3~9 厘米，通常下面密生短柔毛，边缘有少数钝牙齿。圆锥状聚伞花序具多花；花直径约 1.5 厘米，萼片 4，开展，白色，狭倒卵形，长约 8 毫米，两面有短柔毛，外面较密；雄蕊无毛，花丝比花药长 5 倍。瘦果纺锤形或狭卵形，长 3~5 毫米，顶端渐尖，不扁，有柔毛，宿存花柱长约 1.5 厘米。花期 7—9 月，果期 9—10 月。

79 钝萼铁线莲 | *Clematis peterae*

毛茛科　铁线莲属

藤本。一回羽状复叶，小叶 5，偶尔基部一对为 3 小叶；小叶卵形或长卵形，少数卵状披针形，长 3（2）~9 厘米，宽 2（1）~4.5 厘米，顶端常锐尖或短渐尖，少数长渐尖，基部圆形或浅心形，边缘疏生 1 至数个锯齿状牙齿或全缘，两面疏生短柔毛至近无毛。圆锥状聚伞花序多花；花序梗、花梗密生短柔毛，花序梗基部常有一对叶状苞片；花直径 1.5~2 厘米，萼片 4，开展，白色，倒卵形至椭圆形，长 0.7~1.1 厘米，顶端钝，两面有短柔毛，外面边缘密生短茸毛；雄蕊无毛；子房无毛。瘦果卵形，稍扁平，宿存花柱长达 3 厘米。花期 6—8 月，果期 9—12 月。南太行丘陵、山区广布。全草入药，能清热、利尿、止痛，主治湿热淋病、小便不通、水肿、膀胱炎、肾盂肾炎、脚气水肿、闭经、头痛；外用治风湿性关节炎。

80 毛果扬子铁线莲（变种） | *Clematis puberula* var. *tenuisepala*

毛茛科　铁线莲属

扬子铁线莲（原变种）。本变种特征：藤本。枝有棱，小枝近无毛或稍有短柔毛。一至二回羽状复叶，或二回三出复叶，小叶5~21，基部二对常为3小叶或2~3裂，茎上部有时为三出叶；小叶长卵形、卵形或宽卵形，有时卵状披针形，长1.5~10厘米，宽0.8~5厘米，顶端锐尖、短渐尖至长渐尖，基部圆形、心形或宽楔形，边缘有粗锯齿、牙齿或为全缘，两面近无毛或疏生短柔毛。圆锥状聚伞花序或单聚伞花序，腋生或顶生，常比叶短；花梗长1.5~6厘米；花直径2~3.5厘米；萼片4，开展，白色，干时变褐色至黑色，狭倒卵形或长椭圆形。瘦果常为扁卵圆形，长约5毫米，宽约3毫米，有毛，宿存花柱长达3厘米。花期7—9月，果期9—10月。南太行中低海拔山区有分布。生于山坡林下或沟边、路旁草丛中。可作垂直绿化的材料。

81 无裂槭叶铁线莲 | *Clematis elobata*

毛茛科　铁线莲属

小灌木，高不到20厘米。叶卵形或宽卵形，不浅裂，基部宽楔形或近截形，边缘不规则锯齿。花果期4—5月。南太行海拔600~800米有分布。生于悬崖峭壁上。国家二级保护野生植物。

82 太行铁线莲 | *Clematis kirilowii*　　　毛茛科　铁线莲属

木质藤本，干后常变黑褐色。茎、小枝有短柔毛。一至二回羽状复叶，小叶 5~11 或更多，基部一对或顶生小叶常 2~3 浅裂或全裂至 3 小叶，中间一对常 2~3 浅裂至深裂，茎基部一对为三出叶；小叶或裂片革质，卵形至卵圆形或长圆形，长 1.5~7 厘米，顶端钝、锐尖、突尖或微凹，基部圆形、截形或楔形，全缘，有时裂片或第二回小叶再分裂，两面网脉突出。聚伞花序或为总状、圆锥状聚伞花序，具花 3 至多朵或花单生，腋生或顶生；花序梗、花梗有较密短柔毛；萼片 4 或 5~6，开展，白色，倒卵状长圆形，长 0.8~1.5 厘米，顶端常呈截形而微凹，边缘密生茸毛；雄蕊无毛。瘦果卵形至椭圆形，扁，长约 5 毫米，有柔毛，宿存花柱长约 2.5 厘米。花期 6—8 月，果期 8—9 月。南太行丘陵、山区广布。生于山坡草地、丛林中或路旁。

83 狭裂太行铁线莲（变种） | *Clematis kirilowii* var. *chanetii*

毛茛科　铁线莲属

与太行铁线莲（原变种）的区别：小叶或裂片较狭长，线形、披针形至长椭圆形，基部常楔形。花期 6—8 月。南太行丘陵、山区广布。生于山坡草地、丛林中或路旁。

84 华中五味子 | *Schisandra sphenanthera*　　五味子科　五味子属

落叶木质藤本。全株无毛。叶纸质，倒卵形、宽倒卵形或倒卵状长椭圆形，有时圆形，很少椭圆形，长 5（3）~11 厘米，先端短急尖或渐尖，基部楔形或阔楔形，干膜质边缘至叶柄成狭翅，正面深绿色，背面淡灰绿色，有白色点，1/2~2/3 以上边缘具疏离、胼胝质齿尖的波状齿，正面中脉稍凹入，侧脉每边 4~5 条，网脉密致，叶柄红色，长 1~3 厘米。花生于近基部叶腋，花梗纤细，长 2~4.5 厘米，基部具长 3~4 毫米的膜质苞片，花被片 5~9，橙黄色，近相似，椭圆形或长圆状倒卵形，具缘毛，背面有腺点。雄花，雄蕊群倒卵圆形；雄蕊 11~19（23）枚，花丝长约 1 毫米，上部 1~4 枚雄蕊与花托顶贴生，无花丝；雌花，雌蕊群卵球形，雌蕊 30~60 枚，子房近镰刀状椭圆形，柱头冠狭窄，仅花柱长 0.1~0.2 毫米，下延成不规则的附属体。聚合果果托长 6~17 厘米，直径约 4 毫米，聚合果梗长 3~10 厘米，成熟小浆红色，具短柄。种子长圆体形或肾形，种皮褐色光滑，或仅背面微皱。花期 4—7 月，果期 7—9 月。南太行海拔 1000 米以上有分布。果供药用，为五味子代用品。种子榨油可制肥皂或润滑油。

85 三叶木通 | *Akebia trifoliata*　　　　木通科　木通属

落叶木质藤本。茎皮灰褐色。掌状复叶互生或在短枝上簇生；叶柄直，长7~11厘米；小叶3，纸质或薄革质，卵形至阔卵形，长4~7.5厘米，先端通常钝或略凹入，具小突尖，基部截平或圆形，边缘具波状齿或浅裂，正面深绿色，背面浅绿色；侧脉每边5~6条，与网脉同在两面略突起；中央小叶柄长2~4厘米，侧生小叶柄长6~12毫米。总状花序自短枝上簇生叶中抽出，下部有1~2朵雌花，以上有15~30朵雄花，长6~16厘米；总花梗纤细，长约5厘米。雄花，花梗丝状，萼片3，淡紫色，阔椭圆形或椭圆形；雄蕊6枚，离生，排列为杯状，花丝极短；雌花，花梗稍较雄花的粗，长1.5~3厘米；萼片3，紫褐色，近圆形，先端圆而略凹入，开花时广展反折；退化雄蕊6枚或更多，小；心皮3~9枚，离生，圆柱形，直，柱头头状，具乳突，橙黄色。果长圆形，长6~8厘米，直径2~4厘米，直或稍弯，成熟时灰白略带淡紫色；种皮红褐色或黑褐色，稍有光泽。花期4—5月，果期7—8月。南太行海拔800米以上次生林中广布。根、茎和果均可入药，利尿、通乳，有舒筋活络的功效，主治风湿关节痛。果可食及酿酒。种子可榨油。

86 小叶梣 | *Fraxinus bungeana*　　　　木樨科　梣属

落叶小乔木或灌木，高 2~5 米。当年生枝淡黄色，密被短茸毛，渐秃净，去年生枝灰白色，皮孔细小，椭圆形，褐色。羽状复叶，长 5~15 厘米；叶柄长 2.5~4.5 厘米，基部增厚；叶轴直，正面具窄沟，被细茸毛；小叶 5~7，硬纸质，阔卵形或菱形至卵状披针形，长 2~5 厘米，顶生小叶与侧生小叶几等大，先端尾尖，基部阔楔形，叶缘具深锯齿至缺裂状，两面均光滑无毛，中脉在两面突起，侧脉 4~6 对，细脉明显网结；小叶柄短，被柔毛。圆锥花序顶生或腋生枝梢，长 5~9 厘米，疏被茸毛；花序梗扁平；花梗细，长约 3 毫米；雄花花萼小，杯状，萼齿尖三角形，花冠白色至淡黄色，裂片线形，雄蕊与裂片近等长，花药小，椭圆形，花丝细；两性花花萼较大，萼齿锥尖，花冠裂片长达 8 毫米，雄蕊明显短，雌蕊具短花柱，柱头 2 浅裂。翅果匙状长圆形，长 2~3 厘米，上中部最宽，先端急尖、钝；翅下延至坚果中下部，坚果长约 1 厘米，略扁；花萼宿存。花期 5 月，果期 8—9 月。南太行海拔 200 米以上山区、丘陵广布。树皮用作中药"秦皮"，有消炎解热、收敛止泻的功能。木材坚硬可供制小农具。

87 连翘 | *Forsythia suspensa*　　　　木樨科　连翘属

落叶灌木。枝开展或下垂，小枝土黄色或灰褐色，略呈四棱形，节间中空，节部具实心髓。叶通常为单叶，或 3 裂至三出复叶，叶卵形、宽卵形或椭圆状卵形至椭圆形，长 2~10 厘米，先端锐尖，基部圆形、宽楔形至楔形，叶缘除基部外具锐锯齿或粗锯齿，正面深绿色，背面淡黄绿色，两面无毛；叶柄长 0.8~1.5 厘米，无毛。花通常单生或 2 至数朵着生于叶腋，先于叶开放；花梗长 5~6 毫米；花萼绿色，裂片长圆形或长圆状椭圆形，与花冠管近等长；花冠黄色，裂片倒卵状长圆形或长圆形，长 1.2~2 厘米。果卵球形、卵状椭圆形或长椭圆形，长 1.2~2.5 厘米，先端喙状渐尖，表面疏生皮孔；果梗长 0.7~1.5 厘米。花期 3—4 月，果期 7—9 月。南太行海拔 600 米以上的荒坡、疏林地、林缘广布。果实入药，具清热解毒、消结排脓的功效；叶入药，可治疗高血压、痢疾、咽喉痛等。

88 流苏树 | *Chionanthus retusus*　　　　木樨科　流苏树属

落叶灌木或乔木，高可达20米。幼枝淡黄色或褐色，疏被或密被短柔毛。叶革质或薄革质，长圆形、椭圆形或圆形，有时卵形或倒卵形至倒卵状披针形，长3~12厘米，先端圆钝，基部圆或宽楔形至楔形，全缘或有小锯齿，叶缘稍反卷，幼时正面沿脉被长柔毛，背面密被或疏被长柔毛，老时正面沿脉被柔毛，背面沿脉密被长柔毛，侧脉3~5对；叶柄长0.5~2厘米，密被黄色卷曲柔毛。聚伞状圆锥花序，长3~12厘米，顶生于枝端，近无毛；苞片线形，长2~10毫米，疏被或密被柔毛，花长1.2~2.5厘米，单性而雌雄异株或为两性花；花梗长0.5~2厘米；花萼4深裂，裂片尖三角形或披针形；花冠白色，4深裂，裂片线状倒披针形，花冠管短；雄蕊藏于管内或稍伸出；子房卵形，柱头球形，稍2裂。果椭圆形，被白粉，呈蓝黑色或黑色。花期3—6月，果期6—11月。南太行海拔200米以上丘陵、山区广布。花、嫩叶晒干可代茶，味香。果可榨芳香油。木材可制器具。

89 北京丁香（亚种） | *Syringa reticulata* subsp. *pekinensis*　　木樨科　丁香属

网脉丁香（原种）。本亚种特征：大灌木或小乔木，高2~5米。小枝带红褐色，细长，萌枝被柔毛。叶纸质，卵形、宽卵形至近圆形，或为椭圆状卵形至卵状披针形，长2.5~10厘米，先端长渐尖、骤尖、短渐尖至锐尖，基部圆形、截形至近心形，正面深绿色，背面灰绿色，无毛；叶柄长1.5~3厘米。花序由1或多对侧芽抽生，长5~20厘米，宽3~18厘米；花序轴、花梗、花萼无毛；花梗长0~1毫米；花萼长1~1.5毫米，截形或具浅齿；花冠白色，呈辐状，长3~4毫米，花冠管与花萼近略长，裂片卵形或长椭圆形，长1.5~2.5毫米，先端锐尖或钝，或略呈兜状；花丝略短于或稍长于裂片。果长椭圆形至披针形，长1.5~2.5厘米，先端锐尖至长渐尖，光滑，稀疏生皮孔。花期5~8月，果期8—10月。南太行海拔600米以上广布。生于山坡灌丛、山谷或沟边林下。广泛用于城市园林绿化。

90 巧玲花 | Syringa pubescens　　　　木樨科　丁香属

灌木，高1~4米。小枝四棱形，无毛，疏生皮孔。叶卵形、椭圆状卵形、菱状卵形或卵圆形。长1.5~8厘米，先端锐尖至渐尖或钝，基部宽楔形至圆形，叶缘具睫毛，正面无毛，背面被短柔毛；叶柄长0.5~2厘米。圆锥花序直立，通常由侧芽抽生，稀顶生，长5~16厘米；花序轴与花梗、花萼略带紫红色，无毛；花序轴明显四棱形；花梗短；花萼长1.5~2毫米，截形或萼齿锐尖、渐尖或钝；花冠紫色，盛开时呈淡紫色，后渐近白色，长0.9~1.8厘米，花冠管细弱，近圆柱形，裂片展开或反折。果通常为长椭圆形，长0.7~2厘米，先端锐尖或具小尖头。花期5—6月，果期6—8月。南太行分布于海拔600米以上山区。生于山坡次生林、灌木林中。

91 紫丁香 | Syringa oblata　　　　木樨科　丁香属

灌木或小乔木，高可达5米。小枝、花序轴、花梗、苞片、花萼、幼叶两面以及叶柄均无毛但密被腺毛。叶革质或厚纸质，卵圆形至肾形，宽常大于长，长2~14厘米，先端短突尖至长渐尖或锐尖，基部心形、截形至近圆形，或宽楔形，正面深绿色，背面淡绿色；萌枝上叶常呈长卵形，先端渐尖，基部截形至宽楔形；叶柄长1~3厘米。圆锥花序直立，由侧芽抽生，近球形或长圆形，长4~16（20）厘米；花梗长0.5~3毫米；花萼长约3毫米，萼齿渐尖、锐尖或钝；花冠紫色，长1.1~2厘米，花冠管圆柱形，长0.8~1.7厘米，裂片呈直角开展，卵圆形、椭圆形至倒卵圆形，长3~6毫米，先端内弯略呈兜状或不内弯。果倒卵状椭圆形、卵形至长椭圆形，先端长渐尖，光滑。花期4—5月，果期6—10月。南太行山区有分布。紫丁香吸收二氧化硫的能力较强，对二氧化硫污染具有一定净化作用。常用于园林绿化。花可提制芳香油。嫩叶可代茶。

92 变叶葡萄 | *Vitis piasezkii*　　葡萄科　葡萄属

木质藤本。小枝圆柱形，有纵棱纹。卷须 2 叉分枝，相隔两节间断与叶对生。小叶 3~5 或混生有单叶者，每侧边缘有 5~20 齿，正面绿色，几无毛，背面被疏柔毛和蛛丝状茸毛，网脉正面不明显，背面微突出；基出脉 5，中脉有侧脉 4~6 对；叶柄长 2.5~6 厘米；托叶早落。圆锥花序疏散，与叶对生，基部分枝发达，长 5~12 厘米，花序梗长 1~2.5 厘米，被稀疏柔毛；花梗长 1.5~2.5 毫米，无毛；花瓣 5，呈帽状黏合脱落；雄蕊 5 枚，在雌花内完全退化；花盘发达，5 裂；雌蕊 1 枚，在雄花中完全退化，子房卵圆形，花柱短，柱头扩大。果实球形，直径 0.8~1.3 厘米。种子倒卵圆形。花期 6 月，果期 7—9 月。南太行分布海拔 800 米以上山区。生于山坡、河边灌丛或林中。北方的群体抗寒性较强并具有一定抗霜霉病的能力。果可供食用或用于酿酒。

93 华东葡萄 | *Vitis pseudoreticulata*　　葡萄科　葡萄属

木质藤本。小枝圆柱形。卷须 2 叉分枝，相隔两节间断与叶对生。叶卵圆形或肾状卵圆形，长 6~13 厘米，顶端急尖或短渐尖，稀圆形，基部心形，基缺凹呈圆形或钝角，每侧边缘有 16~25 锯齿，齿端尖锐，微不整齐，正面绿色，初时疏被蛛丝状茸毛，以后脱落无毛，背面初时疏被蛛丝状茸毛，以后脱落；基生脉 5 出，中脉有侧脉 3~5 对，背面沿侧脉被白色短柔毛，网脉在背面明显；叶柄长 3~6 厘米，托叶早落。圆锥花序疏散，与叶对生，基部分枝发达，杂性异株，长 5~11 厘米，疏被蛛丝状茸毛，以后脱落；花梗长 1~1.5 毫米，无毛；花萼碟形，萼齿不明显，无毛；花瓣 5；雄蕊 5 枚，花丝丝状，在雌花内雄蕊显著短而败育；花盘发达；雌蕊 1 枚，子房锥形，花柱不明显扩大。果实成熟时紫黑色，直径 0.8~1 厘米。花期 4—6 月，果期 6—10 月。南太行分布于海拔 800 米以上山区。生于山坡荒地、林缘林下、沟谷、路旁。

94 毛葡萄 | *Vitis heyneana* 　　　　　葡萄科　葡萄属

木质藤本。小枝圆柱形，有纵棱纹，被灰色或褐色蛛丝状茸毛。卷须 2 叉分枝，密被茸毛，相隔两节间断与叶对生。叶卵圆形、长卵椭圆形或卵状五角形，长 4~12 厘米，顶端急尖或渐尖，基部心形或微心形，基缺顶端凹呈钝角，稀呈锐角，边缘每侧有 9~19 尖锐锯齿，正面绿色，背面密被灰色或褐色茸毛，基生脉 3~5 出，中脉有侧脉 4~6 对，背面脉上密被茸毛；叶柄长 2.5~6 厘米，密被蛛丝状茸毛；托叶膜质，褐色，卵披针形，边缘全缘，无毛。花杂性异株；圆锥花序疏散，与叶对生，分枝发达，长 4~14 厘米；花序梗长 1~2 厘米，被灰色或褐色蛛丝状茸毛；花梗长 1~3 毫米，无毛；萼碟形，边缘近全缘；花瓣 5，呈帽状黏合脱落；雄蕊 5 枚，花丝丝状，在雌花内雄蕊显著短，败育；花盘发达，5 裂；雌蕊 1 枚，子房卵圆形，花柱短，柱头微扩大。果实圆球形，成熟时紫黑色，直径 1~1.3 厘米。花期 4—6 月，果期 6—10 月。南太行分布于海拔 600 米以上山区。生于山坡、沟谷灌丛、林缘或林中。果可食用和酿酒。

95 桑叶葡萄（亚种） | *Vitis heyneana* subsp. *ficifolia* 　　　　　葡萄科　葡萄属

与毛葡萄（原种）的区别：叶常有 3 浅裂至中裂并混生有不分裂叶者。花期 5—7 月，果期 7—9 月。南太行分布于海拔 800 米以上山区。生于山坡荒地、林缘林下、沟谷、路旁。

96 山葡萄 | *Vitis amurensis*　　　葡萄科　葡萄属

木质藤本。小枝圆柱形，无毛。卷须 2~3 分枝，相隔两节间断与叶对生。叶阔卵圆形，长 6~24 厘米，3（5）浅裂、中裂或不分裂，叶或中裂片顶端急尖或渐尖，裂缺凹呈圆形，叶基部心形，基缺凹呈圆形或钝角，边缘每侧有 28~36 个粗锯齿，正面绿色；基生脉 5 出，网脉在背面明显；叶柄长 4~14 厘米；托叶膜质，褐色，顶端钝，边缘全缘。圆锥花序疏散，与叶对生，基部分枝发达，长 5~13 厘米，初时常被蛛丝状茸毛，以后脱落几无毛；花梗长 2~6 毫米，无毛；萼碟形，几全缘，无毛；花瓣 5，呈帽状黏合脱落；雄蕊 5 枚，花丝丝状；花盘发达，5 裂，长 0.3~0.5 毫米；雌蕊 1 枚，子房锥形，花柱明显，基部略粗，柱头微扩大。果实直径 1~1.5 厘米。种子倒卵圆形。花期 5—6 月，果期 7—9 月。南太行分布于海拔 800 米以上山区。生于山坡、沟谷灌丛、林缘或林中。果可鲜食和酿酒。

97 白蔹 | *Ampelopsis japonica*　　　葡萄科　蛇葡萄属

木质藤本。小枝圆柱形，有纵棱纹，无毛。卷须不分枝或顶端有短的分叉，相隔 3 节以上间断与叶对生。叶为掌状 3~5 小叶，小叶羽状深裂或边缘有深锯齿而不分裂，顶端渐尖或急尖，掌状 5 小叶者中央小叶深裂至基部并有 1~3 个关节，关节间有翅，3 小叶者中央小叶有 1 个或无关节，基部狭窄呈翅状，正面绿色，无毛，背面浅绿色，无毛或有时在脉上被稀疏短柔毛；叶柄长 1~4 厘米，无毛；托叶早落。聚伞花序通常集生于花序梗顶端，直径 1~2 厘米，通常与叶对生；花序梗长 1.5~5 厘米，常呈卷须状卷曲，无毛；花梗极短或几无梗，无毛；萼碟形，边缘呈波状浅裂，无毛；花瓣 5，卵圆形，无毛；雄蕊 5 枚；花盘发达，边缘波状浅裂；子房下部与花盘合生，花柱短棒状，柱头不明显扩大。果实球形，直径 0.8~1 厘米，成熟后带白色。种子倒卵形。花期 5—6 月，果期 7—9 月。南太行山区、平原广布。生于山沟地边、林缘、路旁、沟谷。根或全草入药，有清热解毒、消肿止痛的功效。

98 蓝果蛇葡萄 | *Ampelopsis bodinieri* 葡萄科 蛇葡萄属

木质藤本。小枝圆柱形，有纵棱纹，无毛。卷须2叉分枝，相隔两节间断与叶对生。叶卵圆形或卵椭圆形，不分裂或上部微3浅裂，长7~12.5厘米，顶端急尖或渐尖，基部心形或微心形，边缘每侧有9~19急尖锯齿，正面绿色，背面浅绿色，两面均无毛；基出脉5，中脉有侧脉4~6对，网脉两面均不明显突出；叶柄长2~6厘米，无毛。花序为复二歧聚伞花序，疏散，花序梗长2.5~6厘米，无毛；花梗长2.5~3毫米，无毛；萼浅碟形，萼齿不明显，边缘呈波状，外面无毛；花瓣5，长椭圆形，长2~2.5毫米；雄蕊5枚，花丝丝状；花盘明显，5浅裂；子房圆锥形，花柱明显，基部略粗，柱头不明显扩大。果实近球圆形，直径0.6~0.8厘米。种子倒卵椭圆形。花期4—6月，果期7—8月。南太行分布于海拔800米以上山区。生于山谷林中或山坡灌丛荫处。

99 葎叶蛇葡萄 | *Ampelopsis humulifolia* 葡萄科 蛇葡萄属

木质藤本。小枝圆柱形，有纵棱纹，无毛。卷须2叉分枝，相隔两节间断与叶对生。叶为单叶，3~5浅裂或中裂，长6~12厘米，宽5~10厘米，心状五角形或肾状五角形，顶端渐尖，基部心形，基缺顶端凹呈圆形，边缘有粗锯齿，正面绿色，无毛，背面粉绿色，无毛或沿脉被疏柔毛；叶柄长3~5厘米，无毛或有时被疏柔毛；托叶早落。多歧聚伞花序与叶对生；花序梗长3~6厘米；花梗长2~3毫米；萼碟形，边缘呈波状，外面无毛；花瓣5，卵椭圆形，外面无毛；雄蕊5枚；子房下部与花盘合生，花柱明显，柱头不扩大。果实近球形，长0.6~10毫米。种子倒卵圆形。花期5—7月，果期5—9月。南太行分布于海拔800米以上山区。生于山沟地边、灌丛林缘或林中。

100 乌头叶蛇葡萄 | *Ampelopsis aconitifolia*　　葡萄科　蛇葡萄属

木质藤本。小枝圆柱形，有纵棱纹，被疏柔毛。卷须2~3叉分枝，相隔两节间断与叶对生。叶为掌状5小叶，小叶3~5羽裂，披针形或菱状披针形，长4~9厘米，宽1.5~6厘米，顶端渐尖，基部楔形，中央小叶深裂，正面绿色无毛，背面浅绿色，无毛，网脉不明显；叶柄长1.5~2.5厘米，小叶几无柄；托叶膜质，卵披针形，顶端钝。花序为疏散的伞房状复二歧聚伞花序，通常与叶对生或假顶生；花序梗长1.5~4厘米，花梗长1.5~2.5毫米，几无毛；萼碟形，波状浅裂或几全缘，无毛；花瓣5，卵圆形，长1.7~2.7毫米，无毛；雄蕊5枚；花盘发达，边缘呈波状；子房下部与花盘合生，花柱钻形，柱头扩大不明显。果实近球形，直径0.6~0.8厘米。种子倒卵圆形。花期5—6月，果期8—9月。南太行分布于海拔500米以上丘陵、山区。生于沟边、山坡灌丛或草地。

101 掌裂草葡萄（变种） | *Ampelopsis aconitifolia* var. *palmiloba*

葡萄科　蛇葡萄属

与乌头叶蛇葡萄（原变种）的区别：小叶大多不分裂，边缘锯齿通常较深而粗，或混生有浅裂叶者，光滑无毛或叶背面微被柔毛。花期5—8月，果期7—9月。南太行丘陵、山区广布。生于沟谷水边或山坡灌丛。

102 掌裂蛇葡萄（变种） | *Ampelopsis delavayana* var. *glabra*

葡萄科　蛇葡萄属

三裂蛇葡萄（原变种）。本变种特征：木质藤本，小枝圆柱形，有纵棱纹，植株光滑无毛。卷须2~3叉分枝，相隔两节间断与叶对生。叶3~5，中央小叶披针形或椭圆披针形，顶端渐尖，基部近圆形，侧生小叶卵椭圆形或卵披针形，基部不对称，近截形，边缘有粗锯齿，齿端通常尖细，正面绿色，背面浅绿色，侧脉5~7对，网脉两面均不明显；叶柄长3~10厘米，中央小叶有柄或无柄，侧生小叶无柄。多歧聚伞花序与叶对生，花序梗长2~4厘米；花梗长1~2.5毫米；萼碟形，边缘呈波状浅裂；花瓣5，卵椭圆形，雄蕊5枚，花盘明显，5浅裂；子房下部与花盘合生，花柱明显，柱头不明显扩大。果实近球形，直径0.8厘米。种子2~3颗。花期5—6月，果期7—9月。

103 枹栎 | *Quercus serrata*　　　　　壳斗科　栎属

落叶乔木，高达25米。幼枝被柔毛，不久即脱落。叶薄革质，倒卵形或倒卵状椭圆形，长7~17厘米，顶端渐尖或急尖，基部楔形或近圆形，叶缘有腺状锯齿，幼时被伏贴单毛，老时及叶背被平伏单毛或无毛，侧脉每边7~12条；叶柄长1~3厘米，无毛。雄花序长8~12厘米，花序轴密被白毛，雄蕊8枚；雌花序长1.5~3厘米；壳斗杯状，包着坚果1/4~1/3，直径1~1.2厘米，高5~8毫米；小苞片长三角形，贴生，边缘具柔毛。坚果卵形至卵圆形，直径0.8~1.2厘米，长1.7~2厘米，果脐平坦。花期3—4月，果期9—10月。南太行海拔1000米以上山地有分布。生于山地或沟谷林中。木材坚硬，可供建筑、车辆等用。种子富含淀粉，可供酿酒和做饮料。树皮可提取栲胶。叶可饲养柞蚕。

104 房山栎 | *Quercus* × *fangshanensis*　　　　　壳斗科　栎属

落叶乔木或灌木，高2~8米。小枝有棱，初被灰黄色星状毛，后渐脱落。叶长倒卵形或倒卵形，长8~14厘米，顶端短渐尖，基部浅心形或耳形，叶缘波状粗齿，侧脉每边9~12条；叶柄长1~2厘米，被星状毛。壳斗钟形，包着坚果2/3，直径约2厘米，长约1厘米；小苞片窄披针形；长约4毫米，背面紫红色，外面被灰黄色茸毛。坚果椭圆形，直径1~1.2厘米，长1.5~1.8厘米；柱座明显，长约3毫米。花期4~5月，果期9—10月。南太行分布于海拔1000米以上山区。生于山坡、沟谷阔叶林中。种子富含淀粉，可供工业用或食用。

105 槲栎 | *Quercus aliena* 壳斗科 栎属

落叶乔木，高达 30 米。树皮暗灰色，深纵裂。小枝具圆形淡褐色皮孔；叶长椭圆状倒卵形至倒卵形，长 10~20（30）厘米，宽 5~14（16）厘米，顶端微钝或短渐尖，基部楔形或圆形，叶缘具波状钝齿，叶背被灰棕色细茸毛，侧脉每边 10~15 条；叶柄长 1~1.3 厘米，无毛。雄花序长 4~8 厘米，雄花单生或数朵簇生于花序轴，花被 6 裂，雄蕊通常 10 枚；雌花序生于新枝叶腋，单生或 2~3 朵簇生；壳斗杯形，包着坚果约 1/2，直径 1.2~2 厘米，长 1~1.5 厘米；小苞片卵状披针形，长约 2 毫米，排列紧密，被灰白色短柔毛。坚果椭圆形至卵形，果脐微突起。花期 4（3）—5 月，果期 9—10 月。南太行海拔 1000 米以上广布。生于向阳山坡。木材坚硬，耐腐，纹理致密，可供建筑、家具及薪炭等用。

106 锐齿槲栎（变种） | *Quercus aliena* var. *acuteserrata* 壳斗科 栎属

与槲栎（原变种）的区别：叶缘具粗大锯齿，齿端尖锐，内弯，叶背密被灰色细绒毛，叶片形状变异较大。花期 3—4 月，果期 10—11 月。南太行分布于海拔 900 米以上山区。生于山地杂木林中，或形成小片纯林。

107 橿子栎 | *Quercus baronii*   壳斗科 栎属

半常绿灌木或乔木，高达15米。小枝幼时被星状柔毛。叶卵状披针形，长3~6厘米，宽1.3~2厘米，顶端渐尖，基部圆形或宽楔形，叶缘1/3以上有锐锯齿，叶幼时两面疏被星状微柔毛，叶背中脉有灰黄色长茸毛，后渐脱落，侧脉每边6~7条，纤细，在叶两面微突起；叶柄长3~7毫米，被灰黄色茸毛。雄花序长约2厘米，花序轴被茸毛；雌花序长1~1.5厘米，具1至数朵花；壳斗杯形，包着坚果1/2~2/3，直径1.2~1.8厘米，长0.8~1厘米；小苞片钻形，长3~5毫米，反曲，被灰白色短柔毛。坚果卵形或椭圆形，直径1~1.2厘米，长1.5~1.8厘米。花期4月，果期翌年9月。分布于海拔800米以上的山坡、山谷杂木林中。常生于石灰岩山地。木材坚硬，耐久，耐磨损，可供制车辆、家具等。种子含淀粉60%~70%。树皮和壳斗含单宁，可提取栲胶。优良薪炭材。

108 蒙古栎 | *Quercus mongolica*　　　　壳斗科　栎属

落叶乔木，高达 30 米。树皮灰褐色，纵裂；幼枝有棱，无毛。叶倒卵形至长倒卵形，长 7~19 厘米，宽 3~11 厘米，顶端短钝尖或短突尖，基部窄圆形或耳形，叶缘 7~10 对钝齿或粗齿，侧脉每边 7~11 条；叶柄长 2~8 毫米，无毛。雄花序生于新枝下部，长 5~7 厘米，花序轴近无毛；花被 6~8 裂，雄蕊通常 8~10 枚；雌花序生于新枝上端叶腋，长约 1 厘米，具花 4~5 朵，通常只 1~2 朵发育，花被 6 裂，花柱短，柱头 3 裂；壳斗杯形，包着坚果 1/3~1/2，直径 1.5~1.8 厘米，长 0.8~1.5 厘米，壳斗外壁小苞片三角状卵形，呈半球形瘤状突起，密被灰白色短茸毛，伸出口部边缘呈流苏状。坚果卵形至长卵形，直径 1.3~1.8 厘米，长 2~2.3 厘米。花期 4—5 月，果期 9 月。南太行分布于海拔 800 米以上山区。木材边材淡褐色，心材淡灰褐色，气干密度 0.67~0.78 克/立方厘米；材质坚硬，耐腐力强，干后易开裂，可供车船、建筑、坑木等用，压缩木可供制机械零件。叶含蛋白质 12.4%，可饲柞蚕。种子含淀粉 47.4%，可酿酒或做饲料。树皮入药，有收敛止泻及治痢疾的功效。

109 槲树 | *Quercus dentata*

壳斗科 栎属

落叶乔木，高达 25 米。树皮暗灰褐色，深纵裂；小枝粗壮，有沟槽，密被灰黄色星状茸毛。叶倒卵形或长倒卵形，长 10~30 厘米，宽 6~20 厘米，顶端短钝尖，叶正面深绿色，基部耳形，叶缘波状裂片或粗锯齿，幼时被毛，后渐脱落，叶背面密被灰褐色星状茸毛，侧脉每边 4~10 条；托叶线状披针形，长 1.5 厘米；叶柄长 2~5 毫米，密被棕色茸毛。雄花序生于新枝叶腋，长 4~10 厘米，花序轴密被淡褐色茸毛，花数朵簇生于花序轴上；花被 7~8 裂，雄蕊通常 8~10 枚；雌花序生于新枝上部叶腋，长 1~3 厘米；壳斗杯形，包着坚果 1/3~1/2，连小苞片直径 2~5 厘米，长 0.2~2 厘米；小苞片革质，窄披针形，长约 1 厘米，反曲或直立，红棕色，外面被褐色丝状毛，内面无毛。坚果卵形至宽卵形，直径 1.2~1.5 厘米，长 1.5~2.3 厘米，无毛。花期 4—5 月，果期 9—10 月。南太行海拔 1000 米以上广布。生于荒坡、杂木林中。木材为环孔材，边材淡黄至褐色，心材深褐色，气干密度 0.80 克/立方厘米；材质坚硬，耐磨损，易翘裂，可供坑木、地板等用；叶含蛋白质 14.9%，可饲柞蚕。种子含淀粉 58.7%，含单宁 5.0%，可酿酒或做饲料。树皮、种子入药可制收敛剂。树皮、壳斗可提取栲胶。

110 栓皮栎 | *Quercus variabilis*

壳斗科 栎属

落叶乔木，高达 30 米。树皮深纵裂，木栓层发达；小枝灰棕色，无毛；叶卵状披针形或长椭圆形，长 8~15（20）厘米，宽 2~6（8）厘米，顶端渐尖，基部圆形或宽楔形，叶缘具刺芒状锯齿，叶背密被灰白色星状茸毛，侧脉每边 13~18 条，直达齿端；叶柄长 1~3（5）厘米，无毛。雄花序长达 14 厘米，花序轴密被褐色茸毛，花被 4~6 裂，雄蕊 10 枚或更多；雌花序生于新枝上端叶腋，花柱 30；壳斗杯形，包着坚果 2/3，连小苞片直径 2.5~4 厘米，长约 1.5 厘米；小苞片钻形，反曲，被短毛。坚果近球形或宽卵形，长、直径约 1.5 厘米，顶端圆，果脐突起。花期 3—4 月，果期翌年 9—10 月。南太行分布于海拔 700 米以上山区。生于山坡、沟谷。木材为环孔材，边材淡黄色，心材淡红色，气干密度 0.87 克/立方厘米。树皮木栓层发达，是我国生产软木的主要原料。树皮含蛋白质 10.56%。种子含淀粉 59.3%，含单宁 5.1%。壳斗、树皮富含单宁，可提取栲胶。

漆树科

111 黄栌 | *Cotinus coggygria* 漆树科 黄栌属

灌木，高 3~5 米。叶倒卵形或卵圆形，长 3~8 厘米，先端圆形或微凹，基部圆形或阔楔形，全缘，两面或叶背显著被灰色柔毛，侧脉 6~11 对，先端常叉开；叶柄短。圆锥花序被柔毛；花杂性，直径约 3 毫米；花梗长 7~10 毫米，花萼无毛，裂片卵状三角形；花瓣卵形或卵状披针形，无毛；雄蕊 5 枚，花盘 5 裂，紫褐色；子房近球形，花柱 3，分离，不等长。果肾形，长约 4.5 毫米，宽约 2.5 毫米，无毛。花期 4—5 月，果期 6—7 月。南太行海拔 600 米以上的向阳山坡林中广布。重要秋季红叶树种。现已驯化用于园林植物配置。

112 黄连木 | *Pistacia chinensis* 漆树科 黄连木属

落叶乔木，高 20 余米。树干扭曲，树皮呈鳞片状剥落，幼枝灰棕色，疏被微柔毛或近无毛。奇数羽状复叶互生，有小叶 5~6 对，叶轴具条纹，叶柄上面平，被微柔毛；小叶对生或近对生，纸质，披针形、卵状披针形或线状披针形，长 5~10 厘米，先端渐尖或长渐尖，基部偏斜，全缘，侧脉和细脉两面突起；小叶柄长 1~2 毫米。花单性异株，先花后叶，圆锥花序腋生，雄序排列紧密，长 6~7 厘米，雌花序排列疏松，长 15~20 厘米，均被微柔毛；花小；苞片披针形或狭披针形；雄花，花被片 2~4，披针形或线状披针形，大小不等，长 1~1.5 毫米，边缘具睫毛；雄蕊 3~5 枚，花丝极短；雌蕊缺；雌花，花被片 7~9，大小不等；不育雄蕊缺；子房球形，无毛，直径约 0.5 毫米，花柱极短，柱头 3，厚，肉质，红色。核果倒卵状球形，略压扁，直径约 5 毫米，成熟时紫红色。花期 5—6 月，果期 9—10 月。南太行丘陵、山区广布。重要的山区绿化树种。木材鲜黄色，可提取黄色染料，材质坚硬致密，可供家具和细工等用。种子可榨油制作润滑油或肥皂。幼叶可充蔬菜，并可代茶。

113 漆 | *Toxicodendron verniciluum*　　　　　漆树科　漆树属

落叶乔木，高达 20 米。树皮灰白色，粗糙，呈不规则纵裂，小枝粗壮，具圆形或心形的大叶痕和突起的皮孔。奇数羽状复叶互生，常螺旋状排列，有小叶 4~6 对，叶轴圆柱形，被微柔毛；叶柄长 7~14 厘米，近基部膨大，半圆形，正面平；小叶膜质至薄纸质，卵形、卵状椭圆形或长圆形，长 6~13 厘米，先端急尖或渐尖，基部偏斜，圆形或阔楔形，全缘，叶正面通常无毛，叶背面沿脉上被平展黄色柔毛，侧脉 10~15 对，两面略突；小叶柄长 4~7 毫米，上面具槽，被柔毛。圆锥花序长 15~30 厘米，与叶近等长，被灰黄色微柔毛，疏花；花黄绿色，雄花花梗纤细，雌花花梗短粗；花萼无毛，裂片卵形，先端钝；花瓣长圆形，长约 2.5 毫米，开花时外卷；雄蕊长约 2.5 毫米，花丝线形，与花药等长或近等长，在雌花中较短，花盘 5 浅裂，无毛；子房球形，花柱 3。果序多少下垂，核果肾形或椭圆形，不偏斜，略压扁，外果皮黄色，无毛，具光泽，成熟后不裂，果核棕色，与果同形，坚硬。花期 5—6 月，果期 7—10 月。南太行分布于海拔 800 米以上山区。生于沟谷、路旁阔叶林中。树干韧皮部割取生漆，漆是一种优良的防腐、防锈的涂料，用于涂漆建筑物、家具、电线、广播器材等。种子油可制油墨、肥皂。果皮可取蜡，做蜡烛、蜡纸。叶可提栲胶。叶、根可做土农药。木材供建筑用。干漆在中药上有通经、驱虫、镇咳的功效。

114 红麸杨（变种） | *Rhus punjabensis* var. *sinica*　　　　　漆树科　盐肤木属

旁遮普麸杨（原变种）。本变种特征：落叶乔木或小乔木，高 4~15 米。树皮灰褐色，小枝被微柔毛。奇数羽状复叶有小叶 3~6 对，叶轴上部具狭翅，极稀不明显；叶卵状长圆形或长圆形，长 5~12 厘米，宽 2~4.5 厘米，先端渐尖或长渐尖，基部圆形或近心形，全缘，叶背疏被微柔毛或仅脉上被毛，侧脉较密，约 20 对，不达边缘，在叶背明显突起；叶无柄或近无柄。圆锥花序长 15~20 厘米，密被微绒毛；苞片钻形，长 1~2 厘米，被微茸毛；花小，直径约 3 毫米，白色；花梗短，长约 1 毫米；花萼外面疏被微柔毛，裂片狭三角形，边缘具细睫毛，花瓣长圆形，两面被微柔毛，边缘具细睫毛，开花时先端外卷；花盘厚，紫红色，无毛；子房球形，密被白色柔毛，雄花中有不育子房。核果近球形，略压扁，直径约 4 毫米，成熟时暗紫红色，被具节柔毛和腺毛。花期 6—7 月，果期 7—9 月。南太行焦作云台山海拔 1000 米以上山地有分布。木材白色，质坚，可制作家具和农具。

115 青麸杨 | *Rhus potaninii*　　　　漆树科　盐肤木属

落叶乔木，高 5~8 米。树皮灰褐色，小枝无毛。奇数羽状复叶，小叶 3~6 对，叶轴无翅，被微柔毛；小叶卵状长圆形或长圆状披针形，长 5~10 厘米，先端渐尖，基部多少偏斜，近回形，全缘或有锯齿，两面沿中脉被微柔毛或近无毛，小叶具短柄。圆锥花序长 10~20 厘米，被微柔毛；苞片钻形，长约 1 毫米；花白色，直径 2.5~3 毫米；花梗长约 1 毫米，被微柔毛；花萼外面被微柔毛，裂片卵形；花瓣卵形或卵状长圆形，长 1.5~2 毫米，开花时先端外卷；花丝线形，在雌花中较短；子房球形，直径约 0.7 毫米，密被白色茸毛。核果近球形，略压扁，直径 3~4 毫米，密被具节柔毛和腺毛，成熟时红色。花果期 5—8 月。南太行分布于海拔 900 米以上山区。生于山坡荒地、林缘林下、沟谷、路旁。

116 盐肤木 | *Rhus chinensis*　　　　漆树科　盐肤木属

落叶小乔木或灌木，高 2~10 米。小枝棕褐色，被锈色柔毛。奇数羽状复叶，小叶 3（2）~6 对，叶轴具宽的叶状翅，叶轴和叶柄密被锈色柔毛；小叶多形，卵形、椭圆状卵形或长圆形，长 6~12 厘米，先端急尖，基部圆形，顶生小叶基部楔形，边缘具粗锯齿或圆齿，叶正面暗绿色，叶背面粉绿色，被白粉，叶背面被锈色柔毛，脉上较密，侧脉和细脉在叶面凹陷，在叶背面突起；小叶无柄。圆锥花序宽大，多分枝，雄花序长 30~40 厘米，雌花序较短，密被锈色柔毛；苞片披针形，长约 1 毫米，花白色，花梗长约 1 毫米，被微柔毛；雄花，花瓣倒卵状长圆形，长约 2 毫米，开花时外卷；雄蕊伸出，花丝线形，长约 2 毫米；子房不育；雌花，花萼裂片较短；花瓣椭圆状卵形，长约 1.6 毫米；雄蕊极短；花盘无毛；子房卵形，长约 1 毫米，密被白色微柔毛，花柱 3，柱头头状。核果球形，略压扁，成熟时红色，果核直径 3~4 毫米。花期 8—9 月，果期 10 月。南太行山区、丘陵广布。本种为五倍子蚜虫寄主植物，在幼枝和叶上形成虫瘿，即五倍子，可供鞣革、医药、塑料和墨水等用。幼枝和叶可做土农药。果泡水代醋用，生食酸咸止渴。种子可榨油。根、叶、花及果均可供药用。

117 薄皮木 | *Leptodermis oblonga* 茜草科 野丁香属

灌木，高 0.2~1 米或稍过之。小枝纤细，灰色至淡褐色，被微柔毛，表皮薄，常呈片状剥落。叶纸质，披针形或长圆形，有时椭圆形或近卵形，长通常 0.7~2.5 厘米，很少达 3 厘米，宽 0.3~1 厘米或稍过之，顶端渐尖或短渐尖，稍钝头，基部渐狭或有时短尖，正面粗糙，背面被短柔毛或近无毛；侧脉每边约 3 条，背面明显，网状小脉两面不明显；叶柄短，通常不超过 3 毫米；托叶长约 1.5 毫米，基部阔三角形，顶端骤尖，尖头硬。花无梗，常 3~7 朵簇生枝顶，很少在小枝上部腋生；小苞片透明，卵形，裂片近三角形，顶端有硬尖头，与萼近等长；萼裂片阔卵形，长 1.3~1.5 毫米，顶端钝，边缘密生缘毛；花冠淡紫红色，漏斗状，长 11~14 毫米，有时可达 20 毫米，外面被微柔毛，冠管狭长，下部常弯曲，裂片狭三角形或披针形，长 2~4 毫米，顶端内弯；短柱花雄蕊微伸出，花药线形，长柱花内藏，花药线状长圆形；花柱具 4~5 线形柱头裂片，长柱花微伸出，短柱花内藏。蒴果长 5~6 毫米。种子有网状、与种皮分离的假种皮。花期 6—8 月，果期 10 月。南太行分布于海拔 800 米以上山区。生于山坡、路边等向阳处，亦见于灌丛中。

118 红柄白鹃梅 | *Exochorda giraldii*　　蔷薇科　白鹃梅属

落叶灌木，高达 3~5 米。小枝细弱，开展，圆柱形，无毛，幼时绿色，老时红褐色；冬芽卵形，先端钝，红褐色，边缘微被短柔毛。叶椭圆形、长椭圆形，稀长倒卵形，长 3~4 厘米，宽 1.5~3 厘米，先端急尖，突尖或圆钝，基部楔形、宽楔形至圆形，稀偏斜，全缘，稀中部以上有钝锯齿，两面均无毛或背面被柔毛；叶柄长 1.5~2.5 厘米，常红色，无毛，不具托叶。总状花序具花 6~10 朵，无毛，花梗短或近于无梗；苞片线状披针形，全缘，长约 3 毫米，两面均无毛；花直径 3~4.5 厘米；萼筒浅钟状，内外两面均无毛；萼片短而宽，近于半圆形，先端圆钝，全缘；花瓣倒卵形或长圆倒卵形，长 2~2.5 厘米，宽约 1.5 厘米，先端圆钝，基部有长爪，白色；雄蕊 25~30 枚，着生在花盘边缘；心皮 5 枚，花柱分离。蒴果倒圆锥形，具 5 脊，无毛。花期 5 月，果期 7—8 月。南太行分布于河南济源、博爱海拔 800 米以上山区。生于山脊、阳坡杂木林中。

119 白梨 | *Pyrus bretschneideri*　　蔷薇科　梨属

乔木，高达 5~8 米。树冠开展；小枝粗壮，圆柱形，微屈曲，嫩时密被柔毛，不久脱落。叶卵形或椭圆卵形，长 5~11 厘米，宽 3.5~6 厘米，先端渐尖稀急尖，基部宽楔形，稀近圆形，边缘有尖锐锯齿，齿尖有刺芒，微向内合拢，嫩时紫红绿色，两面均有茸毛，不久脱落，老叶无毛；叶柄长 2.5~7 厘米，嫩时密被茸毛，不久脱落；托叶膜质，线形至线状披针形，先端渐尖，边缘具有腺齿，长 1~1.3 厘米，外面有稀疏柔毛，内面较密，早落。伞形总状花序具花 7~10 朵，直径 4~7 厘米，总花梗和花梗嫩时有茸毛，不久脱落，花梗长 1.5~3 厘米；苞片膜质，线形，长 1~1.5 厘米，先端渐尖，全缘，内面密被褐色长茸毛；花直径 2~3.5 厘米；萼片三角形，先端渐尖，边缘有腺齿，外面无毛，内面密被褐色茸毛；花瓣卵形，长 1.2~1.4 厘米，宽 1~1.2 厘米，先端常呈啮齿状，基部具有短爪；雄蕊 20 枚，长约等于花瓣的 1/2；花柱 4 或 5，与雄蕊近等长，无毛。果实卵形或近球形，长 2.5~3 厘米，直径 2~2.5 厘米，先端萼片脱落，基部具肥厚果梗，黄色，有细密斑点，4~5 室。花期 4 月，果期 8—9 月。南太行海拔 500 米以上有分布。生于沟谷、梯田旁。本种在我国北部常见栽培，抗寒能力次于秋子梨，且果实品质很好。河北的鸭梨、蜜梨、雪花梨、象牙梨和秋白梨等，山东的在梨、窝梨、鹅梨、坠子梨和长把梨等，山西的黄梨、油梨、夏梨和红梨等均属于本种的重要栽培品种。

120 杜梨 | *Pyrus betulifolia*　　　　蔷薇科　梨属

乔木，高达10米。树冠开展，枝常具刺；小枝嫩时密被灰白色茸毛。叶菱状卵形至长圆卵形，长4~8厘米，先端渐尖，基部宽楔形，稀近圆形，边缘有粗锐锯齿，幼叶两面均密被灰白色茸毛，成长后脱落，老叶正面无毛而有光泽，背面微被茸毛或近于无毛；叶柄长2~3厘米，被灰白色茸毛；托叶膜质，线状披针形，长约2毫米，两面均被茸毛，早落。伞形总状花序具花10~15朵，总花梗和花梗均被灰白色茸毛，花梗长2~2.5厘米；苞片膜质，线形，长5~8毫米，两面均微被茸毛，早落。花直径1.5~2厘米；萼筒外密被灰白色茸毛；萼片三角卵形，长约3毫米，先端急尖，全缘，内外两面均密被茸毛；花瓣宽卵形，长5~8毫米，宽3~4毫米，先端圆钝，基部具有短爪，白色；雄蕊20枚，花药紫色，长约花瓣的1/2；花柱2~3，基部微具毛。果实近球形，直径5~10毫米，2~3室，褐色，有淡色斑点，萼片脱落，基部具带茸毛果梗。花期4月，果期8—9月。南太行山区、丘陵广布。生于山坡向阳处。抗干旱、耐寒凉，通常作各种栽培梨的砧木。结果期早，寿命很长。木材致密可制作各种器物。树皮含单宁，可提制栲胶或入药。

121 木梨 | *Pyrus xerophila*　　　　蔷薇科　梨属

乔木，高达8~10米。小枝粗壮，微屈曲，幼时无毛或具稀疏柔毛。叶卵形至长卵形，稀长椭卵形，长4~7厘米，先端渐尖，稀急尖，基部圆形，边缘有钝锯齿，两面均无毛，侧脉5~10对；叶柄长2.5~5厘米，无毛；托叶膜质，线状披针形，先端渐尖，边缘有腺齿。伞形总状花序具花3~6朵，花梗长2~3厘米；苞片膜质，线状披针形，长约1厘米，先端渐尖，边缘有腺齿，内面具绵毛，早期脱落；花直径2~2.5厘米；萼筒外面无毛或近于无毛；萼片三角卵形，稍长于萼筒，先端渐尖，边缘有腺齿，外面无毛，内面具茸毛；花瓣宽卵形，基部具短爪，长9~10毫米，白色；雄蕊20枚，稍短于花瓣；花柱5，稀4，和雄蕊近等长。果实卵球形或椭圆形，直径1~1.5厘米，褐色，有稀疏斑点，萼片宿存，4~5室；果梗长2~3.5厘米。花期4月，果期8—9月。南太行山区、丘陵有分布。生于山坡或黄土丘陵地杂木林中。

122 沙梨 | *Pyrus pyrifolia*

蔷薇科　梨属

乔木，高 7~15 米。小枝嫩时具黄褐色长柔毛或茸毛，不久脱落。叶卵状椭圆形或卵形，长 7~12 厘米，先端长尖，基部圆形或近心形，稀宽楔形，边缘有刺芒锯齿。微向内合拢，两面无毛或嫩时有褐色绵毛；叶柄长 3~4.5 厘米，嫩时被茸毛，不久脱落；托叶膜质，线状披针形，长 1~1.5 厘米，先端渐尖，全缘，边缘具有长柔毛，早落。伞形总状花序具花 6~9 朵，直径 5~7 厘米；总花梗和花梗幼时微具柔毛，花梗长 3.5~5 厘米；苞片膜质，线形，边缘有长柔毛；花直径 2.5~3.5 厘米；萼片三角卵形，长约 5 毫米，先端渐尖，边缘有腺齿；外面无毛，内面密被褐色茸毛；花瓣卵形，长 15~17 毫米，先端啮齿状，基部具短爪，白色；雄蕊 20 枚，长约等于花瓣的 1/2；花柱 5，稀 4，光滑无毛，约与雄蕊等长。果实近球形，浅褐色，有浅色斑点，先端微向下陷，萼片脱落。花期 4 月，果期 8 月。南太行丘陵区有栽培。

123 秋子梨 | *Pyrus ussuriensis*

蔷薇科　梨属

乔木，高达 15 米。树冠宽广；嫩枝无毛或微具毛。叶卵形至宽卵形，长 5~10 厘米，先端短渐尖，基部圆形或近心形，稀宽楔形，边缘具有带刺芒尖尖锐锯齿，两面无毛或在幼嫩时被茸毛，不久脱落；叶柄长 2~5 厘米，嫩时有茸毛，不久脱落；托叶线状披针形，先端渐尖，边缘具有腺齿，长 8~13 毫米，早落。花序密集，具花 5~7 朵，花梗长 2~5 厘米，总花梗和花梗在幼嫩时被茸毛，不久脱落；苞片膜质，线状披针形，先端渐尖，全缘，长 12~18 毫米；花直径 3~3.5 厘米；萼筒外面无毛或微具茸毛；萼片三角披针形，先端渐尖，边缘有腺齿，长 5~8 毫米，外面无毛，内面密被茸毛；花瓣倒卵形或广卵形，先端圆钝，基部具短爪，长约 18 毫米，宽约 12 毫米，无毛，白色；雄蕊 20 枚，短于花瓣，花药紫色；花柱 5，离生，近基部有稀疏柔毛。果实近球形，黄色，直径 2~6 厘米，萼片宿存，基部微下陷，具短果梗，长 1~2 厘米。花期 5 月，果期 8—10 月。南太行山区有栽培。品种很多，市场上常见的香水梨、安梨、酸梨、沙果梨、京白梨、鸭广梨等均属于本种的栽培品种。果与冰糖煎成膏有清肺止咳的功效。本种的实生苗在果园中常用作梨抗寒品种的砧木。

124 稠李 | *Prunus padus*　　　　　蔷薇科　李属

落叶乔木，高可达 15 米。小枝红褐色或带黄褐色，幼时被短茸毛，以后脱落无毛。叶椭圆形、长圆形或长圆倒卵形，长 4~10 厘米，先端尾尖，基部圆形或宽楔形，边缘有不规则锐锯齿，有时混有重锯齿，正面深绿色，背面淡绿色，两面无毛；背面中脉和侧脉均突起；叶柄长 1~1.5 厘米，顶端两侧各具 1 个腺体；托叶膜质，线形，早落。总状花序，具数花，长 7~10 厘米，基部通常有 2~3 叶，叶与枝生叶同形，通常较小；花梗长 1~1.5（24）厘米，总花梗和花梗通常无毛；花直径 1~1.6 厘米；萼筒钟状，比萼片稍长；萼片三角状卵形，先端急尖或圆钝，边有带腺细锯齿；花瓣白色，长圆形，先端波状，基部楔形，有短爪，比雄蕊长近 1 倍；雄蕊数枚，花丝长短不等，排成紧密不规则 2 轮；雌蕊 1 枚，心皮无毛，柱头盘状，长雄蕊比花柱长近 1 倍。核果卵球形，顶端有尖头，直径 8~10 毫米，红褐色至黑色，光滑，果梗无毛；萼片脱落；核有褶皱。花期 4—5 月，果期 5—10 月。南太行海拔 800 米以上有分布。生于山坡、山谷或灌丛中。在欧洲和北亚长期栽培，有垂枝、花叶、大花、小花、重瓣、黄果和红果等变种，供观赏用。

125 刺蔷薇 | *Rosa acicularis*   蔷薇科 蔷薇属

灌木，高1~3米。小枝圆柱形，红褐色或紫褐色，无毛；有细直皮刺，常密生针刺。小叶3~7，连叶柄长7~14厘米；小叶宽椭圆形或长圆形，长1.5~5厘米，先端急尖或圆钝，基部近圆形，稀宽楔形，边缘有单锯齿或不明显重锯齿，正面深绿色，无毛，背面淡绿色，中脉和侧脉均突起，有柔毛，沿中脉较密；叶柄和叶轴有柔毛、腺毛或稀疏皮刺；托叶大部贴生于叶柄，离生部分宽卵形，边缘有腺齿，背面被柔毛。花单生或2~3朵集生，苞片卵形至卵状披针形，先端渐尖或尾尖，边缘有腺齿或缺刻；花梗长2~3.5厘米，无毛，密被腺毛；花直径3.5~5厘米；萼筒长椭圆形，光滑无毛或有腺毛；萼片披针形，先端常扩展呈叶状，外面有腺毛或稀疏刺毛，内面密被柔毛；花瓣粉红色，芳香，倒卵形，先端微凹，基部宽楔形；花柱离生，被毛，比雄蕊短。果梨形、长椭圆形或倒卵球形，直径1~1.5厘米，有明显颈部，红色，有光泽，有腺或无腺。花期6—7月，果期7—9月。南太行分布于海拔900米以上山区。生于山坡阳处、灌丛中或桦木林下，砍伐后针叶林迹地以及路旁。

126 粉团蔷薇（变种）| *Rosa multiflora* var. *cathayensis*   蔷薇科 蔷薇属

野蔷薇（原变种）。本变种特征：攀缘灌木。小枝圆柱形，通常无毛。小叶5~9，近花序的小叶有时3，连叶柄长5~10厘米；小叶倒卵形、长圆形或卵形，长1.5~5厘米，先端急尖或圆钝，基部近圆形或楔形，边缘有尖锐单锯齿，稀混有重锯齿，正面无毛，背面有柔毛；小叶柄和叶轴有柔毛或无毛，有散生腺毛；托叶篦齿状，大部贴生于叶柄，边缘有或无腺毛。花数朵，排成圆锥状花序，花梗长1.5~2.5厘米，无毛或有腺毛，有时基部有篦齿状小苞片；花直径1.5~2厘米，萼片披针形，有时中部具2线形裂片，外面无毛，内面有柔毛；花瓣白色，宽倒卵形，先端微凹，基部楔形；花柱结合成束，无毛，比雄蕊稍长。果近球形，直径6~8毫米，红褐色或紫褐色，有光泽，无毛，萼片脱落。花果期5—11月。南太行分布于海拔1000米以上山区。生于阴坡、林下、林缘。

127 山刺玫 | *Rosa davurica*　　　　蔷薇科　蔷薇属

直立灌木，高约1.5米。分枝较多，小枝圆柱形，无毛，有的带黄色皮刺，皮刺基部膨大，稍弯曲，常成对生于小枝或叶柄基部。小叶7~9，连叶柄长4~10厘米；小叶长圆形或阔披针形，长1.5~3.5厘米，先端急尖或圆钝，基部圆形或宽楔形，边缘有单锯齿和重锯齿，正面深绿色，无毛，中脉和侧脉下陷，背面灰绿色，中脉和侧脉突起；叶柄和叶轴有柔毛、腺毛或稀疏皮刺；托叶大部贴生于叶柄，离生部分卵形，边缘有带腺锯齿，背面被柔毛。花单生于叶腋，或2~3朵簇生；苞片卵形，边缘有腺齿，背面有柔毛和腺点；花梗长5~8毫米；花直径3~4厘米；萼筒近圆形，光滑无毛，萼片披针形，边缘有不整齐锯齿和腺毛，背面有稀疏柔毛和腺毛，正面被柔毛，边缘较密；花瓣粉红色，倒卵形，先端不平整，基部宽楔形；花柱离生，被毛，比雄蕊短很多。果近球形或卵球形，直径1~1.5厘米，红色，光滑，萼片宿存，直立。花期6—7月，果期8—9月。南太行分布于海拔900米以上山区。生于林缘、荒山、草地、沟谷。果含多种维生素、果胶、糖分及鞣质等，入药健脾胃、助消化。根主要含儿茶类鞣质，可止咳祛痰、止痢、止血。

128 黄刺玫 | *Rosa xanthina*　　　　蔷薇科　蔷薇属

直立灌木，高2~3米。枝粗壮，密集，披散；小枝无毛，有散生皮刺，无针刺。小叶7~13，连叶柄长3~5厘米；小叶宽卵形或近圆形，稀椭圆形，先端圆钝，基部宽楔形或近圆形，边缘有圆钝锯齿，正面无毛；叶轴、叶柄有稀疏柔毛和小皮刺；托叶带状披针形，大部贴生于叶柄，离生部分呈耳状，边缘有锯齿和腺。花单生于叶腋，重瓣或半重瓣，黄色，无苞片；花梗长1~1.5厘米；花直径3~4（5）厘米；萼片披针形，全缘，先端渐尖，内面有稀疏柔毛，边缘较密；花瓣黄色，宽倒卵形，先端微凹，基部宽楔形；花柱离生，被长柔毛，稍伸出萼筒口外部，比雄蕊短很多。果近球形或倒卵圆形，紫褐色或黑褐色，直径8~10毫米，无毛，花后萼片反折。花期4—6月，果期7—8月。南太行山区广布。东北、华北地区各地庭院常见栽培，早春繁花满枝，颇为美观。

129 桃 | *Prunus persica* 蔷薇科 李属

乔木，高 3~8 米。树冠宽广而平展；小枝细长，绿色，向阳处变成红色。叶长圆披针形、椭圆披针形或倒卵状披针形，长 7~15 厘米，先端渐尖，基部宽楔形，正面无毛，背面在脉腋间具少数短柔毛或无毛，叶缘具细锯齿或粗锯齿，齿端具腺体或无腺体；叶柄粗壮，长 1~2 厘米，常具 1 至数个腺体，有时无腺体。花单生，先于叶开放，直径 2.5~3.5 厘米；花梗极短或几无梗；萼筒钟形，被短柔毛，稀几无毛，绿色，具红色斑点；萼片卵形至长圆形，顶端圆钝，外被短柔毛；花瓣长圆状椭圆形至宽倒卵形，粉红色，罕为白色；雄蕊 20~30 枚；花柱几与雄蕊等长或稍短；子房被短柔毛。果实卵形、宽椭圆形或扁圆形，外面密被短柔毛，腹缝明显，果梗短而深入果洼；核大；种仁味苦，稀味甜。花期 3—4 月，果期 4—6 月。南太行海拔 700 米以上山区广布。生于林缘林下、沟谷、路旁。该野生种经改良育种在全国各地广泛栽培。世界各地均有栽植。桃树干上分泌的胶质，俗称桃胶，可用作粘结剂等，为一种聚糖类物质，水解能生成阿拉伯糖、半乳糖、木糖、鼠李糖、葡糖醛酸等，可食用，也可药用，有破血、和血、益气的功效。

130 山桃 | *Prunus davidiana* 蔷薇科 李属

乔木，高可达 10 米。树冠开展，树皮暗紫色，光滑。叶卵状披针形，长 5~13 厘米，宽 1.5~4 厘米，先端渐尖，基部楔形，两面无毛，叶边具细锐锯齿；叶柄长 1~2 厘米，无毛，常具腺体。花单生，先于叶开放，直径 2~3 厘米；花梗极短或几无梗；花萼无毛；萼筒钟形；萼片卵形至卵状长圆形，紫色，先端圆钝；花瓣倒卵形或近圆形，长 10~15 毫米，粉红色，先端圆钝；雄蕊数枚，几与花瓣等长或稍短；子房被柔毛，花柱长于雄蕊或近等长。果实近球形，直径 2.5~3.5 厘米，外面密被短柔毛，果梗短而深入果洼；核球形或近球形，两侧不压扁。花期 3—4 月，果期 7—8 月。南太行丘陵、山区广布。生于山坡、山谷沟底或荒野疏林及灌丛内。本种抗旱耐寒，又耐盐碱土壤，在华北地区主要作桃、梅、李等果树的砧木，也可供观赏。木材质硬而重，可做各种细工及手杖。果核可做玩具或念珠。种仁可榨油供食用。

131 山杏 | *Prunus sibirica*　　　　蔷薇科　李属

灌木或小乔木，高 2~5 米。树皮暗灰色；小枝无毛。叶卵形或近圆形，长 5（3）~10 厘米，先端长渐尖至尾尖，基部圆形至近心形，叶边有细钝锯齿，两面无毛；叶柄长 2~3.5 厘米，无毛，有或无小腺体。花单生，直径 1.5~2 厘米，先于叶开放；花梗长 1~2 毫米；花萼紫红色；萼筒钟形；萼片长圆状椭圆形，先端尖，花后反折；花瓣近圆形或倒卵形，白色或粉红色；雄蕊几与花瓣近等长；子房被短柔毛。果实扁球形，直径 1.5~2.5 厘米；核扁球形，易与果肉分离，两侧扁。种仁味苦。花期 3—4 月，果期 6—7 月。南太行广布。生于干燥向阳山坡、丘陵草原或与落叶乔灌木混生。本种耐寒（可耐 –50℃低温），又抗旱，可作砧木，是选育耐寒杏品种的优良原始材料。种仁药用，可作扁桃的代用品，并可榨油。我国东北和华北地区大量生产该种种仁，供内销和出口。

132 野杏（变种） | *Prunus armeniaca* var. *ansu*　　　　蔷薇科　李属

与杏（原变种）的区别：叶基部楔形或宽楔形。花常 2 朵，淡红色。果实近球形，红色；核卵球形，离肉，表面粗糙而有网纹，腹棱常锐利。本变种主要产我国北部地区，栽培或野生，尤其在河北、山西等地普遍野生。

133 长梗郁李（变种） | *Prunus japonica* var. *nakaii* 蔷薇科 李属

郁李（原变种）。本变种特征：灌木，高达1.5米。叶卵形，叶边锯齿较深，叶柄较长3~5毫米，正面无毛，背面淡绿色，侧脉5~8对。花1~3朵，簇生，花叶同时开放或先叶开放；花梗长1~2厘米；萼筒陀螺形，长、宽均2.5~3毫米，无毛；萼片椭圆形，比萼筒稍长，有细齿；花瓣白或粉红色，倒卵状椭圆形；花柱与雄蕊近等长，无毛。核果近球形，熟时深红色，直径约1厘米；核光滑。花期5月，果期7—8月。南太行生长于海拔800米以上的杂木林中。

134 毛樱桃 | *Prunus tomentosa* 蔷薇科 李属

灌木，通常高0.3~1米，稀呈小乔木状，高可达2~3米。叶卵状椭圆形或倒卵状椭圆形，长2~7厘米，先端急尖或渐尖，基部楔形，边缘有急尖或粗锐锯齿，正面暗绿色或深绿色，被疏柔毛，背面灰绿色，密被灰色茸毛，侧脉4~7对；叶柄长2~8毫米；托叶线形，长3~6毫米，被长柔毛。花单生或2朵簇生，花叶同开，近先叶开放或先叶开放；花梗长达2.5毫米或近无梗；萼片三角卵形，先端圆钝或急尖，长2~3毫米，内外两面内被短柔毛或无毛；花瓣白色或粉红色，倒卵形，先端圆钝；雄蕊20~25枚，短于花瓣；花柱伸出与雄蕊近等长或稍长。核果近球形，红色，直径0.5~1.2厘米。花期4—5月，果期6—9月。南太行分布于海拔700米以上山区。生于山坡林中、林缘、灌丛中或草地。

135 欧李 | *Prunus humilis*　　　　蔷薇科　李属

灌木，高 0.4~1.5 米。叶倒卵状长椭圆形或倒卵状披针形，长 2.5~5 厘米，中部以上最宽，先端急尖或短渐尖，基部楔形，边缘有单锯齿或重锯齿，正面深绿色，无毛，背面浅绿色，无毛，侧脉 6~8 对；叶柄长 2~4 毫米；托叶线形。花单生或 2~3 朵簇生，花叶同开；花梗长 5~10 毫米，被稀疏短柔毛；萼片三角卵圆形，先端急尖或圆钝；花瓣白色或粉红色，长圆形或倒卵形；雄蕊 30~35 枚；花柱与雄蕊近等长，无毛。核果成熟后近球形，红色或紫红色，直径 1.5~1.8 厘米；核表面除背部两侧外无棱纹。花期 4—5 月，果期 6—10 月。南太行广布。生于阳坡砂地、山地灌丛中，或庭院栽培。本种喜较湿润环境，耐严寒，在肥沃的砂质壤土或轻黏壤土种植为宜。可种子繁殖，也可分根繁殖。种仁入药，作郁李仁，有利尿、缓下的功效，主治大便燥结、小便不利。果味酸可食。

136 光叶山楂 | *Crataegus dahurica*　　　　蔷薇科　山楂属

落叶灌木或小乔木，高 2~6 米。枝条开展；刺细长，长 1~2.5 厘米；小枝细弱，散生长圆形皮孔。叶菱状卵形，稀椭圆卵形至倒卵形，长 3~5 厘米，先端渐尖，基部下延，呈楔形至宽楔形，边缘有细锐重锯齿，基部锯齿少或近全缘，在 1/2 或 2/3 部分有 3~5 对浅裂；叶柄长 7~10 毫米，有窄叶翼，无毛；托叶草质，披针形或卵状披针形，长 6~8 毫米，先端渐尖，边缘有锯齿，齿尖有腺，两面无毛。复伞房花序，直径 3~5 厘米，具数朵花，总花梗和花梗均无毛，花梗长 8~10 毫米；苞片膜质，线状披针形，边缘有齿，无毛；花直径约 1 厘米；萼筒钟状；萼片线状披针形，先端渐尖，全缘或有 1~2 对锯齿，两面均无毛；花瓣近圆形或倒卵形，长 4~5 毫米，白色；雄蕊 20 枚，约与花瓣等长；花柱 2~4，基部无毛，柱头头状。果实近球形或长圆形，直径 6~8 毫米，橘红色或橘黄色；萼片宿存，反折；小核 2~4 颗。花期 5 月，果期 8 月。南太行海拔 600 米以上有分布。

137 裂叶山楂 | *Crataegus remotilobata*　　　　蔷薇科　山楂属

小乔木，高达5~6米。枝刺细，长6~25毫米；小枝粗壮，圆柱形，当年生枝条紫红色，有光泽。叶宽卵形，长4~6厘米，先端急尖或短渐尖，基部楔形或宽楔形，通常具2~4对裂片，基部一对分裂较深，接近中脉；叶柄长1.5~2.5厘米，无毛；托叶草质，镰刀形或心形，边缘有粗腺齿，无毛。伞房花序，具数朵花，直径6~7厘米；总花梗和花梗均无毛，稍被白粉，花梗长5~6毫米；苞片膜质，线形，长约8毫米，边缘有稀疏腺齿；花直径约1.2厘米；萼筒钟状，外面无毛，被白粉；萼片三角卵形，比萼筒短约1/2，先端尾状渐尖，全缘，内外两面无毛；花瓣宽倒卵形，白色；雄蕊20枚，比花瓣稍短；花柱4~5，子房顶端密被柔毛。果实球形，直径4~8毫米，红色；萼片宿存，反折；小核3~5，两侧有深凹痕。花期5—6月，果期7—8月。南太行有分布。生于山坡沟边或路旁。

138 山楂 | *Crataegus pinnatifida*　　　　蔷薇科　山楂属

落叶乔木，高达6米。枝刺长1~2厘米；小枝圆柱形，当年生枝紫褐色。叶宽卵形或三角状卵形，稀菱状卵形，长5~10厘米，先端短渐尖，基部截形至宽楔形，通常两侧各有3~5羽状深裂片，裂片卵状披针形或带形，先端短渐尖，边缘有尖锐稀疏不规则重锯齿，侧脉6~10对，有的达到裂片先端，有的达到裂片分裂处；叶柄长2~6厘米，无毛；托叶草质，镰形，边缘有锯齿。伞房花序具数朵花，直径4~6厘米；总花梗和花梗均被柔毛，花后脱落，减少，花梗长4~7毫米；苞片膜质，线状披针形，长6~8毫米，先端渐尖，边缘具腺齿，早落；花直径约1.5厘米；萼片三角卵形至披针形，先端渐尖，全缘，约与萼筒等长，内外两面均无毛，或在内面顶端有髯毛；花瓣倒卵形或近圆形，长7~8毫米，白色；雄蕊20枚，短于花瓣，花药粉红色；花柱3~5。果实近球形或梨形，直径1~1.5厘米，深红色，有浅色斑点；小核3~5。花期5~6月，果期9—10月。山楂可栽培做绿篱和观赏树，秋季结果累累，经久不凋，颇为美观。幼苗可作嫁接山里红或苹果等砧木。果可生吃或做果酱、果糕；干制后入药，有健胃、消积化滞、舒气散瘀的功效。

139 山里红（变种） | *Crataegus pinnatifida* var. *major* 　　蔷薇科　山楂属

与山楂（原变种）的区别：果形较大，直径可达 2.5 厘米，深亮红色。叶大，分裂较浅。植株生长茂盛。

140 河南海棠 | *Malus honanensis* 　　蔷薇科　苹果属

灌木或小乔木，高达 5~7 米。叶宽卵形至长椭卵形，长 4~7 厘米，先端急尖，基部圆形、心形或截形，边缘有尖锐重锯齿，两侧具有 3~6 浅裂；叶柄长 1.5~2.5 厘米，被柔毛；托叶膜质，线状披针形，早落。伞形总状花序，具花 5~10 朵，花梗细，长 1.5~3 厘米，嫩时被柔毛，不久脱落；花直径约 1.5 厘米；萼片三角卵形，先端急尖，全缘，外面无毛，内面密被长柔毛，比萼筒短；花瓣卵形，长 7~8 毫米，基部近心形，有短爪，两面无毛，粉白色；雄蕊约 20 枚；花柱 3~4，基部合生，无毛。果实近球形，直径约 8 毫米，黄红色，萼片宿存。花期 5 月，果期 8—9 月。南太行分布于海拔 800 米以上山区。生于林缘、沟谷、山坡阔叶林中。

141 山荆子 | *Malus baccata*　　　　蔷薇科　苹果属

乔木，高达 10~14 米，树冠广圆形。叶椭圆形或卵形，长 3~8 厘米，先端渐尖，稀尾状渐尖，基部楔形或圆形，边缘有细锐锯齿，嫩时稍有短柔毛或完全无毛；叶柄长 2~5 厘米，无毛；托叶膜质，披针形，早落。伞形花序具花 4~6 朵，无总梗，集生在小枝顶端，直径 5~7 厘米；花梗细，长 1.5~4 厘米，无毛；苞片膜质，线状披针形，边缘具有腺齿，无毛，早落；花直径 3~3.5 厘米；萼片披针形，先端渐尖，全缘，长 5~7 毫米，外面无毛，内面被茸毛，长于萼筒；花瓣倒卵形，长 2~2.5 厘米，先端圆钝，基部有短爪，白色；雄蕊 15~20 枚，长短不齐，约等于花瓣的 1/2；花柱 4 或 5，基部有长柔毛，较雄蕊长。果实近球形，直径 8~10 毫米，红色或黄色，柄洼及萼洼稍微陷入，萼片脱落；果梗长 3~4 厘米。花期 4—6 月，果期 9—10 月。南太行分布于海拔 900 米以上山区。生于山坡杂木林中及山谷阴处灌木丛中。幼树树冠圆锥形，老时圆形，早春开放白色花朵，秋季结成小球形红黄色果实，经久不落，很美丽，可作庭院观赏树种。生长茂盛，繁殖容易，耐寒力强，我国东北、华北地区用作苹果和花红等砧木。根系深长，结果早且丰产。大果型变种，可作培育耐寒苹果品种的砧木。

142 花红 | *Malus asiatica*　　　　薔薇科　苹果属

小乔木，高 4~6 米。嫩枝密被柔毛。叶卵形或椭圆形，长 5~11 厘米，先端急尖或渐尖，基部圆形或宽楔形，边缘有细锐锯齿，正面有短柔毛；逐渐脱落，背面密被短柔毛；叶柄长 1.5~5 厘米，具短柔毛；托叶小，早落。伞房花序；具花 4~7 朵，集生在小枝顶端；花梗长 1.5~2 厘米，密被柔毛；花直径 3~4 厘米；萼片三角披针形，长 4~5 毫米，先端渐尖，全缘，内外两面密被柔毛，萼片比萼筒稍长；花瓣倒卵形或长圆倒卵形，长 8~13 毫米，淡粉色；雄蕊 17~20 枚，比花瓣短；花柱 4（5），比雄蕊较长。果实卵形或近球形，直径 4~5 厘米，黄色或红色，基部凹陷，宿存萼肥厚隆起。花期 4—5 月，果期 8—9 月。南太行丘陵、山区都有分布。适宜生于山坡阳处、平原砂地。果实多数不耐储藏运输，供鲜食用，可加工制果干、果丹皮及酿果酒。

143 花楸树 | *Sorbus pohuashanensis*　　　　薔薇科　花楸属

乔木，高达 8 米。奇数羽状复叶，连叶柄在内长 12~20 厘米，叶柄长 2.5~5 厘米；小叶 5~7 对，卵状披针形或椭圆披针形，长 3~5 厘米，先端急尖或短渐尖，基部偏斜圆形，边缘有细锐锯齿，基部或中部以下近于全缘，正面具稀疏茸毛，背面苍白色，有茸毛，侧脉 9~16 对，背面中脉显著突起；托叶草质，宿存，宽卵形，有粗锐锯齿。复伞房花序，具多数密集花朵，总花梗和花梗均被白色茸毛，成长时逐渐脱落；花梗长 3~4 毫米；花直径 6~8 毫米；萼筒钟状，外面有茸毛或近无毛，内面有茸毛；萼片三角形，先端急尖，内外两面均具茸毛；花瓣宽卵形或近圆形，长 3.5~5 毫米，先端圆钝，白色，内面微具短柔毛；雄蕊 20 枚，几与花瓣等长；花柱 3，基部具短柔毛，较雄蕊短。果实近球形，直径 6~8 毫米，红色或橘红色，具宿存闭合萼片。花期 6 月，果期 9—10 月。南太行分布于海拔 1200 米以上山区。生于沟谷、山坡阔叶林中。

144 珍珠梅 | *Sorbaria sorbifolia*   蔷薇科　珍珠梅属

灌木，高达 2 米。枝条开展。羽状复叶，小叶 11~17，连叶柄长 13~23 厘米，宽 10~13 厘米，叶轴微被短柔毛；小叶对生，相距 2~2.5 厘米，披针形至卵状披针形，长 5~7 厘米，先端渐尖，稀尾尖，基部近圆形或宽楔形，稀偏斜，边缘有尖锐重锯齿，两面无毛，羽状网脉，具侧脉 12~16 对，背面明显；小叶无柄；托叶叶质，卵状披针形至三角披针形，先端渐尖至急尖，边缘有不规则锯齿或全缘，长 8~13 毫米。顶生大型密集圆锥花序，分枝近于直立，长 10~20 厘米，直径 5~12 厘米，总花梗和花梗被星状毛或短柔毛，果期逐渐脱落，近于无毛；苞片卵状披针形至线状披针形，长 5~10 毫米，先端长渐尖；花梗长 5~8 毫米；花直径 10~12 毫米；萼片三角卵形，先端钝或急尖，萼片约与萼筒等长；花瓣长圆形或倒卵形，长 5~7 毫米，白色；雄蕊 40~50 枚，长于花瓣 1.5~2 倍，生在花盘边缘；心皮 5 枚。蓇葖果长圆形；萼片宿存，反折，稀开展。花期 7—8 月，果期 9 月。南太行高海拔区域有分布。生于山坡疏林中。

145 华北珍珠梅 | *Sorbaria kirilowii*   蔷薇科　珍珠梅属

灌木，高达 3 米。枝条开展。羽状复叶，具有小叶 13~21，连叶柄在内长 21~25 厘米，光滑无毛；小叶对生，相距 1.5~2 厘米，披针形至长圆披针形，长 4~7 厘米，先端渐尖，稀尾尖，基部圆形至宽楔形，边缘有尖锐重锯齿，两面均无毛，羽状网脉，侧脉 15~23 对近平行，背面显著；小叶柄短或近于无柄，无毛；托叶膜质，线状披针形，长 8~15 毫米，先端钝或尖。顶生大型密集的圆锥花序，分枝斜出或稍直立，直径 7~11 厘米，长 15~20 厘米；花梗长 3~4 毫米；苞片线状披针形，先端渐尖，全缘；花直径 5~7 毫米；萼片长圆形，先端圆钝或截形，全缘，萼片与萼筒约近等长；花瓣倒卵形或宽卵形，先端圆钝，基部宽楔形，长 4~5 毫米，白色；雄蕊 20 枚，与花瓣等长或稍短于花瓣，着生在花盘边缘；花盘圆杯状；心皮 5 枚，花柱稍短于雄蕊。蓇葖果长圆柱形，无毛，长约 3 毫米；萼片宿存，反折，稀开展；果梗直立。花期 6—7 月，果期 9—10 月。南太行分布于海拔 900 米以上山区。生于沟谷、山坡阔叶林中。

146 插田藨 | *Rubus coreanus*　　　蔷薇科　悬钩子属

灌木，高 1~3 米。枝粗壮，具近直立或钩状扁平皮刺。小叶通常 5，稀 3，卵形、菱状卵形或宽卵形，顶端急尖，基部楔形至近圆形，边缘有不整齐粗锯齿或缺刻状粗锯齿，顶生小叶顶端有时 3 浅裂；叶柄长 2~5 厘米，顶生小叶柄长 1~2 厘米，侧生小叶近无柄，与叶轴均被短柔毛和疏生钩状小皮刺；托叶线状披针形，有柔毛。伞房花序生于侧枝顶端，具花数朵至 30 多朵，总花梗和花梗均被灰白色短柔毛；花梗长 5~10 毫米；苞片线形，有短柔毛；花直径 7~10 毫米；花萼外面被灰白色短柔毛；萼片长卵形至卵状披针形，长 4~6 毫米，顶端渐尖，边缘具茸毛，花时开展，果时反折；花瓣倒卵形，淡红色至深红色，与萼片近等长或稍短；雄蕊比花瓣短或近等长；雌蕊多数；花柱无毛。果实近球形，直径 5~8 毫米，深红色至紫黑色；核具皱纹。花期 4—6 月，果期 6—8 月。南太行分布于海拔 700 米以上山区。生于山坡灌丛、山谷、河边或路旁。果实味酸甜可生食、熬糖及酿酒，又可入药，为强壮剂。根有止血、止痛的功效。叶能明目。

147 覆盆子 | *Rubus idaeus*　　　蔷薇科　悬钩子属

灌木，高 1~2 米。疏生皮刺。小叶 3~7，花枝上有时具 3 小叶，不孕枝上常 5~7 小叶，长 3~8 厘米，顶端短渐尖，基部圆形，顶生小叶基部近心形，背面密被灰白色茸毛，边缘有不规则粗锯齿或重锯齿；叶柄长 3~6 厘米，顶生小叶柄长约 1 厘米，均被茸毛状短柔毛和稀疏小刺；托叶线形。花生于侧枝顶端成短总状花序或少花腋生，总花梗和花梗均密被茸毛状短柔毛和疏密不等的针刺；花梗长 1~2 厘米；苞片线形；花直径 1~1.5 厘米；花萼外面密被茸毛状短柔毛和疏密不等的针刺，萼片卵状披针形，顶端尾尖，外面边缘具灰白色茸毛，在花果时均直立；花瓣匙形，白色；花丝宽扁，长于花柱；花柱基部和子房密被灰白色茸毛。果实近球形，直径 1~1.4 厘米，红色或橙黄色，密被短茸毛。花期 5—6 月，果期 8—9 月。南太行海拔 1000 米以上有分布。生于山地杂木林边、灌丛或荒野。果供食用，在欧洲久经栽培，有多数栽培品种果实可作水果食用；可入药，有明目、补肾的功效。

148 弓茎悬钩子 | Rubus flosculosus　　　　蔷薇科　悬钩子属

灌木，高 1.5~2.5 米。小叶 5~7，卵形、卵状披针形，顶生小叶有时为菱状披针形，长 3~7 厘米，顶端渐尖，基部宽楔形至圆形，背面被灰白色茸毛，边缘具粗重锯齿；叶柄长 3~5 厘米，顶生小叶柄长 1~2 厘米，侧生小叶几无柄，与叶轴均被柔毛和钩状小皮刺；托叶小，线形，有柔毛。顶生花序为狭圆锥花序，侧生者为总状花序，花梗和苞片均被柔毛；花梗细，长 5~8 毫米；花直径 5~8 毫米；花萼外密被灰白色茸毛；萼片卵形至长卵形，长 3~6 毫米，顶端急尖且有突尖头，在花果时均直立开展；花瓣近圆形，粉红色，与萼片几等长或稍长；雄蕊多数，花丝线形；花柱无毛。果实球形，直径 5~8 毫米，红色至红黑色。花期 6—7 月，果期 8—9 月。南太行分布于海拔 700 米以上山区。生于山谷河旁、沟边或山坡杂木丛中。果较小，甜酸可食，也可供制醋。

149 牛叠肚 | Rubus crataegifolius　　　　蔷薇科　悬钩子属

直立灌木，高 1~2（3）米。单叶，卵形至长卵形，长 5~12 厘米，开花枝上的叶稍小，顶端渐尖，稀急尖，基部心形或近截形，正面近无毛，背面脉上有柔毛和小皮刺，边缘 3~5 掌状分裂，基部具掌状 5 脉；叶柄长 2~5 厘米，疏生柔毛和小皮刺。花数朵簇生或成短总状花序，常顶生；花梗长 5~10 毫米，有柔毛；花直径 1~1.5 厘米；萼片卵状三角形或卵形，顶端渐尖；花瓣椭圆形或长圆形，白色，几与萼片等长；雄蕊直立；雌蕊多数，子房无毛。果实近球形，直径约 1 厘米，暗红色，无毛，有光泽；核具皱纹。花期 5—6 月，果期 7—9 月。南太行海拔 800 米以上有分布。生于向阳山坡灌木丛中或林缘，常在山沟、路边成群生长。果酸甜，可生食，可制果酱或酿酒。全株含单宁，可提制栲胶。茎皮含纤维，可作造纸及制纤维板原料。果和根入药，可补肝肾、祛风湿。

150 华中悬钩子 | *Rubus cockburnianus* 蔷薇科 悬钩子属

灌木，高 1.5~3 米。小枝红褐色具稀疏钩状皮刺。小叶 7~9，稀 5，长圆披针形或卵状披针形，顶生小叶有时近菱形，长 5~10 厘米，宽 1.5~4（5）厘米，顶端渐尖，基部宽楔形或圆形，正面无毛或具疏柔毛，背面被灰白色茸毛，边缘有不整齐粗锯齿或缺刻状重锯齿，顶生小叶边缘常浅裂；叶柄长 3~5 厘米，顶生小叶柄长 1~2 厘米，侧生小叶近无柄，与叶轴均无毛，疏生钩状小皮刺；托叶细小。圆锥花序顶生，长 10~16 厘米，侧生花序为总状或近伞房状；总花梗和花梗无毛；花梗细，长 1~2 厘米，幼时带红色；苞片小，线形；花直径达 1 厘米；萼片卵状披针形，顶端长渐尖，在花时直立至果期反折；花瓣小，直径约 5 毫米，粉红色，近圆形；花柱无毛，子房具柔毛。果实近球形，直径不到 1 厘米，紫黑色，微具柔毛或几无毛；核有浅皱纹。花期 5—7 月，果期 8—9 月。南太行分布于海拔 900 米以上山区。生于林缘、路旁、沟谷、草地。果可供食用。

151 喜阴悬钩子 | *Rubus mesogaeus* 蔷薇科 悬钩子属

攀缘灌木，高 1~4 米。老枝有稀疏基部宽大的皮刺，小枝红褐色或紫褐色，具稀疏针状皮刺或近无刺，幼时被柔毛。小叶常 3，稀 5，顶生小叶宽菱状卵形或椭圆卵形，顶端渐尖，边缘常羽状分裂，基部圆形至浅心形，侧生小叶斜椭圆形或斜卵形，顶端急尖，基部楔形至圆形，长 4~9（11）厘米，宽 3~7（9）厘米，正面疏生平贴柔毛，背面密被灰白色茸毛，边缘有不整齐粗锯齿并常浅裂；叶柄长 3~7 厘米，顶生小叶柄长 1.5~4 厘米，侧生小叶有短柄或几无柄，与叶轴均有柔毛和稀疏钩状小皮刺；托叶线形，被柔毛，长达 1 厘米。伞房花序生于侧生小枝顶或腋生，具花数朵至 20 多朵，通常短于叶柄；总花梗具柔毛，有稀疏针刺；花梗长 6~12 毫米，密被柔毛；苞片线形，有柔毛。花直径约 1 厘米或稍大；花萼外密被柔毛；萼片披针形，顶端急尖至短渐尖，长 5~8 毫米，内萼片边缘具茸毛，花后常反折；花瓣倒卵形、近圆形或椭圆形，基部稍有柔毛，白色或浅粉红色；花丝线形，几与花柱等长；花柱无毛，子房有疏柔毛。果实扁球形，直径 6~8 毫米，紫黑色，无毛；核三角卵球形，有皱纹。花期 4—5 月，果期 7—8 月。南太行分布于高海拔的山西（晋城）等地。生于林缘、路旁、沟谷、灌丛。本种外形近似密刺悬钩子，但后者枝、叶柄、总花梗和花梗均密被长短不等的针刺；顶生小叶卵形；果实微被柔毛。

●形态 1：

●形态 2：

152 茅莓 | *Rubus parvifolius*

蔷薇科　悬钩子属

灌木，高 1~2 米。枝呈弓形弯曲，被柔毛和稀疏钩状皮刺；小叶 3，菱状圆形或倒卵形，长 2.5~6 厘米，顶端圆钝或急尖，基部圆形或宽楔形，正面伏生疏柔毛，背面密被灰白色茸毛，边缘有不整齐粗锯齿或缺刻状粗重锯齿，常具浅裂片；叶柄长 2.5~5 厘米，顶生小叶柄长 1~2 厘米，均被柔毛和稀疏小皮刺。伞房花序顶生或腋生，稀顶生花序呈短总状，具花数朵，被柔毛和细刺；花梗长 0.5~1.5 厘米，具柔毛和稀疏小皮刺；花直径约 1 厘米；花萼外面密被柔毛和疏密不等的针刺；萼片卵状披针形或披针形，顶端渐尖，在花果时均直立开展；花瓣卵圆形或长圆形，粉红至紫红色；雄蕊稍短于花瓣。果实卵球形，直径 1~1.5 厘米，红色。花期 5—6 月，果期 7—8 月。南太行海拔 400 米以上广布。生于山坡杂木林下、向阳山谷、路旁或荒野。果实酸甜多汁，可供食用、酿酒及制醋等。根和叶含单宁，可提制栲胶。全草入药，有止痛、活血、祛风湿及解毒的功效。

153 腺花茅莓（变种） | *Rubus parvifolius* var. *adenochlamys*

蔷薇科　悬钩子属

与茅莓（原变种）的区别：花萼或花梗具带红色腺毛。南太行分布于海拔 500 米以上丘陵、山区。生于向阳山坡、灌丛、林下。

154 灰栒子 | *Cotoneaster acutifolius*　　蔷薇科　栒子属

落叶灌木，高 2~4 米。枝条开张，小枝细瘦，圆柱形，幼时被长柔毛。叶椭圆卵形至长圆卵形，长 2.5~5 厘米，先端急尖，稀渐尖，基部宽楔形，全缘，幼时两面均被长柔毛，背面较密；叶柄长 2~5 毫米，具短柔毛；托叶线状披针形，脱落。花 2~5 朵成聚伞花序，总花梗和花梗被长柔毛，苞片线状披针形；花梗长 3~5 毫米；花直径 7~8 毫米；萼筒钟状或短筒状；萼片三角形，先端急尖或稍钝，外面具短柔毛；花瓣直立，宽倒卵形或长圆形，长约 4 毫米，先端圆钝，白色外带红晕；雄蕊 10~15 枚，比花瓣短；花柱通常 2，离生，短于雄蕊。果实椭圆形，稀倒卵形，直径 7~8 毫米，黑色。花期 5—6 月，果期 9—10 月。南太行海拔 900 米以上有分布。生于山坡、山麓、山沟及丛林中。

155 西北栒子 | *Cotoneaster zabelii*　　蔷薇科　栒子属

落叶灌木，高达 2 米。枝条细瘦开张，幼时密被带黄色柔毛。叶椭圆形至卵形，长 1.2~3 厘米，先端多数圆钝，稀微缺，基部圆形或宽楔形，全缘，正面具稀疏柔毛，背面密被带黄色或带灰色茸毛；叶柄长 1~3 毫米，被茸毛；托叶披针形。花 3~13 朵成下垂聚伞花序，总花梗和花梗被柔毛；花梗长 2~4 毫米，萼筒钟状，外面被柔毛；萼片三角形，先端稍钝或具短尖头，外面具柔毛；花瓣直立，倒卵形或近圆形，直径 2~3 毫米，先端圆钝，浅红色；雄蕊 18~20 枚，较花瓣短；花柱 2，离生，短于雄蕊。果实倒卵形至卵球形，直径 7~8 毫米，鲜红色，常具 2 小核。花期 5—6 月，果期 8—9 月。南太行海拔 800 米以上广布。生于石灰岩山地、山坡阴处、沟谷边、灌木丛中。

156 毛叶水栒子 | *Cotoneaster submultiflorus* 　　蔷薇科　栒子属

落叶直立灌木，高2~4米。小枝细，圆柱形，幼时密被柔毛。叶卵形、菱状卵形至椭圆形，长2~4厘米，先端急尖或圆钝，基部宽楔形，全缘，背面具短柔毛；叶柄长4~7毫米；托叶披针形，有柔毛，多数脱落。花数朵成聚伞花序，总花梗和花梗具长柔毛；花梗长4~6毫米；苞片线形，有柔毛；花直径8~10毫米；萼筒钟状，外面被柔毛；萼片三角形，先端急尖，外面被柔毛，内面无毛；花瓣平展，卵形或近圆形，长3~5毫米，先端圆钝或稀微缺，白色；雄蕊15~20枚，短于花瓣；花柱2，离生，稍短于雄蕊。果实近球形，直径6~7毫米，亮红色。花期5—6月，果期9月。南太行分布于海拔1100米以上山区。

157 水栒子 | *Cotoneaster multiflorus* 　　蔷薇科　栒子属

落叶灌木，高达4米。枝条细瘦，常呈弓形弯曲，小枝圆柱形，幼时带紫色。叶卵形或宽卵形，长2~4厘米，先端急尖或圆钝，基部宽楔形或圆形，正面无毛，背面幼时稍有茸毛，后渐脱落；叶柄长3~8毫米，幼时有柔毛，以后脱落；托叶线形，疏生柔毛，脱落。花5~21朵成疏松的聚伞花序，总花梗和花梗无毛，稀微具柔毛；花梗长4~6毫米；苞片线形，无毛或微具柔毛；花直径1~1.2厘米；萼筒钟状，内外两面均无毛；萼片三角形，先端急尖，通常除先端边缘外，内外两面均无毛；花瓣平展，近圆形，直径4~5毫米，先端圆钝或微缺，基部有短爪，内面基部有白色细柔毛，白色；雄蕊约20枚，稍短于花瓣；花柱通常2，离生，比雄蕊短。果实近球形或倒卵形，直径8毫米，红色。花期5—6月，果期8—9月。南太行海拔900米以上山区有分布。普遍生于沟谷、山坡杂木林中。高大灌木，生长旺盛，夏季密着白花，秋季结红色果实，经久不凋，可作观赏植物。近年试作苹果砧木，有矮化的功效。

158 蒙古绣线菊 | *Spiraea lasiocarpa*　　蔷薇科　绣线菊属

灌木,高达3米。叶长圆形或椭圆形,长8~20毫米,先端圆钝或微尖,基部楔形,全缘,稀先端有少数锯齿,正面无毛,背面色较浅,无毛稀具短柔毛,有羽状脉;叶柄极短,长1~2毫米,无毛。伞形总状花序具总梗,具花8~15朵;花梗长5~10毫米,无毛;苞片线形;花直径5~7毫米;萼筒近钟状,背面有短柔毛;萼片三角形,先端急尖,内面具短柔毛;花瓣近圆形,先端钝,稀微凹,白色;雄蕊18~25枚,几与花瓣等长;花盘具有10圆形裂片,排列成环形;花柱短于雄蕊。蓇葖果直立开张,具直立或反折萼片。花期5—7月,果期7—9月。南太行高海拔山区(山西晋城)有分布。生于林缘、路旁、沟谷、杂木林中。

159 中华绣线菊 | *Spiraea chinensis*　　蔷薇科　绣线菊属

灌木,高1.5~3米。小枝呈拱形弯曲。叶菱状卵形至倒卵形,长2.5~6厘米,先端急尖或圆钝,基部宽楔形或圆形,边缘有缺刻状粗锯齿,正面暗绿色,被短柔毛,脉纹深陷,背面密被黄色茸毛,脉纹突起;叶柄长4~10毫米,被短茸毛。伞形花序具花16~25朵;花梗长5~10毫米,具短茸毛;苞片线形;花直径3~4毫米;萼筒钟状,内面密被柔毛;萼片卵状披针形,先端长渐尖,内面有短柔毛;花瓣近圆形,先端微凹或圆钝,白色;雄蕊22~25枚,短于花瓣或与花瓣等长;花盘波状圆环形或具不整齐的裂片;花柱短于雄蕊。蓇葖果开张,全株被短柔毛,花柱顶生,具直立萼片。花期3—6月,果期6—10月。南太行海拔800米以上分布较广。生于山坡灌木丛中、山谷溪边或田野路旁。

160 李叶绣线菊 | *Spiraea prunifolia* 蔷薇科　绣线菊属

灌木，高达3米。小枝细长，稍有棱角，幼时被短柔毛，以后逐渐脱落，老时近无毛；冬芽小，卵形，无毛，有数枚鳞片。叶卵形至长圆披针形，长1.5~3厘米，宽0.7~1.4厘米，先端急尖，基部楔形，边缘有细锐单锯齿，正面幼时微被短柔毛，老时仅背面有短柔毛，具羽状脉；叶柄长2~4毫米，被短柔毛。伞形花序无总梗，具花3~6朵，基部着生数枚小叶；花梗长6~10毫米，有短柔毛；花重瓣，直径达1厘米，白色。花期3—5月，果期4—6月。南太行海拔800米以上有分布。生于林缘、灌丛、杂木林中。各地庭院常见栽培供观赏。

161 三裂绣线菊 | *Spiraea trilobata* 蔷薇科　绣线菊属

灌木，高1~2米。小枝细瘦，开展，稍呈"之"字形弯曲，嫩时褐黄色，无毛。叶近圆形，长1.7~3厘米，先端钝，常3裂，基部圆形、楔形或亚心形，边缘自中部以上有少数圆钝锯齿，两面无毛，背面色较浅，基部具显著3~5脉。伞形花序具总梗，无毛，具花15~30朵；花梗长8~13毫米，无毛；苞片线形或倒披针形，上部深裂成细裂片；花直径6~8毫米；萼筒钟状，外面无毛，内面有灰白色短柔毛；萼片三角形，先端急尖，内面具稀疏短柔毛；花瓣宽倒卵形，先端常微凹；雄蕊18~20枚，比花瓣短；花盘约有10大小不等的裂片，裂片先端微凹；花柱比雄蕊短。蓇葖果开张，具直立萼片。花期5—6月，果期7—8月。南太行分布于海拔600米以上山区。生于多岩石向阳坡地或灌木丛中。西伯利亚也有分布。庭院常见栽培供观赏，又为鞣料植物。根茎含单宁。

162 土庄绣线菊 | *Spiraea ouensanensis* 蔷薇科 绣线菊属

灌木，高1~2米。小枝开展，稍弯曲，嫩时被短柔毛，叶菱状卵形至椭圆形，长2~4.5厘米，先端急尖，基部宽楔形，边缘自中部以上有深刻锯齿，正面有稀疏柔毛，背面被灰色短柔毛；叶柄长2~4毫米，被短柔毛。伞形花序具总梗，具花15~20朵；花梗长7~12毫米，无毛，苞片线形，被短柔毛；花直径5~7毫米；萼筒钟状，外面无毛，内面有灰白色短柔毛；萼片卵状三角形，先端急尖，内面疏生短柔毛；花瓣卵形、宽倒卵形或近圆形，先端圆钝或微凹，白色；雄蕊25~30枚，约与花瓣等长；花盘圆环形，具10裂片，裂片先端稍凹陷；子房无毛或仅在腹部及基部有短柔毛，花柱短于雄蕊。蓇葖果开张，多数具直立萼片。花期5—6月，果期7—8月。南太行海拔800米以上广布。生于干燥岩石坡地、向阳或半阴处、杂木林内。

163 绣球绣线菊 | *Spiraea blumei* 蔷薇科 绣线菊属

灌木，高1~2米。叶菱状卵形至倒卵形，长2~3.5厘米，先端圆钝或微尖，基部楔形，边缘自近中部以上有少数圆钝缺刻状锯齿或3~5浅裂，两面无毛，背面浅蓝绿色，基部具有不显明的3脉或羽状脉。伞形花序有总梗，无毛，具花10~25朵；花梗长6~10毫米，无毛；苞片披针形，无毛；花直径5~8毫米；萼筒钟状，外面无毛，内面具短柔毛；萼片三角形或卵状三角形，先端急尖或短渐尖，内面疏生短柔毛；花瓣宽倒卵形，先端微凹，宽几与长相等，白色；雄蕊18~20枚，较花瓣短；花盘由8~10较薄的裂片组成；花柱短于雄蕊。蓇葖果较直立，无毛，萼片直立。花期4—6月，果期8—10月。南太行海拔800米以上广布。生于向阳山坡、杂木林内或路旁。日本和朝鲜也有分布。观赏灌木，庭院中常见栽培。叶可代茶。根、果可药用。

164 枸杞 | *Lycium chinense*   茄科　枸杞属

多分枝灌木，高 0.5~1 米。枝条细弱，弓状弯曲或俯垂，棘刺长 0.5~2 厘米，生叶和花的棘刺较长，小枝顶端锐尖呈棘刺状。叶纸质或栽培者质稍厚，单叶互生或 2~4 簇生，卵形、卵状菱形、长椭圆形或卵状披针形，顶端急尖，基部楔形，长 1.5~5 厘米；叶柄长 0.4~1 厘米。花在长枝上单生或双生于叶腋，在短枝上则同叶簇生；花梗长 1~2 厘米，向顶端渐增粗。花萼长 3~4 毫米，通常 3 中裂或 4~5 齿裂，裂片多少有缘毛；花冠漏斗状，长 9~12 毫米，淡紫色，筒部向上骤然扩大，稍短于或近等于檐部裂片，5 深裂，裂片卵形，顶端圆钝，平展或稍向外反曲，边缘有缘毛，基部耳显著；雄蕊较花冠稍短；花柱稍伸出雄蕊，上端弓弯，柱头绿色。浆果红色，卵状，栽培种可呈长矩圆状或长椭圆状，顶端尖或钝，长 7~15 毫米。种子扁肾脏形。花果期 6—11 月。南太行广布。常生于山坡、荒地、丘陵地、盐碱地、路旁及村边宅旁，该种耐干旱，可生长在沙地，可作为水土保持的灌木。果实（中药称枸杞子），药用功能与宁夏枸杞同；根皮（中药称地骨皮），有解热止咳的功效。嫩叶可做蔬菜。种子油可制润滑油或食用油。

165 苦糖果 | *Lonicera fragrantissima* var. *Lancifolia*　　忍冬科　忍冬属

郁香忍冬（原种）。本亚种特征：落叶灌木。小枝和叶柄有时具短糙毛。叶卵形、椭圆形或卵状披针形，呈披针形或近卵形者较少，通常两面被刚伏毛及短腺毛或至少下面中脉被刚伏毛，有时中脉下部或基部两侧夹杂短糙毛。花柱下部疏生糙毛。花期1月下旬至4月上旬，果熟期5—6月。南太行分布于海拔800米以上山区。生于向阳山坡林中、灌丛中或溪涧旁。枝干可作薪柴，还可作编织材料。叶在幼嫩时是牲畜的好饲料；还可用叶沤制肥料，养分含量全面而高。嫩枝叶入药，具有祛风除湿、清热止痛的功效。果实属于浆果类，富含糖，色红汁甜，可加工成果汁、果浆、果酒、饮料等。

166 葱皮忍冬 | *Lonicera ferdinandii*　　忍冬科　忍冬属

落叶灌木，高达3米。幼枝有密或疏、开展或反曲的刚毛。叶纸质或厚纸质，卵形至卵状披针形或矩圆状披针形，长3~10厘米，顶端尖或短渐尖，基部圆形、截形至浅心形，边缘有时波状，很少有不规则钝缺刻，有睫毛，正面疏生刚伏毛或近无毛，背面脉上连同叶柄和总花梗都有刚伏毛和红褐色腺，很少毛密如茸状；叶柄和总花梗极短。苞片大，叶状，披针形至卵形，长达1.5厘米，毛被与叶同；小苞片合生成坛状壳斗，完全包被相邻两萼筒，直径约2.5毫米，果熟时达7~13毫米，幼时外面密生长短不一的直糙毛，内面有贴生长柔毛；萼齿三角形，顶端稍尖，被睫毛；花冠白色，后变淡黄色，长1.5（1.3）~1.7（2）厘米，外面密被反折短刚伏毛、开展的微硬毛及腺毛，很少无毛或稍有毛，内面有长柔毛，唇形，筒比唇瓣稍长或近等长，基部一侧肿大，上唇浅4裂，下唇细长波曲；花柱上部有柔毛。果实红色，卵圆形，长达1厘米，外包以撕裂的壳斗，各内含2~7颗种子。花期4月下旬至6月，果熟期9—10月。南太行海拔800米以上有分布。生于向阳山坡林中或林缘灌丛中。枝条韧皮纤维可制绳索、麻袋，亦可作造纸原料。

167 金银忍冬 | *Lonicera maackii*　　　忍冬科　忍冬属

落叶灌木,高达6米。茎干直径达10厘米;幼枝、叶两面脉上、叶柄、苞片、小苞片及萼檐外面均被短柔毛和微腺毛。叶纸质,形状变化较大,通常卵状椭圆形至卵状披针形,长5~8厘米,顶端渐尖或长渐尖,基部宽楔形至圆形;叶柄长2~5(8)毫米。花芳香,生于幼枝叶腋,总花梗长1~2毫米,短于叶柄;苞片条形,有时条状倒披针形而呈叶状,长3~6毫米;小苞片多少连合成对,长为萼筒的1/2至几相等,顶端截形;相邻两萼筒分离,长约2毫米,萼檐钟状,为萼筒长的2/3至相等,干膜质,萼齿宽三角形或披针形,不相等,顶尖,裂隙约达萼檐的1/2;花冠先白色后变黄色,长2(1)厘米,外被短伏毛或无毛,唇形,筒长约为唇瓣的1/2,内被柔毛;雄蕊与花柱长约达花冠的2/3,花丝中部以下和花柱均有向上的柔毛。果实暗红色,圆形,直径5~6毫米。花期5—6月,果熟期8—10月。南太行山区广布。生于路旁、沟谷、杂木林中。茎皮可制人造棉。花可提取芳香油。种子榨成的油可制肥皂。

168 六道木 | *Zabelia biflora*　　　忍冬科　六道木属

落叶灌木,高1~3米。幼枝被倒生硬毛,老枝无毛。叶矩圆形至矩圆状披针形,长2~6厘米,顶端尖至渐尖,基部钝至渐狭呈楔形,全缘或中部以上羽状浅裂而具1~4对粗齿,正面深绿色,背面绿白色,两面疏被柔毛,脉上密被长柔毛,边缘有睫毛;叶柄长2~4毫米,基部膨大且成对相连,被硬毛。花单生于小枝上叶腋,无总花梗;花梗长5~10毫米,被硬毛;小苞片三齿状;萼筒圆柱形,疏生短硬毛,萼齿4,狭椭圆形或倒卵状矩圆形,长约1厘米;花冠白色、淡黄色或带浅红色,狭漏斗形或高脚碟形,外面被短柔毛,杂有倒向硬毛,4裂,裂片圆形,筒为裂片长的3倍,内密生硬毛;雄蕊4枚,柱头头状。果实具硬毛,冠以4枚宿存而略增大的萼裂片。早春开花,8—9月结果。南太行海拔600米以上广布。生于山坡灌丛、林下及沟边。

169 陕西荚蒾 | *Viburnum schensianum*　　荚蒾科　荚蒾属

落叶灌木，高可达 3 米。幼枝、叶背面、叶柄及花序均被由黄白色簇状毛组成的茸毛。叶纸质，卵状椭圆形、宽卵形或近圆形，长 3~6（8）厘米，顶端钝或圆形，有时微凹或稍尖，基部圆形，边缘有较密的小尖齿，初时正面疏被叉状或簇状短毛，侧脉 5~7 对，背面突起，小脉两面稍突起；叶柄长 7~10（15）毫米。聚伞花序直径 6（4）~7（8）厘米，结果时可达 9 厘米，总花梗长 1~1.5（7）厘米或很短，第一级辐射枝 5（3）条，长 1~2 厘米，中间者最短，花大部生于第三级分枝上；萼筒圆筒形，长 3.5~4 毫米，无毛，萼齿卵形，长约 1 毫米，顶钝；花冠白色，辐状，直径约 6 毫米，无毛，裂片圆卵形，长约 2 毫米；雄蕊与花冠等长或略较长。果实红色而后变黑色，椭圆形，长约 8 毫米；核卵圆形。花期 5—7 月，果熟期 8—9 月。南太行丘陵、山区广布。生于山谷混交林和松林下或山坡灌丛中。

170 鸡树条（亚种）| *Viburnum opulus* subsp. *calvescens*　　荚蒾科　荚蒾属

欧洲荚蒾（原种）。本亚种特征：落叶灌木，高 1.5~4 米。树皮质厚而多少呈木栓质。叶圆卵形至广卵形或倒卵形，长 6~12 厘米，通常 3 裂，具掌状 3 出脉，基部圆形、截形或浅心形，无毛，裂片顶端渐尖，边缘具不整齐粗牙齿，侧裂片略向外开展；位于小枝上部的叶常较狭长，椭圆形至矩圆状披针形而不分裂，边缘疏生波状牙齿，叶背面仅脉腋集聚簇状毛或有时脉上亦有少数长伏毛；叶柄粗壮，长 1~2 厘米，无毛，有 2~4 至多个明显的长盘形腺体，基部有 2 钻形托叶。复伞形式聚伞花序，直径 5~10 厘米，大多周围有大型的不孕花，总花梗粗壮，长 2~5 厘米，无毛，第一级辐射枝 6~8 条，通常 7 条，花生于第二至第三级辐射枝上，花梗极短，萼筒倒圆锥形，萼齿三角形，均无毛；花冠白色，辐状，裂片近圆形，长约 1 毫米；雄蕊长至少为花冠的 1.5 倍；花柱不存，柱头 2 裂；不孕花白色，直径 1.3~2.5 厘米，有长梗，裂片宽倒卵形，顶圆形，不等形。果实红色，近圆形，直径 8~10（12）毫米；核扁，近圆形。花期 5—6 月，果熟期 9—10 月。南太行分布于海拔 1400 米以上山区。生于林缘林下、灌丛、山坡、草地。

171 桦叶荚蒾 | *Viburnum betulifolium*　　荚蒾科　荚蒾属

落叶灌木或小乔木，高可达 7 米。叶厚纸质或略带革质，干后变黑色，宽卵形至菱状卵形或宽倒卵形，稀椭圆状矩圆形，长 3.5~8.5（12）厘米，顶端急短渐尖至渐尖，基部宽楔形至圆形，稀截形，边缘离基 1/2 以上具开展的不规则浅波状牙齿，正面无毛，背面中脉及侧脉被少数短伏毛，脉腋集聚呈簇状毛，侧脉 5~7 对；叶柄纤细，长 1~2（3.5）厘米，近基部常有一对钻形小托叶。复伞形式聚伞花序顶生或生于具一对叶的侧生短枝上，直径 5~12 厘米，通常多少被疏或密的黄褐色簇状短毛，总花梗初时通常长不到 1 厘米，果时可达 3.5 厘米，第一级辐射枝通常 7 条，花生于第 3~5 级辐射枝上；萼筒，疏被簇状短毛，萼齿小，宽卵状三角形，顶钝，有缘毛；花冠白色，辐状，直径约 4 毫米，无毛，裂片圆卵形，比筒长；雄蕊常高出花冠，花药宽椭圆形；柱头高出萼齿。果实红色，近圆形，长约 6 毫米；核扁。花期 6—7 月，果熟期 9—10 月。南太行分布于海拔 1000 米以上山区。生于山谷林中或山坡灌丛中。茎皮纤维可制绳索及造纸。

172 接骨木 | *Sambucus williamsii*　　荚蒾科　接骨木属

落叶灌木或小乔木，高 5~6 米。羽状复叶有小叶 2~3 对，有时仅 1 对或多达 5 对，侧生小叶卵圆形、狭椭圆形至倒矩圆状披针形，长 5~15 厘米，顶端尖、渐尖至尾尖，边缘具不整齐锯齿，基部楔形或圆形，有时心形，两侧不对称，顶生小叶卵形或倒卵形，顶端渐尖或尾尖，基部楔形，具长约 2 厘米的柄，叶搓揉后有臭气；托叶狭带形。花与叶同出，圆锥形聚伞花序顶生，长 5~11 厘米，具总花梗，花序分枝多呈直角开展，有时被稀疏短柔毛，随即光滑无毛；花小而密；萼筒杯状，长约 1 毫米，萼齿三角状披针形；花冠蕾时带粉红色，开后白色或淡黄色，筒短，裂片矩圆形或长卵圆形，长约 2 毫米；雄蕊与花冠裂片等长，开展；花柱短，柱头 3 裂。果实红色，卵圆形或近圆形，直径 3~5 毫米。花期 4—5 月，果熟期 9—10 月。南太行山区广布。生于山坡、灌丛、沟边、路旁、宅边等地。

173 构 | *Broussonetia papyrifera*　　　　桑科　构属

乔木，高 10~20 米。叶螺旋状排列，广卵形至长椭圆状卵形，长 6~18 厘米，先端渐尖，基部心形，两侧常不相等，边缘具粗锯齿，不分裂或 3~5 裂，幼树之叶常有明显分裂，正面粗糙，疏生糙毛，背面密被茸毛，基生叶脉 3 出，侧脉 6~7 对；叶柄长 2.5~8 厘米，密被糙毛；托叶大，卵形，狭渐尖，长 1.5~2 厘米。花雌雄异株；雄花序为柔荑花序，粗壮，长 3~8 厘米，苞片披针形，被毛，花被 4 裂，裂片三角状卵形，被毛，雄蕊 4 枚；雌花序球形头状，苞片棍棒状，顶端被毛。聚花果直径 1.5~3 厘米，成熟时橙红色，肉质；瘦果具与等长的柄，表面有小瘤，龙骨双层，外果皮壳质。花期 4~5 月，果期 6—7 月。南太行平原、山区广布。野生或栽培。韧皮纤维可作造纸材料。楮实子及根、皮可供药用。

174 柘 | *Maclura tricuspidata*　　　　桑科　柘属

落叶灌木或小乔木，高 1~7 米。树皮灰褐色，小枝无毛，略具棱，有棘刺，刺长 5~20 毫米。叶卵形或菱状卵形，偶为 3 裂，长 5~14 厘米，先端渐尖，基部楔形至圆形，正面深绿色，背面绿白色，无毛或被柔毛，侧脉 4~6 对；叶柄长 1~2 厘米，被微柔毛。雌雄异株，雌雄花序均为球形头状花序，单生或成对腋生，具短总花梗。雄花序直径 0.5 厘米，花被片 4，肉质，内卷，雄蕊 4 枚，与花被片对生；雌花序直径 1~1.5 厘米，花被片与雄花同数，花被片先端盾形，内卷。聚花果近球形，直径约 2.5 厘米，肉质，成熟时橘红色。花期 5—6 月，果期 6—7 月。南太行分布于海拔 500 米以上丘陵、山区。生于荒地荒坡、沟谷。良好的绿篱树种。茎皮纤维可以造纸。根皮可药用、嫩叶可以养幼蚕（四川农村均以嫩叶养幼蚕，据说，老蚕食用柘树老叶，吐丝光泽不美观）。果可生食或酿酒。木材心部黄色，质坚硬细致，可以做家具或黄色染料。

175 蒙桑 | *Morus mongolica*   桑科 桑属

小乔木或灌木，高5~8米。树皮灰褐色，纵裂。叶长椭圆状卵形，长8~15厘米，宽5~8厘米，先端尾尖，基部心形，边缘具三角形单锯齿，稀为重锯齿，齿尖有长刺芒，两面无毛；叶柄长2.5~3.5厘米。雄花序长3厘米，雄花花被暗黄色，外面及边缘被长柔毛，花药2室，纵裂；雌花序短圆柱状，长1~1.5厘米，总花梗纤细，长1~1.5厘米；雌花花被片外面上部疏被柔毛，或近无毛；花柱长，柱头2裂，内面密生乳头状突起。聚花果长1.5厘米，成熟时红色至紫黑色。花期3—4月，果期4—5月。南太行分布于海拔800~1500米山地或林中。韧皮纤维是高级造纸原料，脱胶后可作纺织原料。根皮可入药。

176 山桑（变种） | *Morus mongolica* var. *diabolica*   桑科 桑属

与蒙桑（原变种）的区别：叶广卵形至长卵形，叶背密被白色柔毛。花期3—4月，果期4—5月。南太行分布于海拔1200米以上杂木林中。韧皮纤维系高级造纸原料，脱胶后可作纺织原料。根皮可入药。

177 桑 | *Morus alba*　　　　　　　　　　　　　　　　　　　　　　桑科　桑属

乔木或为灌木，高 3~10 米或更高，胸径可达 50 厘米。树皮厚，灰色，具不规则浅纵裂；小枝有细毛。叶卵形或广卵形，长 5~15 厘米，先端急尖、渐尖或圆钝，基部圆形至浅心形，边缘锯齿粗钝，有时叶为各种分裂，正面鲜绿色，无毛，背面沿脉有疏毛，脉腋有簇毛；叶柄长 1.5~5.5 厘米，具柔毛；托叶披针形，早落，外面密被细硬毛。花单性，腋生或生于芽鳞腋内，与叶同时生出；雄花序下垂，长 2~3.5 厘米，密被白色柔毛；花被片宽椭圆形，淡绿色。花丝在芽时内折；雌花序长 1~2 厘米，被毛，总花梗长 5~10 毫米被柔毛，雌花无梗，花被片倒卵形，顶端圆钝，外面和边缘被毛，两侧紧抱子房，无花柱，柱头 2 裂。聚花果卵状椭圆形，长 1~2.5 厘米，成熟时红色或暗紫色。花期 4—5 月，果期 5—8 月。南太行丘陵、山区广布。生于林缘、灌丛、荒坡、沟谷。平原、丘陵、山区广泛栽培。树皮纤维柔细，可作纺织原料、造纸原料。根皮、果实及枝条可入药。叶为养蚕的主要饲料，亦可药用，并可做土农药。木材坚硬，可制家具、乐器、雕刻等。桑椹可以酿酒，称桑子酒。

178 毛梾 | *Cornus walteri*　　　　山茱萸科　山茱萸属

落叶乔木，高 6~15 米。幼枝对生，绿色，略有棱角，密被贴生灰白色短柔毛，老后黄绿色，无毛。叶对生，纸质，椭圆形、长圆椭圆形或阔卵形，长 4~12（15.5）厘米，先端渐尖，基部楔形，有时稍不对称，正面深绿色，稀被贴生短柔毛，背面淡绿色，密被灰白色贴生短柔毛，中脉在正面明显，背面突出，侧脉 4（5）对，弓形内弯，在正面稍明显，背面突起；叶柄长 3.5（0.8）厘米，正面平坦，背面圆形。伞房状聚伞花序顶生，花密，宽 7~9 厘米，被灰白色短柔毛；总花梗长 1.2~2 厘米；花白色，有香味，直径 9.5 毫米；花萼裂片 4，绿色，齿状三角形，长约 0.4 毫米；花瓣 4，长圆披针形，长 4.5~5 毫米；雄蕊 4 枚，无毛，长 4.8~5 毫米；花盘明显，垫状或腺体状，无毛；花柱棍棒形，长 3.5 毫米，柱头小，头状；花梗细圆柱形，长 0.8~2.7 毫米，有稀疏短柔毛。核果球形，直径 6~7（8）毫米，成熟时黑色，近于无毛；核骨质，扁圆球形。花期 5 月，果期 9 月。南太行海拔 800 米以上广布。本种是木本油料植物，果实含油率可达 27%~38%，可供食用或制高级润滑油，油渣可制饲料和肥料。木材坚硬，纹理细密、美观，可制家具、车辆、农具等。叶和树皮可提制拷胶，又可作为"四旁"绿化和水土保持树种。

179 红椋子 | *Cornus hemsleyi*　　山茱萸科　山茱萸属

灌木或小乔木，高 2~3.5（5）米。树皮红褐色或黑灰色；幼枝红色，略有 4 棱，被贴生短柔毛。叶对生，纸质，卵状椭圆形，长 4.5~9.3 厘米，先端渐尖或短渐尖，基部圆形，稀宽楔形，正面深绿色，有贴生短柔毛，背面灰绿色，微粗糙，密被白色贴生短柔毛及乳头状突起，中脉在正面凹下，背面突起，侧脉 6~7 对，弓形内弯，在正面凹下，背面突出；叶柄细长，长 0.7~1.8 厘米，淡红色。伞房状聚伞花序顶生，微扁平，宽 5~8 厘米，被浅褐色短柔毛；总花梗长 3~4 厘米，被淡红褐色贴生短柔毛；花小，白色，直径 6 毫米；花萼裂片 4，卵状至长圆状舌形，长 2.5~4 毫米；雄蕊 4 枚，与花瓣互生，长 4~6.5 毫米，伸出花外，花丝线形，白色；花盘垫状，边缘波状；花柱圆柱形，长 1.8~3 毫米，柱头盘状扁头形，稍宽于花柱，略有 4 浅裂，子房下位，花托倒卵形，密被灰色及浅褐色贴生短柔毛；花梗细圆柱形。核果近于球形，直径 4 毫米，黑色，疏被贴生短柔毛；核骨质，扁球形。花期 6 月，果期 9 月。南太行分布于海拔 1200 米以上的杂木林中。

180 山茱萸 | *Cornus officinalis*　　山茱萸科　山茱萸属

落叶乔木或灌木，高 4~10 米。叶对生，纸质，卵状披针形或卵状椭圆形，长 5.5~10 厘米，先端渐尖，基部宽楔形或近于圆形，全缘，正面绿色，无毛，背面浅绿色，稀被白色贴生短柔毛，脉腋密生淡褐色丛毛，中脉在正面明显，背面突起，近于无毛，侧脉 6~7 对，弓形内弯；叶柄细圆柱形，长 0.6~1.2 厘米。伞形花序生于枝侧，总苞片 4，卵形，厚纸质至革质，带紫色，两侧略被短柔毛，开花后脱落；总花梗粗壮，长约 2 毫米，微被灰色短柔毛；花小，两性，先叶开放；花萼裂片 4，与花盘等长或稍长，无毛；花瓣 4，舌状披针形，黄色，向外反卷；雄蕊 4 枚，与花瓣互生，花丝钻形；花盘垫状，无毛；子房下位，柱头截形；花梗纤细。核果长椭圆形，长 1.2~1.7 厘米，直径 5~7 毫米，红至紫红色；核骨质，狭椭圆形。花期 3—4 月，果期 9—10 月。南太行分布于海拔 500 米以上丘陵、山区。生于灌丛、荒地荒坡、沟谷。丘陵区有栽培。本种（包括川鄂山茱萸）的果实称"萸肉"，俗名枣皮，可供药用，味酸涩，性微温，为收敛性强壮药，有补肝肾、止汗的功效。

181 省沽油 | *Staphylea bumalda*　　省沽油科　省沽油属

落叶灌木，高约2米，稀达5米。树皮有纵棱；复叶对生，有长柄，柄长2.5~3厘米，具3小叶；小叶椭圆形、卵圆形或卵状披针形，长4.5（3.5）~8厘米，先端锐尖，具尖尾，尖尾长约1厘米，基部楔形或圆形，边缘有细锯齿，齿尖具尖头，正面无毛，背面青白色，主脉及侧脉有短毛；中间小叶柄长5~10毫米，两侧小叶柄长1~2毫米。圆锥花序顶生，直立，花白色；萼片长椭圆形，浅黄白色，花瓣5，白色，倒卵状长圆形，较萼片稍大，长5~7毫米；雄蕊5枚，与花瓣略等长。蒴果膀胱状，扁平，2室，先端2裂。种子黄色，有光泽。花期4—5月，果期8—9月。南太行海拔600米以上有分布。生于路旁、山地或丛林中。种子油可制肥皂及油漆。茎皮可做纤维。种子含油率17.57%。

182 膀胱果 | *Staphylea holocarpa*　　省沽油科　省沽油属

落叶灌木或小乔木，高3（10）米。幼枝平滑，具3小叶，小叶近革质，无毛，长圆状披针形至狭卵形，长5~10厘米，基部钝，先端突渐尖，正面淡白色，边缘有硬细锯齿，侧脉10，有网脉，侧生小叶近无柄，顶生小叶具长柄，柄长2~4厘米。广展的伞房花序，长5厘米或更长，花白色或粉红色，在叶后开放。蒴果3裂，梨形膨大，长4~5厘米，宽2.5~3厘米，基部狭，顶平截。种子近椭圆形，灰色，有光泽。花期4—5月，果期8—9月。南太行海拔600米以上有分布。

183 君迁子 | *Diospyros lotus*   柿科 柿属

落叶乔木，高可达 30 米，胸高直径可达 1.3 米。树冠近球形或扁球形；树皮深裂或不规则的厚块状剥落；嫩枝通常淡灰色，平滑或有时有黄灰色短柔毛。叶近膜质，椭圆形至长椭圆形，长 5~13 厘米，先端渐尖或急尖，基部钝，宽楔形以至近圆形，正面深绿色，有光泽，背面绿色或粉绿色，有柔毛，中脉在背面平坦或下陷，有微柔毛，在背面突起，侧脉纤细，每边 7~10 条，小脉很纤细，连接呈不规则的网状；叶柄长 7~15（18）毫米，正面有沟。雄花 1~3 朵腋生，簇生，近无梗，长约 6 毫米；花萼钟形，4 裂，裂片卵形；花冠壶形，带红色或淡黄色，长约 4 毫米，4 裂，裂片近圆形，边缘有睫毛；雄蕊 16 枚，每 2 枚连生成对；花药披针形；雌花单生，几无梗，淡绿色或带红色；花萼 4 裂，深裂至中部，裂片卵形，长约 4 毫米，先端急尖，边缘有睫毛；花冠壶形，长约 6 毫米，4 裂，偶有 5 裂，裂片近圆形，长约 3 毫米，反曲；退化雄蕊 8 枚，着生花冠基部，长约 2 毫米；子房除顶端外无毛，8 室；花柱 4。果近球形或椭圆形，直径 1~2 厘米，初熟时为淡黄色，后则变为蓝黑色，8 室。种子长圆形；宿存萼 4 裂，深裂至中部，裂片卵形，长约 6 毫米，先端钝圆。花期 5—6 月，果期 10—11 月。南太行丘陵、山区广布。阳性树种，能耐半荫，枝叶多呈水平伸展，抗寒、抗旱的能力较强，也耐瘠薄的土壤，生长较速，寿命较长。成熟果实可供食用，又可供制糖、酿酒、制醋。果实、嫩叶均可供提取维生素 C。未熟果实可提制柿漆，供医药和涂料用。木材质硬，耐磨损，可做纺织木梭、雕刻、小用具等；材色淡褐，纹理美丽，可制作精美家具和文具。树皮可供提制栲胶和制人造棉。

184 锐齿鼠李 | *Rhamnus arguta*

鼠李科　鼠李属

灌木或小乔木，高 2~3 米。树皮灰褐色；小枝常对生或近对生，稀兼互生，暗紫色或紫红色，光滑无毛，枝端有时具针刺。叶薄纸质或纸质，近对生或对生，或兼互生，在短枝上簇生，卵状心形或卵圆形，稀近圆形或椭圆形，长 1.5~6（8）厘米，顶端钝圆或突尖，基部心形或圆形，边缘具密锐锯齿，侧脉每边 4~5 条，两面稍突起，无毛，叶柄长 1~3（4）厘米，带红色或红紫色，正面有小沟，多少有疏短柔毛。花单性，雌雄异株，4 基数，具花瓣；雄花 10~20 枚簇生于短枝顶端或长枝下部叶腋，花梗长 8~12 毫米；雌花数朵簇生于叶腋，花梗长达 2 厘米，子房球形，3~4 室，花柱 3~4 裂。核果球形或倒卵状球形，直径 6~7 毫米，基部有宿存的萼筒，具 3~4 个分核，成熟时黑色；果梗长 1.3~2.3 厘米，无毛。花期 5—6 月，果期 6—9 月。南太行海拔 600 米以上广布。种子榨油，可做润滑油。茎叶及种子熬成液汁可做杀虫剂。

185 冻绿 | *Rhamnus utilis*

鼠李科　鼠李属

灌木或小乔木，高达 4 米。幼枝无毛，小枝褐色或紫红色，稍平滑，对生或近对生，枝端常具针刺。叶纸质，对生或近对生，或在短枝上簇生，椭圆形、矩圆形或倒卵状椭圆形，长 4~15 厘米，顶端突尖或锐尖，基部楔形或稀圆形，边缘具细锯齿或圆齿状锯齿，正面无毛，背面沿脉或脉腋有金黄色柔毛，侧脉每边通常 5~6 条，两面均突起，具明显的网脉，叶柄长 0.5~1.5 厘米；托叶披针形，常具疏毛，宿存。花单性，雌雄异株，4 基数，具花瓣；花梗长 5~7 毫米，无毛；雄花数朵簇生于叶腋，或 10~30 朵聚生于小枝下部，有退化的雌蕊；雌花 2~6 朵簇生于叶腋或小枝下部；退化雄蕊小，花柱较长，2 浅裂或半裂。核果圆球形或近球形，成熟时黑色，基部有宿存的萼筒。花期 4—6 月，果期 5—8 月。南太行平原、山区有分布。生于荒地荒坡、沟谷、林缘、灌丛。种子油可做润滑油。果实、树皮及叶可制黄色染料。

186 卵叶鼠李 | *Rhamnus bungeana*　　　　鼠李科　鼠李属

　　小灌木，高达 2 米。小枝对生或近对生，稀兼互生，枝端具紫红色针刺。叶对生或近对生，稀兼互生，或在短枝上簇生，纸质，卵形、卵状披针形或卵状椭圆形，长 1~4 厘米，顶端钝或短尖，基部圆形或楔形，边缘具细圆齿，正面绿色，无毛，背面沿脉或脉腋被白色短柔毛，侧脉每边 2~3 条，两面突起，叶柄长 5~12 毫米，具微柔毛，托叶钻形，短，宿存。花小，黄绿色，单性，雌雄异株，通常 2~3 朵在短枝上簇生或单生于叶腋；萼片宽三角形，顶端尖，外面有短微毛，花瓣小；花梗长 2~3 毫米；雌花有退化的雄蕊，子房球形，花柱 2 浅裂或半裂。核果倒卵状球形或圆球形，直径 5~6 毫米，基部有宿存的萼筒，成熟时紫色或黑紫色。花期 4—5 月，果期 6—9 月。南太行丘陵、山区广布。生于山坡阳处、灌丛中。

187 小叶鼠李 | *Rhamnus parvifolia*　　　　鼠李科　鼠李属

　　灌木，高 1.5~2 米。小枝对生或近对生，稍有光泽，枝端及分叉处有针刺。叶纸质，对生或近对生，稀兼互生，或在短枝上簇生，菱状倒卵形或菱状椭圆形，稀倒卵状圆形或近圆形，长 1.2~4 厘米，顶端钝尖或近圆形，稀突尖，基部楔形或近圆形，边缘具圆齿状细锯齿，正面深绿色，无毛或被疏短柔毛，背面浅绿色，无毛，侧脉每边 2~4 条，两面突起，网脉不明显；叶柄长 4~15 毫米，正面沟内有细柔毛；托叶钻状，有微毛。花单性，雌雄异株，黄绿色，4 基数，有花瓣，通常数个簇生于短枝上；花梗长 4~6 毫米，无毛；雌花花柱 2 半裂。核果倒卵状球形，直径 4~5 毫米，成熟时黑色，基部有宿存的萼筒。花期 4—5 月，果期 6—9 月。南太行丘陵、山区广布。生于山坡杂木林中。

188 皱叶鼠李 | *Rhamnus rugulosa* 鼠李科 鼠李属

灌木，高 1 米以上。当年生枝灰绿色，老枝深红色或紫黑色，互生，枝端有针刺。叶厚纸质，通常互生，或 2~5 在短枝端簇生，倒卵状椭圆形、倒卵形或卵状椭圆形，稀卵形或宽椭圆形，长 3~10 厘米，顶端锐尖或短渐尖，稀近圆形，基部圆形或楔形，边缘有钝细锯齿或细浅齿，或下部边缘有不明显的细齿，正面暗绿色，被密或疏短柔毛，背面灰绿色或灰白色，有白色密短柔毛，侧脉每边 5~7（8）条，正面下陷，背面突起；叶柄长 5~16 毫米；托叶长线形。花单性，雌雄异株，黄绿色，被疏短柔毛，4 基数，有花瓣；花梗长约 5 毫米；雄花数朵至 20 朵，雌花 1~10 朵簇生于当年生枝下部或短枝顶端，子房球形，花柱长而扁，3 浅裂或近半裂。核果倒卵状球形或圆球形，直径 4~7 毫米，成熟时紫黑色或黑色，基部有宿存的萼筒。花期 4—5 月，果期 6—9 月。南太行分布于海拔 500 米以上丘陵、山区。生于林缘、灌丛、荒地荒坡。

189 东北鼠李（变种） | *Rhamnus schneideri* var. *manshurica* 鼠李科 鼠李属

长梗鼠李（原变种）。本变种特征：灌木，高 2~3 米；枝互生，幼枝绿色，小枝平滑无毛，有光泽，枝端具针刺。叶纸质或近膜质，互生或在短枝上簇生，椭圆形、倒卵形或卵状椭圆形，长 2~5 厘米，宽 1.5~2.5 厘米，顶端突尖、短渐尖或渐尖，基部楔形或近圆形，边缘有圆齿状锯齿，正面绿色，被短毛，背面无毛，侧脉每边 3~4（5）条；叶柄长 6~15 毫米；托叶条形，脱落。花单性，雌雄异株，黄绿色；雌花花梗长 6~8 毫米，无毛；萼片披针形，长约 3 毫米，常反折；子房倒卵形。核果倒卵状球形或圆球形。花期 5—6 月，果期 7—10 月。南太行分布于海拔 800 米以上的荒坡、杂木林中。

190 少脉雀梅藤 | *Sageretia paucicostata*   鼠李科　雀梅藤属

直立灌木，高可达 6 米。小枝刺状，对生或近对生。叶纸质，互生或近对生，椭圆形或倒卵状椭圆形，稀近圆形或卵状椭圆形，长 2.5~4.5 厘米，顶端钝或圆形，基部楔形或近圆形，边缘具钩状细锯齿，深绿色，背面黄绿色，无毛，侧脉每边 2~3，稀 4 条，弧状上升，中脉在背面下陷，侧脉稍突起，中脉和侧脉在背面突起，网脉多少明显；叶柄长 4~6 毫米。花无梗或近无梗，黄绿色，无毛，单生或 2~3 朵簇生，排成疏散穗状或穗状圆锥花序，常生于侧枝顶端或小枝上部叶腋；萼片稍厚，三角形，顶端尖；花瓣匙形，短于萼片，顶端微凹；雄蕊稍长于花瓣；柱头头状，3 浅裂。核果倒卵状球形或圆球形，长 5~8 毫米，直径 4~6 毫米，成熟时黑色或黑紫色，具 3 分核。花期 5~9 月，果期 7—10 月。南太行海拔 600 米以上广布。生于山坡或山谷灌丛或疏林中。

191 北枳椇 | *Hovenia dulcis*   鼠李科　枳椇属

高大乔木，稀灌木，高 10 余米。叶纸质或厚膜质，卵圆形、宽矩圆形或椭圆状卵形，长 7~17 厘米，顶端短渐尖或渐尖，基部截形，少有心形或近圆形，边缘有不整齐的锯齿或粗锯齿，稀具浅锯齿，无毛或仅背面沿脉被疏短柔毛；叶柄长 2~4.5 厘米，无毛。花黄绿色，直径 6~8 毫米，排成不对称的顶生，稀兼腋生的聚伞圆锥花序；花序轴和花梗均无毛；萼片卵状三角形，无毛，长 2.2~2.5 毫米；花瓣倒卵状匙形，长 2.4~2.6 毫米；花盘边缘被柔毛；子房球形，花柱 3 浅裂，无毛。浆果状核果近球形，直径 6.5~7.5 毫米，无毛，成熟时黑色。花期 5~7 月，果期 8~10 月。南太行山区有分布。肥大的果序轴含丰富的糖，可生食、酿酒、制醋和熬糖。木材细致坚硬，可供建筑和制精细用具。

192 多花勾儿茶 | *Berchemia floribunda*　　　　鼠李科　勾儿茶属

藤状或直立灌木。幼枝黄绿色，光滑无毛。叶纸质，上部叶较小，卵形或卵状椭圆形至卵状披针形，长 4~9 厘米，顶端锐尖，下部叶较大，椭圆形至矩圆形，长达 11 厘米，顶端钝或圆形，稀短渐尖，基部圆形，正面绿色，无毛，背面干时栗色，无毛，侧脉每边 9~12 条，两面稍突起；叶柄长 1~2 厘米，无毛；托叶狭披针形，宿存。花多数，通常数朵簇生排成顶生宽聚伞圆锥花序，或下部兼腋生聚伞总状花序，花序长可达 15 厘米；花梗长 1~2 毫米；萼三角形，顶端尖；花瓣倒卵形，雄蕊与花瓣等长。核果圆柱状椭圆形，直径 4~5 毫米，有时顶端稍宽，基部有盘状的宿存花盘；果梗长 2~3 毫米，无毛。花期 7—10 月，果期翌年 4—7 月。南太行分布于海拔 700 米以上山区。生于林缘林下、沟谷、路旁。

193 酸枣（变种）| *Ziziphus jujuba* var. *spinosa*　　　　鼠李科　枣属

与枣（原变种）的区别：灌木。叶较小。核果小，近球形或短矩圆形，直径 0.7~1.2 厘米，具薄的中果皮，味酸，核两端钝，与上述的变种显然不同。花期 6—7 月，果期 8—9 月。南太行平原、山区广布。常生于向阳、干燥的山坡、丘陵、岗地或平原。酸枣的种子酸枣仁入药，有镇定安神的功效，主治神经衰弱、失眠等症。果实肉薄，含有丰富的维生素 C，可生食或制作果酱。花芳香多蜜腺，为华北地区的重要蜜源植物之一。枝具锐刺，常用作绿篱。

194 白杜 | *Euonymus maackii*　　卫矛科　卫矛属

小乔木，高达6米。叶卵状椭圆形、卵圆形或窄椭圆形，长4~8厘米，先端长渐尖，基部阔楔形或近圆形，边缘具细锯齿，有时极深而锐利；叶柄通常细长，常为叶的1/4~1/3，但有时较短。聚伞花序具花3至数朵，花序梗略扁，长1~2厘米；花4数，淡白绿色或黄绿色，直径约8毫米；小花梗长2.5~4毫米；雄蕊花药紫红色，花丝细长，长1~2毫米。蒴果倒圆心状，4浅裂，长6~8毫米，直径9~10毫米，成熟后果皮粉红色。种子长椭圆形，直径约4毫米，种皮棕黄色，假种皮橙红色，全包种子，成熟后顶端常有小口。花期5—6月，果期9月。南太行海拔1000米以上有分布。

195 纤齿卫矛 | *Euonymus giraldii*　　卫矛科　卫矛属

落叶匍匐灌木，高达3米。叶对生，纸质，卵形、宽卵形或长卵形，稀长圆状倒卵形或椭圆形，长3~7厘米，先端渐尖或稍钝，基部宽楔形或近圆，具细密浅锯齿或纤毛状深锯齿，侧脉4~6对；叶柄长3~5毫米。聚伞花序有3~5分枝，分枝长1.5~3厘米，花序梗长3~5厘米；花瓣4数，淡绿色，有时稍带紫色，直径0.6~1厘米；萼片、花瓣近圆形；子房有长约1毫米的短花柱。果序柄长达9厘米，蒴果长方扁圆状，直径8~12毫米，有4翅，翅基与果体等高。花期5—9月，果期8—11月。南太行分布于海拔800米以上山区。生于林缘、灌丛、路旁。

196 卫矛 | *Euonymus alatus*　　　卫矛科　卫矛属

灌木，高1~3米。小枝常具2~4列宽阔木栓翅。叶卵状椭圆形或窄长椭圆形，长2~8厘米，边缘具细锯齿，两面光滑无毛；叶柄长1~3毫米。聚伞花序具花1~3朵；花序梗长约1厘米，小花梗长5毫米；花白绿色，直径约8毫米，花瓣4，近圆形；萼片半圆形；雄蕊花丝极短。蒴果1~4深裂，裂瓣椭圆状，长7~8毫米。种子椭圆状，种皮褐色或浅棕色，假种皮橙红色，全包种子。花期5—6月，果期7—10月。南太行广布。生于山坡、沟地边沿。带栓翅的枝条可作中药，名鬼箭羽。

197 栓翅卫矛 | *Euonymus phellomanus*　　　卫矛科　卫矛属

灌木，高3~4米。枝条硬直，常具4纵列木栓厚翅，在老枝上宽5~6毫米。叶长椭圆形或略呈椭圆倒披针形，长6~11厘米，宽2~4厘米，先端窄长渐尖，边缘具细密锯齿；叶柄长8~15毫米。聚伞花序2~3次分枝，具花7~15朵；花序梗长10~15毫米，第一次分枝长2~3毫米，第二次分枝极短或近无；小花梗长达5毫米；花白绿色，直径约8毫米，4数；雄蕊花丝长2~3毫米；花柱短，长1~1.5毫米，柱头圆钝不膨大。蒴果4棱，倒圆心状，长7~9毫米，直径约1厘米，粉红色。种子椭圆状，长5~6毫米，直径3~4毫米，种脐、种皮棕色，假种皮橘红色，包被种子全部。花期7月，果期9—10月。南太行山区广布。生于山谷林中。

198 石枣子 | *Euonymus sanguineus*　　卫矛科　卫矛属

灌木，高达 8 米。叶厚纸质至近革质，卵形、卵状椭圆形或长方椭圆形，长 4~9 厘米，宽 2.5~4.5 厘米，先端短渐尖或渐尖，基部阔楔形或近圆形，常稍平截，叶缘具细密锯齿；叶柄长 5~10 毫米。聚伞花序具长梗，梗长 4~6 厘米，顶端有 3~5 细长分枝，除中央枝单生花，其余常具一对 3 花小聚伞；小花梗长 8~10 毫米；花白绿色，4 数，直径 6~7 毫米。蒴果扁球状，直径约 1 厘米，4 翅略呈三角形，长 4~6 毫米，先端略窄而钝。花期 4—6 月，果期 7—8 月。南太行分布于海拔 900 米以上山区。生于林缘林下、灌丛、沟谷。

199 苦皮藤 | *Celastrus angulatus*　　卫矛科　南蛇藤属

藤状灌木。小枝常具 4~6 纵棱，皮孔密生。叶大，近革质，长方阔椭圆形、阔卵形或圆形，长 7~17 厘米，先端圆阔，中央具尖头，侧脉 5~7 对，在叶面明显突起，两面光滑；叶柄长 1.5~3 厘米；托叶丝状，早落。聚伞圆锥花序顶生，下部分枝长于上部分枝，略呈塔锥形，长 10~20 厘米，花序轴及小花轴光滑或被锈色短毛；小花梗较短，关节在顶部；花萼镊合状排列，三角形至卵形；花瓣长方形，边缘不整齐；花盘肉质，浅盘状或盘状，5 浅裂；雄蕊着生花盘之下；雌蕊长 3~4 毫米，子房球状，柱头反曲。蒴果近球状，直径 8~10 毫米。种子椭圆状，长 3.5~5.5 毫米，直径 1.5~3 毫米。花期 5—6 月，果期 7—8 月。南太行海拔 800 米以上广布。生于山地丛林及山坡灌丛中。树皮纤维可供造纸及人造棉原料。果皮及种子含油脂，可供工业用。根皮及茎皮为杀虫剂和灭菌剂。

200 南蛇藤 | *Celastrus orbiculatus*　　卫矛科　南蛇藤属

木质藤本。小枝光滑无毛。叶通常阔倒卵形、近圆形或长方椭圆形，长 5~13 厘米，先端圆阔，具有小尖头，基部阔楔形到近钝圆形，边缘具锯齿，两面光滑无毛，侧脉 3~5 对；叶柄细长 1~2 厘米。聚伞花序腋生，间有顶生，花序长 1~3 厘米，具花 1~3 朵，稀 1~2 朵，小花梗关节在中部以下或近基部；雄花萼片钝三角形；花瓣倒卵椭圆形或长方形；花盘浅杯状，裂片浅，顶端圆钝；雄蕊长 2~3 毫米；雌花花冠较雄花窄小，花盘稍深厚，肉质；子房近球状，花柱长约 1.5 毫米，柱头 3 深裂，裂端再 2 浅裂。蒴果近球状，直径 8~10 毫米。花期 5—6 月，果期 7—10 月。南太行广布。本种的成熟果实作中药合欢花用。树皮可制优质纤维。种子含油率 50%。

201 长序南蛇藤 | *Celastrus vaniotii*　　卫矛科　南蛇藤属

木质藤本。小枝光滑。叶卵形、长方卵形或长方椭圆形，长 6~12 厘米，先端短渐尖，稀窄急尖，基部圆形，稀阔楔形，边缘具内弯锯齿，齿端具腺状短尖，侧脉 6~7 对，两面稍突起，光滑；叶柄长 1~1.7 厘米。顶生花序长 6~18 厘米，单歧分枝，每一分枝顶端有一小聚伞，腋生花序较短；花萼裂片较浅，具腺状缘毛；花瓣倒卵长方形或近倒卵形，长 3~3.5 毫米，宽 1.5~2 毫米；花盘浅杯状，裂片宽而圆；雄蕊长度稍短至近等长于花冠；在雌花中退化雄蕊长约 1 毫米，雌蕊长 3.5 毫米，子房近球状，花柱粗壮，在雄花中退化雌蕊长仅 1 毫米。蒴果近球状，直径约 8 毫米，果皮内面具棕色小斑点。花期 5—7 月，果期 9 月。南方树种。南太行海拔 800 米以上偶有分布。生于山坡林缘、沟谷林下。

202 元宝槭 | *Acer truncatum*　　　　无患子科　槭属

落叶乔木，高 8~10 米。树皮灰褐色或深褐色，深纵裂。小枝无毛，当年生枝绿色。叶纸质，长 5~10 厘米，常 5 裂，稀 7 裂，基部截形稀近于心脏形；裂片三角卵形或披针形，先端锐尖或尾状锐尖，边缘全缘，有时中央裂片的上段再 3 裂；裂片间的凹缺锐尖或钝尖，正面深绿色，背面淡绿色；主脉 5 条，在正面显著，在背面微突起；侧脉在正面微显著，在背面显著；叶柄长 3~5 厘米，无毛。花黄绿色，杂性，雄花与两性花同株，常成无毛的伞房花序，长 5 厘米，直径 8 厘米；总花梗长 1~2 厘米；萼片 5，黄绿色，长圆形，先端钝形；花瓣 5，长圆倒卵形，长 5~7 毫米；雄蕊 8 枚，着生于花盘的内缘；子房嫩时有黏性，无毛，花柱短，无毛，2 裂，柱头反卷，微弯曲；花梗细瘦，长约 1 厘米，无毛。翅果嫩时淡绿色，成熟时淡黄色或淡褐色，常成下垂的伞房果序；小坚果压扁状；翅长圆形，两侧平行，宽 8 毫米，常与小坚果等长，稀稍长，张开呈锐角或钝角。花期 4 月，果期 8 月。南太行分布于海拔 700 米以上山区。生于沟谷、山坡阔叶林中。常作为行道树、庭院栽植，也用于山区造林。

203 茶条槭 | *Acer ginnala*　　无患子科　槭属

落叶灌木或小乔木，高 5~6 米。树皮粗糙、微纵裂，当年生枝绿色或紫绿色，多年生枝淡黄色或黄褐色。叶纸质，基部圆形、截形或略近于心脏形，叶长圆卵形或长圆状椭圆形，长 6~10 厘米，常较深的 3~5 裂；中央裂片锐尖或狭长锐尖，侧裂片通常钝尖，向前伸展，各裂片的边缘均具不整齐的钝尖锯齿；正面深绿色，无毛，背面淡绿色，近于无毛，主脉和侧脉均在背面较在正面为显著；叶柄长 4~5 厘米。伞房花序长 6 厘米，无毛，具数朵花；花梗细瘦。花杂性，雄花与两性花同株；萼片 5，卵形，黄绿色；花瓣 5，长圆卵形白色，较长于萼片；雄蕊 8 枚，与花瓣近等长；子房密被长柔毛（在雄花中不发育）。果实黄绿色或黄褐色；小坚果嫩时被长柔毛，脉纹显著，长 8 毫米，宽 5 毫米；翅连同小坚果长 2.5~3 厘米，宽 8~10 毫米，中段较宽或两侧近于平行，张开近于直立或呈锐角。花期 5 月，果期 10 月。南太行分布于海拔 900 米以上山区。生于林缘、沟谷、山坡阔叶林中。园林植物配置常用。

204 青榨槭 | *Acer davidii*　　无患子科　槭属

落叶乔木，高 10~15 米，稀达 20 米。树皮常纵裂呈蛇皮状。小枝细瘦，圆柱形，无毛；当年生嫩枝紫绿色或绿褐色，具很稀疏的皮孔，多年生的老枝黄褐色或灰褐色。叶纸质，长圆卵形或近于长圆形，长 6~14 厘米，先端锐尖或渐尖，常有尖尾，基部近于心脏形或圆形，边缘具不整齐的钝圆齿；正面深绿色，无毛，背面淡绿色；主脉在正面显著，在背面突起，侧脉 11~12 对，呈羽状，在正面微现，在背面显著；叶柄细瘦，长 2~8 厘米。花黄绿色，杂性，雄花与两性花同株，成下垂的总状花序，顶生于着叶的嫩枝，开花与嫩叶的生长大约同时，雄花的花梗长 3~5 毫米，通常 9~12 朵，常成长 4~7 厘米的总状花序；两性花的花梗长 1~1.5 厘米，通常 15~30 朵，常成长 7~12 厘米的总状花序；花瓣 5，倒卵形，先端圆形，与萼片等长；雄蕊 8 枚，无毛，在雄花中略长于花瓣，在两性花中不发育，子房被红褐色的短柔毛，柱头反卷。翅果嫩时淡绿色，成熟后黄褐色；翅宽 1~1.5 厘米，连同小坚果共长 2.5~3 厘米，展开呈钝角或近水平。花期 4 月，果期 9 月。南太行分布于海拔 1100 米以上山区。生于林缘、草地、沟谷、山坡阔叶林中。本种生长迅速，树冠整齐，可用为绿化和造林树种。树皮纤维较长，含丹宁，可提制栲胶，作工业原料。

205 栾 | *Koelreuteria paniculata*   无患子科 栾属

落叶乔木或灌木。小枝具疣点,与叶轴、叶柄均被皱曲的短柔毛或无毛。叶丛生于当年生枝上,平展,一回、不完全二回或偶有二回羽状复叶,长可达50厘米;小叶11(7)~18,无柄或具极短的柄,对生或互生,纸质,卵形或阔卵形至卵状披针形,长5(3)~10厘米,顶端短渐尖或短渐尖,基部钝至近截形,边缘有不规则的钝锯齿,齿端具小尖头,有时近基部的齿疏离呈缺刻状,或羽状深裂达中肋而形成二回羽状复叶,正面仅中脉上散生皱曲的短柔毛,背面在脉腋具髯毛,有时小叶背面被茸毛。聚伞圆锥花序长25~40厘米,密被微柔毛,分枝长而广展,在末次分枝上的聚伞花序具花3~6朵,密集呈头状;苞片狭披针形,被小粗毛;花淡黄色,稍芬芳;花梗长2.5~5毫米;萼裂片卵形,边缘具腺状缘毛,呈啮蚀状;花瓣4,开花时向外反折,线状长圆形,长5~9毫米,瓣爪长1~2.5毫米,被长柔毛,瓣片基部的鳞片初时黄色,开花时橙红色,参差不齐的深裂,被疣状皱曲的毛;雄蕊8枚,在雄花中的长7~9毫米,雌花中的长4~5毫米,花丝下半部密被白色、开展的长柔毛;花盘偏斜,有圆钝小裂片。蒴果圆锥形,具3棱,长4~6厘米,顶端渐尖,果瓣卵形,外面有网纹。种子近球形。花期6—8月,果期9—10月。南太行广布。生于山坡杂木林或灌丛中。耐寒、耐旱,常栽培作庭院观赏树。木材黄白色,易加工,可制家具。叶可做蓝色染料。花供药用,亦可做黄色染料。

206 刺楸 | *Kalopanax septemlobus*　　　五加科　刺楸属

落叶乔木，最高可达 30 米。树皮暗灰棕色；小枝淡黄棕色或灰棕色，散生粗刺；刺基部宽阔扁平，在苗壮枝上的长 1 厘米，宽 1.5 厘米以上。叶纸质，在长枝上互生，在短枝上簇生，圆形或近圆形，直径 9~25 厘米，掌状 5~7 浅裂，裂片阔三角状卵形至长圆状卵形，长不及叶的 1/2，苗壮枝上的叶分裂较深，裂片长超过叶的 1/2，先端渐尖，基部心形，正面深绿色，无毛或几无毛，背面淡绿色，幼时疏生短柔毛，边缘有细锯齿，放射状主脉 5~7 条，两面均明显；叶柄细长，长 8~50 厘米，无毛。圆锥花序大，长 15~25 厘米，直径 20~30 厘米；伞形花序直径 1~2.5 厘米，具花数朵；总花梗细长，长 2~3.5 厘米，无毛；花梗细长，无关节，长 5~12 毫米；花白色或淡绿黄色；萼无毛，长约 1 毫米，边缘有 5 小齿；花瓣 5，三角状卵形，长约 1.5 毫米；雄蕊 5 枚；花丝长 3~4 毫米；子房 2 室，花盘隆起；花柱合生呈柱状，柱头离生。果实球形，直径约 5 毫米，蓝黑色；宿存花柱长 2 毫米。花期 7—10 月，果期 9—12 月。南太行沁阳云台有分布。多生于阳性森林、灌木林中和林缘，水湿丰富、腐殖质较多的密林，向阳山坡，甚至岩质山地也能生长。除野生种外，也有栽培种植。木材纹理美观，有光泽，易加工，可供建筑、家具、车辆、乐器、雕刻、箱筐等用。根皮为民间草药，有清热祛痰、收敛镇痛的功效。嫩叶可食。树皮及叶含鞣酸，可提制栲胶。种子可榨油，供工业用。

207 直穗小檗 | *Berberis dasystachya*

小檗科 小檗属

落叶灌木,高2~3米。老枝圆柱形,黄褐色,具稀疏小疣点,幼枝紫红色;茎刺单一,长5~15毫米,有时缺如或偶有3分叉,长达4厘米。叶纸质,长圆状椭圆形、宽椭圆形或近圆形,长3~6厘米,宽2.5~4厘米,先端钝圆,基部骤缩,稍下延,呈楔形、圆形或心形,正面暗黄绿色,中脉和侧脉微隆起,背面黄绿色,中脉明显隆起,两面网脉显著,无毛,叶缘平展,每边具25~50细小刺齿;叶柄长1~4厘米。总状花序直立,具花15~30朵,长4~7厘米,包括总梗长1~2厘米,无毛;花梗4~7毫米;花黄色;小苞片披针形,长约2毫米,宽约0.5毫米,萼片2轮,外萼片披针形,长约3.5毫米,宽约2毫米,内萼片倒卵形,长约5毫米,宽约3毫米,基部稍呈爪状;花瓣倒卵形,长约4毫米,宽约2.5毫米,先端全缘,基部缢缩呈爪状,具2个分离长圆状椭圆形腺体;雄蕊长约2.5毫米,药隔先端不延伸,平截;胚珠1~2枚。浆果椭圆形,直径5~5.5毫米,红色,顶端无宿存花柱,不被白粉。花期4—6月,果期6—9月。山西晋城、运城有分布。生于向阳山地灌丛中、山谷溪旁、林缘林下。根皮及茎皮含小檗碱,可供药用。

208 中国黄花柳 | *Salix sinica*　　　　杨柳科　柳属

灌木或小乔木。当年生幼枝有柔毛，后无毛，小枝红褐色。叶形多变化，一般为椭圆形、椭圆状披针形、椭圆状菱形、倒卵状椭圆形，稀披针形，长3.5~6厘米，先端短渐尖或急尖，基部楔形或圆楔形，幼叶有毛，后无毛，正面暗绿色，背面发白色，多全缘，并常有皱纹，背面常被茸毛，边缘有不规整的牙齿；叶柄有毛；托叶半卵形至近肾形。花先叶开放；雄花序无梗，宽椭圆形至近球形，长2~2.5厘米，粗1.8~2厘米，开花顺序，自上往下；雄蕊2枚，离生，花丝细长，长约6毫米；苞片椭圆状卵形或微倒卵状披针形，长约3毫米，深褐色，两面被白色长毛；雌花序短圆柱形，长2.5~3.5厘米，粗7~9毫米，无梗，子房狭圆锥形，有毛；花柱短，柱头2裂，苞片椭圆状披针形，长约2.5毫米，深褐色，两面密被白色长毛。蒴果线状圆锥形，长达6毫米，果柄与苞片几等长。花期4月下旬，果期5月下旬。南太行海拔1000米以上有分布。生于湿润的山坡。

209 皂柳 | *Salix wallichiana*　　　　杨柳科　柳属

灌木或乔木。小枝红褐色、黑褐色或绿褐色，初有毛后无毛。叶披针形、长圆状披针形、卵状长圆形、狭椭圆形，长4~8（10）厘米，先端急尖至渐尖，基部楔形至圆形，正面初有丝毛，后无毛，平滑，背面有平伏的绢质短柔毛或无毛，浅绿色至有白霜，网脉不明显，幼叶发红色；全缘；叶柄长约1厘米，托叶小比叶柄短，半心形，边缘有牙齿。花序先叶开放或近同时开放，无花序梗；雄花序长1.5~2.5（3）厘米，粗1~1.3（1.5）厘米；雄蕊2枚，花药大，椭圆形，花丝纤细，离生；苞片赭褐色或黑褐色，长圆形或倒卵形，先端急尖，两面有白色长毛或外面毛少；雌花序圆柱形，或向上部渐狭（下部花先开放），长2.5~4厘米，粗1~1.2厘米，果序可伸长至12厘米，粗1.5厘米；子房狭圆锥形，密被短柔毛，有的果柄可与苞片近等长，柱头直立，2~4裂；苞片长圆形，先端急尖，赭褐色，有长毛。蒴果长可达9毫米，有毛或近无毛，开裂后，果瓣向外反卷。花期4月中下旬至5月初，果期5月。南太行高海拔区（山西南）有分布。生于山谷溪流旁、林缘或山坡。枝条可编筐篓。木材可制木箱。根入药，治风湿性关节炎。

210 榔榆 | *Ulmus parvifolia*　　　　　　榆科　榆属

落叶乔木，或冬季叶变为黄色或红色，宿存至第二年新叶开放后脱落，高达 25 米。树冠广圆形；裂成不规则鳞状薄片剥落，露出红褐色内皮；当年生枝密被短柔毛，深褐色。叶质地厚，披针状卵形或窄椭圆形，稀卵形或倒卵形，中脉两侧长宽不等，长 2.5~5 厘米，先端尖或钝，基部偏斜，楔形或一边圆，叶面深绿色，有光泽，无毛，侧脉不凹陷，叶背色较浅，幼时被短柔毛，边缘从基部至先端有钝而整齐的单锯齿，稀重锯齿（如萌发枝的叶），侧脉每边 10~15 条，细脉在两面均明显，叶柄长 2~6 毫米。花秋季开放，3~6 朵在叶腋簇生或排成簇状聚伞花序，花被上部杯状，下部管状，花被片 4，深裂至杯状花被的基部或近基部，花梗极短。翅果椭圆形或卵状椭圆形，长 10~13 毫米，宽 6~8 毫米，除顶端缺口柱头面被毛外，余处无毛；果翅稍厚，基部的柄长约 2 毫米，两侧的翅较果核部分为窄；果核部分位于翅果的中上部，上端接近缺口，花被片脱落或残存；果梗较管状花被为短，长 1~3 毫米，有疏生短毛。花果期 8—10 月。南太行生于平原、丘陵、山坡及谷地。喜光，耐干旱，在酸性、中性及碱性土上均能生长，但以气候温暖及拥有土壤肥沃、排水良好的中性土壤为最适宜的生境。边材淡褐色或黄色，心材灰褐色或黄褐色，材质坚韧，纹理直，耐水湿，可供家具、车辆、造船、器具、农具、油榨、船橹等用。树皮纤维纯细，杂质少，可作蜡纸及人造棉原料，或用于织麻袋、编绳索；亦供药用。可选作造林树种。

211 脱皮榆 | *Ulmus lamellosa*　　　　　　榆科　榆属

落叶小乔木，高 8~12 米。树皮灰色或灰白色，不断的裂成不规则薄片脱落；幼枝密生伸展的腺状毛或柔毛，淡绿色或向阳面带淡紫红色；小枝上无扁平而对生的木栓翅，在萌生枝的基部有时具周围膨大且不规则纵裂的木栓层。托叶条状披针形，被毛，早落；叶倒卵形，长 5~10 厘米，先端尾尖或骤突，基部楔形或圆，稍偏斜，叶正面粗糙，密生硬毛或有毛迹，叶背面微粗糙，幼时密生短毛，脉腋有簇生毛，中脉近基部与叶柄被伸展的腺状毛或柔毛，边缘兼有单锯齿与重锯齿，叶柄长 3~8 毫米，幼时上面密生短毛。花常自混合芽抽出，春季与叶同时开放。翅果常散生于新枝的近基部，稀 2~4 枚簇生于去年生枝上，圆形至近圆形，两面及边缘有密毛，长 2.5~3.5 厘米，宽 2~2.7 厘米，顶端凹，缺裂先端内曲，柱头喙状，柱头面密生短毛，基部近对称或微偏斜；子房柄较短，果核位于翅果的中部；宿存花被钟状，被短毛，花被片 6，边缘有长毛，残存的花丝明显伸出花被；果梗长 3~4 毫米，密生伸展的腺状毛与柔毛。花期 3—4 月，果期 4—5 月。南太行山区有分布。

212 旱榆 | *Ulmus glaucescens*　　　　　　榆科　榆属

落叶乔木或灌木，高可达 18 米。树皮浅纵裂；幼枝多少被毛，当年生枝无毛或有毛，小枝无木栓翅及膨大的木栓层；冬芽卵圆形或近球形，内部芽鳞有毛，边缘密生锈褐色或锈黑色之长柔毛。叶卵形、菱状卵形、椭圆形、长卵形或椭圆状披针形，长 2.5~5 厘米，先端渐尖至尾状渐尖，基部偏斜，楔形或圆形，两面光滑无毛，边缘具钝而整齐的单锯齿或近单锯齿，侧脉每边 6~12（14）条；叶柄长 5~8 毫米，上面被短柔毛。花自混合芽抽出，散生于新枝基部或近基部，或自花芽抽出，3~5 数在去年生枝上呈簇生状。翅果椭圆形或宽椭圆形，稀倒卵形、长圆形或近圆形，长 2~2.5 厘米，宽 1.5~2 厘米，除顶端缺口柱头面有毛外，余处无毛；果翅较厚；果核部分较两侧之翅内宽，位于翅果中上部，上端接近或微接近缺口；宿存花被钟形，无毛，上端 4 浅裂，裂片边缘有毛；果梗长 2~4 毫米，密被短毛。花果期 3—5 月。南太行丘陵、山区都有分布。生于向阳山坡。耐干旱、寒冷，可作西北地区荒山造林及防护林树种。木材坚实、耐用，可制器具、农具、家具等。

213 大果榉 | *Zelkova sinica*　　　　　　榆科　榉属

乔木，高达 20 米，胸径达 60 厘米。树皮灰白色，呈块状剥落；一年生枝褐色或灰褐色，被灰白色柔毛，以后渐脱落。叶纸质或厚纸质，卵形或椭圆形，长 3（1.5）~5（8）厘米，宽 1.5（1）~2.5（3.5）厘米，先端渐尖或尾状渐尖，稀急尖，基部圆或宽楔形，有的稍偏斜，叶正面绿，幼时疏生粗毛，后脱落变光滑，叶背面淡绿，除在主脉上疏生柔毛和脉腋有簇毛外，其余光滑无毛，边缘具浅圆齿状或圆齿状锯齿，侧脉 6~10 对；叶柄长 4~10 毫米，被灰色柔毛；托叶膜质，褐色，披针状条形，长 5~7 毫米。雄花 1~3 朵腋生，直径 2~3 毫米，花被 5~7 裂，裂至近中部，裂片卵状矩圆形，外面被毛，在雄蕊基部有白色细曲柔毛；雌花单生于叶腋，花被裂片 5~6，外面被细毛，子房外面被细毛。核果不规则的倒卵状球形，直径 5~7 毫米，顶端微偏斜，几乎不凹陷，表面光滑无毛，除背腹脊隆起外几乎无突起的网脉；果梗长 2~3 毫米，被毛。花期 4 月，果期 8—9 月。南太行海拔 800 米以上有分布。生于山谷、溪旁及较湿润的山坡疏林中。秋叶变成褐红色，是优良的观叶树种。木材致密坚硬，可供家具、桥梁、车辆、造船和各类工艺品等用。

214 臭檀吴萸 | *Evodia daniellii*　　芸香科　吴茱萸属

乔木，高可达20米。叶5~11，纸质，有时颇薄，阔卵形或卵状椭圆形，长6~15厘米，顶部长渐尖或短尖，基部圆或阔楔形，有时一侧略偏斜，叶缘有细钝裂齿，叶面中脉被疏短毛，叶背中脉两侧被长柔毛或仅脉腋有丛毛，嫩叶有时两面被疏柔毛；小叶柄长2~6毫米。伞房状聚伞花序，花序轴及分枝被灰白色或棕黄色柔毛，花蕾近圆球形；萼片及花瓣均5；萼片卵形；花瓣长约3毫米；雄花的退化雌蕊圆锥状，被毛；雌花的退化雄蕊约为子房长的1/4，鳞片状。分果瓣紫红色，长5~6毫米，背部无毛，两侧面被疏短毛，顶端有长1~2.5（3）毫米的芒尖，内、外果皮均较薄。种子卵形，褐黑色，有光泽。花期6—8月，果期9—11月。南太行海拔900米以上广布。生于山地疏或密林中，或灌木丛中。深根性、喜阳光的冬季落叶树。木材的心边材略分明，心材灰棕色，有光泽，纹理美观，比重0.55，适作家具及细工用材。

215 竹叶花椒 | *Zanthoxylum armatum*　　芸香科　花椒属

落叶小乔木，高3~5米。茎枝多锐刺，小叶背面中脉上常有小刺，仅叶背基部中脉两侧有丛状柔毛。小叶3~9，稀11，翼叶明显，稀有痕迹；小叶对生，通常披针形，长3~12厘米，宽1~3厘米，两端尖，有时基部宽楔形，干后叶缘略向背卷，叶面稍粗皱；有时为卵形，叶缘有甚小且疏离的裂齿，或近于全缘，仅在齿缝处或沿小叶边缘有油点；小叶柄甚短或无柄。花序近腋生或同时生于侧枝之顶，长2~5厘米，具花30朵以内；花被片6~8，形状与大小几相同，长约1.5毫米；雄花的雄蕊5~6枚；不育雌蕊垫状突起，顶端2~3浅裂；雌花有心皮2~3枚，背部近顶侧各有1油点，花柱斜向背弯，不育雄蕊短线状。果紫红色，有微突起少数油点，单个分果瓣直径4~5毫米。种子直径3~4毫米，褐黑色。花期4~5月，果期8—10月。南太行丘陵、山区广布。生于低丘陵坡地。根、茎、叶、果及种子均可入药，祛风散寒，行气止痛，治风湿性关节炎、牙痛、跌打肿痛。可做驱虫剂及醉鱼剂。

216 楸 | *Catalpa bungei*　　　　　紫葳科　梓属

小乔木，高 8~12 米。叶三角状卵形或卵状长圆形，长 6~15 厘米，宽达 8 厘米，顶端长渐尖，基部截形，阔楔形或心形，有时基部具有 1~2 牙齿，叶正面深绿色，叶背面无毛；叶柄长 2~8 厘米。顶生伞房状总状花序，具花 2~12 朵；花萼蕾时圆球形，2 唇开裂，顶端有 2 尖齿；花冠淡红色，内面具有 2 黄色条纹及暗紫色斑点，长 3~3.5 厘米。蒴果线形，长 25~45 厘米，宽约 6 毫米。种子狭长椭圆形，长约 1 厘米，宽约 2 毫米，两端生长毛。花期 5—6 月，果期 6—10 月。喜温暖向阳坡地。性喜肥土，生长迅速，树干通直，木材坚硬，为良好的建筑用材。栽培作观赏树、行道树，用根蘖繁殖。花可炒食，叶可喂猪。茎皮、叶、种子可入药；果实味苦性凉，清热利尿，主治尿路结石、尿路感染、热毒疮，孕妇忌用。

217 梓 | *Catalpa ovata*　　　　紫葳科　梓属

乔木，高达 15 米。树冠伞形，主干通直，嫩枝具稀疏柔毛。叶对生或近于对生，有时轮生，阔卵形，长宽近相等，长约 25 厘米，顶端渐尖，基部心形，全缘或浅波状，常 3 浅裂，正面及背面均粗糙，微被柔毛或近于无毛，侧脉 4~6 对，基部掌状脉 5~7 条；叶柄长 6~18 厘米。顶生圆锥花序；花序梗微被疏毛，长 12~28 厘米；花萼蕾时圆球形，2 唇开裂，长 6~8 毫米；花冠钟状，淡黄色，内面具 2 黄色条纹及紫色斑点，长约 2.5 厘米，直径约 2 厘米；能育雄蕊 2 枚，花丝插生于花冠筒上，花药叉开；退化雄蕊 3 枚；子房上位，棒状；花柱丝形，柱头 2 裂。蒴果线形，下垂，长 20~30 厘米，粗 5~7 毫米。种子长椭圆形。花期 5—6 月，果期 8—10 月。南太行分布于海拔 700 米以上山区。生于阔叶杂木林中。嫩叶可食。叶或树皮可做农药，可杀稻螟、稻飞虱。果实（梓实）入药，有显著利尿作用，治肾脏病、肾气膀胱炎、肝硬化、腹水。根皮（梓白皮）亦可入药，消肿毒，外用煎洗治疥疮。

第二部分

园林栽培植物

常绿树种

218 枸骨 | *Ilex cornuta*   冬青科 冬青属

常绿灌木或小乔木。小枝粗，具纵沟，沟内被微柔毛。叶二型，四角状长圆形，先端宽三角形、有硬刺齿，或长圆形、卵形及倒卵状长圆形，全缘，长 4~9 厘米，先端具尖硬刺，反曲，基部圆或平截，具 1~3 对刺齿，无毛，侧脉 5~6 对；叶柄长 4~8 毫米，被微柔毛。花序簇生叶腋，花 4 基数，淡黄绿色；雄花花梗长 5~6 毫米，无毛；花萼径 2.5 毫米，裂片疏被微柔毛；花瓣长圆状卵形，长 3~4 毫米；雄蕊与花瓣几等长；退化子房近球形；雌花花梗长 8~9 毫米，花萼与花瓣同雄花；退化雄蕊长为花瓣的 4/5。果球形，直径 0.8~1 厘米，熟时红色，宿存柱头盘状。花期 4—5 月，果期 10—12 月。果实秋冬红色，供庭院观赏。根、枝叶和果入药，根有滋补强壮、活络、清风热、祛风湿的功效；枝叶用于治疗肺痨咳嗽、劳伤失血、腰膝痿弱、风湿痹痛；果实用于治疗阴虚身热、淋浊、崩带、筋骨疼痛等症。种子含油，可作肥皂原料。树皮可制作染料和提取栲胶。木材软韧，可用做牛鼻栓。

219 雀舌黄杨 | *Buxus bodinieri*   黄杨科 黄杨属

灌木，高 3~4 米。枝圆柱形；小枝四棱形。叶薄革质，通常匙形，亦有狭卵形或倒卵形，大多数中部以上最宽，长 2~4 厘米，先端圆或钝，往往有浅凹口或小尖突，基部狭长楔形，有时急尖，叶正面绿色，光亮，叶背面苍灰色，中脉两面突出，侧脉极多，在两面或仅叶面显著，与中脉呈 50°~60°。叶面中脉下半段大多数被微细毛；叶柄长 1~2 毫米。花序腋生，头状，长 5~6 毫米，花密集，花序轴长约 2.5 毫米；苞片卵形，背面无毛，或有短柔毛；雄花约 10 朵，花梗长仅 0.4 毫米，萼片卵圆形，长约 2.5 毫米，雄蕊连花药长 6 毫米；雌花外萼片长约 2 毫米，内萼片长约 2.5 毫米，受粉期间，子房长 2 毫米，无毛；花柱长 1.5 毫米，略扁，柱头倒心形，下延达花柱 1/3~1/2 处。蒴果卵形，长 5 毫米，宿存花柱直立，长 3~4 毫米。花期 2 月，果期 5—8 月。常绿灌木，城市绿化时常做绿篱。

220 海桐 | *Pittosporum tobira*　　海桐科　海桐属

常绿灌木或小乔木，高达 6 米。叶聚生于枝顶，二年生，革质，嫩时两面有柔毛，以后变秃净，倒卵形或倒卵状披针形，长 4~9 厘米，正面深绿色、发亮，先端圆形或钝，常微凹入或为微心形，基部窄楔形，侧脉 6~8 对，在靠近边缘处相结合，网脉稍明显，网眼细小，全缘，干后反卷；叶柄长达 2 厘米。伞形花序或伞房状伞形花序顶生或近顶生，密被黄褐色柔毛，花梗长 1~2 厘米；苞片披针形，长 4~5 毫米；小苞片长 2~3 毫米，均被褐毛。花白色，有芳香，后变黄色；萼片卵形，长 3~4 毫米，被柔毛；花瓣倒披针形，长 1~1.2 厘米，离生；雄蕊二型，退化雄蕊的花丝长 2~3 毫米；正常雄蕊的花丝长 5~6 毫米；花药长圆形，黄色；子房长卵形，密被柔毛。蒴果圆球形，有棱或呈三角形，直径 12 毫米，多少有毛。花期 5 月，果期 6~10 月。城市多为栽培供观赏。

221 夹竹桃 | *Nerium oleander*　　夹竹桃科　夹竹桃属

常绿直立大灌木，高达 5 米。嫩枝条具棱。叶 3~4 轮生，下枝为对生，窄披针形，顶端急尖，基部楔形，叶缘反卷，长 11~15 厘米，叶正面深绿，无毛，叶背面浅绿色，有多数洼点；中脉在叶正面陷入，在叶背面突起，侧脉两面扁平，纤细，密生而平行，每边达 120 条，直达叶缘；叶柄扁平，基部稍宽，长 5~8 毫米。聚伞花序顶生，具花数朵；总花梗长约 3 厘米，被微毛；花梗长 7~10 毫米；苞片披针形，长 7 毫米；花芳香；花萼 5 深裂，红色，披针形，长 3~4 毫米，外面无毛，内面基部具腺体；花冠深红色或粉红色，栽培演变有白色或黄色，花冠为单瓣呈 5 裂时；花冠漏斗状，长和直径约 3 厘米，其花冠筒圆筒形，上部扩大呈钟形，长 1.6~2 厘米，花冠喉部具 5 宽鳞片状副花冠，每片其顶端撕裂，并伸出花冠喉部之外，花冠裂片倒卵形，顶端圆形，长 1.5 厘米；花冠为重瓣呈 15~18 枚时，裂片组成 3 轮，内轮为漏斗状，外面 2 轮为辐状；雄蕊着生在花冠筒中部以上；花丝短，被长柔毛；花药箭头状，内藏，与柱头连生；无花盘。花期几乎全年，夏秋为最盛；果期一般在冬春季，栽培很少结果。常在公园、风景区、道路旁或河旁、湖旁周围栽培。花大、艳丽、花期长，常作观赏植物；用插条、压条繁殖，极易成活。茎皮纤维为优良混纺原料。种子含油率约为 58.5%，可榨油供制润滑油。叶、树皮、根、花、种子均含有多种配醣体，毒性极强，人、畜误食能致死。叶、茎皮可提制强心剂，但有毒，用时需慎重。

222 女贞 | *Ligustrum lucidum*　　　木樨科　女贞属

灌木或乔木，高可达25米。叶常绿，革质，卵形、长卵形或椭圆形至宽椭圆形，长6~17厘米，先端锐尖至渐尖或钝，基部圆形或近圆形，有时宽楔形或渐狭，叶缘平坦，正面光亮，两面无毛，中脉在正面凹入，背面突起，侧脉4~9对；叶柄长1~3厘米。圆锥花序顶生，长8~20厘米，宽8~25厘米；花序梗长0~3厘米；花序轴及分枝轴无毛，紫色或黄棕色，果时具棱；花序基部苞片常与叶同型，小苞片披针形或线形，长0.5~6厘米，凋落；花无梗或近无梗，长不超过1毫米；花萼无毛，齿不明显或近截形；花冠长4~5毫米，花冠管长1.5~3毫米，裂片长2~2.5毫米，反折，花丝长1.5~3毫米；花柱长1.5~2毫米，柱头棒状。果肾形或近肾形，直径4~6毫米，深蓝黑色，成熟时呈红黑色，被白粉；果梗长0~5毫米。花期5—7月，果期7月至翌年5月。分布于长江以南至华南、西南地区。北方城市重要的绿化树种。种子油可制肥皂。花可提取芳香油。果含淀粉，可供酿酒或制酱油。枝、叶上放养白蜡虫，能生产白蜡，可供工业及医药用。果入药称女贞子，为强壮剂；叶药用，具有解热镇痛的功效。植株可作丁香、桂花的砧木或行道树。

223 小叶女贞 | *Ligustrum quihoui*　　　木樨科　女贞属

半常绿灌木，高1~3米。叶薄革质，形状和大小变异较大，披针形、长圆状椭圆形、椭圆形或倒卵状长圆形至倒披针形或倒卵形，长1~4（5.5）厘米，宽0.5~2（3）厘米，先端锐尖、钝或微凹，基部狭楔形至楔形，叶缘反卷，正面深绿色，背面淡绿色，两面无毛，中脉在正面凹入，背面突起，侧脉2~6对，不明显，在正面微凹入，背面略突起，近叶缘处网结不明显；叶柄长0~5毫米，无毛或被微柔毛。圆锥花序顶生，近圆柱形，长4~15（22）厘米，分枝处常有一对叶状苞片；小苞片卵形，具睫毛；花萼无毛，长1.5~2毫米，萼齿宽卵形或钝三角形；花冠长4~5毫米，花冠管长2.5~3毫米，裂片卵形或椭圆形，长1.5~3毫米，先端钝；雄蕊伸出裂片外，花丝与花冠裂片近等长或稍长。果倒卵形、宽椭圆形或近球形，长5~9毫米，直径4~7毫米，呈紫黑色。花期5—7月，果期8—11月。重要的园林绿化用灌木。叶入药，具清热解毒等功效，可治烫伤、外伤。树皮入药可治烫伤。

224 木樨 | *Osmanthus fragrans*　　木樨科　木樨属

常绿乔木或灌木，高3~5米，最高可达18米。叶革质，椭圆形、长椭圆形或椭圆状披针形，长7~14.5厘米，先端渐尖，基部渐狭呈楔形或宽楔形，全缘或通常上半部具细锯齿，两面无毛，腺点在两面连成小水泡状突起，中脉在正面凹入，背面突起，侧脉6~8对，多达10对，在正面凹入，背面突起；叶柄长0.8~1.2厘米，最长可达15厘米，无毛。聚伞花序簇生于叶腋，或近于房状，每腋内具花多朵；苞片宽卵形，质厚，具小尖头，无毛；花梗细弱，无毛；花极芳香；花萼长约1毫米，裂片稍不整齐；花冠黄白色、淡黄色、黄色或橘红色，长3~4毫米；雄蕊着生于花冠管中部；雌蕊长约1.5毫米，花柱长约0.5毫米。果歪斜，椭圆形，长1~1.5厘米，呈紫黑色。花期9月至10月上旬，果期翌年3月。原产于我国西南部。现各地广泛栽培。花为名贵香料，可做食品香料。

225 火棘 | *Pyracantha fortuneana*　　蔷薇科　火棘属

常绿灌木，高达3米。侧枝短，先端呈刺状，嫩枝外被锈色短柔毛，老枝暗褐色，无毛。叶倒卵形或倒卵状长圆形，长1.5~6厘米，先端圆钝或微凹，有时具短尖头，基部楔形，下延连于叶柄，边缘有钝锯齿，齿尖向内弯，近基部全缘，两面皆无毛；叶柄短，无毛或嫩时有柔毛。花集成复伞房花序，直径3~4厘米，花梗和总花梗近于无毛，花梗长约1厘米；花直径约1厘米；萼筒钟状，无毛；萼片三角卵形，先端钝；花瓣白色，近圆形，长约4毫米，宽约3毫米；雄蕊20枚，花丝长3~4毫米，花药黄色；花柱5，离生，与雄蕊等长；子房上部密生白色柔毛。果实近球形，直径约5毫米，橘红色或深红色。花期3—5月，果期8—11月。城市栽培做绿篱。果实磨粉可做代食品。

226 石楠 | *Photinia serratifolia*   蔷薇科 石楠属

常绿灌木或小乔木，高 4~6 米，有时可达 12 米。枝褐灰色，无毛；冬芽卵形，鳞片褐色，无毛。叶革质，长椭圆形、长倒卵形或倒卵状椭圆形，长 9~22 厘米，先端尾尖，基部圆形或宽楔形，边缘有疏生具腺细锯齿，近基部全缘，正面光亮，幼时中脉有茸毛，成熟后两面皆无毛，中脉显著，侧脉 25~30 对；叶柄粗壮，长 2~4 厘米，幼时有茸毛，以后无毛。复伞房花序顶生，直径 10~16 厘米；总花梗和花梗无毛，花梗长 3~5 毫米；花密生，直径 6~8 毫米；萼筒杯状，长约 1 毫米，无毛；萼片阔三角形，长约 1 毫米，先端急尖，无毛；花瓣白色，近圆形，直径 3~4 毫米，内外两面皆无毛；雄蕊 20 枚，外轮较花瓣长，内轮较花瓣短，花药带紫色；花柱 2，有时为 3，基部合生，柱头头状，子房顶端有柔毛。果实球形，直径 5~6 毫米，红色，后成褐紫色。花期 4—5 月，果期 10 月。

227 红叶石楠 | *Photinia* × *fraseri*   蔷薇科 石楠属

常绿小乔木或灌木，乔木高可达 5 米、灌木高可达 2 米。树冠为圆球形。叶革质，长圆形至倒卵状、披针形，叶端渐尖，叶基楔形，叶缘有带腺的锯齿。花多而密，复伞房花序，花白色。梨果黄红色。花期 5—7 月，果期 9—10 月。广泛应用于城市园林绿化。本种具圆形树冠；叶丛浓密，嫩叶红色；花白色、密生；冬季果实红色，鲜艳瞩目，北方重要的园林观叶树种。木材坚密，可制车轮及器具柄。叶和根供药用为强壮剂、利尿剂，有镇静解热等作用；又可做土农药防治蚜虫，并对马铃薯病菌孢子发芽有抑制作用。种子榨油可供制油漆、肥皂或润滑油。可作枇杷的砧木，用石楠嫁接的枇杷寿命长，耐瘠薄土壤，生长强壮。

228 枇杷 | *Eriobotrya japonica* 蔷薇科　枇杷属

常绿小乔木，高可达10米。小枝粗壮，黄褐色，密生锈色或灰棕色茸毛。叶革质，披针形、倒披针形、倒卵形或椭圆长圆形，长12~30厘米，先端急尖或渐尖，基部楔形或渐狭成叶柄，上部边缘有疏锯齿，基部全缘，正面光亮，多皱，背面密生灰棕色茸毛，侧脉11~21对；叶柄短或几无柄，长6~10毫米，有灰棕色茸毛；托叶钻形，长1~1.5厘米，先端急尖，有毛。圆锥花序顶生，长10~19厘米，具多花；总花梗和花梗密生锈色茸毛；花梗长2~8毫米；苞片钻形，长2~5毫米，密生锈色茸毛；花直径12~20毫米；萼筒浅杯状，长4~5毫米，萼片三角卵形，长2~3毫米，先端急尖，萼筒及萼片外面有锈色茸毛；花瓣白色，长圆形或卵形，长5~9毫米，宽4~6毫米，基部具爪，有锈色茸毛；雄蕊20枚，远短于花瓣，花丝基部扩展；花柱5，离生，柱头头状，无毛，子房顶端有锈色柔毛。果实球形或长圆形，直径2~5厘米，黄色或橘黄色，外有锈色柔毛，不久脱落。花期10—12月，果期翌年5—6月。美丽的观赏树木和果树。果味甘酸，可供生食和做蜜饯、酿酒。叶晒干去毛，可供药用，有化痰止咳、和胃降气的功效。木材红棕色，可做木梳、手杖、农具柄等。

229 珊瑚树 | *Viburnum odoratissimum* 荚蒾科　荚蒾属

常绿灌木或小乔木，高达10（15）米。叶革质，椭圆形至矩圆形或矩圆状倒卵形至倒卵形，长7~20厘米，顶端短尖至渐尖而钝头，基部宽楔形，稀圆形，边缘上部有不规则浅波状锯齿或近全缘，正面深绿色有光泽，两面无毛或脉上散生簇状微毛，脉腋常有集聚簇状毛和趾蹼状小孔，侧脉5~6对，弧形，近缘前互相网结，连同中脉背面突起而显著；叶柄长1~2（3）厘米。圆锥花序顶生或生于侧生短枝上，宽尖塔形，长6（3.5）~13.5厘米，宽4.5（3）~6厘米，总花梗长可达10厘米，扁，有淡黄色小瘤状突起；苞片长不足1厘米；花芳香，通常生于序轴的第二至第三级分枝上，无梗或有短梗；萼筒筒状钟形，长2~2.5毫米，无毛，萼檐碟状，齿宽三角形；花冠白色，后变黄白色，有时微红，辐状，直径约7毫米，筒长约2毫米，裂片反折，圆卵形，顶端圆，长2~3毫米；雄蕊略超出花冠裂片；柱头头状，不高出萼齿。果实先红色后变黑色，卵圆形或卵状椭圆形，直径5~6毫米。花期4—5月（有时不定期开花），果熟期7—9月。为常见栽培的绿化树种。木材可作细工的原料。根和叶入药，广东民间以鲜叶捣烂外敷，治跌打肿痛和骨折；亦可做兽药，治牛、猪感冒发热和跌打损伤。

230 花叶青木（变种） | *Aucuba japonica* var. *variegata*

丝缨花科　桃叶珊瑚属

青木（原变种）。本变种特征：常绿灌木，高1~1.5米。枝、叶对生，革质，长椭圆形、卵状长椭圆形，稀阔披针形，长8~20厘米，宽5~12厘米，先端渐尖，基部近于圆形或阔楔形，正面亮绿色，背面淡绿色，叶有大小不等的黄色或淡黄色斑点。花期3—4月，果期至翌年4月。城市公园及庭院中常引种栽培为观赏植物。

231 冬青卫矛 | *Euonymus japonicus*

卫矛科　卫矛属

常绿灌木。高达3米；小枝具4棱。叶对生，革质，倒卵形或椭圆形，长3~5厘米，先端圆钝，基部楔形，具浅细钝齿，侧脉5~7对；叶柄长约1厘米。聚伞花序2~3次分枝，具花5~12朵；花序梗长2~5厘米；花白绿色，直径5~7毫米；花萼裂片半圆形；花瓣近卵圆形；花盘肥大，直径约3毫米；花丝长1.5~4毫米，常弯曲；子房每室2枚胚珠，着生中轴顶部。蒴果近球形，直径约8毫米，熟时淡红色。花期6—7月，果熟期9—10月。本种最先于日本发现、引入栽培，人类居住区均有栽培。用于栽培观赏或做绿篱。

五加科

232 八角金盘 | *Fatsia japonica*　　　五加科　八角金盘属

常绿灌木。幼枝、叶和花序密被的绵状绒毛，过后脱落。叶柄10~30厘米；叶近圆形，宽7~9厘米，革质，具7~9深裂。花序聚生为伞形花序，再组成顶生圆锥花序；主轴20~40厘米；花序梗10~15厘米；伞形花序直径3~4厘米，具多数花；花梗1~1.5毫米；花萼边缘具小齿；花瓣卵形，长3~4毫米；子房具心皮5枚；花柱5，离生，长约1.5毫米。果实球状，直径约5毫米。花期10—11月，果期翌年4月。耐阴植物，是极佳的室内观赏植物，也是乔木林下极好的配置灌木。

小檗科

233 阔叶十大功劳 | *Mahonia bealei*　　　小檗科　十大功劳属

灌木或小乔木，高0.5~4（8）米。叶狭倒卵形至长圆形，长27~51厘米，具4~10对小叶，最下一对小叶距叶柄基部0.5~2.5厘米，正面暗灰绿色，背面被白霜，有时淡黄绿色或苍白色，两面叶脉不显；小叶厚革质，硬直，自叶下部往上小叶渐次变长而狭，最下一对小叶卵形，长1.2~3.5厘米，具1~2粗锯齿，往上小叶近圆形至卵形或长圆形，长2~10.5厘米，基部阔楔形或卵形，偏斜，有时心形，边缘每边具2~6粗锯齿，先端具硬尖，顶生小叶较大，长7~13厘米，具柄，长1~6厘米。总状花序直立，通常3~9朵簇生；芽鳞卵形至卵状披针形；花梗长4~6厘米；苞片阔卵形或卵状披针形，先端钝；花黄色；外萼片卵形，中萼片椭圆形，内萼片长圆状椭圆形；花瓣倒卵状椭圆形，长6~7毫米，基部腺体明显，先端微缺；雄蕊长3.2~4.5毫米；子房长圆状卵形，长约3.2毫米，花柱短。浆果卵形，长约1.5厘米，直径1~1.2厘米，深蓝色，被白粉。花期9月至翌年1月，果期3—5月。叶形奇特，典雅美观，盆栽植株可供室内陈设，因其耐阴性能良好，可长期在室内散射光条件下养植，在庭院中亦可栽于假山旁侧或石缝中。花性凉，味甘。根、茎性寒，味苦。含小檗碱、药根碱、木兰花碱等。果实有毒，不能食用。根、茎、叶可入药，有清热解毒、消肿、止泻的功效。

234 南天竹 | *Nandina domestica*　　　　　　小檗科　南天竹属

常绿小灌木。茎常丛生而少分枝，高1~3米，光滑无毛，幼枝常为红色，老后呈灰色。叶互生，集生于茎的上部，三回羽状复叶，长30~50厘米；二至三回羽片对生；小叶薄革质，椭圆形或椭圆状披针形，长2~10厘米，顶端渐尖，基部楔形，全缘，正面深绿色，冬季变红色，背面叶脉隆起，两面无毛；近无柄。圆锥花序直立，长20~35厘米；花小，白色，具芳香，直径6~7毫米；萼片多轮，向内各轮渐大，最内轮萼片卵状长圆形；花瓣长圆形，长约4.2毫米，先端圆钝；雄蕊6枚。浆果球形，直径5~8毫米，熟时鲜红色，稀橙红色，果柄长4~8毫米。花期3—6月，果期5—11月。根、叶具有强筋活络、消炎解毒的功效，果为镇咳药，但过量有中毒之虞。各地庭院常有栽培，为优良观赏植物。

235 樟 | *Camphora officinarum*　　　　　　樟科　樟属

常绿大乔木，高可达30米。树冠广卵形；枝、叶及木材均有樟脑气味；树皮有不规则的纵裂。叶互生，卵状椭圆形，长6~12厘米，先端急尖，基部宽楔形至近圆形，边缘全缘，软骨质，有时呈微波状，正面绿色或黄绿色，有光泽，背面黄绿色或灰绿色，灰暗，两面无毛或背面幼时略被微柔毛，具离基3出脉，有时过渡到基部具不显的5脉，中脉两面明显，上部每边有侧脉1~5(7)条，基生侧脉向叶缘一侧有少数支脉，侧脉及支脉脉腋正面明显隆起背面有明显腺窝，窝内常被柔毛；叶柄纤细，长2~3厘米，腹凹背凸，无毛。圆锥花序腋生，长3.5~7厘米，具梗，总梗长2.5~4.5厘米，与各级序轴均无毛；花绿白或带黄色，长约3毫米；花梗长1~2毫米，无毛；花被外面无毛或被微柔毛，内面密被短柔毛，花被筒倒锥形，长约1毫米，花被裂片椭圆形，长约2毫米；能育雄蕊9枚，退化雄蕊3枚，位于最内轮；子房球形，长约1毫米，无毛；花柱长约1毫米。果卵球形或近球形，直径6~8毫米，紫黑色。花期4—5月，果期8—11月。目前北方已有引种。木材及根、枝、叶嗅之有强烈的樟脑气味；木髓带红。

樟科

236 棕榈 | *Trachycarpus fortunei* 棕榈科　棕榈属

乔木，高 3~10 米或更高。树干圆柱形，被不易脱落的老叶柄基部和密集的网状纤维，除非人工剥除，否则不能自行脱落，裸露树干直径 10~15 厘米甚至更粗。叶呈 3/4 圆形或者近圆形，深裂成 30~50 具皱折的线状剑形，宽 2.5~4 厘米，长 60~70 厘米的裂片，裂片先端具短 2 裂或 2 齿，硬挺甚至顶端下垂；叶柄长 75~80 厘米或甚至更长，两侧具细圆齿，顶端有明显的戟突。花序粗壮，多次分枝，从叶腋抽出，通常是雌雄异株；雄花序长约 40 厘米，具有 2~3 个分枝花序，下部的分枝花序长 15~17 厘米，一般只二回分枝；雄花无梗，花 2~3 朵密集着生于小穗轴上，也有单生的；黄绿色，卵球形，钝 3 棱；花萼 3，卵状急尖，几分离；花冠约长于花萼 2 倍，花瓣阔卵形，雄蕊 6 枚，花药卵状箭头形；雌花序长 80~90 厘米，花序梗长约 40 厘米，其上有 3 枚佛焰苞包着，具 4~5 个圆锥状的分枝花序，下部的分枝花序长约 35 厘米，二至三回分枝；雌花淡绿色，通常 2~3 朵聚生；花无梗，球形，着生于短瘤突上，萼片阔卵形，3 裂，基部合生，花瓣卵状近圆形，长于萼片的 1/3，退化雄蕊 6 枚。果实阔肾形，有脐，宽 11~12 毫米，高 7~9 毫米，成熟时由黄色变为淡蓝色，有白粉，柱头残留在侧面附近。花期 4 月，果期 12 月。本种在南方各地广泛栽培，主要剥取其棕皮纤维（叶鞘纤维），做绳索、蓑衣、棕、地毯、制刷子和沙发的填充料等。嫩叶经漂白可制扇和草帽。未开放的花苞又称"棕鱼"，可供食用。棕皮及叶柄（棕板）煅炭入药，有止血的功效。果实、叶、花、根等亦可入药。此外，棕榈树形优美，也是庭院绿化的优良树种。

237 竹 | Bambusoideae 禾本科　竹亚科

竹子是我国园林景观中不可缺少的组成部分。它拥有良好的组织集体性、观赏性、空间协调性等特点，广泛地应用在景观设计中。

观花植物

238 紫荆 | *Cercis chinensis*　　　　豆科　紫荆属

丛生或单生灌木，高 2~5 米。树皮和小枝灰白色。叶纸质，近圆形或三角状圆形，长 5~10 厘米，宽与长相等或略短于长，先端急尖，基部浅至深心形，两面通常无毛，嫩叶绿色，仅叶柄略带紫色，叶缘膜质透明，新鲜时明显可见。花紫红色或粉红色，2~10 朵成束，簇生于老枝和主干上，尤以主干上花束较多，越到上部幼嫩枝条的花越少，通常先于叶开放，但嫩枝或幼株上的花则与叶同时开放，花长 1~1.3 厘米；花梗长 3~9 毫米；龙骨瓣基部具深紫色斑纹；子房嫩绿色，花蕾时光亮无毛，后期则密被短柔毛，有胚珠 6~7 枚。荚果扁狭长形，绿色，长 4~8 厘米，宽 1~1.2 厘米，翅宽约 1.5 毫米，先端急尖或短渐尖，喙细而弯曲，基部长渐尖，两侧缝线对称或近对称。种子 2~6 颗，阔长圆形。花期 3—4 月，果期 8—10 月。美丽的木本花卉植物。树皮可入药，有清热解毒、活血行气、消肿止痛的功效，可治产后血气痛、疗疮肿毒、喉痹；花可治风湿筋骨痛。

239 紫穗槐 | *Amorpha fruticosa*　　　　豆科　紫穗槐属

落叶灌木，丛生，高 1~4 米。小枝灰褐色，被疏毛，后变无毛，嫩枝密被短柔毛。叶互生，奇数羽状复叶，长 10~15 厘米，小叶 11~25，基部有线形托叶；叶柄长 1~2 厘米；小叶卵形或椭圆形，长 1~4 厘米，先端圆形、锐尖或微凹，有一短而弯曲的尖刺，基部宽楔形或圆形，正面无毛或被疏毛，背面有白色短柔毛，具黑色腺点。穗状花序常 1 至数个顶生和枝端腋生，长 7~15 厘米，密被短柔毛；花有短梗；苞片长 3~4 毫米；花萼长 2~3 毫米，被疏毛或几无毛，萼齿三角形，较萼筒短；旗瓣心形，紫色，无翼瓣和龙骨瓣；雄蕊 10 枚，下部合生成鞘，上部分裂，包于旗瓣之中，伸出花冠外。荚果下垂，长 6~10 毫米。花果期 5—10 月。栽植于河岸、河堤、沙地、山坡及铁路沿线，有护堤防沙、防风固沙的作用。枝叶可做绿肥、家畜饲料。茎皮可提取栲胶。枝条编制篓筐。果实含芳香油。种子含油率 10%，可作油漆、甘油和润滑油的原料。

240 红花檵木（变种） | *Loropetalum chinense* var. *rubrum*

金缕梅科　檵木属

檵木（原变种）。本变种特征：灌木，多分枝，小枝有星毛。叶革质，卵形，先端尖锐，基部钝，不等侧，正面略有粗毛或秃净，干后暗绿色，无光泽，背面被星毛，全缘；叶柄长 2~5 毫米，有星毛；托叶膜质，三角状披针形，早落。花 3~8 朵簇生，有短花梗，紫红色，比新叶先开放；萼筒杯状，被星毛，萼齿卵形，花后脱落；花瓣 4，带状，长 1~2 厘米，先端圆或钝。蒴果卵圆形，被褐色星状茸毛，萼筒长为蒴果的 2/3。花期 4—5 月，果期 8 月。园林绿化点缀植物。叶用于止血；根及叶用于跌打损伤，有去瘀生新功效。

241 木槿 | *Hibiscus syriacus*

锦葵科　木槿属

落叶灌木，高 3~4 米。小枝密被黄色星状茸毛。叶菱形至三角状卵形，长 3~10 厘米，具深浅不同的 3 裂或不裂，先端钝，基部楔形，边缘具不整齐齿缺，背面沿叶脉微被毛或近无毛；叶柄长 5~25 毫米，被星状柔毛；托叶线形，长约 6 毫米，疏被柔毛。花单生于枝端叶腋间，花梗长 4~14 毫米，被星状短茸毛；小苞片 6~8，线形，长 6~15 毫米，密被星状疏茸毛；花萼钟形，长 14~20 毫米，密被星状短茸毛，裂片 5，三角形；花钟形，淡紫色，直径 5~6 厘米；花瓣倒卵形，长 3.5~4.5 厘米，外面疏被纤毛和星状长柔毛；雄蕊柱长约 3 厘米；花柱枝无毛。蒴果卵圆形，直径约 12 毫米，密被黄色星状茸毛。花期 7—10 月，果期 9—12 月。主供园林观赏用，或做绿篱。茎皮富含纤维，可供造纸原料；入药可治疗皮肤癣疮。

夹竹桃科

242 长春花 | *Catharanthus roseus*　　　夹竹桃科　长春花属

半灌木，高达60厘米。略有分枝，有水液，全株无毛或仅有微毛；茎近方形，有条纹，灰绿色。叶膜质，倒卵状长圆形，长3~4厘米，先端浑圆，有短尖头，基部广楔形至楔形，渐狭而成叶柄；叶脉在叶面扁平，在叶背略隆起，侧脉约8对。聚伞花序腋生或顶生，具花2~3朵；花萼5深裂，内面无腺体或腺体不明显，萼片披针形或钻状渐尖，长约3毫米；花冠红色，高脚碟状，花冠筒圆筒状，长约2.6厘米，内面具疏柔毛，喉部紧缩，具刚毛；花冠裂片宽倒卵形，长和宽约1.5厘米；雄蕊着生于花冠筒的上半部，与柱头离生。蓇葖果双生；外果皮厚纸质，有条纹，被柔毛。花期、果期几乎覆盖全年。植株含长春花碱，可药用，有降低血压的功效；在国外有用来治白血病、淋巴肿瘤、肺癌、茸毛膜上皮癌、血癌和子宫癌等。

蜡梅科

243 蜡梅 | *Chimonanthus praecox*　　　蜡梅科　蜡梅属

落叶灌木，高达4米。幼枝四方形，老枝近圆柱形，灰褐色，无毛或被疏微毛，有皮孔。叶纸质至近革质，卵圆形、椭圆形或宽椭圆形至卵状椭圆形，有时长圆状披针形，长5~25厘米，顶端急尖至渐尖，有时具尾尖，基部急尖至圆形，除叶背脉上被疏微毛外无毛。花着生于第二年生枝条叶腋内，先花后叶，芳香，直径2~4厘米；花被片圆形、长圆形、倒卵形、椭圆形或匙形，长5~20毫米，无毛，内部花被片比外部花被片短，基部有爪；雄蕊长4毫米，花丝比花药长或等长，花药向内弯，无毛，药隔顶端短尖，退化雄蕊长3毫米；心皮基部被疏硬毛，花柱长达子房3倍，基部被毛。果托近木质化，坛状或倒卵状椭圆形，直径1~2.5厘米，口部收缩，并具有钻状披针形的被毛附生物。花期11月至翌年3月，果期4—11月。花芳香美丽，是园林绿化植物。根、叶可药用，理气止痛、散寒解毒，可治跌打、腰痛、风湿麻木、风寒感冒、刀伤出血。花解暑生津，可治心烦口渴、气郁胸闷。花蕾油治烫伤。

244 北美海棠 | *Malus* 'American'　　蔷薇科　苹果属

落叶小乔木，株高 5~7 米，呈圆丘状，或整株直立呈垂枝状。树干颜色为新干棕红色、黄绿色，老干灰棕色，有光泽。花量大，花色多，有白色、粉色、红色、鲜红色，多有香气。果实扁球形，花萼脱落型或不脱落，颜色有红、黄或橙色。花期为 4 月上旬，5 月长出的新叶色彩艳丽；果期 7—8 月，宿存果的观赏期可一直持续到翌年 3—4 月。主要来源于北美地区，中国各地均可引种栽培。抗性强、耐寒、耐瘠薄。观赏价值高，花色、叶色、果色和枝条色彩丰富，是较好的园林观赏树种。

●品种展示 1：

●品种展示 2：

●品种展示 3：

245 垂丝海棠 | *Malus halliana*　　　　蔷薇科　苹果属

小乔木，高达5米。树冠开展；小枝细弱，微弯曲，圆柱形，最初有毛，不久脱落，紫色或紫褐色。叶卵形或椭圆形至长椭卵形，长3.5~8厘米，先端长渐尖，基部楔形至近圆形，边缘有圆钝细锯齿，中脉有时具短柔毛，其余部分均无毛，正面深绿色，有光泽并常带紫晕；叶柄长5~25毫米，幼时被稀疏柔毛，老时近于无毛；托叶小，膜质，披针形，内面有毛，早落。伞房花序具花4~6朵，花梗细弱，长2~4厘米，下垂，有稀疏柔毛，紫色；花直径3~3.5厘米，萼筒外面无毛；萼片三角卵形，长3~5毫米，先端钝，全缘，外面无毛，内面密被茸毛，与萼筒等长或稍短；花瓣倒卵形，长约1.5厘米，基部有短爪，粉红色，常5数以上；雄蕊20~25枚，花丝长短不齐，约等于花瓣的1/2；花柱4或5，较雄蕊为长，基部有长茸毛，顶花有时缺少雌蕊。果实梨形或倒卵形，直径6~8毫米，略带紫色，成熟很迟，萼片脱落；果梗长2~5厘米。花期3—4月，果期9—10月。嫩枝、嫩叶均带紫红色，花粉红色，下垂，早春期间甚为美丽，各地常栽培供观赏用，有重瓣、白花等变种。

246 海棠花 | *Malus spectabilis*　　　　蔷薇科　苹果属

乔木，高可达8米。小枝粗壮，圆柱形，幼时具短柔毛，逐渐脱落，老时红褐色或紫褐色，无毛。叶椭圆形至长椭圆形，长5~8厘米，先端短渐尖或圆钝，基部宽楔形或近圆形，边缘有紧贴细锯齿，有时部分近于全缘，幼嫩时两面具稀疏短柔毛，以后脱落，老叶无毛；叶柄长1.5~2厘米，具短柔毛；托叶膜质，窄披针形，先端渐尖，全缘，内面具长柔毛。花序近伞形，具花4~6朵，花梗长2~3厘米，具柔毛；苞片膜质，披针形，早落；花直径4~5厘米；萼筒外面无毛或有白色茸毛；萼片三角卵形，先端急尖，全缘，外面无毛或偶有稀疏茸毛，内面密被白色茸毛，萼片比萼筒稍短；花瓣卵形，长2~2.5厘米，宽1.5~2厘米，基部有短爪，白色，在芽中呈粉红色；雄蕊20~25枚，花丝长短不等，长约花瓣的1/2；花柱5，稀4，基部有白色茸色，比雄蕊稍长。果实近球形，直径2厘米，黄色，萼片宿存，基部不下陷，梗洼隆起；果梗细长，先端肥厚，长3~4厘米。花期4—5月，果期8—9月。本种为我国著名观赏树种。园艺变种有粉红色重瓣和白色重瓣等品种。

247 湖北海棠 | Malus hupehensis

蔷薇科　苹果属

乔木，高达 8 米。小枝最初有短柔毛，不久脱落，老枝紫色至紫褐色。叶卵形至卵状椭圆形，长 5~10 厘米，先端渐尖，基部宽楔形，稀近圆形，边缘有细锐锯齿，嫩时具稀疏短柔毛，不久脱落无毛，常呈紫红色；叶柄长 1~3 厘米，嫩时有稀疏短柔毛，逐渐脱落；托叶草质至膜质，线状披针形，先端渐尖，有疏生柔毛，早落。伞房花序，具花 4~6 朵；花梗长 3~6 厘米，无毛或稍有长柔毛；苞片膜质，披针形，早落。花直径 3.5~4 厘米；萼筒外面无毛或稍有长柔毛；萼片三角卵形，先端渐尖或急尖，长 4~5 毫米，外面无毛，内面有柔毛，略带紫色，与萼筒等长或稍短；花瓣倒卵形，长约 1.5 厘米，基部有短爪，粉白色或近白色；雄蕊 20 枚，花丝长短不齐，约等于花瓣的 1/2；花柱 3，稀 4，基部有长茸毛，较雄蕊稍长。果实椭圆形或近球形，直径约 1 厘米，黄绿色稍带红晕，萼片脱落；果梗长 2~4 毫米。花期 4—5 月，果期 8—9 月。四川、湖北等地用分根萌蘖作为苹果砧木，容易繁殖，嫁接成活率高。春季满树缀以粉白色花朵，秋季结实累累，甚为美丽，可作观赏树种。

248 西府海棠 | Malus × micromalus

蔷薇科　苹果属

小乔木，高达 2.5~5 米。树枝直立性强；小枝细弱圆柱形，嫩时被短柔毛，老时脱落，紫红色或暗褐色，具稀疏皮孔。叶长椭圆形或椭圆形，长 5~10 厘米，宽 2.5~5 厘米，先端急尖或渐尖，基部楔形，稀近圆形，边缘有尖锐锯齿，嫩叶被短柔毛，背面较密，老时脱落；叶柄长 2~3.5 厘米；托叶膜质，线状披针形，先端渐尖，边缘有疏生腺齿，近于无毛，早落。伞形总状花序具花 4~7 朵，集生于小枝顶端，花梗长 2~3 厘米，嫩时被长柔毛，逐渐脱落；苞片膜质，线状披针形，早落。花直径约 4 厘米；萼筒外面密被白色长茸毛；萼片三角卵形、三角披针形至长卵形，先端急尖或渐尖，全缘，长 5~8 毫米，内面被白色茸毛，外面较稀疏，萼片与萼筒等长或稍长；花瓣近圆形或长椭圆形，长约 1.5 厘米，基部有短爪，粉红色；雄蕊约 20 枚，花丝长短不等，比花瓣稍短；花柱 5，基部具茸毛，约与雄蕊等长。果实近球形，直径 1~1.5 厘米，红色，萼洼梗洼均下陷，萼片多数脱落，少数宿存。花期 4—5 月，果期 8—9 月。常见栽培果树及观赏树。树姿直立，花朵密集。果味酸甜，可供鲜食及加工用。栽培品种很多，果实形状、大小、颜色和成熟期均有差别，所以有热花红、冷花红、铁花红、紫海棠、红海棠、老海红、八棱海棠等名称。华北部分地区用作苹果或花红的砧木，生长良好，比山荆子抗旱力强。

249 贴梗海棠 | *Chaenomeles speciosa*   蔷薇科　木瓜海棠属

落叶灌木，高达 2 米。枝条直立开展，有刺；小枝圆柱形，微屈曲，无毛，紫褐色或黑褐色，有疏生浅褐色皮孔。叶卵形至椭圆形，稀长椭圆形，长 3~9 厘米，先端急尖稀圆钝，基部楔形至宽楔形，边缘具有尖锐锯齿，齿尖开展，无毛；叶柄长约 1 厘米；托叶大形，草质，肾形或半圆形，稀卵形，长 5~10 毫米，边缘有尖锐重锯齿，无毛。花先叶开放，3~5 朵簇生于二年生老枝上；花梗短粗，长约 3 毫米或近于无柄；花直径 3~5 厘米；萼筒钟状，外面无毛；萼片直立，半圆形稀卵形，长 3~4 毫米，长约萼筒的 1/2，先端圆钝，全缘或有波状齿；花瓣倒卵形或近圆形，基部延伸成短爪，长 10~15 毫米，猩红色，稀淡红色或白色；雄蕊 45~50 枚，长约花瓣的 1/2；花柱 5，基部合生，柱头头状，约与雄蕊等长。果实球形或卵球形，直径 4~6 厘米，黄色或带黄绿色，有稀疏不明显斑点，味芳香；萼片脱落，果梗短或近于无梗。花期 3—5 月，果期 9—10 月。各地常见栽培，花色大红、粉红、乳白且有重瓣及半重瓣品种。早春先花后叶，很美丽。枝密多刺可做绿篱。果实含苹果酸、酒石酸、柠檬酸及维生素 C 等，干制后入药，有祛风、舒筋、活络、镇痛、消肿、顺气的功效。

250 木瓜海棠 | *Chaenomeles cathayensis*   蔷薇科　木瓜海棠属

灌木或小乔木，高 5~10 米。树皮呈片状脱落；小枝无刺，圆柱形，幼时被柔毛，紫红色，二年生枝无毛，紫褐色。叶椭圆卵形或椭圆长圆形，稀倒卵形，长 5~8 厘米，先端急尖，基部宽楔形或圆形，边缘有刺芒状尖锐锯齿，齿尖有腺，幼时背面密被黄白色茸毛，不久即脱落无毛；叶柄长 5~10 毫米，微被柔毛，有腺齿；托叶膜质，卵状披针形，先端渐尖，边缘具腺齿，长约 7 毫米。花单生于叶腋，花梗短粗，长 5~10 毫米，无毛；花直径 2.5~3 厘米；萼筒钟状外面无毛；萼片三角披针形，长 6~10 毫米，先端渐尖，边缘有腺齿，外面无毛，内面密被浅褐色茸毛，反折；花瓣倒卵形，淡粉红色；雄蕊多数，长不及花瓣的 1/2；花柱 3~5，基部合生，被柔毛，柱头头状，约与雄蕊等长或稍长。果实长椭圆形，长 10~15 厘米，暗黄色，木质，味芳香，果梗短。花期 4 月，果期 9—10 月。常见栽培供观赏。果实味涩，水煮或浸渍糖液中供食用；入药有解酒、去痰、顺气、止痢的功效。果皮干燥后仍光滑，不皱缩，故有光皮木瓜之称。木材坚硬可做床柱。

251 梅 | *Prunus mume*

蔷薇科　李属

小乔木，稀灌木，高 4~10 米。树皮浅灰色或带绿色，平滑；小枝绿色，光滑无毛。叶卵形或椭圆形，长 4~8 厘米，先端尾尖，基部宽楔形至圆形，叶缘常具小锐锯齿，灰绿色，幼嫩时两面被短柔毛，成长时逐渐脱落，或仅背面脉腋间具短柔毛；叶柄长 1~2 厘米，幼时具毛，老时脱落，常有腺体。花单生或有时 2 朵同生于一芽内，直径 2~2.5 厘米，香味浓，先于叶开放；花梗短，长 1~3 毫米，常无毛；花萼通常红褐色，但有些品种的花萼为绿色或绿紫色；萼筒宽钟形，无毛或有时被短柔毛；萼片卵形或近圆形，先端圆钝；花瓣倒卵形，白色至粉红色；雄蕊短或稍长于花瓣；子房密被柔毛，花柱短或稍长于雄蕊。果实近球形，直径 2~3 厘米，黄色或绿白色，被柔毛，味酸；果肉与核黏贴。核椭圆形，顶端圆形而有小突尖头，基部渐狭呈楔形，两侧微扁，腹棱稍钝，腹面和背棱上均有明显纵沟，表面具蜂窝状孔穴。花期冬春季，果期 5—6 月（在华北地区果期延至 7—8 月）。露地栽培供观赏，还可以栽为盆花，制作梅桩。鲜花可提取香精，花、叶、根和种仁均可入药。果实可食、盐渍、干制，或熏制成乌梅入药，有止咳、止泻、生津、止渴的功效。梅又能抗根线虫危害，可作核果类树种的砧木。

● 品种展示 1：

● 品种展示 2：

第二部分 园林栽培植物·观花植物

●品种展示 3：

●品种展示 4：

●品种展示 5：

252 美人梅 | *Prunus* × *blireana* 'Meiren'　　　　蔷薇科　李属

　　落叶小乔木或灌木。叶卵圆形，长 5~9 厘米，紫红色，卵状椭圆形。花粉红色，着花繁密，1~2 朵着生于长、中及短花枝上，先花后叶。花梗 1.5 厘米；萼筒宽钟状，萼片 5，近圆形至扁圆；重瓣花粉红色，花瓣 15~17，小瓣 5~6，雄蕊多数。自然花期自 3 月中旬花开以后，陆续开放至 4 月中旬。由重瓣粉型梅花与红叶李杂交而成。从法国引进。优良的园林观赏、环境绿化的树种。本种由重瓣粉型梅花与红叶李杂交而成。美人梅属梅花类，作为梅中稀有品种，不仅在于其花色美观、花形和花期，而且还可观赏枝条和叶，一年四季枝条红色、亮红的叶色和美丽的枝条给少花的季节增添了一道亮丽的风景。成长叶和枝条终年鲜紫红色，能抗 −30℃的低温；繁殖可用桃、杏作砧木嫁接成活率在 95% 以上。

253 观赏桃 | *Prunus persica*

蔷薇科 李属

观赏桃是桃经过人工选育形成的观赏树。落叶小乔木。小枝、叶同桃。花色有红、粉、白花；花瓣有单瓣、复瓣和重瓣。花期3—4月。

● 品种展示1：

● 品种展示2：

●品种展示3：

●品种展示4：

●品种展示5：

第二部分 园林栽培植物·观花植物

● 品种展示 6：

● 品种展示 7：

254 东京樱花 | *Prunus* × *yedoensis*　　蔷薇科　李属

乔木，高 4~16 米。树皮灰色。小枝淡紫褐色，无毛，嫩枝绿色，被疏柔毛。叶椭圆卵形或倒卵形，长 5~12 厘米，先端渐尖或骤尾尖，基部圆形，稀楔形，边有尖锐重锯齿，齿端渐尖，有小腺体，正面深绿色，无毛，背面淡绿色，沿脉被稀疏柔毛，有侧脉 7~10 对；叶柄长 1.3~1.5 厘米，密被柔毛，顶端有 1~2 个腺体；托叶披针形，有羽裂腺齿，被柔毛，早落。花序伞形总状，总梗极短，具花 3~4 朵，先叶开放，花直径 3~3.5 厘米；总苞片褐色，椭圆卵形，长 6~7 毫米，两面被疏柔毛；苞片褐色，匙状长圆形，长约 5 毫米，边有腺体；花梗长 2~2.5 厘米，被短柔毛；萼筒管状，长 7~8 毫米，宽约 3 毫米，被疏柔毛；萼片三角状长卵形，长约 5 毫米，先端渐尖，边有腺齿；花瓣白色或粉红色，椭圆卵形，先端下凹，全缘 2 裂；雄蕊约 32 枚，短于花瓣；花柱基部有疏柔毛。核果近球形，直径 0.7~1 厘米，黑色，核表面略具棱纹。花期 4 月，果期 5 月。原产于日本。园艺品种很多，可供观赏用。

● 品种展示 1：

● 品种展示 2：

255 山樱花 | *Prunus serrulata*

蔷薇科　李属

乔木,高 3~8 米。树皮灰褐色或灰黑色。小枝灰白色或淡褐色,无毛。叶卵状椭圆形或倒卵椭圆形,长 5~9 厘米,先端渐尖,基部圆形,边有渐尖单锯齿及重锯齿,齿尖有小腺体,正面深绿色,无毛,背面淡绿色,无毛,有侧脉 6~8 对;叶柄长 1~1.5 厘米,无毛,先端有 1~3 个圆形腺体;托叶线形,长 5~8 毫米,边有腺齿,早落。花序伞房总状或近伞形,具花 2~3 朵;总苞片褐红色,倒卵长圆形,长约 8 毫米,宽约 4 毫米,外面无毛,内面被长柔毛;总梗长 5~10 毫米,无毛;苞片褐色或淡绿褐色,长 5~8 毫米,边有腺齿;花梗长 1.5~2.5 厘米;萼筒管状,长 5~6 毫米,宽 2~3 毫米,先端扩大,萼片三角披针形,长约 5 毫米,先端渐尖或急尖,边全缘;花瓣白色,稀粉红色,倒卵形,先端下凹;雄蕊约 38 枚;花柱无毛。核果球形或卵球形,紫黑色,直径 8~10 毫米。花期 4—5 月,果期 6—7 月。园林俗称"山樱花",早春观花植物,园林常用种。

● 品种展示 1:

● 品种展示 2:

256 日本晚樱（变种） | *Prunus serrulata* var. *lannesiana*　　蔷薇科　李属

与山樱桃（原变种）的区别：叶缘有渐尖重锯齿，齿端有长芒。花常有香气。花期3—5月。按花色分有纯白、粉白、深粉至淡黄色，幼叶有黄绿、红褐至紫红诸色，花瓣有单瓣、半重瓣至重瓣之别。我国各地庭院栽培，引自日本，供观赏用。

257 榆叶梅 | *Prunus triloba*　　蔷薇科　李属

灌木稀小乔木，高2~3米。枝条开展，具多数短小枝；小枝灰色，一年生枝灰褐色，无毛或幼时微被短柔毛。短枝上的叶常簇生，一年生枝上的叶互生；叶宽椭圆形至倒卵形，长2~6厘米，先端短渐尖，常3裂，基部宽楔形，正面具疏柔毛或无毛，背面被短柔毛，叶缘具粗锯齿或重锯齿；叶柄长5~10毫米，被短柔毛。花1~2朵，先于叶开放，直径2~3厘米；花梗长4~8毫米；萼筒宽钟形，长3~5毫米，无毛或幼时微具毛；萼片卵形或卵状披针形，无毛，近先端疏生小锯齿；花瓣近圆形或宽倒卵形，长6~10毫米，先端圆钝，有时微凹，粉红色；雄蕊25~30枚，短于花瓣；子房密被短柔毛，花柱稍长于雄蕊。果实近球形，直径1~1.8厘米，顶端具短小尖头，红色，外被短柔毛；果梗长5~10毫米；果肉薄，成熟时开裂；核近球形，具厚硬壳，直径1~1.6厘米，两侧几不压扁，顶端圆钝，表面具不整齐的网纹。花期4—5月，果期5—7月。目前全国各地多数公园内均有栽植。

258 重瓣榆叶梅 | *Prunus triloba* 'Multiplex'　　蔷薇科　李属

灌木，稀为小乔木，高2~5米。枝条紫褐色，粗糙，分枝角度小，多直立。冬芽短小，长2~3毫米。花先于叶开放，花瓣为扁圆形，重瓣，花型为玉盘型，花多而密集，花较大，直径2~3厘米；花瓣2~3轮，花瓣20枚以上，花瓣长6~10毫米，先端圆钝，有时微凹，浅粉红色至深粉红色；花瓣覆瓦状排列，排列较紧密，内轮花瓣浅粉红色，外轮花瓣逐渐呈现深粉红色。花期3—4月。东北、华北、华中等地区有栽培。喜光，抗严寒耐瘠薄、较耐盐碱，抗病力强，适应性强，不耐涝。叶似榆，花如梅，枝叶茂密，花朵密集艳丽，是重要的绿化树种，主要用于街道绿化、小区绿化等。

●品种展示1：

●品种展示2：

●品种展示3：

259 欧洲李 | *Prunus domestica*　　　　蔷薇科　李属

落叶乔木，高 6~15 米。树冠宽卵形，树干深褐灰色，开裂，枝条无刺或稍有刺；老枝红褐色，无毛，当年生小枝淡红色或灰绿色。叶椭圆形或倒卵形，长 4~10 厘米，先端急尖或圆钝，稀短渐尖，基部楔形，偶有宽楔形，边缘有稀疏圆钝锯齿，正面暗绿色，无毛或在脉上散生柔毛，背面淡绿色，被柔毛，边有睫毛，侧脉 5~9 对，向顶端呈弧形弯曲，而不达边缘；叶柄长 1~2 厘米，密被柔毛；托叶线形，先端渐尖，早落。花 1~3 朵，簇生于短枝顶端；花梗长 1~1.2 厘米，无毛或具短柔毛；花直径 1~1.5 厘米；萼筒钟状，萼片卵形，萼筒和萼片内外两面均被短柔毛；花瓣白色，有时带绿晕。核果通常卵球形到长圆形，稀近球形，直径 1~2.5 厘米，通常有明显侧沟，红色、紫色、绿色或黄色，常被蓝色果粉；核广椭圆形；果梗长约 1.2 厘米，无毛。花期 5 月，果期 9 月。我国各地引种栽培。原产于亚洲西部和欧洲，由于长期栽培，品种甚多，有绿李、黄李、红李、紫李及蓝李等品种群。果实除供鲜食外，可制作糖渍、蜜饯、果酱、果酒，含糖量高的品种可做李干。

260 紫叶李（变型） | *Prunus cerasifera* 'Atropurpurea'　　　　蔷薇科　李属

灌木或小乔木，高可达 8 米。多分枝，小枝暗红色。叶椭圆形、卵形或倒卵形，先端急尖，叶紫红色。花 1 朵，稀 2 朵；花瓣白色、粉色。核果近球形或椭圆形，红色，微被蜡粉。花期 4 月，果期 8 月。喜好生长在阳光充足，温暖湿润的环境里，是一种耐水湿的植物。本种枝广展，红褐色而光滑，叶自春至秋呈红色，尤以春季最为鲜艳，花小，白色或粉红色，是良好的观叶园林植物。

261 平枝栒子 | *Cotoneaster horizontalis*　　　蔷薇科　栒子属

落叶或半常绿匍匐灌木，高不超过 0.5 米。枝水平开张呈整齐两列状；小枝圆柱形，幼时外被糙伏毛，老时脱落，黑褐色。叶近圆形或宽椭圆形，稀倒卵形，长 5~14 毫米，先端多数急尖，基部楔形，全缘，正面无毛，背面有稀疏平贴柔毛；叶柄长 1~3 毫米，被柔毛。花 1~2 朵，近无梗，直径 5~7 毫米；萼筒钟状，外面有稀疏短柔毛，内面无毛；萼片三角形，先端急尖，外面微具短柔毛，内面边缘有柔毛；花瓣直立，倒卵形，先端圆钝，长约 4 毫米，粉红色；雄蕊约 12 枚，短于花瓣；花柱常为 3，有时为 2，离生，短于雄蕊；子房顶端有柔毛。果实近球形，直径 4~6 毫米，鲜红色。花期 5—6 月，果期 9—10 月。园林绿化常用。

262 月季花 | *Rosa chinensis*　　　蔷薇科　蔷薇属

直立灌木，高 1~2 米。小枝粗壮，圆柱形，近无毛，有短粗的钩状皮刺或无刺。小叶 3~5，稀 7，连叶柄长 5~11 厘米，小叶宽卵形至卵状长圆形，长 2.5~6 厘米，先端长渐尖或渐尖，基部近圆形或宽楔形，边缘有锐锯齿，两面近无毛，正面暗绿色，常带光泽，背面颜色较浅，顶生小叶有柄，侧生小叶近无柄，总叶柄较长，有散生皮刺和腺毛；托叶大部贴生于叶柄，仅顶端分离部分呈耳状，边缘常有腺毛。花数朵集生，稀单生，直径 4~5 厘米；花梗长 2.5~6 厘米，萼片卵形，先端尾状渐尖，有时呈叶状，边缘常有羽状裂片，稀全缘，外面无毛，内面密被长柔毛；花瓣重瓣至半重瓣，红色、粉红色至白色，倒卵形，先端有凹缺，基部楔形；花柱离生，伸出萼筒口外，约与雄蕊等长。果卵球形或梨形，长 1~2 厘米，红色，萼片脱落。花期 4—9 月，果期 6—11 月。原产于中国，各地普遍栽培。园艺品种很多。花、根、叶均可入药，花含挥发油、槲皮苷鞣质、没食子酸、色素等，治月经不调、痛经、痈疖肿毒，鲜花或叶外用，捣烂敷患处，治跌打损伤。

263 棣棠 | *Kerria japonica*　　　蔷薇科　棣棠属

落叶灌木，高 1~2 米，稀达 3 米。小枝绿色，圆柱形，无毛，常拱垂，嫩枝有棱角。叶互生，三角状卵形或卵圆形，顶端长渐尖，基部圆形、截形或微心形，边缘有尖锐重锯齿，两面绿色，正面无毛或有稀疏柔毛，背面沿脉或脉腋有柔毛；叶柄长 5~10 毫米，无毛；托叶膜质，带状披针形，有缘毛，早落。单花，着生在当年生侧枝顶端，花梗无毛；花直径 2.5~6 厘米；萼片卵状椭圆形，顶端急尖，有小尖头，全缘，无毛，果时宿存；花瓣黄色，宽椭圆形，顶端下凹，比萼片长 1~4 倍。瘦果倒卵形至半球形，褐色或黑褐色，表面无毛，有皱褶。花期 4—6 月，果期 6—8 月。茎髓可作为通草代用品入药，有催乳、利尿的功效。

264 重瓣棣棠（变型）| *Kerria japonica* f. *pleniflora*　　　蔷薇科　棣棠属

与棣棠花（原种）的区别：重瓣，花直径 3~4.5 厘米。花期 4—5 月。南北各地普遍栽培。花枝叶秀丽，是枝、叶、花俱美的春花植物，供观赏用。

265 风箱果 | *Physocarpus amurensis* 　　　　蔷薇科　风箱果属

灌木，高达 3 米。小枝圆柱形，稍弯曲，无毛或近于无毛，幼时紫红色，老时灰褐色，树皮呈纵向剥裂。叶三角卵形至宽卵形，长 3.5~5.5 厘米，先端急尖或渐尖，基部心形或近心形，稀截形，通常基部 3 裂，边缘有重锯齿，背面微被星状毛与短柔毛，沿叶脉较密；叶柄长 1.2~2.5 厘米，微被柔毛或近于无毛；托叶线状披针形，顶端渐尖，边缘有不规则尖锐锯齿，长 6~7 毫米，无毛或近于无毛，早落。花序伞形总状，直径 3~4 厘米，花梗长 1~1.8 厘米，总花梗和花梗密被星状柔毛；苞片披针形，顶端有锯齿，两面微被星状毛，早落；花直径 8~13 毫米；萼筒杯状，外面被星状茸毛；萼片三角形，长 3~4 毫米，宽约 2 毫米，先端急尖，全缘，两面均被星状茸毛；花瓣倒卵形，长约 4 毫米，先端圆钝，白色；雄蕊 20~30 枚，着生在萼筒边缘，花药紫色；心皮 2~4 枚，外被星状柔毛，花柱顶生。蓇葖果膨大，卵形，内含光亮黄色种子 2~5 颗。花期 6 月，果期 7—8 月。

266 紫薇 | *Lagerstroemia indica* 　　　　千屈菜科　紫薇属

落叶灌木或小乔木，高可达 7 米。树皮平滑，灰色或灰褐色；枝干多扭曲，小枝纤细，具 4 棱，略呈翅状。叶互生或有时对生，纸质，椭圆形、阔矩圆形或倒卵形，长 2.5~7 厘米，顶端短尖或钝形，有时微凹，基部阔楔形或近圆形，无毛或背面沿中脉有微柔毛，侧脉 3~7 对，小脉不明显；无柄或叶柄很短。花淡红色、紫色或白色，直径 3~4 厘米，常组成 7~20 厘米的顶生圆锥花序；花梗长 3~15 毫米，中轴及花梗均被柔毛；花萼长 7~10 毫米，外面平滑无棱，但鲜时萼筒有微突起短棱，两面无毛，裂片 6，三角形，直立，无附属体；花瓣 6，皱缩，长 12~20 毫米，具长爪；雄蕊 36~42 枚，外面 6 枚着生于花萼上，比其余的长得多；子房 3~6 室，无毛。蒴果椭圆状球形或阔椭圆形，长 1~1.3 厘米，幼时绿色至黄色，成熟时或干燥时呈紫黑色，室背开裂。花期 6—9 月，果期 9—12 月。花色鲜艳美丽，花期长，寿命长，树龄有达 200 年的，现热带地区已广泛栽培为庭院观赏树，有时亦作盆景。白色花品种称银薇。紫薇的木材坚硬、耐腐，可供农具、家具、建筑等用。树皮、叶及花可制作强泻剂；根和树皮煎剂可治咯血、吐血、便血。

267 银薇（变型） | *Lagerstroemia indica* f. *alba*　　千屈菜科　紫薇属

与紫薇（原种）的区别：叶大，且粗糙。花白色。花期4—5月，果期5—8月。

268 白丁香（变种） | *Syringa oblata* 'Alba'　　木樨科　丁香属

花白色；叶较小，基部通常为截形、圆楔形至近圆形，或近心形。花期4—5月，果期6—10月。我国长江流域以北普遍栽培供观赏。

269 锦带花 | *Weigela florida*　　　忍冬科　锦带花属

落叶灌木，高达 1~3 米。幼枝稍四方形，有 2 列短柔毛；树皮灰色。叶矩圆形、椭圆形至倒卵状椭圆形，长 5~10 厘米，顶端渐尖，基部阔楔形至圆形，边缘有锯齿，正面疏生短柔毛，脉上毛较密，背面密生短柔毛或茸毛，具短柄至无柄。花单生或呈聚伞花序生于侧生短枝的叶腋或枝顶；萼筒长圆柱形，疏被柔毛，萼齿长约 1 厘米，不等，深达萼檐中部；花冠紫红色或玫瑰红色，直径 2 厘米，外面疏生短柔毛，裂片不整齐，开展，内面浅红色；花丝短于花冠，花药黄色；子房上部的腺体黄绿色，花柱细长，柱头 2 裂。果实长 1.5~2.5 厘米，顶有短柄状喙，疏生柔毛。种子无翅。花期 4—8 月，果期 10 月。

270 红瑞木 | *Cornus alba*　　　山茱萸科　山茱萸属

灌木，高达 3 米。树皮紫红色。叶对生，纸质，椭圆形，稀卵圆形，长 5~8.5 厘米，先端突尖，基部楔形或阔楔形，边缘全缘或波状反卷，正面暗绿色，有极少的白色平贴短柔毛，背面粉绿色，被白色贴生短柔毛，有时脉腋有浅褐色髯毛，中脉在正面微凹陷，背面突起，侧脉 4~6 对，弓形内弯，在正面微凹，背面突出，细脉在两面微明显。伞房状聚伞花序顶生，较密，宽 3 厘米，被白色短柔毛；总花梗圆柱形，长 1.1~2.2 厘米，被淡白色短柔毛；花小，白色或淡黄白色，长 5~6 毫米，直径 6~8.2 毫米，花萼裂片 4，尖三角形，长 0.1~0.2 毫米，短于花盘，外侧有疏生短柔毛；花瓣 4，卵状椭圆形，长 3~3.8 毫米，宽 1.1~1.8 毫米，先端急尖或短渐尖，正面无毛，背面疏生贴生短柔毛。核果长圆形，微扁，长约 8 毫米，直径 5.5~6 毫米，成熟时乳白色或蓝白色，花柱宿存；核棱形，侧扁，两端稍尖呈喙状，长 5 毫米，宽 3 毫米，每侧有脉纹 3 条；果梗细圆柱形，长 3~6 毫米，有疏生短柔毛。花期 6—7 月，果期 8—10 月。种子含油率约为 30%，可供工业用。常引种栽培作庭院观赏植物。

芍药科

271 牡丹 | *Paeonia × suffruticosa*

芍药科　芍药属

落叶灌木。茎高达 2 米；分枝短而粗。叶通常为二回三出复叶，偶尔近枝顶的叶为 3 小叶；顶生小叶宽卵形，长 7~8 厘米，3 裂至中部，裂片不裂或 2~3 浅裂，正面绿色，无毛，背面淡绿色，有时具白粉，沿叶脉疏生短柔毛或近无毛，小叶柄长 1.2~3 厘米；侧生小叶狭卵形或长圆状卵形，不等 2 裂至 3 浅裂或不裂，近无柄；叶柄长 5~11 厘米，和叶轴均无毛。花单生枝顶，直径 10~17 厘米；花梗长 4~6 厘米；苞片 5，长椭圆形，大小不等；萼片 5，绿色，宽卵形，大小不等；花瓣 5，或为重瓣，玫瑰色、红紫色、粉红色至白色，通常变异很大，倒卵形，长 5~8 厘米，宽 4.2~6 厘米，顶端呈不规则的波状；雄蕊长 1~1.7 厘米，花丝紫红色、粉红色，上部白色，长约 1.3 厘米，花药长圆形，长 4 毫米；花盘革质，杯状，紫红色，顶端有数个锐齿或裂片，完全包住心皮，在心皮成熟时开裂。蓇葖果长圆形，密生黄褐色硬毛。花期 5 月，果期 6 月。目前全国栽培甚广，并早已引种国外。在栽培类型中，主要根据花的颜色，可分成上百个品种。根皮供药用称"丹皮"，为镇痉药，能凉血散瘀，治中风、腹痛等。

小檗科

272 紫叶小檗（变种）| *Berberis thunbergii* 'Atropurpurea'

小檗科　小檗属

落叶灌木。枝丛生，幼枝紫红色或暗红色，老枝灰棕色或紫褐色。叶小且全缘，菱形或倒卵形，紫红色至鲜红色，叶背色稍淡。花黄色。果实椭圆形，果熟后艳红美丽。花期 4—6 月，果期 7—10 月。适应性强，喜阳，耐半阴，但在光线稍差或密度过大时部分叶会返绿；耐寒，但不畏炎热高温；耐修剪。园林设计上常与常绿树种作块面色彩布置，可用来布置花坛、花镜，是园林绿化中色块组合的重要树种。

藤蔓植物

273 凌霄 | *Campsis grandiflora*　　　紫葳科　凌霄属

攀缘藤本。茎木质，表皮脱落，枯褐色，以气生根攀附于它物之上。叶对生，为奇数羽状复叶；小叶7~9，卵形至卵状披针形，顶端尾状渐尖，基部阔楔形，两侧不等大，长3~6（9）厘米，侧脉6~7对，两面无毛，边缘有粗锯齿；叶轴长4~13厘米；小叶柄长5（10）毫米。顶生疏散的短圆锥花序，花序轴长15~20厘米；花萼钟状，长3厘米，分裂至中部，裂片披针形，长约1.5厘米；花冠内面鲜红色，外面橙黄色，长约5厘米，裂片半圆形；雄蕊着生于花冠筒近基部；花丝线形，细长，长2~2.5厘米；花柱线形，长约3厘米，柱头扁平，2裂。蒴果顶端钝。花期5—8月，果期9—10月。可供观赏及药用。花为通经利尿药，可治跌打损伤等。

274 地锦 | *Parthenocissus tricuspidata*　　　葡萄科　地锦属

木质藤本。小枝圆柱形，几无毛或微被疏柔毛。卷须5~9分枝，相隔两节间断与叶对生，卷须顶端嫩时膨大呈圆珠形，后遇附着物扩大成吸盘。叶为单叶，通常着生在短枝上为3浅裂，有时着生在长枝上者小型叶不裂，叶通常倒卵圆形，长4.5~17厘米，顶端裂片急尖，基部心形，边缘有粗锯齿，正面绿色，无毛，背面浅绿色，无毛或中脉上疏生短柔毛，基出脉5，网脉在叶正面不明显，叶背面微突出；叶柄长4~12厘米，无毛或疏生短柔毛。花序着生在短枝上，基部分枝，形成多歧聚伞花序，长2.5~12.5厘米，主轴不明显；花序梗长1~3.5厘米，几无毛；花梗长2~3毫米，无毛；萼碟形，边缘全缘或呈波状，无毛；花瓣5，长椭圆形，高1.8~2.7毫米，无毛；雄蕊5枚，花丝长1.5~2.4毫米，花药长椭圆卵形，长0.7~1.4毫米，花盘不明显；子房椭球形，花柱明显，基部粗，柱头不扩大。果实球形，直径1~1.5厘米。种子1~3颗。花期5—8月，果期9—10月。本种早为著名的垂直绿化植物，枝叶茂密，分枝多而斜展。根入药，能祛瘀消肿。

275 三叶地锦 | *Parthenocissus semicordata*　　葡萄科　地锦属

木质藤本。小枝圆柱形，嫩时被疏柔毛，以后脱落几无毛。卷须总状4~6分枝，相隔两节间断与叶对生，顶端嫩时尖细卷曲，后遇附着物扩大成吸盘。叶为3小叶，着生在短枝上，中央小叶倒卵椭圆形或倒卵圆形，长6~13厘米，顶端骤尾尖，基部楔形，最宽处在上部，边缘中部以上每侧有6~11个锯齿，侧生小叶卵椭圆形或长椭圆形，顶端短尾尖，基部不对称，近圆形，叶正面绿色，背面浅绿色，背面中脉和侧脉上被短柔毛，侧脉4~7对，网脉两面不明显或微突出；叶柄长3.5~15厘米，疏生短柔毛，小叶几无柄。多歧聚伞花序着生在短枝上，花序基部分枝，主轴不明显；花序梗长1.5~3.5厘米，无毛或被疏柔毛；花梗长2~3毫米，无毛；萼碟形，边缘全缘，无毛；花瓣5，卵椭圆形，无毛；雄蕊5枚，花丝长0.6~0.9毫米；花盘不明显；子房扁球形，花柱短，柱头不扩大。果实近球形，直径0.6~0.8厘米。种子1~2颗。花期5~7月，果期9—10月。用于庭院立体绿化、墙壁和楼房垂直绿化优良的材料。

276 五叶地锦 | *Parthenocissus quinquefolia*　　葡萄科　地锦属

木质藤本。小枝圆柱形，无毛。卷须总状5~9分枝，相隔两节间断与叶对生，卷须顶端嫩时尖细卷曲，后遇附着物扩大成吸盘。叶为掌状5小叶，小叶倒卵圆形、倒卵椭圆形或外侧小叶椭圆形，长5.5~15厘米，最宽处在上部或外侧小叶最宽处在近中部，顶端短尾尖，基部楔形或阔楔形，边缘有粗锯齿，正面绿色，背面浅绿色，两面均无毛或背面脉上微被疏柔毛；侧脉5~7对，网脉两面均不明显突出；叶柄长5~14.5厘米，无毛，小叶有短柄或几无柄。花序假顶生形成主轴明显的圆锥状多歧聚伞花序，长8~20厘米；花序梗长3~5厘米，无毛；花梗长1.5~2.5毫米，无毛；萼碟形，边缘全缘，无毛；花瓣5，长椭圆形，高1.7~2.7毫米，无毛；雄蕊5枚，花丝长0.6~0.8毫米；花盘不明显；子房卵锥形，渐狭至花柱，柱头不扩大。果实球形，直径1~1.2厘米。种子1~4颗。花期6~7月，果期8—10月。可作垂直绿化和地被植物。

277 云实 | *Biancaea decapetala*   豆科 云实属

藤本。树皮暗红色；枝、叶轴和花序均被柔毛和钩刺。二回羽状复叶长20~30厘米；羽片3~10对，对生，具柄，基部有刺1对；小叶8~12对，膜质，长圆形，长10~25毫米，两端近圆钝，两面均被短柔毛，老时渐无毛；托叶小，斜卵形，先端渐尖，早落。总状花序顶生，直立，长15~30厘米，具数花；总花梗多刺；花梗长3~4毫米，被毛，在花萼下具关节，故花易脱落；萼片5，长圆形，被短柔毛；花瓣黄色，膜质，圆形或倒卵形，长10~12毫米，盛开时反卷，基部具短柄；雄蕊与花瓣近等长，花丝基部扁平，下部被绵毛；子房无毛。荚果长圆状舌形，长6~12厘米，宽2.5~3厘米，脆革质，栗褐色，无毛，有光泽，沿腹缝线膨胀成狭翅，成熟时沿腹缝线开裂，先端具尖喙。花果期4—10月。根、茎及果药用，性温，味苦、涩，无毒，有发表散寒、活血通经、解毒杀虫的功效，治筋骨疼痛、跌打损伤。果皮和树皮含单宁，可提制栲胶。种子含油率35%，可制肥皂及润滑油。常栽培做绿篱。

278 紫藤 | *Wisteria sinensis*   豆科 紫藤属

落叶藤本。茎左旋，枝较粗壮，嫩枝被白色柔毛，后秃净。奇数羽状复叶长15~25厘米；托叶线形，早落；小叶3~6对，纸质，卵状椭圆形至卵状披针形，上部小叶较大，基部一对最小，长5~8厘米，先端渐尖至尾尖，基部钝圆或楔形，或歪斜，嫩叶两面被平伏毛，后秃净；小叶柄长3~4毫米，被柔毛；小托叶刺毛状，长4~5毫米，宿存。总状花序发自去年生短枝的腋芽或顶芽，直径8~10厘米，花序轴被白色柔毛，苞片披针形，早落；花长2~2.5厘米，芳香；花梗细，长2~3厘米；花萼杯状，长5~6毫米，密被细绢毛，上方2齿甚钝，下方3齿卵状三角形；花冠紫色，旗瓣圆形，先端略凹陷，花开后反折，基部有2胼胝体，翼瓣长圆形，基部圆，龙骨瓣较翼瓣短，阔镰形，子房线形，密被茸毛，花柱无毛，上弯。荚果倒披针形，长10~15厘米，密被茸毛，悬垂枝上不脱落。种子1~3颗。花期4月中旬至5月上旬，果期5—8月。本种我国自古即栽培作庭院棚架植物，先叶开花，紫穗满垂缀以稀疏嫩叶，十分优美。野生种略有变异，常见有白花紫藤1个变型。

279 木香花 | *Rosa banksiae*　　　蔷薇科　蔷薇属

攀缘小灌木，高可达6米。小枝圆柱形，无毛，有短小皮刺；老枝上的皮刺较大，坚硬，经栽培后有时枝条无刺。小叶3~5，稀7，连叶柄长4~6厘米；小叶椭圆状卵形或长圆披针形，长2~5厘米，先端急尖或稍钝，基部近圆形或宽楔形，边缘有紧贴细锯齿，正面无毛，深绿色，背面淡绿色，中脉突起，沿脉有柔毛；小叶柄和叶轴有稀疏柔毛和散生小皮刺；托叶线状披针形，膜质，离生，早落。花小型，多朵成伞形花序，花直径1.5~2.5厘米；花梗长2~3厘米，无毛；萼片卵形，先端长渐尖，全缘，萼筒和萼片外面均无毛，内面被白色柔毛；花瓣重瓣至半重瓣，白色，倒卵形，先端圆，基部楔形；心皮多数，花柱离生，密被柔毛，比雄蕊短很多。花期4—5月，果期8—10月。全国各地均有栽培。花含芳香油，可供配制香精化妆品用。著名观赏植物，常栽培供攀缘棚架之用。性不耐寒，在华北、东北地区只能作盆栽，冬季移入室内防冻。

280 单瓣木香花（变种） | *Rosa banksiae* var. *normalis*　　蔷薇科　蔷薇属

与木香花（原变种）的区别：花白色，单瓣，味香。果球形至卵球形，直径5~7毫米，红黄色至黑褐色，萼片脱落。为木香花野生原始类型。花期4—5月，果期9—10月。根皮含鞣质19%，可制栲胶；可供药用，称红根，能活血、调经、消肿。

281 黄木香花（变型） | *Rosa banksiae* f. *lutea*　　蔷薇科　蔷薇属

木香花（原种）。本变型特征：攀缘小灌木，高可达 6 米。小叶 3~5，稀 7；小叶椭圆形或长圆状披针形，先端急尖或稍钝，基部近圆形或宽楔形，边缘有紧贴细锯齿。花小型，多朵成伞形花序，花重瓣黄色。花期 4—5 月。多引种栽培供园艺观赏，用于花格墙、棚架和岩坡作垂直绿化材料。

282 蔷薇 | *Rosa* spp.　　蔷薇科　蔷薇属

蔷薇属部分植物的通称，主要指蔓藤蔷薇的变种及园艺品种。攀缘灌木。小枝圆柱形，通常无毛，有短或粗稍弯曲皮束。小叶 5~9，近花序的小叶有时 3；小叶倒卵形、长圆形或卵形，先端急尖或圆钝，基部近圆形或楔形，边缘有尖锐单锯齿，稀混有重锯齿，正面无毛，背面有柔毛；小叶柄和叶轴有柔毛或无毛，有散生腺毛；托叶篦齿状，大部贴生于叶柄，边缘有或无腺毛。花多朵，排成圆锥状花序，花梗无毛或有腺毛，有时基部有篦齿状小苞片；花直径 1.5~2 厘米，萼片披针形，有时中部具 2 线形裂片；花色有乳白、鹅黄、金黄、粉红、大红、紫黑等多种，花朵有大有小，有重瓣、单瓣，但都簇生于梢头。果近球形，红褐色或紫褐色，有光泽，无毛，萼片脱落。花期一般为每年的 4—9 月，次序开放，可达半年之久；果期 4—10 月。园林极具观赏性的爬墙植物。

经济树种

283 胡桃 | *Juglans regia*　　　胡桃科　胡桃属

乔木，高达 25 米。树皮幼时灰绿色，老时则灰白色而纵向浅裂；小枝无毛，具光泽。奇数羽状复叶，长 25~30 厘米，叶柄及叶轴幼时被有极短腺毛及腺体；小叶通常 5~9，稀 3，椭圆状卵形至长椭圆形，长 6~15 厘米，顶端钝圆、急尖或短渐尖，基部歪斜，近于圆形，边缘全缘或在幼树上者具稀疏细锯齿，正面深绿色，无毛，背面淡绿色，侧脉 11~15 对，侧生小叶近无柄，顶生小叶常具长 3~6 厘米的小叶柄。雄性柔荑花序下垂，长 5~10 厘米；雄花的苞片、小苞片及花被片均被腺毛；雄蕊 6~30 枚，花药黄色，无毛；雌性穗状花序通常具 1~3（4）朵雌花；雌花的总苞被极短腺毛，柱头浅绿色。果序短，俯垂，具 1~3 果实；果实近于球状，直径 4~6 厘米，无毛；内果皮壁内具不规则的空隙或无空隙而仅具皱曲。花期 5 月，果期 10 月。我国平原及丘陵地区常见栽培，喜肥沃湿润的沙质壤土。种仁含油率高，可生食，亦可榨油食用。木材坚实，是很好的硬木材料。由于栽培已久，品种很多。

284 花椒 | *Zanthoxylum bungeanum*　　　芸香科　花椒属

落叶小乔木，高 3~7 米。茎干上的刺常早落，枝有短刺，小枝上的刺基部宽而扁且劲直，呈长三角形，当年生枝被短柔毛。叶 5~13，叶轴常有甚狭窄的叶翼；小叶对生，无柄，卵形、椭圆形，稀披针形，位于叶轴顶部的较大，近基部的有时圆形，长 2~7 厘米，叶缘有细裂齿，齿缝有油点；叶背基部中脉两侧有丛毛或小叶两面均被柔毛，中脉在叶面微凹陷。花序顶生或生于侧枝之顶，花序轴及花梗密被短柔毛或无毛；花被片 6~8，黄绿色，形状及大小大致相同；雄花的雄蕊 5 或多至 8 枚；退化雌蕊顶端叉状浅裂；雌花很少有发育雄蕊，有心皮 2 或 3 枚，间有 4 枚，花柱斜向背弯。果紫红色，单个分果瓣直径 4~5 毫米，散生微突起的油点，顶端有甚短的芒尖或无。花期 4—5 月，果期 8—9 月或 10 月。耐旱，喜阳光，各地多栽种。南太行平原、丘陵多栽种。果实为重要的调料；可药用，有温中行气、逐寒、止痛、杀虫等功效。

285 忍冬 | Lonicera japonica

忍冬科　忍冬属

半常绿藤本。幼枝暗红褐色，密被黄褐色、开展的硬直糙毛、腺毛和短柔毛，下部常无毛。叶纸质，卵形至矩圆状卵形，有时卵状披针形，稀圆卵形或倒卵形，极少有 1 至数个钝缺刻，长 3~5（9.5）厘米，顶端尖或渐尖，少有钝、圆或微凹缺，基部圆或近心形，有糙缘毛，正面深绿色，背面淡绿色，小枝上部叶通常两面均被短糙毛，下部叶常平滑无毛而背面多少带青灰色；叶柄长 4~8 毫米，密被短柔毛。总花梗通常单生于小枝上部叶腋，与叶柄等长或稍较短，下方者则长达 2~4 厘米，密被短柔毛，并夹杂腺毛；苞片大，叶状，卵形至椭圆形，长达 2~3 厘米，两面均有短柔毛或有时近无毛；小苞片顶端圆形或截形，长约 1 毫米，为萼筒的 1/2~4/5，有短糙毛和腺毛；萼筒长约 2 毫米，无毛，萼齿卵状三角形或长三角形，顶端尖而有长毛，外面和边缘都有密毛；花冠白色，有时基部向阳面呈微红，后变黄色，长 2~4.5（6）厘米，唇形，筒稍长于唇瓣，很少近等长，外被多少倒生的开展或半开展糙毛和长腺毛，上唇裂片顶端钝形，下唇带状而反曲；雄蕊和花柱均高出花冠。果实圆形，直径 6~7 毫米，熟时蓝黑色，有光泽。花期 4—6 月（秋季亦常开花），果熟期 10—11 月。南太行平原、丘陵都有栽培。性甘寒，可清热解毒、消炎退肿，对细菌性痢疾和各种化脓性疾病都有效。

286 苹果 | Malus pumila

蔷薇科　苹果属

乔木，高可达 15 米。叶椭圆形、卵形至宽椭圆形，长 4.5~10 厘米，宽 3~5.5 厘米，先端急尖，基部宽楔形或圆形，边缘具有圆钝锯齿，幼嫩时两面具短柔毛，长成后正面无毛；叶柄粗壮，长 1.5~3 厘米，被短柔毛；托叶草质，披针形，先端渐尖，全缘，密被短柔毛，早落。伞房花序具花 3~7 朵，集生于小枝顶端，花梗长 1~2.5 厘米，密被茸毛；苞片膜质，线状披针形，先端渐尖，全缘，被茸毛；花直径 3~4 厘米；萼筒外面密被茸毛；萼片三角披针形或三角卵形，长 6~8 毫米，先端渐尖，全缘，两面均密被茸毛，萼片比萼筒长；花瓣倒卵形，长 15~18 毫米，基部具短爪，白色，含苞未放时带粉红色；雄蕊 20 枚，约等于花瓣的 1/2；花柱 5，下半部密被灰白色茸毛，较雄蕊稍长。果实扁球形，直径在 2 厘米以上，萼洼下陷，萼片永存，果梗短粗。花期 5 月，果期 7—10 月。南太行平原、丘陵有栽培。适生于山坡梯田、平原旷野以及黄土丘陵等处。苹果是营养水果，素有"水果之王"的美誉，果熟后可生食，也可加工成果酱、果脯、果干或罐头，还可用于酿酒。

287 梨 | *Pyrus* spp.　　　　蔷薇科　梨属

梨（栽培种），由秋子梨、白梨、沙梨等培育而来。树冠开展，小枝粗壮。单叶，互生，有锯齿或全缘，稀分裂，在芽中呈席卷状，有叶柄与托叶。花先于叶开放或同时开放，伞形总状花序；萼片5，反折或开展；花瓣5，具爪，白色稀粉红色；雄蕊15~30枚，花药通常深红色或紫色；花柱2~5，离生，子房2~5室，每室有2枚胚珠。梨果，果肉多汁，富石细胞，子房壁软骨质。种子黑色或黑褐色，种皮软骨质，子叶平凸。花期4月，果期8—9月。南太行地区广泛栽培。梨的果实营养丰富，含有多种维生素和纤维素，不同种类的梨味道和质感都完全不同。在医疗功效上，梨可以通便秘，利消化，对心血管也有好处。

288 李 | *Prunus salicina*　　　　蔷薇科　李属

落叶乔木，高9~12米。树冠广圆形，树皮灰褐色，起伏不平；老枝紫褐色或红褐色，无毛；小枝黄红色，无毛。叶长圆倒卵形、长椭圆形，稀长圆卵形，长6~8（12）厘米，先端渐尖、急尖或短尾尖，基部楔形，边缘有圆钝重锯齿，常混有单锯齿，幼时齿尖带腺，正面深绿色，有光泽，侧脉6~10对，不达到叶边缘，与主脉呈45°，两面均无毛；托叶膜质，线形，先端渐尖，早落；叶柄长1~2厘米，通常无毛。花通常3朵并生；花梗1~2厘米，通常无毛；花直径1.5~2.2厘米；萼筒钟状；萼片长圆卵形，长约5毫米，先端急尖或圆钝，边有疏齿，与萼筒近等长，萼筒和萼片外面均无毛，内面在萼筒基部被疏柔毛；花瓣白色，长圆倒卵形，先端啮蚀状，基部楔形，有明显带紫色脉纹，具短爪，着生在萼筒边缘，比萼筒长2~3倍；雄蕊数枚，花丝长短不等，排成不规则2轮，比花瓣短；雌蕊1枚，柱头盘状，花柱比雄蕊稍长。核果球形、卵球形或近圆锥形，直径3.5~5厘米。花期4月，果期7—8月。南太行平原、丘陵都有栽培。我国各地及世界各地均有栽培，为重要温带果树之一。

289 桃 | *Prunus persica*　　　　　蔷薇科　李属

乔木。树冠宽广而平展；树皮暗红褐色，老时粗糙呈鳞片状；小枝细长，具大量小皮孔。叶长圆披针形、椭圆披针形或倒卵状披针形，长 7~15 厘米，宽 2~3.5 厘米，先端渐尖，基部宽楔形。花单生，先于叶开放，直径 2.5~3.5 厘米；花梗极短或几无梗；萼筒钟形，萼片卵形至长圆形，顶端圆钝，外被短柔毛；花瓣长圆状椭圆形至宽倒卵形，粉红色。果实形状和大小均有变异，卵形、宽椭圆形或扁圆形，外面常密被短柔毛，腹缝明显，果梗短而深入果注。核大，椭圆形或近圆形，两侧扁平，顶端渐尖，表面具纵、横沟纹和孔穴。花期 3~4 月，果实成熟期因品种而异，通常为 8—9 月。南太行平原、丘陵广泛栽培，有多个品种。为重要的果树，树干上分泌的桃胶，可用粘结剂，也可供药用，有破血、和血、益气的功效。

290 杏 | *Prunus armeniaca*　　　　　蔷薇科　李属

乔木，高 5~8（12）米。树冠圆形、扁圆形或长圆形；树皮灰褐色，纵裂；多年生枝浅褐色，皮孔大而横生，一年生枝浅红褐色，有光泽，无毛，具多数小皮孔。叶宽卵形或圆卵形，长 5~9 厘米，先端急尖至短渐尖，基部圆形至近心形，叶边缘有圆钝锯齿，两面无毛或背面脉腋间具柔毛；叶柄长 2~3.5 厘米，无毛，基部常具 1~6 个腺体。花单生，直径 2~3 厘米，先于叶开放；花梗短，长 1~3 毫米，被短柔毛；花萼紫绿色；萼筒圆筒形，外面基部被短柔毛；萼片卵形至卵状长圆形，先端急尖或圆钝，花后反折；花瓣圆形至倒卵形，白色或带红色，具短爪；雄蕊 20~45 枚，稍短于花瓣；子房被短柔毛，花柱稍长或几与雄蕊等长，下部具柔毛。果实球形，直径 2.5 厘米以上，微被短柔毛；核卵形或椭圆形。种仁味苦或甜。花期 3~4 月，果期 6~7 月。分布于全国各地，多数为栽培，尤以华北、西北和华东地区种植较多。生于低山丘陵向阳坡地。种仁（杏仁）入药，有止咳祛痰、定喘润肠的功效。

291 樱桃 | *Prunus pseudocerasus* 蔷薇科 李属

落叶乔木，高 2~6 米。树皮灰白色；小枝灰褐色，嫩枝绿色，无毛或被疏柔毛。叶卵形或长圆状卵形，长 5~12 厘米，先端渐尖或尾状渐尖，基部圆形，边有尖锐重锯齿，齿端有小腺体，正面暗绿色，近无毛，背面淡绿色，沿脉或脉间有稀疏柔毛，侧脉 9~11 对；叶柄长 0.7~1.5 厘米，被疏柔毛，先端有 1 或 2 个大腺体；托叶早落，披针形，有羽裂腺齿。花序伞房状或近伞形，具花 3~6 朵，先叶开放；总苞倒卵状椭圆形，褐色，长约 5 毫米，宽约 3 毫米，边有腺齿；花梗长 0.8~1.9 厘米，被疏柔毛；萼筒钟状，长 3~6 毫米，宽 2~3 毫米，外面被疏柔毛，萼片三角卵圆形或卵状长圆形，先端急尖或钝，边缘全缘，长为萼筒的 1/2 或更多；花瓣白色，卵圆形，先端下凹或 2 裂；雄蕊 30~35 枚；花柱与雄蕊近等长，无毛。核果近球形，红色，直径 0.9~1.3 厘米。花期 3—4 月，果期 5—6 月。南太行平原、丘陵广泛栽培。本种在我国久经栽培，品种颇多，供食用，也可酿樱桃酒。枝、叶、根、花可供药用。

292 中华猕猴桃 | *Actinidia chinensis* 猕猴桃科 猕猴桃属

大型落叶藤本。幼枝或厚或薄地被有灰白色茸毛、褐色长硬毛或铁锈色硬毛状刺毛，老时秃净或留有断损残毛。叶纸质，倒阔卵形至倒卵形或阔卵形至近圆形，长 6~17 厘米，顶端截平形并中间凹入或具突尖、急尖至短渐尖，基部钝圆形、截平形至浅心形，边缘具脉出的直伸的睫状小齿，腹面深绿色，无毛或中脉和侧脉上有少量软毛或散被短糙毛，背面苍绿色，密被灰白色或淡褐色星状茸毛，侧脉 5~8 对，常在中部以上分歧呈叉状，横脉比较发达，易见，网状小脉不易见；叶柄长 3~6 (10) 厘米，被灰白色茸毛或黄褐色长硬毛或铁锈色硬毛状刺毛。聚伞花序，具花 1~3 朵，花序柄长 7~15 毫米，花柄长 9~15 毫米；苞片小，卵形或钻形，长约 1 毫米，均被灰白色丝状茸毛或黄褐色茸毛；花初放时白色，放后变淡黄色，有香气，直径 1.8~3.5 厘米；萼片 3~7，通常 5，阔卵形至卵状长圆形，长 6~10 毫米，两面密被压紧的黄褐色茸毛；花瓣 5，有时少至 3 或多至 7，阔倒卵形，有短距，长 10~20 毫米；雄蕊极多，花丝狭条形，长 5~10 毫米；子房球形，直径约 5 毫米，密被金黄色的压紧交织茸毛或不压紧不交织的刷毛状糙毛，花柱狭条形。果黄褐色，近球形、圆柱形、倒卵形或椭圆形，长 4~6 厘米，被茸毛、长硬毛或刺毛状长硬毛；宿存萼片反折。花期 4—5 月，果期 9 月。南太行平原、丘陵有少量栽培。果实的维生素含量高，可食用。

293 葡萄 | *Vitis vinifera*　　葡萄科　葡萄属

木质藤本。卷须 2 叉分枝，相隔两节间断与叶对生。叶卵圆形，显著 3~5 浅裂或中裂，长 7~18 厘米，中裂片顶端急尖，裂片常靠合，基部常缢缩，裂缺狭窄，间或宽阔，基部深心形，基缺凹呈圆形，两侧常靠合，边缘有 22~27 锯齿，齿深而粗大，不整齐，齿端急尖，正面绿色，背面浅绿色，无毛或被疏柔毛；基生脉 5 出，中脉有侧脉 4~5 对，网脉不明显突出；叶柄长 4~9 厘米，几无毛；托叶早落。圆锥花序密集或疏散，多花，与叶对生，基部分枝发达，长 10~20 厘米，花序梗长 2~4 厘米，几无毛或疏生蛛丝状茸毛；花梗长 1.5~2.5 毫米，无毛；萼浅碟形，边缘呈波状，外面无毛；花瓣 5，呈帽状黏合脱落；雄蕊 5 枚，花丝丝状，长 0.6~1 毫米，在雌花内显著短而败育或完全退化；花盘发达，5 浅裂；雌蕊 1 枚，在雄花中完全退化，子房卵圆形，花柱短，柱头扩大。果实球形或椭圆形，直径 1.5~2 厘米。种子倒卵椭圆形，顶短近圆形，基部有短喙。花期 4~5 月，果期 8~9 月。南太行平原、丘陵都有栽培。喜温暖、干燥及通风良好环境，喜好充足阳光，有一定程度的耐寒性，对土质要求不严，适生于疏松肥沃的砂质土。我国各地栽培。果实为著名水果，可生食或制葡萄干或酿酒。酿酒后的酒脚可提酒食酸，根和藤药用能止呕、安胎。

294 石榴 | *Punica granatum*　　千屈菜科　石榴属

落叶灌木或乔木，高通常 3~5 米，枝顶常呈尖锐长刺状。叶通常对生，纸质，矩圆状披针形，长 2~9 厘米，顶端短尖、钝尖或微凹，基部短尖至稍钝形，正面光亮，侧脉稍细密；叶柄短。花大，1~5 朵生于枝顶，萼筒长 2~3 厘米，通常红色或淡黄色，裂片略外展，卵状三角形，长 8~13 毫米，外面近顶端有 1 个黄绿色腺体，边缘有小乳突；花瓣通常大，红色、黄色或白色，长 1.5~3 厘米，宽 1~2 厘米，顶端圆形；花丝无毛，长达 13 毫米；花柱长超过雄蕊。浆果近球形，直径 5~12 厘米，通常为淡黄褐色或淡黄绿色，有时白色，稀暗紫色。种子多数，钝角形，红色至乳白色。花期 5~6 月，果期品种不同有差异，通常为 9~10 月。南太行广泛栽培。石榴是一种常见果树。果皮可入药，称石榴皮，味酸涩，性温，有涩肠止血的功效，治慢性下痢及肠痔出血等。根皮可驱绦虫和蛔虫。树皮、根皮和果皮均含多量鞣质（20%~30%），可提制栲胶。

295 柿 | Diospyros kaki   柿科 柿属

落叶大乔木，通常高 14 米以上。树皮深沟纹较密，裂成长方块状。叶纸质，卵状椭圆形至倒卵形或近圆形，通常较大，长 5~18 厘米，先端渐尖或钝，基部楔形，钝，圆形或近截形，很少为心形，新叶疏生柔毛，老叶正面有光泽，深绿色，无毛，背面绿色，有柔毛或无毛，在背面突起，侧脉每边 5~7 条，在叶背面略突起，将近叶缘网结，小脉纤细，连接呈小网状；叶柄长 8~20 毫米，变无毛，有浅槽。花雌雄异株，花序腋生，为聚伞花序；雄花序小，长 1~1.5 厘米，弯垂，有短柔毛或茸毛，具花 3~5 朵，通常有花 3 朵；雄蕊 16~24 枚；雌花单生叶腋，长约 2 厘米，花萼绿色，有光泽，直径约 3 厘米或更大，深 4 裂，萼管近球状钟形，裂片开展，阔卵形或半圆形，有脉；花冠淡黄白色或黄白色而带紫红色，壶形或近钟形，较花萼短小，4 裂，花冠管近四棱形，上部向外弯曲。果球形、扁球形、或球形略呈方形、卵形、等等，直径 3.5~8.5 厘米不等。花期 5—6 月，果期 9—10 月。南太行丘陵、山区广泛栽培，具有悠久历史。柿树是深根性树种，又是阳性树种，寿命长，是优良的风景树种。柿子能止血润便，缓和痔疾肿痛，降血压。柿饼可以润脾补胃，润肺止血。柿霜饼和柿霜能润肺生津，祛痰镇咳，压胃热、解酒、疗口疮；柿蒂下气止呃，治呃逆和夜尿症。

296 无花果 | Ficus carica   桑科 榕属

落叶灌木，高 3~10 米。多分枝；树皮灰褐色，皮孔明显；小枝直立，粗壮。叶互生，厚纸质，广卵圆形，长宽近相等，10~20 厘米，通常 3~5 裂，小裂片卵形，边缘具不规则钝齿，正面粗糙，背面密生细小钟乳体及灰色短柔毛，基部浅心形，基生侧脉 3~5 条，侧脉 5~7 对；叶柄长 2~5 厘米，粗壮；托叶卵状披针形，长约 1 厘米，红色。雌雄异株，雄花和瘿花同生于一榕果内壁，雄花生内壁口部，花被片 4~5，雄蕊 3 枚，有时 1 或 5 枚，瘿花花柱侧生，短；雌花花被与雄花同，子房卵圆形，光滑，花柱侧生，柱头 2 裂，线形。榕果单生叶腋，大，梨形，直径 3~5 厘米，顶部下陷，成熟时紫红色或黄色，基生苞片 3，卵形；瘦果透镜状。花果期 5—7 月。南太行农村庭院有少量栽培。新鲜幼果及鲜叶治痔疗效良好。榕果味甜可食或做蜜饯，也可药用；可庭院观赏。

297 文冠果 | *Xanthoceras sorbifolium*　　无患子科　文冠果属

落叶灌木或小乔木，高 2~5 米。小枝粗壮，褐红色，无毛，叶连柄长 15~30 厘米；小叶 4~8 对，膜质或纸质，披针形或近卵形，两侧稍不对称，长 2.5~6 厘米，顶端渐尖，基部楔形，边缘有锐利锯齿，顶生小叶通常 3 深裂，叶正面深绿色，无毛或中脉上有疏毛，叶背面鲜绿色，嫩时被茸毛和成束的星状毛；侧脉纤细，两面略突起。花序先叶抽出或与叶同时抽出，两性花的花序顶生，雄花序腋生，长 12~20 厘米，直立，总花梗短，基部常有残存芽鳞；花梗长 1.2~2 厘米；苞片长 0.5~1 厘米，萼片长 6~7 毫米，两面被灰色茸毛；花瓣白色，基部紫红色或黄色，有清晰的脉纹，长约 2 厘米，宽 7~10 毫米，爪之两侧有须毛；花盘的角状附属体橙黄色，长 4~5 毫米；雄蕊长约 1.5 厘米，花丝无毛；子房被灰色茸毛。蒴果长达 6 厘米。花期春季，果期秋初。南太行部分国有林场有引种栽培。种子可食，风味似板栗。种仁营养价值很高，是我国北方很有发展前途的木本油料植物，近年来大量栽培。

298 枣 | *Ziziphus jujuba*　　鼠李科　枣属

落叶小乔木，稀灌木，高 10 余米。有长枝，呈"之"字形曲折，具 2 托叶刺，长刺可达 3 厘米，粗直，短刺下弯，长 4~6 毫米；短枝短粗，矩状，自老枝发出；当年生小枝绿色，下垂，单生或 2~7 个簇生于短枝上。叶纸质，卵形、卵状椭圆形或卵状矩圆形；长 3~7 厘米，顶端钝或圆形，稀锐尖，具小尖头，基部稍不对称，近圆形，边缘具圆齿状锯齿，正面深绿色，无毛，背面浅绿色，无毛或仅沿脉多少被疏微毛，基生 3 出脉；叶柄长 1~6 毫米；托叶刺纤细，后期常脱落。花黄绿色，两性，5 基数，无毛，具短总花梗，单生或 2~8 朵密集成腋生聚伞花序；花梗长 2~3 毫米；萼片卵状三角形；花瓣倒卵圆形。核果矩圆形或长卵圆形，直径 1.5~2 厘米，成熟时红色，后变红紫色。花期 5—7 月，果期 8—9 月。全国广泛栽培。枣树花期较长，芳香多蜜，为良好的蜜源植物。枣的果实味甜，除供鲜食外，常可以制成蜜枣、红枣、熏枣、黑枣、酒枣及牙枣等蜜饯和果脯，还可以做枣泥、枣面、枣酒、枣醋等，为食品工业原料。枣可药用，有养胃、健脾、益血、滋补、强身的功效；枣仁和根均可入药，枣仁可以安神，为重要药品之一。

观赏乔木

299 皂荚 | *Gleditsia sinensis* 豆科 皂荚属

落叶乔木或小乔木，高可达 30 米。枝灰色至深褐色；刺粗壮，圆柱形，常分枝，多呈圆锥状，长达 16 厘米。叶为一回羽状复叶，长 10~18（26）厘米；小叶 3（2）~9 对，纸质，卵状披针形至长圆形，长 2~8.5（12.5）厘米，宽 1~4（6）厘米，先端急尖或渐尖，顶端圆钝，具小尖头，基部圆形或楔形，有时稍歪斜，边缘具细锯齿，正面被短柔毛，背面中脉上稍被柔毛；网脉明显，在两面突起；小叶柄长 1~2（5）毫米，被短柔毛。花杂性，黄白色，组成总状花序；花序腋生或顶生，长 5~14 厘米，被短柔毛；雄花直径 9~10 毫米；花梗长 2~8（10）毫米；萼片 4，三角状披针形，长 3 毫米，两面被柔毛；花瓣 4，长圆形，长 4~5 毫米，被微柔毛；雄蕊 8（6）枚；两性花直径 10~12 毫米；花梗长 2~5 毫米；萼、花瓣与雄花的相似，花瓣长 5~6 毫米；雄蕊 8 枚；柱头浅 2 裂；胚珠多数。荚果带状，长 12~37 厘米，劲直或扭曲，果肉稍厚，两面鼓起。花期 3—5 月，果期 5—12 月。南太行主要栽培于城市、农村村旁、院落。乡土树种。本种木材坚硬，可制车辆、家具。荚果煎汁可代肥皂用以洗涤丝毛织物。嫩芽油盐调食，其子煮熟糖渍可食。荚、子、刺均入药，有祛痰通窍、镇咳利尿、消肿排脓、杀虫治癣的功效。

300 合欢 | *Albizia julibrissin* 豆科 合欢属

落叶乔木，高可达 16 米。树冠开展；小枝有棱角，嫩枝、花序和叶轴被茸毛或短柔毛。托叶线状披针形，较小叶小，早落；二回羽状复叶，总叶柄近基部及最顶一对羽片着生处各有 1 个腺体；羽片 4~12 对，栽培的有时达 20 对；小叶 10~30 对，线形至长圆形，长 6~12 毫米，宽 1~4 毫米，向上偏斜，先端有小尖头，有缘毛，有时在背面或仅中脉上有短柔毛；中脉紧靠上边缘。头状花序于枝顶排成圆锥花序；花粉红色；花萼管状，长 3 毫米；花冠长 8 毫米，裂片三角形，长 1.5 毫米，花萼、花冠外均被短柔毛；花丝长 2.5 厘米。荚果带状，长 9~15 厘米，嫩荚果有柔毛，老荚果无毛。花期 6—7 月，果期 8—10 月。南太行城市、乡村有少量引种栽培。本种生长迅速，能耐砂质土及干燥气候，开花如穗扇，十分可爱，常植为城市行道树、观赏树。心材黄灰褐色，边材黄白色，耐久，多用于制家具。嫩叶可食，老叶可以洗衣服。树皮供药用，有驱虫的功效。

301 槐 | *Styphnolobium japonicum*　　　豆科　槐属

乔木,高达 25 米。当年生枝绿色,无毛。羽状复叶长达 25 厘米;叶轴初被疏柔毛,旋即脱净;叶柄基部膨大,包裹着芽;托叶形状多变,有时呈卵形、叶状,有时线形或钻状,早落。小叶 4~7 对,对生或近互生,纸质,卵状披针形或卵状长圆形,长 2.5~6 厘米,先端渐尖,具小尖头,基部宽楔形或近圆形,稍偏斜,背面灰白色,初被疏短柔毛,后变无毛;小托叶 2,钻状。圆锥花序顶生,常呈金字塔形,长达 30 厘米;花梗比花萼短;小苞片 2,形似小托叶;花萼浅钟状,长约 4 毫米,萼齿 5,近等大,圆形或钝三角形,被灰白色短柔毛,萼管近无毛;花冠白色或淡黄色,旗瓣近圆形,长和宽约 11 毫米,具短柄,有紫色脉纹,先端微缺,基部浅心形,翼瓣卵状长圆形,长 10 毫米,宽 4 毫米,先端浑圆,基部斜戟形,无皱褶,龙骨瓣阔卵状长圆形,与翼瓣等长,宽达 6 毫米;雄蕊近分离,宿存;子房近无毛。荚果串珠状,长 2.5~5 厘米或稍长,直径约 10 毫米。种子间缢缩不明显,种子排列较紧密,具肉质果皮,成熟后不开裂,具种子 1~6 颗。花期 7~8 月,果期 8—10 月。南太行广泛分布于城市街道、公园、农村庭院。乡土树种。是目前城市、乡村绿化的主要树种。树冠优美,花芳香,是行道树和优良的蜜源植物。花和荚果入药,有清凉收敛、止血降压作用。叶和根皮入药,有清热解毒的功效,可治疗疮毒。木材可供建筑用。本种由于生境不同,或人工选育因素,形态多变,产生许多变种和变型。

302 刺槐 | *Robinia pseudoacacia*　　　豆科　刺槐属

落叶乔木,高 10~25 米。具托叶刺,长达 2 厘米。羽状复叶长 10~25(40)厘米;叶轴上面具沟槽;小叶 2~12 对,常对生,椭圆形、长椭圆形或卵形,长 2~5 厘米,先端圆,微凹,具小尖头,基部圆至阔楔形,全缘,正面绿色,背面灰绿色,幼时被短柔毛,后变无毛;小叶柄长 1~3 毫米;小托叶针芒状。总状花序腋生,长 10~20 厘米,下垂,花多数,芳香;苞片早落;花梗长 7~8 毫米;花萼斜钟状,长 7~9 毫米,萼齿 5,三角形至卵状三角形,密被柔毛;花冠白色,各瓣均具瓣柄,旗瓣近圆形,长 16 毫米,先端凹缺,基部圆,反折,内有黄斑,翼瓣斜倒卵形,与旗瓣几等长,基部一侧具圆耳,龙骨瓣镰状,三角形,与翼瓣等长或稍短,前缘合生,先端钝尖;雄蕊二体,对旗瓣的 1 枚分离;子房线形,长约 1.2 厘米,无毛,花柱钻形,上弯,顶端具毛,柱头顶生。荚果褐色,或具红褐色斑纹,线状长圆形,长 5~12 厘米,扁平,先端上弯,具尖头,果颈短,沿腹缝线具狭翅;花萼宿存。种子 2~15 颗。花期 4—6 月,果期 8—9 月。原产于美国。南太行在黄河滩沙区、丘陵黄土区、山区坡地广泛引种栽培。是绿化先锋树种。材质硬重,抗腐耐磨,宜作枕木、车辆、建筑、矿柱等用。生长快,萌芽力强,是速生薪炭林树种。优良的蜜源植物。

303 香花槐 | *Robinia* × *ambigua* 'Idahoensis' 豆科 刺槐属

落叶乔木，高 10~12 米。树干为褐色至灰褐色。叶互生，叶 7~19 组成羽状复叶，叶椭圆形至卵状长圆形，长 3~6 厘米，比刺槐叶大。总状花序，下垂状；花被红色，有浓郁的芳香气味，可以同时盛开小红花 200~500 朵。无荚果，不结种子。花期 5 月、7 月或连续开花，花期长；果期 8—9 月。叶美观对称，深绿色有光泽，青翠碧绿。原产于西班牙，具有很高的观赏价值环保价值和经济价值。稀有的绿化香花树种，是公园、庭院、街道、花坛等园林绿化的珍品，被称为 21 世纪绿化的黄金品种。目前，南太行各城市都有栽培。

304 重阳木 | *Bischofia polycarpa*　　　叶下珠科　秋枫属

落叶乔木，高达 15 米。树冠伞形状，大枝斜展，全株均无毛。三出复叶；叶柄长 9~13.5 厘米；顶生小叶通常较两侧的大，小叶纸质，卵形或椭圆状卵形，有时长圆状卵形，长 5~9（14）厘米，宽 3~6（9）厘米，顶端突尖或短渐尖，基部圆或浅心形，边缘具钝细锯齿，每厘米长 4~5 个；顶生小叶柄长 1.5~4（6）厘米，侧生小叶柄长 3~14 毫米；托叶小，早落。花雌雄异株，春季与叶同时开放，组成总状花序；花序通常着生于新枝的下部，花序轴纤细而下垂；雄花序长 8~13 厘米；雌花序 3~12 厘米；雄花萼片半圆形，膜质，向外张开；花丝短；有明显的退化雌蕊；雌花萼片与雄花的相同，有白色膜质的边缘；子房 3~4 室，每室 2 枚胚珠，花柱 2~3，顶端不分裂。果实浆果状，圆球形，直径 5~7 毫米，成熟时褐红色。花期 4—5 月，果期 10—11 月。南太行城市公园、广场重要的绿化树种。心材与边材明显，心材鲜红色至暗红褐色，边材淡红色至淡红褐色，材质略重，坚韧，结构细而匀，有光泽，适于建筑、造船、车辆、家具等用。果肉可酿酒。种子含油率 30%，可供食用，也可做润滑油和肥皂。

305 乌桕 | *Triadica sebifera*　　　　　大戟科　乌桕属

乔木，高可达 15 米。各部均无毛而具乳状汁液。叶互生，纸质，叶菱形或菱状卵形，稀有菱状倒卵形，长 3~8 厘米，顶端骤然紧缩具长短不等的尖头，基部阔楔形或钝，全缘；中脉两面微突起，侧脉 6~10 对，纤细，斜上升，离叶缘 2~5 毫米弯拱网结，网状脉明显；叶柄纤细，长 2.5~6 厘米，顶端具 2 个腺体，托叶顶端钝，长约 1 毫米。花单性，雌雄同株，聚集成顶生、长 6~12 厘米的总状花序，雌花通常生于花序轴最下部或罕有在雌花下部，亦有少数雄花着生，雄花生于花序轴上部或有时整个花序全为雄花；雄花花梗纤细，长 1~3 毫米，向上渐粗；苞片阔卵形，长和宽近相等约 2 毫米，顶端略尖，每一苞片内具花 10~15 朵；小苞片 3，不等大，边缘撕裂状；花萼杯状，3 浅裂，裂片钝，具不规则的细齿；雄蕊 2 枚，伸出于花萼之外。雌花花梗粗壮，长 3~3.5 毫米；苞片深 3 裂，裂片渐尖，基部两侧的腺体与雄花的相同，每一苞片内仅 1 朵雌花，间有 1 朵雌花和数雄花同聚生于苞腋内；花萼 3 深裂，裂片卵形至卵头披针形，顶端短尖至渐尖；子房卵球形，平滑，3 室，花柱 3，基部合生，柱头外卷。蒴果梨状球形，成熟时黑色，直径 1~1.5 厘米；具 3 颗种子，分果爿脱落后而中轴宿存。花期 4—8 月，果期 8—12 月。南太行城市有少量引种栽培。木材白色，坚硬，纹理细致，用途广。叶为黑色染料，可染衣物。根皮治毒蛇咬伤。白色之蜡质层（假种皮）溶解后可制肥皂、蜡烛。种子油适于涂料，可涂油纸、油伞等。

306 枫杨 | *Pterocarya stenoptera*   胡桃科　枫杨属

大乔木，高达 30 米。叶多为偶数，稀奇数羽状复叶，长 8~16 厘米（稀达 25 厘米），叶柄长 2~5 厘米，叶轴具翅至翅不甚发达，与叶柄一样被有疏或密的短毛；小叶 10~16（稀 6~25），无小叶柄，对生或稀近对生，长椭圆形至长椭圆状披针形，长 8~12 厘米，顶端常钝圆或稀急尖，基部歪斜，上方一侧楔形至阔楔形，下方一侧圆形，边缘有向内弯的细锯齿，正面被有细小的浅色疣状突起，沿中脉及侧脉被有极短的星芒状毛，背面幼时被有散生的短柔毛，成长后脱落而仅留有极稀疏的腺体及侧脉腋内留有一丛星芒状毛。雄性柔荑花序长 6~10 厘米，单独生于去年生枝条上叶痕腋内，花序轴常有稀疏的星芒状毛；雄花常具 1（稀 2 或 3）枚发育的花被片，雄蕊 5~12 枚；雌性柔荑花序顶生，长 10~15 厘米，花序轴密被星芒状毛及单毛，下端不生花的部分长达 3 厘米，具 2 枚长达 5 毫米的不孕性苞片；雌花几乎无梗，苞片及小苞片基部常有细小的星芒状毛，并密被腺体；果序长 20~45 厘米，果序轴常被有宿存的毛。果实长椭圆形，长 6~7 毫米，基部常有宿存的星芒状毛；果翅狭，条形或阔条形，长 12~20 毫米，宽 3~6 毫米，具近于平行的脉。花期 4—5 月，果熟期 8—9 月。南太行城市公园、广场重要的绿化树种。树皮和枝皮含鞣质，可提取栲胶，亦可作纤维原料。果实可做饲料和酿酒。种子可榨油。

307 梧桐 | *Firmiana simplex*   锦葵科　梧桐属

落叶乔木，高达 16 米。树皮青绿色，平滑。叶心形，掌状 3~5 裂，直径 15~30 厘米，裂片三角形，顶端渐尖，基部心形，两面均无毛或略被短柔毛，基生脉 7 条，叶柄与叶等长。圆锥花序顶生，长 20~50 厘米，下部分枝长达 12 厘米，花淡黄绿色；萼 5 深裂几至基部，萼片条形，向外卷曲，长 7~9 毫米，外面被淡黄色短柔毛，内面仅在基部被柔毛；花梗与花几等长；雄花的雌雄蕊柄与萼等长，下半部较粗，无毛，花药 15 枚不规则地聚集在雌雄蕊柄的顶端，退化子房梨形且甚小；雌花的子房圆球形，被毛。蓇葖果膜质，有柄，成熟前开裂成叶状，长 6~11 厘米，宽 1.5~2.5 厘米，外面被短茸毛或几无毛，每个蓇葖果有种子 2~4 颗。花期 6 月，果期 7—10 月。本种可作栽培于庭院的观赏树木。木材轻软，为制木匣和乐器的良材。种子炒熟可食或榨油，油为不干性油。茎、叶、花、果和种子均可药用，有清热解毒的功效。树皮纤维洁白，可用以造纸和编绳等。木材刨片可浸出黏液，称刨花，润发。

308 臭椿 | *Ailanthus altissima* 　　　　苦木科　臭椿属

落叶乔木，高 20 余米。树皮平滑而有直纹；嫩枝有髓，幼时被黄色或黄褐色柔毛，后脱落。叶为奇数羽状复叶，长 40~60 厘米，叶柄长 7~13 厘米，有小叶 13~27；小叶对生或近对生，纸质，卵状披针形，长 7~13 厘米，宽 2.5~4 厘米，先端长渐尖，基部偏斜，截形或稍圆，两侧各具 1 或 2 粗锯齿，齿背有腺体 1 个，叶正面深绿色，背面灰绿色，柔碎后具臭味。圆锥花序长 10~30 厘米；花淡绿色，花梗长 1~2.5 毫米，萼片 5，覆瓦状排列，裂片长 0.5~1 毫米；花瓣 5，长 2~2.5 毫米，基部两侧被硬粗毛；雄蕊 10 枚，花丝基部密被硬粗毛，雄花中的花丝长于花瓣，雌花中的花丝短于花瓣；花药长圆形，长约 1 毫米；心皮 5 枚，花柱黏合，柱头 5 裂。翅果长椭圆形，长 3~4.5 厘米，宽 1~1.2 厘米。种子位于翅的中间，扁圆形。花期 4—5 月，果期 8—10 月。南太行平原、山区广布。生于田埂、废弃矿山、沟谷、乱石滩。乡土树种，是石质山地造林的先锋树种；对烟尘和二氧化硫抗性较强，又是城市工矿区绿化的重要树种。

第二部分 园林栽培植物·观赏乔木

楝科

309 香椿 | *Toona sinensis*   楝科 香椿属

乔木。树皮粗糙，深褐色，片状脱落。叶具长柄，偶数羽状复叶，长30~50厘米或更长；小叶16~20，对生或互生，纸质，卵状披针形或卵状长椭圆形，长9~15厘米，宽2.5~4厘米，先端尾尖，基部一侧圆形，另一侧楔形，不对称，边全缘或有疏离的小锯齿，两面均无毛，无斑点，背面常呈粉绿色，侧脉每边18~24条，平展，与中脉几呈直角开出，背面略突起；小叶柄长5~10毫米。圆锥花序与叶等长或更长，被稀疏的锈色短柔毛或有时近无毛，小聚伞花序生于短的小枝上，多花；花长4~5毫米，具短花梗；花萼5齿裂或浅波状，外面被柔毛，且有睫毛；花瓣5，白色，长圆形，先端钝，长4~5毫米，宽2~3毫米，无毛；雄蕊10枚，其中5枚能育，5枚退化；花盘无毛，近念珠状；子房圆锥形，有5条细沟纹，无毛，每室有胚珠8枚，花柱比子房长，柱头盘状。蒴果狭椭圆形，长2~3.5厘米，深褐色，有小而苍白色的皮孔，果瓣薄。种子基部通常钝，上端有膜质的长翅，下端无翅。花期6—8月，果期10—12月。南太行分布于丘陵、山区。生于荒地、沟谷、田埂，现平原、山区广泛栽培。乡土树种。幼芽嫩叶芳香可口，供蔬食。木材黄褐色而具红色环带，纹理美丽，质坚硬，有光泽，耐腐力强，易施工，为家具、室内装饰品及造船的优良木材。根皮及果入药，有收敛止血、去湿止痛的功效。

197

310 楝 | *Melia azedarach*　　楝科　楝属

落叶乔木，高10余米。树皮灰褐色，纵裂。分枝广展，小枝有叶痕。叶为二至三回奇数羽状复叶，长20~40厘米；小叶对生，卵形、椭圆形至披针形，顶生一片通常略大，长3~7厘米，宽2~3厘米，先端短渐尖，基部楔形或宽楔形，多少偏斜，边缘有钝锯齿，幼时被星状毛，长大后两面均无毛，侧脉每边12~16条，广展，向上斜举。圆锥花序约与叶等长，无毛或幼时被鳞片状短柔毛；花芳香；花萼5深裂，裂片卵形或长圆状卵形，先端急尖，外面被微柔毛；花瓣淡紫色，倒卵状匙形，长约1厘米，两面均被微柔毛，通常外面较密；雄蕊管紫色，无毛或近无毛，长7~8毫米，有纵细脉，管口有钻形、2~3齿裂的狭裂片10，花药10，着生于裂片内侧，且与裂片互生，长椭圆形，顶端微突尖；子房近球形，5~6室，无毛，每室有胚珠2枚，花柱细长，柱头头状，顶端具5齿，不伸出雄蕊管。核果球形至椭圆形，长1~2厘米。种子椭圆形。花期4—5月，果期10—12月。南太行平原、山区广布。生于低海拔旷野、路旁或疏林中，目前已广泛栽培。乡土树种。边材黄白色，心材黄色至红褐色，纹理粗而美，质轻软，有光泽，易施工，是制作家具、建筑、农具、舟车、乐器等的良好用材。鲜叶可灭钉螺和制农药。根皮可驱蛔虫和钩虫，但有毒，用时要严遵医嘱；根皮粉调醋可治疥癣。苦楝子可制油膏，治头癣。果核仁油可供制油漆、润滑油和肥皂。

311 白蜡树 | *Fraxinus chinensis*　　木樨科　梣属

落叶乔木，高 10~12 米。树皮灰褐色，纵裂。羽状复叶长 15~25 厘米；叶柄长 4~6 厘米，基部不增厚；叶轴挺直，正面具浅沟，初时疏被柔毛，旋即秃净；小叶 5~7，硬纸质，卵形、倒卵状长圆形至披针形，长 3~10 厘米，顶生小叶与侧生小叶近等大或稍大，先端锐尖至渐尖，基部钝圆或楔形，叶缘具整齐锯齿，正面无毛，背面无毛或有时沿中脉两侧被白色长柔毛，中脉在正面平坦，侧脉 8~10 对，背面突起，细脉在两面突起，明显网结；小叶柄长 3~5 毫米。圆锥花序顶生或腋生枝梢，长 8~10 厘米；序梗长 2~4 厘米，无毛或被细柔毛，光滑，无皮孔；花雌雄异株；雄花密集，花萼小，钟状，无花冠，花药与花丝近等长；雌花疏离，花萼大，桶状，长 2~3 毫米，4 浅裂，花柱细长，柱头 2 裂。翅果匙形，长 3~4 厘米，上中部最宽，先端锐尖，常呈犁头状，基部渐狭，翅平展，下延至坚果中部；坚果圆柱形，长约 1.5 厘米；宿存萼紧贴于坚果基部，常在一侧开口深裂。花期 4~5 月，果期 7~9 月。本种在我国栽培历史悠久，分布甚广。南太行城市、乡村道路广泛引种栽培。主要经济用途为放养白蜡虫生产白蜡，尤以西南地区栽培最盛。贵州西南部山区栽的枝叶特别宽大，常在山地呈半野生状态。性耐瘠薄干旱，在轻度盐碱地也能生长。植株萌发力强，材理通直，生长迅速，柔软坚韧，供编制各种用具。树皮可作药用。

312 荷花木兰 | *Magnolia grandiflora*　　木兰科　北美木兰属

常绿乔木，在原产地高达 30 米。小枝、芽、叶背面、叶柄均密被褐色或灰褐色短茸毛（幼树的叶背面无毛）。叶厚革质，椭圆形、长圆状椭圆形或倒卵状椭圆形，长 10~20 厘米，先端钝或短钝尖，基部楔形，叶正面深绿色，有光泽；侧脉每边 8~10 条；叶柄长 1.5~4 厘米，无托叶痕，具深沟。花白色，有芳香，直径 15~20 厘米；花被片 9~12，厚肉质，倒卵形，长 6~10 厘米，宽 5~7 厘米；雄蕊长约 2 厘米，花丝扁平，紫色，花药内向，药隔伸出成短尖；雌蕊群椭圆体形，密被长茸毛；心皮卵形，长 1~1.5 厘米，花柱呈卷曲状。聚合果圆柱状长圆形或卵圆形，直径 4~5 厘米，密被褐色或淡灰黄色茸毛；蓇葖果背裂，背面圆，顶端外侧具长喙。种子近卵圆形或卵形。花期 5~6 月，果期 9~10 月。原产于北美洲东南部。本种广泛栽培。花大、白色，状如荷花，芳香，为美丽的庭院绿化观赏树种；适生于湿润肥沃土壤，对二氧化硫、氯气、氟化氢等有毒气体抗性较强，也耐烟尘。木材黄白色，材质坚重，可供装饰材用。叶、幼枝和花可提取芳香油。花可制浸膏用。叶入药治高血压。种子可榨油，含油率 42.5%。

313 玉兰 | *Yulania denudata* 木兰科 玉兰属

落叶乔木，高达25米。叶纸质，倒卵形、宽倒卵形或倒卵状椭圆形，基部徒长枝叶椭圆形，长10~15（18）厘米，先端宽圆、平截或稍凹，具短突尖，中部以下渐狭呈楔形，叶正面深绿色，嫩时被柔毛，后仅中脉及侧脉留有柔毛，背面淡绿色，沿脉上被柔毛，侧脉每边8~10条，网脉明显；叶柄长1~2.5厘米，被柔毛，具狭纵沟；托叶痕为叶柄长的1/4~1/3。花蕾卵圆形，花先叶开放，直立，芳香，直径10~16厘米；花梗显著膨大，密被淡黄色长绢毛；花被片9，白色，基部常带粉红色，近相似，长圆状倒卵形，长6~8（10）厘米；雄蕊长7~12毫米；雌蕊群淡绿色，无毛，圆柱形，长2~2.5厘米；雌蕊狭卵形，长3~4毫米，具长4毫米的锥尖花柱。聚合果圆柱形（在庭院栽培种常因部分心皮不育而弯曲），长12~15厘米，直径3.5~5厘米；蓇葖果厚木质，褐色，具白色皮孔。花期2—3月，果期8—9月。南太行城市公园、广场广泛引种栽培。材质优良，纹理直，结构细，可供家具、图板、细木工等。花蕾入药与"辛夷"功效同。花含芳香油，可提取配制香精或制浸膏。花被片食用或用以熏茶。种子可榨油供工业用。早春白花满树，艳丽芳香，为驰名中外的庭院观赏树种。

314 紫玉兰 | *Yulania liliiflora* 木兰科 玉兰属

落叶灌木，高达3米。叶椭圆状倒卵形或倒卵形，长8~18厘米，先端急尖或渐尖，基部渐狭沿叶柄下延至托叶痕，正面深绿色，幼嫩时疏生短柔毛，背面灰绿色，沿脉有短柔毛；侧脉每边8~10条，叶柄长8~20毫米，托叶痕约为叶柄长的1/2。花叶同时开放，瓶形，直立于粗壮、被毛的花梗上，稍有香气；花被片9~12，外轮3萼片状，紫绿色，披针形长2~3.5厘米，常早落，内两轮肉质，外面紫色或紫红色，内面带白色，花瓣状，椭圆状倒卵形，长8~10厘米；雄蕊紫红色，长8~10毫米；雌蕊群长约1.5厘米，淡紫色，无毛。聚合果深紫褐色，变褐色，圆柱形，长7~10厘米；成熟蓇葖果近圆球形，顶端具短喙。花期3~4月，果期8—9月。南太行城市公园、广场广泛引种栽培。花色艳丽，享誉中外，我国各大城市都有栽培。树皮、叶、花蕾均可入药；花蕾晒干后称辛夷，气香、味辛辣，含柠檬醛，丁香油酚、桉油精为主的挥发油，主治鼻炎、头痛，作镇痛消炎剂，为我国2000多年传统中药。可作玉兰、白兰等木兰科植物的嫁接砧木。

315 兰考泡桐 | *Paulownia elongata*　　泡桐科　泡桐属

乔木，高达 30 米。树冠圆锥形，主干直；幼枝、叶、花序各部和幼果均被黄褐色星状茸毛，但叶柄、叶正面和花梗渐变无毛。叶长卵状心脏形，有时为卵状心脏形，长达 20 厘米，顶端长渐尖或锐尖头，其突尖长达 2 厘米，新枝上的叶有时 2 裂，背面有星毛及腺，成熟叶背面密被茸毛，有时毛很稀疏至近无毛；叶柄长达 12 厘米。花序枝几无或仅有短侧枝，故花序狭长几成圆柱形，长约 25 厘米，小聚伞花序，具花 3~8 朵，总花梗几与花梗等长，或下部者长于花梗，上部者略短于花梗，萼倒圆锥形，长 2~2.5 厘米，花后逐渐脱毛，分裂至 1/4 或 1/3 处，萼齿卵圆形至三角状卵圆形，至果期变为狭三角形；花冠管状漏斗形，白色仅背面稍带紫色或浅紫色，长 8~12 厘米，管部在基部以上不突然膨大，而逐渐向上扩大，稍稍向前曲，外面有星状毛，腹部无明显纵褶，内部密布紫色细斑块；雄蕊长 3~3.5 厘米，有疏腺；子房有腺，有时具星毛，花柱长约 5.5 厘米。蒴果长圆形或长圆状椭圆形，长 6~10 厘米，顶端之喙长达 6 毫米，宿萼开展或漏斗状，果皮木质，厚 3~6 毫米。种子连翅长 6~10 毫米。花期 3—4 月，果期 7—8 月。南太行黄河滩区、丘陵区广泛栽培。本种树干直，生长快，适应性较强，适宜于南方生长。

316 火炬树 | *Rhus typhina*　　漆树科　盐麸木属

落叶小乔木，高达 12 米。柄下芽；小枝密生灰色茸毛。奇数羽状复叶，小叶 19~23（稀 11~31），长椭圆形至披针形，长 5~13 厘米，叶缘有锯齿，先端长渐尖，基部圆形或宽楔形，正面深绿色，背面苍白色，两面有茸毛，老时脱落，叶轴无翅。圆锥花序顶生，密生茸毛，花淡绿色，雌花花柱有红色刺毛。核果深红色，密生茸毛，花柱宿存，密集呈火炬形。花期 6—7 月，果期 8—9 月。我国 20 世纪 60、70 年代作为荒山绿化树种引入，繁殖能力很强，具有许多入侵物种的特性，对本地生物多样性有潜在的危害，需谨慎应用。

317 全缘叶栾树（变种） | *Koelreuteria bipinnata* var. *integrifoliola*

无患子科　栾属

复羽叶栾树（原变种）。本变种特征：乔木，高20余米。皮孔圆形至椭圆形。枝具小疣点。叶平展，二回羽状复叶，长45~70厘米；叶轴和叶柄向轴面常有一纵行皱曲的短柔毛；小叶9~17，互生，很少对生，纸质或近革质，斜卵形，长3.5~7厘米，宽2~3.5厘米，顶端短尖至短渐尖，基部阔楔形或圆形，略偏斜，边缘有内弯的小锯齿，两面无毛或正面中脉上被微柔毛，背面密被短柔毛，有时杂以皱曲的毛；小叶柄长约3毫米或近无柄。圆锥花序大型，长35~70厘米，分枝广展，与花梗同被短柔毛；萼5裂达中部，裂片阔卵状三角形或长圆形，有短而硬的缘毛及流苏状腺体，边缘呈啮蚀状；花瓣4，长圆状披针形，瓣片长6~9毫米，宽1.5~3毫米，顶端钝或短尖，瓣爪长1.5~3毫米，被长柔毛，鳞片深2裂；雄蕊8枚，长4~7毫米，花丝被白色、开展的长柔毛，下半部毛较多，花药有短疏毛；子房三棱状长圆形，被柔毛。蒴果椭圆形或近球形，具3棱，淡紫红色，老熟时褐色，长4~7厘米，宽3.5~5厘米，顶端钝或圆；有小突尖，果瓣椭圆形至近圆形，外面具网状脉纹，内面有光泽。花期7—9月，果期8—10月。在南太行地区广泛引种栽培。通道绿化主要树种，也是城市重要的绿化树种。速生树种，常栽培于庭院供观赏。木材可制家具。种子油供工业用。根入药，有消肿、止痛、活血、驱蛔的功效，亦治风热咳嗽；花能清肝明目，清热止咳，又为黄色染料。

318 梣叶槭 | *Acer negundo*

无患子科　槭属

落叶乔木，高达20米。羽状复叶，长10~25厘米，有3~7（9）小叶；小叶纸质，卵形或椭圆状披针形，长8~10厘米，宽2~4厘米，先端渐尖，基部钝一形或阔楔形，边缘常有3~5粗锯齿，稀全缘，中小叶的小叶柄长3~4毫米，侧生小叶的小叶柄长3~5毫米，正面深绿色，无毛，背面淡绿色，除脉腋有丛毛外其余部分无毛；主脉和5~7对侧脉均在背面显著；叶柄长5~7厘米，嫩时有稀疏的短柔毛，长大后无毛。雄花的花序聚伞状，雌花的花序总状，均由无叶的小枝旁边生出，常下垂，花梗长1.5~3厘米，花小，黄绿色，开于叶前，雌雄异株，无花瓣及花盘，雄蕊4~6枚，花丝很长，子房无毛。小坚果突起，近于长圆形或长圆卵形，无毛；翅宽8~10毫米，稍向内弯，连同小坚果长3~3.5厘米，张开呈锐角或近于直角。花期4~5月，果期9月。原产于北美洲。南太行城市绿化有引种栽培。本种早春开花，花蜜很丰富，是很好的蜜源植物。本种生长迅速，树冠广阔，夏季遮阴条件良好，可作行道树或庭院树，用以城市或厂矿绿化。

319 红花槭 | *Acer rubrum*　　　　无患子科　槭属

落叶大乔木，高 12~18 米。单叶对生，叶 3~5 裂，手掌状，叶长 10 厘米，叶正面亮绿色，叶背面泛白，新生叶正面呈微红色，之后变成绿色，直至深绿色，叶背面是灰绿色，部分有白色茸毛。花为红色，稠密簇生，少部分微黄色，先花后叶，叶巨大。茎光滑，有皮孔，通常为绿色，冬季常变为红色。新树皮光滑，浅灰色。老树皮粗糙，深灰色，有鳞片或皱纹。果实为翅果，多呈微红色，成熟时变为棕色，长 2.5~5 厘米。花期 3—4 月，果期 9—10 月。原产于美国东海岸。春天开花，花红色。因其秋季色彩夺目，树冠整洁，被广泛应用于公园、小区、街道栽植，既可以园林造景又可以作行道树，深受人们的喜爱，是近几年引进的美化、绿化城市园林的理想树种之一。

320 鸡爪槭 | *Acer palmatum*　　　　无患子科　槭属

落叶小乔木。树皮深灰色；小枝细瘦；当年生枝紫色或淡紫绿色；多年生枝淡灰紫色或深紫色。叶纸质，圆形，直径 7~10 厘米，基部心脏形或近于心脏形，稀截形，5~9 掌状分裂，通常 7 裂，裂片长圆卵形或披针形，先端锐尖或长锐尖，边缘具紧贴的尖锐锯齿；裂片间的凹缺钝尖或锐尖，深达叶直径的 1/2 或 1/3；正面深绿色，无毛；背面淡绿色，在叶脉的脉腋被有白色丛毛；主脉在正面微显著，在背面突起；叶柄长 4~6 厘米，细瘦，无毛。花紫色，杂性，雄花与两性花同株，生于无毛的伞房花序，总花梗长 2~3 厘米，叶发出以后才开花；萼片 5，卵状披针形，先端锐尖，长 3 毫米；花瓣 5，椭圆形或倒卵形，先端钝圆，长约 2 毫米；雄蕊 8 枚，无毛，较花瓣略短而藏于其内；花盘位于雄蕊的外侧，微裂；子房无毛，花柱长，2 裂，柱头扁平，花梗长约 1 厘米，细瘦，无毛。翅果嫩时紫红色，成熟时淡棕黄色；小坚果球形，直径 7 毫米，脉纹显著；翅与小坚果共长 2~2.5 厘米，宽 1 厘米，张开呈钝角。花期 5 月，果期 9 月。南太行城市公园常引种栽培。对二氧化硫和烟尘抗性较强。其叶形美观，入秋后转为鲜红色，色艳如花，灿烂如霞，为优良的观叶树种。

321 红枫 | *Acer palmatum* 'Atropurpureum'　　无患子科　槭属

落叶小乔木。枝条多细长光滑，偏紫红色。叶掌状，裂片卵状披针形，先端尾状尖，缘有重锯齿。花顶生伞房花序，紫色。翅果，两翅间呈钝角。花期4—5月，果熟期10月。南太行城市公园广泛引种。该种是种非常美丽珍贵的观叶树种，其叶形优美，红色鲜艳持久，枝序整齐，错落有致，树姿美观，宜布置在草坪中央或高大建筑物前后、角隅等地。

322 三角槭 | *Acer buergerianum*　　无患子科　槭属

落叶乔木，高5~10米，稀达20米。当年生枝紫色或紫绿色，近于无毛。叶纸质，基部近于圆形或楔形，叶椭圆形或倒卵形，长6~10厘米，通常浅3裂，裂片向前延伸，稀全缘，中央裂片三角卵形，急尖、锐尖或短渐尖；侧裂片短钝尖或甚小，以至于不发育，裂片边缘通常全缘，稀具少数锯齿；裂片间的凹缺钝尖；正面深绿色，背面黄绿色或淡绿色，被白粉，略被毛，在叶脉上较密；初生脉3条，稀基部叶脉也发育良好，最终成5条，在正面不显著，在背面显著；侧脉通常在两面都不显著；叶柄长2.5~5厘米，淡紫绿色，细瘦，无毛。花多数常成顶生被短柔毛的伞房花序，直径约3厘米，总花梗长1.5~2厘米，开花在叶长大以后；萼片5，黄绿色，卵形，无毛，长约1.5毫米；花瓣5，淡黄色，狭窄披针形或匙状披针形，先端钝圆，长约2毫米，雄蕊8枚，与萼片等长或微短，花盘无毛，微分裂，位于雄蕊外侧；子房密被淡黄色长柔毛，花柱无毛，很短，2裂，柱头平展或略反卷；花梗长5~10毫米，细瘦，嫩时被长柔毛，渐老近于无毛。翅果黄褐色；小坚果特别突起，直径6毫米；翅与小坚果共长2~2.5厘米，稀达3厘米，宽9~10毫米，中部最宽，基部狭窄，张开呈锐角或近于直立。花期4月，果期8月。南太行城市公园有引种栽培。常用绿化观赏树种。

323 色木槭 | *Acer pictum*　　　　　无患子科　槭属

落叶乔木，高 15~20 米。叶纸质，基部截形或近于心脏形，叶近于椭圆形，长 6~8 厘米，常 5 裂，有时 3 裂及 7 裂的叶生于同一树上；裂片卵形，先端锐尖或尾状锐尖，全缘，裂片间的凹缺常锐尖，深达叶的中段，正面深绿色，无毛，背面淡绿色，除了在叶脉上或脉腋被黄色短柔毛外，其余部分无毛；主脉 5 条，在正面显著，在背面微突起，侧脉在两面均不显著；叶柄长 4~6 厘米，细瘦，无毛。花多数，杂性，雄花与两性花同株，多数常成无毛的顶生圆锥状伞房花序，长与宽均约 4 厘米，生于有叶的枝上，花序的总花梗长 1~2 厘米，花的开放与叶的生长同时；萼片 5，黄绿色，长圆形，顶端钝形，长 2~3 毫米；花瓣 5，淡白色，椭圆形或椭圆倒卵形，长约 3 毫米；雄蕊 8 枚，无毛，比花瓣短，位于花盘内侧的边缘，花药黄色，椭圆形；子房无毛或近于无毛，在雄花中不发育，花柱很短，无毛，柱头 2 裂，反卷；花梗长 1 厘米，细瘦，无毛。翅果嫩时紫绿色，成熟时淡黄色；小坚果压扁状，长 1~1.3 厘米；翅长圆形，宽 5~10 毫米，连同小坚果长 2~2.5 厘米，张开呈锐角或近于钝角。花期 5 月，果期 9 月。南太行城市公园有引种栽培。常用绿化观赏树种。树皮纤维可作人造棉及造纸的原料。叶含鞣质，可提制栲胶。种子榨油，可供工业用，也可食用。木材细密，可供建筑、车辆、乐器和胶合板等用。

324 七叶树 | *Aesculus chinensis*　　　　　无患子科　七叶树属

落叶乔木，高达 25 米。树皮深褐色或灰褐色；小枝、圆柱形，黄褐色或灰褐色。掌状复叶，叶 5~7；叶柄长 10~12 厘米，有灰色微柔毛；小叶纸质，长圆披针形至长圆倒披针形，稀长椭圆形钾先端短锐尖，基部楔形或阔楔形，边缘有钝尖形的细锯齿，长 8~16 厘米，正面深绿色，无毛，背面除中肋及侧脉的基部嫩时有疏柔毛外，其余部分无毛；中肋在正面显著，在背面突起，侧脉 13~17 对；中央小叶的小叶柄长 1~1.8 厘米，两侧的小叶柄长 5~10 毫米，有灰色微柔毛。花序圆筒形，连同长 5~10 厘米的总花梗在内共长 21~25 厘米，花序总轴有微柔毛，小花序常由 5~10 朵花组成，平斜向伸展，有微柔毛，长 2~2.5 厘米，花梗长 2~4 毫米；花杂性，雄花与两性花同株，花萼管状钟形，不等地 5 裂，裂片钝形，边缘有短纤毛；花瓣 4，白色，长圆倒卵形至长圆倒披针形，长 8~12 毫米，边缘有纤毛，基部爪状；雄蕊 6 枚，长 1.8~3 厘米，花丝线状，无毛；子房在雄花中不发育，在两性花中发育良好，卵圆形，花柱无毛。果实球形或倒卵圆形，顶部短尖或钝圆而中部略凹下，直径 3~4 厘米，黄褐色，无刺，具很密的斑点。花期 4—5 月，果期 10 月。南太行城市公园、广场广泛引种栽培。优良的行道树和庭院树。木材细密可制造各种器具。种子可入药；榨油可制造肥皂。

325 一球悬铃木 | *Platanus occidentalis*　　　悬铃木科　悬铃木属

落叶大乔木，高 40 余米。树皮有浅沟，呈小块状剥落；嫩枝被有黄褐色茸毛。叶大，阔卵形，通常 3 浅裂，稀为 5 浅裂，宽 10~22 厘米，长度比宽度略小；基部截形，阔心形，或稍呈楔形；裂片短三角形，宽度远较长度为大，边缘有数个粗大锯齿；两面初时被灰黄色茸毛，不久脱落，正面秃净，背面仅在脉上有毛，掌状脉 3 条，离基约 1 厘米；叶柄长 4~7 厘米，密被茸毛；托叶较大，长 2~3 厘米，基部鞘状，上部扩大呈喇叭形，早落。花通常 4~6 数，单性，聚成圆球形头状花序；雄花的萼片及花瓣均短小，花丝极短，花药伸长，盾状药隔无毛；雌花基部有长茸毛；萼片短小；花瓣比萼片长 4~5 倍；心皮 4~6 枚，花柱伸长，比花瓣为长。头状果序圆球形，单生，稀为 2 个，直径约 3 厘米，宿存花柱极短；小坚果先端钝，基部的茸毛长为坚果的 1/2，不突出头状果序外。花期 5 月，果期 6—10 月。原产于欧洲东南部及亚洲西部，久经栽培。南太行城市道路绿化主要树种。北方常作行道树及观赏用。

326 黄檗 | *Phellodendron amurense*　　　芸香科　黄檗属

落叶乔木，高 10~20 米。枝扩展，成年树的树皮有厚木栓层，味苦，黏质；小枝暗紫红色，无毛。叶轴及叶柄均纤细，有小叶 5~13，小叶薄纸质或纸质，卵状披针形或卵形，长 6~12 厘米，顶部长渐尖，基部阔楔形，一侧斜尖，或为圆形，叶边缘有细钝齿和缘毛，叶正面无毛或中脉有疏短毛，叶背面仅基部中脉两侧密被长柔毛。花序顶生；萼片细小，阔卵形，长约 1 毫米；花瓣紫绿色，长 3~4 毫米；雄花的雄蕊比花瓣长，退化雌蕊短小。果圆球形，直径约 1 厘米，蓝黑色，通常有 5~8（10）浅纵沟，干后较明显。种子通常 5 颗。花期 5—6 月，果期 9—10 月。南太行部分地区作为药材种植。木栓层是制造软木塞的材料。木材坚硬，边材淡黄色，心材黄褐色，是制作枪托、家具、装饰的优良材，亦为胶合板材。果实可做驱虫剂及染料。种子含油率 7.76%，可制肥皂和润滑油。树皮内层经炮制后入药，称为黄檗，味苦、性寒，可清热解毒、泻火燥湿，主治急性细菌性痢疾、急性肠炎、急性黄疸型肝炎、泌尿系统感染等；外用可治火烫伤、中耳炎、急性结膜炎等。

327 旱柳 | *Salix matsudana*　　　杨柳科　柳属

乔木，高达 18 米。叶披针形，长 5~10 厘米，先端长渐尖，基部窄圆形或楔形，正面绿色，无毛，有光泽，背面苍白色或带白色，有细腺锯齿缘，幼叶有丝状柔毛；叶柄短，长 5~8 毫米，在正面有长柔毛；托叶披针形或缺，边缘有细腺锯齿。花序与叶同时开放；雄花序圆柱形，长 1.5~2.5（3）厘米，粗 6~8 毫米，多少有花序梗，轴有长毛；雄蕊 2 枚，花丝基部有长毛，花药卵形，黄色；苞片卵形，黄绿色，先端钝，基部多少有短柔毛；腺体 2 个；雌花序较雄花序短，长达 2 厘米，粗 4 毫米，有 3~5 小叶生于短花序梗上，轴有长毛；子房长椭圆形，近无柄，无毛，无花柱或很短，柱头卵形，近圆裂；苞片同雄花；腺体 2 个，背生和腹生。果序长达 2（2.5）厘米。花期 4 月，果期 4—5 月。南太行道路、河流、城市绿化广泛栽培。乡土树种。早春蜜源树，又为固沙保土四旁绿化树种。木材白色，质轻软，可供制建筑器具、造纸、人造棉、火药等。细枝可编筐。叶为冬季羊饲料。

328 垂柳 | *Salix babylonica*　　　杨柳科　柳属

乔木，高 12~18 米。树冠开展而疏散；枝细，下垂，淡褐黄色、淡褐色或带紫色，无毛。叶狭披针形或线状披针形，长 9~16 厘米，宽 0.5~1.5 厘米，先端长渐尖，基部楔形两面无毛或微有毛，正面绿色，背面色较淡，锯齿缘；叶柄长 5（3）~10 毫米，有短柔毛；托叶仅生在萌发枝上，斜披针形或卵圆形，边缘有齿牙。花序先叶开放，或与叶同时开放；雄花序长 1.5~2（3）厘米，有短梗，轴有毛；雄蕊 2 枚，花丝与苞片近等长或较长，基部多少有长毛，花药红黄色；苞片披针形，外面有毛；腺体 2 个；雌花序长达 2~3（5）厘米，有梗，基部有 3~4 小叶，轴有毛；子房椭圆形，无毛或下部稍有毛，无柄或近无柄，花柱短，柱头 2~4 深裂；苞片披针形，长 1.8~2（2.5）毫米，外面有毛；腺体 1 个。蒴果长 3~4 毫米，带绿黄褐色。花期 3—4 月，果期 4—5 月。南太行道路、河流、城市绿化广泛栽培。优美的绿化树种。木材可供制家具。枝条可编筐。树皮含鞣质，可提制栲胶。叶可做羊饲料。

329 毛白杨 | *Populus tomentosa*　　　　杨柳科　杨属

乔木，高达30米。树皮壮时灰绿色，渐变为灰白色，皮孔菱形散生；树冠圆锥形至卵圆形或圆形。长枝叶阔卵形或三角状卵形，长10~15厘米，宽8~13厘米，先端短渐尖，基部心形或截形，边缘有深齿牙或波状齿牙，正面暗绿色，光滑，背面密生毡毛，后渐脱落；叶柄上部侧扁，长3~7厘米，顶端通常有2~4腺点；短枝叶通常较小，长7~11厘米，卵形或三角状卵形，先端渐尖，正面暗绿色有金属光泽，背面光滑，具深波状齿牙缘；叶柄稍短于叶，侧扁，先端无腺点。雄花序长10~14（20）厘米，雄花苞片约具10尖头，密生长毛，雄蕊6~12枚，花药红色；雌花序长4~7厘米，苞片褐色，尖裂，沿边缘有长毛；子房长椭圆形，柱头2裂，粉红色。果序长达14厘米。蒴果圆锥形或长卵形，2瓣裂。花期3月，果期4—5月。南太行具有悠久的栽培历史。乡土树种。木材材质优良，供建筑、家具等用。分布广泛，深根性，耐旱力较强，20年生即可成材。我国良好的速生树种之一。

330 加杨 | *Populus × canadensis*　　　　杨柳科　杨属

大乔木，高30多米。干直，树皮粗厚，深沟裂，下部暗灰色，上部褐灰色，大枝微向上斜伸，树冠卵形；芽大，先端反曲，初为绿色，后变为褐绿色，富黏质。叶三角形或三角状卵形，长7~10厘米，长枝和萌枝叶较大，长10~20厘米，一般长大于宽，先端渐尖，基部截形或宽楔形；叶柄侧扁而长，带红色（苗期特明显）。雄花序长7~15厘米，雌花柱头4裂，果序长达27厘米。蒴果卵圆形，长约8毫米，先端锐尖，2~3瓣裂。花期4月，果期5—6月。南太行主要的速生树种，道路、河流两旁广泛栽培。

331 银杏 | *Ginkgo biloba*　　　银杏科　银杏属

乔木，高达 40 米。枝近轮生，斜上伸展。叶扇形，有长柄，淡绿色，无毛，有多数叉状并列细脉，顶端宽 5~8 厘米，在短枝上常具波状缺刻，在长枝上常 2 裂，基部宽楔形，柄长 3~10（多为 5~8）厘米，幼树及萌生枝上的叶常较大而深裂（叶长达 13 厘米，宽 15 厘米），有时裂片再分裂（这与较原始的化石种类之叶相似），叶在一年生长枝上螺旋状散生，在短枝上 3~8 叶呈簇生状，秋季落叶前变为黄色。球花雌雄异株，单性，生于短枝顶端的鳞片状叶的腋内，呈簇生状；雄球花柔荑花序状，下垂，雄蕊排列疏松，具短梗，花药常 2 枚，长椭圆形，药室纵裂，药隔不发；雌球花具长梗，梗端常分 2 叉，稀 3~5 叉或不分叉，每叉顶生一盘状珠座，胚珠着生其上，通常仅一个叉端的胚珠发育成种子，风媒传粉。种子具长梗，下垂，常为椭圆形、长倒卵形、卵圆形或近圆球形。花期 3—4 月，种子 9—10 月成熟。银杏为速生珍贵的用材树种，树形优美，春夏季叶色嫩绿，秋季变成黄色，颇为美观，可作庭院树及行道树。

332 榆树 | *Ulmus pumila*　　　榆科　榆属

落叶乔木，高达 25 米。叶椭圆状卵形、长卵形、椭圆状披针形或卵状披针形，长 2~8 厘米，先端渐尖或长渐尖，基部偏斜或近对称，一侧楔形至圆，另一侧圆形至半心脏形，叶正面平滑无毛，叶背面幼时有短柔毛，后变无毛或部分脉腋有簇生毛，边缘具重锯齿或单锯齿，侧脉每边 9~16 条；叶柄长 4~10 毫米，通常仅上面有短柔毛。花先叶开放，在去年生枝的叶腋呈簇生状。翅果近圆形，稀倒卵状圆形，长 1.2~2 厘米，除顶端缺口柱头面被毛外，余处无毛；果核部分位于翅果的中部，上端不接近或接近缺口，成熟前后其色与果翅相同，初淡绿色，后白黄色，宿存花被无毛，4 浅裂，裂片边缘有毛；果梗较花被为短，长 1~2 毫米，被（或稀无）短柔毛。花果期 3—6 月。南太行平原地区村庄广泛栽培。乡土树种。阳性树，生长快，根系发达，适应性强。边材窄，淡黄褐色，心材暗灰褐色，纹理直，结构略粗，坚实耐用。叶可做饲料。树皮、叶及翅果均可药用，能安神、利小便。

333 榉树 | *Zelkova serrata* 榆科 榉属

乔木，高达 30 米，胸径达 100 厘米。树皮灰白色或褐灰色，呈不规则的片状剥落。叶薄纸质至厚纸质，大小形状变异很大，卵形、椭圆形或卵状披针形，先端渐尖或尾状渐尖，基部有的稍偏斜，圆形或浅心形，稀宽楔形，叶正面绿色，干后绿色或深绿色，稀暗褐色，稀带光泽，幼时疏生糙毛，后脱落变平滑，叶背面浅绿，幼时被短柔毛，后脱落或仅沿主脉两侧残留有稀疏的柔毛，边缘有圆齿状锯齿，具短尖头，侧脉 7（5）~14 对；叶柄粗短，长 2~6 毫米，被短柔毛。雄花具极短的梗，直径约 3 毫米，花被裂至中部，花被裂片 5~8，不等大，外面被细毛；雌花近无梗，花被片 4~5（6），外面被细毛，子房被细毛。核果几乎无梗，淡绿色，斜卵状圆锥形，上面偏斜，凹陷，直径 2.5~3.5 毫米，具背腹脊，网肋明显，表面被柔毛，具宿存的花被。花期 4 月，果期 9—11 月。南太行城市公园、广场引种栽培。树皮和叶可供药用。

针叶树种

334 圆柏 | *Juniperus chinensis*　　　柏科　刺柏属

乔木，高达 20 米。树皮深灰色，纵裂，呈条片开裂；幼树的枝条通常斜上伸展，形成尖塔形树冠，老树则下部大枝平展，形成广圆形的树冠；小枝通常直或稍呈弧状弯曲，生鳞叶的小枝近圆柱形或近四棱形，直径 1~1.2 毫米。叶二型，即刺叶及鳞叶；刺叶生于幼树之上，老龄树则全为鳞叶，壮龄树兼有刺叶与鳞叶；生于一年生小枝的一回分枝的鳞叶 3 叶轮生，直伸而紧密，近披针形，先端微渐尖，长 2.5~5 毫米，背面近中部有椭圆形微凹的腺体；刺叶 3 叶交互轮生，斜展，疏松，披针形，先端渐尖，长 6~12 毫米，正面微凹，有 2 条白粉带。雌雄异株，稀同株，雄球花黄色，椭圆形，长 2.5~3.5 毫米，雄蕊 5~7 对，常有花药 3~4。球果近圆球形，直径 6~8 毫米，两年成熟，熟时暗褐色，被白粉或白粉脱落，有 1~4 颗种子。种子卵圆形。花期 4—5 月。普遍栽培的庭院树种。木材可作房屋建筑、家具、文具及工艺品等用材。

335 龙柏 | *Juniperus chinensis* 'Kaizuca'　　　柏科　刺柏属

常绿乔木。树冠圆柱状或柱状塔形；枝条向上直展，常有扭转上升之势，小枝密、在枝端成几相等长之密簇。鳞叶排列紧密，幼嫩时淡黄绿色，后呈翠绿色。球果蓝色，微被白粉。花期 4 月，果期 10 月。枝条长大时会呈螺旋状伸展，向上盘曲，好像盘龙姿态，故名"龙柏"。各地广泛栽培，喜阳，稍耐阴，喜温暖湿润环境，抗寒、抗干旱，忌积水。多种植于庭院作美化用途，也可用于公园、庭院、绿墙和高速公路中央隔离带等。

336 塔柏 | *Juniperus chinensis* 'Pyramidalis'　　柏科　刺柏属

常绿乔木。树冠幼时为锥状，大时则为尖塔形，树皮深灰色。叶多为刺形，二型；直伸而紧密，叶近披针形，先端微渐尖，3叶交叉轮生，斜展，疏松，披针形，先端渐尖，绿色中脉两侧有两条白粉带。雌雄异株，稀同株；雄球花椭圆形。球果近球形，直径6~8毫米，两年成熟，熟时暗褐色，被白粉或白粉脱落，具1~4颗种子。种子卵圆形，扁，顶端钝，有棱脊及少数树脂沟。各地广泛栽培。花期4—5月，果期9—10月。可用于行道、亭园、大门两侧、绿地周围、路边花坛及墙垣内外。

337 匍地龙柏 | *Juniperus chinensis* 'Kaizuca Procumbens'　　柏科　刺柏属

常绿灌木。全株匍地生长，多为鳞叶，小枝密集与龙柏一致。花期4—5月，果期6—10月。广泛栽培，为绿篱优良树种，常修剪呈球形或带状作观赏。适用于人行道栽植、围墙沿线、花园、道路旁边等空间作美化。

338 偃柏（变种） | *Juniperus chinensis* var. *sargentii*   柏科　刺柏属

与圆柏（原变种）的区别：匍匐灌木，高可达75厘米。枝条扩展，褐色，密生小枝。3叶交叉轮生，叶条状披针形，先端渐尖成角质锐尖头。球果近球形，被白粉，成熟时黑色，有种子；有棱脊。花期4—5月，果期6—10月。广泛栽培，可防止水土流失，是优良的沿海、河岸、坡地地被植物和园林绿地植物。

339 水杉 | *Metasequoia glyptostroboides*   柏科　水杉属

乔木，高达35米，胸径达2.5米。树干基部常膨大；树皮幼树裂成薄片脱落，大树裂成长条状脱落，内皮淡紫褐色；幼树树冠尖塔形，老树树冠广圆形，枝叶稀疏；一年生枝光滑无毛，幼时绿色，后渐变成淡褐色；侧生小枝排成羽状，长4~15厘米，冬季凋落。叶条形，长0.8~3.5（常1.3~2）厘米，宽1~2.5（常1.5~2）毫米，正面淡绿色，背面色较淡，沿中脉有2条较边带稍宽的淡黄色气孔带，每带有4~8条气孔线，叶在侧生小枝上列成2列，羽状，冬季与枝一同脱落。球果下垂，近四棱状球形或矩圆状球形，成熟前绿色，熟时深褐色，长1.8~2.5厘米，直径1.6~2.5厘米，梗长2~4厘米，其上有交对生的条形叶；种鳞木质，盾形，通常11~12对，交叉对生，鳞顶扁菱形，中央有一条横槽，基部楔形，高7~9毫米，能育种鳞有5~9颗种子。种子扁平，倒卵形，周围有翅，先端有凹缺。花期2月下旬，球果11月成熟。城市公园、街道有引种栽培。水杉这一古老稀有的珍贵树种为我国特产。材白色，心材褐红色，材质轻软，纹理直，结构稍粗，早晚材硬度区别大，不耐水湿，可供房屋建筑、板料、电杆、家具及木纤维工业原料等用。树姿优美，又为著名的庭院树种。

340 雪松 | *Cedrus deodara*

松科 雪松属

乔木，高达 50 米，胸径达 3 米。树皮深灰色，裂成不规则的鳞状块片。叶在长枝上辐射伸展，短枝之叶呈簇生状（每年生出新叶 15~20），针形，坚硬，淡绿色或深绿色，长 2.5~5 厘米，宽 1~1.5 毫米，上部较宽，先端锐尖，下部渐窄，常呈三棱形，稀背脊明显，叶正面两侧各有 2~3 条气孔线，背面 4~6 条，幼时气孔线有白粉。雄球花长卵圆形或椭圆状卵圆形，长 2~3 厘米，直径约 1 厘米；雌球花卵圆形，长约 8 毫米，直径约 5 毫米。球果成熟前淡绿色，微有白粉，熟时红褐色，卵圆形或宽椭圆形，顶端圆钝，有短梗；中部种鳞扇状倒三角形，上部宽圆，边缘内曲，中部楔状，下部耳形，基部爪状，鳞背密生短茸毛；苞鳞短小。种子近三角状，种翅宽大，较种子为长。花期 10—11 月，果期翌年 10 月。城市公园、街道有引种栽培。边材白色，心材褐色，纹理通直，材质坚实、致密而均匀，比重 0.56，有树脂，具香气，少翘裂，耐久用，可供建筑、桥梁、造船、家具及器具等用。雪松终年常绿，树形美观，亦为普遍栽培的庭院树。

341 黑松 | *Pinus thunbergii* 松科 松属

乔木，高达 30 米。冬芽银白色，圆柱状椭圆形或圆柱形，顶端尖，芽鳞披针形或条状披针形，边缘白色丝状。针叶 2 针 1 束，深绿色，有光泽，粗硬，长 6~12 厘米，直径 1.5~2 毫米，边缘有细锯齿，背腹面均有气孔线；横切面皮下层细胞 1 或 2 层，连续排列，两角上 2~4 层，树脂道 6~11 个，中生。雄球花淡红褐色，圆柱形，长 1.5~2 厘米，聚生于新枝下部；雌球花单生或 2~3 朵聚生于新枝近顶端，直立，有梗，卵圆形，淡紫红色或淡褐红色。球果成熟前绿色，熟时褐色，圆锥状卵圆形或卵圆形，长 4~6 厘米，直径 3~4 厘米，有短梗，向下弯垂；中部种鳞卵状椭圆形，鳞盾微肥厚，横脊显著，鳞脐微凹，有短刺。种子倒卵状椭圆形。花期 4—5 月，种子翌年 10 月成熟。常用于城市绿化。

第三部分

蕨类植物

342 鞭叶耳蕨 | *Polystichum craspedosorum*　　鳞毛蕨科　耳蕨属

多年生草本，高 10~20 厘米。根茎直立，密生披针形棕色鳞片。叶簇生，叶柄长 2~6 厘米，禾秆色，腹面有纵沟，密生披针形棕色鳞片，鳞片边缘有齿，下部边缘为卷曲的纤毛状；叶线状披针形或狭倒披针形，长 10~20 厘米，先端渐狭，基部略狭，一回羽状；羽片 14~26 对，下部的对生，向上为互生，平展或略斜向下，柄极短，矩圆形或狭矩圆形，中部的长 0.8~2 厘米，先端钝或圆形。基部偏斜，上侧截形，耳状凸明显或不明显，下侧楔形，边缘有内弯的尖齿牙；具羽状脉，侧脉单一，腹面不明显，背面微突。叶纸质，背面脉上有或疏或密的线形及毛状黄棕色鳞片，鳞片下部边缘为卷曲的纤毛状；叶轴腹面有纵沟，背面密生狭披针形，基部边缘纤毛状的鳞片，先端延伸呈鞭状，顶端有芽孢能萌发新植株。孢子囊群通常位于羽片上侧边缘成一行，有时下侧也有；囊群盖大，圆形，全缘，盾状。南太行海拔 1000 米以上有分布。生于山谷悬崖、阴湿草地、溪流旁。

343 半岛鳞毛蕨 | *Dryopteris peninsulae*　　鳞毛蕨科　鳞毛蕨属

多年生草本。根状茎粗短，近直立。叶簇生；叶柄长达 24 厘米，淡棕褐色，有一纵沟；叶厚纸质，长圆形或狭卵状长圆形，长 13~38 厘米，基部多少心形，先端短渐尖，二回羽状；羽片 12~20 对，对生或互生，具短柄，卵状披针形至披针形，基部不对称，先端长渐尖且微镰状上弯，下羽片较大，长达 11 厘米，向上渐次变小，羽轴禾秆色，疏生线形易脱落的鳞片；小羽片或裂片达 15 对，长圆形，先端钝圆且具短尖齿，基部几对小羽片的基部多少耳形，边缘具浅波状齿，上部裂片的基部近全缘，上部具浅尖齿；裂片或小羽片上的叶脉羽状，明显。孢子囊群圆形，较大，通常仅叶上半部生有孢子囊群，沿裂片中肋排成 2 行；囊群盖圆肾形至马蹄形，近全缘，成熟时不完全覆盖孢子囊群。南太行海拔 800 米以上有分布。生于林下、阴湿草地、溪流旁。

344 华北鳞毛蕨 | *Dryopteris goeringiana* 　　鳞毛蕨科　鳞毛蕨属

多年生草本，高 50~90 厘米。根状茎粗壮，横卧。叶近生；叶柄长 25~50 厘米，淡褐色，有纵沟，具淡褐色、膜质、边缘微具齿的鳞片，下部的鳞片较大，广披针形至线形，长达 1.5 厘米，上部连同中轴被线形或毛状鳞片，叶卵状长圆形、长圆状卵形或三角状广卵形，长 25~50 厘米，先端渐尖，三回羽状深裂；羽片互生，具短柄，披针形或长圆披针形，长渐尖头，中下部羽片较长，长 11~27 厘米，向基部稍微变狭，小羽片稍远离，基部下侧几个小羽片缩短，披针形或长圆状披针形，尖头至锐尖头，羽状深裂，裂片长圆形，宽 1~3 毫米，通常顶端有尖锯齿，有时边缘也有；侧脉羽状，分叉；叶草质至薄纸质，羽轴及小羽轴背面生有毛状鳞片。孢子囊群近圆形，通常沿小羽片中肋排成 2 行；囊群盖圆肾形，膜质，边缘啮蚀状。南太行海拔 1000 米以上有分布。生于山谷悬崖、阴湿草地、林下潮湿地。

345 稀羽鳞毛蕨 | *Dryopteris sparsa* 　　鳞毛蕨科　鳞毛蕨属

多年生草本，高 50~70 厘米。根状茎短，连同叶柄基部密被棕色、全缘的披针形鳞片。叶簇生；叶柄长 20~40 厘米，淡栗褐色或上部为棕禾秆色，基部以上连同叶轴、羽轴均无鳞片；叶卵状长圆形至三角状卵形，顶端长渐尖并为羽裂，基部不缩狭，二回羽状至三回羽裂；羽片 7~9 对，对生或近对生，略斜向上，有短柄，基部一对最大，三角状披针形，多少呈镰刀状；叶近纸质，两面光滑。孢子囊群圆形，着生于小脉中部；囊群盖圆肾形，全缘。南太行海拔 700 米以上有分布。生于山谷悬崖、阴湿草地、林下潮湿地。

346 腺毛鳞毛蕨 | *Dryopteris sericea*   鳞毛蕨科 鳞毛蕨属

多年生草本，高20~50厘米。根状茎斜升，被棕色、披针形鳞片。叶簇生；柄长10~20厘米，粗约2毫米，禾秆色，连同叶轴密被腺毛，并疏生褐色披针形鳞片；叶卵状长圆形，长20~25厘米，二回羽状；羽片8~11对，互生，有长3~4毫米的柄，相距2~4厘米，阔披针形，下部的不缩短，最下一对与其上同大，长6~10厘米，基部圆楔形，一回羽状；小羽片6~8对，长圆形，长1.5~2.5厘米，钝头，基部两侧略呈耳状，多少与羽轴合生，边缘浅裂或有粗锯齿。叶脉羽状，侧脉2~3叉，叶背面较明显。叶草质，遍体被腺毛，上面较密，羽轴下面疏生少数小形鳞片。孢子囊群生于侧脉顶端，每小羽片3~6对，靠近叶边；囊群盖圆肾形，棕色，纸质，上面有腺毛。南太行海拔800米以上有分布。生于山谷悬崖、阴湿草地、林下潮湿地。

347 贯众 | *Cyrtomium fortunei*   鳞毛蕨科 贯众属

多年生草本，高25~50厘米。根茎直立，密被棕色鳞片。叶簇生，叶柄长12~26厘米，禾秆色，腹面有浅纵沟，密生卵形及披针形棕色有时中间为深棕色鳞片，鳞片边缘有齿，有时向上部秃净；叶矩圆披针形，长20~42厘米，先端钝，基部不变狭或略变狭，奇数一回羽状。叶为纸质，两面光滑；叶轴腹面有浅纵沟，疏生披针形及线形棕色鳞片。孢子囊群遍布羽片背面；囊群盖圆形，盾状，全缘。南太行海拔800米以上有分布。生于阴湿草地、林下潮湿地。

348 小羽贯众 | *Cyrtomium lonchitoides*   鳞毛蕨科　贯众属

多年生草本，高 20~40 厘米。根茎直立，密被披针形棕色鳞片。叶簇生，叶柄长 5~15 厘米；一回羽状，羽片 18~24 对，互生，平伸，柄极短，宽披针形，略向上弯呈镰状，先端渐尖，基部偏斜，上侧截形并有尖的耳状凸，下侧楔形，边缘多少有小齿具羽状脉；叶为纸质，腹面光滑，背面疏生披针形棕色小鳞片或秃净叶轴腹面有浅纵沟，羽柄着生处常有鳞片。孢子囊群遍布羽片背面囊群盖圆形，盾状。南太行海拔 800 米以上有分布。生于阔叶林下、松林下或岩石上。

349 日本安蕨 | *Anisocampium niponicum*　　蹄盖蕨科　安蕨属

多年生草本。叶簇生；叶柄长10~25厘米，禾秆色；叶矩圆状卵形，长23~40厘米，中部宽10~25厘米，二至三回羽状；小羽片12~15对，互生，斜展，基部有短柄。孢子囊群生于小羽片背面，长而弯曲，呈马蹄形。南太行海拔800米以上有分布。生于山坡或沟谷林下。

350 中华蹄盖蕨 | *Athyrium sinense*　　蹄盖蕨科　蹄盖蕨属

多年生草本。根状茎短，直立，先端和叶柄基部密被深褐色的鳞片。叶簇生，矩圆状披针形，长25~65厘米，先端短渐尖，基部略变狭，二回羽状；羽片约15对，基部的近对生，向上的互生，斜展，无柄；叶干后草质，浅褐绿色，两面无毛；叶轴和羽轴下面禾秆色，疏被小鳞片和卷曲的短腺毛。孢子囊群多为长圆形或马蹄形，生于基部上侧小脉；在主脉两侧各排成一行；囊群盖同形，浅褐色，膜质。南太行海拔800米以上有分布。生于阴湿草地、林下潮湿地。

351 东北蹄盖蕨 | *Athyrium brevifrons*   蹄盖蕨科 蹄盖蕨属

多年生草本。根状茎短，直立或斜升，先端和叶柄基部密被深褐色、披针形的大鳞片；叶簇生；能育叶长35~120厘米；叶柄长15~55厘米，基部直径2.5~6毫米，黑褐色，向上禾秆色或带淡紫红色，近光滑，略带浅褐色小鳞片；叶卵形至卵状披针形，先端渐尖，基部圆截形，二回羽状；羽片15~18对；叶脉正面不显，背面可见，在裂片上为羽状，侧脉2~4对，斜向上，单一；叶干后坚草质，褐绿色，两面无毛；叶轴和羽轴下面淡褐禾秆色或带淡紫红色，疏被浅褐色短腺毛。孢子囊群长圆形、弯钩形或马蹄形，生于基部上侧小脉，每侧裂片1枚，在基部较大裂片上往往有2~3对；囊群盖同形，浅褐色，膜质，边缘啮蚀状，宿存。南太行海拔1400米以上有分布。生于针阔叶混交林下或阔叶林下。

352 高山冷蕨 | *Cystopteris montana*   冷蕨科 冷蕨属

多年生草本。根状茎细长横走，黑褐色，无毛，疏被浅褐色的卵形膜质鳞片，先端鳞片较多。能育叶长20~49厘米；叶近生或疏生，相距1~7厘米；叶柄长15~22厘米，禾秆色，光滑或疏被鳞片；叶近五角形，长宽8~12厘米，三至四回羽状，羽片4~7对，开展，相距1.5~2厘米，有短柄，基部一对长5~8厘米，宽约4厘米，近三角形，三回羽裂，小羽片6~8对，近对生、斜展、长圆形或宽披针形，基部下侧一片长达4厘米，余向上各片渐小，二回羽裂，末回裂片长圆形，两侧全缘，顶部有3~5粗齿牙；自第二对羽片起，向上渐小，宽披针形或长圆形；叶脉羽状，侧脉单一或2叉，伸达齿端；叶草质，叶轴和叶柄同色，光滑；孢子囊群圆形，背生叶脉；囊群盖灰黄色，膜质。南太行海拔1400米以上有分布。生于林下、阴湿草地。

353 耳羽岩蕨 | *Woodsia polystichoides*   岩蕨科 岩蕨属

多年生草本。叶簇生；叶柄基部具鳞片；叶狭披针形，一回羽状；羽片 16~30 对，镰刀形，边缘全缘或浅波状，基部不对称，上侧有明显的耳形突起。孢子囊群圆形，生于二叉小脉的上侧分枝顶端，每羽片 2 行。南太行海拔 1200 米以上有分布。生于悬崖、沟谷、阴湿草地。

354 华北岩蕨 | *Woodsia hancockii*   岩蕨科 岩蕨属

多年生草本，高 3~10 厘米。根状茎短而直立，先端及叶柄基部密被鳞片；鳞片卵状披针形或椭圆形，先端渐尖或急尖，全缘，棕色，膜质。叶密集簇生；柄长 1~2 厘米，纤细，淡禾秆色，中部以下具水平状关节；叶披针形，长 2~8 厘米，先端渐尖，基部略变狭，二回深羽裂；羽片 7~14 对，平展或斜展，无柄，下部数对略缩小，对生或近对生，彼此远离，向上的羽片互生或近对生，疏离，中部羽片较大，长 4~8 毫米，近斜方形或斜卵形，渐尖头或尖头，基部阔楔形或上侧为截形并紧靠叶轴，深羽裂达于羽轴，裂片 2~3 对，基部一对最大，倒卵形或舌形，长约 2 毫米，边缘波状或顶部具 1~2 小齿；叶脉仅可见，在裂片为二歧分枝，小脉先端不达叶边；叶薄草质，干后棕绿色，两面均无毛。孢子囊群圆形，由少数孢子囊组成，位于小脉的顶端或中部以上，通常每裂片有 1~3 枚；囊群盖碟形，膜质，边缘具膝曲的棕色节状长毛。南太行海拔 1100 米以上有分布。生于悬崖、沟谷、阴湿草地。

铁角蕨科

355 北京铁角蕨 | *Asplenium pekinense*   铁角蕨科　铁角蕨属

多年生草本，高8~20厘米。根状茎短而直立，先端密被鳞片。叶簇生；叶柄长2~4厘米；叶披针形，先端渐尖，基部略变狭，二回羽状或三回羽裂；羽片9~11对；叶脉两面均明显，正面隆起，小脉扇状二叉分枝，彼此接近，斜向上，伸入齿牙的先端，但不达边缘。孢子囊群近椭圆形，斜向上，位于小羽片中部，排列不甚整齐，成熟后为深棕色，往往满铺于小羽片背面；囊群盖同形，灰白色，膜质，全缘，开向羽轴或主脉，宿存。南太行海拔600米以上有分布。生于岩石上或石缝中。

356 虎尾铁角蕨 | *Asplenium incisum*   铁角蕨科　铁角蕨属

多年生草本，高10~30厘米。根状茎短而直立或横卧，先端密被鳞片。叶密集簇生；叶柄淡绿色，上面两侧各有一条淡绿色的狭边，有光泽，正面有浅阔纵沟；叶阔披针形，薄草质，基部变狭，二回羽状；中部羽片三角状披针形，下部羽片逐渐缩小呈卵形。南太行海拔800米以上有分布。孢子囊群条形。生于林下潮湿岩石上。

357 华中铁角蕨 | *Asplenium sarelii*　　铁角蕨科　铁角蕨属

多年生草本，高 10~23 厘米。根状茎短而直立，先端密被鳞片；鳞片狭披针形，长 3~3.5 毫米，厚膜质，黑褐色，有光泽，边缘有微齿牙。叶簇生；叶柄长 5~10 厘米，淡绿色，近光滑或略被褐色纤维状的小鳞片，正面有浅阔纵沟；叶椭圆形，长 5~13 厘米，三回羽裂；羽片 8~10 对，相距 1~1.2 厘米，基部的较远离，对生，向上互生，斜展，有短柄，基部一对最大或第二对同大（偶有略缩短），长 1.5~3 厘米，卵状三角形，渐尖头或为尖头，基部不对称，上侧截形并与叶轴平行或覆盖叶轴，下侧楔形，二回羽裂；小羽片 4~5 对，互生，上先出，斜展，基部上侧一片较大，长 5~11 毫米，卵形，尖头，基部为对称的阔楔形，下延，羽状深裂达于小羽轴；裂片 5~6，斜向上，疏离，狭线形，长 1.5~5 毫米，基部一对常为 2~3 裂，小裂片顶端有 2~3 钝头或尖头的小齿牙，向上各裂片顶端有尖齿牙；其余的小羽片较小，彼此疏离；叶脉两面均明显，正面隆起，小脉在裂片上为 2~3 叉，在小羽片基部的裂片为二回二叉，斜向上，不达叶边；叶坚草质，干后灰绿色；叶轴及各回羽轴均与叶柄同色，两侧均有线形狭翅，叶轴两面显著隆起。孢子囊群近椭圆形，长 1~1.5 毫米，棕色，每裂片有 1~2 枚，斜向上，生于小脉上部，不达叶边；囊群盖同形，灰绿色，膜质，全缘，开向主脉，宿存。南太行海拔 900 米以上有分布。生于悬崖、沟谷岩石缝中。

358 西北铁角蕨 | *Asplenium nesii*　　铁角蕨科　铁角蕨属

多年生草本，高6~12厘米。根状茎短而直立，先端密被鳞片；鳞片狭披针形，长约2毫米，膜质，黑色，有虹色光泽，全缘。叶多数密集簇生，叶柄长2.5~8厘米，下部黑褐色，上部为禾秆色，有光泽，疏被黑褐色纤维状小鳞片，上面有狭纵沟，干后压扁；叶披针形，长4~6厘米，两端渐狭，二回羽状；羽片7~9对，互生或基部的对生，近平展，有极短柄，下部的略缩短，彼此远离，中部的较大，相距约8毫米，疏离，椭圆形，长9~12毫米，急尖头并为羽裂，基部不对称，上侧截形并与叶轴平行，下侧楔形，一回羽状；小羽片3~5对，互生，上先出，斜展，彼此密接，基部一对略大，尤以上侧一片较大，长3~4毫米，舌形，圆头，基部楔形，与羽轴合生并下延，边缘有钝齿牙，其余小羽片略小；叶脉两面均不明显，小脉在小羽片为二叉或单一，在羽片基部一对小羽片或为三叉或二回二叉，斜向上，几达叶边；叶坚草质，干后草绿色；叶轴禾秆色，上面有纵沟，略被黑褐色纤维状小鳞片。孢子囊群椭圆形，长约1毫米，斜向上，在羽片基部一对小羽片各有2~4枚，位于小羽片中央，向上各小羽片各有1枚，紧靠羽轴，整齐，成熟后满铺羽片下面，深棕色；囊群盖椭圆形，灰棕色，薄膜质，全缘，开向羽轴或主脉。南太行海拔900米以上有分布。生于悬崖、沟谷岩石缝、阴湿草地中。

359 鳞毛肿足蕨 | *Hypodematium squamuloso-pilosum* 肿足蕨科 肿足蕨属

多年生草本，高 12~30 厘米。根状茎横卧，连同叶柄膨大的基部密被鳞片；鳞片狭披针形，全缘或具少数流苏状的细长齿，膜质，红棕色，有光泽。叶丛生；柄长 5~18 厘米，粗约 1 毫米，禾秆色，被较密的灰白色柔毛；叶卵状长圆形，先端短渐尖并羽裂，基部心形，三至四回羽裂，向上二至三回羽裂；羽片 8~12 对，稍斜上，有柄，基部一对对生，向上为互生，下部两对相距 2~3.5 厘米，向上的渐接近，基部一对长 5~8 厘米，长圆状披针形，短渐尖头，基部心形，略不对称，柄长 0.5~1 厘米，二至三回羽裂；一回小羽片 6~8 对，上先出，互生，斜上，有短柄，羽轴下侧的较上侧的为大，基部一片最大，长 1.5~3 厘米，长圆形至卵状长圆形，钝尖头，基部近平截，下延成狭翅，具长约 1 毫米的短柄，一至二回羽裂；末回小羽片 5~8 对，互生，稍斜上，长圆形，先端钝尖，基部楔形，下延，彼此以狭翅相连，锐裂至羽状深裂；裂片近卵形，先端略具锯齿，第二对以上的羽片渐次缩小，长圆状披针形，短尖头，基部阔楔形，下延，有短柄，二回羽裂；一回小羽片长圆形，钝尖头，基部楔形并下延，彼此以狭翅相连，边缘锐裂；裂片全缘或下部的呈锯齿状锐裂；叶脉小脉明显，羽状，侧脉在末回裂片上单一或分叉，斜上，伸达叶边；叶草质，干后黄绿色，两面被较密的灰白色细柔毛，正面的毛较短，叶轴和各回羽轴两面的毛较长而密，连同叶柄上部有时被球杆状短腺毛，沿叶轴和羽轴中部以下疏生易落的红棕色、扭曲的线形鳞片。孢子囊群圆形，每裂片 1~3 枚，背生于侧脉中部；囊群盖中等大，圆肾形，平覆在囊群上，不隆起，灰棕色，背面被较密的细柔毛，宿存。孢子圆肾形，周壁透明，具弯曲的条纹状褶皱。南太行海拔 600 米以上有分布。生于悬崖、沟谷岩石缝、阴湿草地中。

凤尾蕨科

360 银粉背蕨 | *Aleuritopteris argentea*　　凤尾蕨科　粉背蕨属

多年生草本。叶簇生，叶柄栗棕色，有光泽；叶五角形，长、宽各 5~12 厘米，顶生羽片近菱形，侧生羽片三角形，叶正面暗绿色，背面密布乳白色或乳黄色蜡质粉末。孢子囊群近边生，生于叶脉顶端。南太行海拔 800 米以上有分布。生于山坡或沟谷石缝、墙缝中。

361 陕西粉背蕨（变种） | *Aleuritopteris argentea* var. *obscura*

凤尾蕨科　粉背蕨属

与银粉背蕨（原变种）的区别：侧生羽片 4~6 对；基部一对羽片最大，近三角形，先端尾状长渐尖，基部与叶轴合生，无柄；第二对羽片宽披针形，先端长尾尖，基部与叶轴合生，以阔翅沿叶轴下延，有不整齐的裂片 4~5 对，裂片镰刀形，先端钝尖；第二对以上羽片偶为不整齐的羽裂，裂片大都为镰刀形，向顶部逐渐缩短。叶干后纸质或薄革质，叶脉不显，正面光滑，背面无粉末；羽轴、小羽轴与叶轴同色，末回裂片边全缘或具微齿。孢子囊群线形或圆形。

362 铁线蕨 | *Adiantum capillus-veneris*　　凤尾蕨科　铁线蕨属

多年生草本，高 15~40 厘米。根状茎细长横走，密被棕色披针形鳞片。叶远生或近生；柄长 5~20 厘米，粗约 1 毫米，纤细，栗黑色，有光泽，基部被与根状茎上同样的鳞片，向上光滑，叶卵状三角形，尖头，基部楔形，中部以下多为二回羽状，中部以上为一回奇数羽状；羽片 3~5 对，互生，斜向上，有柄（长可达 1.5 厘米），基部一对较大，长圆状卵形，圆钝头，一回（少二回）奇数羽状，侧生末回小羽片 2~4 对，互生，斜向上，相距 6~15 毫米，大小几相等或基部一对略大，对称或不对称的斜扇形或近斜方形，上缘圆形，具 2~4 浅裂或深裂呈条状的裂片，不育裂片先端钝圆形，具阔三角形的小锯齿或具啮蚀状的小齿，能育裂片先端截形、直或略下陷，全缘或两侧具有啮蚀状的小齿，两侧全缘，基部渐狭呈偏斜的阔楔形，具纤细栗黑色的短柄（长 1~2 毫米），顶生小羽片扇形，基部为狭楔形，往往大于其下的侧生小羽片，柄可达 1 厘米；第二对羽片距基部一对 2.5~5 毫米，向上各对均与基部一对羽片同形而渐变小。叶脉多回二歧分叉，直达边缘，两面均明显。叶干后薄草质，草绿色或褐绿色，两面均无毛；叶轴、各回羽轴和小羽柄均与叶柄同色，往往略向左右曲折。孢子囊群每羽片 3~10 枚，横生于能育的末回小羽片的上缘；囊群盖长形、长肾形或圆肾形，上缘平直，淡黄绿色，老时棕色，膜质，全缘，宿存。孢子周壁具粗颗粒状纹饰，处理后常保存。南太行海拔 500 米以上有分布。生于背阴悬崖、沟谷溪流旁、岩石缝、阴湿草地中。

363 团羽铁线蕨 | *Adiantum capillus-junonis*　　凤尾蕨科　铁线蕨属

多年生草本。叶柄铁丝状，深栗色，有光泽；叶一回羽状，羽片团扇形，4~8 对，具明显的柄。叶轴顶端可延伸呈鞭状，着地即能生成新植株。孢子囊群 1~5 枚生于羽片边缘，为反卷的羽片包被。南太行海拔 500 米以上有分布。生于背阴悬崖、沟谷溪流旁、岩石缝、阴湿草地中。

364 溪洞碗蕨 | *Sitobolium wilfordii*　　碗蕨科　碗蕨属

多年生草本。根状茎细长，横走，黑色。叶二列疏生或近生；柄长 14 厘米左右。叶长圆披针形，先端渐尖或尾头，二至三回羽状深裂；羽片 12~14 对，卵状阔披针形或披针形，先端渐尖或尾头，互生，斜向上。叶薄草质，通体光滑无毛；叶轴上面有沟，下面圆形，禾秆色。孢子囊群圆形，生于末回羽片的腋中，或上侧小裂片先端；囊群盖半盅形。南太行海拔 500 米以上有分布。生于沟谷溪流旁、岩石缝、林下阴湿地。

365 卷柏 | *Selaginella tamariscina*   卷柏科 卷柏属

多年生草本。主茎直立，顶端丛生小枝，冬季或干旱时内卷，状如拳头。营养叶二型，背腹各2列，交互着生，中叶稍斜向上，卵状矩圆形，先端急尖，有长芒；侧叶斜展，长卵圆形，亦有长芒。孢子囊穗生于枝顶，四棱形。孢子叶卵状三角形，呈4列交互排列，孢子囊圆肾形。南太行海拔500米以上有分布。生于岩石或岩石缝中，常见于石灰岩上。

366 旱生卷柏 | *Selaginella stauntoniana*   卷柏科 卷柏属

多年生草本。石生，旱生，直立，高15~35厘米。具一横走的地下根状茎，其上生鳞片状红褐色的叶。主茎上部分枝或自下部开始分枝，不是很规则的羽状分枝，不呈"之"字形，无关节，红色或褐色；侧枝3~5对，二至三回羽状分枝；叶交互排列，二型，叶质厚，表面光滑，分枝上的腋叶略不对称，三角形，边缘膜质，撕裂状，中叶不对称，小枝上的卵状椭圆形，覆瓦状排列，背部不呈龙骨状，先端与轴平行，具芒，基部平截，边缘全缘或近全缘，略反卷。孢子叶穗紧密，四棱柱形，单生于小枝末端；孢子叶一形，卵状三角形，边缘膜质撕裂或撕裂状具睫毛，透明，先端具长尖头到具芒，龙骨状。南太行海拔500米以上广布。生于沟谷悬崖壁、岩石缝、林下阴湿地。

367 垫状卷柏 | *Selaginella pulvinata*   卷柏科 卷柏属

多年生草本。石生，旱生，直立，高 15~35 厘米，具一横走的地下根状茎，其上生鳞片状红褐色的叶。主茎上部分枝或自下部开始分枝，不是很规则的羽状分枝，不呈"之"字形，无关节，红色或褐色；侧枝 3~5 对，2~3 回羽状分枝。叶交互排列，二型，叶质厚，表面光滑；分枝上的腋叶略不对称，三角形，边缘膜质，撕裂状。中叶不对称，小枝上的卵状椭圆形，覆瓦状排列，背部不呈龙骨状，先端与轴平行，具芒，基部平截，边缘全缘或近全缘，略反卷。孢子叶穗紧密，四棱柱形，单生于小枝末端；孢子叶一形，卵状三角形，边缘膜质撕裂或撕裂状具睫毛，透明，先端具长尖头到具芒，龙骨状。南太行海拔 500 米以上零星分布。生于石灰岩石缝中。

368 伏地卷柏 | *Selaginella nipponica*　　卷柏科　卷柏属

多年生草本。土生，匍匐，能育枝直立，高 5~12 厘米，无游走茎。根托沿匍匐茎和枝断续生长，自茎分叉处下方生出，长 1~2.7 厘米，纤细，根少分叉，无毛。茎自近基部开始分枝，不呈"之"字形，无关节，禾秆色，茎下部直径 0.2~0.4 毫米，具沟槽，无毛；侧枝 3~4 对，不分叉或分叉或一回羽状分枝，分枝稀疏，茎上相邻分枝相距 1~2 厘米，叶状分枝和茎无毛，背腹压扁。叶全部交互排列，二型，草质，表面光滑，边缘非全缘，不具白边；分枝上的腋叶对称或不对称，边缘有细齿。中叶多少对称，分枝上的中叶长圆状卵形或卵形或卵状披针形或椭圆形，紧接到覆瓦状（在先端部分）排列，背部不呈龙骨状，先端具尖头和急尖，基部钝，边缘不明显具细齿；侧叶不对称，侧枝上的侧叶宽卵形或卵状三角形，常反折，先端急尖；上侧基部扩大，加宽，覆盖小枝，上侧基部边缘具微齿。孢子叶穗疏松，通常背腹压扁，单生于小枝末端，或 1~2（3）次分叉；孢子叶二型或略二型，正置，和营养叶近似，排列一致，不具白边，边缘具细齿，背部不呈龙骨状，先端渐尖；大孢子叶分布于孢子叶穗下部的下侧。大孢子橘黄色；小孢子橘红色。南太行海拔 800 米以上有分布。生于沟谷溪流旁、岩石缝、林下阴湿地。

369 蔓出卷柏 | *Selaginella davidii*　　卷柏科　卷柏属

多年生草本。茎匍匐。叶交互排列，二型，草质，光滑，具白边；主茎的叶紧密，较分枝的大，绿色或黄色，具细齿；分枝的腋叶对称或不对称，卵状披针形，近全缘或具微齿；中叶不对称，主茎的大于侧枝的，侧枝的斜卵形，排列紧密或覆瓦状排列（小枝先端部分），先端后弯，具芒，基部近心形，具细齿或基部具短缘毛，略反卷；侧叶不对称，主茎的大于分枝的，分枝的长圆状卵形，外展或略反折，具微齿，上侧基部加宽，覆盖小枝，上侧基部近全缘，具微齿，下侧具微齿。孢子叶穗紧密，四棱柱形，单生于小枝末端，孢子叶一型，卵圆形，有细齿，具白边，先端具芒。南太行海拔800米以上有分布。生于沟谷悬崖壁、岩石缝、阴湿草地。

370 小卷柏 | *Selaginella helvetica*　　卷柏科　卷柏属

多年生草本。土生或石生，短匍匐，能育枝直立，高5~15厘米，无游走茎。根托沿匍匐茎和枝断续生长，自茎分叉处下方生出，长1.5~4.5厘米，纤细，根少分叉，无毛。直立茎通体分枝，不呈"之"字形，无关节，禾秆色，茎具沟槽，无毛；侧枝2~5对，不分叉或分叉或一回羽状分枝，分枝稀疏，茎上相邻分枝相距2~3厘米，叶状分枝和茎无毛，背腹压扁。叶全部交互排列，二型，表面光滑，边缘非全缘，不具白边。分枝上的腋叶近对称，卵状披针形或椭圆形，边缘睫毛状。中叶多少对称，分枝上的中叶卵形或卵状披针形，紧接或覆瓦状，背部不呈龙骨状，先端常向后弯曲，先端具长尖头到具芒，基部钝，边缘具睫毛。侧叶不对称，侧枝上的侧叶长圆状卵形或宽卵圆形，外展或略下折，先端急尖和具芒（常向后弯），上侧基部扩大，加宽，覆盖小枝，上侧基部边缘不为全缘，上侧边缘具睫毛，下侧边缘不为全缘，具睫毛。孢子叶穗疏松，或上部紧密，圆柱形，单生于小枝末端或分叉；孢子叶和营养叶略同形，不具白边，边缘具睫毛，略呈龙骨状，先端具长尖头；大孢子叶分布于孢子叶穗下部的下侧或大孢子叶与小孢子叶相间排列。大孢子橙色或橘黄色；小孢子橘红色。南太行海拔800米以上有分布。生于沟谷溪流旁、林下阴湿处、阴湿草地。

371 中华卷柏 | *Selaginella sinensis*   卷柏科 卷柏属

多年生草本。茎匍匐，羽状分枝。叶交互排列，中叶和侧叶近同形，纸质，表面光滑，具白边，中叶稍向前，侧叶略上斜。孢子囊穗生小枝顶端，四棱形；孢子叶卵形，边缘具睫毛。南太行海拔800米以上有分布。生于沟谷溪流旁、岩石缝、林下阴湿地。

372 木贼 | *Equisetum hyemale*   木贼科　木贼属

多年生草本。根茎横走或直立，黑棕色。枝一型。高达1米或更多，中部直径5（3）~9毫米，节间长5~8厘米，绿色，不分枝或直基部有少数直立的侧枝。地上枝有脊16~22条，有小瘤2行；鞘筒0.7~1.0厘米，黑棕色或顶部及基部各有一圈或仅顶部有一圈黑棕色；鞘齿16~22，披针形，长0.3~0.4厘米。顶端淡棕色，膜质，芒状，早落，下部黑棕色，薄革质，基部的背面有4纵棱，宿存或同鞘筒一起早落。孢子囊穗卵状，长1.0~1.5厘米，顶端有小尖突，无柄。南太行平原、山区广布。生于河滩、林缘、阴湿草地。

373 节节草 | *Equisetum ramosissimum*   木贼科　木贼属

多年生草本。根状茎在地上横走，黑棕色，地上茎一型，基部有2~5分枝，中部直径1~3毫米，节间长2~6厘米，有纵棱脊。叶鳞片状，在节处合生成筒状的叶鞘，分枝细长，近直立。孢子囊穗生枝顶，矩圆形；孢子叶六角盾形。南太行平原、山区广布。生于河滩、林缘、阴湿草地。

374 草问荆 | *Equisetum pratense*　　　　木贼科　木贼属

多年生草本。中型植物。根茎直立和横走,黑棕色,节和根疏生黄棕色长毛或光滑。地上枝当年枯萎。枝二型,能育枝与不育枝同期萌发。能育枝高 15~25 厘米,中部直径 2~2.5 毫米,节间长 2~3 厘米,禾秆色,最终能形成分枝,有脊 10~14 条,脊上光滑;鞘筒灰绿色,长约 0.6 厘米;鞘齿 10~14,淡棕色,长 4~6 毫米,披针形,膜质,背面有浅纵沟;孢子散后能育枝能存活。不育枝高 30~60 厘米,中部直径 2~2.5 毫米,节间长 2.2~2.8 厘米,禾秆色或灰绿色,轮生分枝多,主枝中部以下无分枝,主枝有脊 14~22 条,脊的背部弧形,每脊常有一行小瘤;鞘筒狭长,长约 3 毫米,下部灰绿色,除上部有一圈为淡棕色外,其余部分为灰绿色,鞘背有 2 条棱;鞘齿 14~22,披针形,膜质,淡棕色但中间一条为黑棕色,宿存。侧枝柔软纤细,扁平状,有 3~4 条狭而高的脊,脊的背部光滑;鞘齿不呈开张状。孢子囊穗椭圆柱状,长 1.0~2.2 毫米,直径 3~7 毫米,顶端钝,成熟时柄伸长,柄长 1.7~4.5 厘米。南太行平原、山区广布。生于河滩、沟谷溪流旁、草地。

375 犬问荆 | *Equisetum palustre*　　　　木贼科　木贼属

多年生草本。中小型植物。根茎直立和横走,黑棕色,节和根光滑或具黄棕色长毛。地上枝当年枯萎。枝一型,高 20~50(60)厘米,中部直径 1.5~2 毫米,节间长 2~4 毫米,绿色,但下部 1~2 节节间黑棕色,无光泽,常在基部形丛生状。主枝有脊 4~7 条,脊的背部弧形,光滑或有小横纹;鞘筒狭长,下部灰绿色,上部淡棕色;鞘齿 4~7,黑棕色,披针形,先端渐尖,边缘膜质,鞘背上部有一浅纵沟;宿存。侧枝较粗,长达 20 厘米,圆柱状至扁平状,有脊 4~6 条,光滑或有浅色小横纹;鞘齿 4~6,披针形,薄革质,灰绿色,宿存。孢子囊穗椭圆形或圆柱状,长 0.6~2.5 厘米,直径 4~6 毫米,顶端钝,成熟时柄伸长,柄长 0.8~1.2 厘米。南太行平原、山区广布。生于河滩、沟谷溪流旁、草地。

376 问荆 | *Equisetum arvense*　　　　木贼科　木贼属

多年生草本。地下茎横走,地上茎二型,孢子茎褐色,于早春生出,肉质,顶端着生孢子囊穗;孢子叶六角盾形,背面生 6~8 枚孢子囊;营养茎于孢子茎枯萎后生出,绿色,叶鳞片状,在节处合生成筒状的叶鞘,每节有 7~11 轮状分枝,分枝斜向上伸展,与主茎呈锐角。南太行平原、山区广布。生于田边、水边、河滩、草丛中。

苔藓植物

4
第四部分

苔藓植物属于最低等的高等植物。全球约有2.3万种苔藓植物，中国有2800多种。苔藓植物包括苔类植物和藓类植物。

苔藓植物是非维管植物中的有胚植物，它们有组织器官以及封闭的生殖系统，但缺少运输水分的维管束。它们没有花朵也不制造种子，而是经由孢子来繁殖。

苔类植物

377 地钱属 | *Marchantia* 地钱科

378 南溪苔属 | *Makinoa* 南溪苔科

379 蛇苔属 | *Conocephalum*　　蛇苔科

380 溪苔属 | *Pellia*　　溪苔科

381 星孔苔属 | *Sauteria* 星孔苔科

382 花萼苔属 | *Asterella* 瘤冠苔科

383 紫背苔属 | *Plagiochasma*　　疣冠苔科

（一）

（二）

（三）

藓类植物

384 对齿藓属 | *Didymodon* 丛藓科

385 扭口藓属 | *Barbula* 丛藓科

386 湿地藓属 | *Hyophila* 丛藓科

387 石灰藓属 | *Hydrogonium* 丛藓科

388 小石藓属 | *Weisia* 丛藓科

389 凤尾藓属 | *Fissidens*

凤尾藓科

390 灰藓属 | *Hypnum* 灰藓科

（一）

（二）

391 小金灰藓属 | *Pylaisiella* 灰藓科

392 鳞叶藓属 | *Taxiphyllum* 灰藓科

393 毛灰藓属 | *Homomallium* 灰藓科

394 小金发藓属 | *Pogonatum*

金发藓科

395 绢藓属 | *Entodon*

绢藓科

（一）

（二）

(三)

(四)

396 匐灯藓属 | *Plagiomnium* 提灯藓科

397 牛舌藓属 | *Anomodon*

羽藓科

398 真藓属 | *Bryum*　　　真藓科

（一）

（二）

索 引

B

八角枫	010
八角金盘	144
菝葜	011
白刺花	023
白丁香（变种）	170
白杜	120
白蜡树	199
白梨	078
白蔹	065
白皮松	005
白棠子树	015
半岛鳞毛蕨	219
枹栎	069
薄皮木	077
北京丁香（亚种）	061
北京铁角蕨	226
北美海棠	151
北枳椇	118
鞭叶耳蕨	219
变叶葡萄	063

C

草问荆	239
侧柏	003
梣叶槭	202
插田藨	093
茶条槭	125
长春花	150
长梗郁李（变种）	086
长序南蛇藤	123
长叶胡枝子	031
柽柳	018
翅果油树	042
重瓣棣棠（变型）	168
重瓣榆叶梅	165
重阳木	192
稠李	081
臭椿	196
臭牡丹	015
臭檀吴萸	132
垂柳	207
垂丝海棠	153
刺槐	190
刺蔷薇	082
刺楸	127
葱皮忍冬	104
粗齿铁线莲	054

D

大果榉	131
大叶胡枝子	027
大叶朴	019
单瓣木香花（变种）	177
地锦	174
地钱属	243
棣棠	168
垫状卷柏	234
东北鼠李（变种）	117
东北蹄盖蕨	224
东京樱花	162
冬青卫矛	143
冻绿	115
杜梨	079
杜仲	037
短梗菝葜	012
短梗胡枝子	025
短尾铁线莲	054
对齿藓属	248
钝齿铁线莲（变种）	055
钝萼铁线莲	055
多花勾儿茶	119
多花胡枝子	027
多花木蓝	033

E

鹅耳枥	047
耳羽岩蕨	225

F

房山栎	069
粉团蔷薇（变种）	082
风箱果	169
枫杨	194
凤尾藓属	251
伏地卷柏	235
匐灯藓属	258
覆盆子	093

G

杠柳	050
高山冷蕨	224
葛	035
弓茎悬钩子	094
钩齿溲疏	045
枸骨	137
枸杞	103
构	108
瓜木	010

观赏桃 159	华北珍珠梅 092	**L**
贯众 221	华东菝葜 011	蜡梅 150
光叶山楂 087	华东葡萄 063	兰考泡桐 201
	华山松 006	蓝果蛇葡萄 066
H	华中铁角蕨 227	榔榆 130
海棠花 153	华中五味子 058	梨 182
海桐 138	华中悬钩子 095	李 182
海州常山 016	桦叶荚蒾 107	李叶绣线菊 101
旱柳 207	槐 190	连翘 060
旱生卷柏 233	黄檗 206	连香树 053
旱榆 131	黄刺玫 083	楝 198
筅子梢 032	黄连木 074	辽椴 039
合欢 189	黄栌 074	裂叶山楂 088
河北木蓝 033	黄木香花（变型） 178	鳞毛肿足蕨 229
河南海棠 089	灰藓属 252	鳞叶藓属 253
荷花木兰 199	灰栒子 098	凌霄 174
黑弹树 020	火棘 140	流苏树 061
黑松 216	火炬树 201	六道木 105
红柄白鹃梅 078		龙柏 212
红枫 204	**J**	栾 126
红麸杨（变种） 075	鸡树条（亚种） 106	卵叶鼠李 116
红花檵木（变种） 149	鸡爪槭 203	罗布麻 050
红花锦鸡儿 034	加杨 208	络石 049
红花槭 203	夹竹桃 138	绿叶胡枝子 028
红桦 048	尖叶铁扫帚 031	葎叶蛇葡萄 066
红椋子 112	榿子栎 071	
红瑞木 171	接骨木 107	**M**
红叶石楠 141	节节草 238	蚂蚱腿子 051
胡桃 180	截叶铁扫帚 032	蔓出卷柏 236
胡桃楸 041	金银忍冬 105	毛白杨 208
胡枝子 024	锦带花 171	毛丹麻秆 021
湖北海棠 154	荆条（变种） 017	毛萼山梅花 044
槲栎 070	榉树 210	毛果扬子铁线莲（变种） 056
槲树 073	卷柏 233	毛灰藓属 254
虎尾铁角蕨 226	绢藓属 256	毛梾 111
花萼苔属 245	君迁子 114	毛葡萄 064
花红 091		毛叶水栒子 099
花椒 180	**K**	毛樱桃 086
花楸树 091	苦木 052	茅莓 097
花叶青木（变种） 143	苦皮藤 122	梅 156
华北鳞毛蕨 220	苦糖果 104	美丽胡枝子（亚种） 028
华北岩蕨 225	阔叶十大功劳 144	美人梅 158

蒙椴……038	漆……075	山楂……088
蒙古栎……072	千金榆……047	山茱萸……112
蒙古绣线菊……100	蔷薇……178	珊瑚树……142
蒙桑……109	巧玲花……062	陕西粉背蕨（变种）……230
牡丹……172	鞘柄菝葜……012	陕西荚蒾……106
牡荆（变种）……017	青麸杨……076	少脉雀梅藤……118
木防己……040	青檀……020	蛇苔属……244
木瓜海棠……155	青榨槭……125	省沽油……113
木槿……149	秋子梨……080	湿地藓属……249
木梨……079	楸……133	石灰藓属……249
木樨……140	全缘叶栾树（变种）……202	石榴……185
木香花……177	犬问荆……239	石楠……141
木香薷……013	雀儿舌头……021	石枣子……122
木贼……238	雀舌黄杨……137	柿……186
		栓翅卫矛……121
N	**R**	栓皮栎……073
南方红豆杉（变种）……004	忍冬……181	水杉……214
南蛇藤……123	日本安蕨……223	水枸子……099
南天竹……145	日本晚樱（变种）……164	酸枣（变种）……119
南溪苔属……243	绒毛胡枝子……029	碎花溲疏（变种）……046
牛叠肚……094	锐齿槲栎（变种）……070	碎米桠……014
牛奶子……043	锐齿鼠李……115	
牛舌藓属……259		**T**
牛枝子……029	**S**	塔柏……213
扭口藓属……248	三角槭……204	太平花……044
女贞……139	三裂绣线菊……101	太行铁线莲……057
	三叶地锦……175	桃……084/183
O	三叶木通……059	贴梗海棠……155
欧李……087	桑……110	铁线蕨……231
欧洲李……166	桑叶葡萄（亚种）……064	土庄绣线菊……102
	色木槭……205	团羽铁线蕨……231
P	沙梨……080	脱皮榆……130
膀胱果……113	山白树……049	
枇杷……142	山刺玫……083	**W**
平枝栒子……167	山槐……034	尾叶铁苋菜……022
苹果……181	山荆子……090	卫矛……121
匍地龙柏……213	山里红（变种）……089	文冠果……187
葡萄……185	山葡萄……065	问荆……240
朴树……019	山桑（变种）……109	乌桕……193
	山桃……084	乌头叶蛇葡萄……067
Q	山杏……085	无花果……186
七叶树……205	山樱花……163	无裂槭叶铁线莲……056

263

梧桐·················195	杏··················183	掌裂草葡萄（变种）······068
五叶地锦············175	绣球绣线菊··········102	掌裂蛇葡萄（变种）······068
	雪松················215	照山白··············036
X		柘··················108
西北铁角蕨··········228	**Y**	珍珠梅··············092
西北栒子············098	盐肤木··············076	真藓属··············260
西府海棠············154	偃柏（变种）········214	榛··················048
稀羽鳞毛蕨··········220	野茉莉··············009	直穗小檗············128
溪洞碗蕨············232	野杏（变种）········085	中国黄花柳··········129
溪苔属··············244	野皂荚··············023	中国沙棘（亚种）······043
喜阴悬钩子··········095	一球悬铃木··········206	中华卷柏············237
狭裂太行铁线莲（变种）··057	阴山胡枝子··········030	中华猕猴桃··········184
纤齿卫矛············120	银粉背蕨············230	中华蹄盖蕨··········223
腺花茅莓（变种）······097	银薇（变型）········170	中华绣线菊··········100
腺毛鳞毛蕨··········221	银杏················209	皱叶鼠李············117
香椿················197	樱桃················184	竹··················146
香花槐··············191	油松················007	竹叶花椒············132
小花扁担杆（变种）····039	榆树················209	梓··················134
小花溲疏············045	榆叶梅··············164	紫背苔属············246
小金发藓属··········255	玉兰················200	紫丁香··············062
小金灰藓属··········253	元宝槭··············124	紫荆················148
小卷柏··············236	圆柏················212	紫穗槐··············148
小石藓属············250	月季花··············167	紫藤················176
小叶梣··············060	云实················176	紫薇················169
小叶女贞············139		紫叶李（变型）······166
小叶鼠李············116	**Z**	紫叶小檗（变种）······172
小叶香茶菜··········013	枣··················187	紫玉兰··············200
小羽贯众············222	皂荚················189	棕榈················146
星孔苔属············245	皂柳················129	
兴安胡枝子··········030	樟··················145